ROYAL
HORTICULTURAL
SOCIETY

GARTEN-PRAXIS

ROYAL HORTICULTURAL SOCIETY

GARTEN-PRAXIS

HERAUSGEBER ALAN TOOGOOD

DORLING KINDERSLEY

Sommerblumen & Kübelpflanzen

Terrassenpflanzen 164
Depotdünger 174
Samenernte 174

EINJÄHRIGE & BEETPFLANZEN
Winterharte Einjährige 158
Duftende Einjährige 159
Einjährige für Schatten 159
Kauf 159
Tropenbeete 160

KÜBELPFLANZEN
Grundlagen 161
Umtopfen und Erdaustausch 162
Kräuter in Töpfen 165
Wiesen in Pflanzgefäßen 166
Immergrüne Sträucher 168
Balkonkästen, Hängekörbe 170
Duftwicken 171
Pflanzenpflege 172
Material für Hängekörbe 173

Rasen

Rasenmischung 176
Rasenansaat 177
Rollrasen 178
Fertigrasen 180
Grüner Rasen 181
Mähtechnik 182
Pflege 182
Alternative Grünflächen 187

RASENPROBLEME
Filz, Hexenringe, Schneeschimmel, Wurmhäufchen, Rasenunkräuter, Schafgarbe, Moos, tote Zonen. strapazierter Rasen 183
Rasenstärkung 187

Pflanzen im Gewächshaus

Heizung 190
Frühjahrsputz 191
Temperaturregelung 192
Alternativen zu Glas 193
Wintergartenpflanzen 193
Bougainvilleen 194
Kakteen, Sukkulenten 195
Zimmerhibiskus 196
Moos und Algen 196
Schädlinge 196

Obst und Gemüse

GEMÜSE
Gemüsekultur 200
Vlies bei Frühgemüse 202
Schnitt- und Pflücksalate 202
Gemüse gießen 203
Mehrjähriges Gemüse 203
Pflegeleichte Gemüsearten 204
Gründüngung 207
Zeitplanung im Gemüsegarten 208
Fruchtfolge 210
Rankgemüse 212
Spargelanbau 214
Chicoree und Endivie 216
Paprika und Pfefferschoten 217
Junger Blattsalat 218
Zwiebeln 220
Kartoffeln 220
Zuckermais 223
Kürbisse 223
Tomaten 226
Wurzelgemüse 228
Platznutzung 230

GEMÜSEPROBLEME
Möhrenfliege, Kohlraupen, Kohlmottenschildlaus, Kohlhernie, Erbsenwickler, platzendes Wurzelgemüse 205
Samenbildung 211
Spargelhähnchen 215
Bohnenprobleme 215

ROYAL HORTICULTURAL SOCIETY

GARTEN-PRAXIS

HERAUSGEBER ALAN TOOGOOD

DORLING KINDERSLEY

DORLING KINDERSLEY
London, New York, Melbourne, München und Delhi

PROJEKTBETREUUNG Helen Fewster
BILDBETREUUNG Murdo Culver
CHEFLEKTORAT Linda Martin
CHEFBILDLEKTORAT Lee Griffiths
DTP-DESIGN Louise Waller
MEDIEN Richard Dabb
Lucy Claxton
Neale Chamberlain
BILDRECHERCHE Anna Bedewell
HERSTELLUNG Mandy Inness

Designed und herausgegeben zusammen mit
Focus Publishing, Sevenoaks, Kent

Für die deutsche Ausgabe:
PROGRAMMLEITUNG Monika Schlitzer
PROJEKTBETREUUNG Ilona Ehre
HERSTELLUNGSLEITUNG Dorothee Whittaker
HERSTELLUNG Verena Salm

Bibliografische Information Der Deutschen Bibliothek
Die Deutsche Bibliothek verzeichnet diese Publikation in der Deutschen Nationalbibliografie; detaillierte bibliografische Daten sind im Internet über http://dnb.ddb.de abrufbar.

Titel der englischen Originalausgabe:
RHS Wisley Experts
Gardeners' Advice

Übersetzung Susanne Bonn
Redaktion Agnes Pahler

ISBN 3-8310-0663-6

Printed and bound in Italy by Graphicom

Besuchen Sie uns im Internet
www.dk.com

INHALT

Grundlagen

Pflanzenkauf 10
Dienstleister 11
Handwerkzeug 11
Winterblühende Pflanzen 12
Bewässerung 14
Trockenheit 16
Kleine Gärten, Dachgärten, Balkone 18
Steingärten 19
Eigene Anzucht aus Samen 20
Steintröge 22
Küstengärten 24
Bodendecker 26
Hochbeete 27
Pergolen, Lauben 28
Schnittblumen 30
Befestigte Flächen 34

UNKRAUT
Unkrautbekämpfung 31
Brombeeren, Brennnesseln, Winden, Giersch, Efeu, Ackerschachtelhalm 32
Japan. Flügelknöterich, Sauerklee 35
Herbizidschäden 36

PFLANZENGESUNDHEIT
Vorbeugender Pflanzenschutz 36
Systemischer Pflanzenschutz 37
Fungizide 38
Pestizide 39
Biologischer Pflanzenschutz 40
Blattläuse, Ameisen, Asseln, Tausenfüßer, Katzen, Vögel, Wild, Ohrwürmer, Schnecken, Kaninchen, Eichhörnchen, Dickmaulrüssler 42

Gehölze

Bunte Blätter 57
Grüne Triebe 59
Gehölzpflanzung 60
Herbstfarben 62
Rinde 63
Probleme beim Anwachsen 66
Koniferenpflege 70
Frostschäden 70
Windreibungsschäden 71
Dompfaff-Schäden 72
Hallimasch-Probleme 72
Duftende Gehölze 73
Steckhölzer 75

BÄUME

Kleine Gärten 50
Bäume und Gebäude 52
Baumschutzsatzungen 54
Sicherheitsfragen 56
Topfkultur 59
Unterbewuchs 64
Baumkauf 64
Baumstützen 65
Sommerschnitt für Ziergehölze 66
Bluten aus Schnitten 67
Schösslinge entfernen 67
Baumchirurgie 68
Rundköpfige Bäume 68
Baumstümpfe entfernen 73

STRÄUCHER

Umpflanzen 55
Farbige Zweige 68
Sträucher für das ganze Jahr 76
Immergrüne Sträucher 78
Probleme bei Beerenbildung 79
Schnitt 80
Verjüngung 82
Formschnitt 83
Schattenplätze 83

HECKEN

Grundlagen 85
Leylandzypressen 87
Vernachlässigte Hecken 87

ROSEN

Strauchrosen 88
Pflanzung 89
Schnitt 90
Krankheiten 92

Kletterpflanzen

Wandkletterer 94
Pflanzung 95
Topfkultur 96
Vermehrung 98
Duftende Kletterer 99
Clematis 99
Geißblatt, Efeu, Passionsblume 103
Kletterrosen 104
Glyzinen 105

Stauden

Farben 108
Für jede Jahreszeit 110
Für Trockenmauern 117
Kauf und Pflanzung 118
Stützen 119
Ausputzen 121
Schnitt 122
Für den Kiesgarten 122
Frostempfindliche Stauden 123
Abhärtung 125
Kräuter 126
Vermehrung 128
Duftende Stauden 130
Schmale Rabatten 130
Schattenplätze 140
Farne 140

KRANKHEITEN & BLÜTENPROBLEME

Agapanthus, Rittersporn 111
Nieswurz 112
Lupinen 113
Astern, Pfingstrosen, Staudenphlox 114
Neuseeländer Flachs 115
Primeln, Hauswurz, Salomonssiegel 116
Veilchen 117

ZIERGRÄSER UND BAMBUS

Ziergräser 131
Bambus 134

Zwiebelpflanzen

Pflanzung 144
Schattenplätze 144
Verwilderung 145
Probleme bei Narzissen 146
Nagetierschäden 147
Tulpen 148
Iris 148
Calla 149
Sommer-Zwiebelblumen 149
Blumenzwiebeln lagern 150
Dahlien und Canna 150
Lilien 152
Vermehrung 154

Sommerblumen & Kübelpflanzen

Terrassenpflanzen 164
Depotdünger 174
Samenernte 174

EINJÄHRIGE & BEETPFLANZEN
Winterharte Einjährige 158
Duftende Einjährige 159
Einjährige für Schatten 159
Kauf 159
Tropenbeete 160

KÜBELPFLANZEN
Grundlagen 161
Umtopfen und Erdaustausch 162
Kräuter in Töpfen 165
Wiesen in Pflanzgefäßen 166
Immergrüne Sträucher 168
Balkonkästen, Hängekörbe 170
Duftwicken 171
Pflanzenpflege 172
Material für Hängekörbe 173

Rasen

Rasenmischung 176
Rasenansaat 177
Rollrasen 178
Fertigrasen 180
Grüner Rasen 181
Mähtechnik 182
Pflege 182
Alternative Grünflächen 187

RASENPROBLEME
Filz, Hexenringe, Schneeschimmel, Wurmhäufchen, Rasenunkräuter, Schafgarbe, Moos, tote Zonen. strapazierter Rasen 183
Rasenstärkung 187

Pflanzen im Gewächshaus

Heizung 190
Frühjahrsputz 191
Temperaturregelung 192
Alternativen zu Glas 193
Wintergartenpflanzen 193
Bougainvilleen 194
Kakteen, Sukkulenten 195
Zimmerhibiskus 196
Moos und Algen 196
Schädlinge 196

Obst und Gemüse

GEMÜSE
Gemüsekultur 200
Vlies bei Frühgemüse 202
Schnitt- und Pflücksalate 202
Gemüse gießen 203
Mehrjähriges Gemüse 203
Pflegeleichte Gemüsearten 204
Gründüngung 207
Zeitplanung im Gemüsegarten 208
Fruchtfolge 210
Rankgemüse 212
Spargelanbau 214
Chicoree und Endivie 216
Paprika und Pfefferschoten 217
Junger Blattsalat 218
Zwiebeln 220
Kartoffeln 220
Zuckermais 223
Kürbisse 223
Tomaten 226
Wurzelgemüse 228
Platznutzung 230

GEMÜSEPROBLEME
Möhrenfliege, Kohlraupen, Kohlmottenschildlaus, Kohlhernie, Erbsenwickler, platzendes Wurzelgemüse 205
Samenbildung 211
Spargelhähnchen 215
Bohnenprobleme 215

Zucchiniprobleme 217
Kartoffelprobleme 221
Tomatenprobleme 227

OBST
Kleine Gärten 231
Lagerung 232
Düngen und Mulchen 232
Äpfel- und Birnbäume 233
Topfkultur 234
Fruchtknospen 236
Schnitt 236
Verjüngung 238
Johannisbeeren 239
Hybridbeeren 240
Herbsthimbeeren 240
Feigen 242
Kiwi 243
Weintrauben 245
Olivenbäume 245
Erdbeeren 246

OBSTPROBLEME
Mangelhafte Bestäubung 233
Probleme bei Äpfeln 237
Probleme bei Johannisbeeren 240
Probleme bei Trauben 244

Ein lebendiger Garten

Lebensräume für Tiere 250
Bienen 252
Schmetterlinge 253

Biologischer Gartenbau 254
Vögel 256

Erden, Substrate & Dünger

Bodenbearbeitung 258
Fruchtbarkeit 259
Plattwürmer 259
Nasser Boden 260
Dränage 260
Schwere Böden 261
pH-Wert 263
Alkalische Böden 264
Kalken 265
Saurer Boden 266
Dünger 267
Holzasche 268
Torf-Alternativen 268
Mulchen 269
Kompostieren 271
Laubkompost herstellen 272
Überwintern 272

Wassergärten

Sumpfgarten 274
Teichfilter 275
Teichreparatur 275
Wasserpflanzen 276
Teichpflege im Winter 278
Fadenalgen 279
Blattfall 279
Unkraut 280
Algen 281

Register 282
Dank 288

EINLEITUNG

Das Beratungsteam der Royal Horticultural Society, eine Gruppe von Wissenschaftlern und Gartenfachleuten der Gärten von Wisley, beantwortet jährlich 46 000 Anfragen von Mitgliedern. Weitere 16 000 Fragen pro Jahr werden bei Blumenschauen geklärt. Die häufigste Frage ist die nach der Bekämpfung von Schnecken, aber oft wird das Team auch nach dem Dickmaulrüssler, der Roten Spinne, nach Schäden durch Kaninchen und den gefürchteten Hallimasch gefragt.

Jim England vom Beratungsteam der Royal Horticultural Society

Doch der Beratungsdienst will nicht nur bei Problemen helfen, sondern identifiziert auch Pflanzen, empfiehlt passende Gewächse für einen bestimmten Standort und berät beim Kompostieren und bei der Bodenpflege. Die Experten bieten Informationen über Gartenprodukte und Anbieter und beraten bei der Auswahl von Garten- und Landschaftsgärtnern und anderen Dienstleistern des Gartenbaus.

Dieses Buch enthält eine Auswahl von Antworten auf die am häufigsten gestellten Fragen. Es bietet zu vielen Aspekten des Gärtnerns die besten derzeit erhältlichen Informationen und gibt Hinweise, die aus anderen Quellen nicht oder nur mit Mühe zu beschaffen sind. Diese Sammlung behandelt in zwölf Kapiteln über 300 Themen zu den Kategorien Pflanzvorschläge, Techniken, Praktische Tipps und Pflanzenprobleme und darin ist mit ziemlicher Sicherheit auch die Lösung Ihres Gartenproblems eingeschlossen. Sie erfahren, wie Sie die besten Pflanzen auswählen und pflegen und wie Sie in Ihrem Garten zu den besten Resultaten kommen.

SYMBOLE IN DEN PFLANZENLISTEN

Die Symbole in den Pflanzenlisten geben allgemeine Hinweise zur Größe und zu den Ansprüchen der einzelnen Pflanzen. Unter Winterhärte ist die Mindesttemperatur angegeben, bei der die Pflanze ohne Schutz im Freien überlebt. Die Auszeichnung der RHS »Award of Garden Merit« wird Pflanzen von hervorragender Qualität verliehen.

- Pflanze trägt den »Award of Garden Merit« der RHS
- Blattschmuck
- ↕ Durchschnittliche Höhe
- ↔ Durchschnittliche Breite
- ↕↔ Durchschnittliche Höhe und Breite (falls gleich)
- E Immergrün
- Bevorzugt volle Sonne
- Bevorzugt Halbschatten
- Verträgt vollen Schatten
- Bevorzugt gut dränierten Boden
- Bevorzugt frischen Boden
- Bevorzugt feuchten Boden
- pH Braucht sauren Boden
- Winterhart: Pflanze erträgt Temperaturen bis -15°C
- Frostfest: Pflanze erträgt Temperaturen bis -5°C
- Eingeschränkt kälteverträglich: Pflanze erträgt Temperaturen bis 0°C
- Frostempfindlich: Pflanze kann bei Temperaturen unter 5°C Schaden erleiden

GRUNDLAGEN

Pflanzen kaufen

Pflanzen kauft man am besten erst unmittelbar vor dem Einpflanzen. Ältere Pflanzen im Topf erhält man manchmal recht preisgünstig.

Pflanzen leiden, wenn sie in nassen, schmierigen oder noch gefrorenen Boden gepflanzt werden. Besser wartet man mit dem Kauf oder lagert die Pflanzen an einem geschützten Ort, bis sich der Bodenzustand gebessert hat. Manche zum Kauf angebotenen Pflanzen wurden in Folientunneln herangezogen und erleiden Wachstumsstörungen, wenn sie zu früh ausgepflanzt werden. Wenn die Blätter weich und empfindlich aussehen, sollte man die Pflanze für eine Woche mit zwei Lagen Gartenvlies abdecken, danach belässt man für noch eine Woche eine Lage Vlies, um sie allmählich abzuhärten. Stauden, Bäume, Sträucher, Kletterpflanzen und Rosen werden relativ früh gepflanzt, damit sie gut eingewurzelt haben, bevor die Sommertrockenheit einsetzt.

Gesunde Pflanzen auswählen
Untersuchen Sie vor dem Kauf die Töpfe sorgfältig. Geben Sie kein Geld aus für ältere Pflanzen, deren Wurzeln unten aus dem Topf herauswachsen (oben links), oder für Exemplare mit kahlem, spärlichem Spross (oben) – sie werden nicht gut gedeihen. Halten Sie Ausschau nach Pflanzen mit wüchsigem, ausgeglichenem Wuchs und gesund aussehenden Blättern (links).

Nicht winterharte Pflanzen

Nicht winterharte Pflanzen kauft man erst zu Beginn des Spätfrühlings, außerdem findet man um diese Zeit meist die beste Auswahl vor. Falls eine bestimmte Pflanze früh gekauft wird – etwa um eine wichtige Farbe für die vorgesehene Gestaltung zu sichern –, lagert man sie in einem kühlen, gut belüfteten Frühbeet oder im Kleingewächshaus. Die Pflanzen gedeihen viel besser, wenn die Blütenknospen entfernt werden und man bis zum Auspflanzen jede Woche einen flüssigen Volldünger verabreicht.

Warnzeichen
Meiden Sie von Unkraut befallene Töpfe und entfernen Sie immer die oberen 2 cm des Substrats, da es Unkrautsamen enthalten kann.

Winterharte Stauden

Sicherheitshalber kauft man Stauden im zeitigen Frühjahr. Sie lassen sich zu dieser Zeit am besten verpflanzen. Günstigere Pflanzen in 1-Liter- oder 11-cm-Töpfen haben die größeren, teureren in 2-Liter- oder 13-cm-Töpfen schnell eingeholt. Alte, zu dicht gewachsene Pflanzen, die frei von Schädlingen, Krankheiten und Unkraut sind und in großen Töpfen stehen, können aber besonders günstig sein, denn sie lassen sich mehrfach teilen. Meiden Sie Pflanzen, die zu hartnäckigen Krankheiten neigen wie Phlox (Stängelälchen, siehe S. 115) oder Astern (Weichhautmilben). Ein Befall mit Dickmaulrüssler ist vor der Pflanzung kaum zu erkennen – geben Sie befallene Pflanzen zurück (siehe S. 48).

Bäume, Sträucher und Kletterpflanzen

Überalterte Bäume, Sträucher und Kletterpflanzen mit dicht durchwurzeltem Ballen lassen sich leicht daran erkennen, dass die Wurzeln unten aus dem Topf herauswachsen. Kaufen Sie solche Pflanzen nicht, sie wachsen selten gut an. Ebenso sollte man kleine Pflanzen in großen Töpfen mit lockerem Substrat meiden, denn sie wurden oft erst vor kurzem eingetopft.

ROSEN KAUFEN

Bei Rosen ist es üblich, dass die Pflanzen direkt vor dem Verkauf aus dem Beet in der Baumschule ausgegraben und eingetopft werdenen. Zu Hause angekommen, nehmen Sie die Rose aus dem Topf und schütteln Sie vor dem Einpflanzen die Erde ab. Sofern sich die Rosen noch in der Wachstumsruhe befinden, wachsen sie schnell an.

PRAKTISCHE TIPPS

Der richtige Dienstleister

Für manche umfangreiche Baumaßnahmen und Pflege- oder Baumschnittarbeiten braucht es professionelle Hilfe.

Gartenbesitzer machen sich Gedanken über die Zuverlässigkeit, Fachkenntnis und Kompetenz derjenigen Betriebe, denen sie Aufträge für Gartenarbeiten erteilen. Die verschiedenen Dienstleistungsbetriebe des Gartenbaus können unterschiedlichen Berufsverbänden angehören. Die jeweiligen Verbände geben Listen mit anerkannten und geprüften Betrieben heraus. Sie geben in gewissem Maße die Gewähr, dass ein geprüfter Betrieb bestimmte Standards erfüllt. Berufsverbände wie amtliche bestellte Berater helfen auch bei Meinungsverschiedenheiten.

Die Mitgliedschaft in solchen Verbänden ist natürlich mit Kosten verbunden; so mag es am Ort gute Betriebe geben, die aber nicht organisiert sind. Sie haben dann wieder den Vorteil, dass sie die örtlichen Verhältnisse kennen. Zudem ist ihre Arbeitsweise im Umkreis bekannt und es fallen kaum Fahrtkosten an. Holen Sie aber Referenzen von mindestens zwei zufriedenen Kunden ein und besichtigen Sie frühere Arbeiten. Überzeugen Sie sich, dass alle Angestellten ausreichend versichert sind. Stadtgartenämter, Obst- und Gartenbauvereine oder Gartencenter können oft geeignete Partner empfehlen.

Stellen Sie zu Beginn klar, welche Arbeiten zu erledigen sind, wie viel Einfluss sie auf die Arbeit des Gärtners nehmen wollen und was Sie dafür ausgeben möchten. Damit wird es schon leichter, einen Gärtner zu finden, der Ihre Anforderungen erfüllen kann. Fragen Sie, wie lange der Unternehmer sein Geschäft schon betreibt und welche Qualifikationen er vorweisen kann. Lassen Sie sich Fotos von ausgeführten Gartenanlagen zeigen. Besprechen Sie die geplanten Arbeiten mit mehr als einem Betrieb, um eine Vorstellung von den Kosten zu bekommen. Lassen Sie sich für jeden Arbeitsabschnitt einen Kostenvoranschlag machen.

Die Arbeit planen
Um eine Vorstellung von den Kosten zu erhalten, holt man sich von mehreren Betrieben Kostenvoranschläge ein. Beiden Parteien muss klar sein, welche Arbeiten anfallen.

Aufräumen
Die Eigentumsrechte an überzähligem Material und die Kosten für die Entsorgung von Abfällen geben oft Anlass für Streit. Weitere Beratung und Hilfe sollte vertraglich geregelt sein.

KONTROLLPUNKTE

- Überprüfen Sie die Fachkompetenz der beauftragten Betriebe; holen Sie Referenzen ein.
- Besichtigen Sie Anlagen, die der Betrieb zuvor errichtet hat.
- Holen Sie von verschiedenen Unternehmen Kostenvoranschläge ein.
- Legen Sie genau fest, welche Arbeiten auszuführen sind.

Siehe auch Sind Ihre Bäume verkehrssicher?, S. 56

TECHNIKEN

Handwerkzeug pflegen

Scharfes und sauberes Werkzeug dient dem Wohl der Pflanzen.

Eine häufig gebrauchte Gartenschere muss oft gereinigt und geschärft werden. Dafür nimmt man sie auseinander und entfernt alle Spuren von Pflanzensaft mit Metallpolitur und einem Nylonscheuerschwamm. Die Klinge wird geschärft, indem man sie in einer glatten, kreisförmigen Bewegung über einen Wetzstein oder eine andere schärfende Oberfläche zieht.

Eine abgenutzte Klinge muss ersetzt werden. Während der Arbeit lässt sich die Schere einfach mit einem Wetzstein nachschärfen, ohne sie auseinander zu nehmen. Messer werden auf die gleiche Weise geschärft.

Nach Gebrauch werden Erdreste entfernt und alle Metallteile mit einem ölgetränkten Lappen abgewischt, damit sie im Lager nicht rosten.

Gartenschere schärfen
Halten Sie die Klinge im selben Winkel wie den abgeschrägten Rand, schleifen Sie aber nie die flache Seite der Schere, denn darunter leidet der »Biss« der Klinge. Entfernen Sie alle Kerben, indem Sie die gegenüberliegende Seite leicht reiben.

Winterblühende Pflanzen

Im Winter muss der Garten nicht leblos und langweilig sein: Zahlreiche Sträucher, winterharte Stauden und Zwiebelpflanzen blühen zu dieser Jahreszeit, darunter viele Sträucher mit duftenden Blüten.

PFLANZEN FÜR DEN WINTER

Winterblühende Pflanzen bringen Leben in die dunklen Wintertage, wenn sie so gepflanzt werden, dass sie vom Haus aus zu sehen sind. Wenn die Blüten auch noch duften, kommen sie in der Nähe von Eingangstüren oder häufig begangenen Wegen am besten zur Geltung. Die meisten winterblühenden Pflanzen wirken im Sommer eher wenig attraktiv, sie lassen sich aber oft gut unter anderen Pflanzen verbergen.

Sträucher mit duftenden Blüten

Abeliophyllum distichum ↕↔ 1,5m, weiß, ☼ ◊ ❄❄❄ [1]

Chimonanthus praecox ↕ 4m ↔ 3m, gelb, ☼ ◊ ❄❄❄

Daphne mezereum ↕ 1,2m ↔ 90cm, violett-rot, ☼–◐ ♦ ❄❄❄ [2]

Daphne odora ↕↔ 1,5m, weiß, rötlich überzogen, E ☼–◐ ♦ ❄❄

Hamamelis x *intermedia* Sorten ↕↔ 4m, gelb, orange, ☼–◐ ♦ pH ❄❄❄

Hamamelis mollis 🏆 ↕↔ 4m, gelb, ☼–◐ ♦ pH ❄❄❄

Lonicera fragrantissima ↕ 1,8m ↔ 3m, weiß, ☼–◐ ◊ ❄❄❄ [3]

Lonicera x *purpusii* 'Winter Beauty' 🏆 ↕ 1,8m ↔ 2,4m, weiß, ☼–◐ ◊ ❄❄❄

Mahonia japonica 🏆 ↕ 1,8m ↔ 3m, gelb, E ☼–◐ ♦ ❄❄❄

Sarcococca confusa 🏆 ↕ 1,8m ↔ 90cm, weiß, E ◐–● ♦ ❄❄❄ [4]

Viburnum x *bodnantense* ↕ 3m ↔ 1,8m, rosa, ☼–◐ ♦ ❄❄❄

Viburnum farreri 🏆 ↕ 3m ↔ 2,4m, weiß, ☼–◐ ♦ ❄❄❄ [5]

Andere Sträucher

Camellia japonica ↕↔ 1,8–4m, weiß, rosa, rot E ◐ ♦ pH ❄❄❄

Camellia x *williamsii* ↕↔ 1,8–4m, weiß, rosa, rot E ◐ ♦ pH ❄❄❄ 'Joan Trehane' 🏆 [6]

Cornus mas ↕↔ 5m, gelb, ☼–◐ ◊ ❄❄❄

Erica carnea ↕ 20–25cm ↔ 55cm, weiß, rosa, E ☼ ◊ ❄❄❄

Erica x *darleyensis* ↕ 60cm ↔ 75cm, weiß, rosa, violett, E ☼ ◊ ❄❄❄

Garrya elliptica ↕↔ 4m, graugrün, E ☼–◐ ◊ ❄❄

Jasminum nudiflorum 🏆 ↕↔ 3m, gelb, ☼–◐ ◊ ❄❄❄

Rhododendron 'Praecox' 🏆 ↕↔ 1,2m, violettrosa, E ☼–◐ ♦ pH ❄❄❄

Ribes laurifolium ↕ 90cm ↔ 1,5m, grüngelb, E ☼–◐ ◊ ❄❄❄

Salix aegyptiaca ↕ 4m ↔ 5m, grau, ☼ ♦ ❄❄❄

Stachyurus praecox 🏆 ↕ 1–4m ↔ 3m, blass gelbgrün, ☼–◐ ♦ pH ❄❄❄ [7]

Viburnum tinus ↕↔ 3m, weiß, E ☼–◐ ♦ ❄❄❄

Winterharte Stauden

Adonis amurensis ↕ 20–40cm ↔ 30cm, gelb, ● ♦ pH ❄❄❄ [8]

Bergenia cordifolia ↕ 60cm ↔ 75cm, rosa, E ☼–◐ ♦ ❄❄❄

Helleborus x *hybridus* ↕↔ 45cm, weiß bis purpurrot, E ◐ ♦ ❄❄❄ 'Pluto' [9]

Eranthis hyemalis

Helleborus niger 🏆 ↕ 30cm ↔ 45cm, weiß, E ◐ ♦ ❄❄❄

Iris unguicularis 🏆 ↕ 30cm ↔ 60cm, blasslila bis violett, E ☼ ◊ ❄❄❄

Zwiebelpflanzen

Anemone blanda 🏆 ↕↔ 15cm, blau, rosa oder weiß, ◐ ◊ ❄❄❄ 'White Splendour' 🏆 [10]

Crocus laevigatus 🏆 ↕ 4–8cm ↔ 4 cm, weiß bis lila, ☼ ◊ ❄❄❄

Crocus tommasinianus 🏆 ↕ 8–10cm ↔ 2,5cm, silbrig lila bis rotviolett, ☼ ◊ ❄❄❄ f. *albus* [11]

Eranthis hyemalis 🏆 ↕ 5–8cm ↔ 5cm, gelb, ☼–◐ ♦ ❄❄❄

Galanthus nivalis 🏆 ↕↔ 10cm, weiß, ◐ ♦ ❄❄❄

Iris reticulata 🏆 ↕ 10–15cm ↔ 8cm, veilchenblau bis rotviolett, ☼ ◊ ❄❄❄

Narcissus asturiensis 🏆 ↕↔ 8cm, blassgelb, ☼ ♦ pH ❄❄❄

Narcissus cantabricus ↕ 15–20cm ↔ 8cm, weiß, ☼–◐ ♦ ❄❄❄ [12]

Narcissus cyclamineus 🏆 ↕ 15–20cm ↔ 8cm, gelb, ☼–◐ ♦ pH ❄❄❄

Scilla mischtschenkoana 'Tubergeniana' 🏆 ↕ 10–15cm ↔ 5cm, blau, ☼–◐ ◊ ❄❄❄

Rhododendron 'Praecox'

Siehe auch Pflanzen mit schöner Rinde, S. 63; Sträucher für das ganze Jahr, S. 76-77; Immergrüne Sträucher, S. 78;

1

2

3

4

5

6

7

8

9

10

11

12

Balkonkästen und Hängekörbe, S. 170-171

Den Garten bewässern

Selbst bei längerer Trockenheit sollte der Wasserverbrauch im Garten möglichst niedrig bleiben. Wer zum richtigen Zeitpunkt gießt, spart viel Wasser.

Gut zu wissen, dass 2,5 cm Niederschlag etwa 25 Litern Wasser pro Quadratmeter entsprechen. Ein durchschnittlicher Regner verteilt bis zu 900 Liter pro Stunde. Wenn er damit 9 m^2 abdeckt, erhält jeder Quadratmeter etwa 100 Liter pro Stunde. Doch selbst im Früh- oder Hochsommer braucht ein vollständig mit Pflanzen bedeckter Quadratmeter Beetfläche nur 25 Liter Wasser alle 7–10 Tage. Ohne Regen und Gießwasser führt das zu einem Feuchtigkeitsdefizit von 2,5 cm. Werden diese 2,5 cm geliefert, erhält die Erde das Maß ihrer Wasserhaltefähigkeit zurück; was darüber hinaus geht, wäre Verschwendung, denn es würde aus dem Wurzelbereich abfließen.

Mit einem einfachen Regenmesser lässt sich feststellen, wie viel Wasser in einem bestimmten Zeitraum auf den Boden gelangt. Daraus können Sie errechnen, wie lange es dauert, bis 2,5 cm Wasser angekommen sind. Wenn Sie mit Gießkannen oder Tropfschläuchen wässern, sollten Sie mit der Schaufel vor und nach dem Gießen den Wassergehalt des Bodens überprüfen. Vor allem der Wurzelbereich muss gut durchfeuchtet werden.

Kontrollieren Sie die Wasserverteilung durch den Regner, indem Sie mit dem Regenmesser prüfen, wie viel Wasser in einem bestimmten Zeitraum gegeben wird. Die Beregnung fällt nicht gleichmäßig, daher muss man an verschiedenen Punkten der beregneten Fläche messen. Die Randbereiche des beregneten Areals erhalten in der Regel zu wenig Wasser. Wird der Regner versetzt, stellt man ihn so auf, dass sich die beregneten Flächen überlappen. Somit wird das Wasser gleichmäßiger verteilt.

Ein ausreichend gewässerter Rasen
Entscheiden Sie selbst, ob Ihr Rasen in Trockenperioden grün bleiben soll. Um ihn den ganzen Sommer über grün zu halten, müssen Sie bei Wassermangel jedes Mal so viel gießen, dass das Wasser bis zu den Wurzeln eindringt.

Rasen

Zu häufiges Gießen ist Verschwendung und fördert die flache Ausbreitung von Wurzeln. In der Folge ist das Gras anfälliger für Trockenheit. Außerdem wird dadurch das im Rasen unerwünschte Einjährige Rispengras gefördert.

Vor dem Gießen lässt man erst ein Feuchtigkeitsdefizit von 2,5 cm entstehen und gleicht dieses mit der entsprechenden Wassermenge aus. Im Früh- und Hochsommer entsteht ein Defizit von 2,5 cm nach etwa einer Woche Trockenheit. Bei längerer Trockenheit empfiehlt sich daher Rasensprengen einmal pro Woche. Zur Frühjahrsmitte und im Frühherbst dauert es etwa 2 Wochen, bis das gleiche Defizit entsteht; es genügt bei Trockenheit im Abstand von 14 Tagen zu gießen.

Gemüse

Wurzel- und Knollengemüse sollte man alle 14 Tage gießen, Blattgemüse jede Woche. Sämlinge und frisch versetzte Pflanzen brauchen eventuell öfter Wasser. Mais und alle Schmetterlingsblütler (Erbsen und Bohnen) brauchen während und nach der Blüte ausreichend Wasser, um den Ertrag zu sichern. Fruchtgemüse wie Zucchini und Tomaten haben während und nach der Blüte einen erhöhten Wasserbedarf.

Zierpflanzen

Bei eingewachsenen Gehölzen kann das Feuchtigkeitsdefizit 7,5 cm betragen, bevor Wassernachhilfe nötig wird, junge Gehölzen vertragen immerhin noch ein Defizit von 5 cm. Gleiches gilt für Stauden. Vor kurzem gepflanzte Stauden und Beetpflanzen sollte man bei einem Defizit von 2,5 cm gießen.

Obst und Gemüse
Obst und Gemüse haben bei der Frage nach der Bedürftigkeit Vorrang. Fruchtgemüse wie Sommerkürbisse (rechts) braucht während der Blüte und zur Zeit der Fruchtentwicklung häufigere Wassergaben. Himbeeren (ganz rechts) sollte man zur Zeit der Fruchtreife ausreichend mit Wasser versorgen.

Siehe auch Gärtnern bei Trockenheit, S. 16-17; Rasenpflege bei Trockenheit, S. 182; Gemüse gießen, S. 203

EINEN TROPFSCHLAUCH AUSLEGEN

Ein Tropfschlauch, ausgelegt zwischen den Pflanzen, [1] stellt eine praktische, effiziente Bewässerungsmethode dar. Er eignet sich besonders für mehrjährige Pflanzen wie Sträucher, Stauden und Obstpflanzen, aber auch fürs Gemüsebeet. Der Schlauch wird einfach an den Wasserhahn angeschlossen, das Wasser sickert langsam aus Poren im Schlauch aus, es dringt tief in den Wurzelbereich des Bodens ein. [2] Der Schlauch lässt sich unter einer Mulchdecke, z.B. Rindenhäcksel, verbergen. Bei Bedarf dreht man nur den Wasserhahn auf.

Beregnen bei Trockenheit
Eine dauerhaft installierte Beregnungsanlage mit Anschluss an die Wasserleitung eignet sich hervorragend für wasserbedürftige Obstbäume und Sträucher.

Obstbäume und -sträucher

Eingewachsene Bäume vertragen ein Feuchtigkeitsdefizit von 7,5 cm, junge Bäume von 5 cm, bevor Gießen notwendig wird.

Erhalten eingewachsene Bäume vor dem Hochsommer Wasserhilfe, muss man mit dem Gießen fortfahren, sonst bilden sich nur kleine Früchte. Geben Sie beim ersten Mal 5 cm Wasser, danach mindestens jeweils 2,5 cm, und von Hochsommer bis Frühherbst am besten alle 14 Tage 5 cm.

Schwarze, Rote und Weiße Johannisbeeren sollten vom späten Frühjahr bis zum Spätsommer genügend Wasser erhalten. Himbeeren braucht man bei Regenmangel lange nicht gießen, erst wenn sich die ersten Beeren rot färben, empfiehlt sich zusätzliches Wässern, um den Ertrag zu erhöhen. Ein weiterer Guss mit 5 cm Wasser nach der Ernte fördert das Wachstum neuer Ruten. Wässern bekommt auch den Erdbeeren zur Zeit der Fruchtreife; während der Blüte gießt man besser nicht, um Grauschimmel *(Botrytis)* zu vermeiden. Wassergaben bei Trockenheit im Frühherbst tragen dazu bei, den zukünftigen Ertrag zu steigern, im Hoch- und Spätsommer fördern sie die Bildung von Ausläufern.

Neue Pflanzen angießen
Gießen Sie frisch gesetzte Pflanzen, wenn der Boden trocken ist. Geben Sie eine Gießkanne voll Wasser auf die Fläche direkt um die Pflanze, sodass es alle Wurzeln erreichen kann. Danach gießen Sie die junge Pflanze immer, wenn der Boden auszutrocknen beginnt.

Brauchwasser

Bei längerer Trockenheit, wenn das Gießen verboten ist, wird oft geraten, Brauchwasser aus dem Haushalt zu verwenden, um die Pflanzen über die Runden zu bringen.

Das am besten geeignete Brauchwasser enthält weder Zusätze noch Bleichmittel, etwa Wasser, wie es zum Putzen von Gemüse verwendet wurde. In Maßen eingesetztes Abwasser aus dem Haushalt wird die Bodenstruktur, das Boden- und Pflanzenleben kaum ernsthaft schädigen, häufiger und langfristiger Einsatz kann jedoch den Kalk- und Phosphatgehalt erhöhen sowie zur Salzanreicherung im Boden führen, was durchaus Schäden nach sich ziehen kann.

Statt oft und wenig zu gießen, empfiehlt es sich, seltener, aber gründlich zu gießen. Bevorzugt mit Wasser versorgt werden Gemüsepflanzen und frisch gepflanzte Gehölze, deren Wurzeln noch nicht tief genug reichen, um eine Trockenperiode zu überstehen.

BRAUCHWASSER SAMMELN

Angezapfte Fallrohre ermöglichen es, Haushaltswasser in Fässern zu sammeln. Aus Sicherheitsgründen sollte das Fass unbedingt einen Deckel haben, und das Wasser sollte innerhalb einiger Stunden verbraucht werden.

Gärtnern bei Trockenheit

Trockenheitsverträgliche Gehölze und Stauden helfen im Garten Wasser zu sparen; sie können in eigenen Beeten kombiniert werden.

Viele trockenheitsverträgliche Pflanzen stammen aus dem Mittelmeerraum oder ähnlichen Regionen mit heißen, trockenen Sommern und kühlen, nahezu frostfreien Wintern. Sollen die Pflanzen im Freien überwintern, müssen Sie auf die ausreichende Frosthärte achten. Empfindlichere Pflanzen können in sehr milden Regionen mit Weinbauklima das ganze Jahr über im Freien bleiben, am besten stehen sie an einer warmen, sonnigen Süd- oder Westwand oder in einer geschützten Rabatte.

Trockenheitsverträgliche Pflanzen sind oft an ihren silbrigen, grauen oder dicht behaarten Blättern zu erkennen, oder sie haben sehr kleine, glänzende Blätter mit wachsartigem Überzug. Gießen Sie im ersten Jahr alle Pflanzen nach Bedarf, damit sie gut anwachsen. Danach sollten sie Trockenperioden überstehen.

LAUB- UND NADELBÄUME

Laubbäume

Ailanthus altissima ↕ 25m ↔ 15m ☼–◐ ◊ ❄❄❄ [1]

Arbutus x andrachnoides ◉ ↕↔ 8m E ☼ ◊ ❄❄❄

Betula pendula ◉ ↕ 25m ↔ 10m ☼–◐ ◊ ❄❄❄ 'Youngii' [2]

Celtis australis ↕↔ 20m ☼ ◊ ❄❄❄

Cercis siliquastrum ◉ ↕↔ 10m ☼ ◊ ❄❄❄

Cordyline australis ◉ ↕ 3–10m ↔ 1–4m E ☼–◐ ◊ ❄ 'Variegata' [3]

Eucalyptus pauciflora subsp. *niphophila* ◉ ↕ 8m ↔ 4m E ☼ ◊ ❄❄❄

Genista aetnensis ◉ ↕↔ 8m ☼ ◊ ❄❄

Gleditsia triacanthos 'Sunburst' ◉ ↕ 12m ↔ 10m ☼ ◊ ❄❄❄

Koelreuteria paniculata ◉ ↕↔ 10m ☼ ◊ ❄❄❄

Quercus ilex ◉ ↕ 25m ↔ 20m E ☼ ◊ ❄❄

Robinia pseudoacacia 'Frisia' ◉ ↕ 15m ↔ 8m ☼ ◊ ❄❄❄ [4]

Trachycarpus fortunei ◉ ↕ 20m ↔ 2,4m E ☼–◐ ◊ ❄❄

Nadelbäume

Cupressus sempervirens ↕ 20m ↔ 1–6m E ☼ ◊ ❄❄❄

Juniperus horizontalis ↕ 30cm ↔ 1,8m E ☼–◐ ◊ ❄❄❄

Juniperus virginiana ↕ 15–30m ↔ 5–8m E ☼–◐ ◊ ❄❄❄

Pinus mugo ↕ 3m ↔ 5m E ☼ ◊ ❄❄❄ 'Mops' ◉ [5]

Taxus baccata ◉ ↕ 10–20m ↔ 8–10m E ☼ ◐ ◊ ❄❄❄

1

2

3

4

5

6

Siehe auch Pflanzen für den Kiesgarten, S. 122; Rasenpflege bei Trockenheit, S. 182

7

8

9

10

11

12

STRÄUCHER UND STAUDEN

Sträucher (klein bis mittel)

Brachyglottis (Dunedin-Gruppe) 'Sunshine' ⊛ ↕ 1,5m ↔ 2m E ☼ ◊ ❄❄❄

Cistus x *purpureus* ⊛ ↕↔ 90cm E ☼ ◊ ❄❄

Convolvulus cneorum ⊛ ↕ 60cm ↔ 90cm E ☼ ◊ ❄❄ [6]

Coronilla valentina subsp. *glauca* ⊛ ↕↔ 80cm E ☼ ◊ ❄❄

Genista hispanica ↕ 75cm ↔ 1,5m ☼ ◊ ❄❄❄

Halimium ocymoides ⊛ ↕ 60cm ↔ 90cm E ☼ ◊ ❄❄

Helichrysum italicum ⊛ ↕ 60cm ↔ 90cm E ☼ ◊ ❄❄

Ozothamnus ledifolius ⊛ ↕↔ 90cm E ☼ ◊ ❄❄

Perovskia 'Blue Spire' ⊛ ↕ 1,2m ↔ 90cm ☼ ◊ ❄❄❄

Phlomis fruticosa ⊛ ↕ 90cm ↔ 1,5m E ☼ ◊ ❄❄❄ [7]

Potentilla fruticosa 'Beesii' ↕ 60cm ↔ 1,2m ☼ ◊ ❄❄❄

Rosmarinus officinalis (Prostratus-Gruppe) ↕ 15cm ↔ 1,2m E ☼ ◊ ❄❄

Ruta graveolens 'Jackman's Blue' ↕ 60cm ↔ 75cm E ☼ ◐ ◊ ❄❄❄ [8]

Santolina chamaecyparissus ⊛ ↕ 50cm ↔ 90cm E ☼ ◊ ❄❄

Teucrium fruticans ↕ 60–90cm ↔ 4m E ☼ ◊ ❄❄

Yucca filamentosa ⊛ ↕ 75cm ↔ 1,5m E ☼ ◊ ❄❄❄

Sträucher (mittel bis groß)

Atriplex halimus ↕ 1,8m ↔ 2,4m E ☼ ◊ ❄❄

Buddleja globosa ⊛ ↕↔ 5m ☼ ◊ ❄❄ [9]

Colutea arborescens ↕↔ 3m ☼ ◊ ❄❄❄

Cytisus scoparius ↕↔ 1,5m ☼ ◊ ❄❄❄

Genista tenera 'Golden Shower' ↕ 3m ▣ ↔ 5m ☼ ◊ ❄❄

Hippophae rhamnoides ⊛ ↕↔ 6m ☼ ◊ ❄❄❄

Poncirus trifoliata ↕↔ 5m ☼ ◊ ❄❄❄

Rosa rugosa ↕↔ 1.8–2,4m ☼ ◊ ❄❄❄

Spartium junceum ⊛ ↕↔ 3m ☼ ◊ ❄❄

Tamarix ramosissima ↕↔ 5m ☼ ◊ ❄❄❄

Ulex europaeus 'Flore Pleno' ⊛ ↕ 2,4m ↔ 1,8m E ☼ ◊ pH ❄❄❄

Vitex agnus-castus ↕↔ 1,8–8m ☼ ◊ ❄❄

Stauden

Baptisia autralis ⊛ ↕ 1,5m ↔ 60cm ☼ ◊ ❄❄❄

Carlina acaulis ↕ 10cm ↔ 25cm ☼ ◊ ❄❄❄ [10]

Centranthus ruber ↕↔ 90cm ☼ ◊ ❄❄❄

Crambe cordifolia ⊛ ↕ 2,8m ↔ 1,5m ☼ ◊ ❄❄❄

Echinops ritro ⊛ ↕ 60cm ↔ 45cm ☼ ◊ ❄❄❄

Eryngium x *tripartitum* ⊛ ↕ 60–90cm ↔ 50cm ☼ ◊ ❄❄❄

Lespedeza thunbergii ⊛ ↕ 1,8m ↔ 3m ☼ ◊ ❄❄❄ [11]

Sedum spectabile ⊛ ↕↔ 45cm ☼ ◊ ❄❄❄

Verbascum chaixii 'Album' ⊛ ↕ 90cm ↔ 45cm ☼ ◊ ❄❄❄ [12]

PRAKTISCHE TIPPS

Kleine Gärten planen

Ein kleiner Garten muss nicht langweilig sein.

Unterteilt in einzelne Bereiche wirken schmale Gärten geräumiger, vor allem sollte man das Gestaltungskonzept einfach halten. Wofür soll der Platz genutzt werden: Zum Spielen, für Parties, zum Gärtnern oder Entspannen? Zeichnen Sie einen Plan, in dem alle Leitungen, Grenzen, Bäume, Steigungen und Blickachsen zu erkennen sind. Vermerken Sie den Charakter des Gartenteils und welche Bereiche zu welcher Jahres- und Tageszeit am meisten Sonne bekommen und wie es mit besonderen Wind- und Frosteinwirkungen steht.

Pflanzen Sie keine hohen Bäume oder Hecken, da sie sowohl die Dimensionen des eigenen als auch des Nachbargartens sprengen; anstelle Intimität zu schaffen, werfen sie viel zu viel Schatten. Vielmehr verdecken Kletterpflanzen an Gittern die Grenzen und bilden das ganze Jahr über einen Blickpunkt. Mit großen Sträuchern oder einer Laube entsteht ein attraktiver Sichtschutz. Solitärpflanzen sollten nicht nur zu einer Jahreszeit attraktiv aussehen. Dazu kombiniert man Pflanzen mit unterschiedlicher Blütezeit.

Zeichnen Sie einen Gartengrundriss im richtigen Maßstab.

Siehe auch Der richtige Dienstleister, S. 11

PFLANZVORSCHLÄGE

Dachgärten und Balkone

Lassen Sie sich von zu viel Wind und Sonne nicht abschrecken: Auf nahezu jedem Dach oder Balkon können Pflanzen wachsen.

Die größten Probleme bei Dachgärten und Balkonen stellen starker Wind und zu viel Sonne dar. Nutzen Sie daher vorhandenen Schutz in Form von Wänden und Geländern aus. Balkone liegen zudem oft unter einem Dachüberstand, unter dessen Schutz die Pflanzen keinen Regen abbekommen. Noch bevor Sie einen Dachgarten planen, sollte ein Architekt oder Statiker ermitteln, wie viel Gewicht das Dach tragen kann und ob es ausreichend abgedichtet ist.

Pflanzgefäße und Substrate

Größere Container werden in der Nähe von tragenden Wänden oder auf einen Träger aufgestellt. Pflanzgefäße trocknen bei zu viel Hitze und Wind schnell aus, daher empfehlen sich tiefe Töpfe oder Kübel. Kleine Töpfe und Schalen sollten aus undurchlässigem Material wie Kunststoff, Metall oder Glasfaser bestehen, um den Wasserverlust gering zu halten. Generell sollten die Pflanzgefäße leicht und gut dräniert sein. Torf- oder Torfersatzsubstrate sind leichter als Erdsubstrate und werden durch die Zugabe von Perlite noch leichter. Allerdings erhöht zusätzliches Dränagematerial den Wasserbedarf.

Gießen und Pflegen

Topfpflanzen benötigen, außer bei Frost, das ganze Jahr über Wassergaben, im Sommer eventuell zweimal am Tag. Ein automatisches Bewässerungssystem spart Arbeit, lohnt sich aber vermutlich nur bei größeren Flächen. Kontrollieren Sie gelegentlich, ob die Wurzeln noch im Topf bleiben. Untersetzer sorgen dafür, dass sie nicht in die Unterlage einwurzeln können.

Windverträgliche Pflanzen
Grasähnlicher *Phormium* wie die Sorte 'Sundowner' (oben links) bricht den Wind, der immergrüne Strauch *Viburnum tinus* (oben rechts) schützt vor Witterungseinflüssen.

Pflanzen

Windschutzpflanzen wie *Pinus mugo* (Krummholzkiefer) und *Phormium*-Arten vertragen Sonne und Wind und schützen weniger robuste Pflanzen. Dichte Immergrüne wie *Viburnum tinus* und Wacholder sorgen ebenfalls für Schutz. Niedrig wachsende Pflanzen bekommen weniger Wind ab und sind meist kräftig genug, die Böen auszuhalten. Große Pflanzen müssen gut verankert werden.

Tiefe Pflanzgefäße
Hohe Töpfe trocknen weniger schnell aus als flache Schalen. Aus dem gleichen Grund eignen sich Pflanzgefäße aus undurchlässigem Material wie Kunststoff besser.

Siehe auch Pflanzen in Kübeln, S. 161; Pflanzen für die Terrasse, S. 164; Kübelpflanzen, S. 172

Pflanzen für den Steingarten

Die verschiedensten Pflanzen gedeihen im Steingarten, vor allem wenn seine Gestaltung unterschiedliche Pflanzplätze bietet – von trocken und sonnig bis zu feucht und schattig.

Ein Großteil des Steingartens sollte nach Süden ausgerichtet sein, um den Ansprüchen der meisten Gebirgspflanzen gerecht zu werden. Dazu zählen zum Beispiel Bartfaden, Edelweiß *(Leontopodium alpinum)*, die meisten Zwiebelpflanzen, Gamander, Steintäschel und Ringblume *(Anacyclus pyrethrum* var. *depressus)*.

Werden einige nach Norden gerichtete Terrassen eingebaut, entstehen Pflanzplätze für Schatten liebende Pflanzen, wie Farne, Moossteinbrech oder *Ramonda*. Andere bevorzugen absonnige Plätze an West- und Osthängen. Viele Pflanzen wie Thymian, *Phlox douglasii, P. subulata*, Sonnenröschen und Küchenschelle *(Pulsatilla vulgaris)* passen sich unterschiedlichen Standorten an.

FUGEN BESIEDELN

Manche Pflanzen kommen mit den Bedingungen in der Mauer gut zurecht. **1** Die Spalte mit Splittsubstrat füllen. **2** Die Wurzeln vorsichtig einführen (hier *Campanula*). Werden die Pflanzen zu sehr in eine zu enge Spalte gequetscht, nehmen sie Schaden. Die Wurzeln mit Substrat abdecken und mit einem Keil andrücken. **3** Einen kleinen Stein in der Spalte nach unten schieben, bis er verkeilt und das Substrat hält. **4** Die Mauer anfangs immer wieder von oben gießen, bis die Pflanzen angewachsen sind. Gelockerte Pflanzen regelmäßig erneut befestigen.

Spalten und Wände

Pflanzen, die in der Natur in senkrechten Felsspalten wachsen, gedeihen im Steingarten in den Fugen zwischen den Steinen. Sie werden am besten gleich beim Bau der Mauer eingesetzt. An den Nordseiten fühlen sich *Lewisia*-Sorten, *Ramonda* und *Haberlea* wohl. Für andere Standorte eignen sich Mannsschild, Steinbrech, Glockenblumen, Reiherschnabel *(Erodium)* und Steinkraut.

Hohe, ungeschützte Terrassen sind meist besonders gut dräniert und bieten gute Bedingungen für *Sedum*-Arten, *Acantholimon, Edraianthus*, Strohblumen und Tulpen. Dagegen passen in niedrigere, feuchtere Bereiche, womöglich am Wasser, kleine, Feuchtigkeit liebende Pflanzen wie *Primula rosea, P. frondosa, Trollius pumilus, Saxifraga fortunei, Mimulus cupreus* 'Whitecroft Scarlet' und Götterblumen.

Geröllbeete

Die besonders gute Dränage einer solchen Anlage erweist sich als ideal für Pflanzen aus trockenem Klima oder für Arten der Geröll- und Schuttfluren. Passende Kandidaten sind viele Steinbreche (*Saxifraga*-Arten), Mannsschild, Hungerblümchen, Seidelbast, Alpenveilchen, *Sempervivum*-Arten, *Phlox nana*, Juno-Iris und *Ranunculus*-Arten.

Pflanzung

Das Substrat für Steingartenpflanzen muss dem jeweiligen Anspruch und der Kalkverträglichkeit angepasst sein. In einem neutralen Substrat gedeihen die verschiedensten Pflanzen. Die meisten wachsen gut an, wenn sie im Frühjahr gepflanzt werden. Zwiebeln setzt man während der Ruhezeit, mit Ausnahme von Schneeglöckchen, die am besten nach der Blüte in vollem Grün gepflanzt werden (siehe S. 144). Die Pflanzen müssen von ihren Abmessungen her zum Steingarten passen, benachbarte Pflanzen müssen in ihren Proportionen harmonieren. Die Pflanzenmasse darf die Steine nicht zu sehr verdecken. Sträucher werden als Leitpflanzen gesetzt. Fällt die Entscheidung für Zwergkoniferen, müssen Sie sich vergewissern, dass es sich tatsächlich um kompakt bleibende Sorten handelt. Die Triebe von Hängepflanzen sollen dekorativ über große Steine herabfallen.

Sonnenliebende Pflanzen
An der Südlage eines Steingartens fühlen sich sonnenliebende Pflanzen wohl, wie *Teucrium polium* (ganz links) und Edelweiß, *Leontopodium alpinum* (links). Werden die Polsterpflanzen ergänzt durch kleine Zwiebelblumen, lässt sich eine lange Blühperiode erreichen.

Siehe auch Steintröge, S. 22-23

Eigene Anzucht aus Samen

Viele Einjährige, nicht winterharte Stauden oder Gemüsepflanzen lassen sich auf der Fensterbank oder im Gewächshaus aus Samen ziehen. Stimmen Substrat, Aussaattechnik und Temperatur, ist der Erfolg garantiert.

Ein Gewächshaus ist nicht unbedingt nötig, junge Pflanzen kann man – mit Einschränkungen – auch auf der Fensterbank vorziehen. Allerdings muss genügend Platz für die pikierten Sämlinge und die größer werdenden Pflänzchen vorhanden sein.

Wärme und Feuchtigkeit

Damit die Samen keimen, braucht es in der Regel eine Temperatur von mindestens 18 °C. Allerdings entwickeln sich die Sämlinge bei dieser idealen Keimtemperatur oft zu schwach. Warme Bedingungen, in Kombination mit zu wenig Licht, können sich schädlich auswirken. Die Temperatur auf der Fensterbank kann je nach Wetter und Tageszeit schwanken. Diese Veränderungen schwächen die Sämlinge, daher sollte man die Pflänzchen die Nacht über weiter in den Raum stellen oder sie gleich in einem wenig beheizten Zimmer halten.

Eine elektrisch beheizte Saatschale kann die Keimung beschleunigen. Doch danach müssen die Keimlinge sofort an einen kühleren Ort kommen. Die Kunststoffabdeckung sollte regelmäßig abgewischt werden. Das sich niederschlagende Kondenswasser lässt zu wenig Licht durch.

Der richtige Zeitpunkt

Die meisten nicht winterharten Pflanzen können ab März auf der Fensterbank ausgesät werden. Sie wachsen schneller, sobald die Tage länger und heller sind; die Blühperiode verkürzt sich kaum, wenn erst später, im April oder Mai, ausgesät wird. Freilandtomaten entwickeln sich zum Beispiel ohne Probleme, wenn die Aussaat erst zur Frühjahrsmitte erfolgt. Andere Pflanzen für die Eigenanzucht sind Leberbalsam, Dahlien, Fleißige Lieschen, Ziertabak, Petunien und Zinnien. Erst im späten Frühjahr kommen Kosmeen, Kapuzinerkresse und Gartenlevkojen an die Reihe.

Bei weniger empfindlichen Pflanzen wie Gartenwicke oder Zwiebeln ist eine Aussaat sehr früh im Jahr möglich, da die jungen Pflanzen im unbeheizten Gewächshaus, im Frühbeet oder unter Hauben kaum Schaden nehmen.

Sämlinge pikieren
Sobald sie sich gut anfassen lassen, werden die Sämlinge mit dem Pikierstift umgesetzt. Multitopfplatten aus Kunststoff sorgen für den richtigen Abstand.

Sämlinge pikieren

Sobald die Sämlinge so groß sind, dass man sie ohne Schwierigkeiten anfassen kann und bevor sie zu dicht stehen, werden sie in andere Behälter umgesetzt. Für das »Pikieren« eignen sich einfache Saatschalen, aber günstiger sind Multitopfplatten (siehe oben), aus denen man die Sämlinge später mit intaktem Wurzelballen eintopfen oder auspflanzen kann. Man füllt Anzuchtsubstrat in die Schale und drückt es leicht an.

Zum Pikieren hebt man die Sämlinge einzeln mit dem spitzen Ende des Pikierstabes heraus. Man bohrt in die Zelle für den Sämling ein Loch, sodass die Wurzel ganz hineinpasst. Die Keimblätter (das allererste Blattpaar) sollten gerade über dem Substrat liegen. Die Pflänzchen werden an den Keimblättern gefasst, nicht am brüchigen Stängel. Man hält den Keimling in sein Loch und drückt das Substrat vorsichtig rundum an. Für das Angießen braucht es eine Gießkanne mit feinem Brauseaufsatz.

Je mehr, desto sicherer
In zentral beheizten Räumen kann die Luftfeuchtigkeit recht niedrig sein, vor allem auf der Fensterbank über der Heizung. Keimlinge gedeihen am besten, wenn die Fensterbank voller Pflanzen steht. Pflanzen und Substrat geben Feuchtigkeit ab und schaffen dadurch ihr eigenes, etwas feuchteres Mikroklima.

Siehe auch Winterharte Einjährige säen, S. 158; Wicken säen und erziehen, S. 171; Rasenansaat, S. 177-178

AUSSAAT IN BEHÄLTER

1 Verwenden Sie für die Aussaat in Schalen ein Anzuchtsubstrat; seine feinere Struktur ermöglicht einen besseren Kontakt zwischen Samen und Substrat. Es enthält außerdem wenig Nährsalze und beugt somit Schäden an den Sämlingen vor. Beim Füllen der Saatschale oder des Topfes wird das Substrat vorsichtig und gleichmäßig mit den Fingern angedrückt. Das Gefäß wird zweimal auf den Tisch gestoßen, damit sich das Substrat setzt; Überschuss wird mit einer geraden Holzlatte abgezogen. Die Oberfläche muss eben sein.

2 Drücken Sie das Substrat mit einem passenden Brett oder dem Boden eines gleich großen Gefäßes fest. Der entstehende Rand muss so tief sein, dass man die Samen mit Erde abdecken kann und noch immer ein ausreichender Gießrand bleibt.

3 Geben Sie den Samen in eine Handfläche und klopfen Sie mit der anderen Hand dagegen; Sie können die Körner auch über die Fingerspitzen ausstreuen, sodass sie einzeln oder zu zweit auf dem Substrat zu liegen kommen. Wichtig ist eine gleichmäßige Verteilung, auch in den Ecken. Große Samen werden einzeln ausgelegt. Sehr feines Saatgut kann man mit feinem, trockenem Sand mischen und dann ausbringen (dafür eignet sich auch ein alter Pfefferstreuer).

4 Decken Sie die Samen mit feinem Vermiculit ab. Diese leichte, feuchte Schicht können die Sämlinge gut durchdringen. Stattdessen eignet sich auch gesiebtes, feuchtes Substrat oder Perlite. Stellen Sie den Behälter zum Wässern in eine Schale mit Wasser. Die Schale kommt anschließend in einen warmen Raum, etwa in einen beheizten Anzuchtkasten. Eine gut beleuchtete Fensterbank kann ein Gewächshaus ersetzen.

5 Kältetolerante Jungpflanzen von Zwiebeln, Kopfsalat, Einjährigen und Stauden können Sie zur Abhärtung in ein kaltes Frühbeet oder unter Hauben stellen. So wird drinnen wieder Platz frei für den nächsten Satz. Wellkunststoff ergibt stabile Abdeckungen, die gut auf Saatschalen passen. In Frostnächten wird zusätzlich Vlies oder Zeitungspapier aufgelegt.

SPÄTENTWICKLER

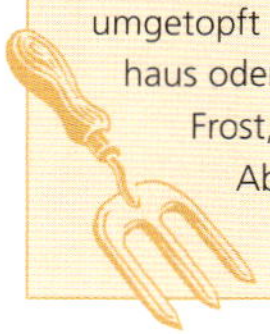

Langsam wachsende Pflanzen, die man schon im Winter säen müsste (Begonien, Pelargonien und Gazanien), kauft man besser im Frühjahr als Jungpflanzen ein. Sie werden pikiert oder umgetopft und im unbeheizten Gewächshaus oder Frühbeet weiterkultiviert. Droht Frost, erhalten die Pflänzchen eine Abdeckung mit Zeitungspapier oder der Kasten wird geschlossen.

MEHR LICHT DURCH FOLIE

Fensterbänke bieten oft nicht genug Licht, lange, weiche Triebe sind die Folge. Eine reflektierende Oberfläche wie Aluminiumfolie kann das Sonnenlicht verstärken. Andererseits kann grelles Sonnenlicht die Blätter der Keimlinge verbrennen. Vorsicht ist also bei Fenstern auf der Sonnenseite angebracht.

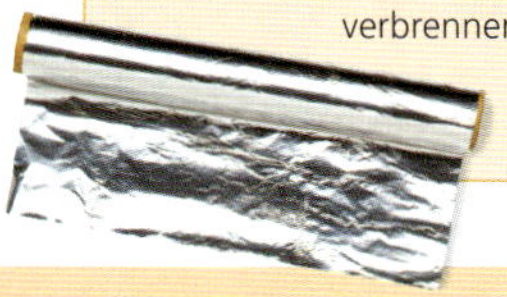

Vermehrungshilfe

Verschiedene Einrichtungen begünstigen nicht nur den Keimvorgang; sie nützen später im Jahr bei anderen Vermehrungsmethoden, etwa beim Bewurzeln von Stecklingen. Eine durchsichtige Kunststofftüte, über einen Topf gestülpt, ist die einfachste Methode, um zu verhindern, dass das Substrat austrocknet. Ein einfacher elektrisch beheizter Anzuchtkasten für die Fensterbank fördert die Keimung, indem er Wärme von unten und feuchte Luft bietet. Unbeheizte Anzuchtkästen oder Töpfe kann man auch einfach auf eine Heizdecke stellen.

Vermehrung unter der Plastiktüte

Einfacher Anzuchtkasten für die Fensterbank

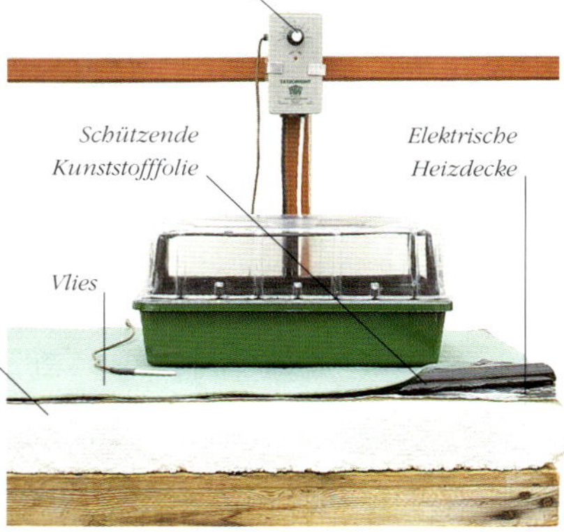

Von unten beheiztes Anzuchtsystem

Steintröge

In Steintrögen können Miniaturlandschaften entstehen, die das ganze Jahr über einen Blickpunkt bilden. Viele kleine alpine Kostbarkeiten gedeihen hier gut.

Die meisten Gebirgspflanzen brauchen Sonne und gute Dränage, daher sollte der Trog an einem sonnigen, offenen Platz stehen. Erforderliche Stützen sollten nicht zu hoch und möglichst verdeckt sein. Ideal erscheint es meist, wenn der Trogrand etwa 45–50 cm über dem Boden liegt, nur auf Pflaster macht sich ein niedrigeres Niveau besser.

Der Trog muss unbedingt waagerecht stehen. Die Dränagelöcher werden mit Tonscherben und einer Hand voll Kieseln abgedeckt, damit Sie beim Befüllen nicht verstopfen. In das untere Drittel kommt grober Kies, darüber wird eine dünne Schicht aus grober Kokosfaser gebreitet; stattdessen eignen sich auch halb reifer Laubkompost, umgedrehte Grassoden oder Gartenvlies, damit das Substrat nicht ausgewaschen wird. Ein tonhaltiges Kultursubstrat, dem zu etwa 25 Prozent Splitt zugemischt wird, eignet sich für die meisten Alpinen (Kalkfliehende brauchen saures Substrat). Nach dem Einfüllen und Festdrücken des Substrates werden ein paar dekorative Steine eingefügt.

Bepflanzung

Schön sehen Gebirgspflanzen aus, die zu verschiedenen Jahreszeiten blühen oder Arten mit schönen Blättern. Auch gleichartige Pflanzen sind denkbar, etwa herbstblühender Enzian in saurem Substrat oder *Ramonda* an einem schattigen Platz. Ein Trog mit Krustensteinbrech sieht das ganze Jahr über gut aus.

Sorgfalt bei der Pflanzenwahl zahlt sich aus: Wuchskräftige Arten überwuchern die Steine und ihre schwächeren Nachbarn bald. Die Pflanzen werden höher gesetzt als sonst üblich, damit sich noch eine 2 cm tiefe Splittschicht aufbringen lässt – am besten wirkt eine Splittabdeckung, die in der Farbe dem Trog und der Steine entspricht. Sie bewahrt die Feuchtigkeit des Substrates, verhindert bei starkem Regen das Aufspritzen von Erde, hält Nässe vom Wurzelhals fern und beugt damit Fäulnis vor. Der Splitt ergibt insgesamt einen natürlichen Abschluss.

Zum Schluss: Dekoration mit Feinsplitt

Nach dem Einpflanzen gießt man gründlich mit einer Brause an, sodass Wasser unten aus dem Dränageloch abläuft. Der Trog sollte nicht austrocknen. Während der Ruhezeit im Winter sind meist keine zusätzlichen Wassergaben nötig. Allerdings wirken sonnige Frosttage austrocknend, zumal manche Gebirgspflanzen schon sehr zeitig im Frühjahr Wurzeln treiben.

Die Stauden sollte man gelegentlich ausputzen, außerdem bringt man jährlich im zeitigen Frühjahr etwas Depotdünger ein.

Glasierte Becken

Glasierte Gefäße können wie Natursteintröge wirken, wenn sie mit einer Schicht aus Kunststeinmasse überzogen werden. Wird diese Behandlung bei kühlem, aber nicht frostigem Wetter durchgeführt, dann bleibt die Überzugsmasse länger flüssig als bei warmem, trockenem Wetter. Es dauert etwa 3 Wochen, bis der Überzug trocken ist und man das Becken bepflanzen kann.

Die Vorzüge von Trögen
Tröge aus Natur- oder Kunststein ergeben dekorative Pflanzbehälter. Meist werden sie mit Alpinen oder anderen Steingartenpflanzen bestückt, doch sind sie ebenso ideal für andere kleine Pflanzen, die eine gute Dränage mögen, zum Beispiel Küchenkräuter wie Thymian, Salbei und Oregano.

Siehe auch Pflanzen für den Steingarten, S. 19; Pflanzen für den Kiesgarten, S. 122-123; Pflege von Kübelpflanzen, S. 172

SELBST GEFERTIGTER TROG

Mischen Sie das Material für den Rohling relativ zäh an (fester als für den Überzug): 1–2 Volumenanteile Weißtorf, 3 Teile scharfen Sand und 1 Teil Zement. Benötigt werden zwei Holz- oder stabile Pappkisten, die mit einem Abstand von 5–7 cm ineinander passen. [1] Geben Sie eine Lage der Torf-Mischung auf den Boden der größeren Kiste, darauf kommt eine Abdeckung aus starkem, festem Maschendraht. [2] Drücken Sie für die Dränagelöcher dicke Holzkeile oder -dübel in die Torfmasse. [3] Geben Sie eine zweite Schicht der Mischung darauf. [4] Stellen Sie nach dem Andrücken die kleinere Kiste in die große. Zuvor wird Maschendraht zur Trennung eingelegt. [5] Füllen Sie die Zwischenräume mit der Torfmasse. [6] Drücken Sie alles gut an, damit keine Lufteinschlüsse bleiben. Decken Sie den Trog mindestens eine Woche lang mit Plastikfolie ab, bis die Masse fest ist. Nötigenfalls vor Frost schützen. [7] Wenn die Masse hart geworden ist, werden die Kisten entfernt. Wenn sich die Holzkisten nicht leicht abziehen lassen, wird vorsichtig mit Hammer und Meißel gelöst. [8] Rauen Sie die Oberfläche des Trogs mit der Drahtbürste auf. [9] Entfernen Sie die Keile aus den Dränagelöchern. Streichen Sie etwas Flüssigdünger auf, damit sich Algen ansiedeln und der Trog nicht mehr so neu aussieht.

Schwere Becken werden direkt am Standort vorbereitet und auf etwa 15–25 cm hohe Steine oder alte Ziegel gehievt.

Entfernen Sie zuerst alle Metallteile und reinigen Sie das Becken gründlich; danach muss es gut trocknen. Schlagen Sie nach Möglichkeit etwas vom Email ab, damit die Oberfläche besser haftet. Dazu eignet sich ein Schlagbohrer.

Streichen Sie auf 60 x 60 cm der emaillierten Oberfläche eine Lage Kaltleim, der in den meisten Bau- oder Heimwerkergeschäften erhältlich ist. Er muss etwas antrocknen; das geschieht, während man die Kunststeinmasse mischt.

- TRADITIONELLE MISCHUNG (Volumenanteile):
  1-2 Teile Weißtorf
  1 Teil scharfer Sand
  1 Teil Zement
- LEICHTE MISCHUNG (Volumenanteile):
  1 Teil Weißtorf
  ½ Teil scharfer Sand
  1 Teil Zement
  ½ Teil Mineraldämmstoff (Granulat, im Baumarkt erhältlich)

Der Weißtorf beeinflusst die Steinfarbe: Je nach Menge wird sie heller oder dunkler. Ein zu hoher Torfanteil verringert jedoch die Haltbarkeit des Troges. Die Mischung darf nicht zu nass werden. Ein 9-Liter-Eimer fasst in etwa die Menge, um ein durchschnittliches Becken zu überziehen. Beginnen Sie also am besten mit einem halben Eimer und behandeln Sie das Becken etappenweise.

Streichen Sie die Mischung auf den leicht angetrockneten Kaltleim. Ziehen Sie den Überzug 5–8 cm über den Rand nach innen und 8–10 cm unter den Boden, sodass das ursprüngliche Email nicht mehr zu sehen ist. Bei zwei oder drei Schichten Überzug wird das Becken widerstandsfähiger und frostbeständiger.

GEEIGNETE PFLANZEN

Ideal für Tröge und Becken sind Gebirgspflanzen, denen die gute Dränage in diesen Behältern zusagt.

Aethionema
Erodium
Gentiana (herbstblühend)
Hypericum olympicum
Phlox douglasii und Sorten
Ramonda
Raoulia australis
Saxifraga (einschließlich Krustensteinbreche)
Sedum spathulifolium Sorten
Sempervivum

Lavendel im Kunststeintrog

Pflanzen für den Küstengarten

Einen guten Schutz vor Wind und Salz vorausgesetzt, gedeihen viele Gehölze, winterharte Stauden und Steingartenpflanzen sogar an der Küste.

Bevor Sie Ihren Garten an der Küste anlegen, müssen Sie für Schutz vor salzhaltigen Winden sorgen. Wenn keine Hecke oder kein anderer natürlicher Schutz vorhanden ist, eignen sich ein Weidenzaun oder mit Reisig gedeckte Kastanienpfähle als Provisorium. Feste Bauten wie Steinmauern sind gut, aber noch besser ist eine Barriere aus zwei oder mehr versetzten Gehölzreihen, die den Wind filtert. Ein Schirm aus einem Kunststoffnetz erfüllt den Zweck, bis die natürliche Barriere angewachsen ist.

Verschiedene Kiefern-Arten kommen mit dem salzhaltigen Wind gut zurecht, somit eignen sie sich gut für Windschutzpflanzungen. Zu den widerstandsfähigsten gehört *Pinus nigra* subsp. *nigra*; sie kann als äußere Schutzreihe auf 1,8 m Abstand versetzt gepflanzt werden. Das dicht verzweigte Gehölz verliert im Alter nach und nach die unteren Zweige. Damit der Wind nicht darunter eindringen kann, sollte die zweite Verteidigungslinie herangewachsen sein, bis die äußerste Reihe altert. Die strauchige *P. mugo* eignet sich ebenfalls für sehr windige Standorte. Da sie nur 3,5 m hoch wird, passt sie besser in die zweite Reihe.

Laubbäume, die Seewind vertragen und sich daher als Windschutz eignen, sind *Alnus glutinosa* (Erle), *Crataegus monogyna* (Weißdorn), *Carpinus betulus* (Hainbuche), *Acer pseudoplatanus* (Bergahorn), *Populus alba* (Weißpappel), *Quercus ilex* (Steineiche), *Salix caprea* (Salweide), *Salix alba* (Silberweide) und *Sorbus aria* (Mehlbeere). Pappeln und Weiden sollten nicht in der Nähe von Gebäuden wachsen (siehe S. 52–53).

Eine fest eingewachsene Barriere aus robusten, wind- und salzverträglichen Gehölzen ermöglicht, je nach Klima, die Kultur der verschiedensten küstengeeigneten Pflanzen.

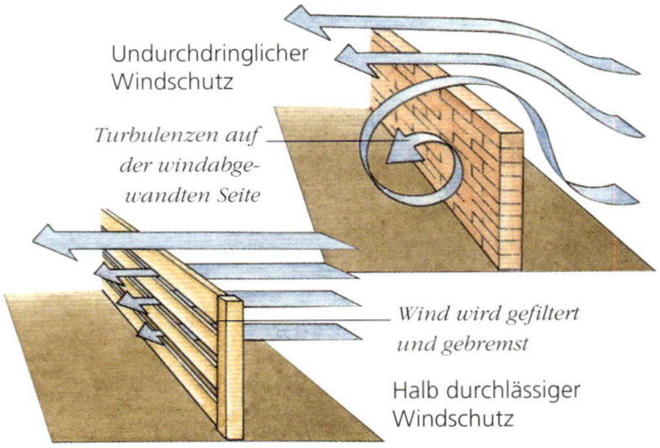

Den Windschaden begrenzen
Ein undurchdringlicher Windschutz wie eine Mauer ist besser als nichts, schafft aber ein Problem – es entstehen Turbulenzen. Viel besser ist eine halb durchlässige Barriere, die den Wind filtert, etwa ein Kunststoffschirm oder Pflanzen.

GEHÖLZE FÜR WINDIGE KÜSTENSTANDORTE

Küstengeeignete Bäume

Acer platanoides ◈ ↕ 25m ↔ 15m ☼–◐ ◊–♦ ✻✻✻

Betula pendula ◈ ↕ 25m ↔ 10m ☼–◐ ◊–♦ ✻✻✻

Crataegus laevigata ↕↔ 8m ☼–◐ ◊ ✻✻✻ 'Rosea' [1]

x *Cupressocyparis leylandii* ◈ ↕ 35m ↔ 5m E ☼–◐ ◊ ✻✻✻

Picea omorika ◈ ↕ 20m ↔ 1,8–3m E ☼ ♦ ✻✻✻

Sorbus aucuparia ↕ 15m ↔ 7m ☼–◐ ◊–♦ ✻✻✻

Salzverträgliche Sträucher

Atriplex halimus ↕ 1,8m ↔ 2,4m, für Hecken, E ☼ ◊ ✻✻

Bupleurum fruticosum ↕ 1,8m ↔ 2,4m E ☼ ◊ ✻✻

Cistus laurifolius ◈ ↕↔ 1,8m E ☼ ◊ ✻✻

Elaeagnus angustifolia ↕↔ 6m ☼ ◊ ✻✻✻ [2]

Escallonia rubra var. *macrantha* ↕↔ 3m E ☼ ◊ ✻✻✻

Griselinia littoralis ◈ ↕ 8m ↔ 5m, für Hecken, E ☼ ◊ ✻✻

Hebe salicifolia ↕↔ 2,4m E ☼–◐ ◊ ✻✻✻

Hippophae rhamnoides ◈ ↕↔ 6m ☼ ◊ ✻✻✻ [3]

Olearia macrodonta ◈ ↕ 6m ↔ 5m E ☼ ✻✻

Spartium junceum ◈ ↕↔ 3m ☼ ◊ ✻✻

Tamarix tetrandra ◈ ↕↔ 3m ☼ ◊ ✻✻✻

Ulex europaeus 'Flore Pleno' ◈ ↕ 2,4m ↔ 1,8m, für Hecken, E ☼ ◊ pH ✻✻✻

Blätter und Kätzchen von *Betula Pendula*

Küstengeeignete Sträucher

Brachyglottis (Dunedin-Gruppe) 'Sunshine' ◈ ↕ 1,5m ↔ 1,8m E ☼ ◊ ✻✻✻

Ceanothus x *delileanus* 'Gloire de Versailles' ◈ ↕↔ 1,8m ☼ ◊ ✻✻✻

Cistus x *purpureus* ◈ ↕↔ 90cm E ☼ ◊ ✻✻

Colutea arborescens ↕↔ 3m ☼ ◊ ✻✻✻

Cytisus scoparius ↕↔ 1,5m ☼ ◊ ✻✻✻

Escallonia rubra 'Crimson Spire' ◈ ↕↔ 5m, für Hecken, E ☼ ◊ ✻✻✻

Euphorbia characias ↕↔ 1,2m E ☼ ◊ ✻✻

Fuchsia 'Riccartonii' ◈ ↕ 1,8–3m ↔ 1–1,8m, für Hecken, ☼–◐ ♦ ✻✻ [4]

Hippocrepis emerus ↕↔ 1,8m ☼ ◊ ✻✻✻

Hydrangea macrophylla ↕ 1–1,8m ↔ 1,5–2,4m ☼–◐ ♦ ✻✻✻

Olearia x *scilloniensis* ◈ ↕↔ 1,8m E ☼ ◊ ✻✻

Pittosporum tenuifolium ◈ ↕ 4–10m ↔ 1,8–5m, für Hecken, E ☼–◐ ♦ ✻✻

Rhamnus alaternus 'Argenteovariegata' ◈ ↕ 5m ↔ 4m E ☼ ◊ ✻✻

Rosmarinus officinalis ↕↔ 1,5m, für Hecken, E ☼ ◊ ✻✻

Santolina chamaecyparissus ◈ ↕ 50cm ↔ 90cm E ☼ ◊ ✻✻ [5]

Spartium junceum ◈ ↕↔ 3m ☼ ◊ ✻✻

Siehe auch Pflanzen für den Steingarten, S. 19; Windreibung vermeiden, S. 71; Heckenpflanzen S. 85

STEINGARTENPFLANZEN UND STAUDEN FÜR KÜSTENGÄRTEN

Steingartenpflanzen

Aethionema grandiflorum ♀ ↕↔ 20–30cm
E ☼ ◊ ***

Armeria maritima ↕ 20cm ↔ 30cm
E ☼ ◊ ***

Aubrieta in Sorten ↕ 5cm ↔ 60cm
E ☼ ◊ ***

Aurinia saxatilis ⊛ ↕ 20cm ↔ 30cm
E ☼ ◊ ***

Dianthus alpinus ⊛ ↕ 8cm ↔ 10cm
E ☼ ◊ ***

Euryops acraeus ⊛ ↕↔ 30cm E ☼ ◊ **

Hypericum olympicum ⊛ ↕ 25cm ↔ 30cm
☼ ◊ ***

Iris pumila ↕ 10–15cm ↔ 30cm
☼ ◊ ***

Phlox subulata ↕ 5–15cm ↔ 50cm
E ☼–◐ ◊ *** 'Marjorie' [6]

Pulsatilla vulgaris ⊛ ↕ 10–20cm ↔ 20cm
☼ ◊ ***

Silene schafta ♀ ↕ 25cm ↔ 30cm
E ☼–◐ ◊ ***

Zauschneria californica ↕ 30cm ↔ 50cm
E ☼ ◊ **

Stauden

Achillea ptarmica ↕ 30–90cm ↔ 60cm
◐ ◊ ***

Agapanthus campanulatus ↕ 60–120cm
↔ 60cm ☼ ◊ ***

Alcea rosea ↕ 1,5–2,4m ↔ 60cm
☼ ◊ ***

Catananche caerulea ↕ 50–90cm ↔ 30cm
☼ ◊ ***

Centranthus ruber ↕↔ 90cm ☼ ◊ ***

Cortaderia selloana ↕ 2,4–3m ↔ 1,8m
E ☼ ◊ ***

Crambe cordifolia ⊛ ↕ 2,4m ↔ 1,5m
☼ ◊ ***

Crocosmia x crocosmiiflora ↕ 60cm ↔ 8cm
☼–◐ ◊ ***

Dianthus 'Doris' ⊛ ↕ 30–45cm ↔ 23–30cm
E ☼ ◊ ***

Echinops bannaticus ↕ 0,5–1,2m ↔ 60cm
☼ ◊ ***

Erigeron karvinskianus ⊛ ↕ 15–30cm ↔ 90cm
☼ ◊ ***

Eryngium agavifolium ↕ 1–1,5m ↔ 60cm
☼ ◊ **

Euphorbia griffithii 'Dixter' ♀ ↕ 75cm ↔ 90cm
◐ ◊ ***

Eupatorium cannabinum ↕ 1,5m ↔ 1,2m
☼–◐ ◊ ***

Hemerocallis lilioasphodelus ⊛ ↕↔ 90cm
E ☼ ◊ ***

Iris germanica ⊛ ↕ 60–120cm ↔ 60–90cm
E ☼ ◊ ***

Kniphofia caulescens ⊛ ↕ 1,2m ↔ 60cm
E ☼–◐ ◊ ***

Limonium platyphyllum ↕ 60cm ↔ 45cm
☼ ◊ *** [7]

Lychnis coronaria ♀ ↕ 80cm ↔ 45cm
☼–◐ ◊ ***

Osteospermum jucundum ↕ 10–50cm
↔ 50–90cm E ☼ ◊ *** [8]

Phormium tenax ⊛ ↕ 4m ↔ 1,8m
E ☼ ◊ **

Salvia x superba ⊛ ↕ 60–90cm ↔ 45–60cm
☼–◐ ◊ ***

Sedum spectabile ⊛ ↕↔ 45cm
☼ ◊ ***

Stachys byzantina ↕ 45cm ↔ 60cm
☼–◐ ***

Die richtigen Bodendecker

Niedrige Sträucher und Stauden mit kriechendem Wuchs bilden schnell einen dichten, dekorativen Teppich. Das sieht nicht nur schön aus, es erspart auch das Jäten.

Viele niedrige Pflanzen mit kriechenden Trieben werden als »Bodendecker« bezeichnet. Doch die wichtigste Eigenschaft einer guten Bodendeckerpflanze ist, dass sie sich schnell ausbreitet und dabei möglichst dichte Triebe mit immergrünen Blättern hat. Nur so wird verhindert, dass Unkraut keimt und sich entwickelt, Jäten erübrigt sich dann. Viele vertragen Voll- oder Halbschatten und ergeben pflegeleichte Pflanzen für schwierige Standorte. Gleich, für welchen Bodendecker Sie sich entscheiden – bis die Pflanzen angewachsen sind, müssen Sie trotz allem jäten.

1

2

3

BODENDECKER

Die genannten Pflanzabstände gelten als Richtwerte, in magerem Boden und an schwierigen Standorten wird dichter gepflanzt. Unter günstigen Bedingungen kann der Boden nach zwei Wachstumsperioden ausreichend bedeckt sein.

Alchemilla mollis ◉ ↕ 60cm, Abstand 30cm ☼–◐ ♢–♦ ❄❄❄

Berberis candidula ↕ 60cm, Abstand 90cm E ☼–◐ ♢ ❄❄❄

Brachyglottis monroi ◉ ↕ 90cm, Abstand 90cm E ☼ ♢ ❄❄❄

Calluna vulgaris ↕ 10–60cm, Abstand 45–60cm E ☼ ♢ pH ❄❄❄

Cotoneaster conspicuus 'Decorus' ◉ ↕ 1,5m, Abstand 60cm E ☼–◐ ❄❄❄

Cotoneaster dammeri ◉ ↕ 20cm, Abstand 60cm E ☼–◐ ♢ ❄❄❄

Cotoneaster horizontalis ◉ ↕ 90cm, Abstand 60cm ☼–◐ ♢ ❄❄❄ [1]

Cotoneaster x suecicus 'Skogholm' ↕ 60cm, Abstand 90–120cm E ☼–◐ ♢ ❄❄❄

Epimedium perralderianum ↕ 30cm, Abstand 30cm E ◐ ♦ ❄❄❄

Erica carnea ↕ 20–25cm, Abstand 45–60cm E ☼ ♢ ❄❄❄

Erica vagans ↕ 15–45cm, Abstand 60cm E ☼ ♢ pH ❄❄❄ 'Lyonesse' ◉ [2]

Euonymus fortunei 'Silver Queen' ↕ 60cm, Abstand 90cm E ☼ ♢ ❄❄❄

Gaultheria procumbens ◉ ↕ 15cm, Abstand 60cm E ◐ ♦ pH ❄❄❄

Genista hispanica ↕ 75cm, Abstand 60cm ☼ ♢ ❄❄ [3]

Geranium macrorrhizum 'Ingwersen's Variety' ◉ ↕ 50cm, Abstand 45cm ☼–◐ ♢ ❄❄❄

Hebe pinguifolia 'Pagei' ◉ ↕ 30cm, Abstand 45cm E ☼–◐ ♢ ❄❄❄

Hedera colchica 'Dentata Variegata' ◉ ↕ 15cm, Abstand 90cm E ◐ ♦ ❄❄❄

Hypericum calycinum ↕ 60cm, Abstand 45–60cm E ◐–● ♦ ❄❄❄

Juniperus rigida subsp. *conferta* ↕ 30cm, Abstand 90cm E ☼–◐ ♢ ❄❄❄

Juniperus sabina 'Tamariscifolia' ↕ 1–2m, Abstand 1,2m E ☼–◐ ♢ ❄❄❄

Lamium galeobdolon ↕ 60cm, Abstand 60–90cm E ◐–● ♦ ❄❄❄

Lonicera pileata ↕ 60cm, Abstand 60–90cm E ☼–◐ ♢ ❄❄❄

Mahonia aquifolium ↕ 90cm, Abstand 45–60cm E ◐–● ♦ ❄❄❄

Pachysandra terminalis ◉ ↕ 20cm, Abstand 30cm E ◐–● ♢–♦ ❄❄❄

Persicaria affinis 'Darjeeling Red' ◉ ↕ 25cm, Abstand 30cm E ☼–◐ ♦ ❄❄❄

Potentilla fruticosa 'Manchu' ↕ 30cm, Abstand 90cm ☼ ♢ ❄❄❄

Prunus laurocerasus 'Otto Luyken' ◉ ↕ 90cm, Abstand 1–1,2m E ☼–◐ ♦ ❄❄❄

Stachys byzantina 'Silver Carpet' ↕ 10cm, Abstand 30cm E ☼ ♢ ❄❄❄

Stephanandra incisa 'Crispa' ↕ 60cm, Abstand 90cm ☼–◐ ♦ ❄❄❄

Symphytum ibericum ↕ 40cm, Abstand 30cm ☼–◐ ♦ ❄❄❄

Taxus baccata 'Repandens' ◉ ↕ 60cm Abstand 1,5m E ☼–● ♢ ❄❄❄

Vinca minor ↕ 10–20cm, Abstand 60cm E ☼–◐ ♢–♦ ❄❄❄

Waldsteinia ternata ↕ 10cm, Abstand 30cm E ◐–● ♢–♦ ❄❄❄

Vinca minor

Siehe auch Unterbewuchs für Bäume, S. 64; Sträucher für den Schatten, S. 83-84; Stauden für den Schatten, S. 140

PFLANZEN FÜR BÖSCHUNGEN

Sehr steile Böschungen lassen sich mit Kokosmatten oder anderem biologisch abbaubarem Material vor Erosion schützen, bis der Bewuchs angewachsen ist. Gepflanzt wird durch die Matten hindurch im Abstand von 90–120 cm.

Ceanothus thyrsiflorus var. *repens* ❀ ↕ 90cm E ☐ ◊ ✱✱✱

Euonymus fortunei 'Dart's Blanket' ↕ 60cm E ☐–◧ ◊ ✱✱✱

Gaultheria shallon ↕ 1,2m E ◧ ◊ pH ✱✱✱ [4]

Jasminum nudiflorum ❀ ↕ 15cm ☐–◧ ◊ ✱✱✱

Lonicera japonica 'Halliana' ❀ ↕ 15cm E ☐–◧ ◊ ✱✱✱

Mahonia repens ↕ 30cm E ◧–■ ◊ ✱✱✱

Parthenocissus quinquefolia ❀ ↕ 15cm ☐–■ ◊ ✱✱✱

Rubus tricolor ↕ 30cm E ☐–◧ ◊ ✱✱✱

Stephanandra incisa 'Crispa' ↕ 60cm ☐–◧ ◊ ✱✱✱

Symphoricarpos x *chenaultii* 'Hancock' ↕ 60–90cm ☐–◧ ◊ ✱✱✱

Trachelospermum jasminoides ❀ ↕ 30cm E ☐–◧ ◊ ✱✱ [5]

TECHNIKEN

Hochbeete

Das Hochbeet bietet Platz für anspruchsvolle Pflanzen. Es kann somit zum Blickpunkt besonderer Art werden.

Hochbeete haben mehrere Vorzüge. Sie machen den Garten nicht nur interessanter, sie ermöglichen es auch, auf schwierigem Boden oder auf Böden mit extremen pH-Werten eine größere Palette von Pflanzen zu kultivieren. Die gute Dränage führt dazu, dass der Boden sich im Frühjahr schneller erwärmt, damit kann die Gemüse-Saison früher beginnen. Bei der Pflege braucht man sich nicht zu bücken, dadurch sind Hochbeete ideal für weniger bewegliche Personen.

Beim Material gibt es deutliche Unterschiede im Preis und in der Verarbeitung. Ziegel und Steine sind teuer, bilden aber, aufgemauert mit Mörtel, eine dauerhafte Struktur. Beide erfordern ein Betonfundament, wenn sie mehr als vier Schichten hoch liegen. Dieses sollte bis zu 15 cm tief und 30 cm breit sein.

Für weniger dekorative Bereiche sind Schalbretter eine preisgünstigere, leicht zu verarbeitende Möglichkeit. Sie werden einfach an Eckpfosten geschraubt. Lange Gemüsebeete sollten in Nord-Süd-Richtung angelegt werden, damit sie gleichmäßig viel Sonne bekommen. Sie sollten höchstens 1,2 m breit und durch 45 cm breite Wege getrennt sein. Beete für kalkunverträgliche Pflanzen sollte man mit Kunststofffolie auslegen, um die Wurzeln vom kalkhaltigen Mörtel und dem Gartenboden fernzuhalten.

Auf schlecht dräniertem Boden füllt man den unteren Teil des Hochbeets mit Dränagematerial auf. Darauf kommt ein Vlies, bevor man Erde einfüllt. Welche Erde und Erdmischung man verwendet, hängt von den gewünschten Pflanzen ab. In jedem Fall lohnt es sich, organische Substanz und Splitt hinzuzufügen. Nach dem Befüllen sollte sich die Erde 2 Wochen lang setzen können, bevor man die ersten Pflanzen setzt. Für Gemüsebeete lockert man einfach den Untergrund mit der Grabgabel und mischt in Spatenstichtiefe organische Substanz unter.

EIN ZIEGELBEET BAUEN

Eine zusammenhängende Reihe kleinerer Beete oder ein rundes Beet wirken interessanter als das rechteckige Standardbeet. Ideal wäre ein Beet aus frostbeständigen Ziegeln. Legen Sie erst das Betonfundament und beginnen Sie mit der ersten Ziegelreihe noch unter Bodenniveau. Damit die Mauer gut hält, wird stets mit versetzten Fugen aufgemauert.

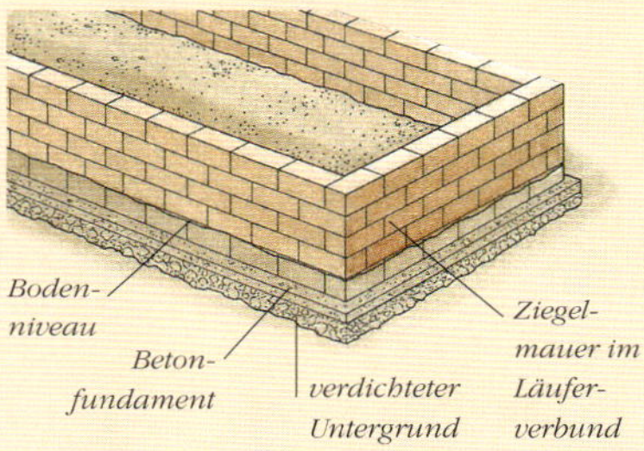

Gemüsebeete
Gemüsebeete sind idealerweise 1,2 m breit. Von den Wegen aus muss man die Mitte jedes Beetes gut erreichen und bearbeiten können.

Siehe auch Kleine Gärten planen, S. 18; Gärten auf nassem Boden, S. 260

Pergolen und Lauben

Sorgfältig geplant und bepflanzt ergeben diese von Kletterpflanzen umrankten Bauwerke einen attraktiven und dauerhaften Blickpunkt für jeden Garten.

Architektonische Elemente wie Pergolen und Lauben setzen gestalterische Akzente im Garten. In der höchsten Vollendung führt eine handwerklich einwandfrei ausgeführte Pergola die Blickachse hin zu einem Blickpunkt in Form einer Statue oder Skulptur. Pergolen lenken Wege und zeigen Richtungsänderungen an. In kleineren Gärten genügt eine einfache Holzkonstruktion über einem Weg, an der Kletterpflanzen ranken, um einen grünen Tunnel zu schaffen.

Kleine Lauben bilden abgeschirmte Sitzplätze, die – mit duftenden Blüten umrankt – vor neugierigen Blicken geschützt sind.

Rustikale Pergola
Planen Sie Ihre Pergola passend zum Stil des Gartens. Die rustikale Holzkonstruktion fügt sich in diesen Landhausgarten ein und bietet Rankhilfen für verschiedene Kletterrosen.

Gestaltungsweise

Es gibt verschiedene Möglichkeiten, Lauben und Pergolen anzulegen, von fertigen Bausätzen aus dem Gartencenter bis zu maßgefertigten Riesenkonstruktionen, für deren Aufbau mehrere gelernte Handwerker einige Tage lang beschäftigt sind. Dazwischen liegt die selbst entworfene Pergola, die nach Ihren Angaben vom Fachmann eingepasst wird. In jedem Fall sind bei der Anlage einige Grundsätze zu beachten. Sind im Garten mehrere derartiger Bauten vorgesehen, sollten alle im gleichen Stil ausgeführt werden. Die Dimensionen müssen mit dem Garten und dem Haus harmonieren. Auch das Material muss zur Umgebung passen.

Anlage

Das eigentliche Aufstellen bedeutet eine relativ einfache Angelegenheit, wenn der Untergrund entsprechend abgesteckt und mit Sand, Schnüren und Stangen markiert ist. Während des Baus werden die Maße immer wieder kontrolliert. Legen Sie Material und Werkzeug übersichtlich aus, damit nichts vergessen wird. Man sollte bei der Arbeit mindestens zu zweit sein, nicht nur wegen der Hilfestellung beim Errichten, sondern auch um die Erd- und Grabungsarbeiten zu verteilen.

Wege sollten mindestens 90 cm breit sein, aber 1,2 m Breite sind besser. Ein schmaler, gepflasterter Weg lässt sich mit Feinkies oder Splitt in einer Einfassung aus hochdruckimprägnierten Brettern (15 x 2,5 cm) oder Ziegeln erweitern, wenn der Platz knapp ist.

Die Pfosten benötigen ein ausreichendes Fundament. Zum Verankern im Boden eignen sich Metallspitzen ebenso wie eine verdichtete Schotterlage und Beton. Als grobes Maß sollten 20–25 Prozent der Gesamtlänge im Boden verankert sein. Ein 15 x 15 cm dicker, 2,7 m langer Holzpfosten braucht also ein etwa 60 cm tiefes Loch, sodass eine Höhe von 2,1 m erreicht wird. Es eignen sich jedoch auch weniger massive Balken (etwa 10 x 10 cm). Das Loch sollte nur die Breite

ALLES IM LOT

Die Stützpfosten der Pergola oder Laube brauchen ein ausreichendes Fundament. Bei großen Konstruktionen sind Stein- und Betonfundamente zu empfehlen, für kleinere Bauten in einem normal großen Garten eignen sich Metallschuhe wie im Bild gezeigt. Man schlägt sie mit dem Vorschlaghammer in den Boden. Mit der Wasserwaage wird der senkrechte Stand an allen vier Seiten kontrolliert. Auch bei einer Verankerung in Beton muss die exakte Ausrichtung kontrolliert werden. Die Pfosten brauchen so lange eine Stütze, die sie senkrecht hält, bis der Beton hart ist.

Siehe auch Kletterpflanzen setzen, S. 95; Vielseitige Clematis, S. 99-100; Kletterrosen auswählen, S. 104-105

eines Spatenblattes haben. Unten wird ein halber Ziegel oder ein großer Stein eingelegt. Rund um den Pfosten wird fest gestampfter Schotter eingebracht.

Der korrekte, senkrechte Stand wird immer wieder mit einer langen Wasserwaage überprüft, während man das Loch mit Beton auffüllt. Damit sich die Balken nicht verschieben, brauchen sie so lange eine Stütze, bis der Beton aushärtet.

Wenn alle Pfosten fest in hartem Beton stehen, werden die nötigen Quer- und Trägerbalken sowie Gitter angebracht. Hier darf man nichts überstürzen, da sonst die Stabilität und Lebensdauer des Bauwerks leiden. Ein Nagel ist kein Ersatz für eine Holzschraube in passender Größe. Vorgefertigte Messing- oder Stahlbeschläge sparen zwar viel Arbeit, wirken aber an sichtbaren Stellen unschön.

Geeignete Pflanzen

Mit einer guten Mischung aus immergrünen und laubabwerfenden Kletterpflanzen wirkt die Konstruktion das ganze Jahr über farbig und interessant. Im Sommer schmücken vor allem Kletterrosen und *Humulus lupulus* 'Aureus' (Hopfen), *Clematis* und *Lonicera* (Geißblatt). Im Herbst bieten die kräftig scharlachroten Blätter von *Vitis coignetiae* (Rostrote Rebe) eine schöne Abwechslung.

Von den unzähligen Clematis-Sorten eignen sich zum Kombinieren mit einer Kletterrose vor allem jene der *Viticella*- oder *Texensis*-Gruppe, etwa *C.* 'Alba Luxurians' oder *C.* 'Gravetye Beauty'. Diese Waldreben vertragen einen jährlichen kräftigen Rückschnitt (im Winter oder zeitigen Frühjahr), sodass genug Bewegungsraum bleibt, um andere Kletterpflanzen oder Sträucher beschneiden oder aufbinden zu können. Einjährige wie *Tropaeolum majus* (Kapuzinerkresse) und *Lathyrus odoratus* (Wicke) oder nicht winterharte Stauden wie *Eccremocarpus scaber* und *Ipomoea* (Prunkwinde) erfüllen den gleichen Zweck.

Bei größeren Pergolen werden gewöhnlich an jeden Pfosten zwei Kletterpflanzen gesetzt – etwa eine wüchsige Kletterrose und eine weniger kräftige *Clematis* oder *Lonicera* (Geißblatt), wobei die Rose als Kletterhilfe für die andere Pflanze dient. Wüchsige Kletterpflanzen wie *Clematis montana* 'Rubens' oder Glyzinen werden schnell zu groß für kleine Pergolen.

Einige Kletterrosen entwickeln sich an einer Pergola weniger stark als an einer Wand. Neben wuchskräftigen Kletterrosen eignen sich die meisten Ramblerrosen mit ihren langen, biegsamen, leicht zu erziehenden Trieben. Allzu hohe und wüchsige Sorten wie 'Rambling Rector' meidet man besser.

Nicht zu vergessen ist der Platz am Wegrand und am Fuß der Pfosten: Hier gedeihen Schatten liebende Pflanzen wie *Brunnera macrophylla* (Kaukasusvergissmeinnicht), während in sonnigeren Lagen Lavendel und Rosmarin einen schönen Saum ergeben. Bodendecker wie *Geranium* 'Johnson's Blue' und *Diascia* schieben ihre Triebe über die Wegkante und weichen harte Linien auf. *Mentha requienii* hingegen gedeiht in den Lücken zwischen Wegplatten.

Besonders bei kleineren Lauben ist die richtige Pflanzenauswahl nicht so einfach, zumal wenn sie gleichzeitig Platz zum Sitzen bieten und dekorativ aussehen sollen. Es eignen sich eher kompakte Kletterpflanzen wie die dornenlose Rose 'Zéphirine Drouhin', oder Arten, die starken Rückschnitt vertragen.

KLETTERHILFEN

Die Pfosten einer Pergola sind eine stabile Stütze für Kletterpflanzen, doch es braucht weitere Kletterhilfen für windende Triebe oder zum Aufbinden. Vor allem frisch gepflanzte und junge Kletterpflanzen sind auf eine derartige Rankhilfe angewiesen. Verzinkter oder mit Kunststoff überzogener Draht wirkt ordentlich und unauffällig. Ziehen Sie auf jeder Seite des Pfostens einen Draht in die Höhe und befestigen Sie ihn mit Ösen. Ebenso eignen sich lange Krampen, die man nur zum Teil ins Holz schlägt.

Gute Nachbarn

Zwei verschiedene Kletterpflanzen an jeden Pergolapfosten erzielen eine interessante Wirkung. Eine beliebte Kombination sind Kletterrose, kombiniert mit Clematis, am besten eine Sorten, die im Winter oder zeitigen Frühjahr einen starken Rückschnitt verträgt. Das Bild zeigt dekorative rote Hagebutten zwischen silbrigen Clematis-Fruchtständen im Herbst (oben links). Auch zwei verschiedenfarbige Rosen wie die rosa 'Bantry Bay' und die weiße Ramblerrose 'Albéric Barbier' lassen sich kombinieren (oben rechts). *Eccremocarpus scaber* und *Thunbergia alata* 'African Sunset' (links), beide einjährig kultiviert, bilden ein gutes Paar.

Schnittblumen

Bei gekonnter Auswahl stehen mit Ein- und Zweijährigen, Stauden und Zwiebelblumen das ganze Jahr über Schnittblumen zur Verfügung; getrocknete Blumen schmücken im Winter.

EIN BUNTER STRAUSS

Früh- bis Spätwinter

Galanthus Zwiebelblume, blüht im zeitigen Frühjahr ◨ ♦ ❄❄❄

Helleborus Staude, blüht bis zum zeitigen Frühjahr ◨ ♦ ❄❄❄

Iris unguicularis Staude, blüht bis zum zeitigen Frühjahr, duftet ☐ ◊ ❄❄❄

Narcissus Zwiebelblume, blüht bis zum Spätfrühling, duftet ☐–◨ ♦ ❄❄❄

Zeitiges Frühjahr

Anemone coronaria Zwiebelblume, blüht bis Frühjahrsmitte ☐ ◊ ❄❄❄

Hyacinthus orientalis Zwiebelblume, blüht bis Frühjahrsmitte, duftet ☐–◨ ◊ ❄❄❄

Frühjahrsmitte

Convallaria majalis 🏆 Staude, blüht bis zum Spätfrühling, duftet ◨–■ ♦ ❄❄❄

Erysimum cheiri Zweijährige, blüht bis Frühsommer, duftet ☐ ◊ ❄❄❄

Tulipa Zwiebelblume, blüht bis zum Spätfrühling ☐ ◊ ❄❄❄

Spätfrühling

Aquilegia Staude, blüht bis Frühsommer ☐–◨ ♦ ❄❄❄

Calendula officinalis Einjährige, blüht bis Mitte Herbst ☐ ◊ ❄❄❄

Iris Staude, blüht bis Frühsommer ☐ ◊ ❄❄❄

Paeonia Staude, blüht bis Frühsommer ☐–◨ ♦ ❄❄❄

Papaver orientale Staude, blüht bis Frühsommer ☐ ◊ ❄❄❄

Frühsommer

Alchemilla mollis 🏆 Staude, blüht bis Frühherbst ☐–◨ ♦ ❄❄❄

Alstroemeria Zwiebelblume, blüht bis Frühherbst ☐–◨ ♦ ❄❄

Centaurea cyanus Einjährige, blüht bis Frühherbst ☐ ◊ ❄❄❄

Consolida ajacis Einjährige, blüht bis Frühherbst, zum Trocknen geeignet ☐ ◊ ❄❄❄

Delphinium Zweijährige, blüht bis Hochsommer ☐ ◊ ❄❄❄

Digitalis Staude, blüht bis Spätsommer, zum Trocknen geeignet ◨ ◊–♦ ❄❄❄

Gypsophila paniculata Einjährige, blüht bis Frühherbst, duftet ☐ ◊ ❄❄❄

Lathyrus odoratus Einjährige, blüht bis Frühherbst, zum Trocknen geeignet ☐ ◊ ❄❄❄

Limonium sinuatum Einjährige, blüht bis Frühherbst, zum Trocknen geeignet ☐ ◊ ❄❄

Scabiosa atropurpurea Einjährige, blüht bis Frühherbst ☐ ◊ ❄❄❄

Tanacetum coccineum Staude ☐ ◊ ❄❄❄

Hochsommer

Achillea filipendulina Staude, blüht bis Frühherbst, zum Trocknen geeignet ☐ ♦ ❄❄❄

Agapanthus Staude, blüht bis Frühherbst ☐ ♦ ❄❄❄–❄

Antirrhinum majus Einjährige, blüht bis Frühherbst, duftet ☐ ◊ ❄

Echinops Staude, blüht bis Spätsommer, zum Trocknen geeignet ☐ ◊ ❄❄❄–❄❄

Gladiolus Zwiebelblume, blüht bis Frühherbst ☐ ◊ ❄

Heliopsis helianthoides Staude, blüht bis Frühherbst ☐ ♦ ❄❄❄

Phlox paniculata Staude, blüht bis Frühherbst, duftet ☐–◨ ♦ ❄❄❄

Rudbeckia fulgida Staude, blüht bis Frühherbst ☐–◨ ♦ ❄❄❄

Zinnia Einjährige, blüht bis Spätsommer ☐ ◊ ⊛

Spätsommer

Anaphalis triplinervis 🏆 Staude, zum Trocknen geeignet ☐ ♦ ❄❄❄

Aster amellus Staude, blüht bis Frühherbst ☐ ◊ ❄❄❄

Cosmos bipinnatus Einjährige, blüht bis Frühherbst ☐ ♦ ❄

Dahlia Knollenpflanze, bis Mitte Herbst ☐ ◊ ❄

Rudbeckia hirta Einjährige, blüht bis Mitte Herbst ☐–◨ ♦ ❄❄❄

Solidago Staude, blüht bis Frühherbst, zum Trocknen geeignet ☐ ◊ ❄❄❄

Früh- bis Spätherbst

Physalis alkekengi var. *franchetii* Staude, zum Trocknen geeignet ☐–◨ ◊ ❄❄❄

Schizostylis Staude, blüht bis Spätherbst ☐ ♦ ❄❄

Sedum spectabile 🏆 Staude, blüht bis Herbstmitte ☐ ◊ ❄❄❄

Beliebte Schnittblumen
Von links nach rechts: *Galanthus, Narcissus, Hyacinthus orientalis, Calendula officinalis, Alchemilla mollis, Digitalis purpurea, Antirrhinum majus, Cosmos bipinnatus, Sedum spectabile*

PRAKTISCHE TIPPS

Unkrautbekämpfung

Das Aufkommen von Unkraut in den Beeten mit ausdauernden Pflanzen wird am besten durch Mulchen verhindert. Hartnäckige Unkräuter verlangen dennoch manchmal drastischere Maßnahmen.

Rabatten mit Sträuchern oder Stauden erhalten im Frühjahr eine dicke Mulchschicht aus organischer Substanz wie gut verrottetem Dung, Holz- oder Rindenschnitzeln, Trester, Gartenkompost, Kokosfaser oder einer Mischung aus Sägemehl und Dung (aus dem Pferdestall). Allein dadurch verringert sich die Zahl der aufkeimenden Unkräuter.

Flächen, die eine dauerhafte Bepflanzung aufnehmen sollen, werden eingeebnet und mit einer Pflanzfolie abgedeckt, damit sich kein Unkraut entwickelt. Zum Pflanzen schneidet man die Folie kreuzweise ein, schlägt die Ecken zurück und hebt das Pflanzloch aus. Nach der Pflanzung werden die Ecken wieder flach gelegt. Über die Folie kommt eine dünne Mulchschicht aus organischer Substanz oder Splitt.

Einjährige Unkräuter

Viele einjährige Unkräuter keimen im Frühjahr in nicht gemulchten Beeten. Werden sie nicht entfernt, überwuchern sie bald die Kulturpflanzen, entziehen ihnen Feuchtigkeit und Nährstoffe und bilden wieder zahlreiche Samen.

Flaches Hacken mit einer Ziehhacke, besonders an schönen, windigen Tagen, macht Unkraut den Garaus. Wer allerdings zu tief hackt, befördert weitere Samen nach oben, die dann keimen. Bei Regen ist das Hacken weniger effektiv. In schwierigen Fällen kann man ein Kontaktherbizid einsetzen.

Einjährige Unkräuter mit der Hacke entfernen.

Beete mulchen
Verteilen Sie im Frühjahr reichlich organischen Mulch in Rabatten mit Sträuchern oder Stauden, um Unkraut zu unterdrücken (links). Decken Sie vor der Anlage dauerhafter Pflanzungen den Boden mit einer Folie ab und pflanzen Sie durch die Löcher (oben links). Verbergen Sie die Folie unter einer dünnen Schicht Splitt (oben rechts) oder organischer Substanz.

Ausdauernde Unkräuter im Beet

Ausdauernde Unkräuter wie Giersch (*Aegopodium podagraria*, siehe S. 32), Quecke *(Elymus repens)*, Ackerwinde (*Convolvulus arvensis*, siehe S. 32) und Kriechender Hahnenfuß *(Ranunculus repens)* lassen sich nur mühsam zwischen wertvolleren Pflanzen entfernen. Wenn diese sich in einem Beet eingenistet haben, sollte man die betroffene Fläche im Frühjahr mit der Grabgabel lockern und so viel unerwünschtes Kraut wie möglich entfernen. Neu austreibende Unkräuter werden in der Folgezeit regelmäßig entfernt.

Das Jäten mit der Hand und das Ausstechen der Wurzeln mit einem Unkrautstecher oder einer Pflanzschaufel schwächt das Unkraut, eine dicke organische Mulchschicht verhindert, dass immer wieder neue Wildkräuter aufkeimen. Allerdings lassen sich manche Problemunkräuter ohne Herbizideinsatz kaum dauerhaft entfernen.

Unkrautvernichter auf der Basis von Glufosinat-ammonium wirken gegen alle Pflanzen, daher muss man sie vorsichtig einsetzen. Eine andere Möglichkeit ist, die Kulturpflanzen mit Kunststoffhauben abzudecken und dann die verbleibenden, unerwünschten Pflanzen mit einem Herbizid zu spritzen. Das Mittel muss unbedingt eine amtliche Zulassung für den Hausgarten besitzen, und die Anweisungen auf der Packung sind strikt zu befolgen.

AUSDAUERNDE UNKRÄUTER

Bevor ausdauernde Unkräuter zum Problem werden, gräbt man sie so gut wie möglich im Frühjahr aus. Wiederholtes Hacken drängt unerwünschte Kräuter zurück. Den Griff zur Giftspritze sollte man immer nur als allerletzte Maßnahme in Erwähnung ziehen, wenn wirklich keine andere Lösung praktikabel erscheint.

Siehe auch Schäden durch Herbizide, S. 36; Mulchen bringt Vorteile, S. 269-270

PFLANZENPROBLEME

Brombeeren & Brennnesseln

In der letzten Not helfen nur noch Unkrautvernichter.

Brombeeren *(Rubus fruticosa)*, Brennnessel *(Urtica dioica)* und Ackerdistel *(Cirsium arvense)* sind lästige Unkräuter, die sich auf vernachlässigten Flächen schnell ansiedeln.

Bekämpfung

Kleine Horste lassen sich eventuell mit der Gabel entfernen, aber wenn sich große Gruppen gebildet haben, muss man vielleicht sogar ein Herbizid ausbringen.

CHEMISCHE BEKÄMPFUNG

Kontaktherbizide verbrennen die Blätter, die Wurzeln bleiben intakt und können neu austreiben. [1] Systemische Herbizide, die auf die Blätter gesprüht werden, sind die besten Bekämpfungsmittel. [2] Die Chemikalien wandern in die Wurzel und töten die Pflanze ab. Eine Zulassung hat in Deutschland derzeit nur Glufosinat-ammonium (enthalten z.B. in Unkrautfrei Weedex). Es vernichtet jeglichen Aufwuchs (wirkt also nicht selektiv) oder bleibt für einige Wochen im Boden wirksam. Bei der Anwendung sind unbedingt die Vorschriften des Herstellers zu befolgen.

Siehe auch Unkrautbekämpfung, S. 31

PFLANZENPROBLEME

Winden beseitigen

Diese allgegenwärtige Schlingpflanze wurzelt sehr tief.

Die Ackerwinde (*Convolvulus arvensis*, oben) treibt lange, dünne Triebe mit kleinen, trichterförmigen, rosa oder weißen Blüten. Zaunwinde *(Calystegia sepium)* hat herzförmige Blätter und große, weiße oder rosa Trichterblüten.

Bekämpfung

Beide Arten sind schwer zu beseitigen, da ihre Wurzeln bis zu 1,8 m tief in den Boden reichen können; ebenso lang wachsen ihre unterirdischen Ausläufer während eines Jahres.

Wird regelmäßig über 1 bis 2 Jahre gegraben oder gehackt, kann das zum Erfolg führen. Stattdessen kann man die Pflanzfläche mit lichtundurchlässiger Kunststofffolie abdecken. Winden ranken sich gern um Kulturpflanzen, somit kommt eine Herbizid-Behandlung nicht in Frage (es sei dann, man löst die Winde von ihrer Wirtspflanze, legt sie auf den Boden und spritzt sie anschliessend dort).

Bei einem hartnäckigen Befall kann man die Kulturpflanzen den Winter über auf eine saubere Fläche übersiedeln und dann im folgenden Sommer eine angemessene Herbizidbehandlung vornehmen.

Siehe auch Unkrautbekämpfung, S. 31

PFLANZENPROBLEME

Giersch beseitigen

Dieser Alptraum aller Gärtner lässt sich nur mühsam bekämpfen.

Giersch oder Gänsefuß *(Aegopodium podagraria)* ist ein weit verbreitetes, wucherndes Unkraut. Es kommt meist in Form von weißlichen, fleischigen Rhizomstücken in den Garten, die in der Erde von gekauften Pflanzen oder im Kompost enthalten sind. Giersch breitet sich über seine Wurzelausläufer schnell aus und lässt nur den wüchsigsten Kulturpflanzen noch Luft zum Atmen. Er kann sich sogar durch eine Teerdecke drücken.

Bekämpfung

Das unterirdische Wurzelnetz kann man mit der Gabel entfernen, aber schon das kleinste Stück genügt, dass die Pflanze neu austreibt. Wenn Giersch zwischen Kulturpflanzen wächst, gräbt man diese am besten aus und setzt sie vorerst in unkrautfreien Boden. Die Unkrautwurzeln müssen vollständig entfernt werden, indem man die Fläche gründlich umsticht und jedes Wurzelstück absammelt.

Glufosinat-ammonium ist das zuverlässigste und schnellste Mittel zur Bekämpfung, wenn keine wertvollen Gartenpflanzen in der Nähe stehen. Das Herbizid wird direkt auf die Blätter gesprüht.

Giersch *(Aegopodium podagraria)*

Siehe auch Unkrautbekämpfung, S. 31

PFLANZENPROBLEME

Efeu als Unkraut

Ungebremst klettert Efeu an Gebäuden und Bäumen empor, breitet sich in Beeten aus und unterdrückt andere Pflanzen.

Das immergrüne Efeu *(Hedera helix)* ist eine selbstklimmende Pflanze, die dazu dienen kann, unschöne Beton- oder Ziegelmauern zu verdecken. Manchmal verbergen sich darunter bauliche Mängel oder der Bewuchs stört bei der Wartung von Gebäuden und muss entfernt werden.

Oft wird Efeu in Rabatten lästig, wenn es vom Grund einer Hecke ausgehend an jedem Blattansatz neue Wurzeln treibt.

Bekämpfung

Wenn Efeu in der Rabatte gut eingewachsen ist, kann das Ausgraben das Wurzelwerk der anderen Pflanzen sehr stören. Eine Möglichkeit der Bekämpfung stellt eine Herbizid-Behandlung im Winter dar – wenn der Efeu ruht und sich die Stauden unter die Erdoberfläche zurückgezogen haben. Das geht nicht auf Flächen mit Zwiebelpflanzen, denn diese stehen womöglich kurz vor dem Austrieb und können Schäden erleiden.

Wächst der Efeu an Bäumen hoch, kann man die Triebe nahe am Boden durchschneiden. Meist entstehen kaum neue Triebe.

Efeu überwuchert Mauern
Im Gegensatz zur landläufigen Meinung schädigt Efeu eine intakte, fest gefügte Mauer nicht. Sind jedoch Risse vorhanden, findet sie der Efeu bestimmt und weitet sie aus.

Von Wänden und anderen harten Oberflächen lässt sich Efeu leicht abreißen. Die Luftwurzeln, mit denen er sich festhält, bleiben jedoch zurück und sehen unschön aus. Entfernen kann man sie nur mit Hilfe einer Drahtbürste oder dem Bürstenaufsatz der Bohrmaschine.

Versteckte Fehler
Efeu verdeckt nicht nur unschöne Anblicke im Garten, sondern auch Baumängel, die sich mit der Zeit offenbaren.

EFEU IN BÄUMEN

Efeu nutzt Bäume nur als Kletterhilfe und schädigt sie selten. Er versorgt sich über seine eigenen Blätter und Wurzeln. Meist entwickelt sich starker Efeubewuchs nur auf absterbenden Bäumen mit dünnem Laubdach. Behalten Sie solche Bäume aus Sicherheitsgründen im Auge, lassen Sie sie aber möglichst stehen, denn Efeu bietet Tieren Schutz und Nahrung.

Siehe auch Unkrautbekämpfung, S. 31; Efeu von Gebäude fernhalten, S. 103

PFLANZENPROBLEME

Ackerschachtelhalm

Seine Wurzeln befinden sich zum Ausgraben viel zu tief im Boden.

Bekämpfung

Wiederholtes Zerstören der oberirdischen Pflanzenteile durch Hacken und flaches Umgraben schwächt die Pflanze und drängt sie nach 1 bis 2 Jahren zurück – sofern es gründlich und häufig geschieht. Auch eine bessere Dränage im Untergrund kann helfen, schließlich gilt Ackerschachtelhalm als Zeigerpflanze für Staunässe im Boden.

Eine andere Möglichkeit stellt eine Behandlung der Sprosse mit einem zugelassenen Unkrautvernichter dar. Das passiert im Spätsommer, wenn die Pflanzen am weitesten entwickelt sind. Treten Sie die Pflanzen vorher zusammen oder ziehen Sie einen schweren Gegenstand darüber, um den wachsartigen Überzug der Blätter aufzubrechen, damit das Herbizid besser eindringen und wirken kann. Dennoch wird man das Mittel mehr als einmal anwenden müssen, um den Schachtelhalm wirklich loszuwerden.

Ackerschachtelhalm *(Equisetum arvense)*

Siehe auch Unkrautbekämpfung, S. 31

Befestigte Flächen sauber halten

Wege und Terrassen entwickeln mit der Zeit einen grünen Belag aus Moos und Algen, in den Ritzen wächst Unkraut. Regelmäßiges Schrubben hält die Fläche sauber, chemische Mittel sind nicht zwingend erforderlich.

Moos und Algen bilden sich an feuchten Stellen; sie brauchen die Feuchtigkeit nicht nur für ihr Wachstum, sondern auch für die Vermehrung. Der Überzug schädigt den Untergrund nicht, im Gegenteil, eine sonst kahle Fläche kann dadurch interessanter erscheinen. Mit Moos bedeckte Wände (oder andere senkrechte Flächen) lassen einen Garten älter wirken und werden am richtigen Standort zum Blickpunkt.

Leider werden Pflaster und Platten durch den Überzug mit Moos und Algen rutschig, sodass man den Belag aus Sicherheitsgründen entfernen sollte. Moose und Algen treten vor allem auf dauerhaft feuchten Belägen im Vollschatten auf.

Stufen sauber halten
Stufen im Garten, besonders an schattigen Stellen, können durch Moos und Algen rutschig werden. Warten Sie nicht, bis eine gefährliche Situation entsteht, sondern halten Sie die Stufen durch regelmäßiges Kehren oder mit dem Hochdruckreiniger sauber.

Standortbedingungen

Da Moose und Algen sich an feuchten, schattigen Plätzen wohl fühlen, kann man versuchen dem Standort mehr Luft und Licht zu verschaffen, etwa indem man überhängende Bäume und Sträucher zurückschneidet. Sonne und Wind erreichen besser den Boden und trocknen ihn ab. Auch eine bessere Dränage der umliegenden Flächen kann Algen und Moose zurückdrängen.

Mechanische Beseitigung

Ein Hochdruckreiniger beseitigt Moose und Algen problemlos. Diese Methode eignet sich weniger gut für schlecht Wasser abführende Flächen, denn das zusätzliche Wasser erhöht die Feuchtigkeit der Fläche nur noch. Die Anschaffung eines Hochdruckreinigers ist teuer, aber man kann Geräte im Baumarkt mieten. (Bei der Arbeit eine Schutzbrille aufsetzen!) Mit dem Hochdruckreiniger werden auch Moos- und Algenbeläge von Holz, etwa an Stühlen, entfernt. Zäune, Schuppen und anderes Holz wird nach der Reinigung mit geeigneten Holzschutzmitteln behandelt; für Gartenmöbel empfiehlt sich Teaköl.

Befestigte Flächen sollten regelmäßig mit einem harten Besen gekehrt werden, um den Eintrag von Feinerde und die Ansiedelung von Moos und Algen zu verhindern. Wassergebundene Oberflächen wie Kieswege werden oberflächlich abgerecht.

Chemische Bekämpfung

Mit einem speziellen Markenreiniger werden zunächst Wege und Terrassen nach den Angaben auf der Packung gereinigt. Das Mittel entfernt Moos, Algen sowie

Hochdruckreiniger
Er entfernt schnell und zuverlässig Moos und Algen von befestigten Flächen (rechts), die danach wie neu wirken (oben). Sie können damit auch Sitzmöbel, Pflanzgefäße oder Skulpturen reinigen.

SICHERHEITSHINWEISE

Beim Arbeiten mit dem Hochdruckreiniger sollten Sie, wie bei vielen anderen Gartenarbeiten, eine Schutzbrille tragen. Man erhält sie im Fachhandel, im Baumarkt oder Gartencenter.

Siehe auch Kleine Gärten planen, S. 18; Frühjahrsputz im Gewächshaus, S. 191

MIT MÖRTEL VERFUGEN

Zwischen Wegplatten aller Art zeigt sich schnell Unkraut. Die beste und einfachste Lösung ist, die Fugen nach dem Verlegen mit Mörtel aufzufüllen. [1] Fegen Sie eine trockene Mörtelmischung aus Sand und Zement in die Fugen zwischen den Platten. [2] Feuchten Sie die Fläche mit Wasser an und lassen Sie den Mörtel hart werden.

Flecken und stellt die natürliche Farbe des Belages wieder her. Stattdessen ist der Einsatz eines für das Freiland ausgewiesenen Desinfektionsmittels möglich. Moosvernichter für den Rasen eignen sich nicht für befestigte Flächen, einige Produkte können dauerhafte Flecken hinterlassen.

Unkraut auf der Terrasse

Kräuter wachsen mit der Zeit aus sandverfüllten Fugen. Unkrautvernichter für Wege und Terrassen schaffen hier Abhilfe. Diese enthalten verschiedene Wirkstoffe, die Unkraut vernichten und Samen am Keimen hindern. Die Behandlung hält einige Monate vor. Stattdessen kann man die Kräuter auch mit einer scharfen Unkrauthacke entfernen. Diese Methode kann zeitaufwändig sein; sie empfiehlt sich, wenn nur wenig Unkraut zu bekämpfen ist.

PFLANZENPROBLEME

Japan. Flügelknöterich

Gegen dieses wuchernde Kraut helfen oft nur schwere Geschütze.

Japanischer Flügelknöterich *(Fallopia japonica)* kam 1825 aus Japan nach Europa, zunächst als Zierstaude. Er ist tatsächlich dekorativ, überwuchert aber gnadenlos alle anderen Gartenpflanzen. Er bildet keine Samen, sondern vermehrt sich aus winzigen Rhizomabschnitten. In Großbritannien ist es inzwischen strafbar, Japanischen Flügelknöterich im Land zu verbreiten.

Bekämpfung

Das Ausgraben der Wurzeln ist oft schwierig bis unmöglich. Eine zuverlässigere Lösung ist die Anwendung von Glufosinat-ammonium. Das Mittel wirkt am besten von Hoch- bis Spätsommer, doch um diese Zeit ist das Spritzen oft erschwert, da der Knöterich bis zu 1,8 m hoch werden kann.

Warten Sie stattdessen, bis die Pflanze die größte noch gut erreichbare Höhe hat. Das ist etwa 1 m im ausgehenden Frühjahr. Nach der Herbizidbehandlung werden sich im Spätsommer oder im folgenden Frühjahr einige neue Triebe bilden. Diese spritzt man im Frühherbst, bevor das Unkraut abstirbt. Kontrollieren Sie die Fläche im folgenden Frühjahr.

Siehe auch Unkrautbekämpfung, S. 31

PFLANZENPROBLEME

Wuchernder Sauerklee

Manche Sauerklee-Arten breiten sich sehr schnell aus.

Manche *Oxalis*-Arten sind zwar schöne Zierpflanzen, andere hingegen breiten sich durch Samen oder zahlreiche unterirdische Brutknöllchen schnell aus, wie etwa die mehrjährige, Zwiebeln bildende Art Oxalis debilis. Dagegen vermehrt sich die einjährige Art O. corniculata über Samen.

Bekämpfung

O. debilis gräbt man am besten im Frühjahr aus, wenn die winzigen Brutknöllchen noch fest an der Mutterpflanze hängen. Wartet man zu lange, lösen diese sich leichter und man trägt unabsichtlich zur Ausbreitung des Unkrauts bei.

Ist eine Rabatte stark mit *O. debilis* durchsetzt, empfiehlt sich eine dauerhafte Einsaat von Gras. Besser opfert man die anderen Pflanzen (mit Ausnahme vielleicht der Zwiebelpflanzen), als dass die Brutknöllchen des Sauerklees mit den Wurzelballen von Sträuchern oder Stauden in andere Gartenbereiche verteilt werden.

Eine dicke Mulchschicht kann unter Sträuchern Abhilfe schaffen. Dazu braucht es eine mindestens 10 cm starke Schicht aus grobem Rindenmulch oder Ähnlichem.

Glufosinat-Ammonium wirkt auch gegen *O. debilis* und gegen *O. corniculata*. Es wird im Frühjahr ausgebracht, wenn der Sauerklee kräftig wächst.

Oxalis-*Brutknöllchen sind am Wurzelhals leicht zu erkennen.*

Sauerklee

Herbizid-schäden

Herbizide hinterlassen an Gartenpflanzen deutliche Spuren.

Herbizidschaden

Herbizide auf der Basis von Wuchsstoffen oder Produkte mit Glufosinat-ammonium verursachen Schäden, wenn sie auf Zierpflanzen gelangen. Wachstumsregulatoren werden gezielt gegen breitblättrige Unkräuter im Rasen eingesetzt, manche Mittel wirken gegen Brennnesseln, Brombeeren und andere raufaserige oder verholzende Unkräuter.

Je nach Pflanzenart treten unterschiedliche Symptome auf. Mitunter verformt sich die Blattspreite und wird schmäler, sodass die Adern dichter beisammen liegen und wie parallel wirken. Manchmal bilden Blätter, Blattstiele und Spross Dellen aus oder wirken verdreht. Die meisten Einjährigen erholen sich nicht mehr. Stauden und Sträucher dagegen überwachsen den Schaden im Verlauf einer Vegetationsperiode.

Glyphosatschäden zeigen sich in Form von ausgebleichten jungen Blättern. Statt normaler Seitentriebe bilden sich verkümmerte Rosetten mit riemenförmigen Blättern.

Schaden durch einen Wachstumsregulator

Siehe auch Unkrautbekämpfung, S. 31

Vorbeugender Pflanzenschutz

Pestizide sollte man als allerletzte Lösung bei der Abwehr von Schädlingen und Krankheiten betrachten.

Kulturmethoden, die darauf abzielen, die Entwicklung von Schädlingen und Krankheiten durch gute gärtnerische Praxis zu verhindern, erzielen meist keinen vollständigen Erfolg. Sie reduzieren jedoch das Ausmaß des Schadens, sodass man auf synthetische Mittel verzichten kann. Vorbeugung hat daher immer den Vorrang vor der chemischen Keule.

Ausputzen beugt Krankheiten vor.

Hygiene

Entfernen Sie abgestorbene Blätter, da sie leicht von Krankheiten wie dem Grauschimmel *(Botrytis cinerea)* befallen werden und dann als Infektionsherd für den Übergang auf gesunde Blätter und Blüten dienen. Sie sind auch ein Zufluchtsort für Schadtiere. Stark von Schädlingen befallene oder erkrankte Pflanzen werden ganz entfernt, wenn eine schnelle Erholung nicht zu erwarten ist. Wenn die Wurzeln befallen sind, empfiehlt sich, das ganze Wurzelsystem mit der umgebenden Erde zu entfernen, damit alle Reste der Krankheit oder des Schädlings vernichtet werden.

Unkraut

Unerwünschte Kräuter werden entfernt, denn sie stehen mit den Kulturpflanzen in Konkurrenz um Nährstoffe und Wasser. Zudem dienen sie als Zwischenwirte für Krankheiten oder Schädlinge wie Blattläuse, Spinnmilben und Weiße Fliege.

Resistenzen

Bei den Kulturpflanzen gibt es immer wieder Sorten, die eine größere Widerstandskraft gegen Schädlinge und Krankheiten aufweisen als andere, besonders gegen Mehltau oder Rost. Die Resistenz kann durch das Pflanzengewebe angelegt sein, oder aber der Wirt lässt durch einen abweichenden Lebenszyklus die Entwicklung des Schaderregers nicht zu.

Schädlingsfeste Taglilien

Hemerocallis-Sorten, die ab dem Hochsommer blühen, wie *H.* 'Betty Woods', *H. fulva* 'Europa' und *H.* 'Marion Vaughn' (von links nach rechts), entgehen den Angriffen der *Hemerocallis*-Gallmücke. Die Gallmücke lässt die Blütenknospen anschwellen, die Blüten öffnen sich nicht.

Siehe auch Biologischer Pflanzenschutz, S. 40-41; Gemüse ohne Chemikalien, S. 200-201;

Systemischer Pflanzenschutz

Systemische Mittel breiten sich im Pflanzengewebe aus; sie bekämpfen Schädlinge und Krankheiten von innen.

Im Gegensatz zu abwehrenden und Kontaktpestiziden, die auf der Blattoberfläche bleiben, werden systemische Pflanzenschutzmittel von der Pflanze aufgenommen und innerhalb der Pflanze verteilt. Diese Mittel haben mehrere Vorteile: Schon kleine Mengen sind sehr wirksam, sie werden nicht vom Regen abgewaschen und es ist weniger entscheidend, genau den richtigen Punkt auf der Pflanze zu treffen. Sie erreichen auch in Knospen verborgene saugende Insekten, die von Kontaktinsektiziden nicht berührt werden. Systemische Unkrautvernichter (wie Glyphosat in der Landwirtschaft) dringen in die Pflanze ein und töten sie komplett ab.

Da systemische Mittel nicht abgewaschen werden, ist es sehr wichtig, die Anweisungen des Herstellers und vor allem die Wartezeiten bis zur Ernte von essbaren Pflanzen einzuhalten. Wie bei allen Pestiziden sind diese so festgelegt, dass die Konzentration des Mittels in der Pflanze unter den maximal zulässigen Wert fällt.

Die Wirkstoffe dringen durch die Wurzeln oder über die Schutzschicht der Blattoberfläche *(Cuticula)* in das Pflanzengewebe ein. Dieser wachsartige Überzug ist in der Regel auf der Blattunterseite dünner; daher wird das Mittel besser aufgenommen, wenn es von unten her gespritzt wird. Meist wird es nur in dem Blatt verteilt, in das es eingedrungen ist. Manche systemischen Mittel gelangen auch in die Leitbahnen der Pflanze und werden mit dem Wasserstrom nach oben transportiert, der durch die Verdunstung über die Blätter und Triebe in Gang gehalten wird. In diesem Fall erreicht das Pestizid die am stärksten transpirierenden Blätter. In altes Holz gelangen systemische Mittel selten; der Kreislauf ist auf junge Triebe beschränkt.

Gegen Malvenrost wird ein zugelassenes Fungizid gespritzt.

CHEMIKALIEN LAGERN

Lagern Sie Chemikalien an einem sicheren Ort, am besten in einem abschließbaren Schrank außer Reichweite von Kindern und Tieren. Bewahren Sie die Wirkstoffe dicht verschlossen in der Originalverpackung auf. Alle Behälter müssen deutlich beschriftet sein. Lecke Behälter werden entfernt, Überreste als Problemmüll entsorgt.

Chemikalien müssen in einem abschließbaren Schrank lagern.

Fungizide und Insektizide

Die Zulassung systemisch wirksamer Fungizide und Insektizide durch die Biologische Bundesanstalt in Braunschweig ändert sich laufend. Gerade für den privaten Bereich werden immer wieder neue Produkte entwickelt. Korrekt eingesetzt, können sie dazu beitragen, dass Nützlinge bei der Anwendung geschont werden.

Von den zur Verfügung stehenden Mitteln wirkt zum Beispiel das verbrei-

Ohrwürmer von Pflanzen weglocken
Füllen Sie Blumentöpfe mit feuchtem Stroh und stecken Sie sie umgedreht an Stöcken zwischen anfällige Pflanzen. Kontrollieren Sie die Fallen am Morgen und entfernen Sie die gefangenen Ohrwürmer.

Fruchtwechsel

Pflanzen Sie nicht jedes Jahr Pflanzen desselben Typs an dieselbe Stelle, denn sonst können sich Schädlinge und Krankheiten im Boden anreichern. Die Sporen von Falschem Mehltau und der Ramularia-Blattfleckenkrankheit bei Stiefmütterchen zum Beispiel bleiben im Boden bis zur nächsten Pflanzung infektionsbereit.

Fallen

Gegen manche Schädlinge können Sie Fallen aufstellen, z.B. Bierfallen für Schnecken oder mit feuchtem Stroh gefüllte Blumentöpfe für Ohrwürmer.

Gute Pflege

In erster Linie ist es wichtig, die Pflanzen richtig zu pflegen, d.h. sachgerecht vorzugehen beim Pflanzen, Düngen, Gießen, Ausputzen, Schneiden und bei der Vermehrung. Gut gepflegte Pflanzen bleiben meist gesund.

Blattflecken

Siehe auch Einsatz von Fungiziden, S. 38–39; Alte Chemikalien entsorgen, S. 39 tete Mehltaumittel Dichlofluanid (Euparen) systemisch. Als systemisch wirksames Insektizid ist Imidacloprid zulassen, enthalten zum Beispiel in Licetan-Stäbchen. Man steckt je nach Topfgröße ein bis zwei Stäbchen in das Wurzelwerk und hat für mindestens 6 Wochen Ruhe vor saugenden oder beißenden Insekten.

Wirkstoffkombinationen, die neben einem systemischen Fungizid auch ein Insektizid enthalten, sind zur Bekämpfung von Schädlingen und Krankheiten bei Rosen erhältlich; sie wirken gegen Sternrußtau, Echten Mehltau, Rosenrost und Blattläuse.

Weiße Fliege
Die Weiße Fliege, auch die Art, die den Lorbeerschneeball *(Viburnum tinus)* befällt, kann mit dem systemischen Wirkstoff Imidacloprid bekämpft werden. Er hilft auch gegen andere saugende Insekten.

SICHERER EINSATZ

- Verwenden Sie Pestizide stets exakt nach den Angaben des Herstellers.
- Spritzbrühe soll nicht an die Haut oder in die Augen gelangen; nicht einatmen.
- Tragen Sie beim Arbeiten mit Konzentraten Handschuhe.
- Mischen Sie nicht einfach verschiedene Produkte.
- Halten Sie Kinder und Tiere fern; essen, trinken und rauchen Sie nicht während der Arbeit.
- Bringen Sie Pflanzenschutzmittel nicht aus, wenn Wind herrscht.
- Spritzen Sie am späten Nachmittag, am frühen Abend oder frühen Morgen.
- Bedenken Sie, dass ein pestizidhaltiges Substrat gefährlich für Kinder sein kann.
- Achten Sie auf ausreichende Luftzufuhr, wenn Pflanzenschutzmittel in geschlossenen Räumen wie im Wintergarten oder im Gewächshaus ausgebracht werden; vermeiden Sie hier besonders Hautkontakt und Einatmen.
- Bei starker Sonneneinstrahlung wird unter Glas nicht gespritzt, die Pflanzen könnten verbrennen.

SPRITZMITTEL VORBEREITEN UND AUSBRINGEN

1 Lesen Sie die Hinweise auf der Packung genau durch. Tragen Sie Gummihandschuhe, um Hautkontakt zu vermeiden, und verschütten Sie nichts. Messen Sie die benötigte Konzentratmenge genau ab. Rühren Sie nicht mehr Spritzmittel an, als Sie brauchen, damit Sie den Überschuss später nicht lagern müssen.

2 Füllen Sie das Spritzgerät teilweise mit Wasser und schütten Sie dann das Konzentrat hinein. Spülen Sie das Messgefäß mit Wasser aus und geben Sie auch dieses in das Spritzgerät. Füllen Sie das Gerät nach Bedarf mit Wasser auf und verschließen Sie alle Behälter. Stellen Sie die Packung an ihren sicheren Lagerplatz zurück.

3 Benetzen Sie beim Spritzen die Ober- wie die Unterseite der Blätter, um die Aufnahme zu verbessern. Bei systemischen Insektiziden ist das weniger wichtig als bei Kontaktmitteln. Die beste Zeit zum Spritzen ist in der Dämmerung oder sehr früh am Morgen, damit keine bestäubenden Insekten vernichtet werden und um Verbrennungen an den Pflanzen zu vermeiden.

1

2

3

Siehe auch Vorbeugender Pflanzenschutz, S. 36–37

Einsatz von Fungiziden

Vorbeugender Fungizideinsatz verhindert Krankheiten.

Fungizide dienen zur Vernichtung von pilzlichen Krankheitserregern. Auf dem Etikett steht zu lesen, welche Pflanzen mit dem Mittel behandelt werden dürfen. Die Hinweise auf der Packung sind unbedingt einzuhalten; Fungizide dürfen nur für die angegebenen Zwecke verwendet werden. Der Einsatz nicht amtlich zugelassener Pflanzenschutzmittel ist untersagt, Auskunft erteilen im Zweifelsfall die örtlichen Pflanzenschutzämter oder die Biologische Bundesanstalt in Braunschweig.

Verschiedene Wirkungsweisen

Zu den schützenden Fungiziden gehören traditionelle Mittel wie kupfer- oder schwefelhaltige Präparate. Sie sind recht preiswert und bekämpfen die verschiedensten Pilzkrankheiten. Die Erreger entwickeln selbst bei häufigerem Einsatz selten eine Resistenz gegen diese Mittel.

Allerdings schützen diese Fungizide nur die Oberfläche der Pflanze und können die Entwicklung von Krankheiten im Inneren nicht verhindern. Systemische Fungizide haben meist ein schmaleres Wirkungsspektrum und die Pilze entwickeln leichter Resistenzen, dennoch wird durch sie die weitere Entwicklung einer Pilzkrankheit verhindert.

Pilzbefall
Echter Mehltau beim Apfel ist eine typische Pilzkrankheit. Ein mehlig weißer Belag überzieht die Blätter auf beiden Seiten und lässt sie absterben.

Siehe auch Vorbeugender Pflanzenschutz, S. 36–37;

Wirksames Spritzen
Fungizide müssen dicht und gleichmäßig aufgetragen werden, besprühen Sie am besten beide Blattseiten (oben). Verwenden Sie ein Spritzgerät, das einen feinen, gleichmäßigen Nebel erzeugt (links). Spritzen Sie bei kühlem, trockenem Wetter und bei Windstille, um eine Abdrift auf andere Pflanzen zu vermeiden.

Wann anwenden?

Schützende Fungizide kommen zum Einsatz, bevor sich eine Krankheit entwickelt; sie können die Ausbreitung von Krankheiten wie Schorf aber auch verzögern. Wiederholen Sie die Anwendung nach starkem Regen, wenn zu befürchten ist, dass das Fungizid abgewaschen wurde.

Systemische Fungizide bremsen das Wachstum von Pilzen nach der Infektion; der Regen kann sie nicht mehr abwaschen, nachdem sie von der Pflanze aufgenommen wurden. Weder die eine noch die andere Art von Wirkstoff schützt junge Triebe, daher sollte man schnell wachsende Pflanzen mehrmals hintereinander behandeln.

Wie anwenden?

Benetzen Sie die Ober- und Unterseite der Blätter gleichermaßen. Achten Sie auf eine geeignete Düse am Spritzgerät: Versuchen Sie, die Tröpfchen dicht und gleichmäßig auf der Pflanze zu verteilen, sodass sie antrocknen können. Spritzen Sie bei kühlem, trockenem Wetter und bei Windstille. Bei Hitze sollten Sie abends spritzen, damit die Blätter nicht verbrennen.

Integrierter Anbau

Fungizide wirken oft besser, wenn sie mit anderen Bekämpfungsmethoden kombiniert werden. Kaufen Sie nur gesunde Pflanzen. Wählen Sie nach Möglichkeit krankheitsresistente Sorten und minimieren Sie das Infektionsrisiko, indem Sie auf Hygiene achten. Gut gepflegte Pflanzen, die nicht unter Stress leiden, sind weniger anfällig für Krankheiten. Spritzen Sie die Pflanzen gleich beim ersten Anzeichen einer Krankheit; Fungizide reparieren keine bereits entstandenen Schäden.

KOMPRESSIONSSPRITZEN

Fungizide lassen sich leicht mit Kompressionsspritzen ausbringen. Diese werden in verschiedenen Größen für größere oder kleinere Flächen angeboten. Zunächst wird im Gerät Druck aufgebaut, indem man den Griff auf und ab drückt. Während des Spritzvorgangs wird die Abgabe über den Griff geregelt. Die Düse lässt sich auf fein oder grob einstellen. Spülen Sie das Gerät nach Gebrauch gründlich mit klarem Wasser, auch den Schlauch. Verwenden Sie dasselbe Gerät nicht auch für Unkrautvernichter.

Kompressionsspritze

PRAKTISCHE TIPPS

Alte Pestizide entsorgen

Entsorgen Sie Pflanzenschutzmittel sachgerecht.

Schütten Sie überschüssige Pflanzenschutzmittel nicht in die Kanalisation oder in Gewässer. Verdünnen Sie stattdessen kleine Mengen und spritzen Sie Pflanzen mit amtlicher Indikation nach den Angaben auf dem Etikett, bis alles verbraucht ist. Spülen Sie leere Pestizidbehälter gründlich aus. Sie werden dann über den Hausmüll entsorgt, für ein Recycling eignen sie sich nicht.

Größere Mengen sind Sondermüll. Die zuständige Stadt- oder Gemeindeverwaltung gibt Auskunft darüber, wo sich Sammelstellen befinden und wann Problemstoffe abgegeben werden können. Die Behälter müssen gut verschlossen und mit dem Namen und den Wirkstoffen des Produkts gekennzeichnet sein. Überschüssige Chemikalien niemals mischen.

Werden Produkte aus wirtschaftlichen Gründen vom Markt genommen, gilt normalerweise eine Übergangszeit von zwei Jahren, in der vorhandene Vorräte aufgebraucht werden dürfen. Wenn Sie beim Aufräumen unbeschriftete Behälter oder alte Pestizide finden, erkundigen Sie sich bei der Gemeinde nach der Beseitigung von Sondermüll.

Horten Sie keine alten Pestizide.

Gemüse ohne Chemie, S. 200–201

Biologischer Pflanzenschutz

Viele Schädlinge vermehren sich im Gewächshaus in rasanter Geschwindigkeit, etliche lassen sich mit Hilfe von natürlichen Parasiten und Raubinsekten in Schach halten.

Weiße Fliege

Bestimmte Schlupfwespen (wie *Encarsia formosa*) parasitieren die Weiße Fliege *(Trialeurodes vaporariorum)*. Die weiblichen Wespen legen täglich 50–100 Eier in die Larven (Nymphen) der Weißen Fliege ab. Befallene Larven werden später schwarz und lassen sich gut von den gesunden weißlich-grünen Exemplaren unterscheiden. In den befallenen Tieren entwickeln sich die Larven der Schlupfwespe, die Weiße Fliege stirbt ab. Die ausgewachsenen Parasiten schlüpfen durch ein Loch, das sie in das Außenskelett schneiden. Sie ernähren sich vom zuckrigen Sekret der Weißen Fliege, dem Honigtau.

Encarsia-Arten werden im Larvenstadium auf Blättern oder Pappkarton geliefert. Diese Unterlagen werden nach Anweisung an einer schattigen Stelle in der befallenen Pflanze befestigt. Innerhalb weniger Tage schlüpfen die ausgewachsenen Schlupfwespen, nach etwa 3 Wochen sollten die ersten schwarzen Nymphen zu sehen sein.

Spinnmilben

Wie die Weiße Fliege vermehren sich Spinnmilben sehr schnell. Sie lassen sich nur schwer mit Pflanzenschutzmitteln bekämpfen, und es bilden sich leicht resistente Stämme. Wirksam ist der Einsatz von Raubmilben *(Phytoseiulus persimilis)*. Sowohl die erwachsenen Insekten als auch die Nymphen fressen alle Entwicklungsstadien der Spinnmilbe: Eier, Larvenstadien und adulte Tiere. Die Raubmilben werden als Nymphen und ausgewachsene Milben geliefert. Man setzt sie an einer geschützten Stelle auf einer befallenen Pflanze aus.

Schmierläuse

Schmier- oder Wollläuse *(Pseudococcus* und *Planococcus)* überziehen sich und ihre Eier mit wachsartigen Ausscheidungen. Da sie unzugängliche Stellen an der Pflanze befallen, richten die üblichen Insektizide daher wenig gegen sie aus. Die ausgewachsenen Käfer und die Larven einer Marienkäferart *(Cryptolaemus montrousieri)* vertilgen jedoch Schildläuse und deren Eier. Die ausgewachsenen Marienkäfer legen bis zu 500 Eier, wenn sie genügend Nahrung vorfinden. Wie die meisten Nützlinge braucht der Marienkäfer Wärme und gedeiht am besten bei Tagestemperaturen um 27°C. Die Käfer werden auf den befallenen Pflanzen ausgebracht. Das geschieht am besten gegen Abend, wenn es etwas kühler ist, damit sie nicht davonfliegen und durch die Lüftung ins Freie entwischen.

Häufige Gewächshausschädlinge
Feine helle Flecken auf der Blattoberfläche deuten auf Spinnmilben hin (oben). Die Flecken entstehen durch die Saugtätigkeit der Milben. In diesem Stadium finden sich die winzigen Milben auf der Blattunterseite. Raubmilben werden zur Bekämpfung eingesetzt. Die Weiße Fliege (links) vermehrt sich sehr schnell. Sie lässt sich mit Hilfe von parasitierenden Schlupfwespen bekämpfen.

Schildläuse

Manche Gewächshausschädlinge wie die Weiche Schildlaus *(Coccus hesperidum)* oder die Napfschildlaus *(Saissetia coffeae)* werden von der Schlupfwespe *(Metaphysicus helvolus)* parasitiert. Diese legt ihre Eier in die Schildlauslarven, die sich dunkel färben und vor der Reife sterben. Bei 27°C dauert der Lebenszyklus des Parasiten vom Ei bis zur adulten Form 12 Tage, bei niedrigeren Temperaturen länger. Werden die Wespen zwischen Spätfrühling und Hochsommer eingesetzt, lassen sich gute Resultate erzielen.

Schmierlauskolonie
Dieser häufige Schädling an Topf- und Kübelpflanzen besiedelt oft unzugängliche Bereiche der Pflanzen, sodass Insektizide kaum wirken. Marienkäfer kommen hier zum Einsatz.

Schildlaus-Kolonie
Unter Glas wird dieser Schädling mit parasitierenden Schlupfwespen biologisch bekämpft. Die Schlupfwespe legt ihre Eier in die Larven der Schildlaus; diese sterben daraufhin ab.

Siehe auch Blattläuse, S. 42; Dickmaulrüssler, S. 48; Spinnmilben, S. 197; Schildläuse, Schmierläuse, Weiße Fliege, S. 198

EINSATZ VON NÜTZLINGEN

Die Räuber, Parasiten und Krankheitserreger, die im Handel erhältlich sind, eignen sich immer nur für bestimmte Schädlinge. Daher müssen Sie die Schadursache erst genau bestimmen. Die verschiedenen Nützlinge können wohl untereinander kombiniert werden, aber ein Einsatz gemeinsam mit synthetischen Pflanzenschutzmitteln ist nicht möglich wegen der hohen Empfindlichkeit gegenüber Insektiziden. Nützliche sind eine Alternative zu chemischen Mitteln und keine Ergänzung. Aus der Gebrauchsanweisung sollte hervorgehen, wie lange nach einer chemischen Behandlung zu warten ist, bevor man die Nützlinge einsetzen kann. Sofort nach Erhalt lässt man sie auf der befallenen Pflanze frei. Ebenso werden Nematodenpräparate möglichst sofort ausgebracht.

Klebefalle
Gelbfallen fangen fliegende Insekten unter Glas. Sie zeigen an, ob und in welchem Ausmaß Weiße Fliegen vorhanden sind.

Schlupfwespen gegen Weiße Fliege
Encarsia formosa auf einer Pappe, die im Gewächshaus an die befallene Pflanze gehängt wird.

***Encarsia* im Einsatz**
Ausgewachsene Weiße Fliege und von Parasiten befallene, schwarze Larven. Die Nützlinge werden auch auf Blattstücken geliefert.

Blattläuse

Die Larven der Gallmücke *(Aphidoletes aphidimyza)* ernähren sich von Blattläusen. Sie dämmen einen Befall im Gewächshaus von Mitte Frühjahr bis Frühherbst wirksam ein.

Ausgewachsen legt die winzige, zarte Fliege nachts ihre Eier an Blättern ab. Nach 3 Tagen schlüpfen die kleinen, orange-weißen Larven. Diese fressen dann 7–14 Tage lang, bevor sie sich im Boden in Kokons verpuppen.
3 Wochen später erscheinen die ausgewachsenen Gallmücken. Am besten stellt man Topfpflanzen in Schalen mit feuchtem Sand, sonst fallen die fertigen Larven auf den Tisch oder auf den befestigten Gewächshausboden, wo sie sich nicht verpuppen können.

Die Larven heften sich an ein Beingelenk der Blattlaus und saugen den Körper aus. Bei Pflanzen mit behaarten Blättern funktioniert diese Bekämpfungsmethode weniger gut. *Aphidoletes* wird im Larven- oder im Puppenstadium geliefert. Die Larven überträgt man mit einem weichen Pinsel auf die befallenen Pflanzen, die Puppen werden an einer kühlen, feuchten Stelle unter der Pflanze abgelegt.

Gallmückenlarven bei der Arbeit
Eine Larve der Gallmücke *Aphidoletes aphidomyza* ist zwar nur 3 mm lang, frisst aber bis zu 80 Blattläuse.

Nematoden-Einsatz
Die Larven des Dickmaulrüsslers werden über Gießwasser mit Fadenwürmern bekämpft (werden in Trägersubstanz geliefert).

Dickmaulrüssler

Die Larven des Gefurchten Dickmaulrüsslers *(Otiorhynchus sulcatus)* ernähren sich von den Wurzeln verschiedener Pflanzen. Parasitäre Nematoden-Arten *(Heterorabditis* spec.*)* werden in einer Lösung in das Substrat gegossen. Diese dringen in die Dickmaulrüssler-Larven ein und übertragen eine tödliche Krankheit. Die beste Wirkung erzielt das Nematodenpräparat, wenn die Lösung zur Frühjahrsmitte und nochmals im Spätsommer ausgebracht wird. Der Boden muss feucht und mindestens 12°C warm sein.

Der geeignete Zeitpunkt

Es hat keinen Sinn, Nützlinge einzusetzen, bevor sich die Schädlinge bemerkbar machen, denn die Räuber können sich nur vermehren, wenn sie genug Beute oder ihre Wirtstiere vorfinden. Nützliche Insekten und Milben reagieren sehr empfindlich auf Pflanzenschutzmittel, daher sollte man etwa 8–10 Wochen vor dem Nützlingseinsatz auf chemischen Pflanzenschutz verzichten.

Blattläuse bekämpfen

Es gibt kaum eine Pflanze, die nicht von Blattläusen befallen wird. Dafür lassen sie sich relativ leicht bekämpfen.

Man hat in Großbritannien über 500 verschiedene Blattlausarten gezählt, die sich alle dadurch ernähren, indem sie Pflanzensaft saugen. Viele Arten sind schwarz oder grün, andere gelb, rosa oder grau. Wollläuse an Apfelbäumen und Birken sind mit einem wachsartigen Überzug versehen.

Blattläuse durchlaufen je nach Art einen mehr oder weniger komplizierten Lebenszyklus. Die meisten Arten überwintern an Bäumen und Sträuchern in Form von kleinen, oft glänzend schwarzen Eiern. Im Frühjahr schlüpfen flügellose Blattlausweibchen und saugen an den jungen Trieben. Wenn diese im Frühsommer härter werden, entwickeln sich geflügelte Blattläuse, die für den Sommer auf krautige Pflanzen übersiedeln. Die Kolonien auf dem Winterwirt sterben dann ab.

Blattlausbefall
Links: Der Blütenstand der Artischocke ist von der weit verbreiteten Schwarzen Bohnenlaus besiedelt. Oben: Ein Marienkäfer räumt mit der Blattlauskolonie an einem Apfelzweig auf.

Symptome

Im späten Frühjahr und Sommer sind dichte Kolonien an jungen Trieben zu sehen. Die Pflanzen werden durch die Saugtätigkeit geschwächt, die Blätter verfärben und verformen sich oder es entstehen Gallen. Die Blattläuse versenken ihre Saugwerkzeuge in die Saft führenden Gefäße der Pflanzen und entnehmen so große Mengen an Saft. Überschüssigen Zucker scheiden sie als so genannten Honigtau wieder aus. Dadurch werden die Blätter klebrig und glänzend. Oft siedeln sich darauf Russtaupilze an, sodass die Blattoberfläche schwarz erscheint. Viele Blattläuse übertragen Pflanzenviren.

Bekämpfung

Blattläuse haben viele natürliche Feinde, darunter Marienkäfer, Florfliegen, Schwebfliegenlarven und verschiedene parasitäre Gallmücken. Gegen Ende des Sommers sind diese Nützlinge in so großer Zahl vorhanden, dass sie die Blattläuse deutlich dezimieren. Von Frühjahrsmitte bis Frühherbst sind Nützlinge gegen Blattläuse im Gewächshaus lieferbar (siehe S. 40–41).

Es gibt mehrere zugelassene Insektizide, mit denen man im Frühjahr und Sommer gegen Blattläuse vorgehen kann. Systemische Insektizide wirken in der Regel besser, da sie von der Pflanze aufgenommen werden und so die Blattläuse über ihre Ernährungsweise vergiften (siehe S. 37–38). Damit werden auch Blattläuse erreicht, die in eingerollten Blättern verborgen sind.

Organische Kontaktinsektizide gegen Blattläuse sind unter anderem *Pyrethrum*, Neembaumprodukte, Rapsöl und Fettsäuren. Diese sind für Menschen kaum giftig und daher auch für Nutzpflanzen geeignet. Bevor Gemüse und Obst behandelt werden, ist zu prüfen, ob das Mittel für die Kultur auch zugelassen ist und wie lange die Wartezeit bis zur Ernte beträgt.

BLATTLAUSJÄGER

Viele natürliche Feinde vertilgen Blattläuse. Die bekanntesten sind der Marienkäfer und seine gefräßigen Larven, die so genannten Blattlauslöwen. Nützlinge sind im Garten vor allem gegen Ende des Sommers zahlreich vorhanden; sie dezimieren die Blattläuse deutlich. Die Helfer darf man also nicht mit chemischen Pflanzenschutzmitteln ausrotten.

Blattlauslöwe

Marienkäfer

Schwebfliege

Schlupfwespe

Florfliege

Betroffene Pflanzen

Blattläuse befallen die verschiedensten Pflanzen: Gehölze (auch Obstgehölze), Stauden, Einjährige, Topf- und Kübelpflanzen, Gemüse.

Siehe auch Vorbeugender Pflanzenschutz, S. 36-37; Systemische Pflanzenschutzmittel, S.37-38; Biologischer Pflanzenschutz, S. 40-41

PFLANZENPROBLEME

Mit Ameisen leben

Ameisen sind keine Schädlinge.

In unseren Gärten kommen verschiedene Ameisenarten vor, darunter die Schwarze Wegameise *(Lasius niger)* und die Gelbe Wiesenameise *(Lasius flavus)*, dazu kommen die verschiedenen Knotenameisen (*Myrmica*-Arten). Ameisen werden oft mit Besorgnis beobachtet, sind aber eher lästig als gefährlich. Sie ernähren sich vor allem von Insekten (unter anderem von Ameisen) und süßen Flüssigkeiten wie dem Honigtau, den Blattläuse abgeben.

Symptome

Durch Ameisen kann indirekt Schaden an Pflanzen entstehen, z. B. wenn sie Blattläuse vor Marienkäfern schützen, oder durch den Nestbau. Sie lockern den Boden rund um Pflanzenwurzeln und können dadurch niedrig wachsende Pflanzen aus der Erde heben.

Bekämpfung

Ameisenpulver sollte man ausschließlich gegen Nester einsetzen, die tatsächlich Probleme bereiten. Ameisen lassen sich unmöglich ganz ausrotten, da der Garten bald wieder von einer neuen Königin besiedelt wird.

Ameisen klettern zu den Blattläusen auf einen Baum.

PFLANZENPROBLEME

Asseln und Tausendfüßer

Asseln, Hundert- und Tausendfüßer kommen in den meisten Gärten vor, schädigen aber kaum jemals Pflanzen.

Asseln

Asseln *(Oniscus asellus, Porcellio scaber* und *Armadillidium vulgare)* sind Gliedertiere mit einem harten Panzer. Sie sind in den meisten Gärten zahlreich vorhanden und werden oft wegen Schäden beschuldigt, die in Wirklichkeit von anderen Schädlingen stammen.

Symptome

Asseln ernähren sich vor allem von abgestorbenen Pflanzenteilen. Ihre Fresswerkzeuge sind für reife Pflanzen kaum geeignet, manchmal fressen sie allerdings an jungen Trieben, an Sämlingen oder Erdbeeren. Sie können den Schaden vergrößern, den andere Schädlinge angerichtet haben.

Bekämpfung

Asseln stellen kein schwerwiegendes Problem dar, eine Bekämpfung steht in keinem Verhältnis zum Nutzen. In Gewächshäusern, wo empfindliche Sämlinge stehen, vertreibt man sie durch gute Hygiene.

Hundertfüßer

Hundertfüßer haben einen langen, gegliederten Körper und werden oft mit Tausendfüßern verwechselt. Doch während Tausendfüßer gelegentlich Schaden anrichten, sind Hundertfüßer immer harmlos, mitunter sogar nützlich, denn sie fressen andere kleine Bodenlebewesen.

BEINE ZÄHLEN

Am einfachsten unterscheidet man Hundertfüßer und Tausendfüßer anhand der Beine: Hundertfüßer haben ein Beinpaar pro Körperglied, Tausendfüßer zwei. Hundertfüßer sind meist dunkel oder gelblich braun und bewegen sich schnell, wenn sie aufgestört werden.

Tausendfüßer

Tausendfüßer haben einen langen, gegliederten, flachen oder runden Körper. Sie sind stärker strukturiert als Hundertfüßer, und sie tragen im Gegensatz zu diesen an jedem Körperglied zwei Beinpaare. Die häufigste Art im Garten ist der Gefleckte Doppelfüßer *(Blaniulus guttulatus)*.

Symptome

Tausendfüßer fressen vor allem verrottende Pflanzenteile. Manchmal beschädigen sie Keimlinge und weiche Früchte oder sie vergrößern den Schaden an Kartoffeln und Blumenzwiebeln, den andere Schädlinge, etwa Schnecken, schon angerichtet haben.

Bekämpfung

Natürliche Feinde sind Vögel, Frösche, Kröten, Igel und Laufkäfer. Gute Hygiene bietet den Tausendfüßern schlechtere Lebensbedingungen, da sie keine Verstecke und wenig faulende Pflanzenmasse zum Fressen vorfinden.

Eine Asselkolonie

Amseln sind natürliche Feinde der Tausendfüßer.

Siehe auch Tiere in den Garten locken, S. 250-251

Katzen abschrecken

Sie können Katzen nicht aus dem Garten verbannen. Mit Hilfe einiger Tricks gelingt es aber, sie von bestimmten Flächen fernzuhalten.

Unsere geliebten Stubentiger können der Schrecken der Nachbarn sein, wenn sie deren Garten als Toilette benutzen. Um ihren Kot abzusetzen, graben sie Löcher in Blumen- und Gemüsebeete oder hinterlassen ihn einfach auf dem Rasen oder auf Wegen. Kater setzen außerdem ihre Duftmarken an Pflanzen und verätzen damit die Blätter. Katzen schärfen ihre Krallen an Gehölzen und richten durch diese Form der Revierabgrenzung Schaden an.

Chef im Revier
Katzen fühlen sich stark an ihr Revier gebunden und Kater markieren ihre Grenzen mit Urin. Es gelingt kaum, unerwünschte Katzen vom Garten fernzuhalten. Um ihre Toilette zu verrichten, scharren sie Löcher in den Boden.

Katzen abschrecken

Katzen sind reviergebunden und lassen sich kaum davon überzeugen, dass der Garten eher den Menschen gehört als ihnen. Zäune und Netze halten diese beweglichen Tiere nicht auf. Manchmal kann ein Netz allerdings eine kleine Gartenfläche schützen.

Bepflanzen Sie Beete und Rabatten möglichst dicht mit Stauden, die den Boden bedecken, damit er nicht zur Katzentoilette einlädt. Wenn die oberirdischen Pflanzenteile im Winter absterben, sind die Beete allerdings wieder gefährdet. Halten Sie Saatreihen feucht, damit die Pflanzen schnell das empfindliche Keimlingsstadium hinter sich bringen, aber auch um Katzen abzuhalten. Wenn sie die Wahl haben, nutzen Katzen lieber lockeren Boden oder Mulch, der zudem trocken ist, als Toilette.

Es gibt im Gartenbedarfshandel Abwehrmittel zu kaufen, die Katzen abschrecken sollen. Sie riechen oder schmecken für Katzen abschreckend, ohne sie zu schädigen. Allerdings schützen diese Mittel nur für kurze Zeit und müssen immer wieder neu aufgetragen werden, vor allem nach Regengüssen. Bevor Sie ein solches Mittel anwenden, sollten Sie Katzenkot entfernen. Leider gibt es keine Pflanzen, die zuverlässig Katzen abschrecken, sie meiden jedoch den direkten Kontakt mit stacheligen Trieben.

Ultraschall

Einen Versuch wert ist eine elektronische Katzenabwehr, die mit Ultraschall arbeitet. Für menschliche Ohren ist das Geräusch kaum wahrnehmbar, für Katzen kann es entsetzlichen Lärm bedeuten. Allerdings wird Ultraschall von Zäunen oder Sträuchern gedämpft, daher wirkt er am besten in offenen Gärten. Der Schall wandert in die Richtung, in die der Lautsprecher zeigt; man stellt das Gerät also am besten in eine Ecke des Gartens. Ultraschallgeräte werden vor allem im Versandhandel angeboten.

Abschrecken
Katzen mögen kein Wasser, daher kann man versuchen, sie zur Abwehr mit dem Gartenschlauch oder einer Handspritze zu bespritzen. Noch mehr Wirkung zeigt ein elektronischer Katzenvertreiber, der Ultraschall aussendet.

WOZU KATZENGRAS?

Katzen nehmen Gras zu sich, um Erbrechen auszulösen und so Haarballen loszuwerden. Sie fressen Ziergräser wie Rasen, verursachen aber keinen Schaden. Manche Samenhändler bieten Hafer *(Avena sativa)* als Katzengras an.

PFLANZENPROBLEME

Vogelschäden verhindern

Vögel sind im Garten willkommen, können aber auch schaden.

Im Winter frisst der Dompfaff gern Blütenknospen von Obstbäumen, Beerensträuchern und Zierbäumen. Spatzen ernähren sich von Samen, während im Winter und Frühsommer Tauben lästig werden können.

Symptome

Beim Picken lässt der Dompfaff die äußeren Knospenschuppen fallen. Spatzen fressen Grassamen, vernichten aber auch Salat, Rote Bete und Erbsen. Tauben fressen die verschiedensten Samen und Sämlinge.

Bekämpfung

Erbsen und anderes Gemüse wird im Sämlingsstadium mit Kulturnetz oder Gartenvlies abgedeckt. Ebenso überzieht man Beerensträucher und kleinkronige Obstbäume für die Zeit der Fruchtreife mit einem Vogelschutz.

Dompfaffweibchen

Schutz für Kirschen
Ein Netz ist das einzige sichere Mittel, um Vögel von Pflanzen fernzuhalten. Man kann es zeitweise über die Pflanzen ziehen, oder man kultiviert Obst und Gemüse dauerhaft in einem vogelsicheren Käfig. 2 cm große Maschen halten alle Vögel fern.

Siehe auch Dompfaffschäden, S. 72

PFLANZENPROBLEME

Wildschäden vermeiden

Rehe fressen an Zier- und Nutzpflanzen.

Die meisten Wildschäden im Garten entstehen durch Rehe, in wenigen Regionen kann auch einmal Dam- oder Rotwild einen Besuch abstatten.

Durch Rehe beschädigte Rinde

Symptome

Rehe fressen die verschiedensten Pflanzenarten, darunter so manch besonders schöne Zierpflanze und außerdem Obst und Gemüse. Sie können riesige Mengen junger Blätter und Triebe vertilgen und beschädigen die Rinde junger Bäume.

Bekämpfung

Ein Zaun, rund um das Grundstück gezogen, hält Wild fern. Er muss für Rehe und Hirsche aber 1,8 m hoch sein. Die Rinde junger Bäume erhält bis auf 1,2 m über dem Boden (oder höher) eine Manschette aus Kunststoff oder aus Drahtgitter zum Schutz vor Wildverbiss.

WILDBESTÄNDIGE PFLANZEN

Bambus	*Lonicera*
Berberis	*Magnolia*
Buddleja	*Mahonia*
Buxus	*Potentilla fruticosa*
Choisya	*Rhododendron*
Clematis	*Stachel- und Johannisbeeren*
Cornus	*Rosa rugosa*
Daphne	*Spiraea*
Forsythia	*Viburnum*
Hydrangea	*Weigela*
Lavandula	

PFLANZENPROBLEME

Ohrwürmer bekämpfen

Die verbreiteten Ohrwürmer fressen Blätter und Blüten.

Den Gewöhnlichen Ohrwurm *(Forficula auricularia)* erkennt man leicht an den typischen Zangen am Hinterleib.

Symptome

Ohrwürmer fressen an verschiedenen Pflanzen, bevorzugt an Blüten und jungen Blättern von Clematis, Dahlien und Chrysanthemen, wobei sie ausgefranste Löcher hinterlassen. In manchen Jahren sind die Ohrwürmer besonders zahlreich und schädigen dann die unterschiedlichsten Pflanzen.

Die Tiere verstecken sich tagsüber an geschützten Plätzen und wagen sich erst bei Dunkelheit zum Fressen hervor. Mit der Taschenlampe lässt sich kontrollieren, ob die Schäden tatsächlich den Ohrwürmern oder anderen nachtaktiven Schädlingen zuzuschreiben sind.

Ohrwurmschaden an einer Dahlienblüte

Bekämpfung

Als Fallen werden umgedrehte, mit Heu oder Stroh gefüllte Blumentöpfe neben befallene oder als anfällig bekannte Pflanzen aufgestellt. Die Töpfe werden jeden Morgen ausgeschüttelt, um die Ohrwürmer zu entfernen. Diese Schutzmaßnahme genügt wohl nicht bei einer Überzahl an Ohrwürmern. Notfalls kann man mit einem zugelassenen Insektizid spritzen, am besten in der Dämmerung an milden Abenden, wenn keine Bienen mehr unterwegs sind.

Siehe auch Pflanzenschutz, S. 36–37

Schnecken bekämpfen

Schnecken sind der Fluch der Gärtner, denn sie fressen an fast allen Pflanzen und erfordern ständige Aufmerksamkeit.

GEHÄUSESCHNECKEN

Die verbreitetsten Schnecken im Garten sind die Weinbergschnecke *(Helix aspersa)*, aber auch Bänderschnecken wie *Cepaea hortensis* und *C. nemoralis* treten häufig auf.

Symptome

Typisch sind die unregelmäßigen Löcher, die in Blätter, Triebe und Blüten geraspelt scheinen. Gehäuseschnecken fressen junges zartes Gewebe und haben, im Gegensatz zu Nacktschnecken, die immer am Boden oder an feuchten Stellen bleiben müssen, einen großen Aktionsradius. Sie können hoch klettern, um an saftige Triebe zu kommen.

Bekämpfung

Streuen Sie im Frühjahr und Sommer, in der aktiven Zeit der Schnecken, handelsübliches Schneckenkorn aus. Früh im Jahr kann man mit einem Mittel auf der Basis von Aluminiumsulfat gegen frisch geschlüpfte Schnecken vorgehen. Diese Methode schont andere Tiere, auch Haustiere. Im Handel werden zudem verschiedene Fallen angeboten. Im Winter kann man nur mögliche Verstecke aufdecken, damit sich die Singdrosseln darüber hermachen, oder man vernichtet sie gleich selbst.

Schneckenfraß
Schnecken fressen nachts unregelmäßige Löcher in die Blätter oder schaben die Blattoberfläche ab. Sie befallen viele Pflanzenarten, bevorzugt aber welche mit zarten Blättern.

NÜTZLICHE TRICKS GEGEN SCHNECKEN

Schneckenkorn ist nicht immer zwingend notwendig, um Pflanzen vor Schnecken zu schützen. Es gibt auch chemiefreie Methoden: Zum Beispiel lassen sich Kunststoffflaschen mit abgeschnittenem Boden als Mini-Hauben verwenden, sodass die Schnecken nicht an gefährdetes junges Gemüse herankommen (unten links). Auch Pflanzen im Topf, wie die besonders begehrten Funkien, sind für Schnecken noch zu erreichen. Um ihnen den Zugang zu erschweren, können Sie einen Kupferring um den Topf legen; Schnecken meiden die Berührung mit diesem Metall (unten rechts). Auch Fett mögen sie nicht, Sie können den Topfrand damit einschmieren.

Umnutzung von Plastikflaschen

Kupferring um Funkien-Topf

NACKTSCHNECKEN

Im Garten kommen verschiedene Nacktschneckenarten vor, darunter die Genetzte Ackerschnecke *(Deroceras reticulatum)*, die Gartenwegschnecke *(Arion hortensis)* und Kielnacktschnecken (*Milax*-Arten). Sie richten das ganze Jahr über Schaden an, sind aber im Frühjahr besonders lästig. Sie fressen immer dann, wenn die Temperaturen über 5°C liegen. Je wärmer und feuchter es ist, desto aktiver werden sie.

Symptome

Nacktschnecken fressen unregelmäßige Löcher in Blätter, Blüten und Stängel. Zarte Sämlinge und junge Triebe von krautigen Pflanzen mögen sie besonders.

Singdrossel
Locken Sie Vögel in den Garten, besonders die Singdrossel frisst gern Schnecken. Sie schlägt die Schneckenhäuser an harten Oberflächen wie Wegplatten oder Steinen auf.

Bekämpfung

Streuen Sie in den Beeten mit gefährdeten Pflanzen gleichmäßig Schneckenkorn oder verwenden Sie Schneckenmittel auf der Basis von Eisen-III-phosphat (Ferramol) oder Methiocarb (Mesurol). Verschiedene Fallen sind im Handel erhältlich.

Zur biologischen Bekämpfung eignet sich ein Präparat mit dem Nematoden *Phasmarhabditis hermaphrodita*. Es wird auf den Boden gegossen, die Nematoden dringen in den Körper der Schnecke ein und setzen Bakterien frei, die eine tödliche Krankheit verursachen. Die Nematoden (Fadenwürmer) brauchen feuchten, aber gut dränierten Boden und Temperaturen zwischen 5 und 20°C. Besonders wirksam ist das Mittel daher bei Anwendungen im Frühjahr oder Herbst. Das Nematodenpräparat kann über den Versand bestellen; man erhält es sogar in manchen Gartencentern.

Siehe auch Biologischer Pflanzenschutz, S. 40–41

PFLANZVORSCHLÄGE

Schnecken-feste Pflanzen

Bieten Sie Schnecken keine Leckerbissen an.

EIN VERSUCH LOHNT SICH

Da Schnecken so zahlreich sind und so viele Pflanzenarten befallen, lohnt es sich, möglichst viele Zierpflanzen zu ziehen, die wenig fraßgefährdet sind. Schnecken mögen besonders gern Stauden mit zarten jungen Triebe; die folgenden Arten verschmähen sie eher:

Acanthus mollis, *Achillea filipendulina*, *Agapanthus*, *Alchemilla mollis* 🏆, *Anemone hupehensis*, *A.* x *hybrida*, *Aquilegia*, *Armeria*, *Aster amellus*, *Aster* x *frikartii*, *A. novae-angliae*, *Astilbe* x *arendsii*, *Astrantia major*, *Bergenia*, *Centaurea dealbata*, *C. montana*, *Corydalis lutea*, *Cynara cardunculus* 🏆, *Dicentra spectabilis* 🏆, *Digitalis purpurea*, *Eryngium*, *Euphorbia*, *Foeniculum vulgare*, *Gaillardia aristata*, *Geranium*, *Geum chiloense*, *Hemerocallis*, *Liatris spicata*, *Lysimachia punctata*, *Myosotis*, *Nepeta* x *faassenii* 🏆, *Papaver orientale*, *Phlox paniculata*, *Physostegia virginiana*, *Polemonium foliosissimum*, *Polygonum*, *Potentilla*, *Pulmonaria*, *Rudbeckia fulgida*, *Salvia* x *superba* 🏆, *Saxifraga* x *urbium* 🏆, *Scabiosa caucasica*, *Sedum spectabile* 🏆, *Sempervivum*, *Sisyrinchium*, *Solidago*, *Stachys macrantha*, *Tanacetum coccineum*, *Thalictrum aquilegiifolium*, *Tradescantia virginiana*, *Tropaeolum*, *Verbascum*, Ziergräser

Liatris spicata

PFLANZENPROBLEME

Kaninchen fern halten

Diese Nager sollten gar nicht erst in den Garten eindringen.

Kaninchen leben oft in Kolonien zusammen und vermehren sich unter günstigen Bedingungen sprichwörtlich schnell.

Symptome

Kaninchen fressen Gemüse und eine Vielzahl von Zierpflanzen, die sie mitunter bis zum Boden abnagen. Sie knabbern auch die Rinde von jungen Bäumen und Sträuchern an.

Bekämpfung

Den besten Schutz bildet ein kaninchensicherer Zaun rund um den Garten. Er sollte 2,5 cm große Maschen haben und etwa 120–140 cm hoch sein. Zur Sicherheit gräbt man ihn 30 cm tief ein und biegt die unteren 15 cm nach außen um, damit die Kaninchen sich darunter nicht durchwühlen können.

Um bestimmte Pflanzen zu schützen, kann man Repellents ausbringen.

Einigermaßen sicher vor Kaninchen sind folgende Pflanzen: *Alchemilla mollis*, *Aquilegia*, *Bergenia*, *Clematis*, *Dahlia*, *Digitalis*, *Euphorbia*, *Galanthus*, *Helleborus* (außer *H. niger*), *Hemerocallis*, *Narcissus*, *Paeonia*, *Primula vulgaris* und *Stachys byzantina*.

Kaninchenschutz um einen jungen Baum

Siehe auch Wildschäden, S. 45

PFLANZENPROBLEME

Eichhörnchen

Eichhörnchen schädigen viele Gartenpflanzen.

Es sieht possierlich aus, wenn Eichhörnchen (Gattung *Sciurus*) durch den Garten hüpfen, doch sie können viel Schaden an Bäumen und anderen Pflanzen anrichten.

Eichhörnchen lieben Haselnüsse

Symptome

Am meisten Schaden entsteht, wenn die Rinde von Bäumen angefressen wird. Eichhörnchen beißen auch Triebspitzen und Blütenknospen ab und stibitzen Nüsse und Früchte. Im Frühjahr fressen sie an jungen Trieben und Blütenknospen von Eichen, Rosskastanien, Magnolien, Walnuss und anderen Bäumen. Sie mögen auch Krokusknollen und Tulpenzwiebeln und wühlen in Pflanzgefäßen danach.

Bekämpfung

Obstgehölze kann man in gefährdeten Regionen mit Käfigen aus Maschendraht schützen (Kunststoff wird durchgenagt). Pflanzgefäße mit Zwiebeln und Knollen sollte man mit Drahtnetz abdecken, damit sich die Tiere nicht bedienen können.

Ein Eichhörnchen hat die Rinde des Zweiges abgenagt.

Siehe auch S. 45

Dickmaulrüssler

Dieser Problemschädling tritt an den unterschiedlichsten Kulturen auf, bevorzugt an Kübelpflanzen. Die Larven vertilgen Wurzeln, die Käfer fressen die Blätter vom Rand her an.

Ausgewachsene Dickmaulrüssler *(Otiorhynchus sulcatus)* sind immer weiblich. Sie leben lange und können von Spätfrühling bis Herbst bis zu 1000 Eier legen. Werden die Eier rechtzeitig abgelegt, werden die Larven groß genug, um bis zum Spätsommer beträchtlichen Schaden anzurichten. Bis zum Herbst sind manche Tiere voll entwickelt, doch meist überwintern sie als Larven und verpuppen sich im Frühjahr.

Die dicken, cremeweißen Larven mit hellbraunem Kopf werden bis zu 1 cm lang. An den cremeweißen Puppen deuten sich die Formen des Käfers bereits ab, wie die Flügeldeckel, Beine und Fühler. Die ausgewachsenen, meist nachtaktiven Käfer sind mattschwarz mit kleinen, gelblich braunen Flecken auf den Flügeldeckeln. Sie werden 8–9 mm lang und haben einen birnenförmigen Körper und im rechten Winkel gekrümmte Fühler. Sie können nicht fliegen oder laufen, krabbeln aber ausdauernd und klettern sogar an Töpfen oder Wänden hoch, um die Pflanzen zu erreichen.

Biologische Bekämpfung
Ein Nematoden-Präparat wird auf die Substratfläche von Topfpflanzen gegossen. Dickmaulrüsslerlarven werden damit besonders wirksam im Spätsommer bekämpft.

TIPPS ZUR BEKÄMPFUNG

- Biologische Bekämpfung mit Nematoden
- Ein Befall an Topfpflanzen lässt sich mit Hilfe von Pflanzenschutzstäbchen gegen beißende Insekten eindämmen.
- Auf kleinen Flächen können Sie in der warmen Jahreszeit während der Dämmerung Käfer mit der Taschenlampe jagen. Jeder vernichtete Käfer bedeutet weniger Eier.

Symptome

Dickmaulrüssler befallen die meisten Zierpflanzen im Haus, im Gewächshaus und im Garten. Auch Erdbeeren und Beerenobst sind gefährdet. Von den Larven befallene Pflanzen wachsen schlecht und wirkt leicht schlapp. Wenn Sie die Wurzeln untersuchen, werden Sie feststellen, dass der größte Teil gefressen wurde und dass die Larven ebenso die Rinde an der Sprossbasis abgenagt haben. Die Larven bohren sich auch in Knollen von Begonien oder Alpenveilchen. Die Pflanzen sterben meist im Laufe der Wintermonate ab. Im Sommer fressen erwachsene Dickmaulrüssler die Blattränder buchtenförmig an.

Schaden durch Dickmaulrüssler
Die cremeweißen Larven fressen Wurzeln und Knollen, die Käfer nagen an den Blättern verschiedener Pflanzen, hier an Rhododendron.

Bekämpfung

Schützen Sie anfällige Zierpflanzen in Töpfen mit dem Wirkstoff Imidacloprid; er wirkt am besten in Kombination mit Methiocarb. Stäbchen, die den Wirkstoff allmählich freigeben und die man einfach in die Topferde steckt, wirken bedingt. Gute Wirkung zeigen auch Pyrethrum-Mittel, sofern sie mehrmals ausgebracht werden. Um die Larven abzuwehren, kann man den Wurzelhals freilegen und mehrfach mit Rainfarntee ausgießen.

Für die biologische Bekämpfung wurde ein Nematoden-Präparat *(Heterorhabditis* spec. oder *Steinernema carpocapsae)* entwickelt. Es wird in Wasser aufgelöst und in das Substrat oder den Boden gegossen. Der Nematode dringt in die Larven ein und infiziert sie mit tödlichen Bakterien. Besonders wirksam ist das Präparat, wenn es gegen Ende des Sommers bei Temperaturen zwischen 12 und 20°C auf feuchtes, durchlässiges Substrat ausgebracht wird. Es ist bei verschiedenen Nützlingsanbietern im Versandhandel erhältlich.

Jagd auf die Käfer
In der Dämmerung kann man Dickmaulrüssler mit der Taschenlampe jagen. Man klopft die Tiere einfach vom Blatt ab, fängt sie in einem Eimer auf und entsorgt sie in sicherer Entfernung.

Siehe auch Vorbeugender Pflanzenschutz, S. 36–37; Biologischer Pflanzenschutz, S. 40–41

GEHÖLZE

Bäume für kleine Gärten

Wenn im Garten nur Platz für einen Baum ist, sollten Sie einen wählen, der schön blüht und zusätzlich dekorative Früchte und buntes Herbstlaub bietet.

1

2

3

BLÜTEN, BUNTE BLÄTTER UND SCHÖNE RINDE

Blüten

Cercis siliquastrum ♕ ↕↔ 10m, rosa-violett, Mitte bis Ende Frühjahr ☐–◙ ◊ ❄❄❄

Cornus kousa var. *chinensis* ♕ ↕ 7m ↔ 5m, weiß, Frühsommer ☐–◙ ◊ ❄❄❄

Crataegus laevigata 'Paul's Scarlet' ♕ ↕↔ 8m, dunkelrot, Spätfrühling oder Frühsommer ☐–◙ ◊ ❄❄❄ [1]

Genista aetnensis ♕ ↕↔ 8m, gelb, Hochsommer ☐ ◊ ❄❄ [2]

+ *Laburnocytisus* 'Adamii' ↕ 8m ↔ 6m, gelb und violett, Spätfrühling ☐ ◊ ❄❄❄

Laburnum x *watereri* 'Vossii' ♕ ↕↔ 8m, gelb, Spätfrühling ☐ ◊ ❄❄❄

Magnolia x *loebneri* 'Leonard Messel' ♕ ↕ 8m ↔ 6m, lilarosa, Frühjahr ☐–◙ ◊ ❄❄❄

Malus floribunda ♕ ↕↔ 10m, rosa und weiß, Frühjahr, rote oder gelbe Früchte ☐ ◊ ❄❄❄

Malus x *moerlandsii* 'Profusion' ↕↔ 12m, purpurrot, Mitte Frühjahr, violette Früchte ☐ ◊ ❄❄❄

Prunus 'Accolade' ♕ ↕↔ 8m, zartrosa, Spätfrühling ☐ ◊ ❄❄❄

Prunus 'Pandora' ♕ ↕ 10m ↔ 8m, rosa, zeitiges Frühjahr ☐ ◊ ❄❄❄

Prunus x *subhirtella* 'Autumnalis Rosea' ♕ ↕↔ 8m, rosa, Winter ☐ ◊ ❄❄❄

Prunus 'Ukon' ♕ ↕ 8m ↔ 10m, weiß, Mitte Frühjahr ☐ ◊ ❄❄❄

Bunte Blätter im Frühjahr und Sommer

Acer negundo 'Flamingo' ↕ 15m ↔ 10m, creme und rosa mit grün ☐–◙ ◊ ❄❄❄

Acer palmatum 'Atropurpureum' ↕ 8m ↔ 10m, bronzerot ☐–◙ ◊ [pH] ❄❄❄

Gleditsia triacanthos 'Sunburst' ♕ ↕ 12m ↔ 10m, goldgelb ☐ ◊ ❄❄❄ [4]

Prunus cerasifera 'Nigra' ♕ ↕↔ 10m, pinkviolett ☐ ◊ ❄❄❄

Pyrus salicifolia 'Pendula' ♕ ↕ 5m ↔ 4m, silbergrau ☐ ◊ ❄❄❄

Robinia pseudoacacia 'Frisia' ♕ ↕ 15m ↔ 8m, leuchtend gelb ☐ ◊ ❄❄❄

Farbige Rinde

Acer capillipes ♕ ↕↔ 10m, rote Zweige, grün-weiße Äste ☐–◙ ◊ [pH] ❄❄❄

Acer griseum ♕ ↕↔ 10m, dunkle, abblätternde Rinde, orangebrauner Untergrund ☐–◙ ◊ [pH] ❄❄❄

Acer palmatum 'Sango-kaku' ♕ ↕ 6m ↔ 5m, korallenrote Triebe ☐–◙ ◊ [pH] ❄❄❄

Betula ermanii 'Grayswood Hill' ♕ ↕ 20m ↔ 12m, weiß ☐–◙ ◊ ❄❄❄

Betula utilis var. *jacquemontii* ↕ 18m ↔ 10m, reinweiß ☐–◙ ◊ ❄❄❄

Eucalyptus pauciflora subsp. *niphophila* ♕ ↕ 6m ↔ bis 15m, graugrün ☐ ◊ ❄❄❄

Prunus serrula ♕ ↕↔ 10m, glänzend rotbraun ☐ ◊ ❄❄❄ [5]

4

5

Siehe auch Bäume neben Gebäuden, S. 52–53; Gehölze mit bunten Blättern, S. 57–58; Bäume in Containerkultur, S. 59; Herbstfarben, S. 62

HERBSTFARBEN UND SCHÖNE STRUKTUREN IM WINTER

Bunte Blätter und Früchte im Herbst

Acer japonicum 'Aconitifolium' ♀ ↕5m ↔ 6m, rubinrote Blätter ☐–◨ ◊ pH ❄❄❄

Acer palmatum 'Osakazuki' ♀ ↕↔ 6m, leuchtend scharlachrote Blätter ☐–◨ ◊ pH ❄❄❄

Acer tataricum subsp. *ginnala* ↕10m ↔ 8m, orange- bis karminrote Blätter ☐–◨ ◊ ❄❄❄

Amelanchier lamarckii ♀ ↕10m ↔ 12m, Blätter in Feuerfarben ☐–◨ ◊ pH ❄❄❄ [3]

Crataegus x *lavallei* 'Carrierei' ♀ ↕7m ↔ 10m, langlebige orangerote Früchte und dunkle Blätter ☐–◨ ◊–◊ ❄❄❄

Malus x *robusta* 'Red Sentinel' ♀ ↕↔ 7m, langlebige rote Früchte ☐ ◊ ❄❄❄

Malus tschonoskii ♀ ↕12m ↔ 7m, orange- bis purpurrote Blätter, gelbliche Früchte ☐ ◊ ❄❄❄

Malus x *zumi* 'Golden Hornet' ♀ ↕10m ↔ 8m, gelbe Früchte ☐ ◊ ❄❄❄

Nyssa sinensis ♀ ↕↔ 10m, kräftig rote Blätter ☐–◨ ◊ pH ❄❄❄

Prunus 'Pandora' ♀ ↕10m ↔ 8m, kräftig orangerote Blätter ☐ ◊ ❄❄❄

Sorbus aucuparia 'Aspleniifolia' ↕15m ↔ 7m, rote Früchte, schöne scharlachrote und orangefarbene Blätter ☐–◨ ◊ ❄❄❄

Sorbus hupehensis ♀ ↕↔ 8m, rosaweiße Früchte und schöne rote Blätter ☐–◨ ◊ ❄❄❄

Sorbus 'Joseph Rock' ↕10m ↔ 7m, bernsteingelbe Früchte und orange- bis purpurrote Blätter ☐–◨ ◊ ❄❄❄

Sorbus vilmorinii ♀ ↕↔ 5m, hochrote Früchte, die weiß werden; hell- bis purpurrote Blätter ☐–◨ ◊ ❄❄❄

Immergrün

Arbutus unedo ♀ ↕↔ 8m, weiße Blüten Mitte bis Ende Herbst, rote Früchte ☐ ◊ ❄❄❄

Cotoneaster frigidus 'Cornubia' ♀ ↕↔ 6m, rote Beeren, wintergrün ☐–◨ ◊ ❄❄❄

Eucalyptus pauciflora subsp. *niphophila* ♀ ↕6m ↔ bis 15m, graugrüne Blätter, fleckige Rinde ☐ ◊ ❄❄❄

Ilex x *altaclerensis* 'Golden King' ♀ ↕6m ↔ 4m, weibliche Form mit gelben Blatträndern und roten Beeren ☐ ◊ ❄❄❄

Ilex aquifolium 'Madame Briot' ♀ ↕10m ↔ 5m, weibliche Form mit gelben Blatträndern und roten Beeren ☐ ◊ ❄❄❄

Ligustrum lucidum ♀ ↕↔ 10m, weiße Blüten von Spätsommer bis Frühherbst ☐–◨ ◊ ❄❄❄ [6]

Photinia davidiana ↕8m ↔ 6m, rote Beeren, zum Teil leuchtend rote Blätter im Herbst ☐–◨ ◊ ❄❄❄

Schmaler Wuchs

Betula pendula 'Fastigiata' ↕20m ↔ 6m, steife, aufrechte Form ☐–◨ ◊ ❄❄❄

Fagus sylvatica 'Dawyck Gold' ♀ ↕18m ↔ 7m, hoher, säulenförmiger Baum, wird mit der Zeit breiter; gelbe Jugendblätter ◨ ◊ ❄❄❄

Malus tschonoskii ♀ ↕12m ↔ 7m, aufrecht, trichterförmige Krone, orange- bis purpurrotes Herbstlaub ☐ ◊ ❄❄❄ [7]

Prunus 'Amanogawa' ♀ ↕8m ↔ 4m, säulenförmig, aufrechte Äste ☐ ◊ ❄❄❄

Prunus 'Spire' ♀ ↕10m ↔ 6m, vasenförmig, orange und rote Herbstfarben ☐ ◊ ❄❄❄

Sorbus aucuparia 'Fastigiata' ↕8m ↔ 5m, säulenförmig, aufrechte Triebe, wächst langsam ☐–◨ ◊ ❄❄❄

Kaskadenform

Betula pendula 'Youngii' ↕↔ 8m, weiße Rinde ☐–◨ ◊ ❄❄❄

Buddleja alternifolia ♀ ↕↔ 4m, malvenfarbene Blüten im Frühsommer ☐ ◊ ❄❄❄ [8]

Cotoneaster 'Hybridus Pendulus' ↕↔ 1,8m, immergrün mit roten Früchten ☐–◨ ◊ ❄❄❄

Laburnum alpinum 'Pendulum' ↕↔ 3m, gelbe Blüten im Spätfrühling ☐ ◊ ❄❄❄

Malus x *gloriosa* 'Oekonomierat Echtermeyer' ↕↔ 5m, karminrote Blüten zur Frühjahrsmitte, purpurne Früchte ☐ ◊ ❄❄❄

Prunus 'Kiku-shidare-zakura' ♀ ↕↔ 3m, rosa Blüten zur Frühjahrsmitte ☐ ◊ ❄❄❄

Prunus pendula 'Pendula Rubra' ♀ ↕↔ 8m, rosa Blüten im zeitigen Frühjahr ☐ ◊ ❄❄❄

Pyrus salicifolia 'Pendula' ♀ ↕5m ↔ 4m, silbriges Laub ☐ ◊ ❄❄❄

Salix purpurea 'Pendula' ♀ ↕↔ 3m, rötliche Zweige ☐ ◊ ❄❄❄

6

7

8

Bäume neben Gebäuden

Baumwurzeln können Leitungen und die Bausubstanz beschädigen. Vor allem große, wüchsige Bäume verursachen Ärger.

Bäume in der Nähe von Häusern bringen verschiedene Probleme mit sich, wenn auch Bäume neben Gebäuden nicht grundsätzlich gefährlich sind. Selbst wenn bauliche Schäden auftreten, sollte man die Situation erst genau untersuchen lassen, bevor dem Baum die Alleinschuld zugeschoben wird. Auch andere Faktoren spielen eine Rolle.

Schäden an Leitungen und Wänden

Wurzeln können Rohre blockieren, brechen oder gar sprengen. Wenn daraufhin Wasser austritt, wird der Boden ausgewaschen, sodass eine Höhlung entsteht. Bei großen Höhlungen im Boden verlieren die Fundamente den Halt und tragen das Gebäude nicht mehr sicher.

Moderne Abwassersysteme sind in der Regel dicht und haben bewegliche Fugen, sodass Wurzeln wachsen und den Boden bewegen können. In gut gewartete Leitungen dringen selten Wurzeln ein. Beschädigte Rohre dagegen sind gefährdet und sollten möglichst schnell repariert werden. Oft entwickelt sich in der Nähe von Wasserleitungen ein sehr dichtes Wurzelwerk, begünstigt durch die Feuchtigkeit, die durch Kondensation an den Rohren entsteht; doch daraus entstehen selten Probleme.

Ebenso dringen Wurzeln nur dort durch Ziegelmauern, wo diese alt und brüchig sind, etwa weil sich der Mörtel auflöst oder die Ziegel mangelhaft sind. Vor allem bei flach wurzelnden Bäumen

Bäume können Fundamente beschädigen.

wie *Prunus* kommt es vor, dass die Wurzeln das Pflaster oder andere befestigte Flächen aufwölben, was unschön, aber nicht unbedingt gefährlich ist.

Ausladende Äste nehmen Licht weg und können Schäden an Dächern und Dachrinnen verursachen. Auch wenn ein Baum sehr dicht an einem Gebäude oder einer Grenzmauer wächst, kann es zu Problemen kommen: Wenn die Wurzeln oder der Stamm dicker werden, berühren sie irgendwann das Bauwerk und üben Druck aus. Vor allem bei leichten Gebäuden wie Garagen oder Anbauten kann das gefährlich werden.

Schrumpfung und Verwerfungen

Schaden an Fundamenten oder an Gebäuden mit relativ flachem Fundament kann dadurch entstehen, dass die Wurzeln von nahe stehenden, wüchsigen Bäumen dem Boden Wasser entziehen. Diese Schäden treten anscheinend nur bei Ton- oder Torfböden auf, die bei Nässe stark aufquellen und bei Trockenheit schrumpfen. Probleme gibt es vor allem in Regionen, wo bisweilen wenig Regen fällt und die Sommertemperaturen hoch sind.

Bei Trockenheit geben Tonböden viel Wasser ab und schrumpfen so sehr, dass sich Risse bilden. Dadurch können sich Fundamente verschieben, es zeigen sich Risse, vor allem an Türen und Fenstern. Diese Schrumpfung wird deutlich verstärkt, wenn in der Nähe ein großer, schnell wachsender Baum steht, der Wasser aus dem Boden zieht und über seine Blätter verdunstet.

Falls ein Baum in unmittelbarer Hausnähe diese Schrumpfung verursacht, wird sie genau an der Seite, wo der Baum steht, deutlich. Das Gewicht des Hauses drückt dann das Fundament auf dieser Seite nach unten und nach außen. Wo sich dies Jahr für Jahr wiederholt, finden die Fundamente immer weniger Halt im Boden und geben schließlich nach. Dann werden die Wände an dieser Stelle nach außen gedrückt, sie reißen auf, Fenster und Türen stehen nicht mehr im Winkel. Regen lässt den Ton wieder anschwellen und meist schließen sich die Bodenrisse den Winter über einigermaßen, dennoch verursacht das Gewicht des Gebäudes eine leichte Verschiebung nach außen.

Wurzelradius

Bodentyp, Standort, Feuchtigkeit im Boden und das Verhältnis zu anderen Bäumen in der Nähe bestimmen den Durchmesser, die Tiefe und die Entwicklung des Wurzelwerkes. Bäume weisen zudem unterschiedliche Wuchsformen auf – von hoch und schmal zu niedrig und trauerförmig.

Deshalb kann man kaum von der Höhe eines Baumes auf den Durchmesser seines Wurzelsystems schließen. Neuere Untersuchungen legen den Schluss nahe, dass der Radius sowie die Eindringtiefe des Wurzelwerkes die Höhe eines Baums noch übertreffen kann. Jedenfalls ist zu erwarten, dass sich das Wurzelsystem

VORSICHT WALTEN LASSEN

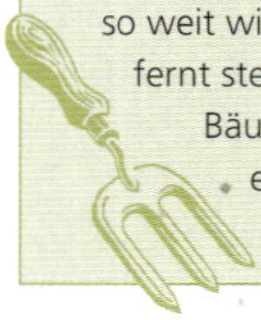

Pappeln verursachen häufig Schäden, aber auch andere schnell wachsende Bäume wie Linde, Weide, Eiche und Ulme bereiten Probleme. Wüchsige oder große Bäume sollten so weit wie möglich von Gebäuden entfernt stehen; als größte Entfernung von Bäumen (in diesem Fall Weiden) zu einem beschädigten Gebäude wurden 40 m gemessen.

Siehe auch Gesetzlicher Schutz für Bäume, S. 54; Sind Ihre Bäume verkehrssicher?, S. 56

Junge, wüchsige Bäume sind das größte Risiko.

ungleichmäßig ausbreitet, wenn die Bedingungen nicht rundum homogen sind (was in einem Garten eher unwahrscheinlich ist). Die Entwicklung des Wurzelsystems lässt sich schwer vorhersagen. Je nach Baumart schwanken die Abmessungen des Wurzelwerkes, doch dessen Ausdehnung ist variabel und erreicht meist das 2,5-fache der Baumhöhe. Die Verteilung der Wurzeln im Boden richtet sich stets nach der vorhandenen Feuchtigkeit.

Risiken einschätzen

Bei der Einschätzung von Risiken müssen Art, Alter und Materialzustand von Gebäuden berücksichtigt werden. Die Gefahr scheint bei älteren Häusern größer zu sein, und sie steigt stark, wenn nicht unterkellert wurde oder kein richtiges Fundament vorhanden ist. Neuere Gebäude sind dagegen durch die baurechtlichen Vorschriften in aller Regel gut abgesichert.

Der Bodentyp und sein Feuchtigkeitsgehalt können beträchtlich variieren. Tonböden mit hoher Plastizität oder fließende Mergelböden stellen das größte Risiko dar.

Auch die Art der Umgebung, andere Gehölze in der Nähe, die Neigung des Bodens zum Austrocknen oder ob er durch das Grundwasser immer feucht gehalten wird, spielen eine Rolle.

Natürlich kommt es auf den Abstand zwischen Baum und Gebäude an. In der Regel beziehen sich viele Schadensmeldungen auf Bäume, die nur 10 m oder noch weniger von einem Haus entfernt standen, aber nur selten gibt es Klagen über Bäume, die 20 m oder weiter entfernt wachsen.

Art, Alter und Gesundheit des Baumes beeinflussen ebenfalls das Schadensrisiko.

Der Druck eines immer breiter werdenden Baumstammes kann Mauern sprengen.

Vor allem junge, kräftig wachsende Bäume bereiten Probleme. Ältere Bäume haben einen geringeren Wasserbedarf, dadurch verursachen sie weniger Schäden.

Bäume im Gesetz

Bäume, Sträucher und Kletterpflanzen gehören zu dem Grundstück, auf dem sie wurzeln, ganz gleich, wie sie dort hingekommen sind. Der Eigentümer des Grundes ist für sie verantwortlich. Verursacht ein Baum Schäden an einem benachbarten Gebäude, ist der Eigentümer zu Schadenersatz gesetzlich verpflichtet.

Bevor ein Baum, der ein mögliches Schadensrisiko darstellt, entfernt oder stark beschnitten wird, sollten Sie sich informieren, inwieweit er unter gesetzlichem Bestandsschutz steht (siehe S. 54). Bäume, die von besonderer Bedeutung für die Umgebung sind, können unter eine solche Regelung fallen. Hier gelten je nach Bundesland und Gemeindesatzung unterschiedliche Vorschriften. Größere Baumfällarbeiten muss eventuell die Naturschutzbehörde oder das Ordnungsamt genehmigen.

Sachverständige

Wenn Sie Zweifel bei den Bäumen in der Umgebung des Gartens haben, können Sie Rat durch einen amtlichen Baumprüfer einholen. Bei manchen Fragen zu Identität, Zustand, Alter, potenzieller Größe und Wachstumsrate eines Baums kann das spezielle Wissen eines Baumpflegers erforderlich sein. Ein Bausachverständiger sollte Angaben zu Bodenbeschaffenheit, Bausubstanz und bereits vorhandenen Schäden machen können. Dieser berät auch beim Bau eines neuen Gebäudes oder Anbaus in der Nähe von Bäumen.

Gesetzlicher Schutz für Bäume

Das Naturschutzrecht gibt vor, wann Bäume geschnitten und unter welchen Bedingungen sie gefällt werden dürfen.

Baumschutzsatzungen werden von den Städten und Gemeinden erlassen, um Bäume vor Beschädigung oder vor dem voreiligen Fällen zu schützen. Bäume sollen auch auf privaten Grundstücken, aus Gründen des Umwelt- und Vogelschutzes und zur Freude aller erhalten werden. Die Satzungen gelten in der Regel nicht für Hecken und Sträucher.

Unabhängig davon sind die Belange des Naturschutzes zu berücksichtigen, wenn Bäume gerodet oder stark beschnitten werden sollen. Eventuell muss die Untere Naturschutzbehörde die Aktion genehmigen. Setzen Sie sich rechtzeitig mit den Behörden vor Ort in Verbindung, um festzustellen, ob der betreffende Baum unter Bestandsschutz steht und welche Verordnungen des Nachbarschaftsrechtes gelten.

Geschützte Bäume, auch auf Privatgelände, dürfen nicht ohne Genehmigung beseitigt werden. Darunter fallen unter Umständen auch Schnittarbeiten oder Umgestaltungen im Garten. Wer ohne Genehmigung zu Werke geht, muss mit einem erheblichen Bußgeld rechnen. Eine Genehmigung für das Fällen oder Stutzen von geschützten Bäumen wird unter bestimmten Voraussetzungen erteilt. Das zuständige Ordnungsamt oder der Umweltbeauftragte der Stadt setzt möglicherweise eine Ausgleichspflanzung fest, oder es wird eine Ausgleichszahlung festgelegt. Aus dem Antrag auf Genehmigung muss genau hervorgehen, was Sie vorhaben, warum die Arbeit notwendig ist und welche Bäume betroffen sind. Lassen Sie sich eventuell von einem ausgebildeten Baumpfleger beraten.

Auch wenn ein Baum auf Ihrem Grundstück unter Bestandsschutz steht, sind Sie als Eigentümer für alle Schäden haftbar, die der Baum möglicherweise verursacht. Zwar wird in der Regel eine Genehmigung erteilt, wenn ein geschützter Baum krank oder schon abgestorben ist. Sie sollten diese aber dennoch rechtzeitig einholen, um Ärger mit den Behörden zu vermeiden, falls dort die Lage anders eingeschätzt wird. Auch hier leistet ein Baumpfleger Unterstützung.

Bäume sind zur Freude aller schützenswert.

Wenn in Ihrer Nachbarschaft Bäume stehen, die Ihnen schützenswert erscheinen, können Sie bei den zuständigen Behörden in Erfahrung bringen, ob der Baum unter irgendwelchem Schutz steht, ob er zum Beispiel als Naturdenkmal eingetragen ist. Wenn nicht, bringen Sie Gründe vor, warum die betreffenden Bäume unter Schutz gestellt werden sollten, und versuchen Sie, ein Verfahren in Gang zu setzen.

EINSCHRÄNKUNGEN

- Früchte gehören dem Eigentümer des Baums, solange sie am Ast hängen. Fallen sie herab auf ein Nachbargrundstück, gehören sie dem Nachbarn.
- Nachbarn dürfen auf ihr Grundstück überhängende Zweige an der Grenze kappen, wenn der Eigentümer des Baums das nicht in einer angemessenen Frist selbst tut.

Siehe auch Bäume neben Gebäuden, S. 52–53; Sind Ihre Bäume verkehrssicher?, S. 56

Große Sträucher verpflanzen

Beim Umpflanzen großer Sträucher heißt es gezielt vorgehen.

Eingewachsene Sträucher umzupflanzen bedeutet immer ein Risiko, auch wenn Sie sehr sorgfältig zu Werke gehen. Das Entwurzeln bereitet der Pflanze in jedem Fall Stress, der das Wachstum hemmt. Magnolien, Rosen, Besenginster, Ölweide und Zistrose werden besser nicht umgepflanzt; sie vertragen das Entwurzeln nicht.

Vorbereitung

Soll ein mittelgroßer Strauch von bis zu 1,8 m Höhe versetzt werden, versuchen Sie schon etwa 6 bis 12 Monate vor dem Umpflanzen festzustellen, wie weit das Wurzelsystem der Pflanze reicht. Ziehen Sie dann rundum einen Graben von einer Spatenbreite, wobei die Seitenwurzeln durchstochen werden. Füllen Sie den Graben mit scharfem Sand. Dadurch wird der Strauch zur Bildung neuer Faserwurzeln angeregt und nach dem Verpflanzen besser anwachsen. Bedenken Sie, dass die von den Faserwurzeln eingenommene Fläche über den Umfang der Krone hinausreichen kann. Größere Exemplare können einen Wurzeldurchmesser von 90–120 cm haben, bei einer Tiefe von 40–45 cm.

Der Umzug

Der Boden muss feucht sein, wenn der Strauch schließlich vor dem Umpflanzen von allen Seiten her untergraben wird. Schneiden Sie alle tief gehenden Wurzeln mit einem Messer oder der Gartenschere sauber durch. Binden Sie ausladende Zweige locker an und heben Sie dann den Strauch mit einem möglichst großen Wurzelballen heraus. Sind nur wenige oder keine Faserwurzeln vorhanden, wächst der Strauch wahrscheinlich nur zögerlich an.

Am besten führt man das Aus- und Eingraben in einem Zug durch. Falls

Siehe auch Gehölze richtig pflanzen, S. 60–61

Zeit für einen Umzug: Der Feuerdorn *(Pyracantha atalantioides)* verdeckt die Aussicht auf den Garten

das nicht möglich ist, werden die Wurzeln in Folie oder feuchte Säcke eingeschlagen, damit sie nicht austrocknen.

Bereiten Sie den neuen Standort rechtzeitig vor. Heben Sie das Pflanzloch um 30–60 cm beiter als der Wurzelballen aus. Graben Sie mindestens bis auf die Tiefe des Wurzelballens und lockern Sie die Erde am Boden der Grube. Organische Substanz in das Pflanzloch zu geben ist nicht ratsam. Sie zerfällt und der Strauch sitzt am Ende tiefer als gewünscht. Setzen Sie die Pflanze vorsichtig in das Loch und kontrollieren Sie, ob sich die Wurzeln ganz ausbreiten lassen. Vergrößern Sie bei Bedarf das Pflanzloch. Der Strauch soll später ebenso tief im Boden sitzen wie zuvor, Erdspuren am Stamm helfen festzustellen, ob der Strauch weder zu hoch noch zu tief eingepflanzt wird.

Bei großen Pflanzen an windigen Standorten ist es ratsam, sie während der ersten Vegetationszeit anzubinden. Unter Umständen ist es günstig, die Krone um bis zu 25 Prozent auszudünnen. Drücken Sie den Boden beim Auffüllen des Pflanzlochs gut an, damit keine Hohlräume entstehen. Lockern Sie auch die Seiten des Pflanzlochs, vor allem bei stark lehmigem Boden, damit die Wurzeln weiter vordringen können. Im Herbst verpflanzte Immergrüne trocknen weniger schnell aus, wenn sie bis zum Frühjahr etwas Windschutz erhalten. Spannen Sie Sackleinen oder Folie rund um die Pflanze, sodass sie von oben noch Luft bekommt.

Lagern bis zum Umpflanzen

Pflanzen, die nicht wieder eingepflanzt werden können oder in einen anderen Garten umziehen sollen, müssen Sie sachgerecht lagern. Breiten Sie dafür auf einem Stück Sackleinen Laub- oder Gartenkompost oder Rindenmulch aus. Darauf setzen Sie die Pflanze und füllen rund um die Wurzeln mit weiterem Material auf. Ziehen Sie das Sackleinen am Stamm zusammen und binden Sie es fest, aber nicht so stramm, dass die Rinde beschädigt wird. Soll die Pflanze für einige Zeit gelagert werden, muss sie an einem kühlen Ort im lichten Schatten stehen. Häufen Sie Laubkompost auf den eingeschlagenen Wurzelballen, binden Sie die Zweige wieder los und gießen Sie regelmäßig. Bei Hitze sollten Sie auch die Krone von Immergrünen oder Koniferen abends oder am frühen Morgen besprühen.

Das Einschlagen ist zum Beispiel dann ratsam, wenn ein Umzug im Spätfrühling ansteht und Sie einige besondere Pflanzen mitnehmen wollen. Sie können die Sträucher noch während der Ruhezeit ausgraben und mit einiger Sorgfalt bis in den Herbst bewahren, wenn günstige Voraussetzungen für die Pflanzung herrschen.

Nachsorge

Gießen Sie nach der Pflanzung gründlich und wässern Sie während Trockenperioden. Eine 5 cm dicke Mulchschicht aus organischem Material wie reifem Gartenkompost oder Rindenhäcksel hält die Feuchtigkeit im Boden und unterdrückt Unkraut. Zur Zeit des Austriebs im Frühling wird (noch vor dem Mulchen) ein Volldünger oder ein spezieller Dünger für Sträucher verabreicht. Falls die Wurzeln beim Umpflanzen beschädigt wurden, unterstützt eine Kopftdüngung das Anwachsen. Besprühen Sie laubabwerfende Sträucher, wenn sich die Knospen nicht öffnen wollen, vor allem bei kaltem, trockenem Wind.

EINGEWACHSENE STRÄUCHER VERPFLANZEN

1 Rund um den Strauch, hier *Ilex aquifolium* 'Golden Milkboy', einen Kreis ziehen und dort einen Graben ausheben. 2 Den Boden innerhalb des Grabens lockern. Mit der Grabgabel den Wurzelballen freilegen. 3 Den Strauch herausheben, etwas schräg legen und den Wurzelballen mit Sackleinen umwickeln. 4 Am neuen Standort das Sackleinen entfernen und den Strauch ebenso tief pflanzen, wie er zuvor stand.

Sind Ihre Bäume verkehrssicher?

Probleme durch Bäume lassen sich vermeiden, wenn die Gehölzauswahl auf Gartenplatz und Boden abgestimmt ist und vorhandene Bäume regelmäßig inspiziert werden.

Kontrollieren Sie gesund wirkende Bäume einmal im Jahr. Wenn Sie einen Schaden entdecken, der sich verschlimmern könnte, schauen Sie öfter danach. Genaue Aufzeichnungen können später sehr nützlich sein. Achten Sie besonders auf Bäume in der Nähe von Straßen, Gebäuden oder Grundstücksgrenzen, wo das Schadens- und Verletzungsrisiko höher ist. Als Eigentümer eines Baums sind Sie haftbar, wenn es zu einem Unfall kommt.

Beobachten Sie alte Schnittwunden, denn sie bereiten oft Probleme. Auch eine überstrichene oder offensichtlich verheilte Wunde kann faulen – manchmal fördert ein Wundverschluss sogar die Fäulnis, da er Feuchtigkeit im Inneren einschließt.

Im spitzen Winkel stehende Astgabeln oder konkurrierende Leittriebe sind bruchgefährdet, hier tritt eher einmal Fäulnis auf. Ein Formschnitt am jungen Baum kann das verhindern; bei älteren Bäumen lässt sich durch einen Schnitt immerhin das Gewicht dieser Äste verringern.

Anzeichen für Probleme

Für die meisten Probleme gibt es sichtbare Anzeichen, andere wie zum Beispiel Fäulnis von innen erkennt man lange nicht. Achten Sie daher auf abgestorbene Rinde oder Risse in der Rinde, die auf strukturelle Probleme, Verletzungen oder Fäulnis hindeuten.

Später Blattaustrieb, eine lichte Krone, früher Laubfall, späte Blüte, schwaches Triebwachstum, Absterbeerscheinungen oder Bewegungen des Wurzelsystems bei Wind können auf ein Problem am oder im Boden hinweisen. Allerdings können eine späte Blüte oder früher Laubfall ebenso auf Umweltfaktoren wie Trockenheit zurückgehen. Pilze am Fuß des Baums oder am Boden zwischen den Wurzeln können auf ein geschwächtes Wurzelsystem hinweisen; manche Hutpilze sind jedoch harmlos oder sogar nützlich. Baumschwämme wie Lackporling *(Ganoderma applanatum)* am Stamm sind in der Regel ein Anzeichen für innere Fäulnis, viele Bäume leben aber noch etliche Jahre mit diesen Pilzen.

Gefahrenzeichen
Die schweren Äste dieser alten Hainbuche *(Carpinus betulus)* könnten vom Stamm abbrechen (oben). Baumschwamm am Fuß eines älteren Baums kann auf Fäulnis hinweisen (unten).

Wenn Sie den Eindruck haben, dass Ihr Baum nicht bei bester Gesundheit ist, muss er deswegen noch lange kein Unfallrisiko darstellen. Weil Sie aber im Schadensfall haftbar sind, sollten Sie einen Baumpfleger oder Landschaftsgärtner zu Rate ziehen, der die Lage beurteilt und Sie über weiter Vorgehensmaßnahmen berät. Ein Baumpfleger sollte die Ausbildung, den entsprechenden Versicherungsschutz und die nötige Erfahrung haben, um Bäume beurteilen und angemessen behandeln zu können.

Siehe auch Bäume neben Gebäuden, S. 52–53; Gesetzlicher Schutz für Bäume, S. 54

Gehölze mit bunten Blättern

Viel Grün im Garten hat eine beruhigende Wirkung, es bietet aber auch einen schönen Hintergrund für Gehölze mit goldenen, rötlichen, silbernen und mehrfarbigen Blättern.

1

2

GOLD UND GELB

Für eine spannungsreiche Bepflanzung empfiehlt es sich Gehölze mit andersfarbigem Laub einzufügen, darunter immergrüne wie laubabwerfende und außerdem Arten mit attraktiven Blüten, Früchten, Samenständen, Herbstfarben und schöner Rinde. Immergrüne wirken natürlich im Winter am besten, während laubabwerfende Pflanzen ihre beste Zeit im Frühling und Sommer haben. Innerhalb des riesigen Sortiments an farbenfrohen Gehölzen verdienen vor allem Formen mit panaschierten Blättern Beachtung – bei denen die grünen Blätter weiße, silberne, gelbe oder goldene Flecken bzw. Streifen aufweisen (weitere Farben siehe S. 58).

Bäume

Acer cappadocicum 'Aureum' ↕ 15m ↔ 10m

Acer negundo 'Auratum' ↕↔ 8m

Gleditsia triacanthos 'Sunburst' ↕ 12m ↔ 10m

Laurus nobilis 'Aurea' ↕ 8m ↔ 4m E [1]

Robinia pseudoacacia 'Frisia' ↕ 15m ↔ 8m [2]

Sorbus aria 'Chrysophylla' ↕ 10m ↔ 7m

Kleinere Sträucher

Caryopteris x *clandonensis* 'Worcester Gold' ↕ 90cm ↔ 1,5m [3]

Escallonia laevis 'Gold Brian' ↕↔ 90cm E

Euonymus fortunei 'Sheridan Gold' ↕ 45cm ↔ 90cm E

Ilex crenata 'Golden Gem' ↕ 1,1m ↔ 1,2–1,5m E

Salvia officinalis 'Kew Gold' ↕ 20–30cm ↔ 30cm

Spiraea japonica 'Goldflame' ↕ 75cm ↔ 75cm [4]

Größere Sträucher

Acer shirasawanum 'Aureum' ↕↔ 6m [5]

Berberis thunbergii 'Aurea' ↕ 1,5m ↔ 1,8m

Choisya ternata 'Sundance' ('Lich') ↕↔ 2,4m

Cornus alba 'Aurea' ↕↔ 3m

Corylus avellana 'Aurea' ↕↔ 5m

Lonicera nitida 'Baggesen's Gold' ↕↔ 1,5m E [6]

Rubus cockburnianus 'Goldenvale' ↕ 2,4m ↔ 2,4m

Sambucus racemosa 'Sutherland Gold' ↕↔ 3m

Weigela 'Looymansii Aurea' ↕↔ 1,5m

3

4

5

6

Siehe auch Bäume für kleine Gärten, S. 50–51, Baumchirurgie, S. 68

VIOLETT UND ROT

Bäume

Acer palmatum 'Bloodgood' ♀ ↕↔ 5m ☼–◐ 💧 ❄❄❄

Acer palmatum 'Burgundy Lace' ♀ ↕ 4m ↔ 5m ☼–◐ 💧 ❄❄❄

Acer platanoides 'Crimson King' ♀ ↕ 25m ↔ 15m ☼–◐ 💧 ❄❄❄

Betula pendula 'Purpurea' ↕ 10m ↔ 3m ☼–◐ 💧 ❄❄❄

Cercis canadensis 'Forest Pansy' ♀ ↕↔ 10m ☼–◐ 💧 ❄❄❄

Prunus cerasifera 'Nigra' ♀ ↕↔ 10m ☼ 💧 ❄❄❄ [1]

Kleinere Sträucher

Berberis thunbergii 'Golden Ring' ♀ ↕ 1,5m ↔ 2,4m, ☼ ◊ ❄❄❄

Weigela florida 'Foliis Purpureis' ♀ ↕ 90cm ↔ 1,5m ☼–◐ ◊ ❄❄❄

Größere Sträucher

Berberis x *ottawensis* f. *purpurea* 'Superba' ♀ ↕↔ 2,4m ☼–◐ ◊ ❄❄❄

Corylopsis sinensis var. *sinensis* 'Spring Purple' ↕↔ 4m ◐ 💧 pH ❄❄❄

Corylus maxima 'Purpurea' ♀ ↕ 6m ↔ 5m ☼ ◊ ❄❄❄

Cotinus coggygria 'Royal Purple' ♀ ↕↔ 5m ☼ 💧 ❄❄❄

Pittosporum tenuifolium 'Purpureum' ↕ 3m ↔ 1,5m E ☼ 💧 ❄❄

Sambucus nigra 'Guincho Purple' ↕↔ 6m ☼–◐ 💧 ❄❄❄

SILBER UND GRAU

Bäume

Eucalyptus pauciflora subsp. *niphophila* ♀ ↕ 6m ↔ 6–15m E ☼ ◊ ❄❄❄

Pyrus salicifolia 'Pendula' ♀ ↕ 5m ↔ 4m ☼ ◊ ❄❄❄

Sorbus aria 'Lutescens' ♀ ↕ 10m ↔ 8m ☼–◐ ◊ ❄❄❄

Kleinere Sträucher

Convolvulus cneorum ♀ ↕ 60cm ↔ 90cm E ☼ ◊ ❄❄

Helichrysum splendidum ♀ ↕↔ 1,2m E ☼ ◊ ❄❄❄

Perovskia 'Blue Spire' ♀ ↕ 1,2m ↔ 90cm ☼ ◊ ❄❄❄ [2]

Potentilla fruticosa 'Beesii' ↕ 60cm ↔ 1,2m ☼ ◊ ❄❄❄

Salix repens var. *argentea* ↕ 90cm ↔ 1,8m ☼ ◊ ❄❄❄

Santolina chamaecyparissus ♀ ↕ 50cm ↔ 90cm E ☼ ◊ ❄❄

Größere Sträucher

Atriplex halimus ↕ 1,8m ↔ 2,4m E ☼ ◊ ❄❄

Buddleja alternifolia ♀ ↕↔ 4m ☼ ◊ ❄❄❄

Elaeagnus 'Quicksilver' ♀ ↕↔ 4m ☼ ◊ ❄❄❄

Hippophae rhamnoides ♀ ↕↔ 6m ☼ ◊ ❄❄❄

Olearia macrodonta ♀ ↕ 6m ↔ 5m E ☼ ◊ ❄❄❄

PANASCHIERT

Bäume

Acer negundo 'Flamingo' ↕ 15m ↔ 10m ☼–◐ 💧 ❄❄❄

Cornus controversa 'Variegata' ♀ ↕↔ 8m ☼–◐ ◊ pH ❄❄❄

Ligustrum lucidum 'Excelsum Superbum' ♀ ↕↔ 10m E ☼ ◊ ❄❄❄

Kleinere Sträucher

Abelia x *grandiflora* 'Francis Mason' ↕ 1,5m ↔ 1,8m E ☼ ◊ ❄❄

Euonymus fortunei 'Emerald 'n' Gold' ♀ ↕ 60cm ↔ 90cm E ☼ 💧 ❄❄❄

Yucca filamentosa 'Bright Edge' ♀ ↕ 75cm ↔ 1,5m E ☼ ◊ ❄❄

Größere Sträucher

Griselinia littoralis 'Dixon's Cream' ↕ 3m ↔ 1,8m E ☼ ◊ ❄❄❄

Ilex aquifolium 'Ferox Argentea' ♀ ↕ 8m ↔ 4m E ☼ 💧 ❄❄❄ [3]

Ligustrum ovalifolium 'Argenteum' ↕↔ 4m E ☼ ◊ ❄❄❄

Osmanthus heterophyllus 'Variegatus' ♀ ↕↔ 3m E ☼–◐ ◊ ❄❄

Pittosporum tenuifolium 'Silver Queen' ♀ ↕ 1–4m ↔ 1,8m E ☼ 💧 ❄❄

Prunus laurocerasus 'Castlewellan' ↕↔ 5m E ☼–◐ 💧 ❄❄❄

Rhamnus alaternus 'Argenteovariegata' ♀ ↕ 5m ↔ 4m E ☼ ◊ ❄❄

Weigela 'Florida Variegata' ♀ 1,8–2,4m ↔ 1,8–2,4m ☼–◐ ◊ ❄❄❄

1

2

3

Siehe auch Bäume für kleine Gärten, S. 50–51

PFLANZENPROBLEME

Was tun mit grünen Trieben?

Grüne Triebe an panaschierten Gehölzen müssen entfernt werden.

Triebe ohne die gewünschte Ausfärbung ausschneiden.

Panaschierte Sorten – deren Blätter attraktiv gelb oder weiß gestreift und gefleckt sind – entstehen meist aus Mutationen an normal grünen Pflanzen. Sie müssen vegetativ vermehrt werden, um ihre Zeichnung zu erhalten.

Gelegentlich schlagen einzelne Triebe an einer panaschierten Pflanze auf die grüne Form zurück. Dies kommt häufig vor bei dem beliebten immergrünen Spindelstrauch *Euonymus fortunei* 'Emerald 'n' Gold' und bei panaschierten Eschenahorn-Formen *(Acer negundo)*. Die grünen Triebe enthalten mehr grünen Farbstoff (Chlorophyll) und produzieren mehr Nährstoffe. Dadurch wachsen sie stärker als die panaschierten Triebe und überwuchern diese schließlich, wenn sie nicht entfernt werden.

Schneiden Sie grüne Triebe gleich, wenn sie sich zeigen, auf Holz mit panaschierten Blättern zurück. Oft sind dabei ganze Triebe zu entfernen. Gelegentlich bilden manche Triebe auch ganz cremefarbene oder gelbe Blätter, doch da es ihnen an Chlorophyll fehlt, wachsen sie nur schwach und stellen kaum ein Problem dar.

PRAKTISCHE TIPPS

Bäume in Containerkultur

Bäume in Pflanzgefäßen sind ideal für kleine Gärten, Innenhöfe oder Terrassen, sie dienen als Türwächter und als Blickfang.

Ideal für die Containerkultur sind Gehölze, die sich auch für den Formschnitt eignen, wie Eibe *(Taxus)*, Stechpalme *(Ilex)* und Buchsbaum *(Buxus)*, aber auch Obstbäume auf schwach wachsender Unterlage. Nicht winterharte Bäume wie Zitrusbäume oder Oliven *(Olea)* werden im Kübel gehalten, damit man sie den Winter über an einen frostfreien Ort stellen kann.

Meist begrenzt die Topfkultur den Wuchs des Baumes. Dennoch sollte man große, schnell wachsende Arten meiden, es sei denn man strebt nur eine kurzfristige Bepflanzung an. Diese Bäumen werden schnell zu groß und kippen dann bei starkem Wind leicht um. Bäume, die auf den Stock gesetzt (jährlich auf einen niedrigen Stamm zurückgeschnitten) werden können, sind eine Alternative; dazu gehören der Tulpenbaum *(Liriodendron tulipifera)*, Eukalyptus, Trompetenbaum *(Catalpa bignonioides)* und Weiden *(Salix)*.

Die richtigen Töpfe

Terrakottatöpfe sind besonders stabil, sie müssen aber auch frostfest sein. Ebenso sind quadratische Holzbehälter zu empfehlen. In leichten Kunststofftöpfen lassen sich die Pflanzen besser bewegen, sie sind aber weniger stabil als schwere Töpfe.

Bäume müssen mehrmals umgetopft werden; die Endgröße des Topfes sollte mindestens 45 cm in Durchmesser und Tiefe betragen, wenn die Pflanzen mobil bleiben sollen. Für Bäume im Container, die einen festen Platz zugewiesen bekommen, eignen sich auch größere Töpfe.

Bäume in Töpfen pflegen

Verwenden Sie ein erdhaltiges Substrat, da es schwerer ist als reiner Torf und so mehr Stabilität bietet. Für Pflanzen, die keinen Kalk vertragen, eignet sich Rhododendron-Erde, die meist keine mineralischen Bodenbestandteile enthält. Die Wasserabzugslöcher werden 5 cm hoch mit Tonscherben oder Kies abgedeckt. Das Pflanzgefäß sollte auf Füßen stehen, um Staunässe im Winter zu vermeiden.

Im Topf trocknen Bäume schneller aus als im gewachsenen Boden und brauchen daher regelmäßige und reichliche Wassergaben. Dabei muss das Substrat ganz durchfeuchtet werden. Mischen Sie zu Beginn der Saison einen Depotdünger unter das Substrat oder düngen Sie im Frühling und Sommer alle 2 Wochen mit Flüssigdünger. Bis auf wenige Ausnahmen sollte man Bäume alle paar Jahre während der Ruhezeit umtopfen.

Lorbeer *(Laurus nobilis)* gedeiht gut im Kübel.

WOZU BÄUME IM TOPF?

- Nicht winterharte Bäume können den Winter über frostfrei aufgestellt werden.
- Der Wuchs des Baums wird im Topf begrenzt, sodass auch größere Baumarten in kleine Gärten passen.
- Wurzeln und Ausläufer des Baums richten keinen Schaden an Fundamenten und Wasserleitungen an.

Siehe auch Bäume für kleine Gärten, S. 50–51; Obstbäume in Töpfen, S. 234–235

Gehölze richtig pflanzen

Hochwertige Pflanzen, gut vorbereiteter Boden und richtiges Pflanzen sind die Schlüssel zum Erfolg, ergänzt durch gute Pflege in den Folgejahren.

Im Container herangewachsene Gehölze werden etwas anders behandelt als wurzelnackte oder im Ballen gelieferte Pflanzen. Laubabwerfende Bäume und Sträucher pflanzt man während der Ruhezeit im Spätherbst oder Winter (aber nicht, wenn der Boden gefroren oder zu nass ist), immergrüne von Anfang bis Mitte Herbst oder vom zeitigen Frühjahr bis zur Frühlingsmitte, wenn sich der Boden erwärmt hat. Containerpflanzen kann man dagegen jederzeit setzen. Schneiden Sie beschädigte Wurzeln zurück und gießen Sie vor der Pflanzung gut. Bei Böden mit schlechter Wasserführung pflanzt man leicht erhöht.

Manche Baumschulen bieten ein Jahr Anwachsgarantie, darauf sollten Sie achten. Bäume können noch viele Jahre nach der Pflanzung absterben, wenn sie während des Anwachsens nicht genügend Pflege erhalten.

Pflanzen aus Containerkultur

Hochwertige Containergehölze sind leicht zu pflanzen: Graben Sie ein Loch, das etwas größer ist als der Wurzelballen (ideal ist der etwa dreifache Durchmesser des Topfes) in gut vorbereiteten Boden. Setzen Sie die Pflanze in das Loch, stecken Sie bei Bedarf dicht neben den Wurzelballen einen Pfahl und füllen Sie das Loch mit feiner Erde auf. Drücken Sie diese mehrmals gut an.

Wenn sich das Wurzelwerk tiefer als direkt unter der Oberfläche verästelt, entfernen Sie etwas Substrat und setzen Sie die Pflanze weniger tief, damit sie auf die richtige Höhe kommt. Wenn die Wurzeln schon leicht mit dem Topf verwachsen sind, muss man sie behutsam lösen, damit sie sich im Boden ausbreiten können. Das sollte während der Ruhezeit geschehen, da es eine Störung für die Wurzeln bedeutet.

Wurzelnackte Gehölze

Für den Verkauf werden die Wurzeln in Sackleinen oder Folie eingeschlagen, damit sie nicht austrocknen. Pflanzen Sie wurzelnackte Gehölze so bald wie möglich. Lässt sich eine Verzögerung nicht vermeiden, heben Sie einen Graben aus und legen Sie die Pflanze schräg hinein, sodass der Stamm gestützt wird. Decken Sie die Wurzeln und den Stammansatz mit feuchter Erde ab.

Kontrollieren Sie die Wurzeln vor dem Pflanzen. Wenn sie trocken wirken, stellen Sie das Wurzelwerk für einige Stunden in einen Eimer mit Wasser. Schneiden Sie beschädigte oder zu lange Wurzeln ab.

Bereiten Sie den Boden für die Pflanzung gut vor und graben Sie ein Pflanzloch, in dem der Wurzelballen Platz hat. Lockern Sie die Seiten und den Boden des Lochs mit der Gabel, sodass sich die Wurzeln besser ausbreiten können. Bei schwerem Lehmboden ist das besonders wichtig. Wenn Sie den Baum mit einem Pfahl stützen wollen, stecken Sie ihn vor der Pflanzung nicht ganz in die Mitte des Lochs. So vermeiden Sie Wurzelschäden.

Kontrollieren Sie die Pflanztiefe, indem Sie ein Bambusrohr quer über das Loch legen. Die Stelle, bis zu der die Pflanze vorher im Boden war, sollte ebenso hoch liegen wie das Rohr. Wenn nicht, füllen Sie mehr Erde auf oder entfernen Sie welche. Breiten Sie die Wurzeln vorsichtig aus und füllen Sie nach und nach mit feiner Erde auf. Alle 15 cm sollten Sie die Erde vorsichtig andrücken, um Lufteinschlüsse zu vermeiden. Achten Sie bei Tonboden darauf, ihn nicht zu sehr zu verdichten, da sonst die Dränage leidet. Schneiden Sie bei Bedarf die Krone zurück, sodass sie in etwa dem Wurzelsystem entspricht. Gießen Sie gründlich und mulchen Sie 5–8 cm hoch, um die Feuchtigkeit zu halten.

WURZELNACKTE GEHÖLZE PFLANZEN

Entfernen Sie alles Unkraut und bereiten Sie den Boden auf. [1] Das Pflanzloch wird ausgehoben: etwa dreimal so breit und doppelt so tief wie das Wurzelsystem. [2] 2 Die Erde an den Seiten und auf dem Grund lockern, damit die Wurzeln sich gut ausbreiten können. Bei Bedarf organische Substanz zugeben. [3] Der Baum muss wieder genauso tief im Boden sitzen wie vorher; günstig ist es, die Wurzeln über einen Erdkegel im Pflanzloch auszubreiten. [4] Rundum Erde auffüllen und vorsichtig andrücken, um die Wurzeln nicht zu beschädigen: Nicht zu fest stampfen.

Siehe auch Einen Baum kaufen, S. 64–65; Stützen für junge Bäume, S. 65

GEHÖLZE MIT WURZELBALLEN PFLANZEN

Gehölze mit zahlreichen Faserwurzeln werden oft im Ballen verkauft. 1 Ein Loch ausheben, das größer ist als der Wurzelballen, damit sich die Wurzeln später ausbreiten können. 2 Den Baum in das Loch setzen und das Tuch unter dem Ballen herausziehen. Bei großen Bäumen geht das nur, wenn man zu zweit ist. Damit der Stützpfahl die Wurzeln nicht beschädigt, sollte er schräg statt senkrecht eingeschlagen werden; das untere Ende zeigt dabei weg von den Wurzeln.

Pflanzen mit Wurzelballen

Vor allem immergrüne Laubgehölze und Koniferen werden mit einem Erdballen um die Wurzeln geliefert, der zum Schutz fest in Sackleinen oder Folie eingeschlagen ist. Da Sackleinen erst nach einigen Jahren und Folie überhaupt nicht verrottet, wird die Umhüllung entfernt, bevor man das Pflanzloch auffüllt. Bei kleineren Bäumen stellt man einfach den Ballen schräg und zieht das Hüllmaterial vorsichtig heraus. Größere Bäume werden mit einem Pfahl oder durch teilweises Auffüllen des Pflanzlochs stabilisiert, um die Umhüllung abzuschneiden. Falls es nicht möglich ist, die Hülle herauszunehmen, schneidet man große Löcher hinein, damit die Wurzeln hindurchwachsen können.

Nach dem Entfernen des Ballentuches wird deutlich, ob der Baum tief genug gepflanzt ist. Setzen Sie Gehölze immer so, dass die Wurzeln sich direkt unter der Erdoberfläche ausbreiten.

Achten Sie darauf, dass der Wurzelballen beim Pflanzen nicht zerfällt, sondern füllen Sie rundum mit feiner Erde auf, die anschließend vorsichtig angedrückt wird.

Stütze für frisch gepflanzte Bäume

Große Bäume und Sträucher brauchen eine Stütze, damit sich die neu gebildeten Wurzeln nicht bei Wind lockern und dadurch Hohlräume entstehen, die sich mit Wasser füllen. Mannshoch geführte Haltedrähte sind bei weichem Boden und sehr hohen Bäumen nützlich, lassen aber nicht genügend Spielraum für den Stamm zum Anwachsen. Dazu werden rund um den Stamm verteilt drei Drähte an den unteren Ästen des Baumes befestigt und mit kurzen Pflöcken im Boden verankert.

BAUMSTÜTZE

Frische gepflanzte Bäume und Sträucher sollten immer eine Stütze erhalten. Am besten eignet sich ein spezielles Kunststoffband mit geriffelter Oberfläche. Ein Stück Gummi verhindert, dass die Stütze am Gewebe scheuert.

Um die Rinde zu schützen, werden die Drähte mit Gummi oder einem Stück Schlauch abgepolstert.

Ein gewöhnlicher Stützpfahl sollte nicht höher sein als ein Drittel der Baumlänge, damit der Stamm sich bewegen und kräftigen kann. Kontrollieren Sie regelmäßig, ob die Bänder noch fest sind und lockern Sie bei Bedarf. Wenn der Baum gut eingewurzelt ist, meist nach einem Jahr, wird die Stütze entfernt.

Nachsorge

Wenn Gehölze noch Jahre nach der Pflanzung absterben, ist oft mangelhafte Nachsorge schuld daran. Gießen Sie regelmäßig auf einer Fläche, die größer ist als das ursprüngliche Pflanzloch und benässen Sie dabei den Wurzelraum gründlich, damit sich die Wurzeln weiter ausbreiten. Gießen Sie nicht täglich, da sich sonst nur oberflächlich Feinwurzeln bilden, die empfindlich gegen Trockenheit und Kälte sind. Halten Sie die Fläche unter dem Baum frei von Unkraut und Gras, die dem Gehölz Wasser und Nährstoffe streitig machen. Dazu sollten Sie einen dauerhaften Mulch ausbringen, der Unkraut unterdrückt, die Feuchtigkeit im Boden hält und die Bodentemperatur ausgleicht. Düngen Sie jährlich im Spätwinter oder zeitigen Frühjahr mit einem Volldünger.

Große Bäume pflanzen

Große Bäume erzielen gleich die gewünschte Wirkung, aber sie wachsen schwer an. Die Pflanzen müssen sachkundig gepflanzt werden, der Boden muss gut vorbereitet sein und die Nachsorge hat große Bedeutung, damit der Baum den Pflanzschock übersteht.
Vor allem die Bodenvorbereitung ist wichtig: In verdichtetem, schlecht durchlüftetem Boden können sich keine neuen Wurzeln entwickeln.

Heutzutage werden gern halb ausgewachsene Bäume gepflanzt, da man auf schnelle Wirkung Wert legt. Einige Baumschulen sind besonders auf Solitärbäume und mehrmals verpflanzte Halbstämme spezialisiert.

Die schönsten Herbstfarben

In jedem Garten sollten sich einige Gehölze mit schönen Herbstfarben und bunten Früchten befinden, eine überlegte Auswahl lohnt sich.

Im Herbst verändert sich der Garten dramatisch. Zwar zeigen viele Einjährige und Stauden noch ihre Sommerpracht, doch vor allem die bunten Blätter und Früchte der laubabwerfenden Gehölze regen die Fantasie an. Um diese Zeit des Jahres sollten Rabatten, Hecken und Einzelgehölze ein wahres Feuerwerk in Rot und Orange mit einigen zarteren Gelb- und Goldtönen abbrennen, bevor sich die eher zurückhaltenden Winteraspekte zeigen.

Herbstfarben kommen vor einem gleichmäßigen, dunklen Hintergrund am besten zur Geltung. Die Planung kann zum Beispiel eine Kulisse aus immergrünen Nadelbäumen und Laubgehölzen vorsehen. Kombinieren Sie dazu winterharte, im Herbst blühende Stauden und Zwiebelpflanzen.

GEHÖLZE MIT SCHÖNEN HERBSTFARBEN

Kleine Bäume mit buntem Herbstlaub

Acer griseum ♕ ↕↔ 10m ☼–◐ ♢ pH ❄❄❄

Crataegus persimilis 'Prunifolia' ♕ ↕ 8m ↔ 10m ☼–◐ ♢ ❄❄❄

Malus tschonoskii ♕ ↕ 12m ↔ 7m ☼ ♢ ❄❄❄

Nyssa sylvatica ♕ ↕ 20m ↔ 10m ☼–◐ ♢ pH ❄❄❄

Parrotia persica ♕ ↕ 8m ↔ 10m ☼–◐ ♢ pH ❄❄❄

Prunus 'Hillieri' ↕↔ 10m ☼ ♢ ❄❄❄

Prunus sargentii ♕ ↕ 20m ↔ 15m ☼ ♢ ❄❄❄

Sträucher mit buntem Herbstlaub

Acer japonicum 'Aconitifolium' ♕ ↕ 5m ↔ 6m ☼–◐ ♢ pH ❄❄❄

Amelanchier lamarckii ♕ ↕ 10m ↔ 12m ☼–◐ ♢ pH ❄❄❄

Berberis thunbergii ♕ ↕ 1,5m ↔ 2,4m ☼ ♢ ❄❄❄

Cotinus 'Flame' ♕ ↕↔ 5m ☼–◐ ♢ ❄❄❄ [1]

Euonymus alatus ♕ ↕ 1,8m ↔ 3m ☼–◐ ♢ ❄❄❄

Rhododendron luteum ♕ ↕↔ 4m ◐ ♢ pH ❄❄❄

Rhus typhina 'Dissecta' ♕ ↕ 1,8m ↔ 3m ☼ ♢ ❄❄❄

Kleine Bäume mit bunten Früchten

Arbutus unedo ♕ ↕↔ 8m E ☼ ♢ ❄❄❄ [2]

Ilex aquifolium 'J.C. van Tol' ♕ ↕ 6m ↔ 4m, weiblich, selbstfruchtbar E ☼–◐ ♢ ❄❄❄

Malus x zumi 'Golden Hornet' ♕ ↕ 10m ↔ 8m, ☼ ♢ ❄❄❄

Sorbus cashmiriana ♕ ↕ 8m ↔ 7m ☼–◐ ♢ ❄❄❄

Sorbus vilmorinii ♕ ↕↔ 5m ☼–◐ ♢ ❄❄❄

Sträucher mit bunten Früchten

Berberis x carminea 'Pirate King' ↕ 1,5m ↔ 2,4m E ☼ ♢ ❄❄❄

Callicarpa bodinieri var. *giraldii* 'Profusion' ♕ ↕ 3m ↔ 2,4m ☼–◐ ♢ ❄❄❄

Cotoneaster frigidus 'Cornubia' ♕ ↕↔ 6m E ☼ ♢ ❄❄❄

Cotoneaster salicifolius 'Rothschildianus' ♕ ↕↔ 5m E ☼ ♢ ❄❄❄

Euonymus europaeus 'Red Cascade' ♕ ↕ 3m ↔ 2,4m ☼–◐ ♢ ❄❄❄

Hippophae rhamnoides ♕ ↕↔ 6m, männliche und weibliche Pflanzen erforderlich ☼ ♢ ❄❄❄

Pyracantha 'Orange Glow' ♕ ↕↔ 3m E ☼–◐ ♢ ❄❄❄ [3]

Rosa 'Geranium' ♕ ↕ 2,4m ↔ 1,5m ☼ ♢ ❄❄❄

Skimmia japonica 'Nymans' ♕ ↕ 90cm ↔ 1,8m, weiblich, männliche Bestäuberpflanze erforderlich E ◐–● ♢ ❄❄❄

Symphoricarpos albus var. *laevigatus* ↕↔ 1,8m ☼–◐ ♢ ❄❄❄

Viburnum dilatatum ↕ 3m ↔ 1,8m ☼–◐ ♢ ❄❄❄

Viburnum opulus 'Xanthocarpum' ♕ ↕ 5m ↔ 4m ☼–◐ ♢ ❄❄❄

1

2

3

Siehe auch Bäume für kleine Gärten, S. 50–51; Sträucher für das ganze Jahr, S. 76–77; Stauden für jede Jahreszeit, S. 110–111

PFLANZVORSCHLÄGE

Pflanzen mit schöner Rinde

Gehölze mit attraktiver Rinde werden viel zu wenig beachtet, obwohl sie gerade im Winter durch ihre Texturen und Farben beeindrucken.

Wer glaubt, dass sich im Winter im Garten nicht viel tut, übersieht einige der interessantesten Pflanzen überhaupt. Neben Arten mit herrlichem Duft und zarten oder leuchtend bunten Blüten gibt es viele Gehölze, die eine schöne Rinde aufweisen. Natürlich ist die Borke das ganze Jahr über vorhanden, aber sie fällt erst dann so richtig auf, wenn im Winter die Blätter abgefallen sind. Diese Pflanzen, vor allem jene mit leuchtend gefärbter Rinde wie Weiden *(Salix)* und Hartriegel *(Cornus)*, sollten an einem sonnigen Platz stehen, damit die Wintersonne sie zum Strahlen bringt.

Die Sorten von *Salix alba, Cornus alba* und *C. sericea* sollten im Frühling kräftig geschnitten werden, damit sich kräftige neue Triebe bilden, die die schönsten Farben zeigen. Zum Ausgleich erhalten die Gehölze jedes Jahr im Frühling einen Mulch aus reifem Gartenkompost oder verrottetem Dung. *Leycesteria formosa, Stephanandra tanakae, Salix daphnoides* und alle *Rubus*-Formen können ebenso behandelt werden, wirken aber meist besser, wenn nur eine Art Verjüngungsschnitt erfolgt. Dafür wird jährlich im Frühling etwa ein Drittel bis die Hälfte der Triebe bis zum Boden zurückgeschnitten. Das Gehölz bildet zum Ausgleich neue Triebe. Auch hier wird im Frühjahr gemulcht.

GEHÖLZE MIT DEKORATIVER RINDE

Bäume

Acer capillipes ♀ ↕↔ 10m, weiß gestreifte Rinde ☼–◑ ◊ pH ❄❄❄

Acer davidii ↕↔ 15m, weiß gestreifte Rinde ☼–◑ ◊ pH ❄❄❄

Acer griseum ♀ ↕↔ 10m, abblätternde, braune Rinde ☼–◑ ◊ pH ❄❄❄ [1]

Acer grosseri var. *hersii* ♀ ↕↔ 15m, weiß gestreifte Rinde ☼–◑ ◊ pH ❄❄❄

Acer palmatum 'Sango-kaku' ♀ ↕ 6m ↔ 5m, korallenrote Triebe ☼–◑ ◊ pH ❄❄❄

Acer pensylvanicum 'Erythrocladum' ↕ 12m ↔ 10m, leuchtend rosa junge Triebe ☼–◑ ◊ pH ❄❄❄

Arbutus x *andrachnoides* ♀ ↕↔ 8m, rotbraune Rinde ☼ ◊ ❄❄❄

Betula albosinensis var. *septentrionalis* ♀ ↕ 25m ↔ 10m, orangebraune Rinde ☼–◑ ◊ ❄❄❄

Betula papyrifera ↕ 20m ↔ 10m, weiße Rinde ☼–◑ ◊ ❄❄❄

Betula utilis var. *jacquemontii* ↕ 18m ↔ 10m, weiße Rinde ☼–◑ ◊ ❄❄❄ [2]

Eucalyptus pauciflora subsp. *niphophila* ♀ ↕ 6m ↔ 6–15m, weißlich graue Rinde ☼ ◊ ❄❄❄

Prunus maackii ↕ 10m ↔ 8m, abblätternde, rotbraune Rinde ☼ ◊ ❄❄❄

Prunus serrula ♀ ↕↔ 10m, abblätternde, glänzend rotbraune Rinde ☼ ◊ ❄❄❄ [3]

Salix alba subsp. *vitellina* ♀ ↕ 25m ↔ 10m, leuchtend gelbe junge Triebe, wenn stark geschnitten ☼ ◊ ❄❄❄

Salix alba subsp. *vitellina* 'Britzensis' ♀ ↕ 25m ↔ 10m, leuchtend orangerote junge Triebe, wenn stark geschnitten ☼ ◊ ❄❄❄

Salix daphnoides ↕ 8m ↔ 6m, violettbraune, weiß bereifte junge Triebe ☼ ◊ ❄❄❄

Sträucher

Berberis dictyophylla ♀ ↕ 1,8m ↔ 1,5m, rotbraune, weiß bereifte Triebe ☼ ◊ ❄❄❄

Cornus alba 'Sibirica' ♀ ↕↔ 3m, leuchtend karminrote junge Triebe, wenn stark geschnitten ☼ ◊ ❄❄❄ [4]

Cornus sericea 'Flaviramea' ♀ ↕ 1,8m ↔ 4m, leuchtend gelbgrüne junge Triebe, wenn stark geschnitten ☼ ◊ ❄❄❄

Leycesteria formosa ♀ ↕↔ 1,8m, erbsengrüne junge Triebe ☼–◑ ◊ ❄❄❄

Rosa sericea subsp. *omeiensis* f. *pteracantha* ↕ 2,4m ↔ 2,2m, junge Triebe und große Stacheln tiefrot ☼ ◊ ❄❄❄

Rubus biflorus ♀ ↕↔ 3m, weiße Triebe ☼ ◊ ❄❄❄

Rubus cockburnianus ↕↔ 2,4m, weiße Triebe ☼ ◊ ❄❄❄

Stephanandra tanakae ↕↔ 3m, orangebraune junge Triebe ☼–◑ ◊ ❄❄❄

1

2

3

4

Siehe auch Winterblühende Pflanzen S. 12–13; Bäume für kleine Gärten, S. 50–51

PFLANZVORSCHLÄGE

Unterbewuchs für Bäume

Bäume verleihen dem Garten Struktur und Charakter, doch nur wenige andere Pflanzen gedeihen unter ihrer Krone.

Schattenpflanzen
Die Fläche unter einem Baum lässt sich mit einem dichten Teppich von Schattenpflanzen verschönern (links). Viele winterharte Bodendecker, die im Wald heimisch sind, passen an diese Stellen, etwa Elfenblume (*Epimedium*, unten links) oder Maiglöckchen (*Convallaria majalis*, unten rechts). Mit organischer Substanz angereicherter Boden hält die Feuchtigkeit besser.

Eine Bodenverbesserung vor der Pflanzung kann schon viel zum Erfolg beitragen. Gießen Sie nach der Pflanzung gut an; frisch gepflanzte Pflanzen trocknen besonders leicht aus. Bringen Sie einen organischen Mulch aus, der jedes Frühjahr erneuert wird, um die Feuchtigkeit im Boden zu halten, wenn die Baumwurzeln flach und dicht wachsen.

Die meisten Pflanzen, die unter Bäumen gedeihen, sind von Natur aus Waldbewohner. Werden niedrige Äste entfernt, gelingt ihnen das Überleben besser. Viele wirken sehr zart, wenn sie blühen, aber Bodendecker wie Maiglöckchen *(Convallaria majalis)*, Gefleckte Taubnessel *(Lamium maculatum)*, Elfenblume *(Epimedium)* und Märzveilchen *(Viola odorata)* sind erstaunlich robust. Ebenfalls schöne Pflanzenteppiche bilden Bergenien, Kaukasusvergissmeinnicht *(Brunnera macrophylla)*, Waldmeister *(Galium odoratum)*, *Geranium macrorrhizum*, Schaumblüte *(Tiarella cordifolia)*, Kolchischer Efeu *(Hedera colchica)* und Großes Immergrün *(Vinca major)*. Für Farbe sorgen *Liriope muscari* und *Iris foetidissima*.

Unter laubabwerfende Bäume wie Buche, Hainbuche, Birke oder Eiche passen frühlingsblühende Zwiebelpflanzen gut, und für den Herbst setzt man *Cyclamen hederifolium*.

Pflanzen, die trockenen Schatten vertragen, blühen meist nicht sehr auffällig, gleichen das aber durch andere Eigenschaften wieder aus: mit ihrem Duft wie *Sarcococca* und *Osmanthus* x *burkwoodii* oder mit Beeren im Winter wie *Skimmia*, Schneebeere *(Symphoricarpos)* und *Cotoneaster*.

Siehe auch Die richtigen Bodendecker, S. 26–27; Sträucher für den Schatten, S. 83

PRAKTISCHE TIPPS

Einen Baum kaufen

Seien Sie kritisch, wenn Sie einen Baum auswählen.

Gehölze werden im Gartencenter meist in Containern angeboten, mehr Auswahl gibt es jedoch in Baumschulen. Dort werden die Bäume direkt im Boden kultiviert und entweder wurzelnackt, also ohne Erde an den Wurzeln, oder im Ballen verkauft. Achten Sie beim Kauf von Gehölzen auf ein gut entwickeltes Wurzelsystem, das der Krone entspricht. Die Wurzeln von Containerpflanzen sollten das Substrat gut durchdringen, aber nicht schon am Topfrand entlang wachsen. Meiden Sie Bäume mit Anzeichen von Schädlingen, Krankheiten oder mechanischen Verletzungen.

Bei manchen Bäumen wird der Wurzelballen für den Verkauf in Sackleinen eingeschlagen. Diese sind damit für den Transport und während der Pflanzung gut geschützt, man kann allerdings den Zustand der Wurzeln nicht erkennen. Achten Sie daher darauf, dass die Größe des Ballens in einem guten Verhältnis zum restlichen Baum steht. Ein großer Baum mit einem zu kleinen Wurzelsystem kann kaum überleben. Zu Hause angekommen, wird der Ballen samt Umhüllung für einige Stunden in einen Eimer Wasser gestellt, damit er sich vollsaugen kann. Vor der Pflanzung wird nochmals gründlich gegossen.

Nach Entfernen des Ballentuchs können Sie genau kontrollieren, ob die Wurzeln gesund und ausreichend entwickelt sind, keine Verletzungen und keinen Drehwuchs aufweisen. Dadurch lässt sich auch sicherstellen, dass der Baum in der richtigen Tiefe eingepflanzt wird. Wenn die Umhüllung mit Draht befestigt wurde, wird dieser zumindest am oberen Ende aufgeschnitten, um späteren Schaden an den Wurzeln zu vermeiden.

Manche Gärtner pflanzen Bäume mit noch eingeschlagenen Wurzeln, weil sie fürchten, das Entfernen des Sackleinens

Siehe auch Gehölze richtig pflanzen, S. 60–61;

Sack einen schützt den Wurzelballen.

könnte Schaden an den Wurzeln hervorrufen und der Stoff würde die Entwicklung neuer Wurzeln behindern. Sofern der Boden gut vorbereitet und auf beiden Seiten des Ballentuches feucht ist, können die Wurzeln wohl das Gewebe durchdringen und dieses wird mit der Zeit verrotten. Es kann aber vorkommen, dass die Pflanze nicht anwächst, wenn das Ballentuch verbleibt. Manche Baumschulen geben allerdings eine Anwachsgarantie und ersetzen Pflanzen, die nicht gedeihen. Das sollten Sie gleich beim Kauf erfragen.

AUFGEPASST

- Kaufen Sie hochwertige Pflanzen unter dem korrekten Namen.
- Achten Sie bei veredelten Pflanzen darauf, dass die Veredlungsstelle kräftig und gut verheilt ist (siehe Apfel- und Birnbäume auswählen, S. 233).
- Bäume unter 1,2 m Höhe kosten weniger und wachsen schneller an als größere.

Bäume für kleine Gärten, S. 50–51

TECHNIKEN

Bäume stützen

In der Anwachsphase braucht ein frisch gepflanzter Baum eine Stütze, nach rund zwei Jahren werden die Pfähle entfernt.

Ein frisch gepflanzter Baum, der höher ist als 1,5 m, braucht eine Stütze, bis er angewachsen ist. Der Pfahl soll es dem Baum ermöglichen, eine gute Verankerung und einen geraden Stamm zu entwickeln. Sehr junge Bäume, die weniger hoch sind, brauchen in der Regel keine Stütze.

Es gibt zwei Möglichkeiten, einen Baum zu stützen: einen im Winkel von 45° in den Boden geschlagenen Pflock für Containergehölze und Bäume mit Wurzelballen und einen aufrechten Pfahl für wurzelnackte Pflanzen. Der Pfahl sollte nicht zu hoch sein, damit sich ein kräftiger Stamm entwickeln kann. An einem senkrechten Pfahl, der etwa ein Drittel der Baumhöhe hat, kann sich die Krone im Wind biegen, es bildet sich ein fester Stamm und ein gesundes Wurzelwerk.

Die Holzpfähle sollten einen Anstrich mit einem Holzschutzmittel erhalten. Sie werden in das Pflanzloch gesteckt, bevor man den Baum pflanzt. Auf keinen Fall dürfen Sie ihn durch den Wurzelballen treiben. Platzieren Sie aufrechte Pfähle auf die Windseite des Baums, schräge Pflöcke sollten in die Hauptwindrichtung zeigen, sodass sich der Baum immer von der Stütze weg bewegt und keine Reibung entsteht. Befestigen Sie den Baum mit nicht scheuerndem, einigermaßen flexiblem Material. Es gibt Marken-Baumbinder, die den Baum sicher, aber nicht starr festhalten. Verwenden Sie immer einen Abstandshalter aus Gummi, damit die Stütze nicht an der Rinde scheuert.

Entfernen Sie die Stützen, sobald die Wurzeln des Baumes fest verankert sind. Bäume wachsen langsam an, aber in gutem Boden müssen die meisten nicht länger als zwei Wachstumsperioden lang gestützt werden; vielleicht ist der Baum schon ein Jahr nach der Pflanzung gut angewachsen. Bleibt die Stütze zu lange stehen, entwickelt der Baum möglicherweise kein ausreichend standfestes Wurzelsystem.

Der elastische Baumbinder hält den Baum fest.

Schräg eingeschlagener Pflock für Gehölze mit Ballen

Siehe auch Gehölze richtig pflanzen, S. 60–61

PFLANZENPROBLEME

Probleme beim Anwachsen

Pflanzfehler können dazu führen, dass Bäume nach der Pflanzung absterben.

Zu dichtes Wurzelwerk lockern.

Wachsen Bäume und Sträucher nach der Pflanzung nicht an, kann das an folgenden Faktoren liegen:

- Das Pflanzloch war zu flach, um die Pflanze wieder ebenso tief wie zuvor einzupflanzen, oder nicht breit genug, um die ganz ausgebreiteten Wurzeln aufzunehmen.
- Es entstanden Hohlräume im Wurzelbereich. Danach wurde der Boden nicht richtig angedrückt und während des Pflanzens nicht sorgfältig mit feiner Erde aufgefüllt.
- Die Wurzeln von Pflanzen aus Containerkultur wurden nicht gelockert bzw. der Wurzelballen nicht gelöst.
- Beim Auffüllen des Pflanzlochs wurde versäumt, die Seiten mit der Grabgabel zu lockern, damit sich die Wurzeln ausbreiten können. Dies ist bei lehmigem Boden besonders wichtig, weil sich sonst Wasser im Pflanzloch staut und die Wurzeln unter Luftabschluss leiden.
- Der Boden wurde zu fest angedrückt und verdichtet, sodass keine Luft eindringt und die Wurzeln nicht richtig arbeiten können.

Siehe auch Gehölze richtig pflanzen, S. 60–61

TECHNIKEN

Sommerschnitt für Ziergehölze

Ein regelmäßiger Schnitt empfiehlt sich bei Ziergehölzen nicht unbedingt. Falls er notwendig erscheint, wird im Sommer geschnitten.

Je nach Baumart lassen sich Probleme wie konkurrierende Leittriebe während der Wachstumszeit beheben.

Warum schneiden?

Zierbäume sollten möglichst nicht geschnitten werden, denn dadurch kann das Wachstum gestört werden und Krankheitskeime dringen durch die Wunden leichter in die Pflanze ein. Bei jungen Bäumen ist jedoch manchmal ein Formschnitt nötig, wenn die Äste zu dicht gewachsen sind und kein eindeutiger Leittrieb vorhanden ist.

Entfernen Sie Triebe, die mit dem Leittrieb konkurrieren oder ihn beschatten. Der Schnitt zielt auf eine eher konische Baumform ab, die weiter oben genügend Äste hat, um den Stamm und den Leittrieb zu versorgen, ohne in Konkurrenz zu ihm zu stehen. Weiter unten am Stamm verbleiben einige kürzere Äste, um den Stamm zu versorgen.

Die beste Zeit

Die optimale Zeit für einen Schnitt variiert je nach Baumart. Der Zeitpunkt wird so gewählt, dass sich der Baum wieder gut erholen kann. Herbst und Frühwinter galten lange Zeit als ideal. Im Herbst ist der Baum jedoch nicht sehr widerstandsfähig, das Holz ist trocken und sauerstoffreich, was den Fäulnispilzen zugute kommt, die um diese Jahreszeit ihre Sporen verbreiten. Im Winter ruhen die Bäume, die Pilze können aber bei wärmerer Witterung wieder aktiv werden und einen Baum befallen. Im Frühling und Frühsommer nimmt das Wachstum die ganze Energie des Baumes in Anspruch, der sich dann kaum von einem Schnitt erholen kann. Das lässt sich vermeiden, wenn Sie unmittelbar vor Beginn der Wachstumsperiode schneiden.

Im Sommer sind manche Bäume aktiv und gut versorgt und erholen sich schnell. Zier- und Obstsorten von *Prunus*, unter anderem die Kirschen und Pflaumen, sind weniger anfällig für Bleiglanz, wenn sie im Frühsommer geschnitten werden.

Trotz alledem wird es in den seltensten Fällen zu Schäden kommen, nur weil die Bäume im Winter geschnitten wurden.

SOMMERSCHNITT EINES JUNGEN BAUMES

Wenn der Baum noch jung ist, lässt er sich mit der Gartenschere in Form bringen. [1] Diesem Jungbaum fehlt ein Leittrieb. [2] Zu dicht gewachsene Äste ausdünnen. [3] Konkurrierende Triebe entfernen, sodass ein eindeutiger Leittrieb entsteht. [4] Ein gutes Ergebnis.

Siehe auch Baumchirurgie, S. 68

PRAKTISCHE TIPPS

Bluten aus Schnitten

Kein Grund zur Sorge, wenn aus Schnittwunden Saft austritt

Bluten aus Schnittwunden ist nicht gefährlich.

Wenn der Baum aus den Schnittwunden blutet, besteht kein Grund zur Sorge. Ahornsirup zum Beispiel wird aus dem Saft von *Acer saccharinum* gewonnen; dabei wird dieses Phänomen kontrolliert genutzt.

Das Bluten entsteht durch den Saftdruck in den Leitbahnen, vor allem im Spätwinter und zeitigen Frühling. Wunden an großen Laubbäumen wie Ahorn und Birke können zu dieser Jahreszeit stark bluten. Dadurch geht etwas Zucker verloren und in schweren Fällen kann sich die Wundheilung verzögern. Es gibt keine praktischen Maßnahmen gegen das Bluten, es lässt mit der Zeit von selbst nach.

Bäume, die zum Bluten neigen, schneidet man am besten zwischen Hochsommer und Frühwinter. Dazu gehören Ahorn, Birke, *Carya*, Goldregen, Linden, im Frühling blühende laubabwerfende Magnolien, Maulbeere, einige Pappeln, *Sophora*, Walnuss und Weißbuche. Fachbücher geben Auskunft über die beste Jahreszeit und andere wichtige Punkte zum Baumschnitt.

Siehe auch Baumchirurgie, S. 68

TECHNIKEN

Schösslinge entfernen

Kräftig wachsende Schösslinge zehren an den Kräften eines Baumes oder Strauches; sie sollten entfernt werden.

Schösslinge, die unterirdisch aus den Wurzeln der Pflanze treiben, werden als Wurzelschosser bezeichnet. Wildtriebe dagegen setzen bei veredelten Pflanzen direkt unterhalb der Veredelungsstelle an. Besonders sie können schnell die eigentliche Pflanze überwachsen und sie in einigen Jahren verdrängen, sodass anstelle der veredelten Sorte die Unterlage wächst und gedeiht.

Viele Bäume bilden Wurzelschosser. Im Garten werden sie lästig, wenn sie überall in Rabatten, auf dem Rasen, zwischen Wegplatten und manchmal sogar im Asphalt erscheinen. Manche Bäume wurzeln von Natur aus flach, aber auch viele andere Bäume entwickeln an schwierigen Standorten ein flach streifendes Wurzelwerk, etwa bei hohem Grundwasserspiegel oder wenn ein verdichteter Unterboden die Dränage behindert. Diese oberflächennahen Wurzeln bilden am ehesten Schosser.

Wurzelschosser können entstehen, wenn Wurzeln beim Umgraben, beim Vertikutieren des Rasens oder beim Mähen beschädigt wurden, oder wenn Wurzeln bei größeren Grabungsarbeiten absichtlich oder versehentlich durchtrennt werden. Bleiben die Schosser unbemerkt, entwickeln sie sich mit der Zeit zu Bäumen. Pappeln *(Populus)*, Kirschen und Pflaumen *(Prunus)*, Sumach *(Rhus)*, Flieder *(Syringa)* und Scheinakazie *(Robinia pseudoacacia)* gehören in dieser Hinsicht zu den besonders lästigen Gartengehölzen; *Sorbus*-Arten, besonders wenn sie auf Weißdorn *(Crataegus monogyna)* veredelt wurden, bilden gern Schosser am Stammansatz.

Schosser entfernen

Wurzelschosser werden so dicht wie möglich an der Wurzel entfernt. Man sollte sie eher abreißen als mit der Gartenschere schneiden, denn damit werden zugleich die meisten schlafenden Knospen am Ansatz mit entfernt und es können sich weniger neue Schosser bilden. Eventuell muss man etwas Erde entfernen, um die Austriebsstelle zu finden. Zeigen sich Wurzeln im Rasen, entfernt man ein Stück Grasnarbe und füllt 5–8 cm Erde auf, bevor das Gras wieder aufgelegt wird. Das sollte von Mitte Herbst bis Spätwinter geschehen.

Schösslinge, die an der Unterlage von veredelten Bäumen und Sträuchern ansetzen, werden ebenfalls am Ansatz abgerissen (und nicht sauber abgeschnitten); sonst werden schlafende Augen immer wieder zum Austrieb angeregt.

Schösslinge an Zaubernuss *(Hamamelis)*
Kultursorten der Zaubernuss werden oft auf *H. virginiana* veredelt, die gern Schosser bildet. Die Wildtriebe tragen meist längere Blätter als die Sorte. Kneifen Sie die Schosser schon im Knospenstadium aus, oder reißen Sie sie ab.

Siehe auch Baumstümpfe entfernen, S. 73

TECHNIKEN

Farbige Zweige

Ein harter Schnitt sorgt für farbenfrohe Zweige im Winter.

Hartriegel *(Cornus)* und Weiden *(Salix)* mit farbigen Zweigen können im zeitigen Frühling, bevor sich die Knospen entwickeln, kräftig geschnitten werden. Ab dem zweiten Jahr nach der Pflanzung schneidet man alle Triebe auf 5–8 cm über dem Boden oder bis auf die Stümpfe des Vorjahres zurück.

Hartriegel wie Weiden blühen am alten Holz, daher entwickeln sich nach einem derartigen Schnitt keine Blüten bzw. Kätzchen oder Früchte. Um beide Vorteile zu sichern, kann man jedes Jahr nur ein Drittel der Zweige zurückschneiden, wobei immer die ältesten und dicksten entfernt werden. Stattdessen ist es auch möglich, nur alle 2 oder 3 Jahre zu schneiden. *Cornus sericea* 'Flaviramea', *C. alba* 'Sibirica', *Salix alba* subsp. *vitellina* 'Britzensis' und *S. irrorata* reagieren gut auf diese Behandlung. Ein jährlicher Schnitt ist bei weniger wüchsigen Pflanzen nicht empfehlenswert, hier wird jedes Jahr nur ein Drittel der Zweige entfernt bzw. man schneidet nur alle 2 Jahre.

Rückschnitt bei *Cornus sericea* 'Flaviramea'

Siehe auch Pflanzen mit schöner Rinde, S. 63

PRAKTISCHE TIPPS

Baumchirurgie

Wann wird ein ausgebildeter Baumwart gebraucht?

Baumchirurg mit Spezialausrüstung

Die Rechnung vom Baumchirurgen kann hoch werden, und mancherorts kann es schwer sein, eine kompetente Fachkraft zu finden. Doch nicht jede Arbeit kann der Gartenbesitzer selbst erledigen. Einfache Aufgaben wie das Entfernen kleiner Äste oder ein Rückschnitt erledigen zwei fähige Gärtner, wenn zum Hochsteigen nur eine Leiter gebraucht wird. Größere Arbeiten erfordern eine spezielle Kletterausrüstung und besonderes Schneidewerkzeug; dafür sollte man einen ausgebildeten Baumpfleger beauftragen.

Manche Probleme, etwa übergroße Bäume, sind offenkundig. Eine ausgedünnte Krone lässt mehr Licht durch und bietet dem Wind weniger Widerstand. Eine solche Arbeit muss jedoch ein Fachmann erledigen. Blitz- oder Sturmschäden hinterlassen oft sichtbare Wunden. Pilzbefall ist schwerer zu erkennen, im Zweifelsfall muss man einen Experten hinzuziehen.

Baumeigentümer sind haftbar für alle Schäden, die durch ihre Bäume entstehen. Dazu gehören herabfallende Äste ebenso wie Schäden durch Wurzeln.

Siehe auch Verkehrssichere Bäume, S. 56

TECHNIKEN

Rundköpfige Bäume

Durch Formschnitt entstehen architektonische Kronenformen.

Beim Kappen werden die Äste eines Baums regelmäßig bis zum Stamm zurückgeschnitten, damit sich neue Triebe bilden. Dadurch entstehen rundköpfige Bäume, die jedes Jahr neue Zweige aus ihrem kurzen Stamm treiben und so eine interessante Aststruktur bilden. Bei dieser typischen Form setzen mehrere Triebe am selben Punkt an.

Acer negundo eignet sich zum Kappen.

Sie entwickeln sich aus schlafenden Knospen unter der Rinde. Oft ist die Ansatzstelle am Stamm verdickt. Im Laufe der Jahre entstehen an den Astenden dicke Knoten, aus denen jedes Jahr neue Triebe sprießen.

Geeignete Gehölze für diese Art der Erziehung haben auffällige Blätter, Zweige oder Knospen, blühen am diesjährigen Holz und treiben kräftig aus schlafenden Knospen aus. Holländische Linde *(Tilia* x *europaea)* und Gewöhnliche Platane *(Platanus* x *hispanica)*

Siehe auch Gehölze mit bunten Blättern,

werden entlang von Straßen häufig derartig gestutzt.

Einen rundköpfigen Baum formen
Dieser Trompetenbaum *(Catalpa bignonioides)* gedieh nicht gut. Nach dem Kappen bildete er kräftige neue Triebe (links). Die Art entwickelt besonders große Blätter, wenn der Baum gestutzt wird (rechts).

Gekappte Bäume pflegen

Einen großen Baum regelmäßig vom Gärtner beschneiden zu lassen kostet Geld, bleibt der Baum hingegen unbeschnitten, können später aufwändige Arbeiten zur Kronenreduktion anfallen, die größere Summen verschlingen. Kleinere Gartenbäume können Sie selbst mit geeignetem Schnittwerkzeug in Form halten. Schneiden Sie die Äste oberhalb der vorjährigen Schnittstelle, ohne das alte Holz zu verletzen, da es anfällig für Fäulnisbakterien ist.

Die beste Zeit zum Schneiden ist bei vielen Bäumen der Spätwinter oder das zeitige Frühjahr, wenn die Nährstoffspeicher gut gefüllt sind und kein Wasserstress besteht. Ahorn sollte man aber nicht im Frühling schneiden, da er in dieser Jahreszeit zum Bluten neigt (siehe S. 67). Nach dem Austrieb im Frühling sind die Nahrungsreserven aufgebraucht, dies ist daher keine gute Zeit zum Kappen. Im Sommer werden die Speicher wieder aufgefüllt, allerdings kann dann bei trockenem Wetter Wasserstress eintreten.

Mit dem Kappen sollten Sie bei jungen Bäumen beginnen, da sich ihr Holz nach dem Schnitt schnell erholt und das Fäulnisrisiko geringer ist. Lassen Sie den Baum zunächst die richtige Höhe erreichen und eine gute Krone entwickeln. Wenn Sie mit dem Schneiden begonnen haben, sollten Sie es regelmäßig wiederholen, da das Gewicht und der spitze Ansatzwinkel der Äste Probleme verursachen können, vor allem an Stellen, wo die Äste dicht beieinander sitzen.

Einstämmige junge Bäume werden erstmals im Frühling bei einer Höhe von etwa 60–90 cm geschnitten; lassen Sie danach die Seitentriebe wachsen. Schneiden Sie diese kräftigen Triebe dicht am Ansatz ab, damit sich noch mehr Triebe bilden, oder dünnen Sie aus, wenn sie zu dicht wachsen. Im nächsten Frühling entfernen Sie alles einjährige Holz und lassen nur ein bis zwei Knospen oder Knospenpaare am Ansatz jedes Triebes stehen. Düngen Sie die Pflanzen gut.

NEUE TRIEBE AUSDÜNNEN

Nach dem Rückschnitt bilden die Pflanzen viele neue Triebe. Dünnen Sie diese aus (hier bei *Salix alba* subsp. *vitellina* 'Britzensis'), ohne den Kopf zu verletzen.

WARUM KAPPEN?

Durch das Kappen entstehen nicht nur attraktive, rundliche Baumformen und farbenfrohe Triebe, es hat praktische Vorteile. Die Bäume bleiben kleiner, sodass sie an ihren vorgesehen Platz passen. Sie werfen weniger Schatten und entwickeln keine ausladende Äste, die Leitungen oder Dachrinnen beschädigen können.

S. 57–58; Pflanzen mit schöner Rinde, S. 63; Bluten aus Schnittwunden, S. 67

Pflege von übergroßen Koniferen

Ein zu sehr ausladendes Nadelgehölz lässt sich durch Kürzen, geschicktes Beschneiden und Aufbinden von Ästen im Zaum halten.

Koniferen wie Scheinzypresse *(Chamaecyparis lawsoniana)* und Leylandzypresse *(x Cupressocyparis leylandii)* werden oft zu groß für den Garten. Auf lange Sicht ist es sicher besser, sie durch Bäume mit gemäßigtem Höhenwuchs zu ersetzen, denn durch starkes Schneiden verlieren sie ihre natürliche Form. Wie bei vielen Koniferen bildet sich an den Schnittstellen kein Neuaustrieb.

Die Höhe kann reduziert werden, indem Sie zur Frühjahrsmitte, kurz bevor der Austrieb beginnt, nicht mehr als ein Drittel des Baums entfernen. Dieser wächst dann langsamer und hat eine flache Spitze. Wüchsige Exemplare werden allerdings an der Spitze dicker und gleichen die Verkahlung etwas aus. Hohe Bäume sollten von einem ausgebildeten Baumpfleger geschnitten werden. Seitenäste am Ansatz alter Bäume sollten Sie ganz entfernen, da hier kaum neue Triebe zu erwarten sind. Jüngere Bäume reagieren gut auf einen Schnitt, der aber nicht zu kräftig ausfallen darf. Die Zweige an der Basis tragen oft nur an der Spitze Nadeln; wird tiefer als bis zum Nadelbesatz geschnitten, wachsen sie nicht nach.

Die Eibe *(Taxus baccata)* hingegen lässt sich gut schneiden und treibt aus dem alten Holz wieder aus. Die natürliche Form einer alten Eibe sollte stets intakt bleiben; schneiden Sie daher über mehrere Jahre verteilt. Dabei entfernen Sie einzelne Äste an verschiedenen Stellen im Baum. Große Bäume sollte ein Baumpfleger behandeln.

Koniferen mit Säulenwuchs entwickeln eine sehr aufrechte, schmale Krone und beinahe senkrechte Äste, die fast parallel zum Stamm verlaufen. Wenn sich Zweige nach außen biegen, kann man sie mit verzinktem oder kunststoffbeschichtetem Draht zu einer klaren Säulenform aufbinden. Die Drähte sind zwar anfangs zu sehen, werden aber bald verdeckt.

EINE KONIFERE AUFBINDEN

1

2

Säulenförmige Koniferen entwickeln von sich aus eine klare Form, die nicht viel Pflege braucht. [1] Zu sehr ausladende Exemplare werden aufgebunden, damit sie in Form bleiben. [2] Die Drähte werden bald von neuen Trieben verdeckt.

Siehe auch Bäume neben Gebäuden, S. 52–53; Sind Ihre Bäume verkehrssicher?, S. 56

TECHNIKEN

Frostschäden vermeiden

Plötzliche Frosteinbrüche können Pflanzen schädigen

Winterharte Gehölze passen sich gut an die Winterkälte an, indem sie sich im Herbst bei zunehmend kalten Tagen abhärten. Laubabwerfende Gehölze werfen die empfindlichen Blätter ab, die widerstandsfähigen Knospen für neue Blätter und Blüten hingegen überwintern. Eiskristalle, die sich im Pflanzengewebe bilden, können die Zellen sprengen, aber es sammeln sich auch lösliche Stoffe im Gewebe, die bis -1°C oder -2°C wie ein Frostschutzmittel wirken. Sogar bis zu -40°C kann der Schutz reichen, da winterharte Pflanzen ihren Zellsaft auf unter 0°C abkühlen lassen können, ohne dass er gefriert.

Als besonders winterhart bekannte Pflanzen wie Birken *(Betula)* oder Weide *(Salix)* aus arktischen oder alpinen Regionen transportieren Wasser aus den Zellen und lassen es dort gefrieren, wo es weniger schädlich ist. Die Zellen trocknen dadurch zwar stark aus, ihr Inhalt bleibt aber unbeschädigt und im Frühling können sie wieder Wasser aufnehmen.

Breitblättrige Immergrüne sind eher frostgefährdet, weil sie ihre Blätter den Winter über behalten, die dadurch dem Frost ausgesetzt sind. Kamelien und *Garrya*-Arten befinden sich somit in Mitteleuropa an der Grenze der Winterhärte. Die Feuchtigkeit, die über die Blätter abgegeben wird, kann bei gefrorenem Boden nicht wieder aufgenommen werden. Die Pflanzen werden besonders schwer geschädigt, wenn zum Bodenfrost auch noch starker Wind oder milde, warme Luft kommt, weil dann besonders viel Feuchtigkeit aus den Blättern verdunstet.

Plötzlich hereinbrechender starker Frost im Herbst oder Frühling kann Pflanzen schädigen, deren Holz noch nicht völlig ausgereift ist bzw. wenn sie sich schon wieder an warme Tempera-

turen gewöhnt haben. Das Pflanzengewebe kann dadurch starken Schaden erleiden. Walnuss *(Juglans)* und Kastanie *(Castanea)* haben im Frühling besonders empfindliche Knospen.

Die jungen Blätter des Sommerflieders *(Buddleja)* und der Kletterhortensie *(Hydrangea anomala* subsp. *petiolaris)* sind ebenfalls sehr anfällig für Spätfröste. Wiederholtes Frieren und Auftauen bei kalten Nächten und sonnigen Tagen ist jedoch besonders gefährlich.

Bei Frostschäden reißt die Rinde an Stamm und Ästen der Länge nach auf, die Blätter sind verkrüppelt. Zu Schäden kommt es an nicht winterharten Gehölzen oder wenn Pflanzen im Herbst noch spät ausgetrieben haben.

Das Laub von Sträuchern lässt sich mit einer doppelten Lage Vlies schützen. Pflanzgefäße kann man zum Schutz vor Frost in Luftpolsterfolie wickeln. Auch ein organischer Mulch am Fuß der Pflanze kann helfen, Frostschäden zu verhindern.

Bei Tallagen sollte man empfindliche Pflanzen gar nicht erst in Frostsenken oder in Süd- oder Ostlagen setzen, wo es Schaden durch den Wechsel von Frost und Wärme geben kann. Junge Bäume und Sträucher sind dafür besonders empfindlich, man sollte sie deshalb mit Vlies schützen.

Wenn aber die Pflanzen unter Frost und Kälte gelitten haben, schneidet man die abgestorbenen Triebe nach Möglichkeit aus. In der Regel treiben sie neu aus, manchmal allerdings erst im Hochsommer.

FROSTSCHÄDEN

1

2

3

1 Frost schädigt Blätter und bewirkt, dass Stamm und Zweige aufreißen. 2 Im Frühjahr, wenn keine Frostgefahr mehr besteht, werden alle abgestorbenen oder beschädigten Triebe entfernt, um einen Neuaustrieb anzuregen. 3 Junge oder empfindliche Pflanzen erhalten Schutz durch Luftpolsterfolie oder Vlies.

TECHNIKEN

Windreibung vermeiden

Braune Flecken sind oft ein Zeichen von Windreibung.

Gärten in exponierten Lagen müssen oft starken Wind aushalten. Die schnelle Luftbewegung entzieht den Pflanzen Wasser über die Blätter und aus dem Boden. Das kann zu physischen Schäden an den Pflanzen führen, vor allem im Winter und bei immergrünen Gehölzen. Die empfindlichen Pflanzen können die Feuchtigkeit, die über die Blätter verdunstet, nicht schnell genug wieder aufnehmen, ihre Blätter vertrocknen und verbrennen.

- Pflanzen Sie Sträucher in den Windschatten einer laubabwerfenden Hecke, die den Wind filtert.
- Mulchen Sie den Boden rund um die Pflanzen, um der Austrocknung durch den Wind vorzubeugen.
- Stellen Sie Kübelpflanzen an eine geschützte Hauswand, achten Sie dabei aber auf mögliche Windkanäle.

WINDSCHUTZ

Ein Windschutz aus Netzen, speziellem Windschutzgewebe oder Weidengeflecht verringert die Windstärke. Im Idealfall reduziert der Schutz den Wind um 50–60 %.

Siehe auch Gärten an der Küste, S. 24–25

PFLANZENPROBLEME

Schäden durch den Dompfaff

Netze schützen empfindliche Pflanzen vor Schäden.

Der Dompfaff ist in Deutschland überall verbreitet, wenn auch seine Bestände in manchen Regionen zurückgegangen sind. Die meiste Zeit des Jahres richtet er im Garten kaum Schaden an, da er sich von Unkraut-, Gras- und Wildblumensamen ernährt. Im Winter werden die Samenvorräte allerdings knapp und der Vogel schaut sich nach anderer Nahrung um, wie etwa Blütenknospen von verschiedenen Gehölzen.

Obstbäume und -sträucher werden bevorzugt, aber auch Zierbäume wie Mandeln, Zierkirschen *(Prunus)* und Forsythien können einen Großteil ihrer Blüten einbüßen. Pflaumen-, Kirschen-, Birnen- und Stachelbeerknospen werden von Spätherbst bis zum zeitigen Frühling verzehrt, Apfel und Johannisbeere sind erst im zeitigen Frühling bis Mitte Frühling an der Reihe, wenn sich die Knospen schon öffnen.

Bei Pflanzen, die zu groß für Netze sind, lassen sich diese Schäden kaum vermeiden. Falls der Dompfaff im Garten überhand nimmt, kann man einen Obstkäfig errichten. Eine Maschengröße von 2 cm sollte ausreichen. Das Netz muss während der Blütezeit entfernt werden, damit Insekten die Blüten bestäuben können.

Siehe auch Schädliche Vögel, S. 45

PFLANZENPROBLEME

Hallimasch umgehen

Der Pilz kann auf viele Zier- und Obstgehölze übergreifen; befallene Pflanzen sollte man möglichst schnell entfernen.

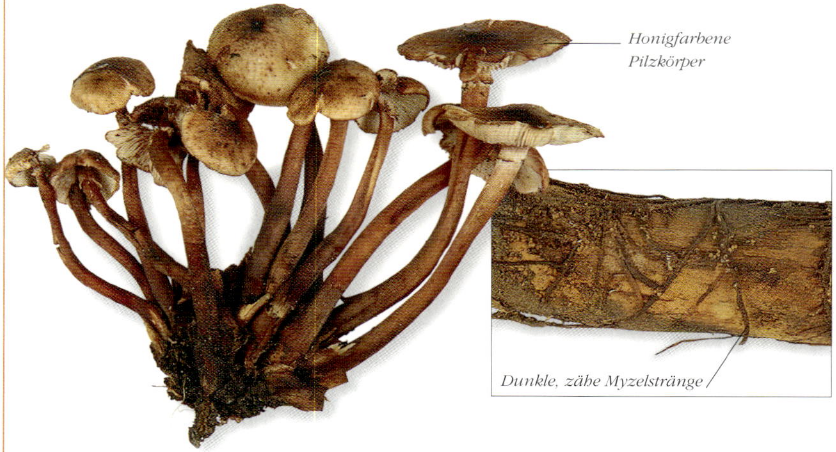

Hallimasch befällt vor allem Gehölze, tritt aber auch an manchen Stauden auf. Der Pilz *Armillaria mellea* ernährt sich von abgestorbenem und sterbendem Holzgewebe. Er breitet sich über den Boden aus, indem er dunkle, ledrige Stränge (Rhizomorphe) zwischen den Wurzelsystemen benachbarter Pflanzen ausbildet; diese dicht verflochtenen Pilzfäden (Hyphenstränge) wachsen meist weniger als 20 cm tief unter der Oberfläche, bis zu 1 m pro Jahr. Wenn sie eine Wirtspflanze erreichen, versuchen sie am Stammgrund oder an der Wurzel in die Wurzelrinde einzudringen. Kräftige Pflanzen erwehren sich des Angriffs, indem sie ein Wundgewebe ausbilden. Eine befallene Pflanze kann absterben, wenn der Pilz in die Leitbahnen vordringt und den Wasser- und Nährstofffluss unterbricht. Mit der Zeit zersetzt der Pilz das Holz.

TIPPS GEGEN HALLIMASCH

- Stoppen Sie die Ausbreitung der Rhizomorphen, indem Sie dicke Folie 80 cm tief senkrecht in den Boden einsenken.
- Regelmäßiges Düngen und Mulchen hält die Pflanzen gesund und macht sie widerstandsfähig.
- Entfernen Sie so schnell wie möglich das Wurzelsystem befallener Pflanzen.

Symptome

Die oberirdischen Pflanzenteile sterben manchmal recht schnell ab; mitunter wirken sie mehrere Jahre lang kränklich, bevor sie absterben. Die Symptome machen sich oft im Frühling bemerkbar, wenn die Bäume keine Blätter bilden oder die Knospen sich nicht öffnen.

An den unterirdischen Pflanzenteilen lässt sich Hallimaschbefall feststellen, indem man Wurzeln und Stammgrund untersucht. Wird die Rinde an befallenen Stellen entfernt, kommt darunter eine cremeweiße Pilzschicht zum Vorschein. Im Spätsommer und Herbst zeigen sich an der Stammbasis der befallenen Pflanze Pilzkörper.

Bekämpfung

Hallimasch wird bekämpft, indem man seine Nahrungsquelle entfernt. Werden die Myzelstränge von dem Stumpf oder der toten Pflanze, von denen sie ausgehen, getrennt, verkümmern sie und büßen ihre Angriffsfähigkeit ein. Deshalb wird empfohlen, alle abgestorbenen oder kranken Pflanzen aus dem Garten zu entfernen und mit ihnen einen möglichst großen Teil des Wurzelsystems.

Siehe auch Vorbeugender Pflanzenschutz, S. 36–37

Baumstümpfe entfernen

Wird ein Baum gefällt, entsteht eine neue Pflanzfläche. Zuvor muss der Baumstumpf jedoch entfernt oder zerkleinert werden.

Baumstümpfe können zwar nach dem Fällen im Boden bleiben und man kann sie mit ausladenden Pflanzen wie Clematis kaschieren. Doch mitunter bilden sich aus dem Stumpf und den Wurzeln Schosser (siehe S. 67). Tote Stümpfe treiben zwar keine Schosser, sind aber Brutstätten für Wurzelkrankheiten wie Hallimasch (siehe gegenüberliegende Seite). Dem beugt das Entfernen des Stumpfes am besten vor.

Die Stümpfe kleinerer Bäume können mit einer Winde (die man mieten kann) herausgezogen werden. Dazu muss allerdings ein Aststumpf oder ähnliches vorhanden sein, um den Hebel ansetzen zu können. Von Hand oder mit einem Minibagger kann man einen Großteil des Wurzelsystems ausgraben. Minibagger und Baggerführer sind ebenso tageweise zu bekommen.

Stattdessen können Sie auch einen Pflegebetrieb beauftragen, der den Stumpf mechanisch mit einer Fräse entfernt. Diese verarbeitet die Hauptplatte zu feinem Sägemehl. Dabei bleiben die Wurzeln im Boden, doch die meisten davon werden mit der Zeit abgebaut.

Achten Sie darauf, dass alles kranke Holz entfernt wird, und geben Sie genau an, wie tief der Stumpf entfernt werden soll. 20–25 cm Tiefe genügen in der Regel für die Einsaat von Rasen; wollen Sie neu pflanzen oder größere Umgestaltungen vornehmen, sollten Sie 30 cm oder mehr veranschlagen.

Auch eine Fräse kann man mieten, doch ihr Betrieb ist nicht ungefährlich. Nur Personen, die den Umgang mit der Maschine sicher beherrschen, sollten sie bedienen.

EINEN BAUMSTUMPF ENTFERNEN

Obgleich Fräsen im Fachhandel ausgeliehen werden können, sollten Sie aus Gefahrengründen den Umgang damit einem Fachmann überlassen. **1** Die Fräse vermahlt die Hauptplatte zu feinem Sägemehl. **2** Dieses wird kompostiert oder man streut die Erde unter Blumen und Gemüse damit ab (nicht für holzige Pflanzen verwenden).

Siehe auch Der richtige Dienstleister, S. 11

Duftende Gehölze

Duftende Blüten und Blätter bereichern den Garten.

Duftende Blüten von *Buddleja davidii* 'Harlequin'

Bei der Planung eines Gartens wird der Duft nur zu oft vergessen, vor allem bei Gehölzen. Doch es gibt mindestens ebenso viele Duftrichtungen unter den Pflanzen wie Farbtöne. Düfte beeinflussen die Stimmung, sie wecken Erinnerungen an die Kindheit oder tragen einen fort in ein fernes exotisches Land. Den stärksten Duft verströmen oft weiße oder optisch unscheinbare Blüten, die auf diese Weise auf sich aufmerksam machen.

Blüten duften häufig süß und fruchtig, Blätter hingegen würzig oder nach Harz. Viele Pflanzen mit duftenden Blättern müssen vorsichtig berührt oder gekniffen werden, damit sie ihren Duft freisetzen. Möglicherweise haben diese Pflanzen den Duft entwickelt, um Schadinsekten fernzuhalten.

Siehe auch Duftende Kletterpflanzen, S. 130

DUFTENDE BLÜTEN

Große Sträucher

Buddleja davidii ↕ 3m ↔ 5m, Sommer bis Herbst

Philadelphus 'Virginal' ↕ 3m ↔ 2,4m, Frühsommer

Viburnum farreri ↕ 3m ↔ 2,4m, Winter bis zeitiges Frühjahr

Mittelgroße Sträucher

Choisya ternata ↕↔ 1,8m, spätes Frühjahr, Herbst und Winter E [1]

Corylopsis pauciflora ↕ 1,5m ↔ 2,4m, Frühjahr pH

Lonicera fragrantissima ↕ 1,8m ↔ 3m, Winter

Philadelphus x lemoinei ↕↔ 1,5m, Frühsommer

Syringa pubescens subsp. *microphylla* 'Superba' ↕↔ 1,8m, Frühsommer

Kleine Sträucher

Coronilla valentina subsp. *glauca* ↕↔ 80cm, Frühjahr E

Daphne mezereum ↕ 1,2m ↔ 90cm, Spätwinter/zeitiges Frühjahr

Philadelphus 'Sybille' ↕ 1,2m ↔ 1,8m, Frühsommer

Sarcococca hookeriana var. *humilis* ↕ 60cm ↔ 90cm, Winter E

DUFTENDE BLÄTTER

Bäume

Eucalyptus pauciflora subsp. *niphophila* ↕ 6m ↔ 6–15m E pH

Laurus nobilis ↕ 12m ↔ 10m E

Sträucher

Artemisia abrotanum ↕↔ 90cm

Helichrysum italicum ↕ 60cm ↔ 90cm E [2]

Lavandula angustifolia ↕ 90cm ↔ 1,2m

Rosa rubiginosa ↕↔ 2,4m

Rosmarinus officinalis ↕↔ 1,5m E

Salvia officinalis ↕ 80cm ↔ 90cm E

Santolina chamaecyparissus ↕ 50cm ↔ 90cm E

Nadelgehölze

Calocedrus decurrens ↕ 20–40m ↔ 2–9m E

Cupressus macrocarpa ↕ 30m ↔ 4–12m E

Juniperus chinensis ↕ 20m ↔ 6m E

Thuja plicata ↕ 20–35m ↔ 6–9m E

1

2

Siehe auch Duftende Stauden, S. 130

Steckhölzer

Eine leichte Vermehrungsmethode für Laubgehölze

Viele Laubgehölze und Kletterpflanzen lassen sich aus Steckhölzern vermehren. Sie werden in der Zeit zwischen dem Laubfall im Spätherbst bis kurz vor der Knospenbildung im zeitigen Frühjahr gewonnen. Die richtige Länge der Triebstücke kann nur wenige Zentimeter betragen, bei Weiden mitunter auch bis zu 90 cm. Im Normalfall schneidet man etwa 20 cm lange Steckhölzer von der Stärke eines Bleistifts. Man gewinnt sie vom diesjährigen Holz.

Im Freiland bewurzeln

Steckhölzer von robusten Gehölzen wie Weide oder Holunder *(Sambucus)* können Sie direkt in ein vorbereitetes Beet im Freiland stecken. Leichter, sandiger, gut dränierter Boden, der sich im Frühjahr schnell erwärmt, eignet sich dafür am besten. Verbessern Sie schweren Boden mit Sand oder Splitt. Der Standort sollte windgeschützt sein.

Man zieht mit dem Spaten zunächst eine gerade Rille, die mit etwas scharfem Sand abgestreut wird, um die Dränage und Durchlüftung zu verbessern. Die blattlosen Steckhölzer werden in 10 cm Abstand gesteckt, bei einem Reihenabstand von 30–45 cm. Um zu gewährleisten, dass das richtige Ende in den Boden gesteckt wird, schneidet man das obere Ende über dem letzten Auge schräg an, das untere Ende direkt unter einem Augenpaar (Knoten) gerade. Alle schlafenden Augen bleiben erhalten.

Die Steckhölzer werden gut angedrückt, damit sie zuverlässig Kontakt mit dem Boden erhalten. So werden Hohlräume vermieden, die zum Austrocknen der Wurzeln führen, außerdem sind die Triebstücke dann fest im Boden verankert und werden vom Frost nicht mehr herausgehoben.

Wenn sich der Boden im Frühjahr erwärmt, besteht die Gefahr, dass er austrocknet. Deshalb wird gründlich gewässert, außerdem wird man uner-

Siehe auch Kletterpflanzen vermehren, S. 98

STECKHÖLZER IM TOPF BEWURZELN

Von den verholzten Trieben werden die weichen Spitzen entfernt. 5–10 Triebstücke pro Topf mit 15 cm Durchmesser. [1] Schneiden Sie das Steckholz unten direkt unter einem Auge und an der Spitze direkt über einem Auge. [2] Eintauchen in Bewurzelungshormon. [3] Stecken Sie die Steckhölzer auf zwei Drittel ihrer Länge in einen Topf, aber nicht bis zum Boden. Das Substrat wird zu gleichen Teilen aus Torfersatz und Sand mit einer geringen Menge Depotdünger gemischt. Kokosfaser und Perlite eignen sich ebenso. [4] Nach dem Gießen kommen die Töpfe auf eine beheizte Fensterbank oder in einen offenen Anzuchtkasten. 12–15°C Bodentemperatur sind ideal. Der Spross sollte kühl, aber frostfrei stehen. Für gute Belüftung sorgen. [5] Die bewurzelten Triebstücke nach einigen Monaten herausnehmen. [6] Die Pflanzen trennen und einzeln eintopfen.

wünschten Aufwuchs bekämpfen müssen. Auch im Spätherbst gesteckte Steckhölzer bewurzeln erst im Frühjahr, daher müssen sie bis zum folgenden Herbst an Ort und Stelle bleiben. Dann sind sie groß genug für das Auspflanzen in den Garten.

Bewurzeln im Frühbeet

Noch mehr verschiedene Pflanzen kann man über Steckhölzer vermehren, wenn ein winterlicher Schutz in Form eines Frühbeetes zur Verfügung steht. Die Steckhölzer werden in Töpfe oder direkt in den Boden gesteckt. Der kalte Kasten sollte den Winter über die meiste Zeit geschlossen bleiben. Gelüftet wird an Sonnentagen zum Schutz vor Überhitzung und im zeitigen Frühjahr, damit die Stecklinge genügend Luft bekommen und nicht zu früh austreiben, bevor sich genügend Wurzeln gebildet haben. Im Frühbeet bewurzeln die Steckhölzer schneller als im Freiland, sie brauchen aber auch häufiger Wasser. Im Frühsommer werden sie bereits kräftig wachsen, sollten dann aber mit Vlies oder grünem Netz vor der Sonne geschützt werden, damit die jungen Triebe nicht verbrennen. Die Pflänzchen werden nach und nach abgehärtet, indem das Frühbeet regelmäßig geöffnet wird. Mit steigenden Frühjahrstemperaturen kommen die Jungpflanzen ganz ins Freie.

Im Topf bewurzeln

In kleineren Mengen lassen sich Steckhölzer auch in Töpfen bewurzeln (siehe oben). Im Frühjahr, wenn sich die Wurzeln bilden, kommen die Pflänzchen ins Frühbeet.

GEEIGNETE PFLANZEN

Zum Bewurzeln im Freiland

Buddleja, *Forsythia*, *Ligustrum*, *Populus*, *Prunus cerasifera*, *Rubus*, *Salix*, *Sambucus*, *Sorbaria*, *Symphoricarpos*, *Weigela*

Zum Bewurzeln im Frühbeet

Abutilon, *Berberis*, *Caryopteris*, *Chaenomeles*, *Clematis*, *Cornus*, *Deutzia*, *Fuchsia*, *Hypericum*, *Jasminum*, *Kerria*, *Laburnum*, *Leycesteria*, *Lonicera*, *Perovskia*, *Philadelphus*, *Physocarpus*, *Platanus*, *Potentilla*, *Ribes*, *Rosa*, *Spiraea*, *Stephanandra*, *Viburnum*

Zum Bewurzeln im Topf

Actinidia, *Ficus carica* (oben), *Hibiscus*, *Metasequoia*, *Parthenocissus*, *Polygonum*, *Tamarix*, *Vitis*, *Wisteria*

Sträucher für das ganze Jahr

Laubabwerfende und immergrüne Sträucher bilden den dauerhaften Rahmen eines Gartens; eine gute Mischung sorgt das ganze Jahr über für Farbe und Blickpunkte.

Wählen Sie verschiedenartige Sträucher für Ihren Garten aus, sodass Sie das ganze Jahr über Farben und interessante Strukturen haben.

Dazu tragen nicht nur die Blüten bei, sondern auch das Blattwerk (vor allem im Herbst und Winter) sowie die Früchte und Beeren. Sorgen Sie für ein ausgewogenes Verhältnis von laubabwerfenden zu immergrünen Sträuchern, grob gesagt von etwa zwei Drittel zu einem Drittel.

Die Auswahl an Sträuchern ist riesig, es gibt also keine Ausrede für kahle, langweilige Stellen. Wenn Sie wenig Platz haben, wählen Sie kleinere Pflanzen aus. Die größte Auswahl finden Sie in den Katalogen von Spezialbaumschulen, aber auch gut sortierte Gartencenter führen ein buntes und vielseitiges Angebot.

1

2

KLEINE STRÄUCHER FÜR VERSCHIEDENE JAHRESZEITEN

Die Sträucher sind nach der Blütezeit geordnet. Manche schmücken zu anderen Jahreszeiten, etwa mit buntem Laub und Früchten im Herbst, und immergrüne Pflanzen wirken stets dekorativ. Sträucher mit panaschierten oder andersfarbigen (rötlichen oder gelben) Blättern eignen sich besonders zum Kombinieren mit Blütensträuchern. Eine kleine, aber feine Auswahl findet sich bei den großen Sträuchern mit interessanten Blättern.

Frühjahr

Berberis x *stenophylla* 'Corallina Compacta' 🏆 ↕↔ 30cm E ☼–◐ ◊ ❄❄❄ [1]

Ceanothus thyrsiflorus var. *repens* 🏆 ↕ 90cm ↔ 2,4m E ☼ ◊ ❄❄❄

Chaenomeles x *superba* 'Knap Hill Scarlet' 🏆 ↕ 1,5m ↔ 1,8m ☼–◐ ◊ ❄❄❄

Cytisus x *beanii* 🏆 ↕ 60cm ↔ 90cm ☼ ◊ ❄❄❄

Daphne odora 'Aureomarginata' 🏆 ↕↔ 1,5m E ☼ ♦ ❄❄

Genista lydia 🏆 ↕ 60cm ↔ 90cm ☼ ◊ ❄❄❄

Syringa meyeri 'Palibin' 🏆 ↕↔ 1,5m ☼ ◊ ❄❄❄

Vinca minor 'Azurea Flore Pleno' 🏆 ↕ 20cm ↔ 1,8m E ☼–◐ ♦ ❄❄❄

Sommer

Artemisia 'Powis Castle' 🏆 ↕ 60cm ↔ 90cm ☼ ◊ ❄❄

Brachyglottis (Dunedin-Gruppe) 'Sunshine' 🏆 ↕ 1,5m ↔ 1,8m E ☼ ◊ ❄❄❄

Caryopteris x *clandonensis* ↕ 90cm ↔ 1,5m ☼ ◊ ❄❄❄

Chamaecytisus purpureus 'Atropurpureus' 🏆 ↕ 45cm ↔ 60cm ☼ ◊ ❄❄❄

Fuchsia 'Tom Thumb' 🏆 ↕↔ 30cm ☼–◐ ♦ ❄❄

Phlomis fruticosa 🏆 ↕ 90cm ↔ 1,5m E ☼ ◊ ❄❄❄ [2]

Ruta graveolens 'Jackman's Blue' ↕ 60cm ↔ 75cm E ☼–◐ ◊ ❄❄❄

Santolina chamaecyparissus 🏆 E ↕ 50cm ↔ 90cm ☼ ◊ ❄❄

Spiraea japonica 'Nana' 🏆 ↕ 45cm ↔ 60cm ☼ ♦ ❄❄❄

Teucrium fruticans 'Azureum' 🏆 ↕ 75cm ↔ 4m E ☼ ◊ ❄❄

Herbst

Abelia schumannii 🏆 ↕ 1,8m ↔ 3m ☼ ◊ ❄❄

Ceratostigma plumbaginoides 🏆 ↕ 45cm ↔ 30cm ☼ ♦ ❄❄❄

Hydrangea macrophylla 'Pia' ↕ 60cm ↔ 90cm ☼–◐ ♦ ❄❄❄

Hypericum 'Hidcote' 🏆 ↕ 1,2m ↔ 1,5m E ☼–◐ ♦ ❄❄❄

Potentilla fruticosa 'Vilmoriniana' ↕ 1,2m ↔ 90cm ☼ ◊ ❄❄❄

Rosa 'Fru Dagmar Hastrup' 🏆 ↕ 90cm ↔ 1,2m ☼ ♦ ❄❄❄

Viburnum davidii 🏆 ↕↔ 1,5m E ☼–◐ ♦ ❄❄❄ [3]

Winter

Cotoneaster dammeri 🏆 ↕ 20cm ↔ 1,8m E ☼ ◊ ❄❄❄

Cotoneaster microphyllus ↕ 90cm ↔ 1,5m E ☼ ◊ ❄❄❄

Euonymus fortunei 'Emerald Gaiety' 🏆 ↕ 90cm ↔ 1,5m E ☼ ◊ ❄❄❄

Euonymus fortunei 'Emerald 'n' Gold' 🏆 ↕ 60cm ↔ 90cm E ☼ ◊ ❄❄❄

Gaultheria mucronata 'Bell's Seedling' 🏆 ↕↔ 90cm E ◐ ◊ pH ❄❄❄

Mahonia aquifolium 'Apollo' 🏆 ↕ 60cm ↔ 90cm E ☼–◐ ♦ ❄❄❄

Mahonia pinnata ↕↔ 1,5m E ☼–◐ ♦ ❄❄❄

Pachysandra terminalis; *P. terminalis* 'Variegata' 🏆 ↕ 20cm ↔ 60cm E ◐–● ◊–♦ ❄❄❄

Ruscus aculeatus ↕ 75cm ↔ 90cm E ☼–● ◊–♦

Sarcococca hookeriana var. *humilis* ↕ 60cm ↔ 90cm E ◐–● ♦ ❄❄❄

Skimmia japonica 'Nymans' 🏆 ↕ 90cm ↔ 1,8m E ◐–● ♦ ❄❄❄

Siehe auch Bäume und Sträucher mit bunten Blättern, S. 57–58; Die schönsten Herbstfarben, S. 62; Pflanzen mit schöner Rinde, S. 63

GROSSE STRÄUCHER FÜR JEDE JAHRESZEIT

Frühjahr

Berberis 'Goldilocks' ↕4m ↔ 3m
E ☐–◧ ◊ ❄❄❄

Magnolia liliiflora 'Nigra' 🏆 ↕3m ↔ 2,4m
☐–◧ ♦ pH ❄❄❄

Osmanthus x *burkwoodii* 🏆 ↕↔ 3m
E ☐–◧ ◊ ❄❄❄ [4]

Pieris 'Forest Flame' 🏆 ↕4m ↔ 1,8m
E ☐–◧ ♦ pH ❄❄

Rhododendron (zahlreiche Sorten, einschließlich laufabwerfende Arten) ↕↔ 0,3–12m
E ◧ ♦ pH ❄❄❄

Sommer

Abelia x *grandiflora* 🏆 ↕3m ↔ 4m E ☐ ◊ ❄❄

Buddleja alternifolia 🏆 ↕↔ 4m ☐ ◊ ❄❄❄

Escallonia 'Peach Blossom' 🏆 ↕↔ 2,4m
E ☐ ◊ ❄❄

Kolkwitzia amabilis 'Pink Cloud' 🏆 ↕3m
↔ 4m ☐ ◊ ❄❄❄ [5]

Rosa (vor allem Strauchrosen) ↕↔ 1,2–2,4m
☐ ♦ ❄❄❄

Weigela 'Mont Blanc' ↕1,2m ↔ 1,5m
☐–◧ ◊ ❄❄❄

Herbst

Abelia x *grandiflora* 🏆 ↕3m ↔ 4m
E ☐ ◊ ❄❄

Cotoneaster bullatus 🏆 ↕4m ↔ 3m
E ☐ ◊ ❄❄❄

Hydrangea paniculata 'Grandiflora' 🏆 ↕3m
↔ 2,4m ☐–◧ ♦ ❄❄❄ [6]

Rosa 'Geranium' 🏆 ↕2,4m ↔ 1,5m
☐ ♦ ❄❄❄

Rosa sericea subsp. *omeiensis* f. *pteracantha*
↕2,4m ↔ 2,2m ☐ ♦ ❄❄❄

Winter

Cotoneaster lacteus 🏆 ↕↔ 4m
E ☐–◧ ◊ ❄❄❄

Hamamelis x *intermedia* 'Jelena' 🏆, *H.* x *i.* 'Pallida' 🏆 ↕↔ 4m ☐–◧ ♦ pH ❄❄❄

Lonicera fragrantissima ↕1,8m ↔ 3m
☐–◧ ◊ ❄❄❄

Mahonia x *media* 'Charity' ↕5m ↔ 4m
E ◧–■ ♦ ❄❄❄

Symphoricarpos orbiculatus ↕↔ 1,8m
☐–◧ ♦ ❄❄❄

Viburnum farreri 🏆 ↕3m ↔ 2,4m
☐–◧ ♦ ❄❄❄

Viburnum tinus ↕↔ 3m E ☐–◧ ♦ ❄❄❄

Interessante Blätter

Cornus alba 'Elegantissima' 🏆; *C. alba* 'Spaethii' 🏆 ↕↔ 3m ☐ ◊–♦ ❄❄❄

Elaeagnus pungens 'Maculata' ↕4m ↔ 5m
E ☐–◧ ◊ ❄❄❄

Fatsia japonica 🏆 ↕↔ 4m E ☐–◧ ♦ ❄❄ [7]

Ilex aquifolium 'Handsworth New Silver' 🏆
↕8m ↔ 5m E ☐–◧ ♦ ❄❄❄

Photinia x *fraseri* 'Red Robin' 🏆 ↕↔ 5m
E ☐–◧ ♦ ❄❄

Prunus lusitanica 'Variegata' ↕↔ 6m
E ☐–◧ ♦ ❄❄

Sambucus racemosa 'Sutherland Gold' 🏆
↕↔ 3m ☐–◧ ♦ ❄❄❄

3

4

5

6

7

Immergrüne Sträucher, S. 78; Die besten Strauchrosen, S. 88–89; Stauden für das ganze Jahr, S. 110–111

Immergrüne Sträucher

Berücksichtigen Sie die immergrünen Sträucher bei der Gehölzauswahl, da sie das ganze Jahr über für Farbe und dauerhafte Strukturen sorgen.

EINE AUSWAHL IMMERGRÜNER STRÄUCHER

Immergrüne Gehölze gelten mitunter als langweilig und trist. Diese Anschauung bezieht sich vor allem auf Anlagen aus dem 19. Jahrhundert, die in der Tat schwer und düster wirkten. Heute gibt es eine große Auswahl von hellen, frisch wirkenden immergrünen Pflanzen, die dekorative Früchte, schöne Blüten und farbige oder panaschierte Blätter haben. Hüten Sie sich dennoch davor, zu viele Immergrüne zu pflanzen, die Gestaltung könnte dadurch schwer und beengend anmuten. Eine gute Mischung ergibt sich, wenn zu zwei Drittel verschiedene laubabwerfende Sträucher mit einem Drittel immergrüner Sorten kombiniert werden.

Dekorative Beeren und Früchte

Cotoneaster x *watereri* 'John Waterer' ↕↔ 5m

Gaultheria mucronata 'Bell's Seedling' ↕↔ 1,2m, (weibliche und männliche Pflanzen nötig)

Pyracantha (viele Sorten) ↕↔ 3–4m [1]

Skimmia japonica var. *reevesiana* ↕↔ 75cm

Attraktive Blüten

Camellia x *williamsii* ↕ 2–5m ↔ 1–3m, Spätherbst bis Spätfrühling [2]

Hypericum 'Hidcote' ↕ 1,2m ↔ 1,5m, Sommer

Lavandula angustifolia 'Hidcote' ↕ 60cm ↔ 75cm, Sommer

Gelbliches oder panaschiertes Laub

Aucuba japonica 'Picturata' ↕↔ 3m

Calluna vulgaris 'Beoley Gold' ↕ 35cm ↔ 60cm

Pieris japonica 'Variegata' ↕↔ 1,8m [3]

Silberne oder graue Blätter

Artemisia abrotanum ↕↔ 90cm

Convolvulus cneorum ↕ 60cm ↔ 90cm [4]

Hebe pimeleoides 'Quicksilver' ↕ 30cm ↔ 60cm

Für trockenen Schatten

Buxus sempervirens ↕↔ 5m 'Latifolia Maculata' [5]

Euonymus fortunei ↕ 60cm ↔ 45cm–1,5m

Hypericum calycinum ↕↔ 60cm [6]

Lonicera pileata ↕ 60cm ↔ 2,4m

Für feuchten Schatten

Daphne laureola ↕ 90cm ↔ 1,5m

Fatsia japonica ↕↔ 4m

Gaultheria procumbens ↕ 15cm ↔ 90cm [7]

Leucothoe fontanesiana ↕ 1–1,8m ↔ 3m

Vinca minor ↕ 10–20cm ↔ 90cm

Für trockenen Boden und volle Sonne

Berberis ↕ 30cm–3m ↔ 45cm–5m

Cistus x *cyprius* ↕↔ 1,5m

Fremontodendron 'California Glory' ↕ 6m ↔ 4m [8]

Lavandula ↕↔ 30–90cm

Phlomis fruticosa ↕ 90cm ↔ 1,5m

Pyracantha ↕↔ 3–4m

Rosmarinus officinalis ↕↔ 1,5m

Salvia officinalis ↕ 80cm ↔ 90cm

Santolina chamaecyparissus ↕ 50cm ↔ 90cm

1

2

3

4

5

6

7

8

Siehe auch Gehölze erfolgreich pflanzen, S. 60–61; Sträucher für das ganze Jahr, S. 76–77, Immergrüne in Töpfen, S. 168–169

Warum bildet der Strauch keine Beeren?

Wenn Ziersträucher keine Beeren tragen, werden vielleicht männliche und weibliche Pflanzen gebraucht oder der Strauch leidet an Wasser- oder Nährstoffmangel.

Skimmia japonica: Keine Beeren ohne männlichen Bestäuber.

Werden sie bestäubt, bilden die weiblichen Skimmien reichlich Beeren.

Wenn ein Strauch, von dem Sie Beeren erwarten, keine Früchte bildet, kann das an geschlechtlicher Unverträglichkeit liegen. Manche Gehölze wie *Skimmia, Gaultheria mucronata, Viburnum davidii* und Stechpalmen *(Ilex)* tragen männliche und weibliche Blüten an verschiedenen Pflanzen. Nur die weiblichen Pflanzen bilden Beeren und auch nur dann, wenn eine männliche Bestäuberpflanze in der Nähe wächst. Um möglichst viele Beeren zu erhalten, sollten Sie beide Geschlechter nicht weiter als 5 m auseinander pflanzen; am besten ist eine männliche Pflanze in einer Gruppe von weiblichen.

Bei den oben aufgeführten Arten gibt es jeweils weibliche oder männliche Sorten. *Skimmia japonica* 'Veitchii' zum Beispiel ist weiblich und braucht eine männliche Sorte wie *S. japonica* 'Rubella' zur Bestäubung.

Nicht immer können Pflanzen sich selbst bestäuben, sie sind dann selbstinkompatibel. *Viburnum betulifolium* zum Beispiel ist variabel selbstinkompatibel (teilweise oder ganz selbststeril); daher bildet eine einzelne Pflanze möglicherweise keine Beeren. Eine gute Bestäubung lässt sich erreichen, wenn man zwei Pflanzen aus verschiedenen Quellen kauft. Aus Samen angezogene Pflanzen sind oft besonders variabel, was die Fruchtbildung angeht, Hybriden sind meist sogar steril.

Außerdem ist die Kaliumversorgung zu beachten, vor allem auf leichten Sandböden kann Kalimangel auftreten. Kalium fördert den Triebabschluss und legt damit die Grundlage für die Bildung von Blüten und Früchten. Bei einem Mangel, reift das Holz im Herbst schlecht aus und die Pflanze ist anfälliger für Frostschäden. Geben Sie im zeitigen Frühjahr 15 g Kalisulfat pro Quadratmeter auf eine Fläche, deren Durchmesser mindestens 1 m weit über das Laubdach des schlecht tragenden Strauchs hinausragt.

Blüten und Beeren bilden sich oft nur an kräftigen jungen Trieben, etwa bei *Callicarpa* und *Euonymus.* Weniger wüchsige Pflanzen blühen daher oft schwach. Geben Sie in diesem Fall im zeitigen Frühjahr eine Startdüngung mit 100–125 g Volldünger pro Quadratmeter der durchwurzelten Fläche.

Viele Sträucher reagieren gut auf einen Verjüngungsschnitt, bei dem jedes Frühjahr einer von drei Trieben 5–8 cm hoch über dem Boden zurückgeschnitten wird. Dies empfiehlt sich nicht bei sehr schwachen und veredelten Pflanzen sowie bei langsam wachsenden Sträuchern, die Schnitt nicht gut vertragen wie *Daphne.*

Schlecht bestäubt werden die Pflanzen bei kaltem, feuchtem Wetter, vor allem auf ungeschützten Standorten, weil bestäubende Insekten fernbleiben.

Fruchtansatz bei Callicarpa
Um neben dekorativen Blättern (ganz oben) auch Beeren (oben) zu erhalten, pflanzt man *Callicarpa bodinieri* var. *giraldii* in Gruppen und düngt sie im Frühjahr.

Siehe auch Sträucher richtig schneiden, S. 80–81; Bodenfruchtbarkeit verbessern, S. 259; Düngereinsatz, S. 267

Sträucher richtig schneiden

Angepasst an sein Blühverhalten und zur richtigen Jahreszeit, kommt ein sachgerechter Schnitt dem Strauch voll und ganz zu gute.

Aus drei hauptsächlichen Gründen werden Sträucher geschnitten: um sie gesund zu erhalten, indem tote, kranke oder beschädigte Triebe entfernt werden; um sie in einer schönen Form zu erziehen und schließlich, um besonders dekorative Blüten, Blätter, Früchte und Triebe zu erhalten. Doch nicht alle Sträucher müssen alljährlich geschnitten werden. Viele gedeihen sehr gut, ohne dass mehr zu tun ist, als gelegentlich beschädigte Äste oder ungünstig sitzende Triebe zu entfernen.

Schnitt für die Gesundheit

Entfernen Sie totes, krankes oder beschädigtes Holz sofort, um das Infektionsrisiko zu senken. Schneiden Sie befallene Triebe sauber auf gesundes, intaktes Holz zurück.

Schnitt für die Form

Zunächst ist das schlichte Entfernen von Ästen oder Trieben gemeint, die ungünstig sitzen und die Symmetrie oder die natürliche Gestalt der Pflanze stören. Bei Bedarf erfolgt ein Korrekturschnitt, damit sich der Strauch ausgewogen entwickelt. Schwache Triebe werden stark eingekürzt, um sie zu einem kräftigen Neuaustrieb anzuregen. Wüchsige Triebe beschneidet man hingegen kaum, sie brauchen keinen besonderen Anreiz zum Wachsen.

Sträucher mit Blüten und Beeren

Sträucher, die im Frühjahr oder Frühsommer an kräftigen Trieben des Vorjahres blühen wie *Philadelphus*, *Forsythia* und *Weigela* sollte man sofort nach der Blüte schneiden, indem man abgeblühte Zweige bis kurz über den Neuaustrieb kürzt. Ältere Zweige schneidet man gelegentlich bis fast auf den Boden zurück. Dadurch werden kräftige neue Triebe vom Ansatz her gefördert, die im nächsten Jahr Blüten tragen.

BLÜTENSTRÄUCHER SCHNEIDEN

Sträucher, die im Frühjahr oder Frühsommer blühen wie *Weigela*, reagieren gut auf einen Schnitt, der die Samenbildung unterbindet und dadurch die Entwicklung neuer Blütentriebe fördert. Schneiden Sie die abgeblühten Triebe zurück und entfernen Sie alle schwachen Triebe. Gelegentlich sollten Sie einen älteren Haupttrieb etwa 5–8 cm über dem Boden kappen (oben links). Nehmen Sie alle sich kreuzenden Zweige heraus, um eine offene, ausgewogene Form zu schaffen. Schneiden Sie totes Holz auf gesunde Knospen oder Seitentriebe zurück (oben rechts). Entfernen Sie allzu wüchsige neue Triebe, die die Form beeinträchtigen.

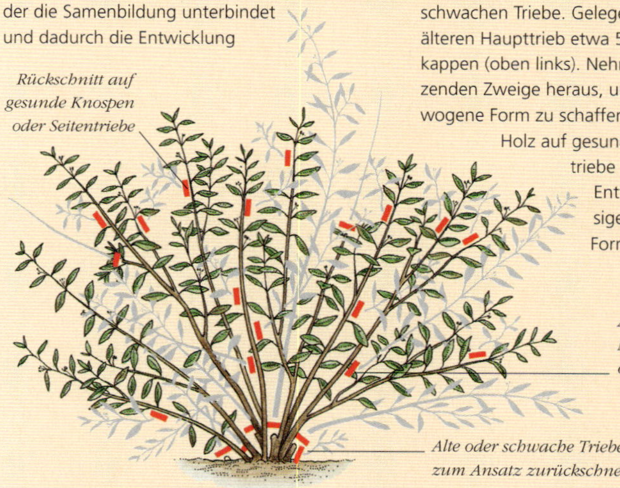

Sträucher mit schönen Zweigen und Blättern

Manche Sträucher, etwa Hartriegel (*Cornus-alba*-Sorten und andere) und Brombeeren wie Rubus *cockburnianus*, werden wegen der leuchtenden Farbe ihrer jungen Triebe geschätzt, die besonders im Winter gut zur Geltung kommen. Um wüchsige neue Triebe zu fördern, werden diese Sträucher im März oder April bis fast auf den Boden zurückgenommen.

Sträucher wie *Weigela* 'Florida Variegata' und panaschierter Hartriegel, etwa *Cornus alba* 'Elegantissima', pflanzt man in der Regel ihrer attraktiven Blätter wegen. Werden sie im zeitigen Frühjahr kräftig zurückgeschnitten, bilden sie kräftige neue Triebe, die größere Blätter tragen als unbeschnittene Exemplare.

Siehe auch Winterschnitt für farbige Zweige, S. 68; Übergroße Sträucher verjüngen, S. 82; Rosen richtig schneiden, S. 90–91

SCHNITT BEI HYDRANGEA PANICULATA

Hydrangea paniculata blüht an diesjährigen Trieben. Damit ältere Pflanzen größere Blüten bilden, schneidet man im Frühjahr alle vorjährigen Triebe auf ein gesundes Augenpaar zurück. Das Ziel ist ein ausgewogenes Astgerüst mit vier oder fünf gleichmäßig verteilten Haupttrieben. Diese können 25 bis 60 cm hoch werden.

Sommerblühende Sträucher

Sträucher, die im Sommer an jungen Trieben desselben Jahres blühen, werden im Frühjahr geschnitten, weil sie sonst schwach werden und kaum blühen. Ein Rückschnitt fördert kräftige neue Triebe. Der Strauch blüht daraufhin zwar später, doch die Blüten werden schöner. Sträucher wie *Buddleja, Caryopteris*, die laubabwerfenden Sorten von *Ceanothus*, *Hydrangea paniculata* und Kräuter wie Raute *(Ruta)*, Salbei *(Salvia officinalis)* und *Artemisia* sollten auf ein Grundgerüst zurückgeschnitten werden, damit sich mit dem Neuaustrieb eine dicht buschige Gestalt entwickelt. Alle Triebe des Vorjahres kürzt man bis auf ein Augenpaar ein. Dort wo im Winter Windschäden auftreten können, kürzt man im Herbst um etwa ein Drittel, damit die Zweige im Sturm weniger leicht brechen.

Schneiden Sie Sträucher nicht zu früh kräftig zurück. Entfernen Sie alle schwachen Triebe, lassen Sie die Pflanzen aber sonst wachsen, bis sie gut angewachsen sind und ein gleichmäßiges Astgerüst entwickelt haben. Dann kann ein regelmäßiger Schnitt einsetzen.

Ältere Sträucher werden nach jahrelangen Schnittmaßnahmen manchmal zu dicht. Dann sollte man sie ausdünnen und alte Stümpfe entfernen, sodass die verbleibenden Triebe gleichmäßiger verteilt sind. Stattdessen kann man die Zweige auch bis zum Boden zurückschneiden, was jedoch ein höheres Risiko für die Pflanze bedeutet.

Winterharte Fuchsien, *Ceratostigma* und *Petrovskia* vertragen einen Rückschnitt bis zum Boden gut. Je früher im Jahr das geschieht, desto länger haben sie Zeit, Blütentriebe zu entwickeln. Andererseits begünstigt ein zu früher Schnitt die Anfälligkeit der Triebe für Spätfröste. An frostgefährdeten Stellen wartet man besser bis zum Spätfrühling.

ÄLTERE IMMERGRÜNE SCHNEIDEN

Minimalschnitt
Erst schneiden, wenn keine Frostgefahr mehr besteht. Bei Kamelien, Scheinbeeren und Rhododendren werden zur Frühjahrsmitte überlange Triebe, die die Symmetrie stören, entfernt. Rhododendren ausputzen.

Immergrüne verjüngen
Schwache Triebe, krankes oder beschädigtes Holz und dünne, zu dicht wachsende Zweige entfernen. Manche Immergrüne wie *Aucuba, Berberis darwinii* und *Prunus laurocerasus* vertragen einen kräftigen Schnitt zur Verjüngung.

Immergrüne Sträucher

Sie benötigen viel seltener einen Schnitt. Meist gedeihen sie gut, wenn nur gelegentlich ein ungünstig sitzender Ast entfernt wird. Viele Immergrüne sind sehr winterhart, andere leiden unter Frost oder kaltem Wind im Spätwinter oder zeitigen Frühjahr, vor allem wenn der Boden trocken ist (siehe Frostschäden vermeiden, S. 70–71).

Immergrüne treiben mitunter spät aus, eventuell erst im Spätfrühling oder Frühsommer. Bei Bedarf wird geschnitten, wenn sich die ersten neuen Triebe zeigen. Zu dieser Jahreszeit sind witterungsbedingte Schäden nicht mehr zu befürchten, es werden also alle beschädigten Triebe entfernt. Immergrüne Pflanzen sollte man nicht im Spätsommer oder Herbst schneiden, da sich sonst spät noch neue Triebe bilden, die unter dem ersten Frost besonders leiden.

Übergroße Sträucher verjüngen

Zu große und dicht gewachsene Sträucher können zur Verjüngung sehr stark geschnitten werden; die meisten treiben daraufhin kräftig neu aus.

Sträucher sind Überlebenskünstler. Vernachlässigte Pflanzen lassen sich meist verjüngen, sofern sie nicht krank sind. Flieder *(Syringa)*, Maiglöckchenstrauch *(Deutzia)*, Pfeifenstrauch *(Philadelphus)* und Schneeball *(Viburnum)* leben alle lange und vertragen einen kräftigen Schnitt. Schnell wachsende, kurzlebige Sträucher wie *Lavatera, Hebe* und *Cistus* werden hingegen besser durch neue Pflanzen ersetzt.

Schneiden Sie laubabwerfende Sträucher während der Ruhezeit, nach dem Laubfall im Herbst und vor dem Öffnen der Knospen im Frühjahr. Entfernen Sie abgestorbene und alte verholzte Äste, kürzen Sie gesunde Triebe je nach ihrem Zustand und dem Platz im Garten. Sie können den ganzen Strauch auf 30 cm herunterschneiden.

Nach dem Schnitt bilden sich zahlreiche wüchsige Triebe. Sind es zu viele, müssen Sie entsprechend ausdünnen. Manchmal erscheinen nach diesem ersten Wachstumsschub noch einzelne neue Triebe. Auch diese machen den Strauch nur dichter und sollten entfernt werden. Hat der Strauch die richtige Größe erreicht, lässt sich seine Form erhalten, indem jeden Winter etwa ein Drittel der neuen Triebe entfernt wird. Ein wüchsiger Strauch lässt sich durch einen Schnitt allerdings kaum bremsen; er bleibt blühfreudig und attraktiv. Ein gutes Ziel ist es, den Strauch etwa halb so groß zu halten, wie er ohne Schnitt werden könnte.

Besonders alte Sträucher gehen mitunter nach einem harten Schnitt ein. Das lässt sich vermeiden, indem der Schnitt auf zwei oder drei Jahre verteilt wird. So können sich neue Triebe bilden, die die Pflanze erhalten und etwas Schutz bieten, bis die alten Triebe ganz entfernt werden.

Schneiden Sie immergrüne Sträucher etwa zur Frühjahrsmitte, bevor die Pflanzen neu austreiben. Einen kräftigen Rückschnitt vertragen *Aucuba, Elaeagnus, Prunus laurocerasus* (Kirschlorbeer), *Taxus* (Eibe) und *Rhododendron*. Reduzieren Sie auch hier die Hauptäste auf etwa 30 cm und entfernen Sie schwache Triebe ganz. Sorten von *Mahonia* x *media* wie 'Charity' entwickeln oft lange kahle Zweige; diese werden kräftig eingekürzt. Daraufhin bilden sich neue Triebe. Immergrüne reagieren oft am besten auf einen drastischen Schnitt. Ungekürzte Triebe verhindern dagegen häufig das Nachwachsen der beschnittenen. Daher sollte man alle Triebe schneiden, einige um ein Drittel bis zur Hälfte, andere fast bis zum Ansatz. In den Folgejahren schneidet man wieder die längeren Triebe stärker zurück.

Manche immergrünen Sträucher wie Lavendel, Rosmarin und *Santolina* wachsen nach einem Schnitt nicht immer gut nach. Achten Sie im Frühjahr auf austreibende Knospen an der Basis, Sie können bis knapp darüber schneiden.

VERNACHLÄSSIGTE IMMERGRÜNE STRÄUCHER SCHNEIDEN

1 Alte, zu dicht gewachsene Sträucher wie diese Mahonie werden durch einen über zwei Jahre verteilten Schnitt verjüngt. Geschnitten wird zur Frühjahrsmitte. **2** Die Hälfte der ältesten Zweige wird 5–8 cm über dem Boden gekappt. Die restlichen Zweige werden möglichst um die Hälfte auf neue, kräftige Ersatztriebe gekürzt. Zur Unterstützung düngen, gut gießen und mulchen. **3** Wenn die gekürzten Triebe nachwachsen, werden die restlichen alten Zweige beschnitten. Regelmäßiger Schnitt hält den Strauch danach in Form.

TIPPS ZUR ERHOLUNG

- Für eine rasche Erholung nach dem Schnitt etwas Volldünger unterhalb der früheren Krone ausbringen.
- Mit gut verrotteter organischer Substanz mulchen, um den Boden feucht zu halten.
- Die Fläche frei von Unkraut halten, das um Wasser konkurriert.
- Bei Trockenheit gut gießen.

Flieder treibt nach einem Schnitt neu aus.

Siehe auch Pflege von übergroßen Koniferen, S. 70; Sträucher richtig schneiden, S. 80–81

TECHNIKEN

Sträucher in Form bringen

Es macht Spaß, Sträucher in verschiedene Formen zu erziehen.

Buchsbaum ist eine Pflanze für Formschnitt.

Grundformen

Kugeln, Kegel, Pyramiden und Obelisken sind leicht zu formen. Beginnen Sie damit im Frühsommer. Wenn Sie freihändig schneiden, sollten Sie eher zu wenig als zu viel abschneiden. Für eine Kugel schneiden Sie einen Streifen um die Mitte, dann gleichen Sie das obere und untere Ende an. Für Kegel, Pyramiden und Obelisken schneiden Sie erst an den vier »Ecken« je einen senkrechten Streifen, dann gestalten Sie die Flächen dazwischen. Stattdessen können Sie auch eine Schablone über die Pflanze legen und mit dem Schnitt beginnen, wenn die ersten Triebe herausgewachsen sind. Diese lässt sich, im Gegensatz zu einem Drahtgestell, wieder abnehmen.

Komplexe Formen

Gestelle aus starkem Draht werden für komplizierte Formen wie Spiralen, mehrstöckige Torten, Bögen oder Tiere gebraucht. Große oder waagerechte Figuren erfordern eventuell mehrere Pflanzen. Kneifen Sie junge Triebe aus, um einen buschigen Wuchs zu fördern. Bei Nadelgehölzen sollte der Leittrieb seine volle Höhe erreicht haben, bevor der Schnitt beginnt.

Siehe auch Sträucher in Töpfen, S. 168–169

PFLANZVORSCHLÄGE

Sträucher für den Schatten

Schatten bedeutet nicht zwangsläufig ein Problem, viele Sträucher gedeihen noch im Voll- oder Halbschatten.

Gebäude, Mauern oder Zäune, Bäume und Sträucher werfen alle Schatten, aber gepaart mit jeweils anderen Standortbedingungen. So bleiben Pflanzen unter Bäumen auch wegen des trockenen Bodens im Bereich der Baumwurzeln oder wegen der mangelnden Belüftung unter herabhängenden Ästen kleiner.

Für schattige Ecken wählt man daher gezielt Arten aus, die Schatten bevorzugen oder wenigstens vertragen, je nachdem ob Vollschatten ohne Sonne herrscht, Halbschatten mit einigen Stunden Sonne am Tag oder lichter Schatten unter einer Baumkrone. Nur wenige Sträucher wachsen im Vollschatten, vor allem wenn dort der Boden trocken und mager ist. Trockener Boden erhält deshalb eine reichliche Zufuhr organischer Substanz wie Garten- oder Rindenkompost, um die Feuchtigkeit besser zu halten.

1

2

VOLLSCHATTEN

Aucuba japonica ↕↔ 3m E ◊–🌢 ❄❄❄

Buxus sempervirens 🏆 ↕↔ 5m E ◊ ❄❄❄

Danae racemosa ↕↔ 90cm E 🌢 ❄❄

Daphne pontica 🏆 ↕ 90cm ↔ 1,5m E 🌢 ❄❄❄

Euonymus fortunei 'Emerald 'n' Gold' 🏆 ↕ 60cm ↔ 90cm E ◊ ❄❄❄

Hypericum androsaemum ↕ 75cm ↔ 90cm 🌢 ❄❄❄

Ilex aquifolium ↕ 25m ↔ 8m E 🌢 ❄❄

Leucothoe fontanesiana 🏆 ↕ 1–2m ↔ 3m E 🌢 pH ❄❄❄ [1]

Lonicera pileata ↕ 60cm ↔ 2,4m E ◊ ❄❄❄

Mahonia aquifolium ↕ 90cm ↔ 1,5m E 🌢 ❄❄❄

Osmanthus decorus ↕ 3m ↔ 5m E ◊ ❄❄❄

Prunus laurocerasus 'Otto Luyken' 🏆 ↕ 90cm ↔ 1,5m E 🌢 ❄❄❄ [2]

Prunus lusitanica 🏆 ↕↔ 20m E 🌢 ❄❄

Ruscus aculeatus ↕ 75cm ↔ 90cm E ◊–🌢 ❄❄❄

Sarcococca confusa 🏆 ↕ 1,8m ↔ 90cm E 🌢 ❄❄❄

Skimmia japonica ↕↔ 1–5m E 🌢 ❄❄❄

Symphoricarpos x *doorenbosii* 'Mother of Pearl' ↕↔ 1,8m ◊ ❄❄❄

Siehe auch Unterbewuchs für Bäume, S. 64; Stauden für den Schatten, S. 140

1

2

BODENDECKER FÜR DEN VOLLSCHATTEN, STRÄUCHER FÜR HALBSCHATTEN

Bodendecker für den Vollschatten

Cotoneaster dammeri 🏆 ↕20cm ↔ 1,8m E 💧 ❄❄❄

Euonymus fortunei var. *radicans* ↕15cm ↔ 90cm E 💧 ❄❄❄

Gaultheria procumbens 🏆 ↕15cm ↔ 90cm E 💧 pH ❄❄❄

Hedera hibernica 🏆 ↕15cm ↔ 10m E 💧 ❄❄❄ [1]

Hypericum calycinum ↕60cm ↔ 90cm E 💧 ❄❄❄

Sarcococca hookeriana var. *humilis* ↕60cm ↔ 90cm E 💧 ❄❄❄

Symphoricarpos x *chenaultii* 'Hancock' ↕90cm ↔ 1,5m 💧 ❄❄❄

Viburnum davidii 🏆 ↕↔ 1–1,5m E 💧 ❄❄❄

Sträucher für den Halbschatten

Berberis darwinii 🏆 ↕↔ 3m E 💧 ❄❄❄ [2]

Berberis x *stenophylla* 🏆 ↕↔ 3m E 💧 ❄❄❄

Cornus alba ↕↔ 3m 💧 ❄❄❄

Corylopsis pauciflora 🏆 ↕1,5m ↔ 2,4m 💧 pH ❄❄❄

Cotoneaster frigidus 'Cornubia' 🏆 ↕↔ 6m E 💧 ❄❄❄

Daphne mezereum ↕1,2m ↔ 90cm 💧 ❄❄❄

Euonymus fortunei 'Emerald Gaiety' 🏆 ↕90cm ↔ 1,5m E 💧 ❄❄❄

Fatsia japonica 🏆 ↕↔ 4m E 💧 ❄❄

Garrya elliptica ↕↔ 4m E 💧 ❄❄

Gaultheria mucronata ↕↔ 1,2m E 💧 pH ❄❄❄

Hydrangea macrophylla ↕1–1,8m ↔ 1,5–2,4m 💧 ❄❄❄

Hydrangea quercifolia 🏆 ↕1,8m ↔ 2,4m 💧 ❄❄❄

Ilex aquifolium 🏆 ↕25m ↔ 8m E 💧 ❄❄❄

Itea virginica ↕1,5–3m ↔ 1,5m 💧 pH ❄❄❄

Kalmia latifolia 🏆 ↕↔ 3m E 💧 pH ❄❄❄ [3]

Kerria japonica 'Pleniflora' 🏆 ↕↔ 3m 💧 ❄❄❄

Leycesteria formosa 🏆 ↕↔ 1,8m 💧 ❄❄❄

Mahonia japonica 🏆 ↕1,8m ↔ 3m E 💧 ❄❄❄

Nandina domestica 🏆 ↕1,8m ↔ 1,5m E 💧 ❄❄ [4]

Pieris formosa var. *forrestii* 'Wakehurst' 🏆 ↕5m ↔ 4m E 💧 pH ❄❄

Pyracantha rogersiana 🏆 ↕↔ 4m E 💧 ❄❄

Stachyurus praecox 🏆 ↕1–4m ↔ 3m 💧 pH ❄❄❄

Viburnum acerifolium ↕1–1,8m ↔ 1,2m 💧 ❄❄❄

Viburnum cinnamomifolium 🏆 ↕↔ 5m E 💧 ❄❄

Viburnum opulus ↕5m ↔ 4m 💧 ❄❄❄

Viburnum tinus ↕↔ 3m E 💧 ❄❄❄

Bodendecker für den Halbschatten

Arctostaphylos uva-ursi ↕10cm ↔ 50cm E 💧 pH ❄❄❄

Cotoneaster salicifolius 'Gnom' ↕30cm ↔ 1,8m E 💧 ❄❄❄

Cotoneaster x *suecicus* 'Skogholm' ↕60cm ↔ 3m E 💧 ❄❄❄

Gaultheria mucronata 'Wintertime' (weiblich) ↕↔ 1,2m E 💧 pH ❄❄❄ [5]

Mahonia nervosa ↕45cm ↔ 90cm E 💧 ❄❄❄

Rubus pentalobus ↕10cm ↔ 90cm E 💧 ❄❄❄

Vinca major ↕45cm ↔ 1,2m E 💧–💧 ❄❄❄

Vinca minor ↕10–20cm ↔ 60–90cm E 💧–💧 ❄❄❄

Siehe auch Die richtigen Bodendecker, S. 26–27; Die besten Stauden für den Schatten, S. 140

3

4

5

PRAKTISCHE TIPPS

Heckenpflanzen

Achten Sie beim Kauf auf speziell für Hecken angezogene Pflanzen.

HECKENPFLANZEN

Für Hecken verwendet man am besten Gehölze, die schon in der Baumschule speziell für diese Verwendung erzogen wurden. Wenn nicht anders angegeben, liegt die Wuchshöhe der Pflanzen zwischen 1 und 1,8 m.

Für schwere Lehmböden

Berberis darwinii 🏆 E; *Ilex aquifolium* 🏆 (Stechpalme) E; *Potentilla fruticosa* 'Jackman's Variety' 🏆 am besten nur 30–90 cm hoch; *Prunus lusitanica* 🏆 (Portugiesische Lorbeerkirsche); *Ribes sanguineum* 'Pulborough Scarlet' 🏆; *Viburnum farreri* 🏆

Für kalte, ungeschützte Gärten im Landesinneren

Carpinus betulus (Weißbuche) 🏆; *Crataegus monogyna* (Weißdorn); *Fagus sylvatica* 🏆 (Rotbuche); *Taxus baccata* 🏆 (Eibe) E

Für Koniferenhecken

Chamaecyparis lawsoniana (Lawsons Scheinzypresse) E; *Cupressus macrocarpa* (Monterey-Zypresse) E; *Thuja plicata* 'Atrovirens' (Riesen-Lebensbaum) 🏆 E

Für Küstengärten

Elaeagnus x ebbingei E; *Fuchsia* 'Riccartonii' 🏆; *Griselinia littoralis* 🏆 E; *Hippophae rhamnoides* 🏆 (Sanddorn)

Siehe auch Hecken richtig schneiden, S. 86

TECHNIKEN

Eine Hecke pflanzen

Im gut vorbereiteten Pflanzloch wachsen die Pflanzen leicht an.

Die meisten laubabwerfenden Heckenpflanzen werden wurzelnackt geliefert. Man pflanzt sie am besten im Winter während der Ruhezeit, allerdings nicht in gefrorenen oder zu feuchten Boden. Immergrüne und Koniferen werden von März bis April gepflanzt.

EINE HECKE PFLANZEN

1 Pflanzstellen mit Stäben markieren; organische Substanz einarbeiten und schlecht dränierten Boden mit Sand oder Splitt verbessern, dann Pflanzlöcher ausheben. 2 Pflanzen gut gießen, sodass der Wurzelballen feucht ist. 3 Topf abnehmen, beschädigte Wurzeln entfernen und Wurzeln vorsichtig voneinander lösen, damit sie sich besser ausbreiten. 4 Ebenso tief setzen, wie die Pflanze zuvor stand. Die richtige Pflanztiefe vor allem bei wurzelnackten Pflanzen mit einem Stab kontrollieren. 5 Zwischen den Wurzeln feine Erde einarbeiten und mit dem Fuß andrücken. 6 Gut gießen und mulchen. Der Pflanzabstand beträgt je nach Höhe und Breite der Pflanze 30–60 cm. Zwei versetzte Reihen im Abstand von 45 cm pflanzen, dabei die Pflanzabstände doppelt so groß lassen wie bei einer einzelnen Reihe.

Hecken richtig schneiden

Für den Heckenschnitt unterscheidet man drei Gruppen. Erstmals geschnitten wird gleich beim Pflanzen. Streng geschnittene Hecken benötigen mehr Pflege als frei wachsende.

Gruppe 1

Aufrechte Pflanzen wie *Crataegus monogyna* (Weißdorn) und *Ligustrum ovalifolium* (Liguster), aber auch *Buxus sempervirens* (Buchsbaum), *Escallonia* und *Lonicera nitida* (Geißblatt).

- DER ERSTE SCHNITT: Liguster und Weißdorn bei der Pflanzung auf 15 cm kürzen. Im Sommer die Seitentriebe leicht beschneiden. Im Spätwinter oder zeitigen Frühjahr des zweiten Jahres die Triebe um die Hälfte kürzen. Den Sommer über die Seitentriebe so kürzen, dass die Pflanze nach oben schmaler wird, im Herbst die Leittriebe auf die gewünschte Höhe schneiden. Buchsbaum, Escallonie und Geißblatt bei der Pflanzung komplett um ein Drittel kürzen. Im folgenden Jahr um die gleiche Zeit wiederholen.
- IN DEN FOLGEJAHREN: Von Spätfrühling bis Frühherbst alle 4 bis 6 Wochen schneiden.

Gruppe 2

Rundliche Laubgehölze mit buschigem Ansatz wie Rotbuche, Hainbuche, Haselnuss und Blütensträucher wie Forsythie.

- DER ERSTE SCHNITT: Die Leittriebe unbeschnitten lassen, bis sie fast die gewünschte Höhe erreicht haben. Die Seiten so schneiden, dass die Hecke schmal, aber buschig bleibt.
- IN DEN FOLGEJAHREN: Im Frühsommer oder nach der Blüte und nochmals im Spätsommer zu einer schmal zulaufenden Form schneiden.

HECKENFORM

Die klassische Eibenhecke mit A-förmigem Querschnitt hat schräge Seiten, damit das Licht besser eindringen kann (links). Oben schmal zugeschnittene Hecken halten starken Wind und Schneelast besser aus; bei starkem Schneefall verhindern spitz zulaufende Hecken (rechts) Schäden durch Schneedruck.

Gruppe 3

Koniferen und die meisten Immergrünen.

- DER ERSTE SCHNITT: Bei der Pflanzung den Leittrieb unbeschnitten lassen, dünne Seitentriebe aber leicht zurückschneiden. Im Sommer die Seitentriebe schneiden und den Leittrieb an einem Stab aufbinden. Breitblättrige Immergrüne wie Kirschlorbeer *(Prunus laurocerasus)* mit der Gartenschere schneiden.
- IN DEN FOLGEJAHREN: Bis zu dreimal im Sommer in die gewünschte Form schneiden. Den Leittrieb auf der gewünschten Höhe stoppen.

Blüten- und Beerenhecken

Bei frei wachsenden Hecken wird so geschnitten, dass sie blühen und fruchten können. Pflanzen, die am diesjährigen Holz blühen, werden einmal im Frühjahr geschnitten. Bei Pflanzen, die an Trieben des Vorjahres blühen wie Feuerdorn, kürzt man im Sommer die diesjährigen Triebe um die Hälfte.

AKKURATE, STRENG GESCHNITTENE HECKEN

1 Spannen Sie eine Schur als Höhenmarke zwischen zwei Pfosten. Schneiden Sie die Hecke oben entlang dieser Linie. 2 Eine Schablone aus Sperrholz (siehe kleines Foto) ist besonders beim Formen von jungen Hecken sehr nützlich. Sie gibt einen exakten Rahmen, der zuverlässiger ist als das Augenmaß. Setzen Sie die Schablone auf die Hecke und schneiden Sie den Umriss so exakt wie möglich nach. Anschließend die Seiten der Hecke in Form schneiden. 3 Ist das Ende der Hecke erreicht, werden Schablone, Pfosten und Schnur entfernt. Schneiden Sie die Enden ordentlich zu und gleichen Sie zum Schluss alle verbliebenen Unebenheiten aus.

Siehe auch Heckenpflanzen und Eine Hecke pflanzen, S. 85; Arbeit an einer vernachlässigten Hecke, S. 87

PRAKTISCHE TIPPS

Leyland-zypressen

Diese wüchsigen Pflanzen sprengen schnell den Rahmen.

Hecken aus Leylandzypressen brauchen Schnitt.

Wird eine Hecke aus Leylandzypressen (x *Cupressocyparissus leylandii)* nicht von Anfang an korrekt geschnitten, gerät sie leicht außer Kontrolle. Schneiden Sie im April des ersten Jahres überlange Seitentriebe zurück. Im Hochsommer bringen Sie die Seiten leicht in Form. Im zweiten Jahr müssen die Seiten nochmals geschnitten werden, damit sie dichter wachsen und im Winter noch gut aussehen. Schneiden Sie in den Folgejahren die Seiten nach Bedarf und lassen Sie den Leittrieb wachsen, bis er die gewünschte Höhe erreicht hat.

Wenn die Hecke hoch genug ist, wird im folgenden Frühjahr der Leittrieb auf 15 cm unterhalb dieser Höhe eingekürzt. Neue Triebe schließen die Lücke und das obere Ende der Hecke füllt sich. Schneiden Sie während der Saison die Hecke bis zu dreimal oben und an den Seiten, sodass ihr Querschnitt wie ein A mit abgeflachter Spitze aussieht. Die breitere Basis verhindert, dass die Hecke von unten her verkahlt.

Siehe auch Pflege von Koniferen, S. 70

TECHNIKEN

Vernachlässigte Hecken

Feldhecken lassen sich durch Knicken verjüngen, im Ziergarten braucht es einen kräftigen Rückschnitt.

Mit der Zeit werden Hecken unansehnlich, vor allem wenn sie nicht gepflegt werden. Eine Hecke in sehr schlechtem Zustand muss möglicherweise ganz entfernt werden.

Wallhecken verjüngen

Wallhecken, die noch gut wachsen, aber von unten her verkahlen, lassen sich verjüngen, indem man sie während des Winters »knickt«. Dadurch wird die Neubildung von Trieben angeregt. Weißdorn ist für diese Art der Pflege besonders geeignet, aber die meisten laubabwerfenden Heckengehölze vertragen diese Behandlung auch, zum Beispiel Esche *(Fraxinus excelsior)*, Schlehe *(Prunus spinosa)*, Ulme *(Ulmus)*, Feldahorn *(Acer campestre)* und Hasel *(Corylus avellana)*.

Die Hecke sollte zunächst 2,5–5 m hoch werden und 5–10 cm dicke Haupttriebe entwickeln. Entfernen Sie Stämme, die dicker als 20 cm sind oder ungünstig gewachsen sind. Schneiden Sie Seitentriebe unten an den Stämmen ab. Holunder *(Sambucus nigra)* entfernen Sie am besten mit dem Stumpf, denn er lässt sich nicht knicken.

Schneiden Sie die Hauptstämme dicht am Boden fast durch. Dieser Schnitt erfolgt aus der entgegengesetzten Richtung, in der die Hecke geknickt wird. Legen Sie die Stämme dann im Winkel von 35 Grad in Richtung der Walllinie um. Stecken Sie alle 40 cm Hasel- oder Eschenstäbe in den Boden und flechten Sie die fast durchgetrennten Stämme hindurch. Winden Sie dann Hasel-, Esskastanien- oder Weidenruten oben um die Stäbe, um das Flechtwerk festzuhalten. Füllen Sie die Lücken am Ende der geknickten Hecke mit überzähligen Stämmen, die Sie ganz abschneiden.

Hecken knicken verlangt einiges an Geschick. Die Arbeit birgt Gefahren und setzt geeignetes Werkzeug und Schutzkleidung voraus. In einem Lehrgang vermitteln Experten der Landespflege das nötige Wissen und die erforderliche Fertigkeiten. Kontakte stellen die örtlichen Umweltschutzämter her.

ZIERHECKEN VERJÜNGEN

Sobald sich im Frühjahr die ersten neuen Triebe zeigen, wird es Zeit, Zierhecken zu verjüngen. Um übergroße Buchen- oder Hainbuchenhecken *(Fagus sylvatica* bzw. *Carpinus betulus)* wieder in eine annehmbare Form zu bringen, schneidet man sie im Frühjahr kräftig zurück, noch bevor sich die Blätter zeigen. Vernachlässigte Hecken werden verteilt über mehrere Jahre verjüngt, wobei im ersten Jahr eine Seite und die Höhe reguliert werden. Die zweite Seite kommt an die Reihe, sobald sich die Hecke erholt hat.

Immergrüne Hecken aus *Prunus laurocerasus* (Kirschlorbeer) und *Taxus baccata* (Eibe) werden besser erst verjüngt, wenn das Wachstum bereits eingesetzt hat, je nach Witterung also zwischen Mai und Mitte Juni. Ist ein kräftiger Schnitt notwendig, wird er wie oben beschrieben auf mehrere Jahre verteilt.

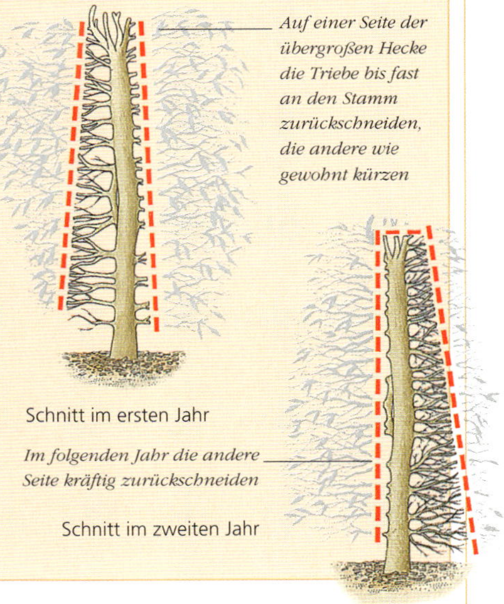

Siehe auch Hecken richtig schneiden, S. 86

Die besten Strauchrosen

Viele Strauchrosen haben außer schönen Blüten auch attraktives Laub und farbenfrohe Hagebutten zu bieten; sie eignen sich gut für gemischte Rabatten mit anderen Pflanzen.

Strauchrosen sind die idealen Gartenpflanzen, da sie kaum einen Schnitt benötigen und wenig anfällig für Krankheiten sind. Bei der Auswahl nach Blütenform und -farbe ist der persönliche Geschmack ausschlaggebend. Vor dem Kauf sollte man die Rosen möglichst einmal blühend erlebt haben, um Enttäuschungen zu vermeiden.

Die Liste informiert über das jeweilige Blühverhalten. »Remontierende« Rosen blühen mehrmals im Verlauf der Vegetationszeit, »dauerblühende« bringen ständig Blüten hervor und »einmal blühende« bieten nur ein Blütenintervall pro Jahr. Am besten blühen alle Rosen in voller Sonne und in frischem, gut drainiertem Boden.

1

2

WINTERHARTE STRAUCHROSEN

Schönes Laub

Rosa fedtschenkoana ↕↔ 2,2m, weiße Blüten; remontierend

Rosa multibracteata ↕ 1,8m ↔ 1,5m, rosa Blüten, einmal blühend

Rosa primula 🏆 ↕ 3m ↔ 1,8m, blassgelbe Blüten, einmal blühend [1]

Rosa virginiana 🏆 ↕ 1,2m ↔ 1,5m, duftende rosa Blüten, einmal blühend

Rosa xanthina f. *hugonis* 🏆 ↕ 2,4m ↔ 1,8m, duftende gelbe Blüten, einmal blühend

Dekorative Früchte im Herbst

Rosa 'Fru Dagmar Hastrup' 🏆 ↕ 90cm ↔ 1,2m, duftende rosa Blüten, dauerblühend

Rosa 'Geranium' 🏆 ↕ 2,4m ↔ 1,5m, rote Blüten, einmal blühend

Rosa glauca 🏆 ↕ 1,8m ↔ 1,5m, rosa Blüten, einmal blühend

Rosa multibracteata ↕ 1,8m ↔ 1,5m, rosa Blüten, einmal blühend

Rosa rugosa ↕↔ 1–2,4m, duftende kirschrote oder weiße Blüten, remontierend [2]

Kleinstrauchrosen

Cardinal Hume ('Harregale') ↕↔ 90cm, duftende violette Blüten, dauerblühend

'Mrs John Laing' ↕ 90cm ↔ 75cm, duftende rosa Blüten, remontierend [3]

'Paul Neyron' ↕ 90cm ↔ 60cm, duftende rosa Blüten, remontierend

'The Fairy' 🏆 ↕↔ 60–90cm rosa Blüten, remontierend

Mittelgroße Strauchrosen

'Baronne Adolph de Rothschild' ↕ 1,5m ↔ 90cm, duftende tiefrosa Blüten, remontierend

'Königin von Dänemark' 🏆 ↕ 1,5m ↔ 1,2m, duftende rosa Blüten, einmal blühend

'Madame Pierre Oger' ↕ 1,5m ↔ 1,2m, duftende cremerosa Blüten, dauerblühend

'Reine des Violettes' ↕ 1,5m ↔ 1,2m, duftende violette Blüten, dauerblühend

'Tuscany Superb' 🏆 ↕ 1,2m ↔ 90cm, duftende karminviolette Blüten, einmal blühend [4]

3

4

Siehe auch Rosen pflanzen, S. 89; Rosen schneiden, S. 90–91; Kletterrosen auswählen, S. 104–105

WINTERHARTE STRAUCHROSEN

Große Strauchrosen

'Ferdinand Pichard' ♡ ↕ 1,8m ↔ 1,2m, duftende Blüten, rosa und karminrot gestreift, remontierend [5]

'Fred Loads' ♡ ↕ 1,8m ↔ 1,2m, orange-zinnoberrote Blüten, remontierend

'Hugh Dickson' ↕ 2,4m ↔ 1,5m, duftende karminrote Blüten, remontierend

'Nymphenburg' ↕ 1,8m ↔ 1,2m, lachsrosa Blüten, dauerblühend

Rosen für Hecken

'Ballerina' ♡ ↕ 1,2m ↔ 90cm, blassrosa Blüten mit weißem Auge, dauerblühend [6]

'Buff Beauty' ♡ ↕↔ 1,5m, duftende, blass apricotfarbene Blüten, dauerblühend

'Cornelia' ♡ ↕↔ 1,5m, duftende apricotrosa Blüten, dauerblühend

'Erfurt' ↕ 1,5m ↔ 1,2m, duftende rosa Blüten, dauerblühend

'Felicia' ♡ ↕ 1,5m ↔ 2,2m, duftende apricotrosa Blüten, dauerblühend [7]

'Penelope' ♡ ↕ 1,5m ↔ 1,2m, duftende apricotrosa Blüten, dauerblühend

'Roseraie de l'Haÿ' ♡ ↕ 2,1m ↔ 1,8m, duftende violettrote Blüten, dauerblühend

Bodendeckerrosen

Grouse ('Korimro') ♡ ↕ 60cm ↔ 3m, duftende blassrosa Blüten, remontierend

'Nozomi' ♡ ↕ 30cm ↔ 1,2m, blass rosaweiße Blüten, einmal blühend [8]

Pheasant ('Kordapt') ↕ 50cm ↔ 3m, tiefrosa Blüten, remontierend

Red Blanket ('Intercell') ↕ 75cm ↔ 1,2m, duftende blutrote Blüten, dauerblühend

***Rosa* x *jacksonii* 'Max Graf'** ↕ 60cm ↔ 2,4m, duftende tiefrosa Blüten, einmal blühend

5

6

7

8

TECHNIKEN

Rosen pflanzen

Setzen Sie Rosen immer auf die richtige Tiefe.

Die beste Pflanzzeit ist entweder der Herbst, zur Zeit des Laubfalls, oder vom Spätwinter bis zum zeitigen Frühjahr, bevor die Pflanzen neu austreiben. Heben Sie für die Rose ein spatentiefes Pflanzloch aus, das etwa doppelt so breit ist wie der Wurzelballen. Mischen Sie unter die Erde organische Substanz ein. Setzen Sie die Rose in die Mitte und kontrollieren Sie mit einem über das Pflanzloch gelegten Stab, ob die Veredelungsstelle richtig sitzt: Das ist die Stelle, an der die Sorte auf die Unterlage veredelt wurde und wo die neuen Zweige ansetzen; sie muss unter der Erdoberfläche liegen. Füllen Sie das Loch auf und drücken Sie den Boden gut an.

Breiten Sie die Wurzeln von wurzelnackten Pflanzen gut aus und achten Sie darauf, dass sie auf der gleichen Tiefe liegen wie zuvor. Lockern Sie die Wurzeln von Containerpflanzen vorsichtig; sie wachsen sonst langsam an und leiden stärker unter Trockenheit. Der Pflanzabstand richtet sich nach dem Wuchsverhalten der Rose; genaue Angaben finden sich im Katalog oder am Etikett.

PFLANZEN

Das Pflanzloch muss tief genug und doppelt so breit sein wie der Wurzelballen. Mit einem Stab wird nachgemessen, ob die Veredelungsstelle auch tatsächlich unter der Oberfläche liegt.

Siehe auch Rosen schneiden, S. 90–91

Rosen schneiden

Die Schnitttechnik hängt vom Rosentyp ab. Je nach Sorte müssen Rosen unterschiedlich stark geschnitten werden; Strauchrosen brauchen kaum einen Schnitt.

Wann und wie

Kürzen Sie die Zweige hoher Strauchrosen im Herbst um etwa ein Drittel, damit sie im Winter nicht von starkem Wind geschüttelt werden. Im Frühjahr schneidet man Rosen (mit Ausnahme der Rambler) zu Beginn des Austriebs, dann also wenn die höchsten Knospen schwellen. In milden Regionen ist das im zeitigen Frühjahr der Fall, in kälteren erst einige Wochen später. Ein zu früher Schnitt kann oben am Trieb die Knospen schädigen, wenn danach mildes, Wachstum förderndes Wetter folgt. Bricht darauf nochmals Kälte ein, müssen Sie ein zweites Mal schneiden und die abgestorbenen Triebe entfernen.

Schneiden Sie mit einer scharfen Gartenschere knapp, aber nicht mehr als 5 mm über einer Knospe, in einem Winkel von 45° von der Knospe weg. Schneiden Sie stets über nach außen gerichteten Knospen, damit Licht und Luft in das Innere des Strauchs gelangen können.

ROSEN SCHNEIDEN

Zuerst werden abgestorbene, kranke oder beschädigte Triebe entfernt; sie könnten auf Dauer zu Infektionsherden werden. Sich kreuzende Triebe schneidet man auf ein passendes Auge zurück; denn wenn Äste aneinander reiben, kommt es zu Schäden an der Rinde, wodurch Eintrittspforten für Krankheiten entstehen.

Schneller, aber weniger dekorativ lassen sich Teehybriden und Floribunda-Rosen mit der elektrischen Heckenschere schneiden. Dabei werden alle Triebe in 45–60 cm Höhe gekappt. Derart geschnittene Rosen sind zunächst unansehnlich, aber nicht, wie man glauben möchte, besonders anfällig für Krankheiten. Nach einigen Jahren wachsen die Triebe eher unordentlich durcheinander; mit Hilfe einer Gartenschere wird dann wieder Ordnung hergestellt. Danach kann man erneut mit der Heckenschere schneiden.

Frisch gepflanzte Rosen schneiden

Wenn Sie im Herbst oder Winter Rosen pflanzen, warten Sie mit dem Schnitt besser bis zum Frühjahr. Wird erst im Frühling gepflanzt, können Sie gleich bei der Pflanzung schneiden.

Entfernen Sie zuerst alle abgestorbenen, beschädigten oder schwachen Triebe.

- TEEHYBRIDEN (GROSSBLÜTIG): Die verbliebenen kräftigen Zweige werden drastisch, 10–15 cm über dem Boden gekürzt.
- FLORIBUNDA-ROSEN (BLÜTEN IN BÜSCHELN): Die Zweige schneidet man etwa 15 cm über dem Boden.
- RAMBLER- UND KLETTERROSEN: Die verbliebenen kräftigen Zweige werden etwa 30–40 cm über dem Boden gekappt, sofern das nicht schon in der Gärtnerei geschehen ist. Kletternde Sports von Strauchrosen schlagen möglicherweise auf die Ausgangsform zurück, wenn sie zu hart geschnitten werden.
- STRAUCHROSEN UND WILDARTEN: Die verbliebenen kräftigen Zweige bleiben unbeschnitten. Englische Rosen brauchen im Jahr der Pflanzung keinen Schnitt.

Eingewachsene Rosen schneiden

Bei allen Rosenklassen entfernt man zuerst totes, krankes und beschädigtes Holz und alle schwachen Triebe.

- TEEHYBRIDEN (GROSSBLÜTIG): Die kräftigsten Zweige werden auf vier bis sechs Augen oder 10–15 cm über jener Stelle geschnitten, an der die Pflanze im Vorjahr ausgetrieben hat. Weniger wüchsige Triebe kürzt man etwa zwei bis vier Augen oder 5–10 cm über dem Ansatz. Möglichst alles dreijährige Holz wird entfernt, nur die wüchsigeren, jungen Triebe bleiben, da sie besser blühen.
- FLORIBUNDA-ROSEN (BLÜTEN IN BÜSCHELN): Die kräftigsten Zweige werden maßvoll eingekürzt, sodass etwa 25–30 cm vom neuen Holz stehen bleiben, die weniger wüchsigen Triebe erhalten einen starken Rückschnitt. Von Zeit zu Zeit schneidet man einige ältere Zweige auf wenige Zentimeter über dem Boden

Rosa 'American Pillar': wüchsige Ramblerrose

Siehe auch Die besten Strauchrosen, S. 88–89; Kletterrosen verjüngen, S. 104 zurück, um einen kräftigen Neuaustrieb anzuregen.

• ZWERGROSEN (NIEDRIGE BEETROSEN): Die kräftigsten verbliebenen Zweige werden um etwa ein Drittel gekürzt. Stark verzweigte Pflanzen werden ausgedünnt, damit der Busch nicht zu dicht wird und die Luft noch zirkulieren kann.

• MINIATURROSEN: Nur schwache Triebe sowie einzelne ältere Zweige werden bis fast auf den Boden eingekürzt.

• BODENDECKER: Alle aufrechten Triebe schneidet man stark zurück, danach werden kräftig wachsende Triebe um etwa ein Drittel gekürzt. Bei den Seitentrieben belässt man zwei oder drei Augen.

• KLETTEROSEN: Sie sollten eine Grundstruktur entwickeln, an der kräftige Seitentriebe ansetzen. Im Herbst nach der Blüte werden alle unerwünschten Zweige entfernt, die verbliebenen Triebe werden aufgebunden. Im Frühjahr kürzt man alle Zweige um etwa ein Drittel des vorjährigen Holzes ein und schneidet Seitentriebe aus diesen Zweigen auf zwei oder drei Augen oder 5–8 cm vom Ansatz zurück. Alte, abgetragene Zweige entfernt man nach Bedarf am Boden und erzieht dafür junge Ersatztriebe.

• RAMBLERROSEN: Echte Ramblerrosen blühen nur einmal im Jahr. Gleich nach der Blüte schneidet man alle alten Blütentriebe bis auf den Boden weg. Gut entwickelte neue Triebe werden nach und nach im Spätsommer und Herbst aufgebunden. Falls weniger wüchsige Sorten nicht genug neue Triebe bilden oder eine bestimmte Pflanze mehr Raum einnehmen soll, wird nur jeder dritte alte Blütentrieb entfernt. Die restlichen Triebe werden entspitzt (um 5–8 cm eingekürzt), von ihren Seitentrieben entfernt man das äußerste Drittel. So bilden sich im folgenden Jahr reichlich Blüten.

• STRAUCHROSEN UND WILDARTEN: Die zahlreichen Sorten und Arten von Strauchrosen zeigen ein sehr unterschiedliches Blüh- und Wachtumsverhalten (siehe S. 88–89). Wichtig ist in jedem Fall, die Pflanzen von totem, krankem und beschädigtem Holz zu befreien und alle Zweige zu entfernen, die schräg stehen oder sich an anderen reiben. Falls die Pflanze von unten her verkahlt, schneidet man einige Zweige bis auf den Boden zurück. Daraufhin bilden sich meist neue Triebe. Für eine ausgewogene Entwicklung schneidet man im Frühjahr kräftige neue Triebe um ein Drittel zurück, starke Seitentriebe kürzt man auf zwei oder drei Augen ein. Ältere, wenig wüchsige Triebe sollten nicht zu lange stehen bleiben, da die Pflanze sonst zu dicht wird. Ältere Zweige werden bei Bedarf entweder ganz entfernt oder man schneidet auf einen kräftigen jungen Seitentrieb zurück.

• ENGLISCHE ROSEN: Im Frühjahr kürzt man die Triebe des vorigen Jahres um ein Drittel bis zur Hälfte ein. Ein stärkerer Schnitt bringt schönere, aber weniger Blüten.

MODERNE STRAUCHROSEN SCHNEIDEN

Die meisten modernen Strauchrosen blühen in Schüben mehrmals während des Sommers, sofern sie ausgeputzt werden. Der Rückschnitt zielt darauf ab, dass sich viele kräftige neue Triebe entwickeln. Teehybriden und Beetrosen sollten jedes Jahr kräftig zurückgeschnitten werden, sodass ein lichtes Gerüst aus starken jungen Trieben entsteht.

Nie mehr kranke Rosen

Gegen die drei Rosenkrankheiten Sternrußtau, Echter Mehltau und Rost wirken Pflanzenschutzmittel oder gärtnerische Maßnahmen, doch dazu braucht es Ausdauer; Erfolg versprechen resistente Rosensorten.

Sternrußtau

STERNRUSSTAU

Diese gefährliche Krankheit wird von dem Pilz *Diplocarpon rosae* verursacht, der in Stammwunden, Knospenschuppen und abgefallenen Blättern überwintert. Er breitet sich über Spritzwasser und über Regentropfen aus; feuchtes Wetter bietet die besten Bedingungen für eine Infektion.

Symptome

Diffuse violettschwarze Flecken bilden sich auf den Blättern, die dann gelb werden und vorzeitig abfallen. Die Flecken werden größer und verlaufen manchmal ineinander. An den Zweigen entwickeln sich mitunter kleinere Flecken.

Bekämpfung

Entfernen Sie erkrankte und abgefallene Blätter sofort. Schneiden Sie im Frühjahr alle verletzten Zweige ab. Spritzen Sie gleich nach dem Schnitt im Frühjahr ein zugelassenes Fungizid, eventuell mehrmals, nach den Angaben des Herstellers. Um die Krankheit unter Kontrolle zu halten, müssen Sie die Behandlung im Verlauf des Sommers mehrfach wiederholen.

ECHTER MEHLTAU

Der Pilz *Sphaerotheca pannosa* überwintert in den Zweigen oder in ruhenden Knospen. Er wird vom Wind verbreitet. Trockenheit im Wurzelraum und feuchte Luft an den Blättern fördert die Entwicklung.

Symptome

Eine pulvrige, weiße Pilzschicht entwickelt sich auf der Blattoberfläche. Befällt der Pilz junge Blätter, wird deren Wachstum schwer gestört. Mehltau kann sich auch an den Zweigen, Blütenknospen und Stacheln entwickeln. Erkrankte Blätter fallen vorzeitig ab.

Bekämpfung

Entfernen Sie stark infizierte Zweige und spritzen Sie mit einem zugelassenen Fungizid nach Angaben des Herstellers. Gießen Sie die Pflanzen bei Trockenheit gut, wobei die Blätter nicht nass werden dürfen. Wählen Sie möglichst resistente Sorten.

Echter Mehltau an Rosen

Durch Rosenrost beschädigtes Laub

ROSENROST

Diese Pilzkrankheit wird von *Phragmidium*-Arten, meist *P. tuberculatum*, ausgelöst. Feuchte Luft ist wichtig für die Entwicklung und Verbreitung der Infektion, die durch den Wind weitergetragen wird. Der Pilz überdauert in den Trieben und kann in Form von Sporen an abgefallenen Blättern und an anderen Stellen überwintern.

Symptome

Rost kann Rosenpflanzen sehr schwächen, sodass die Blätter abfallen und die Zweige absterben. Kleine orange Flecken erscheinen im Frühjahr und Sommer auf beiden Seiten der Blätter. Im Spätsommer oder Frühherbst zeigen sich schwarze Flecken auf der Blattunterseite. Die Pflanzen werfen das Laub vorzeitig ab und sind früh im Jahr schon nahezu entlaubt.

Bekämpfung

Entfernen Sie alle Zweige, die im Frühjahr Spuren einer Infektion zeigen und schneiden Sie die Rose, sodass die Luft gut zirkulieren kann. Vernichten Sie abgefallene Blätter. Spritzen Sie befallene Pflanzen im Frühjahr und Sommer mit einem zugelassenen Fungizid.

Siehe auch Vorbeugender Pflanzenschutz, S. 36—37; Einsatz von Fungiziden, S. 38–39

KLETTERPFLANZEN

Kletterpflanzen und Sträucher an der Wand

Ob in sonniger, warmer Lage oder im kühlen Schatten – viele Pflanzen nutzen Wände und Zäune gut aus und vergrößern damit die Gartenfläche.

Neben den eigentlichen Kletterpflanzen eignen sich viele Sträucher für die Erziehung an Wänden und Zäunen. Eine Kombination aus verschiedenen Pflanzen wirkt interessanter durch die unterschiedlichen Texturen, Blüten und Früchte.

Damit die Pflanzen gut gedeihen und blühen, müssen sie zum Standort passen. Warme, sonnige Wände und Zäune sind ideal für die frostempfindlichen Arten und Sorten, vor allem in milden Regionen ohne starken Frost. Dabei gibt es ebenso viele Kletterpflanzen und Sträucher, die sich an kühleren, schattigen Plätzen wohl fühlen.

1

2

SONNIGE WÄNDE UND ZÄUNE

Nach Süden und Westen gerichtete Wände und Zäune bieten meist sehr warme, trockene Standorte. Die Pflanzen dort sollten über längere Zeit hohe Temperaturen vertragen, da Wand oder Zaun noch lange Wärme abstrahlen. Selbstklimmende Kletterpflanzen halten sich direkt an der Wand fest, Rankpflanzen brauchen dagegen ein Gerüst und etwas Erziehung.

Selbstklimmend

Campsis x *tagliabuana* 'Madame Galen' 🏆 ↕ 10m ♢ ❄❄

Euonymus fortunei 'Coloratus' ↕ 5m E ♢ ❄❄❄

Parthenocissus quinquefolia 🏆 ↕ 15m ♢ ❄❄❄

Pileostegia viburnoides 🏆 ↕ 6m E ♢ ❄❄❄

Trachelospermum jasminoides 🏆 ↕ 9m E ♢ ❄❄

Rankpflanzen

Actinidia kolomikta 🏆 ↕ 5m ♢ ❄❄❄

Clematis armandii ↕ 3–5m E ♦ ❄❄

Clematis cirrhosa var. *balearica* ↕ 2,5–3m E ♦ ❄❄

Eccremocarpus scaber ↕ 3–5m, für geschützte Plätze E ♢ ❄❄

Humulus lupulus 'Aureus' 🏆 ↕ 6m ♦ ❄❄❄ [1]

Jasminum officinale 🏆 ↕ 12m ♢ ❄❄

Lonicera periclymenum 'Graham Thomas' 🏆 ↕ 7m ♦ ❄❄❄

Passiflora caerulea 🏆 ↕ 10m E ♢ ❄❄

Solanum crispum 'Glasnevin' 🏆 ↕ 6m E ♦ ❄❄

Vitis coignetiae 🏆 ↕ 15m ♢ ❄❄❄

Wisteria floribunda ↕ 9m ♦ ❄❄❄

Wisteria sinensis 🏆 ↕ 9m ♦ ❄❄❄

SCHATTIGE WÄNDE UND ZÄUNE

An Nord- und Ostwänden kann es kalt und unwirtlich werden, da die Pflanzen oft wenig direkte Sonne bekommen. Selbstklimmende Pflanzen klettern ohne Gerüst, aber Rankpflanzen brauchen etwas Unterstützung und Förderung. Auch manche Sträucher lassen sich an einer kühlen Wand erziehen.

Selbstklimmend

Hedera colchica 'Dentata Variegata' 🏆 ↕ 5m E ♦ ❄❄❄

Hydrangea anomala subsp. *petiolaris* 🏆 ↕ 15m ♦ ❄❄❄

Parthenocissus tricuspidata 🏆 ↕ 20m ♢ ❄❄❄

Schizophragma integrifolium 🏆 ↕ 12m ♦ ❄❄

Rankpflanzen

Akebia quinata ↕ 10m ♦ ❄❄❄

Berberidopsis corallina ↕ 5m E ♦ ❄❄

Celastrus scandens ↕ 10m, männliche und weibliche Pflanzen werden zur Fruchtbildung gebraucht ♢ ❄❄❄

Clematis alpina 🏆 ↕ 1,8–3m ♦ ❄❄❄ [2]

Lonicera japonica 'Halliana' 🏆 ↕ 10m E ♦ ❄❄❄

Sträucher für die Wand

Chaenomeles speciosa 'Moerloosei' 🏆 ↕ 2,4m ↔ 5m ♢ ❄❄❄

Cotoneaster henryanus ↕ 4m ↔ 3,6m E ♢ ❄❄❄

Cotoneaster horizontalis 🏆 ↕ 90cm ↔ 1,5m ♢ ❄❄❄

Forsythia suspensa ↕ 3m ↔ 3m ♦ ❄❄❄

Garrya elliptica 'James Roof' 🏆 ↕ 4m ↔ 4m, für geschützte Plätze E ♢ ❄❄

Pyracantha 'Orange Glow' 🏆 ↕ 3m ↔ 3m E ♢ ❄❄❄

Siehe auch Pergolen und Lauben, S. 28–29; Duftende Kletterpflanzen, S. 99

Kletterpflanzen setzen

Durch ihr spezielles Wuchsverhalten erreichen Kletterpflanzen beachtliche Höhen. Sie erfordern jedoch Sorgfalt beim Pflanzen und brauchen ein Gerüst, um gut zu wirken.

Pflanztechnik

Die Erde am Fuß einer Wand ist oft mager und trocken und muss daher großzügig mit organischer Substanz verbessert werden. Setzen Sie nicht winterharte, krautige und immergrüne Kletterpflanzen ab dem zeitigen Frühjahr, sobald es die Bodenverhältnisse zulassen. Laubgehölze werden entweder im zeitigen Frühjahr oder Mitte bis Ende Herbst gepflanzt.

Graben Sie ein Loch, das genauso tief ist wie der Wurzelballen und doppelt so breit. Nur Clematis brauchen ein tieferes Pflanzloch. Setzen Sie Kletterpflanzen auf 30–45 cm Abstand von Hauswänden, um den Einfluss des Regenschattens zu mindern. Stecken Sie einen Stützstab, der die Triebe zur Wand hinleitet. Um den Wurzelballen wird feine Erde eingearbeitet und gut angedrückt. Kletterpflanzen, vor allem Clematis, müssen im Frühjahr nach der Pflanzung stark geschnitten werden, damit sie kräftig neu austreiben.

Klettermethoden

Die Pflanzen haben unterschiedliche Methoden des Kletterns entwickelt. Selbstklimmende Pflanzen wie Efeu *(Hedera)* halten sich mit Haftwurzeln am Untergrund fest. Jungfernrebe *(Parthenocissus)* entwickelt Sprossranken mit Haftscheiben, um sich anzuheften. Diese Pflanzen brauchen nur am Anfang ein Gerüst.

Gerüste an der Wand
Waagerecht gespannter, verzinkter Draht unterstützt Kletterpflanzen an einer Mauer (unten). Ein Ende wird mit einem Spannbolzen befestigt (links).

Ranken einer Kletterpflanze

Manche Pflanzen sind daran angepasst, sich an Wirtspflanzen oder Gerüsten nach oben zu winden. Beim Geißblatt *(Lonicera)* winden sich die Triebe im Uhrzeigersinn, bei der Glyzine *(Wisteria sinensis)* entgegengesetzt. Clematis und andere bilden rankende Blattstiele. Platterbsen *(Lathyrus)* haben Fiederblattranken; diese sind berührungsempfindlich und leiten die Pflanze zu ihrer Rankstütze.

Wandsträucher und Pflanzen ohne natürliche Kletterorgane brauchen zusätzliche Stützen an der Wand oder am Zaun und müssen regelmäßig aufgebunden werden.

Gerüste

Gitter und Netze aus Draht oder Kunststoff eignen sich für Ranker und Schlinger. Sie sollten an Latten befestigt werden, damit die Luft hinter der Pflanze zirkulieren kann. Waagerechte und senkrechte Drähte helfen selbstklimmenden Pflanzen am Anfang, anderen Kletterpflanzen auch noch weiterhin. Befestigt werden sie mit Schraubösen.

Siehe auch Clematis schneiden, S. 101; Geißblatt schneiden, S. 103; Passionsblumen schneiden, S. 103; Glyzinen schneiden, S. 105; Boden, S. 259

Kletterpflanzen in Töpfen

Wo der Platz für Kletterpflanzen nicht ausreicht, können sie in Töpfe auf der Terrasse oder dem Balkon wachsen: Einjährige und Stauden sorgen an Sonnenplätzen für Farbe.

Kletterpflanzen sind ideal für die vielen Pflanzenfreunde, die nur wenig Platz haben, denn sie kommen mit geringer Pflanzfläche aus. Mit einer guten Stütze gedeihen sie auch in Containern und bereichern somit den kleinsten Garten. Experimentierfreudige Gärtner können verschiedene Kombinationen ausprobieren, die sie je nach Bedarf auf der Terrasse hin und her rücken.

Pflanzenkombinationen

Die beste Wirkung erzielt man mit Pflanzen, die etwa gleich stark wachsen und zur gleichen Zeit in kontrastierenden Farben und Formen blühen. Viele einjährige und nicht winterharte mehrjährige Kletterpflanzen lassen sich leicht aus Samen anziehen, sind aber auch häufig im Frühjahr als Jungpflanzen im Gartencenter erhältlich.

Jasminum officinale 'Fiona Sunrise' ('Frojas') und *Rhodochiton atrosanguineus*

Ein gutes Beispiel ist *Ipomoea lobata* mit kleinen, röhrenförmigen Blüten, die sich karminrot öffnen und mit der Zeit orange und hellgelb verblassen. Die Pflanze wirkt schon für sich sehr gut, aber in Kombination mit ihrer Verwandten *Ipomoea* 'Star of Yalta', die kräftige violette Farbakzente setzt, beeindruckt sie noch viel mehr. Ein attraktiv bepflanzter Topf sorgt den Sommer über für Farbe.

Auch Blattfarben liefern nicht zu unterschätzende Kontraste. Die Jasminsorte *Jasminum officinale* 'Fiona Sunrise' ('Frojas') hat zwar ziemlich schwache Triebe, bildet aber kräftig gelbe Blätter und kleine, zart duftende weiße Blüten. Der mittelgroße Strauch passt an ein 1 m hohes Rankgerüst, besonders zusammen mit dem mexikanischen *Rhodochiton atrosanguineus*. Diese nicht winterharte, mehrjährige Kletterpflanze wird hierzu-

KLETTERHILFEN FÜR DEN TOPF

Kletterhilfen sollten vom Topfrand gemessen etwa 1,5–1,8 m hoch sein. So stehen sie im optischen Gleichgewicht zum Topf und bieten genügend Höhe für die ausgewachsenen Pflanzen. Geeignet sind Stützen aus dem Fachhandel, etwa Obelisken aus Holz oder Stahl; schmalere Formen sind besser für kleinere Töpfe. Billiger und für manchen Garten passender sind selbst gemachte Stützen, zum Beispiel ein Wigwam aus Bambusrohren [1], oder [2] kunststoffbeschichtete Drähte, die wie an einem Maibaum gespannt sind, [3] ein Zylinder aus kunststoffbeschichtetem Draht zwischen Bambusstäben, [4] ein Zylinder aus Draht- oder Kunststoffnetz zwischen Holzstäben oder [5] ein Gitter aus Bambusstäben und Kunststoffnetz.

Siehe auch Kleine Gärten planen, S. 18; Vielseitige Clematis, S. 99–100; Kübel bepflanzen, S. 161

lande als Einjährige kultiviert. Eine zartere, warme Farbkombination liefert die orange blühende Form von *Eccremocarpus scaber* (Schönranke) mit *Thunbergia alata* 'African Sunset' ('Blushing Susie'). An der wüchsigeren Schönranke kann die *Thunbergia* (Schwarzäugige Susanne) hochklettern. Einen Kontrast bilden die fünfzähligen, vorwiegend roten Blüten mit schwarzem Zentrum zu den übrigen Apricot- und Elfenbeintönen.

Pflegeleichte, robuste Einjährige wie Platterbse *(Lathyrus)*, Prunkwinde *(Ipomoea)*, Faselbohne *(Lablab)*, Kapuzinerkresse *(Tropaeolum majus)* und Glockenrebe *(Cobaea)* sind ideale Kübelpflanzen, aber auch mehrjährige Arten kommen in Frage. Viele sind gerade noch winterhart, überleben aber, wenn sie vor Ort gut verpackt werden oder aber für den Winter an einen geschützten Platz kommen (was bei einer Topfpflanzung recht unproblematisch ist).

Dicentra macrocapnos, die im Sommer und Herbst blüht, trägt die klassischen herzförmigen Blüten. Auch die mit 3 m Höhe kleinere *D. scandens* ist sehr elegant, blüht aber nicht so lange. Andere dekorative Paare sind *D. scandens* mit *Eccremocarpus scaber* 'Tresco Red' oder *Dicentra macrocapnos* mit *Tropaeolum speciosum*.

Gute Mischung
Ipomoea lobata setzt auffällige Kontraste zur violetten *I.* 'Star of Yalta' (links) oder *I.* 'Cardinal Red' sowie zur Schwarzäugigen Susanne, *Thunbergia alata* (oben). Ebenso ein beeindruckendes Paar bilden *Senecio confusus* und *Aconitum* aff. *episcopale* (oben links).

KOMBINATIONEN

- Zwei oder mehr Kletterpflanzen in einem Topf sorgen für leuchtende Farben und brauchen wenig Platz.
- Die Pflanzen sollten die gleichen Bedürfnisse, z.B. an den Standort, haben und gleich stark wachsen.
- Experimentieren Sie mit fantasievollen Kombinationen.

Senecio confusus ist eine nicht winterharte Staude, die einen warmen, geschützten Platz im Freien braucht. Sie hat leuchtend orangefarbene Blütenkörbchen und kann 3–4,5 m hoch werden. Etwas pflegeleichter und deutlich winterhärter zeigt sich *Senecio hoffmannii*, die ebenso orange blüht. Beide Arten passen gut zu *Aconitum aff. episcopale*, einem kletternden Eisenhut mit tief indigoblauen Blüten. Dieser harmoniert ebenso gut mit der Knollen bildenden *Tropaeolum tuberosum* var. *lineamaculatum* 'Ken Aslet', die 1,8 m hoch wird und ausgestellte, trichterförmige Blüten in Orange an langen roten Stängeln trägt. Die hohe, winterharte südamerikanische *Tropaeolum pentaphyllum* wirkt sogar noch interessanter: Sie bringt im Sommer 2 cm lange, scharlachrote oder violette Blüten mit roten oder grünen Sporen.

Anregende Kombinationen
Oben links: *Clematis* 'Pink Fantasy' wirkt märchenhaft mit *Rosa* 'Agnes'. Oben rechts: *Clematis* 'Arctic Queen' ('Evitwo') hebt das zarte Rosa von *Rosa* 'Cornelia' hervor. Unten rechts: *Clematis* 'Ascotiensis' harmoniert gut mit *Rosa* 'Ballerina'.

Großblütige Hybriden, die zur Sommermitte blühen, ranken sich gern um große, immergrüne Sträucher. Dafür eignen sich z. B. Rhododendren-Arten und -Sorten. Ideal sind die tiefrosa *Clematis* 'Kakio' (syn. 'Pink Champagne') oder die zartblaue *C.* 'Will Goodwin'. Diese Sorten breiten ihre natürlichen, lichten Triebe über die Stützpflanze oder durchweben deren Äste.

Mittelgroße Sträucher mit kompaktem Wuchs bieten zugleich etwas Windschutz, und passen besser zu Clematis, die im Früh- bis Spätsommer blühen. Diese haben meist kürzere Triebe und dichter sitzende Blüten. Dazu gehören die mittelblaue *Clematis* 'Fuji-musume', die *C.* 'Arctic Queen' ('Evitwo') mit gefüllten und *C.* 'Josephine' ('Evijohill') mit lila Blüten.

Die spärlichen Blüten und eher düsteren Blätter der immergrünen *Choisya ternata* lassen sich mit den tiefroten, samtigen Blüten von *Clematis* 'Niobe' oder der dunkelblauen *C.* 'Petit Faucon' ('Evisix') beleben. Die *Chiosya* verträgt übrigens einen regelmäßigen Schnitt.

Daneben sind viele Sorten der Strauchveronika *(Hebe)* ein guter Hintergrund für Clematis, besonders *C.* 'Royal Velours'.

Sträucher mit violettem Laub, etwa bestimmte Sorten von *Acer palmatum, Corylus, Cotinus* und *Physocarpus* bedeuten eine besondere Herausforderung, wenn es darum geht, kontrastierende oder auch nur neutrale Farben für geeignete Kombinationen zu finden. *Clematis* 'Etoile Rose' und *Cotinus coggygria* 'Royal Purple' bilden ein elegantes Paar. Ebenso gut passt die weniger wüchsige *C.* 'Arctic Queen' ('Evitwo') zum feinen Blattschnitt von rotlaubigen *Acer palmatum* der *Dissectum*-Gruppe. Andere geeignete Partner sind *Corylus maxima* 'Purpurea' und die tiefrosa *Clematis* 'Carnaby' oder die rubinrote *C.* 'Madame Edouard André' mit *Physocarpus opulifolius* 'Diabolo'.

In den gemischten Rabatten im Garten der RHS in Wisley formt der sonnenverträgliche *Sambucus racemosa* 'Sutherland Gold' ein natürliches Gerüst für *Clematis* 'Perle d'Azur'. Die kräftig goldenen Blät-

Siehe auch Die richtigen Bodendecker, S. 26–27; Kletterpflanzen setzen, S. 95; Clematis schneiden, S. 101

lande als Einjährige kultiviert. Eine zartere, warme Farbkombination liefert die orange blühende Form von *Eccremocarpus scaber* (Schönranke) mit *Thunbergia alata* 'African Sunset' ('Blushing Susie'). An der wüchsigeren Schönranke kann die *Thunbergia* (Schwarzäugige Susanne) hochklettern. Einen Kontrast bilden die fünfzähligen, vorwiegend roten Blüten mit schwarzem Zentrum zu den übrigen Apricot- und Elfenbeintönen.

Pflegeleichte, robuste Einjährige wie Platterbse *(Lathyrus)*, Prunkwinde *(Ipomoea)*, Faselbohne *(Lablab)*, Kapuzinerkresse *(Tropaeolum majus)* und Glockenrebe *(Cobaea)* sind ideale Kübelpflanzen, aber auch mehrjährige Arten kommen in Frage. Viele sind gerade noch winterhart, überleben aber, wenn sie vor Ort gut verpackt werden oder aber für den Winter an einen geschützten Platz kommen (was bei einer Topfpflanzung recht unproblematisch ist).

Dicentra macrocapnos, die im Sommer und Herbst blüht, trägt die klassischen herzförmigen Blüten. Auch die mit 3 m Höhe kleinere *D. scandens* ist sehr elegant, blüht aber nicht so lange. Andere dekorative Paare sind *D. scandens* mit *Eccremocarpus scaber* 'Tresco Red' oder *Dicentra macrocapnos* mit *Tropaeolum speciosum*.

Gute Mischung
Ipomoea lobata setzt auffällige Kontraste zur violetten *I.* 'Star of Yalta' (links) oder *I.* 'Cardinal Red' sowie zur Schwarzäugigen Susanne, *Thunbergia alata* (oben). Ebenso ein beeindruckendes Paar bilden *Senecio confusus* und *Aconitum* aff. *episcopale* (oben links).

KOMBINATIONEN

- Zwei oder mehr Kletterpflanzen in einem Topf sorgen für leuchtende Farben und brauchen wenig Platz.
- Die Pflanzen sollten die gleichen Bedürfnisse, z.B. an den Standort, haben und gleich stark wachsen.
- Experimentieren Sie mit fantasievollen Kombinationen.

Senecio confusus ist eine nicht winterharte Staude, die einen warmen, geschützten Platz im Freien braucht. Sie hat leuchtend orangefarbene Blütenkörbchen und kann 3–4,5 m hoch werden. Etwas pflegeleichter und deutlich winterhärter zeigt sich *Senecio hoffmannii*, die ebenso orange blüht. Beide Arten passen gut zu *Aconitum aff. episcopale*, einem kletternden Eisenhut mit tief indigoblauen Blüten. Dieser harmoniert ebenso gut mit der Knollen bildenden *Tropaeolum tuberosum* var. *lineamaculatum* 'Ken Aslet', die 1,8 m hoch wird und ausgestellte, trichterförmige Blüten in Orange an langen roten Stängeln trägt. Die hohe, winterharte südamerikanische *Tropaeolum pentaphyllum* wirkt sogar noch interessanter: Sie bringt im Sommer 2 cm lange, scharlachrote oder violette Blüten mit roten oder grünen Sporen.

Kletterpflanzen vermehren

Viele Kletterpflanzen lassen sich leicht aus Stecklingen vermehren; bei genügend Wärme bewurzeln sie bald, und nach einem Jahr hat man kräftige junge Pflanzen.

In der Natur bilden Kletterpflanzen an den Knoten leicht Wurzeln aus, daher lassen sich die meisten einfach aus Stecklingen vermehren. Im Hoch- bis Spätsommer ist das Holz genau richtig.

Blattstecklinge

Viele Kletterpflanzen lassen sich aus doppelten Blattknospen vermehren, zum Beispiel *Campsis, Celastrus, Clematis, Humulus* (Hopfen), *Hedera* (Efeu), *Lonicera* (Geißblatt) und Rosen. Schneiden Sie die Stecklinge direkt über einem Blattpaar und dann nochmals zwischen zwei Knoten. Entfernen Sie am unteren Ende ein 1–2 cm langes Stück Rinde und tauchen Sie dieses Ende in Bewurzelungshormon.

In einem durchlässigen, splitthaltigen Substrat bewurzeln die Stecklinge im beheizten Anzuchtkasten bei 20–25°C. Ein Topf oder eine Saatschale mit Stecklingen unter einer durchsichtigen Kunststofftüte auf der Fensterbank funktioniert genauso gut. Kontrollieren Sie die Stecklinge immer wieder auf abgestorbene Teile.

Teilstecklinge

Wenn Sie genügend Material zur Vermehrung haben, können Sie auch einfache Teilstecklinge schneiden. Alle Kletterpflanzen, die sich aus Blattstecklingen vermehren lassen, gedeihen auch auf diese Weise gut. Einen Versuch wert sind *Akebia, Ampelopsis, Fallopia baldschuanica* (Silberregen), *Jasminum* (Jasmin), *Parthenocissus, Passiflora* (Passionsblume) und *Trachelospermum* (Sternjasmin).

Die Stecklinge sollten je nach Art 8–15 cm lang sein. Schneiden Sie direkt unter und direkt über einem Blattknoten, entfernen Sie die unteren Blätter, tauchen Sie das untere Ende in Bewurzelungshormon und bewurzeln Sie die Stecklinge wie oben beschrieben.

Anwachsen

Meist bewurzeln die Pflänzchen innerhalb von 6–8 Wochen, vor allem im beheizten Anzuchtkasten. Sie sollten dann aber bis zum Frühjahr in einem unbeheizten Gewächshaus oder im Frühbeet stehen, bevor sie einzeln in Töpfe umgesetzt werden.

VERMEHRUNG AUS HALBREIFEN TEILSTECKLINGEN

Dafür eignet sich ein Triebstück mit mehreren Blattpaaren (hier Clematis). 1 Etwas über einem Blattpaar (direkt über dem Knoten) mit einem scharfen Messer schneiden; der untere Schnitt setzt in der Mitte zwischen zwei Knoten an. 2 Die Stecklinge haben dann jeweils ein Blattpaar und ein Stück Stängel. Die einzelnen Blätter auf zwei Fiedern einkürzen. 3 Unten an den Stecklingen jeweils 2 cm Rinde entfernen. 4 Eintauchen in Bewurzelungshormon. 5 Bis zum Knoten in einen Topf mit gut dräniertem, splitthaltigem Substrat setzen. 6 Gießen, in einen beheizten Anzuchtkasten oder unter eine Kunststoffhaube auf die Fensterbank stellen. Gut bewurzelte Pflänzchen einzeln eintopfen.

Siehe auch Stauden vermehren durch Teilung, S. 128–129; Blumenzwiebeln teilen, S. 154–155

PRAKTISCHE TIPPS

Duftende Kletterer

Duftende Kletterpflanzen bringen einen zusätzlichen atmosphärischen Effekt.

Die meisten Gärtner mögen duftende Pflanzen, weil sie den Garten in eine romantische Stimmung versetzen, egal ob im Bauerngarten oder in einer modernen Anlage. Kletterpflanzen sollte man sorgfältig auswählen, denn längst nicht alle haben duftende Blüten. Die Liste enthält einige der beliebtesten duftenden Arten.

Bei Windstille kommt der Duft besonders zur Geltung, bei stärkerer Luftbewegung verweht er und ist kaum noch wahrnehmbar. Deshalb ist ein Innenhof oder eine teilweise umschlossene Terrasse ideal für Duftpflanzen. Wenn diese auch noch klettern, verdecken sie rundum dekorativ die Wände.

DUFTENDE BLÜTEN

Clematis armandii ↕ 3–5m
E ☼ ◊ ❄❄

Clematis montana var. *rubens* 'Elizabeth'
▽ ↕ 7m ☼ ◊ ❄❄❄

Clematis rehderiana ▽ ↕ 6–7m
☼ ◊ ❄❄❄ 1

Jasminum officinale ▽ ↕ 12m
☼–◐ ◊ ❄❄

Lonicera x italica ▽ ↕ 7m
☼–◐ ◊ ❄❄❄

Trachelospermum jasminoides ▽ ↕ 9m
E ☼ ◊ ❄❄ 2

Wisteria floribunda ↕ 9m ☼ ◊
❄❄❄

Wisteria sinensis ▽ ↕ 9m ☼ ◊ ❄❄❄

1

2

Siehe auch Kleine Gärten planen, S. 18

PFLANZVORSCHLÄGE

Vielseitige Clematis

Kombiniert mit anderen Pflanzen wirken die alten Bekannten wesentlich spannender.

Die hellviolette *Clematis* 'Prince Charles' zusammen mit *Rosa* 'Berkshire' ('Korpinka')

In der Natur überziehen Clematis ihren Untergrund oder ihre Stützpflanze. Wer sich diese Neigung im Garten zu Nutze macht, kann interessante Kombinationen mit anderen Blüten- und Blattpflanzen schaffen.

Ideale Partner

Rosen und Clematis stellen ähnliche Kulturansprüche und werden deshalb gern zusammen gepflanzt. Ihre Blütenformen und -farben kontrastieren oft, lassen sich aber sehr wirkungsvoll kombinieren. Früh blühende Clematis wie *C. alpina* und *C. macropetala*, die sich von unten her gut verzweigen, verdecken die kahlen Zweige von Kletter- und Ramblerrosen.

Im Früh- und Hochsommer blühende Clematis wie *C.* 'Lasurstern', *C.* 'Marie Boisselot' und *C.* 'Nelly Moser' sollten auf fünf bis sechs Triebe ausgedünnt werden, bevor man sie an einer Rose hochranken lässt. Sie tragen dann weniger, aber größere, schöner geformte und gleichmäßiger verteilte Blüten, sodass die Kombination insgesamt ausgewogener wirkt.

Strauchige Kollegen

Die meisten großblütigen Hybriden, Sorten der Viticella-Gruppe und kompakte Clematis-Arten blühen von Hochsommer bis Herbst und sind gute Partner für immergrüne und laubabwerfende Sträucher. Dabei ist jedoch vor dem Pflanzen zu überlegen, wann die Pflanzen blühen, wie sie einander ergänzen und welche Art von Schnitt sie benötigen. Die genannten Clematis brauchen einen kräftigen Rückschnitt im zeitigen Frühjahr und ihre jungen Triebe müssen aufgebunden werden, damit sie sich gut entwickeln.

Siehe auch Kletterpflanzen setzen, S. 95; Clematis schneiden, S. 101

Anregende Kombinationen
Oben links: *Clematis* 'Pink Fantasy' wirkt märchenhaft mit *Rosa* 'Agnes'. Oben rechts: *Clematis* 'Arctic Queen' ('Evitwo') hebt das zarte Rosa von *Rosa* 'Cornelia' hervor. Unten rechts: *Clematis* 'Ascotiensis' harmoniert gut mit *Rosa* 'Ballerina'.

Großblütige Hybriden, die zur Sommermitte blühen, ranken sich gern um große, immergrüne Sträucher. Dafür eignen sich z. B. Rhododendren-Arten und -Sorten. Ideal sind die tiefrosa *Clematis* 'Kakio' (syn. 'Pink Champagne') oder die zartblaue *C.* 'Will Goodwin'. Diese Sorten breiten ihre natürlichen, lichten Triebe über die Stützpflanze oder durchweben deren Äste.

Mittelgroße Sträucher mit kompaktem Wuchs bieten zugleich etwas Windschutz, und passen besser zu Clematis, die im Früh- bis Spätsommer blühen. Diese haben meist kürzere Triebe und dichter sitzende Blüten. Dazu gehören die mittelblaue *Clematis* 'Fuji-musume', die *C.* 'Arctic Queen' ('Evitwo') mit gefüllten und *C.* 'Josephine' ('Evijohill') mit lila Blüten.

Die spärlichen Blüten und eher düsteren Blätter der immergrünen *Choisya ternata* lassen sich mit den tiefroten, samtigen Blüten von *Clematis* 'Niobe' oder der dunkelblauen *C.* 'Petit Faucon' ('Evisix') beleben. Die *Chiosya* verträgt übrigens einen regelmäßigen Schnitt.

Daneben sind viele Sorten der Strauchveronika *(Hebe)* ein guter Hintergrund für Clematis, besonders *C.* 'Royal Velours'.

Sträucher mit violettem Laub, etwa bestimmte Sorten von *Acer palmatum, Corylus, Cotinus* und *Physocarpus* bedeuten eine besondere Herausforderung, wenn es darum geht, kontrastierende oder auch nur neutrale Farben für geeignete Kombinationen zu finden. *Clematis* 'Etoile Rose' und *Cotinus coggygria* 'Royal Purple' bilden ein elegantes Paar. Ebenso gut passt die weniger wüchsige *C.* 'Arctic Queen' ('Evitwo') zum feinen Blattschnitt von rotlaubigen *Acer palmatum* der *Dissectum*-Gruppe. Andere geeignete Partner sind *Corylus maxima* 'Purpurea' und die tiefrosa *Clematis* 'Carnaby' oder die rubinrote *C.* 'Madame Edouard André' mit *Physocarpus opulifolius* 'Diabolo'.

In den gemischten Rabatten im Garten der RHS in Wisley formt der sonnenverträgliche *Sambucus racemosa* 'Sutherland Gold' ein natürliches Gerüst für *Clematis* 'Perle d'Azur'. Die kräftig goldenen Blät-

Siehe auch Die richtigen Bodendecker, S. 26–27; Kletterpflanzen setzen, S. 95; Clematis schneiden, S. 101 ter bilden einen starken Kontrast zu den zartblauen Blüten.

Den Boden bedecken

Die staudige *Clematis* x *jouiniana* 'Praecox' ist sehr wüchsig und überwuchert die meisten Partnerpflanzen schnell. Allein ergibt sie jedoch einen wunderbaren Bodendecker. Viele andere Clematis eignen sich dagegen für niedrige Kombinationen, vor allem die Sorten der *Texensis*- und *Viticella*-Gruppe. Sie ersticken die Wirtspflanze nicht und ihre Triebe streifen am Boden entlang.

Heide in Kombination mit Clematis lässt eine Gestaltung viel länger interessant erscheinen. Winterblühende Heide mit *C.* 'Etoile Violette' oder *C.* 'Madame Julia Correvon' bedeutet einen echten Blickfang und der Schnitt beider Pflanzen kann zur gleichen Zeit erfolgen.

DIE RICHTIGE CLEMATIS

Blüte im zeitigen Frühjahr

C. alpina ♀ ↕ 1,8–3m ↔ 1,5m ❄❄❄
C. armandii ↕ 3–5m ↔ 1,8–3m E ❄❄
C. macropetala ↕ 1,8–3m ↔ 1,5m ❄❄❄
C. montana ↕ 5–14m ↔ 1,8–3m ❄❄❄

Blüte im Frühling oder Frühsommer

C. 'Lasurstern' ♀ ↕ 2,4m ↔ 90cm ❄❄❄
C. 'Marie Boisselot' ♀ ↕ 3m ↔ 90cm ❄❄❄
C. 'Nelly Moser' ♀ ↕ 1,8–3m ↔ 90cm ❄❄❄
C. patens ↕ 4m ↔ 90cm ❄❄❄
C. 'The President' ♀ ↕ 1,8–3m ↔ 90cm ❄❄❄

Blüte im Spätsommer oder Herbst

C. 'Jackmanii' ♀ ↕ 3m ↔ 90cm ❄❄❄
C. tangutica ↕ 5–6m ↔ 1,8–3m ❄❄❄
C. viticella ♀ ↕ 1,8–4m ↔ 1,5m ❄❄❄

TECHNIKEN

Clematis schneiden

Vorausgesetzt man kennt die Gruppe, zu der die Sorte gehört, gestaltet sich der Schnitt von Clematis gar nicht so schwierig.

Nach ihren Schnittbedürfnissen werden Clematis in drei Gruppen eingeteilt. Die erste Gruppe umfasst kleinblütige Arten, die jede eine andere Schnitttechnik erfordern, und Sorten, die im Frühjahr an den langen Trieben des Vorjahres blühen; diese brauchen keinen regelmäßigen Schnitt, es werden nur die verwelkten Blüten ausgeputzt.

In den Folgejahren wird man möglicherweise schneiden müssen, um den Wuchs zu korrigieren oder um auszudünnen. Muss die Pflanze verjüngt werden, kann man die Triebe nach der Blüte auf 15 cm über dem Ansatz zurückschneiden. Das beeinträchtigt allerdings den Blütenansatz und sollte in den folgenden 3 Jahren unterbleiben. Zu dieser Gruppe gehören unter anderem *Clematis montana*, *C. alpina* und *C. macropetala*. Bei *C. armandii* und *C. cirrhosa* werden nach der Blüte alte Triebe entfernt.

Zur zweiten Gruppe gehören großblütige Kultursorten, die vom Spätfrühling bis Frühsommer an kurzen Seitentrieben aus dem vorjährigen Holz blühen. Man braucht nur die welken Blüten entfernen, sobald die große Schau zu Ende ist, dabei schneidet man auf eine große Triebknospe direkt unterhalb der Blüte zurück. Manche Pflanzen dieser Gruppe blühen im Frühjahr am vorjährigen Holz und dann nochmals im Sommer am diesjährigen Holz.

Wer will kann im Frühjahr die welken Blütentriebe entfernen. Wird die Pflanze im Spätwinter kräftig zurückgeschnitten, blüht sie im Folgejahr vielleicht gar nicht oder nur einmal im Spätsommer. Wird ein Teil der alten Triebe im Spätwinter auf 30 cm gekürzt, bilden sich neue Triebe, die im Spätsommer blühen und somit die Saison verlängern. Zu dieser Gruppe gehören *Clematis* 'Nelly Moser' und *C.* 'Kathleen Wheeler'.

Die dritte Gruppe umfasst jene Clematis, die in der Regel nach dem Frühsommer blühen; ihre Blüten bilden sich an den oberen 60 cm der diesjährigen Triebe. Werden diese Clematis nicht geschnitten, wachsen sie dort weiter, wo sie im vorigen Jahr aufgehört haben, sodass ein wirres Knäuel aus Trieben entsteht, das weit über Augenhöhe blüht und darunter kahl bleibt.

Oft genügt gelegentliches Ausdünnen.

Diese spät blühenden Clematis sollte man daher jedes Jahr im Spätwinter bis zum niedrigsten Augenpaar zurückschneiden. Die ebenfalls spät blühenden *Clematis orientalis* und *C. tangutica* sowie die *Viticella*-Gruppe können an Pergolen oder in Gärten, wo sie genügend Platz haben, unbeschnitten bleiben. Zu dieser Gruppe gehören auch *C. viticella* und *C.* 'Jackmanii'.

Sorten der Jackmanii-Gruppe behandelt man in einer Kombination der Methoden 2 und 3, sodass eine Grundstruktur erhalten bleibt, ältere Triebe aber bis zum Ansatz entfernt werden. Dadurch verlängert sich die Blütezeit. Staudige Arten schneidet man im Spätherbst oder zeitigen Frühjahr fast bis zum Boden zurück.

Siehe auch Vielseitige Clematis, S. 99–100; Probleme mit Clematis, S. 102

Pflanzenschutz an Clematis

Clematis leiden häufiger unter Krankheiten als andere Pflanzen – kein Grund um auf die »Königin der Kletterpflanzen« im Garten zu verzichten.

SCHLEIMFLUSS

Vermutlich lösen Bakterien den Schleimfluss aus. Die Erreger dringen durch Verletzungen in die Pflanze ein, vermehren sich in den Gefäßen und bilden Gase. Dadurch baut sich Druck auf, die Zweige platzen auf und ein Gemisch aus Saft und Bakterien tritt aus. Die Pflanzen werden in kalten Wintern geschwächt und leiden unter Frostschäden; dadurch können weitere Bakterien eindringen.

Symptome

Welke oder vergilbende Blätter sind oft das erste Anzeichen für ein Problem; manchmal treibt die Pflanze im Frühjahr gar nicht aus. Wird der Ansatz des Hauptstammes untersucht, findet sich eine übel riechende, dickflüssige, weißliche bis rosa Absonderung. Diese fließt den Stamm hinab und sammelt sich auf dem Boden. *Clematis montana* ist besonders anfällig für diese Krankheit, aber auch andere Arten leiden manchmal darunter.

Bekämpfung

Leider führt Schleimfluss in der Regel zum Absterben. Manchmal treibt die Pflanze unterhalb der befallenen Stelle neu aus. Meist kann man jedoch eine neue Pflanze an denselben Platz setzen, wenn zuvor so viel wie möglich von der kranken Pflanze entfernt wurde.

Schleimfluss an Clematis

GRÜNE BLÜTEN

Die genaue Ursache für grüne Blüten ist unbekannt, Auslöser können aber niedrige Temperaturen während der Blütenbildung sein. Einige früh blühende Hybriden wie 'Duchess of Edinburgh' und 'Nelly Moser' sind besonders anfällig.

Symptome

Gelegentlich erscheinen früh im Jahr grüne Blüten an sonst farbig blühenden Clematis. Manchmal färben sich ganze Kronblätter nicht aus, oder das Schadbild äußert sich nur in einem grünen Hauch im Zentrum der Blüte. Meist aber haben die Kronblätter eine grüne Spitze. Dies kann durch Kälte bedingt sein und ändert sich, sobald es wärmer wird. Die Blüten sind schön geformt, nicht wie bei der krankhaften Grünblütigkeit, die durch Virus-ähnliche Organismen verursacht wird. In diesem Fall erholt sich die Pflanze nicht; Blüten und Blätter sind auch weiterhin verkrüppelt.

Bekämpfung

Das Problem der grünen Blüten tritt am häufigsten bei Pflanzen an Nordseiten auf. Gelegentlich wird Kalisulfat als Gegenmittel gegeben, doch es gibt keine stichhaltigen Beweise für die Wirksamkeit. Meist zeigen die Pflanzen später im Jahr, wenn sich weitere Blüten öffnen, wieder ihre normale Farbe.

CLEMATISWELKE

Die Sporen des Pilzes *Phoma clematidina* vermehren sich durch Wassertropfen; sie befallen Blätter und manchmal Stängel. Der Pilz breitet sich triebabwärts aus und blockiert das Wasserleitgewebe; dadurch stirbt die Pflanze ab. Der Erreger kann an abgestorbenen Clematis und anderen Pflanzenabfällen mehrere Monate überdauern.

Symptome

Früh blühende, großblütige Sorten sind besonders anfällig, die Arten dagegen zeigen sich resistent. Die Krankheit äußert sich durch plötzliches Welken der oberen Triebenden. Bei neuen Infektionen weist das Wasserleitgewebe im Inneren schwarze Flecken auf.

Bekämpfung

Kaufen Sie gesunde Pflanzen. Schneiden Sie befallene Pflanzen sofort auf gesundes Gewebe zurück und vernichten Sie das kranke Material sorgfältig. Es gibt keine Fungizide gegen diese Krankheit.

Oft welken Pflanzen und sterben ab, weil sie an einem ungeeigneten Platz stehen. Clematis bevorzugen tiefgründigen, frischen, gut dränierten Boden. Rabatten an einer Wand sind oft warm und zu schmal, daher sollte man den Boden mit organischer Substanz und einer Mulchdecke verbessern.

Schwerer Fall von Clematiswelke

Siehe auch Vorbeugender Pflanzenschutz, S. 36–37

TECHNIKEN

Geißblatt schneiden

Wucherndes Geißblatt braucht einen erbarmungslosen Schnitt.

Wirres, verholztes, wucherndes Geißblatt kann im Herbst und Winter drastisch mit der Heckenschere auf etwa 60 cm Höhe zurückgeschnitten werden. Im Frühjahr werden die wüchsigen neuen Triebe so erzogen, dass das gesamte Gerüst von oben bis unten bedeckt ist. Für eine gute Verzweigung sollte man die Triebspitzen regelmäßig auskneifen. Blüten entwickeln sich erst, wenn sich das Wachstum etwas beruhigt hat, aber spätestens in einigen Jahren müsste das Geißblatt wieder wie gewohnt blühen.

Ist kein Extremschnitt erforderlich, können Sie mit einer Art Schur überschüssige Triebe, die meisten Seitentriebe und altes Holz entfernen. Meist hilft diese Methode, wenn die Pflanze nur noch oben an der Wand oder auf dem Zaun aktiv wächst oder zu breit und ausladend geworden ist. Die Pflanze wird zunächst zögerlich blühen, dafür präsentiert sie sich nach einiger Zeit besser als ohne einen Schnitt.

Wucherndes Geißblatt scheren
Zu breit oder zu hoch gewachsenes Geißblatt lässt sich mit der Heckenschere so trimmen, dass überschüssige Triebe und Seitentriebe entfernt werden. Die Pflanze entwickelt sich kräftiger und gesünder.

Siehe auch Kletterpflanzen vermehren, S. 98

PRAKTISCHE TIPPS

Efeu fernhalten

Rechtzeitiges Handeln verhindert Gebäudeschäden durch Efeu.

Selbstklimmende Kletterpflanzen beschädigen Wandflächen normalerweise nicht, Efeu bildet allerdings Wurzeln, die in Risse oder Fugen eindringen und dadurch Schäden anrichten können.

Ein dichter Efeumantel verbirgt Fehler am Gebäude, kann aber Wartungsarbeiten behindern. Außerdem bietet er Eindringlingen einen Zugang und Schädlingen wie Mäusen Schutz.

Bei intaktem Mauerwerk geht es vor allem darum, die Pflanzen von Dachrinnen und Fassadenfarbe fernzuhalten. Zu mächtige und starke Kletterpflanzen bedeuten ein Risiko für das Fundament. Dies ist vor allem bei älteren Gebäuden auf schwerem Boden der Fall, da dieser zum Schrumpfen neigt.

Efeu lässt sich entfernen, indem man den Hauptstamm nahe am Boden durchtrennt. Der Wurzelstock muss regelrecht ausgegraben werden. Die beblätterten Triebe lassen sich recht leicht von der Wand entfernen, die Haftwurzeln allerdings sind hartnäckig und müssen oft mit einer Drahtbürste oder einem harten Pinsel abgekratzt werden.

Haftwurzeln mit der Drahtbürste entfernen

Siehe auch Efeu als Unkraut, S. 33

TECHNIKEN

Passionsblumen schneiden

Bei beschränktem Platz braucht sie regelmäßigen Schnitt.

Um eine frühe Verzweigung zu erreichen, werden bei *Passiflora caerulea* nach dem Pflanzen alle Triebspitzen ausgezwickt oder abgeschnitten. Dadurch bilden sich viele Triebe zum Aufbinden. Stattdessen könnte man die Pflanze nach einem Jahr im Frühjahr auch kräftig zurückschneiden.

Ist genug Platz vorhanden, kann sich die Pflanze weitgehend natürlich entwickeln, ansonsten ist es jedoch ratsam, sie regelmäßig zu schneiden. Einige Zweige oder Triebe bilden ein Grundgerüst, das sich über die vorhandene Wandfläche verteilen kann; weiteres Wachstum nach außen wird begrenzt, indem man im April die Triebspitzen entfernt. Seitentriebe von diesen Haupttrieben dürfen herabhängen. An ihnen bilden sich die Blüten.

Wenn sich im zeitigen Frühjahr die ersten Anzeichen neuer Triebe zeigen, wird frostgeschädigtes Holz auf gesundes Gewebe zurückgenommen. Ebenso kürzt man die herabhängenden Seitentriebe des Vorjahres 2,5 cm ab der Verzweigung ein. Dieser Schnitt wird jährlich wiederholt. Wenn die Hauptzweige ihren Platz ganz ausgefüllt haben, lässt man die Enden herabhängen und schneidet sie alljährlich im Frühjahr wie die Seitentriebe.

Die herrliche Blüte der *Passiflora caerulea*

Siehe auch Kletterpflanzen vermehren, S. 98

TECHNIKEN

Kletterrosen verjüngen

Vernachlässigte Rosen brauchen einen drastischen Schnitt.

Vernachlässigte Kletterrosen bleiben unten kahl und bilden oben ein wirres Knäuel. Entfernen Sie im Herbst oder Winter den größten Teil des alten Holzes, sodass sich am Ansatz neue Triebe bilden können.

Lösen Sie bei Bedarf die Kletterrose von ihrem Gerüst und legen Sie sie auf dem Boden aus, um die Triebe besser zu erreichen. Ziehen Sie nach dem Schnitt die neuen Triebe wieder auf das Gerüst und biegen Sie sie möglichst waagerecht, damit sich weit unten Triebe dadurch auch Blüten bilden. Alte, empfindliche Rosen können unter einem allzu harten Schnitt leiden. Manchmal bilden sie keine neuen Triebe und sterben ab. Verteilen Sie dann die notwendigen Arbeiten auf mehrere Jahre.

Normaler jährlicher Schnitt

Kletterrosen werden im zeitigen Frühjahr geschnitten. Kürzen Sie die abgeblühten Seitentriebe um zwei Drittel. Bei Ramblerrosen entfernen Sie die alten, abgeblühten Triebe bis zum Boden. Binden Sie die neuen Triebe auf, die im nächsten Jahr blühen.

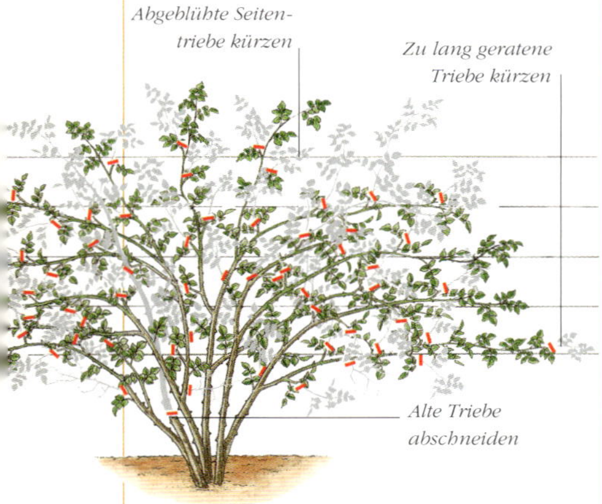

Jährlicher Schnitt von Kletterrosen

Siehe auch Rosen schneiden, S. 90–91

PFLANZVORSCHLÄGE

Kletterrosen auswählen

Manche Kletter- und Ramblerrosen eignen sich für schattige Nordwände, andere lassen sich an Säulen erziehen.

Rosen nach Blütenform und -farbe auszuwählen ist eine Geschmacksfrage. Oft müssen Sie sich dabei auf Beschreibungen verlassen, vor allem wenn Sie Rosenarten suchen, die in den Katalogen der Züchter selten abgebildet sind. Besser ist es jedoch, wenn Sie die blühende Rose vor dem Kauf sehen können, das beugt Enttäuschungen vor. Besuchen Sie daher während der Blütezeit Gärtnereien und Rosengärten.

1

2

FARBENFROHE KLETTERROSEN

Für Nordwände

'Dortmund' ↕ 2m, Kletterrose; ungefüllte, blutrote Blüten; remontierend ❄❄❄ [1]

'Félicité Perpétue' ↕ 8m, Ramblerrose; gefüllte, weiße Blüten, Knospen mit rotem Hauch; Blätter halten bis zum Winter; einmal blühend ❄❄❄

'Leverkusen' ↕ 3m, Kletterrose; gefüllte, zart duftende, zitronengelbe Blüten; manchmal remontierend ❄❄❄

'Maigold' ↕ 3m, Kletterrose; halb gefüllte, duftende, bronzegelbe Blüten; schöne Blätter; manchmal remontierend ❄❄❄

'Madame Alfred Carrière' ↕ 6m, Kletterrose; gefüllte, süß duftende, cremeweiße Blüten; remontierend ❄❄❄

'Madame Grégoire Staechelin' ↕ 6m Kletterrose; halb gefüllte, duftende, leuchtend rosa Blüten; einmal blühend ❄❄❄

'New Dawn' ↕ 2,5m, Kletterrose; gefüllte, duftende, apfelblütenrosa Blüten; remontierend ❄❄❄

Für Säulen

'Aloha' ↕ 1,5m, Kletterrose; gefüllte, duftende, rosa Blüten; remontierend ❄❄❄ [2]

'Compassion' ↕ 4m, Kletterrose; gefüllte, duftende, apricotrosa Blüten; remontierend ❄❄❄ [3]

'Dublin Bay' ('Macdub') ↕ 2,4m, Kletterrose; gefüllte, leicht duftende, tiefrote Blüten; remontierend ❄❄❄

'Golden Showers' ↕ 3m, Kletterrose; gefüllte, duftende, goldgelbe Blüten; remontierend ❄❄❄

'Morning Jewel' ↕ 3m, Kletterrose; halb gefüllte, duftende, rosa Blüten; remontierend ❄❄❄

Siehe auch Pergolen und Lauben, S. 28–29; Kletterpflanzen setzen, S. 95

TECHNIKEN

Glyzinen schneiden

Glyzinen können an Pergolen oder als Hochstämme erzogen werden; am schönsten blühen sie bei zweimaligem Schnitt pro Jahr.

An einer Wand sollten die Hauptäste der Glyzine so verteilt werden, dass sie die Wand bedecken und nicht zu eng wachsen. Halten Sie die Äste zunächst 45–60 cm weit auseinander und dünnen Sie bei Bedarf später aus, wenn sich nach dem regelmäßigen Schnitt größere Zweigsysteme bilden.

Oft entwickeln sich selbst bei älteren Pflanzen an der Basis kräftige neue Triebe. Einige davon können zum Auffüllen leerer Flächen oder als Ersatz für alte, abgetragene Triebe dienen, die bis zum Boden ausgeschnitten werden.

An einer Wand können senkrecht oder waagerecht gespannte verzinkte Drähte in 30 cm Abstand als Kletterhilfe dienen. *Wisteria sinensis* ist die beste Art für diesen Zweck, weil ihre kurzen Blütentrauben hier schön zur Geltung kommen.

Pergolen und Torbögen

Die Art *Wisteria floribunda* hat die längsten Blütentrauben und wirkt am besten an einer Pergola oder ähnlichen Bauten, wo die Blüten unbehindert von Zweigen und Blättern herabhängen können.

Als Hochstamm

Hochstamm-Glyzinen können als Solitär in Rabatten oder großen Trögen kultiviert werden. Beginnen Sie mit einer jungen, einstämmigen Pflanze. Topfen Sie Containerpflanzen im Frühjahr um, wobei Sie den neuen Topf immer etwas größer wählen als den alten. Verwenden Sie ein nährstoffreiches, erdhaltiges Topfpflanzensubstrat, da es der Pflanze besseren Halt bietet als ein leichtes Torf- oder Kokosfasersubstrat.

Stützen Sie den Hauptstamm gut ab und binden Sie ihn nach Bedarf auf. Er sollte ungehindert wachsen, bis er die gewünschte Höhe, meist 1,2–1,5 m, erreicht hat. Entfernen Sie im Spätwinter die Spitze, damit sich am oberen Ende des Stammes Seitentriebe bilden. Schneiden Sie diese im Winter auf 15–30 cm zurück und wiederholen Sie den Schnitt im folgenden Winter, sodass nach und nach eine Krone entsteht. Schwache oder ungünstig wachsende Triebe können ganz entfernt werden.

Wenn sich die Krone entwickelt, schneiden Sie die Pflanze auch im Sommer. Kürzen Sie die Spitzen der Haupttriebe, die nicht gebraucht werden.

Eine Pergola ist ideal für Glyzinen, da die Blüten ungehindert herabhängen können.

Siehe auch Warum gedeiht die Glyzine nicht?, S. 106; Kletterpflanzen vermehren, S. 98

Sie werden auf das siebte Blatt zurückgeschnitten, die Seitentriebe auf ein oder zwei Blätter. Im folgenden Spätwinter schneiden Sie alle diese Seitentriebe auf 2,5 cm ab dem Ansatz zurück.

Jährlicher Schnitt

Glyzinen können unbeschnitten wachsen, wenn genügend Platz vorhanden ist, blühen aber meist üppiger und regelmäßiger, wenn sie im Sommer und Winter auf ein Zweigsystem zurückgeschnitten werden. Wenn Sie die Zweige oder Sporen im Sommer kürzen wie hier beschrieben, bilden sich neue Blütenknospen. Dafür gibt es keine wissenschaftliche Erklärung, aber dieses Verhalten ist äußerst nützlich.

Kürzen Sie im Spätsommer alle diesjährigen Triebe, die nicht als Ersatz für ältere Äste oder für den Ausbau der vorhandenen Struktur gebraucht werden, auf 30 cm ab dem Ansatz. An

Zurückschneiden von Seitentrieben im Winter

diesen gekürzten Trieben, am Ansatz des vorjährigen Holzes, bilden sich Blüten und im Spätwinter sollten Sie die größeren, dickeren Blütenknospen von den schlankeren Triebknospen unterscheiden können.

Schneiden Sie die im Sommer gekürzten Triebe im Spätwinter auf 2,5–5 cm ab dem alten Holz zurück.

PFLANZENPROBLEM

Warum gedeiht die Glyzine nicht?

Glyzinen sind meist wüchsige Pflanzen, blühen aber manchmal gar nicht oder nur schwach.

SCHWACH ODER NICHT BLÜHENDE PFLANZEN

Es gibt verschiedene Gründe, warum Glyzinen nicht oder nur schwach blühen. Vielleicht liegt es an ungünstigen Kulturbedingungen oder auch an einer minderwertigen Pflanze.

Bodenverhältnisse

Leichter Sandboden enthält mitunter wenig Kalium, sodass die Pflanzen kaum blühen. Geben Sie auf solche Böden im Frühjahr 35 g Kalisulfat pro Quadratmeter.

Glyzinen brauchen einen sonnigen Standort. Angewachsene Glyzinen vertragen Trockenheit zwar relativ gut, trotzdem sollten Sie darauf achten, dass die Pflanze genügend Wasser bekommt, vor allem am Fuß einer Mauer. Mulchen Sie im Frühjahr, um die Feuchtigkeit im Boden zu halten, bevor die trockene Jahreszeit beginnt. Gießen Sie bei Trockenheit gründlich und regelmäßig, besonders von Hochsommer bis Frühherbst, wenn sich die Blütenknospen bilden. Alle Pflanzen, die einige Jahre nicht geblüht haben und die nicht innerhalb von 1–2 Jahren auf eine Behandlung reagieren, sollten entfernt werden.

Aus Samen angezogene Pflanzen

Aus Samen angezogene Pflanzen sind immer von geringerer Qualität als veredelte, blühen schlecht und oft erst nach vielen Jahren. Besser lehnen Sie ab, wenn man Ihnen eine selbst gezogene Glyzine überlassen will.

ABFALLENDE BLÜTENKNOSPEN

Das geschieht oft, wenn der Wurzelbereich an niederschlagsarmen Plätzen wie vor einer Wand zeitweise zu trocken war. Besonders gravierend wirkt sich das im Spätsommer oder Frühherbst aus, wenn die Blütenknospen angelegt werden.

Eine üppig blühende Glyzine

Mitunter geschieht dies auch im zeitigen Frühjahr bei warmen Tagen und kalten Nächten oder bei einem scharfen Spätfrost, der die Blütentrauben trifft, wenn sie sich öffnen, sodass sie schlaff und leblos herabhängen. Auch kalter Wind an einem ungeschützten Standort lässt die Blütenknospen abfallen.

SCHÄDEN DURCH VÖGEL UND NAGER

Blütenknospen werden auch von Vögeln vernichtet, die nach Insekten suchen. Die meisten werden aber überleben und einige blühende Ranken bilden. Mäuse wurden schon dabei beobachtet, dass sie Blütentriebe ernteten und mit in ihr Nest nahmen. Meist richten sie aber keinen großen Schaden an.

Siehe auch Glyzinen schneiden, S. 105–106; Bodenfruchtbarkeit, S. 259

STAUDEN

Das Spiel mit den Farben

Es lohnt sich, die Staudenbeete nach einem überlegten Farbschema zu gestalten; das Ergebnis ist bald sichtbar und falls eine Kombination nicht funktioniert, lassen sich Korrekturen schnell vornehmen.

Angesichts der unbegrenzten Möglichkeiten brauchen Sie keine Scheu vor Farbexperimenten zu haben. Entscheiden Sie sich für Kombinationen, die Ihnen gefallen, und ergänzen Sie ähnliche oder komplementäre Farben aus dem Farbkreis.

Der Farbkreis

Ausgangspunkt aller Farbtöne sind die drei Grundfarben Rot, Blau und Gelb, die gemischt die Sekundärfarben Violett, Grün und Orange ergeben. Wo sich die Segmente treffen, entstehen unendlich feine Farbabstufungen. Im Farbkreis liegen sich jeweils eine Grund- und eine Mischfarbe gegenüber: Violett und Gelb, Rot und Grün, Blau und Orange. Kombinationen mit solchen Komplementärfarben fallen sofort ins Auge und wirken vor allem auf die Entfernung. Manche Pflanzen tragen lebhafte Kontraste schon in sich, wie die leuchtend grünen Blätter und leuchtend roten Blüten bei *Crocosmia* 'Lucifer'. Gleichfalls können benachbarte Pflanzen eine intensive Wirkung erziehlen. Blüht etwa violettblauer Salbei (z.B. *Salvia* x *sylvestris* 'Mainacht') neben einer gelben Nacht-

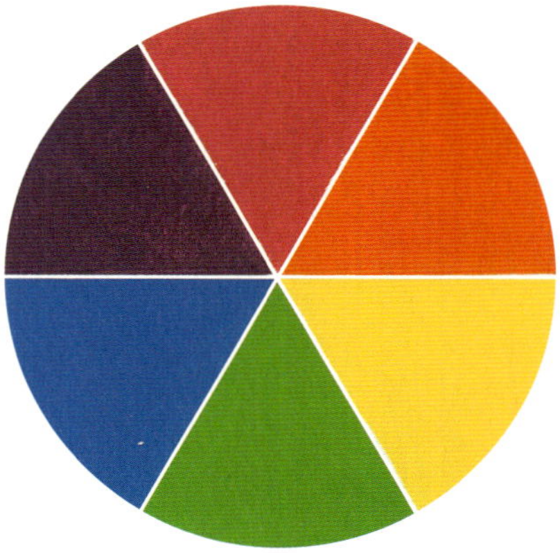

Harmonie mit dem Farbkreis
Der Kreis hilft dabei, ansprechende Farbwirkungen zu planen. In der Rabatte oben rechts wurden ähnliche Farbtöne – Blau, Violett und Rosa – zu einer zarten Mischung kombiniert.

EMPFEHLENSWERTE STAUDEN IN WARMEN FARBEN

Achillea filipendulina 'Gold Plate' ♀ ↕ 1,2m ↔ 45cm ☼ ◊ ❄❄❄

Crocosmia 'Lucifer' ♀ ↕ 1–1,2m ↔ 8cm ☼–◐ ◊ ❄❄ [1]

Helenium 'Butterpat' ♀ ↕ 90cm ↔ 60cm ☼ ◊ ❄❄❄

Kniphofia triangularis ↕ 60–90cm ↔ 45cm ☼–◐ ◊ ❄❄❄

Lobelia cardinalis ♀ ↕ 90cm ↔ 30cm ☼–◐ ◊ ❄❄❄

Lychnis chalcedonica ♀ ↕ 80cm ↔ 45cm ☼–◐ ◊ ❄❄❄

Monarda 'Cambridge Scarlet' ♀ ↕ 90cm ↔ 45cm ☼–◐ ◊ ❄❄❄

Oenothera fruticosa 'Fyrverkeri' ♀ ↕ 30–90cm ↔ 30cm ☼ ◊ ❄❄❄

Papaver orientale 'Mrs Perry' ↕ 90cm ↔ 60–90cm ☼ ◊ ❄❄❄ [2]

Rudbeckia 'Herbstsonne' ♀ ↕ 1,8m ↔ 90cm ☼–◐ ◊ ❄❄❄ [3]

Siehe auch Stauden für jede Jahreszeit, S. 110–111; Mehr Erfolg mit Ziergräsern, S. 131–132 kerze, heben sich die kräftigen Farben gegenseitig hervor.

Im Farbkreis benachbarte Farben – etwa in Gestalt von rosa *Papaver orientale* 'Mrs Perry' und violetter Katzenminze – gehen eine harmonische Verbindung ein. Aus der Ferne wirkt eine solche Gestaltung diffus, aus der Nähe aber elegant. Nach einem Farbschema geplante Staudenbeete zeigen eine enorme Wirkung, vor allem, wenn sie die ganze Saison über Farbe zu bieten haben.

Blattfarben

Ungewöhnliche Blattfarben spielen bei besonders raffinierten Kombinationen eine Rolle: Gold und Lindgrün, Blaugrau und Silber, Kupfer und Violett. Unsere Wahrnehmung der Farben wird außerdem vom Licht und von Strukturen beeinflusst. Gelb gefleckte Blätter oder zarte goldene Gräser wirken wie lichter Schatten und steigern die Wirkung von benachbarten Farben.

Warme Farben

Auch an tristen Tagen können Pflanzungen mit gelben, orangen und roten Blüten einen Eindruck von Fröhlichkeit schaffen. Gämswurz und Primeln sind die ersten Stauden, die im Frühjahr sonnige Farben zeigen. Die am meisten strahlenden Töne erscheinen dagegen im Sommer. *Geum* 'Borisii' zählt dabei mit seinen scharlachorangen Blüten zu den ersten. Weitere pflegeleichte Kandidaten sind oranger und roter Mohn, rote Pfingstrosen, Montbretien in feurigem Rot, Orange und Gold sowie Taglilien *(Hemerocallis)* in den verschiedensten Gelb-, Orange- und Rottönen.

Kalte Farben

Stauden in kalten Farben betonen die Frische des Frühlings und dämpfen die hochsommerliche Hitze ein wenig. In Weiß und Blau gehaltene Staudenbeete sind recht beliebt, sie können aber sehr kühl wirken; gedämpfte Farben wie Blassgelb, Grün und Rosa verfeinern den optischen Eindruck. Kalte Farben gibt es das ganze Frühjahr über und für einen Großteil des Sommers. Den Anfang machen weiße und rosa überlaufene Nieswurz, Buschwindröschen, weiße und blaue Sorten von *Primula denticulata* sowie zartrosa und weiße Bergenien. Danach erscheinen rosa, blaue oder weiße Glockenblumen, blauer oder weißer Eisenhut *(Aconitum)* und Storchschnabel in Blau, Violett, Rosa und Weiß.

1

2

3

4

EMPFEHLENSWERTE STAUDEN IN KALTEN FARBEN

Aconitum 'Bressingham Spire' 🏆 ↕ 90cm ↔ 30cm ◐ 💧 ❄❄❄ [4]

Actaea matsumurae 'Elstead' 🏆 ↕ 60–90cm ↔ 60cm ◐ 💧 ❄❄❄

Anemone x *hybrida* 'Honorine Jobert' 🏆 ↕ 1,2–1,5m ↔ 60cm ☼–◐ 💧 ❄❄❄

Anemone nemorosa 🏆 ↕ 8–15cm ↔ 30cm ◐ 💧 ❄❄❄

Bergenia 'Silberlicht' 🏆 ↕ 30–45cm ↔ 45–60cm E ☼–◐ 💧 ❄❄❄

Campanula 'Burghaltii' 🏆 ↕ 60cm ↔ 30cm ☼–◐ 💧 ❄❄❄

Eryngium variifolium ↕ 30–40cm ↔ 25cm E ☼ 💧 ❄❄❄

Geranium pratense 'Mrs Kendall Clark' 🏆 ↕ 60–90cm ↔ 60cm ☼–◐ 💧 ❄❄❄

Helleborus foetidus 🏆 ↕ 80cm ↔ 45cm E ☼–◐ 💧 ❄❄❄

Leucanthemum x *superbum* 'Esther Read' ↕↔ 50–60cm ☼–◐ 💧 ❄❄❄ [5]

5

Stauden für jede Jahreszeit

Wählen Sie nicht allein Stauden, die im Sommer blühen, sondern auch Früh- und Spätblüher, damit die Rabatte für möglichst lange Zeit Farben zeigt.

Reine Stauden- wie gemischte Rabatten sollten Pflanzen enthalten, die vom Frühling bis zum Herbst einen interessanten Anblick bieten. Manche blühen, je nach Klima, Region und Standort, früher als in der Tabelle aufgeführt (rechts), andere halten länger durch. Die Angabe der Blütenfarbe ist als Richtwert zu verstehen.

1

2

EMPFEHLENSWERTE STAUDEN FÜR JEDE JAHRESZEIT

Spätfrühling

Anchusa azurea ↕ 90–150cm ↔ 60cm, blau ☼ 💧 ❄❄❄ [1]

Bergenia cordifolia ↕ 60cm ↔ 75cm, pink E ☼–◐ 💧 ❄❄❄

Dicentra spectabilis 🏆 ↕ 1,2m ↔ 45cm, rosa ◐ 💧 ❄❄❄

Polygonatum x *hybridum* 🏆 ↕ 1,5m ↔ 30cm, weiß ◐–● 💧 ❄❄❄

Pulmonaria saccharata 'Mrs Moon' ↕ 30cm ↔ 60cm, blau E ◐–● 💧 ❄❄❄

Tanacetum coccineum 'Brenda' ↕ 70–80cm ↔ 45cm, rosa ☼ ◊ ❄❄❄

Trollius chinensis 'Golden Queen' 🏆 ↕ 90cm ↔ 45cm, gelb ☼–◐ 💧 ❄❄❄

Veronica gentianoides 🏆 ↕↔ 45cm, blau ☼ ◊ ❄❄❄

Frühsommer

Acanthus spinosus 🏆 ↕ 1,5m ↔ 60–90cm, weiß und violett ☼–◐ ◊ ❄❄❄ [2]

Achillea 'Coronation Gold' 🏆 ↕ 75–90cm ↔ 45cm, gelb ☼ 💧 ❄❄❄

Campanula lactiflora ↕ 1,2–1,5m ↔ 60cm, blau ◐ 💧 ❄❄❄

Dianthus 'Doris' 🏆 ↕↔ 30cm, rosa E ☼ ◊ ❄❄❄

Erigeron 'Dunkelste Aller' 🏆 ↕ 60cm ↔ 45cm, blauviolett ☼–◐ ◊ ❄❄❄

Paeonia lactiflora 'Sarah Bernhardt' 🏆 ↕↔ 90–100cm, rosa ☼–◐ 💧 ❄❄❄

Papaver orientale 'Cedric Morris' 🏆 ↕ 90cm ↔ 60–90cm, rosa ☼ ◊ ❄❄❄ [3]

Verbascum 'Gainsborough' 🏆 ↕ 1,2m ↔ 30cm, gelb, E ☼ ◊ ❄❄❄

Hochsommer

Echinacea purpurea ↕ 1,5m ↔ 45cm, purpurrot ☼ ◊ ❄❄❄ [4]

Hemerocallis 'Golden Chimes' 🏆 ↕ 90cm ↔ 45cm, gelb E ☼–◐ 💧 ❄❄❄

Hosta 'Royal Standard' 🏆 ↕ 60cm ↔ 1,2m, weiß ◐–● 💧 ❄❄❄ [5]

Iris sibirica 'Perry's Blue' ↕ 75cm ↔ 60cm, blau ☼–◐ ◊ ❄❄❄

Oenothera fruticosa 'Fyrverkeri' 🏆 ↕↔ 30–38cm, gelb ☼ ◊ ❄❄❄

Rudbeckia fulgida var. *sullivantii* 'Goldsturm' 🏆 ↕ 60cm ↔ 45cm, gelb ☼–◐ 💧 ❄❄❄

Scabiosa caucasica 'Clive Greaves' 🏆 ↕↔ 60cm, blau ☼ ◊ ❄❄❄

Solidago 'Goldenmosa' 🏆 ↕ 75cm ↔ 45cm, gelb ☼ ◊ ❄❄❄

Spätsommer

Actaea racemosa 🏆 ↕ 1,2–1,8m ↔ 60cm, weiß ◐ 💧 ❄❄❄

Anaphalis triplinervis 🏆 ↕ 80–90cm ↔ 45–60cm, weiß und gelb ☼–◐ 💧 ❄❄❄

Anemone x *hybrida* ↕ 1,2–1,5m ↔ 60cm, rosa oder weiß ☼–◐ 💧 ❄❄❄

Ceratostigma plumbaginoides 🏆 ↕ 45cm ↔ 30cm, blau ☼ 💧 ❄❄❄

Ophiopogon planiscapus 'Nigrescens' 🏆 ↕ 20cm ↔ 30cm, schwärzliche Blätter E ☼–◐ 💧 pH ❄❄❄

Persicaria affinis 'Superba' 🏆 ↕ 25cm ↔ 60cm, rosa ☼–◐ 💧 ❄❄❄

Zauschneria californica 'Dublin' 🏆 ↕ 25cm ↔ 30cm, rot ☼ ◊ ❄❄

Frühherbst

Aster x *frikartii* 'Mönch' 🏆 ↕ 70cm ↔ 35–40cm, blau ☼ ◊ ❄❄❄

Aster novae-angliae 'Andenken an Alma Pötschke' ↕ 1,2m ↔ 60cm, rosa ☼–◐ 💧 ❄❄❄

Aster thomsonii 'Nanus' ↕ 45cm ↔ 25cm, blau ◐ 💧 ❄❄❄

Liriope muscari 🏆 ↕ 30cm ↔ 45cm, lila-violett E ◐–● 💧 ❄❄❄

Nerine bowdenii 🏆 ↕ 45cm ↔ 8cm, rosa ☼ ◊ ❄❄❄

Schizostylis coccinea 'Major' 🏆 ↕ 60cm ↔ 30cm, rot ☼ 💧 ❄❄

Sedum 'Herbstfreude' 🏆 ↕↔ 60cm, rosa ☼ ◊ ❄❄❄

Siehe auch Gehölze mit bunten Blättern, S. 57–58; Herbstfarben, S. 62; Das Spiel mit den Farben, S. 108–109; Ziergräser, S. 131–132

PFLANZENPROBLEME

Agapanthus blüht nicht

Diese Stauden brauchen etwas Fürsorge, um gut zu gedeihen.

Im Beet ausgepflanzter *Agapanthus* braucht nährstoffreichen, gut dränierten Boden an einem warmen, sonnigen Standort. Eine Mulchdecke und zusätzliche Düngung mit einem Volldünger fördern die Blüte. Pflanzen im Kübel kommen den Winter über an einen kühlen, hellen Ort, etwa in ein frostfreies unbeheiztes Gewächshaus oder in einen Wintergarten; dort darf es weder zu feucht noch zu trocken sein. Wärme im Winter führt zu frühen, aber minderwertigen Blüten.

Agapanthus braucht während der Wachstumszeit viel Wasser, vor allem nach der Blüte, um die Blütenanlage für das nächste Jahr zu fördern. Kübelpflanzen erhalten alle 2 Wochen eine Gabe Flüssigdünger, bis sich die Blüten entwickelt haben.

Zu viel Schatten fördert bei immergrünen Arten üppige Blätter auf Kosten der Blüten und lässt bei sommergrünen Arten das Wachstum stocken. Die Pflanzen sollten mindestens den halben Tag lang in der Sonne stehen, ein Platz im tiefen Schatten unter Bäumen eignet sich nicht. Nach dem Teilen kann zunächst der Blütenansatz leiden. Geteilt wird alle 4–6 Jahre oder wenn die Blüte nachlässt. Samenbildung beeinträchtigt die Blüte nicht.

Agapanthus leidet sehr selten unter Schädlingen oder Krankheiten. Zu den besten gehört *A. campanulatus* subsp. *patens*; diese Unterart mit hellblauen Blüten bleibt kompakt, braucht aber einen warmen, sonnigen Platz. *A.* 'Loch Hope' hat dunkler blaue Blüten und wird mit 1,5 m relativ hoch.

Agapanthus africanus und *A. africanus* 'Blue Giant' tragen tiefblaue Blüten und immergrüne Blätter, sind aber in Mitteleuropa nicht winterhart. Sie eignen sich als Kübelpflanzen, wenn sie frostfrei überwintern können.

Siehe Vorbeugender Pflanzenschutz, S. 36–37

PFLANZENPROBLEME

Blattflecken an Rittersporn

Einschneidende Maßnahmen sind in diesem Fall erforderlich.

Die Flecken auf den Blättern werden durch das Bakterium *Pseudomonas syringae* pv. *delphinii* verursacht. Sie befällt vor allem *Delphinium*-Arten, aber auch Eisenhut *(Aconitum napellus)*.

Schadbild

Unregelmäßige, glänzende, teerartige Flecken erscheinen auf den Blattoberflächen, an Stängeln und Blütenteilen. Auf den Blattunterseiten sind die Flecken eher braun als schwarz. Sie verlaufen ineinander, das Blatt wird mit der Zeit ganz schwarz und stirbt ab. Das Bakterium breitet sich von infizierten Pflanzenresten über den Boden und durch Spritzwasser aus und befällt Pflanzen über die Spaltöffnungen.

Bekämpfung

Vernichten Sie befallenen Rittersporn und setzen Sie neue Pflanzen an eine andere Stelle. Kupferhaltige Fungizide wirken auch gegen Bakterienkrankheiten, sind aber für diesen Zweck nicht zugelassen.

Siehe Schädlinge und Krankheiten, S. 36–37

Nieswurz gesund erhalten

Gute Beobachtung und schnelles Handeln können Nieswurz und Christrosen vor dem Befall durch bedrohliche Pflanzenkrankheiten bewahren.

Tödliche Nieswurz-Krankheit
Der Carlavirus tritt vor allem an *Helleborus* x *hybridus* auf. Die Infektion macht sich in Form von schwarzen Flecken an Blättern, Stängeln und Blüten bemerkbar. Die Pflanzen wachsen oft verkrüppelt und sterben ab.

SCHWARZER TOD

In den letzten Jahren hat der Beratungsdienst des RHS-Gartens Wisley Nieswurzpflanzen erhalten, deren Blätter und Stängel schwarz verfärbt und verwachsen waren. Die *Helleborus*-Experten Graham Rice und Elizabeth Strangman beschreiben diese Krankheit in The Gardener's Guide to Hellebores (David & Charles, 1993) als »Black Death«, und die Symptome sind den meisten *Helleborus*-Züchtern inzwischen bekannt. Es scheint sich hierbei um ein neueres Phänomen zu handeln.

Diese gefährliche Krankheit ist seit mindestens 10 Jahren bekannt, jedoch war ihre Ursache nicht leicht auszumachen. 2001 wurden bei Untersuchungen drei Virentypen in befallenem Gewebe festgestellt. Einer davon ist noch nicht identifiziert und es bedarf weiterer Arbeiten, dieses Virus zu beschreiben und die Übertragungswege zu ermitteln. Die anderen beiden sind bekannte Pflanzenviren mit zahlreichen Wirten, die aber bislang noch nicht bei Nieswurz nachgewiesen wurden.

Schadbild

Blätter, Stängel und Blüten sind mit schwarzen Flecken oder Streifen bedeckt, die entlang der Adern oft etwas hervorstehen. Die Pflanzen wachsen schlecht und mit verdrehten Stängeln, sie blühen nicht und sterben meist ab. Die schwarzen Flecken bilden oft Ringe oder ziehen sich in Reihen entlang der Blattstiele zur Mittelachse. Diese Schwarzfärbung entsteht durch den Abbau von Pflanzengewebe.

Bekämpfung

Solange die Ursache nicht exakt geklärt ist, lässt sich keine Empfehlung zur Bekämpfung geben. Virusinfektionen sind nicht heilbar. Alle befallenen Pflanzen sollten vernichtet werden, sobald die Symptome auftreten, um das Ausbreitungsrisiko zu verringern. Die Übertragungsweise ist ebenfalls noch nicht erforscht. Das Problem wurde in Südengland beobachtet und scheint weiter zuzunehmen. Nach den Beobachtungen in Wisley erholen sich befallene Pflanzen nicht.

SCHWARZFLECKENKRANKHEIT

Die schädliche Schwarzfleckenkrankheit bei der Nieswurz ist weit verbreitet. Sie wird von dem Pilz *Coniothyrium hellebori* ausgelöst und betrifft vor allem die Christrose *(Helleborus niger)*. Große, unregelmäßige

schwarze Flecken erscheinen an Blättern und Stielen; sie verlaufen oft ineinander. Das restliche Blattgewebe wird gelb und stirbt ab. Die Flecken treten auch an Blüten und Blütenstielen auf, oberhalb des Infektionsherdes welken die Stängel.

Um die Ausbreitung der Krankheit zu verhindern, werden befallene Blätter und Blüten entfernt, sobald sich Symptome zeigen. Krankes Gewebe muss vernichtet werden. Vorbeugende Spritzungen mit Kupfermitteln wie Kupferoxychlorid versprechen einen gewissen Erfolg.

PFLANZENPROBLEME

Blatt- & Knospenälchen

Nematoden schwächen das Wachstum.

Fadenwürmer oder Nematoden treten als Verursacher unterschiedlicher Pflanzenschädigungen in Erscheinung; so befallen Blatt- und Knospenälchen *(Aphelenchoides ritzemabosi* und *A. fragariae)* viele verschiedene Pflanzen. Der Schaden macht sich verstärkt im Spätsommer und Herbst bemerkbar, vor allem an Stauden wie Chrysanthemen und Japananemonen.

Schadbild

Die Älchen leben in den Blättern. Die befallenen Stellen werden gelb und später bräunlich schwarz. Die Älchen können sich im Blatt nur über die größeren Blattadern ausbreiten. Zu Beginn des Befalls wirken daher die gesunden und geschädigten Teile wie durch die Adern getrennte Inseln. Mit der Zeit wird das ganze Blatt befallen und verfärbt sich.

Bekämpfung

Für den Hobbygärtner stehen keine Pflanzenschutzmittel zur Verfügung, stark befallene Pflanzen sollten vollständig entfernt und vernichtet werden.

Braunschwarze Flecken

Siehe Pflanzenschutz, S. 36–37

PFLANZENPROBLEME

Schädlinge und Krankheiten bei Lupinen

Eine Riesenblattlaus und eine potenziell tödliche »neue« Pilzkrankheit bedrohen die Staudenlupinen.

Befall mit Lupinenblattläusen

LUPINENBLATTLAUS

Die Lupinenblattlaus *(Macrosiphum albifrons)* ist eine in Nordamerika heimische Art, die verschiedene *Lupinus*-Arten befällt. Sie ist graugrün und mit 4–5 mm Länge größer als die meisten bekannten Blattläuse. Im Frühsommer entwickeln sich dichte Kolonien an der Unterseite von Blättern und Blütenständen.

Schadbild

Der Schaden, den diese saugenden Insekten anrichten, kann dazu führen, dass die Pflanze welkt und abstirbt. Die Blätter werden mit klebrigem Honigtau überzogen, außerdem sondern die Blattläuse eine weißliche Wachsschicht ab.

Bekämpfung

Lupinenblattläuse bleiben das ganze Jahr über an der Wirtspflanze und überwintern in relativ kleiner Zahl als Nymphen in den Knospen an der Basis. Sie vermehren sich, wenn die Pflanzen wieder austreiben und sind von Ende Mai bis Juli besonders zahlreich. Geflügelte Blattläuse entwickeln sich im Sommer und fliegen auf der Suche nach neuen Wirtspflanzen davon. Zur Bekämpfung eignet sich ein Spritzmittel, das eine Zulassung gegen Blattläuse besitzt. Organische Mittel auf der Basis von Pyrethrum oder Fettsäuren wirken ebenfalls.

BLATTFLECKENKRANKHEIT

Der pilzliche Erreger *Colletotrichum acutatum* tritt an verschiedenen Zierpflanzen auf, zum Beispiel auch an Anemonen.

Schadbild

An den Blatträndern bilden sich dunkelbraune, abgestorbene Flächen, junge Blätter sterben ab, an älteren Blättern und Blütenstielen treten Verschorfungen auf, an kleineren Pflanzen braune Flecken und Fäulnis am Wurzelhals. Stark befallene Pflanzen können absterben.

Bekämpfung

Wie andere *Colletotrichum*-Arten wird auch *C. acutatum* durch infiziertes Saatgut verbreitet.

Die einzige empfehlenswerte Bekämpfungsmethode ist das schnelle Entfernen befallener Pflanzen, um die Ausbreitung zu verhindern. Gießen Sie Lupinen nicht von oben, da die Sporen über spritzende Wassertropfen verteilt werden. Luftfeuchtigkeit fördert die Entwicklung und Ausbreitung dieser Krankheit.

Es gibt keine Fungizide für den Hobbygärtner, die zur Bekämpfung dieser Krankheit zugelassen sind. Bisher hat sich keine Lupinenart als resistent erwiesen.

Siehe auch Vorbeugender Pflanzenschutz, S. 36–37; Blattläuse bekämpfen, S. 42

PFLANZENPROBLEME

Kümmernde Astern

An schwachem Wuchs können Milben schuld sein.

Spärliche Blütenbildung durch Cyclamenmilben

Ein Stamm der Cyclamenmilbe *(Phytonemus pallidus asteris)* schädigt häufig Glattblattastern *(Aster novi-belgii)*; andere mehrjährige Arten wie die Raublattaster *(A. novae-angliae)* oder die Bergaster *(A. amellus)* werden nicht befallen. Die weißlichen, mikroskopisch kleinen Milben fressen in den Blütenknospen und an den Triebspitzen.

Schadbild

Befallene Pflanzen bleiben klein und weisen bräunliche Stippen an den Stängeln auf. Am deutlichsten wird der Befall durch die spärlichen Blüten, deren Einzelblüten häufig in schmale Blätter umgewandelt sind.

Bekämpfung

Gegen die Cyclamenmilbe wirken Akarizide, wie sie gegen Weichhautmilben eingesetzt werden. Am besten aber werden befallene Pflanzen vernichtet und durch milbenresistente Astern ersetzt. Wer Wert auf eine bestimmte Sorte von *A. novi-belgii* legt, sollte neue, gesunde Pflanzen beziehen.

Siehe Vorbeugender Pflanzenschutz, S. 36–37

PFLANZENPROBLEME

Pfingstrosen gesund erhalten

Diese beliebten Stauden brauchen ab der Pflanzung aufmerksame Pflege, um gut zu gedeihen.

PFINGSTROSEN BLÜHEN NICHT

Pfingstrosen sind wüchsige Pflanzen, die gute Kulturbedingungen brauchen. Sie blühen schlecht in magerem trockenem Boden oder wenn sie mit anderen Pflanzen um Wasser und Nährstoffe konkurrieren müssen. Auch nassen Boden vertragen sie nicht.

Pfingstrosen wachsen langsam an und blühen häufig erst im dritten Jahr. Das liegt meistens daran, dass sie zu tief gepflanzt wurden. Der Pflanzplatz sollte abseits liegen vom konkurrierenden Wurzelwerk und dem Schatten von Gehölzen und mindestens 60 cm weit entfernt von Wegen, Mauern oder Dachtraufen. In der Wachstumszeit sollten Päonien mehrere Stunden pro Tag direkte Sonne bekommen. Der Boden

Schöne Blüten sind das Ergebnis guter Pflege.

PFINGSTROSEN TEILEN UND NEU EINPFLANZEN

Pfingstrosen vertragen das Umsetzen nicht gut und wachsen nur langsam an. Dennoch sollte man ältere Pflanzen im Herbst teilen.
[1] Graben Sie den Ballen mit der Gabel aus, ohne die Wurzeln zu beschädigen. [2] Stechen Sie zwei Gabeln mit dem Rücken aneinander ein, um den Ballen zu teilen. Jeder Teil muss ein bis zwei große fleischige Wurzeln und drei bis fünf kräftige Knospen haben. [3] Setzen Sie Teile jeweils in ein Pflanzloch, sodass der Wurzelhals höchstens 5 cm unter der Erdoberfläche liegt.
[4] Den Boden andrücken und mulchen.

Siehe auch Pflanzenschutz, S. 36–37;Der pH-Wert des Bodens, S. 263; Kalken bringt Nutzen, S. 265

sollte neutral bis leicht alkalisch sein. Liegt der pH-Wert unter 6, muss man etwas Kalk untermischen.

Halten Sie nach allen Seiten einen Pflanzabstand von 1 m ein. Arbeiten Sie vor der Pflanzung reichlich reifen Gartenkompost in den Boden ein. Heben Sie das Pflanzloch mindestens 30 cm tief und 60 cm breit aus. Die Pflanzen sollten höchstens 5 cm unter der Oberfläche sitzen, dann setzt sich der Boden bei rund 2,5 cm über dem Wurzelhals. Düngen und mulchen Sie im Frühjahr.

GRAUSCHIMMELFÄULE

Die Welke wird von dem Pilz *Botrytis paeoniae* verursacht. Es ist die häufigste Krankheit, die an staudigen Arten und an Strauchpäonien auftritt.

Schadbild

Der Pilz befällt in der Regel staudige Pfingstrosen an der Basis, sodass sie kollabieren. Der abgestorbene, braune Bereich nahe am Boden überzieht sich mit graubraunem Sporenrasen. Bei einem schweren Befall werden auch die Blätter angegriffen, sodass die Pflanze abstirbt oder so schwer erkrankt, dass sie im nächsten Frühjahr nicht mehr austreibt.

Bekämpfung

Schneiden Sie alle befallenen Triebe bis unter die Erdoberfläche und vernichten sie. Sind ganze Pflanzen befallen, sollte man sie mit der Erde an den Wurzeln vollständig entfernen und durch neue, gesunde Pfingstrosen ersetzen.

Blütenstiel mit Päonienwelke

PFLANZENPROBLEME

Blatt- und Stängelälchen

Die winzigen Fadenwürmer bedrohen die hohen Staudenphloxe.

Verkümmerte Triebe

Die winzigen Nematoden *(Ditylenchus dipsaci)* sind nur unter dem Mikroskop sichtbar.

Schadbild

Die jungen Triebe sind gestaucht, gekrümmt und verdickt, die Blätter an den Triebspitzen bleiben sehr schmal. Die Triebe blühen nicht, sondern sterben früh ab; eventuell geht die ganze Pflanze ein.

Bekämpfung

Für Hobbygärtner gibt es keine wirksamen Pflanzenschutzmittel gegen Nematoden, daher sollten Sie befallene Pflanzen vernichten, damit sich der Schädling nicht ausbreitet. Pflanzen Sie mindestens 12 Monate lang keinen Phlox auf dieselbe Stelle.

Stängelälchen befallen nur die Blätter und Stängel der Pflanze, daher können Sie im Herbst Wurzelschnittlinge von den geschädigten Pflanzen nehmen.

PFLANZENPROBLEME

Schmierläuse an Phormium

Holen Sie sich diesen Schädling nicht in den Garten.

Neuseeländischer Flachs ist weitgehend unproblematisch, doch seit Ende der 1970er Jahre tritt die Schmierlaus *Trionymus diminutus* auf. Diese Schadinsekten saugen Pflanzensaft und bilden dichte Kolonien am Blattansatz. Sie haben bis zu 5 mm lange, flache Körper, die mit einem grauweißen, mehligen Wachs überzogen sind.

Schadbild

Starker Befall führt zu ungesund aussehenden Trieben mit gelben Blättern. Die Pflanzen können absterben.

Bekämpfung

Insektizide wirken kaum, da sich die Schmierläuse zwischen den Blattscheiden verstecken. Wenigstens können Schmierläuse nicht fliegen und gehen nicht so leicht auf andere Wirtspflanzen über. Bevor Sie Neuseeländer Flachs *(Phormium)* im Gartencenter erwerben, untersuchen Sie den Blattansatz gründlich. Wenn Sie Schmierläuse entdecken, verzichten Sie besser auf den Kauf.

Schmierläuse finden sich vor allem am Blattgrund

Siehe Pflanzenschutz, S. 36–37

PFLANZENPROBLEME

Blattflecken bei Primeln

Gartenprimeln sind anfällig für diese unschöne Krankheit.

Blattflecken mit hellerem Rand

Manche heimischen *Primula*-Arten ziehen verschiedene Krankheitserreger an, darunter Pilze, die Blattflecken verursachen.

Schadbild

Ramularia primulae verursacht runde oder eckige blassbraune Flecken mit gelbem oder orangem Rand; an der Blattunterseite bildet sich ein weißer Sporenbelag. Die Mitte der Flecken fällt oft heraus und hinterlässt »Einschusslöcher«. *Cerosporella primulae* verursacht schokoladenbraune Flecken, deren Zentrum grau und papierdünn wird. *Phyllosticta primulicola* bildet braune Flecken; die Fruchtkörper des Pilzes sind als schwarze Punkte im toten Gewebe sichtbar.

Bekämpfung

Gegen Blattflecken an Primeln und anderen Zierpflanzen wirken geeignete Fungizide, die für Zierpflanzen zugelassen sind. Sobald die ersten Symptome auftreten, sollte man alle befallenen Blätter entfernen. Erkrankte Blätter dürfen nicht auf den Kompost.

Siehe Vorbeugender Pflanzenschutz, S. 36–37

PFLANZENPROBLEME

Wuchsstörung an Hauswurz

Eine Pilzkrankheit bei Sempervivum ist kaum zu bekämpfen.

Das rostartige Schadbild tritt auch bei *Echeveria* auf und wird von dem Pilz *Endophyllum sempervivi* verursacht. Dieser dringt über die jungen Blätter und Triebspitzen ins Innere der Pflanze ein und breitet sich bis in die Wurzeln aus. Im Gegensatz zu den eigentlichen Rostpilzen beschränkt sich dieser Erreger nicht auf das Blattgewebe, sondern durchzieht mit seinen Zellfäden die ganze Pflanze. Im Frühjahr und Frühsommer bilden sich kleine, orange, becherförmige Pusteln auf den Blättern. Sie enthalten die Sporen, die die weitere Verbreitung der Krankheit besorgen.

Schadbild

Als Folge der Infektion werden die Blätter weniger fleischig, sondern dünner und länger, die Rosetten wirken steiler gebaut.

Bekämpfung

Da sich *Endophyllum* in der Pflanze ausbreitet, wirken die üblichen Fungizide gegen Rostpilze kaum. Befallene Pflanzen sollte man herausnehmen und vernichten.

Lange, auffallend dünne Blätter

Siehe Vorbeugender Pflanzenschutz, S. 36–37

PFLANZENPROBLEME

Blattwespe an Salomonssiegel

Dieses Insekt besorgt Kahlfraß, doch die Pflanze kann überleben.

Raupen fressen Blätter kahl

Die Tiere überwintern als Puppen, erwachsene Blattwespen *(Phymatocera aterrima)* kommen im Mai und Juni aus der Erde. Sie sind schwarz, etwa 9 mm lang und haben zwei rauchgraue Flügelpaare. Sie fliegen träge um die Wirtspflanze. Nach der Paarung legen die Weibchen bis zu 20 Eier in senkrechten Reihen an die Stängel, etwa zur Zeit, zu der sich die Blüten öffnen. Es schlüpfen bis zu 2 cm lange, dicke, grauweiße Raupen mit schwarzen Köpfen. Es entwickelt sich nur eine Generation pro Jahr. Die Larven dringen in den Boden ein, um sich zu verpuppen.

Schadbild

Die Eiablage verursacht bis zu 2,5 cm lange, violette Narben an den Stängeln. Von Spätfrühling bis Hochsommer können die Larven die Pflanzen fast kahl fressen. So geschädigte Pflanzen überleben und blühen im nächsten Jahr wieder, bleiben aber möglicherweise kleiner.

Bekämpfung

Sammeln Sie die Larven ab oder spritzen Sie mit *Pyrethrum* oder einem anderen Kontaktinsektizid.

Siehe Vorbeugender Pflanzenschutz, S. 36–37

PFLANZENPROBLEME

Aufrollen bei Veilchenblättern

Ursache sind die Larven einer winzigen Fliege.

Die Veilchenblattrollmücke *(Dasineura affinis)* ist eine winzige Fliege, die im Laufe eines Jahres drei bis vier Generationen entwickelt. Sie legt ihre Eier an junge Veilchenblätter (*Viola*-Arten). Aus den Eiern schlüpfen weißlich-orangefarbene Maden, die geschützt in den aufgerollten Blättern sitzen und fressen. Die Schädlinge überwintern als Puppen in weißen Seidenkokons an den Blättern. Die Fliegen der ersten Generation erscheinen im Spätfrühling.

Schadbild

Die Maden sondern Stoffe ab, durch die die Blätter anschwellen und sich nicht mehr öffnen können. Die befallenen Blätter sind am besten im Winter zu erkennen. Schwerer Befall schwächt die Pflanze, meist überlebt sie aber und blüht normal.

Bekämpfung

Die chemische Bekämpfung ist schwierig, da die Larven in den eingerollten Blättern gut geschützt sind. Für den Hobbygärtner sind derzeit keine zugelassenen Mittel erhältlich. Es bleibt nur befallene Blätter abzupflücken und zu vernichten.

Siehe auch Pflanzenschutz, S. 36–37

PFLANZVORSCHLÄGE

Pflanzen für Trockenmauern

Trocken, also ohne Mörtel aufgeschichtete Mauern sind ein idealer Standort für farbenfrohe Stauden, darunter viele Alpine.

Der beste Eindruck entsteht, wenn die Mauer gleich beim Aufsetzen Lage für Lage bepflanzt wird. Die Wurzeln lassen sich dann gut ausbreiten und 2,5 cm hoch mit erdigem Substrat und etwas scharfem Splitt bedecken. Legen Sie einige Kiesel um die Wurzeln, um die Fuge offen zu halten, bevor sie die nächste Lage Steine aufbringen.

Berücksichtigen Sie beim Pflanzen die spätere Größe der Pflanzen und deren Wuchsform. ▷

Aubrieta in einer Trockenmauer

EMPFEHLENSWERTE PFLANZEN FÜR TROCKENMAUERN

Mit hängenden Trieben

Acaena saccaticupula 'Blue Haze' ↕ 10–15cm ↔ 90cm E ☐–◪ ❄❄❄

Acantholimon glumaceum ↕ 5–8cm ↔ 20–30cm E ☐ ❄❄❄

Achillea x *lewisii* 'King Edward' 🏆 ↕ 8–12cm ↔ 23cm E ☐ ❄❄❄

Aethionema 'Warley Rose' 🏆 ↕↔ 15–20cm E ☐ ❄❄❄

Alyssum spinosum 'Roseum' 🏆 ↕↔ 30–50cm E ☐ ❄❄❄

Anacyclus pyrethrum var. *depressus* ↕ 2,5–5cm ↔ 10cm ☐ ❄❄

Androsace lanuginosa 🏆 ↕ 5cm ↔ 30cm E ☐ ❄❄❄

Antennaria dioica ↕ 5cm ↔ 45cm E ☐ ❄❄❄

Arabis alpina subsp. *caucasica* 'Flore Pleno' 🏆 ↕ 15cm ↔ 50cm E ☐ ❄❄❄

Aubrieta ↕ 5cm ↔ 60cm E ☐ ❄❄❄

Aurinia saxatilis 🏆 ↕ 20cm ↔ 30cm E ☐ ❄❄❄

Campanula cochlearifolia 🏆 ↕ 8cm ↔ 30cm ☐–◪ ❄❄❄

Dryas octopetala 🏆 ↕ 10cm ↔ 90cm E ☐–◪ ❄❄❄

Gypsophila repens 'Dorothy Teacher' ↕ 5cm ↔ 40cm E ☐ ❄❄❄

Helianthemum 'Amy Baring' 🏆 ↕ 15cm ↔ 20cm E ☐ ❄❄❄

Iberis sempervirens 🏆 ↕ 30cm ↔ 40cm E ☐ ❄❄❄

Phlox subulata ↕ 5–15cm ↔ 50cm E ☐–◪ ❄❄❄

Saponaria ocymoides 🏆 ↕ 8cm ↔ 45cm ☐ ❄❄❄

Thymus serpyllum ↕ 25cm ↔ 45cm E ☐ ❄❄❄

Nicht herabhängend

Armeria maritima ↕ 20cm ↔ 30cm E ☐ ❄❄❄

Draba aizoides ↕ 10cm ↔ 25cm E ☐ ❄❄❄

Erinus alpinus 🏆 ↕ 8cm ↔ 10cm E ☐–◪ ❄❄❄

Lewisia cotyledon 🏆 ↕ 30cm ↔ 25cm E ◪ pH ❄❄❄

Saxifraga callosa 🏆 ↕ 25cm ↔ 20cm E ☐ ❄❄❄

Sedum spathulifolium 'Purpureum' 🏆 ↕ 10cm ↔ 60cm E ☐–◪ ❄❄❄

Sempervivum ↕ 8–10cm ↔ 30cm E ☐ ❄❄❄

Vitaliana primuliflora ↕ 2,5cm ↔ 25cm E ☐ ❄❄❄

Siehe auch Kräuter in Wegen und Mauern, S. 126–127

Aurinia saxatilis mit hängendem Wuchs

Rosetten von *Sempervivum montanum*

Einige Pflanzen mit hängendem Wuchs können so lange Triebe ausbilden, dass diese den Fuß der Mauer erreichen und sich dort ausbreiten. Bepflanzen Sie die Mauer nicht zu dicht, lassen Sie Platz für selbst ausgesamte Pflänzchen oder spätere Neuerwerbungen.

Die Auswahlliste (siehe S. 117) nennt geeignete Arten und Sorten, die nicht allzu wüchsig sind. Bei der Gattung *Sempervivum* kommen alle Arten in Frage; wo nur die Art genannt ist, eignen sich gleichfalls alle Sorten.

PRAKTISCHE TIPPS

Stauden kaufen und pflanzen

Ein schöner Staudengarten beginnt mit hochwertigen Pflanzen und einem sorgfältigen Umgang beim Einpflanzen.

Die meisten Stauden werden im Topf verkauft und können im Grunde jederzeit (außer bei Frost) gepflanzt werden. Die traditionellen Pflanzzeiten Frühjahr und Herbst eignen sich jedoch nach wie vor am besten, da mildes, feuchtes Wetter das Einwurzeln fördert. Sonnenhitze bedeutet ungünstiges Pflanzwetter, da es schwierig ist, die Pflanzen ausreichend feucht zu halten.

Lupine mit kräftigen Blättern und Stängeln

Gesunde Pflanzen auswählen

Achten Sie auf kräftige Blätter und dicke, starke Stängel. Kaufen Sie keine Stauden, die Anzeichen von Krankheiten oder Vernachlässigung zeigen, etwa verwelkte Blätter oder Wurzelbüschel, die aus den Wasserabzugslöchern herauswachsen. Auch Töpfe mit Unkraut und Moos sollten Sie meiden – die Pflanzen sitzen schon zu lange darin und es besteht die Gefahr, dass man Unkraut einschleppt.

Gute und schlechte Einkäufe
Die Lupine links wurde erst vor kurzem eingetopft und hat das Substrat noch nicht durchwurzelt. Sie sitzt locker im Topf und wird nicht gut anwachsen, wenn sie jetzt ausgepflanzt wird. Bei der Pflanze in der Mitte wachsen die Wurzeln schon an der Topfwand entlang. Bei Gehölzen entstehen dadurch Verletzungen beim Austopfen, bei Stauden hingegen ist dies ein Hinweis darauf, dass man sie teilen kann. Die Pflanze rechts hat gesund aussehende weiße Wurzeln, die gleichmäßig im Substrat verteilt sind.

Siehe auch Pflanzen kaufen, S. 10; Stauden für jede Jahreszeit, S. 110–111

In Töpfen gezogene Stauden

Pflanzen Sie nie in gefrorenen oder sehr trockenen Boden. Bevor Sie eine Pflanzengruppe setzen, sollten Sie die Töpfe vorab im Beet aufstellen, um die beste Anordnung und die richtigen Abstände zu finden. Gießen Sie vor und nach der Pflanzung gründlich. Damit die Ballen vor der Pflanzung wirklich gut durchfeuchtet sind, kann man die Töpfe für 15 Minuten in einen Eimer Wasser stellen.

Das Pflanzloch wird doppelt so breit wie der Wurzelballen und in geeigneter Tiefe ausgehoben. Nehmen Sie die Pflanze aus dem Topf, lockern Sie die Wurzeln mit der Hand und setzen Sie die Pflanze dann behutsam in das Loch. Füllen Sie es wieder auf, drücken Sie den Boden gut an und gießen Sie.

Die richtige Pflanztiefe

Im Zweifelsfall sollten Sie die meisten Stauden auf die gleiche Tiefe wie im Topf setzen. Kommen die Pflanzen zu tief in die Erde, beginnt oft der Wurzelhals zu faulen. Manche Arten gedeihen besser, wenn der Sprossansatz über der Erde liegt, andere treiben kräftiger aus, wenn sie tiefer gepflanzt werden.

Sisyrinchium striatum, Nelken, Seidenpflanze *(Asclepias)*, Zierrhabarber *(Rheum)*, *Phormium* und Iris sollten eher flach gepflanzt werden. Bei Funkien, Tränendem Herz, Steppenkerze *(Eremurus)*, Päonien und Maiglöckchen sollte der Sprossansatz knapp unter der Oberfläche liegen. Mehrere Zentimeter Tiefe dürfen es für Knöterich *(Polygonatum)*, *Crinum*, Eisenhut, *Montbretien* und *Alstroemerien* sein.

SPARTIPP

Beurteilen Sie Stauden nicht nach der Größe, denn ältere, größere Exemplare wachsen oft langsam an. Eine kleinere Pflanze mit guten, frischen Trieben kostet meist weniger und wächst schnell weiter. Einmal angewachsen kann sie geteilt werden, sodass Sie mehrere Pflanzen erhalten.

TECHNIKEN

Stützen für hohe Stauden verwenden

Gute Stützen sollte man rechtzeitig planen und vorbereiten, denn der Frühling naht schnell und die Pflanzen schießen ins Kraut.

DRAHTZYLINDER ANLEGEN

1 Horst bildende Stauden werden ab dem Austrieb mit einem Drahtzylinder gestützt. Neben jede Pflanze wird ein 1,2 m hoher Holzstab mit quadratischem Querschnitt gesteckt.

2 Aus verzinktem Maschendraht mit 20 x 15 cm großen Maschen wird ein 1 m hoher, 38 cm breiter Zylinder hergestellt und über die Pflanze gestülpt. Befestigt wird er mit Kunststoffbindern.

Die Stützen werden am besten im Frühjahr gesteckt, bevor die Pflanzen zu weit ausgetrieben haben. Der Art und Weise des Aufbindens entscheidet über den Erfolg. Manchmal werden Pflanzen so fest aufgebunden, dass sie wie Korngarben aussehen und ihre natürliche Eleganz verloren geht. Später im Jahr gesteckte Stützen bergen die Gefahr, dass aufwachsende Triebe beschädigt werden. Das kann weniger schön aussehen als gar keine Stütze.

Das beste Material

Es gibt traditionelle und moderne Methoden, alles ist eine Frage des Gartenstils. Unterschiede liegen oft nur im Detail. Die Mühe hat sich gelohnt, wenn die Pflanzen ohne Stütze zu stehen scheinen und ihren gleichmäßigen Wuchs bei jedem Wetter bewahren. Dreifach gezwirnter Bindfaden eignet sich für die meisten Aufgaben, aber die empfindlichen Stängel dürfen niemals eingeschnürt werden. Bast oder weiche Fasern wie Jute sind besonders leicht, halten aber oft nur ein Jahr. Mit Teer imprägnierter Bindfaden oder Polypropylen-Schnüre sind wetterfest. Mit Kunststoff beschichteter Bindedraht hält gut, muss aber kontrolliert werden, damit er nicht in die wachsenden Triebe einschneidet. Das gilt auch für die leichteren Kunststoff-Blumenbinder. Weniger robuste Pflanzen können mit Drahtringen an den Stützen befestigt werden. Diese lassen sich leicht öffnen, damit man sie um den Stängel und die Stütze legen kann. Sie eignet sich besonders für lockere Fixierungen. ▷

Aufrechte, Horst bildende Stauden wie Rittersporn kann man mit Maschendrahtzylindern stützen, buschige Stauden wie Glockenblumen und Sonnenbraut wachsen gut in einfachen, kreisförmigen Gestellen. Für kopflastige Pflanzen wie Pfingstrosen und Dahlien eignen sich Stützgitter. Erbsenreiser sind dekorative und stabile Stützen für die vorderen oder hinteren Bereiche einer Rabatte. Bambusstäbe ergeben gute Stützen für die schwereren Triebe großer Stauden wie Meerkohl *(Crambe cordifolia)*.

Bambusstäbe

Bereits angewittertes Bambusrohr hat eine gefälligere Färbung als neue Stäbe, die oft zu auffällig wirken und sich schlecht verdecken lassen. Sie eignen sich, wenn kein anderes Material verfügbar ist. Im Handel gibt es auch schwarze Stäbe – oder man malt sie schwarz an, damit sie weniger auffällig wirken.

Bambusstäbe sollten fest und nicht flexibel sein. Für Pflanzen mit schweren Trieben brauchen Sie eventuell mehrere Stäbe. Binden Sie die Pflanzen nicht zu fest an, da es sonst leicht zu Schäden kommt; etwas Bewegungsfreiheit ist wichtig. Fünffach gezwirnter Bindfaden ist empfehlenswert (zwei- oder auch dreifach gezwirnter ist für schwere

Delphinium 'Sandpiper' an einem Bambusstab

Pflanzen zu schwach).

Stecken Sie das dickere Ende des Stabs bis zu einem Viertel seiner Länge in den Boden, ohne die Wurzeln der Pflanze zu verletzen. Bei schwerem oder verdichtetem Boden müssen Sie eventuell erst mit einem schmalen Metallstab ein Loch bohren.

Horst bildende Pflanzen wie Indianernessel, Phlox oder Garben sollten rundum mit einem Kreis aus Stäben und einigen in der Mitte gestützt werden, die 35–45 cm weit auseinander stehen. Sie können dann die Schnüre zwischen den Stäben verschlingen und so spannen, dass die Blattmasse nicht aus der Mitte nach außen fällt.

Die Stäbe sollten dort enden, wo die Blütenstände ansetzen. Nach Möglichkeit wird auf jedem Stab als Sicherheitsmaßnahme ein Gummiende aufgesteckt.

Moderne Stützen und Stäbe

Gitter eignen sich für Pflanzen mit weichen oder kopflastigen Trieben wie Pfingstrosen oder Dahlien. Verbinden Sie Stäbe aus kunststoffbeschichtetem, verzinktem Stahl mit Haken und Ösen. Bringen Sie die Stützen möglichst früh an, sodass sie die Pflanze rundum einschließen und tief im Boden verankert sind. Wenn sich Triebe außerhalb des Rahmens zeigen, bindet man sie locker an. Stützen, die über die Wuchshöhe der Stauden herausragen, sind günstig bei buschigen Stauden wie Glockenblumen, spät blühenden Margeriten oder Sonnenbraut, deren Triebe die Stützen mit der Zeit verbergen.

Kulturnetze

Ein Kunststoffnetz mit 15 cm großen Maschen ist ideal für mehrtriebige Stauden wie Astern, Phlox oder Garben. Es wird zwischen 2,5 dicken, quadratischen Holzstäben gespannt.

Diese Methode ist preisgünstig, die Pflege wird jedoch auf größeren Flächen schwierig. Lassen Sie daher Lücken zwischen den Netzen, um noch Zugang zum Beet zu haben. Schwarzes Material wirkt oft weniger auffällig als grünes. Ziehen Sie begleitend zum Wachstum der Pflanzen das Netz während des Sommers immer wieder etwas höher und kappen Sie bei Bedarf das obere Ende der Stäbe, damit sie weniger weit herausragen.

ERBSENREISER

1 Schneiden Sie Erbsenreiser unten spitz zu, um sie stecken zu können. Die Reiser kommen 25 cm tief in den Boden, mit einem Metallstift können Sie Löcher vorbohren.

2 Stecken Sie die Erbsenreiser in regelmäßigen Abständen um eine Pflanzengruppe. Im Zuge des Wachstums verbirgt das Blattwerk die Reiser bald vollständig.

Maschendraht für Rittersporn

Rittersporn lässt sich leicht mit einem Maschendrahtzylinder rundum die Pflanze stützen (siehe S. 119). Diese Methode eignet sich auch für andere Ballen bildende Stauden. Die Blätter füllen den Zylinder aus und stützen die Blütenstände, die sich noch im Wind bewegen können, ohne zu brechen.

Erbsenreiser

Reiser aus Birke oder Hasel ergeben ein attraktives, natürliches Stützwerk für Pflanzen. Fragen Sie notfalls beim örtlichen Forstamt nach geeigneten Quellen. Hasel bildet eher fächerförmige Reiser und wirkt damit etwas unauffälliger als Birkenreiser, außerdem ist die Hasel leichter zu bearbeiten. Versuchen es Sie ruhig einmal mit den farbigen Trieben von Hartriegel oder Weiden, wenn Schnittgut anfällt.

Bringen Sie die Stützen an, wenn die jungen Triebe etwa 15–20 cm hoch sind. Beginnen Sie im Beethintergrund bei den höheren Stauden und arbeiten Sie sich nach vorne vor. Verflechten Sie einzelne Zweige, um das Gerüst zu stärken und sein Aussehen zu verbessern.

Große Stauden wie *Inula racemosa*, *Rudbeckia* 'Herbstsonne' und *Cephalaria gigantea* erfordern mindestens 4 cm starke Birkenreiser. Verankern Sie sie 25 cm tief im Boden. Kleinere, bis zu 90 cm hohe Stauden wie Phlox, Sonnenbraut und Indianernessel kommen mit etwa 2 cm dicken Reisern aus. Man schneidet sie spitz zu, steckt sie in Abständen rund um die Pflanze und kürzt sie eventuell auf die richtige Höhe.

Verschiedene handelsübliche Stützen

PRAKTISCHE TIPPS

Warum ausputzen?

Welke Blüten von Stauden zu entfernen lohnt sich, denn die Pflanzen wirken schöner und bilden mehr neue Blüten.

Welke Blüten bei *Impatiens* ausbrechen

Verblühtes mit der Blumenschere abschneiden

Mit Ausputzen ist das Entfernen welker und verwelkender Blüten gemeint.

Aussehen

Die meisten Blüten wirken im Verwelken weniger attraktiv, sie stören so das Erscheinungsbild der Pflanze oder der ganzen Gestaltung. Wichtig erscheint es vor allem bei Kübelpflanzen oder wenn die Blüte mehrere Wochen anhält. Die Blüten von Pfingstrosen zum Beispiel haben zahlreiche Kronblätter, die nach und nach abfallen und dabei wenig ansehnlich wirken.

Neue Blüte

Blüten, die von Bienen oder anderen Insekten bestäubt wurden, welken schnell, werfen die Kronblätter ab und gehen zur Samenbildung in diversen Fruchtformen über. Die Pflanze verwendet ihre Energie auf die Ausbildung der meist unerwünschten Samen, sie wächst dadurch weniger stark und bildet keine Blüten mehr. Regelmäßiges Ausputzen stellt diese Energie wieder dem Wachstum und der Blütenbildung zur Verfügung.

Das Entfernen welker Blütenstände fördert die Blütenbildung und das Wachstum vieler Stauden. Löwenmaul, Rittersporn und Lupinen bilden oft später im Jahr nochmals kleine Blütenstände, wenn der erste Flor rechtzeitig abgeschnitten wurde.

Nicht winterharte Stauden und Sommerblumen wie Pelargonien, Salbei, Ringelblumen, Petunien, Malven, Dahlien und Fuchsien blühen oft den ganzen Sommer über, bis weit in den Herbst, wenn sie regelmäßig ausgeputzt werden. Alle Pflanzen in Kübeln und Hängekörben sollten ausgeputzt werden, damit sie den ganzen Sommer über dekorativ wirken.

Richtig ausputzen

Welke Blüten werden in der Regel mit dem Blütenstiel entfernt. Verwenden Sie dazu die Gartenschere. Bei einigen Pflanzen, etwa Pelargonien, können Sie die welken Blüten einfach mit dem Finger ausbrechen, man muss nur den richtigen Dreh herausbekommen. Pflanzen mit vielen kleinen Blüten können Sie mit der Blütenschere rundum beschneiden, dann müssen Sie die Blüten nicht einzeln entfernen.

PRAKTISCHE TIPPS

Stauden zurückschneiden

Entfernen Sie abgestorbene Triebe jedes Jahr.

Stauden ziehen sich den Winter über in ihre unterirdischen Organe zurück, um daraus jedes Jahr neu auszutreiben. Im Spätherbst, wenn die Pflanzen abgeblüht haben, können Sie die Triebe abschneiden, um den Garten wieder in Ordnung zu bringen. In diesem Stadium werden die meisten Triebe gelb oder braun oder sind bereits abgestorben.

Wie viel abschneiden?

Stauden, deren Blatt- und Blütentriebe im Boden ansetzen, wie Montbretien und Pfingstrosen, können Sie bis zum Boden zurückschneiden. Stauden mit bodennahen Überwinterungsknospen, etwa Astern oder *Sedum spectabile*, schneidet man etwas weniger kräftig. Dekorative abgestorbene Triebe oder Fruchtstände können bis zum zeitigen Frühjahr als Blickfang stehen bleiben.

Vernichten Sie krank wirkende Pflanzenteile (etwa solche, die Anzeichen von Blattflecken, Rost oder Mehltau zeigen). Geben Sie alles andere, bis auf die reifenden Samenstände, zum Kompost. Graben Sie Unkraut mit der Gabel aus, bevor es sich weiter ausbreiten kann, düngen Sie im zeitigen Frühjahr und bringen Sie eine leichte Mulchdecke aus.

Im Frühjahr zurückschneiden

Sie können mit dem Rückschnitt auch bis zum zeitigen Frühjahr warten; ist der Boden zu feucht, können Sie Holzbohlen auslegen. In strengen Wintern bieten abgestorbene Pflanzenteile den jungen, grundständigen Trieben Schutz. Beim Rückschnitt im Frühjahr müssen Sie sorgfältiger arbeiten, um die neuen Triebe nicht zu beschädigen. Wenn Sie vorhaben, Pflanzen auszugraben, zu teilen oder umzupflanzen, ist ein Schnitt im Frühjahr ratsam.

Siehe auch Stauden teilen, S. 128–129

PFLANZVORSCHLÄGE

Pflanzen für den Kiesgarten

Für den Kiesgarten eignen sich viele Pflanzen; da sie Trockenheit vertragen, helfen sie dabei, Wasser zu sparen.

Kiesgärten sind eine beliebte pflegeleichte Gartenvariante, zumal sie eine Anpassung an die veränderten Klimabedingungen bedeuten. Die unten genannten Pflanzen kommen für Kiesgärten in Frage, da sie Trockenheit gut vertragen und wenig Pflege brauchen.

Am günstigsten erweist sich ein durchlässiger, eher magerer Boden, damit die wüchsigen Arten nicht überhand nehmen und ihre langsamer wachsenden Nachbarn bedrängen. Bodendeckende Arten oder Pflanzen, die sich selbst aussäen, eignen sich auch für die Gestaltung befestigter Flächen.

1

PFLANZEN FÜR DEN KIESGARTEN

Niedrige Bodendecker

Acaena microphylla 'Kupferteppich' ↕ 3cm ↔ 60cm E ☐–☐ ❄❄❄

Arabis alpina subsp. *caucasica* 'Variegata' ↕ bis 15cm ↔ 20–50cm E ☐ ❄❄❄ [1]

Armeria maritima ↕ 20cm ↔ 30cm E ☐ ❄❄❄

Pulsatilla vulgaris 🏆 ↕ 10–20cm ↔ 20cm ☐ ❄❄❄

Sedum spathulifolium 'Cape Blanco' 🏆 ↕ 10cm ↔ 60cm E ☐–☐ ❄❄❄

Thymus x citriodorus ↕ 30cm ↔ 25cm E ☐ ❄❄❄

Größere Stauden

Acanthus spinosus 🏆 ↕ 1,5m ↔ 60–90cm ☐–☐ ❄❄❄

Centranthus ruber ↕↔ 90cm, selbstversamend ☐ ❄❄❄

Crambe cordifolia 🏆 ↕ 2,5m ↔ 1,5m, selbstversamend, ☐ ❄❄❄

Eryngium x tripartitum 🏆 ↕ 60–90cm ↔ 50cm ☐ ❄❄❄

Kniphofia 'Atlanta' ↕ 1,2m ↔ 75cm E ☐–☐ ❄❄❄ [2]

Limonium platyphyllum ↕ 60cm ↔ 45cm ☐ ❄❄❄

Phlomis russeliana 🏆 ↕ 90cm ↔ 75cm ☐ ❄❄❄

Phormium tenax 🏆 ↕ 4m ↔ 1,8m E ☐ ❄❄

Verbascum chaixii ↕ 90cm ↔ 45cm, selbstversamend E ☐ ❄❄❄

Kuppelartige Wuchsform

Ceanothus thyrsiflorus var. *repens* 🏆 ↕ 90cm ↔ 2,5m E ☐ ❄❄❄

Cistus salviifolius 'Prostratus' ↕ 15–25cm ↔ 60–90cm E ☐ ❄❄ [3]

Cytisus x kewensis 🏆 ↕ 30cm ↔ 1,5m ☐ ❄❄❄

Hebe pinguifolia 'Pagei' 🏆 ↕ 30cm ↔ 90cm E ☐–☐ ❄❄❄

Ziergräser

Calamagrostis x acutiflora 'Overdam' ↕ 1,2m ↔ 60–120cm ☐–☐ ❄❄❄

Festuca glauca ↕ 30cm ↔ 25cm E ☐ ❄❄❄

Miscanthus sinensis Sorten ↕ 1,2–1,8m ↔ 90–120cm ☐ ❄❄❄

Stipa gigantea 🏆 ↕ 2,4m ↔ 1,2m E ☐ ❄❄❄ [4]

Siehe auch Gärtnern bei Trockenheit, S. 16–17; Kräuter in Wegen und Mauern, S. 126–127

2

3

4

TECHNIKEN

Frostempfindliche Stauden überwintern

Einige frostempfindliche Stauden kommen im Haus gut über den Winter, andere schaffen es mit entsprechendem Schutz auch im Freien.

Manche Stauden können den Sommer über im Freien wachsen, sterben aber in unseren Breiten im Winter ab oder brauchen besonderen Schutz. Dazu gehören Honigstrauch *(Melianthus)*, viele *Penstemon*-Arten und *Argyranthemum*. Es wäre ein Jammer, diese Pflanzen wegzuwerfen, die den Sommer über herrlich geblüht haben, aber oft findet sich nicht genügend Platz, um sie alle zu überwintern. Mit etwas Planung und einfachen Techniken lassen sich viele erhalten, und wenn es nur um eine besser lagerfähige Form geht.

Fuchsienhochstämme und andere große, wertvolle Pflanzen haben Vorrang bei der Verteilung von Plätzen im beheizten Gewächshaus oder überhaupt im Innenraum. Sie brauchen etwa 10°C, um noch mäßig zu wachsen, bei niedrigeren Temperaturen sterben sie leicht ab. Fuchsiensträucher oder Pelargonien sind weniger anspruchsvoll. Für sie genügt ein mit Luftpolsterfolie ausgeschlagenes unbeheiztes Gewächshaus, vor allem wenn die Pflanzen oder Behälter bei Kälte noch mit Vlies eingepackt werden. Wer kein Gewächshaus hat, kann es in der verglasten Loggia, am Keller- oder Garagenfenster versuchen.

Frostempfindliche Pflanzen können auch am Fenster in der Wohnung überwintern, doch es ist schwierig, die Pflanzen bei wenig Licht gesund zu erhalten. Zu viel Wärme, trockene Luft und zu nasser Boden können sich fatal auswirken. Stellen Sie die Pflanzen in ein kühles Zimmer und halten Sie das Substrat nur eben feucht. Selbst dort entwickeln sich überlange und dünne Triebe, die häufig pinziert werden müssen, damit die Pflanze buschig bleibt.

Einige Zeit vor dem Umzug ins Winterquartier werden Kübelpflanzen nur noch spärlich gegossen. Sie sollten an einem sonnigen Platz stehen, damit die diesjährigen Triebe noch ausreifen. Ausgepflanzte Stauden holt man vor dem

SCHUTZ VOR WIDRIGER WITTERUNG BEI BANANEN

1 *Musa basjoo* ist eine besonders kälteverträgliche Banane, die in milden Regionen im Freien gedeihen kann. Empfindlichere Pflanzen werden frostfrei unter Glas überwintert oder verpackt. 2 Binden Sie die Blätter zusammen und umhüllen Sie die Pflanze mit einem Maschendrahtkäfig. Dieser wird mit Stroh oder trockenem Farnkraut gefüllt. 3 Eine Abdeckung aus mehreren Lagen Vlies oder Sackleinen hält den Wind ab; ziehen Sie darüber eine Haube aus regendichter Polystyrolfolie. Die Pflanzen werden im April wieder ausgepackt.

1

2

3

Siehe auch Stauden zurückschneiden, S. 122; Erfolg mit Baumfarnen, S. 140–142

ersten Frost aus der Erde, man schneidet schwaches, abgestorbenes oder krankes Gewebe ab und topft die Pflanzen ein, um sie wie Topfpflanzen zu überwintern (siehe S. 125). Auch dicht in tiefe Steigen gepflanzt können sie Platz sparend überwintern.

Fuchsienstecklinge überwintern

Frostempfindliche Fuchsien müssen den Winter über frostfrei stehen und sorgfältig gegossen werden. Pflanzen als auch die Stecklinge lassen sich überwintern; ältere Pflanzen verholzen jedoch mit der Zeit und bilden weniger Blüten. Daher sollten Sie von Zeit zu Zeit Stecklinge abnehmen und die alten Pflanzen ersetzen.

Reißen Sie von Hochsommer bis Frühherbst etwa 5–7 cm lange Seitentriebe mit einem Stück Rinde ab. Schneiden Sie sie sauber zu. Entfernen Sie die unteren Blätter und tauchen Sie das Ende in Bewurzelungspulver. Füllen Sie einen 10-cm-Topf mit einer Mischung aus 1 Teil Torf oder Torfersatz und 2 Teilen scharfem Sand. Bohren Sie mit einem Pikierholz oder Bambusstab drei oder vier 2,5 cm tiefe Löcher in den Randbereich des Topfes und setzen Sie in jedes einen Steckling. Gießen Sie an, stellen Sie die Töpfe in eine Kiste, die randvoll mit Isoliermaterial wie Sand oder Holzwolle gefüllt ist. Decken Sie alles mit Klarsichtfolie ab. Die Kiste kommt an einen hellen, luftigen Platz, an dem Temperaturen um 10°C herrschen. Sobald sich Wurzeln bilden, werden die Stecklinge belüftet. Wenn die Wurzeln gut entwickelt sind, werden die Pflänzchen einzeln in 7-cm-Töpfe mit tonhaltigem Substrat gesetzt. Um im Winter weiter zu wachsen, brauchen sie mindestens 10°C. Soll ein junger Hochstamm während des Winters weiter wachsen, sind eher 15–18°C erforderlich.

Schneiden Sie frostempfindliche Stauden vor dem Ausgraben und Einlagern zurück.

PELARGONIEN ÜBER DEN WINTER BRINGEN

Pelargonien lassen sich auch ohne beheiztes Gewächshaus leicht überwintern. Im Spätsommer geschnittene Stecklinge lässt man bewurzeln und hält sie den Winter über in einem hellen, frostfreien Raum. Im Frühjahr wird umgetopft.

1 Graben Sie alte Pflanzen vor dem ersten Frost aus. Vor dem Einschlagen in erdhaltiges Substrat Triebe im Spätherbst auf 10 cm kürzen, Blätter entfernen. 2 Setzen Sie mehrere Pflanzen in eine mit Erde angefüllte Steige, die an einem hellen, frostfreien Ort gestellt wird, z.B. ein kaltes Gewächshaus oder ein unbeheiztes Zimmer. Die Pflanzen brauchen sehr wenig Wasser, bis im Frühjahr das Wachstum beginnt. 3 Eintopfen im April, wenn sich der Neuaustrieb zeigt.

1

2

3

Kneifen Sie die neuen Triebe an den Stecklingen nach einigen Wochen aus, damit sich die Pflänzchen buschig entwickeln. Sobald sie kräftig wachsen, wird umgetopft.

Fuchsien überwintern

Sollen größere Fuchsien im Topf bei etwas Wärme überwintern, wird ab dem Frühherbst, mit nachlassendem Wachstum, weniger gegossen. Pflanzen, die den größten Teil des Jahres in der Wohnung verbringen, bekommt es gut, wenn sie von Spätsommer bis zum ersten Frost an einem sonnigen Platz im Freien stehen, damit die Triebe ausreifen können. Verholzte Triebe sterben im Winter weniger leicht ab als zarte grüne Sprosse.

Stellen Sie die Pflanzen den Winter über an einen hellen Platz mit Nachttemperaturen von mindestens 7–10°C und kühlen Tagestemperaturen. Gießen Sie weiterhin selten, aber gründlich.

Schneiden Sie jeden Trieb im zeitigen Frühjahr auf eine bis zwei Knospen zurück, damit sich ein schön geformter, offener Busch entwickelt. Topfen Sie die Pflanzen um, wobei Sie den größten Teil des alten Substrats durch neue Pflanzerde ersetzen, die mäßig nährstoffreich sein sollte.

Stellen Sie die umgetopften Pflanzen an einen hellen, etwas wärmeren Platz, lassen Sie die Pflanzen 1–2 Tage stehen und gießen Sie dann gründlich. Sobald der Austrieb beginnt, wird wieder öfter gegossen. 6–8 Wochen nach dem Umtopfen können Sie mit dem Düngen beginnen. Kneifen Sie die Spitzen neuer Triebe aus, damit die Pflanze buschig wird. Sobald die Frostgefahr vorüber ist, können die Fuchsien ins Freie.

Wenn Sie die Fuchsien ohne zusätzliche Wärme überwintern, gießen Sie ab dem Frühherbst weniger. Bei dieser Behandlung färben sich die Blätter bei kühleren Temperaturen gelb und fallen ab. Die Pflanzen können dann die Wintermonate an einem frostfreien Ort verbringen. Kontrollieren Sie etwa alle 2 Wochen, ob das Substrat noch leicht feucht ist.

PRAKTISCHE TIPPS

Empfindliche Pflanzen abhärten

Unter Glas gezogene Pflanzen, die sich nach und nach an das Außenklima gewöhnen dürfen, wachsen und blühen besser.

Pflanzen, die gut geschützt herangewachsen sind, müssen etwa 2–3 Wochen vor dem Auspflanzen an niedrigere Temperaturen und stärkere Luftbewegungen gewöhnt werden. Man spricht dabei von Abhärten. Bei hohen Temperaturen gezogene Pflanzen brauchen länger dafür. Aus dem beheizten Gewächshaus oder von der Fensterbank sollten sie erst in ein kaltes Gewächshaus oder ein Frühbeet umziehen. Nach einiger Zeit an dieser kühleren Stelle können sie in ein gut belüftetes Frühbeet oder unter eine Haube gestellt werden. Etwa 1–2 Wochen später dürfen sie dann schließlich ins Freie.

Anstelle von Gewächshaus und Frühbeet eignen sich auch Hauben oder Vlies. Sie schützen weniger gut vor Frost, daher muss man die Pflanzen eventuell noch mit Zeitungspapier abdecken, das sehr gut isoliert.

Nicht abgehärtete Pflanzen stocken durch den plötzlichen Temperaturwechsel in der Entwicklung und brauchen mehrere Wochen, um dies wieder aufzuholen. Die Abhärtephase bedingt dickere Blätter, die Gewebestruktur verändert sich und es entwickelt sich eine festere Wachsschicht. Die neuen Triebe werden robuster. Aber auch die beste Abhärtung macht eine frostempfindliche Pflanze nicht winterhart. Frostempfindliche Pflanzen werden je nach Region stets erst im Mai oder gar Juni ausgepflanzt.

PFLANZEN ABHÄRTEN

Frühbeete sind ideal zum Abhärten von Pflanzen, weil sie am besten vor Frost schützen. Achten Sie auf eine gute Belüftung.

Hauben sind eine gute Alternative zum Frühbeet, schützen aber nicht so gut vor Kälte; in Frostnächten mit Zeitungspapier abdecken.

Vlies kann Frühbeet oder Haube ersetzen. Es wird doppelt ausgelegt und bei kaltem Wetter mit Zeitungspapier abgedeckt.

Eine Lage Vlies wird über Bogen aus verzinktem Draht gezogen, wenn die Pflanzen robuster werden und mit weniger Schutz auskommen.

Siehe auch Frostempfindliche Stauden überwintern, S. 123–124

Kräuter in Wegen und Mauern

Auch ohne Kräutergarten können Sie Kräuter ziehen: In Weg- und Mauerfugen nutzen sie den Platz optimal aus und wirken zudem sehr dekorativ.

Kräuter in Fugen zwischen Wegplatten und in Mauerritzen mag mancher argwöhnisch als eine Methode betrachten, um immer noch mehr Pflanzen in einen Garten zu stopfen, der schon bis auf den letzten Quadratzentimeter gefüllt ist. Man kann darunter aber auch ein Gestaltungsprinzip verstehen mit dem Ziel, harte Linien zu überdecken. Dadurch entsteht der Eindruck, dass sich die Natur über alle Beschränkungen hinwegsetzt: Wenn etwa üppige Stauden in den Weg hineinwachsen oder wüchsige Kletterpflanzen die Wände erobern.

Viele Kräuter bevorzugen gut dränierten Boden und volle Sonne; im traditionellen Kräutergarten finden sich viele Arten, die auf den trockenen, sehr durchlässigen Standorten des Mittelmeerraums zu Hause sind. In Fugen und Ritzen gibt es kaum Erde, aber gute Dränage, und jene Pflanzen fühlen sich dort wohl. Liegt der gewünschte Platz im feuchten oder trockenen Schatten, stehen weniger Küchenkräuter zur Auswahl, dafür finden sich aber geeignete Heilkräuter. In feuchtem Schatten gedeihen Kleines Immergrün *(Vinca minor)* und selbst aussamende Stiefmütterchen *(Viola tricolor)*. Für trockenen Schatten eignen sich Märzveilchen *(Viola odorata)* und blassrosa Seifenkraut *(Saponaria)* – dies ist allerdings sehr wüchsig und muss unter Kontrolle gehalten werden.

Kleines Immergrün für feuchten Schatten

Wo es der Platz erlaubt, sollten Sie schweren Boden vor der Pflanzung mit organischer Substanz und Feinkies verbessern. Trockene Schattenstandorte sind oft schwierig – ein Grund warum diese Flächen so häufig gepflastert werden. Doch auch hier sollte man versuchen, den Boden vor dem Bepflanzen mit organischer Substanz zu verbessern.

Begehbare Wege

Bei der Auswahl von Kräutern für Pflasterflächen und Wege spielt es eine wichtige Rolle, wie oft diese Wege begangen werden. Falls man gelegentlich auf die Kräuter treten wird, wählt man gleich trittfeste Arten, etwa Thymian, der schnell dichte Matten bildet. Es gibt allerdings keine Arten, die es vertragen, jeden Tag zerdrückt zu werden, vor allem wenn nicht nur die kriechenden Triebe, sondern auch die Wurzelfläche der Pflanze betreten wird. Die Planung muss Farbe, Wuchstyp und Duft berücksichtigen.

KRÄUTER ZWISCHEN PFLASTERSTEINEN

Säen
Kratzen Sie die Fugen aus und entfernen Sie losen Mörtel oder Erde. Streuen Sie etwas gute Blumenerde aus, um sie in die Fugen zu kehren. Samen ausstreuen und vorsichtig gießen.

Einzelpflanzen
Das Loch muss größer sein als der Wurzelballen. Nehmen Sie einen Pflasterstein heraus, entfernen Sie Mörtel, Schotterbett und Erde und füllen Sie Blumenerde ein. Nach dem Einsetzen gut angießen.

In Fugen pflanzen
Kräuter, die gute Dränage mögen, wie diese Kamille, steckt man mit etwas Sand oder feinem Splitt in das Pflanzloch. Die Oberfläche mit Sand abdecken, Überschuss abkehren, gießen.

Siehe auch Pflanzen für Trockenmauern, S. 117–118; Kräuter in Töpfen, S. 165

Kräuter für Fugen und Ritzen
Im Uhrzeigersinn von links oben: Diese sehr aromatische Kamille *(Chamaemelum nobile* 'Treneague'*)* blüht nicht; Seifenkraut *(Saponaria caespitosa)* gedeiht im trockenen Schatten; Sandthymian *(Thymus serpyllum)* trägt im Sommer violette Blüten.

Thymian-Arten sind ideal für Wege, ihre Polster breiten sich flach am Boden aus. Sie bieten viele verschiedene Blatt- und Blütenfarben, sodass verschiedene Arten und Sorten einen schön gemusterten, duftenden Teppich ergeben. Sandthymian *(Thymus serpyllum)* bildet eine dichte Matte. Zitronenthymian *(T. citriodorus)* hat blassgrüne Blätter und rosa Blüten, sowie einen kräftigen Zitronenduft. Buschiger wächst *T.* 'Fragrantissimus' mit Orangenduft; die Sorte passt gut in Mauerfugen. Alle diese Arten bevorzugen gut dränierten Boden und einen Platz an der Sonne.

Mit ihrem herrlichen Duft verdient Kamille einen Platz in jedem Garten. *Chamaemelum nobile* 'Treneague' eignet sich am besten für Fugen, da sie nicht blüht und niedrig bleibt. Sie wurzelt gern in gut dräniertem Boden. Viele Minzearten gedeihen in schweren Böden und im Schatten. Auf engem Raum wird ihr Wurzelwachstum begrenzt und sie wuchern weniger als frei ausgepflanzt. Die beste Minze für Pflasterflächen ist *Mentha requienii*, deren winzige Blätter fast am Boden zu kleben scheinen. Poleiminze *(M. pulegium)* gedeiht ebenso auf feuchten Flächen und soll Ameisen vertreiben.

Kräuterinvasion

Wenn Sie das Unkraut in den Wegfugen weniger gründlich und nur selektiv bekämpfen, können sich Pflanzen aus den Beeten selbst aussäen oder einwandern. Sie breiten sich meist unregelmäßig aus und wirken damit natürlich. Pflanzen, die ihren Standort selbst finden, gedeihen dort auch gut. Sollen Kräuter auf dem Weg wachsen, kann man einfach die natürliche Entwicklung abwarten, wenn ein Kräuterbeet unmittelbar an den Belag grenzt.

Sicherer ist es, die Kräuter selbst zu pflanzen, indem man Fugen mit Erde füllt oder Samen ausstreut. Sie können auch Einzelpflanzen in Lücken zwischen Pflastersteinen setzen. Eventuell müssen Sie das Pflanzloch öffnen oder erweitern, indem Sie Mörtel oder Sand aus der Fuge entfernen. Das Loch muss so groß sein, dass der Wurzelballen bequem hineinpasst (siehe auch Kasten gegenüber).

Wenn Sie schon beim Verlegen des Pflasters entsprechende Löcher lassen, haben Sie hinterher genügend Pflanzplätze. (Mauern können speziell als Standort für bestimmte Pflanzen errichtet werden.) Lassen Sie gleich zu Beginn größere Löcher, dann wachsen die Pflanzen besser an und Sie können sogar größere Kräuter einsetzen, etwa Lavendel oder Rosmarin. Wird die Fläche ganz neu befestigt, können Sie von vornherein festlegen, ob Sie ein geometrisches Muster oder eher einen natürlichen Effekt wünschen, ob die Kräuter flächig dicht an dicht wachsen sollen oder in lang gezogenen Bändern.

Stauden vermehren durch Teilung

Viele winterharte Stauden sollten regelmäßig geteilt werden, damit sie gesund und wüchsig bleiben; zugleich erhält man unkomplizierte neue Pflanzen.

Zum Teilen wird die Pflanze ausgegraben und in mehrere Teile zerlegt, die jeweils Wurzeln, Wachstumsknospen und Triebe aufweisen. Diese einfache und zuverlässige Methode verhindert, dass Stauden zu dicht wachsen und dadurch an Wuchskraft verlieren. Im Normalfall wird alle 3–4 Jahre geteilt, besonders wüchsige Stauden wie Astern teilt man am besten jährlich. Manche Stauden wie Pfingstrosen und Fackellilien *(Kniphofia)* haben Störungen nicht so gern; man sollte sie nur zur Vermehrung teilen oder wenn sie sehr alt und dicht gewachsen sind.

Zusätzliche Pflanzen entstehen, wenn die kleineren, jungen Teile des Ballens wieder eingepflanzt werden. Brauchen Sie mehr Pflanzen, können Sie auch kleine Teile mit nur einer Triebknospe abtrennen.

Der richtige Zeitpunkt

Teilen Sie die Pflanzen während der Ruhezeit oder wenn der Austrieb gerade beginnt, also entweder im Herbst oder im Frühjahr. Bei schwerem, kaltem, feuchtem Boden ist das Frühjahr vorzuziehen. Gräser und Bambus werden im zeitigen Frühjahr geteilt, wenn das Wachstum gerade begonnen hat.

Stauden, die im Frühjahr und Frühsommer blühen wie Elfenblume, Maiglöckchen und Rhizom bildende Irisarten

1

2

3

HORST BILDENDE STAUDEN ZUM TEILEN

Actaea (syn. *Cimicifuga*)	Bambus (viele)	Gräser (viele)	*Kniphofia*
Agapanthus 1	*Campanula*	*Helenium*	*Paeonia*
Anemone (einige)	*Carex*	*Helianthus*	*Phlox* (Beetstauden)
Artemisia	*Delphinium*	*Helleborus*	*Phormium*
Aster (einige)	*Echinops*	*Hemerocallis*	*Ranunculus*
Astilbe	*Eryngium*	*Hosta* (einige)	*Salvia*
Astrantia	*Euphorbia*	*Inula*	*Tradescantia*
	Gentiana (manche)	*Iris* (die meisten)	*Veronica* (einige)

MATTEN BILDENDE STAUDEN ZUM TEILEN

Achillea	*Corydalis* (einige)	*Hosta* (einige)	*Saxifraga* (einige)
Ajuga	*Dianthus*	*Lamium*	*Schizostylis*
Alchemilla	*Dicentra* 2	*Liriope* (einige)	*Stachys*
Anchusa	*Epimedium*	*Lobelia*	*Symphytum*
Anemone (einige)	*Gentiana* (einige)	*Mimulus*	*Thalictrum*
Aster (einige)	*Geranium* (einige)	*Ophiopogon*	*Tricyrtis*
Bambus (einige)	Gräser (viele)	*Primula*	*Trillium*
Convallaria	*Heuchera*	*Pulmonaria*	*Veratrum*

STAUDEN ZUR TEILUNG IN EINZELTRIEBE

Achillea	*Bergenia*	*Gaillardia*	*Hosta*
Agapanthus	*Convallaria* 3	*Geranium* (einige)	*Liriope* (einige)
Aster	*Eremurus*	Gräser (viele)	*Monarda*
Bambus (einige)	*Euphorbia*	*Hemerocallis*	*Papaver orientale*

Siehe auch Pfingstrosen gesund erhalten, S. 114–115, Gräser und Bambus vermehren, S. 138–139

FUNKIEN TEILEN

1 Im Frühjahr können Sie Funkien in einzelne Triebe zerlegen, um viele neue Pflanzen zu erhalten, die man in ein Anzuchtbeet pflanzt. 2 Aus den einzelnen Trieben lassen sich viele Neutriebe gewinnen. 3 Schneiden Sie den Sprossansatz senkrecht ein, ohne die Spitze zu verletzen. Bei dickeren Trieben wird eventuell ein zweiter, waagerechter Schnitt gesetzt. Mit Bewurzelungspulver bestreuen und die Wunde mit einem Stab offen halten. 4 Setzen Sie die einzelnen Teile in einen Topf oder ins Beet. Es bilden sich schnell neue Triebe rund um die Wunde.

(Bartiris), teilt man gleich im Anschluss an die Blüte.

Methoden der Teilung

Graben Sie die Pflanze vorsichtig mit der Gabel aus, indem Sie sich vom Wurzelhals nach außen vorarbeiten, um die Wurzeln nicht unnötig zu beschädigen. Teilen Sie die Pflanze in Stücke mit 5–8 cm Durchmesser, die jeweils eigene Wurzeln und Triebe haben. Größere Teilpflanzen mit mehr Wurzeln und Trieben blühen früher als kleinere, die mitunter ein Jahr brauchen, um sich zu erholen. Werfen Sie die Mitte des Klumpens weg und pflanzen Sie nur die jungen äußeren Teile wieder ein. Alle Teilstücke müssen genug Wurzeln haben (die nicht austrocknen dürfen); sind nur wenige Wurzeln vorhanden, schneiden Sie die Blätter zurück, damit weniger Wasser verdunstet. Immergrünen Gräsern bekommt diese Behandlung gut, Bambus und Gräser mit ähnlichem Habitus können auf 30 cm gekürzt werden. Viele Stauden werden jedoch in der Ruhezeit geteilt, wenn kein Blattwerk vorhanden ist.

Arbeiten Sie organische Substanz wie Gartenkompost oder gut verrotteten Dung in das Pflanzloch ein. Wenn Sie die Pflanze wieder an die gleiche Stelle setzen, geben Sie auch etwas Mehrnährstoffdünger zu. Pflanzen Sie die Teilpflanzen an ihren endgültigen Platz ebenso tief wie vorher und gießen Sie gut, damit sie schnell anwachsen. Kleine Teilstücke brauchen besondere Pflege und sollten zunächst in ein Anzuchtbeet gesetzt werden.

Viele Stauden, etwa Taglilien *(Hemerocallis)*, bilden große Ballen mit zahlreichen Faserwurzeln. Das Auseinanderziehen gelingt am besten mit zwei Grabgabeln, die Rücken an Rücken eingestochen und am Stiel nach außen gehebelt werden. Wollen Sie den Ballen noch weiter teilen, können Sie im nächsten Schritt Handgabeln verwenden oder die lockere Erde abschütteln und die Stücke mit einem scharfen Messer abtrennen. Pflanzen mit verholzter Basis wie *Helleborus* oder mit fleischigen Wurzeln wie *Delphinium* werden mit dem Spaten oder einem Messer zerschnitten. Teilen Sie Rhizom bildende Iris direkt nach der Blüte in Blattfächer auf. Schneiden Sie das Rhizom vom Hauptballen ab und bestreuen Sie die Wunde mit Holzasche. Schneiden Sie die Blätter auf 15 cm zurück und pflanzen Sie die Teile so ein, dass die Oberfläche des Rhizoms über dem Boden liegt.

Astern lassen sich in einzelne bewurzelte Triebe zerteilen, Primeln in Rosetten, Günsel *(Ajuga)* in einzelne bewurzelte Pflänzchen, *Sisyrinchium* und Stauden mit ähnlichem Wuchs in einzelne bewurzelte Fächer.

ELFENBLUMEN TEILEN

Elfenblumen *(Epimedium)* bilden drahtige Rhizome. Der ganze Ballen wird ausgegraben und mit der Hand oder (wenn er besonders verfilzt ist) mit einer Handgabel zerlegt.

Taglilienhorste mit Grabgabeln auseinanderziehen

PFLANZVORSCHLÄGE

Duftende Stauden

Nicht alle Stauden bringen duftende Blüten hervor. Wählen Sie daher sorgfältig aus und kombinieren Sie mit aromatischen Blättern.

DUFTENDE STAUDEN

Duftende Blüten

Clematis recta ↕ 1–1,8m ↔ 75cm ☼ ◊ ❄❄❄ [1]

Convallaria majalis ♕ ↕ 23cm ↔ 30cm ◐–● ◊ ❄❄❄

Dianthus ↕↔ variabel E ☼ ◊ ❄❄❄

Hemerocallis lilioasphodelus ♕ ↕↔ 90cm E ☼ ◊ ❄❄❄

Hosta 'Honeybells' ♕ ↕ 75cm ↔ 1,2m ◐ ◊ ❄❄❄

Iris unguicularis ♕ ↕ 30cm ↔ 60cm E ☼ ◊ ❄❄❄ [2]

Phlox paniculata ↕ 90cm ↔ 60–90cm ☼–◐ ◊ ❄❄❄

Primula florindae ♕ ↕ 45–60cm ↔ 60–90cm ☼–◐ ◊ ❄❄❄

Viola odorata ↕ 20cm ↔ 30cm E ◐ ◊ ❄❄❄

Aromatische Blätter

Achillea filipendulina ↕ 1,2m ↔ 45cm ☼ ◊ ❄❄❄

Angelica archangelica ↕ 1,8m ↔ 1,2m ☼–◐ ◊ ❄❄❄

Calamintha nepeta subsp. *nepeta* ↕ 45–60cm ↔ 60–90cm ☼ ◊ ❄❄❄

Chamaemelum nobile ↕ 30cm ↔ 45cm E ☼ ◊ ❄❄❄

Melissa officinalis 'All Gold' ↕ 60–120cm ↔ 30–45cm ☼ ◊ ❄❄❄ [3]

Mentha requienii ↕ 1cm ↔ unbegrenzt ◐–● ◊ ❄❄❄ [4]

Monarda didyma ↕ 90cm ↔ 45cm ◐–● ◊ ❄❄❄

Nepeta x *faassenii* ♕ ↕↔ 45cm ☼–◐ ◊ ❄❄❄

Siehe auch Duftende Gehölze, S. 73; Duftende Blüten, S. 99; Duftende Einjährige, S. 159

PFLANZVORSCHLÄGE

Schmale Rabatten

Setzen Sie bei wenig Platz bevorzugt aufrecht wachsende Arten

SONNIGE, TROCKENE PLÄTZE

Erysimum 'Bowles' Mauve' ♕ ↕ 75cm ↔ 60cm E ❄❄❄

Geranium renardii ♕ ↕↔ 30cm ❄❄❄

Iris unguicularis ♕ ↕ 30cm ↔ 60cm E ❄❄❄

Kniphofia 'Little Maid' ↕ 60cm ↔ 45cm ❄❄❄

Oenothera macrocarpa ♕ ↕ 15cm ↔ 50cm ❄❄❄

Phlox subulata ↕ 5–15cm ↔ 50cm E ❄❄❄

Potentilla 'Gibson's Scarlet' ♕ ↕ 45cm ↔ 60cm ❄❄❄

Rhodanthemum hosmariense ♕ ↕ 10–30cm ↔ 30cm ❄❄

Sedum cauticola ♕ ↕ 8cm ↔ 30cm ❄❄❄

Sisyrinchium striatum 'Aunt May' ↕ 50cm ↔ 25cm E ❄❄❄

Verbascum chaixii ↕ 90cm ↔ 45cm E ❄❄❄

Zauschneria californica subsp. *cana* ↕ 60cm ↔ 45cm ❄❄

Helleborus argutifolius ist ideal für schmale, feuchte, schattige Plätze.

Siehe auch Kletterpflanzen und Sträucher, S. 94

TROCKENE SCHATTENPLÄTZE

Anemone x hybrida ↕ 1,2–1,5m ↔ 60cm ❄❄❄

Asplenium scolopendrium 🏆 ↕ 45–70cm ↔ 60cm E ❄❄❄

Digitalis lutea ↕ 60cm ↔ 30cm ❄❄❄

Duchesnea indica ↕ 10cm ↔ 1,2m E ❄❄❄

Euphorbia amygdaloides var. *robbiae* 🏆 ↕ 60cm ↔ 30cm E ❄❄❄

Geranium endressii 🏆 ↕ 45cm ↔ 60cm E ❄❄❄

Helleborus foetidus 🏆 ↕ 80cm ↔ 45cm E ❄❄❄

Iris foetidissima 🏆 ↕ 60–90cm ↔ 90cm E ❄❄❄

Liriope muscari 🏆 ↕ 30cm ↔ 45cm E pH ❄❄❄

Luzula sylvatica 'Marginata' ↕ 70–80cm ↔ 45cm E ❄❄❄

Polystichum setiferum 🏆 ↕ 1,2m ↔ 90cm E ❄❄❄

FEUCHTE, SCHATTIGE PLÄTZE

Astilbe x arendsii ↕ 60–90cm ↔ 45–90cm ❄❄❄

Dicentra spectabilis 🏆 ↕ 1,2m ↔ 45cm ❄❄❄

Digitalis grandiflora 🏆 ↕ 90cm ↔ 45cm ❄❄❄

Epimedium grandiflorum 🏆 ↕ 20–30cm ↔ 30cm ❄❄❄

Gentiana asclepiadea 🏆 ↕ 60–90cm ↔ 45cm ❄❄❄

Helleborus argutifolius 🏆 ↕ 1,2m ↔ 90cm E ❄❄❄

Hosta tardiflora ↕ 25cm ↔ 60cm ❄❄❄

Onoclea sensibilis 🏆 60cm ↔ unbegrenzt ❄❄❄

Persicaria affinis ↕ 25cm ↔ 60cm E ❄❄❄

Primula bulleyana 🏆 ↕ 60cm ↔ 60cm pH ❄❄❄

Trollius x cultorum Sorten ↕ 90cm ↔ 45cm ❄❄❄

PFLANZVORSCHLÄGE

Ziergräser

Unter den vielen verschiedenen Arten und Auslesen finden sich geeignete Ziergräser für fast jeden Platz im Garten.

Der besondere Aspekt der Gräser hebt sie von anderen Gartenpflanzen ab. Anstelle der festen Formen und kräftigen Farben herkömmlicher Stauden lassen sie eine Pflanzung naturnah erscheinen. Gräser fangen auf eine besondere Weise das Licht in ihren Blüten- und Samenständen ein. Dazu kommt ihre transparente Wirkung, andere Pflanzen und Gartenelemente bleiben dahinter sichtbar. Gräser sind nie statisch; sie ändern ihre Farbe mit der Jahreszeit und wiegen sich in der leichtesten Brise. Neben den allbekannten Süßgräsern finden im Garten auch die so genannten Sauergräser wie Binsen *(Juncus)* und Seggen *(Carex)* oder Zypergras *(Cyperus)* Verwendung. Dazu kommen Stauden mit grasartigem Wuchs wie *Acorus* und *Luzula*. ▷

1

2

3

ZIERGRÄSER MIT PANASCHIERTEN BLÄTTERN

Weiß gestreift

Arundo donax var. *versicolor* ↕ 1,8m ↔ 60cm ☐ 💧 ❄

Carex riparia 'Variegata' ↕↔ 90cm ☐ 💧–💧 ❄❄❄

Holcus mollis 'Albovariegatus' ↕ 30cm ↔ 45cm ☐–☐ 💧 ❄❄❄

Luzula sylvatica 'Marginata' ↕ 70–80cm ↔ 45cm E ☐–☐ 💧 ❄❄❄

Miscanthus sinensis 'Morning Light' 🏆 ↕ 1,2m ↔ 90cm ☐ 💧 ❄❄❄

Phalaris arundinacea var. *picta* 'Feesey' ↕ 90cm ↔ unbegrenzt ☐–☐ 💧–💧 ❄❄❄

Cremefarben oder gelb gestreift

Acorus gramineus 'Ogon' ↕ 25cm ↔ 10–15cm E ☐ 💧–💧 ❄❄

Alopecurus pratensis 'Aureovariegatus' ↕ 1,2m ↔ 40cm ☐–☐ 💧 ❄❄❄

Bromus inermis 'Skinner's Gold' ↕ 90cm ↔ 60cm ☐ 💧 ❄❄❄

Carex elata 'Aurea' 🏆 ↕ 70cm ↔ 45cm ☐–☐ 💧–💧 ❄❄❄ [2]

Carex oshimensis 'Evergold' 🏆 ↕ 30cm ↔ 35cm E ☐–☐ 💧 ❄❄❄

Cortaderia selloana 'Aureolineata' 🏆 ↕ 1,8m ↔ 1,5m E ☐ 💧 ❄❄❄ [1]

Glyceria maxima var. *variegata* ↕ 80cm ↔ unbegrenzt ☐ 💧–💧 ❄❄❄

Hakonechloa macra 'Aureola' 🏆 ↕ 35cm ↔ 40cm ☐ 💧 ❄❄❄

Molinia caerulea subsp. *caerulea* 'Variegata' 🏆 ↕ 45–60cm ↔ 40cm ☐–☐ 💧 pH ❄❄❄

Spartina pectinata 'Aureomarginata' ↕ 1,8m ↔ 90cm ☐ 💧–💧 ❄❄❄

Gebändert

Miscanthus sinensis 'Strictus' 🏆 ↕ 1,2m ↔ 60cm ☐ 💧 ❄❄❄

Miscanthus sinensis 'Zebrinus' 🏆 ↕ 1,2m ↔ 60cm ☐ 💧 ❄❄❄ [3]

Schoenoplectus lacustris subsp. *tabernaemontani* 'Zebrinus' ↕ 90cm ↔ 60cm E ☐ 💧 ❄❄❄

Siehe auch Mehr Erfolg mit Ziergräsern, S. 133; Gräser vermehren, S. 138

1

2

3

4

ZIERGRÄSER

Klein (bis 60 cm)

Briza maxima ↕ 45–60cm ↔ 25cm ☼ 💧 ❄❄❄

Elymus magellanicus ↕ 60cm ↔ 30cm ☼ 💧 ❄❄❄

Pennisetum alopecuroides 'Hameln' ↕↔ 60cm E ☼ 💧 ❄❄

Stipa tenuissima ↕ 60cm ↔ 30cm ☼ 💧 ❄❄❄

Mittelgroß (60–90 cm)

Deschampsia cespitosa 'Goldtau' ↕↔ 75cm E ☼–◐ 💧–💧 pH ❄❄❄

Luzula sylvatica 'Hohe Tatra' ↕ 70–80cm ↔ 45cm E ☼–◐ 💧 ❄❄❄

Panicum virgatum 'Rubrum' ↕ 90cm ↔ 75cm ☼ 💧 ❄❄❄

Hoch (über 90 cm)

Deschampsia cespitosa 'Goldschleier' ↕↔ 1,2m E ☼–◐ 💧–💧 pH ❄❄❄

Helictotrichon sempervirens 🏆 ↕ 1,4m ↔ 60cm E ☼ 💧 ❄❄❄

Miscanthus sinensis 'Gracillimus' ↕ 1,4m ↔ 1,2m ☼ 💧 ❄❄❄

Pennisetum macrourum ↕ 1,8m ↔ 1,2m E ☼ 💧 ❄❄

Als Sichtschutz

Cortaderia selloana und Sorten ↕ 2,5–3m ↔ 1,5m E ☼ 💧 ❄❄❄ 'Silver Comet' 4

Miscanthus sacchariflorus ↕ 1,5–2,2m ↔ 1,4m ☼ 💧 ❄❄

Molinia caerulea subsp. *arundinacea* ↕ 2,5m ↔ 60cm ☼–◐ 💧 pH ❄❄❄

Für feuchten Boden

Acorus ↕ 60–90cm ↔ 60cm ☼ ❄❄❄ *A. calamus* 'Argenteostriatus' 1

Cyperus eragrostis ↕ 60–90cm ↔ 45cm ☼–◐ ❄❄

Deschampsia cespitosa und Sorten ↕ bis 1,8m ↔ 1,2–1,5m E ☼–◐ pH ❄❄❄

Juncus effusus fo. *spiralis* ↕ 45cm ↔ 60cm E ☼–◐ pH ❄❄❄

Für den Schatten

Carex ↕ 25–35cm ↔ 75cm E 💧–💧 ❄❄❄ *C. flagellifera* 2

Holcus mollis 'Albovariegatus' ↕ 30cm ↔ 45cm 💧 ❄❄❄

Luzula ↕ 70–80cm ↔ 45cm E 💧 ❄❄❄ *L. sylvatica* 'Aurea' 3

Milium effusum 'Aureum' 🏆 ↕ 60cm ↔ 30cm 💧 ❄❄❄

Molinia caerulea subsp. *caerulea* und Sorten ↕ bis 1,5m ↔ 40cm 💧 pH ❄❄❄

Für trockene Plätze

Festuca glauca ↕ 30cm ↔ 25cm E ☼ 💧 ❄❄❄

Helictotrichon sempervirens 🏆 ↕ 1,4m ↔ 60cm E ☼ 💧 ❄❄❄

Leymus arenarius ↕ 1,5m ↔ unbegrenzt ☼ 💧 ❄❄❄

Panicum virgatum 🏆 ↕ 90cm ↔ 75cm ☼ 💧 ❄❄❄

Stipa gigantea 🏆 ↕ 2,4m ↔ 1,2m E ☼ 💧 ❄❄❄

Mehr Erfolg mit Ziergräsern

Ziergräser stellen geringe Ansprüche und passen daher in pflegeleichte Gärten. Unter günstigen Bedingungen gedeihen sie auch bei wenig Aufwand.

Botanisch wird zwischen den Süßgräsern *(Poaceae)* mit einer Vielzahl von Gattungen und den Sauergräsern unterschieden. Zu den derbblättrigen Sauergräsern zählen die Seggen, die Simsen und das Zypergras aus der Familie der *Cyperaceae* sowie die Binsen mit der Familie der *Juncaceae*.

Standort und Boden

Gräser gedeihen am besten in voller Sonne, einige bevorzugen jedoch Halbschatten. Sie kommen mit unterschiedlichen Bodentypen und Bodenreaktionen zurecht, wachsen aber am besten in trockenerem, weniger humusreichem Boden.

Seggen vertragen volle Sonne, gedeihen aber besser im Halbschatten und brauchen feuchteren, nährstoffreicheren Boden als andere Ziergräser. Manche haben eine besondere Vorliebe für alkalischen oder sauren Boden. Binsen eignen sich für volle Sonne oder Halbschatten, der Boden sollte sehr feucht oder zumindest frisch sein und die meisten brauchen einen niedrigen pH-Wert. *Juncus inflexus* verträgt auch sehr feuchten, alkalischen Boden.

Pflanzung

Die beste Pflanzzeit für Gräser aller Art ist das zeitige Frühjahr. Entfernen Sie alles Unkraut und verbessern Sie die Dränage von Tonböden, indem Sie eine mindestens 5 cm starke Auflage aus grobem Splitt oder Feinkies bis in Spatenstichtiefe einarbeiten. Seggen und Binsen bevorzugen feuchteren Boden, daher sollte man für sie organische Substanz wie Garten- oder Rindenkompost einarbeiten, um die Fähigkeit zur Wasserspeicherung zu erhöhen.

Gießen und Düngen

Gräser sind sehr anspruchslos und gedeihen meist bei wenig Pflege. Oft braucht man sie nur im ersten Jahr zu gießen. Ein Mulch aus Kies oder etwas organischer Substanz im Frühjahr hilft Wasserverluste zu vermeiden. In durchschnittlichem Boden kommen Gräser ohne Zusatzdüngung aus; bei besonders magerem Boden wirkt sich eine Volldüngergabe im Frühjahr günstig aus. Höheren Gräsern wie Chinaschilf *(Miscanthus)* und Pampasgras *(Cortaderia)* bekommt eine gelegentliche leichte Düngergabe im Frühjahr recht gut.

Seggen und Binsen brauchen etwas mehr Nährstoffe als Süßgräser; man sollte sie jährlich im Frühjahr düngen. Eine dicke Mulchschicht reduziert den Wasserverlust, ebenso wie ein Platz im Halbschatten. Da Binsen besonders feuchten Boden brauchen, sollten sie von vonherein an einem feuchten Platz stehen, erspart man sich dann das regelmäßige Gießen.

Schnitt

Gräser müssen nur einmal im Jahr geschnitten werden, um in Form zu bleiben. Bei Immergrünen entfernt man einfach im Spätwinter unansehnliche Halme und alte Blütenstängel. Bei Arten, die sich im Winter ganz in den Boden zurückziehen, wie *Stipa tenacissima*, werden die Halme des Vorjahres bis fast auf den Boden abgeschnitten.

MULCHEN

Kies oder Rindenmulch sieht unter Gräsern wie *Carex oshimensis* 'Evergold' nicht nur gut aus, er hält auch den Boden frisch.

GRÄSER ZURÜCKSCHNEIDEN

[1] Die Halme bleiben den Winter über stehen, um den Wurzelhals zu schützen. Außerdem schmücken sie durch ihre Struktur. [2] Im Spätwinter, vor dem Neuaustrieb, schneidet man alle alten Halme mit der Garten- oder Heckenschere bis fast zum Boden ab. Geschieht das zu spät, kann der Neuaustrieb Schaden erleiden. [3] Abgestorbene Halme kann man mit dem Rechen abziehen, ohne die neuen Knospen zu beschädigen; das Stroh kommt auf den Kompost.

Siehe auch Ziergräser, S. 131–132; Gräser und Bambus richtig vermehren, S. 138–139

Bambus im Garten

Die meisten Zierbambusarten wuchern gar nicht so sehr, wie viele glauben; stattdessen haben sie dekorative Halme und schöne Blätter zu bieten.

In Kultur sieht man Bambus oft isoliert, als ob es die Gärtner nicht wagten, ihn in größere Anlagen zu integrieren. In der Tat ergibt Bambus oft eine schöne Solitärpflanze, doch er passt auch gut zu vielen anderen Pflanzen.

Im lichten Schatten der hohen Halme wachsen zum Beispiel Lungenkraut *(Pulmonaria)* mit seinen gefleckten Blättern, winterharter Storchschnabel wie *Geranium macrorrhizum* und *G. phaeum, Dicentra formosa, Heuchera* und Efeu. Sie alle vertragen den eher trockenen Schatten am Rand eines Bambushorstes. Märzenbecher, Schneeglöckchen und Buschwindröschen dazwischen sorgen im Frühjahr zusätzlich für Farbe.

Gute Nachbarn

Niedrigere Ziergräser, aber auch Seggen *(Carex)* und Hainsimse *(Luzula)* fügen sich harmonisch oder kontrastreich ein. Die kupferfarbene *Carex comans* gibt zum Beispiel einen hervorragenden Hintergrund für gelbe Bambushalme ab. Fein gefiederte Farnarten und -sorten nehmen die Struktur der kleineren Bambusblätter wie bei *Pleioblastus* und *Chusquea* wieder auf. Diese stehen in schönem Kontrast zu den breiten Blättern von Bergenien oder Hirschzunge *(Asplenium scolopendrium)*.

Phyllostachys aureosulcata fo. *spectabilis*, *P. bambusoides* 'Castilloni' und *P. vivax* fo. *aureocaulis* haben goldene, grün gestreifte Halme. Diese Sorten passen gut zu gelbblättrigem Neuseeländer Flachs oder gelb und golden panaschierten Funkien. Sie bilden aber auch einen schönen Kontrast zu Blättern in anderen Farben, etwa den violetten *Heuchera*.

Die schwarzen Halme von *Phyllostachys nigra* harmonieren hervorragend mit den schwärzlichen Blättern von *Ophiopogon planiscapus* oder mit dem niedrigeren, panaschierten Bambus

Siehe auch Pflegeplan für Bambus, S. 136–137; Gräser und Bambus vermehren, S. 138–139

5

Pleioblastus variegatus. Viele andere Bambusarten mit dunklen Halmen wie *Semiarundinaria fastuosa* oder *Thamnocalamus crassinodus* 'Kew Beauty' wirken hervorragend hinter den leuchtend grünen Blättern von Bergenien, Efeu oder Hirschzunge.

Tropische Anlagen

Robuste Bambustypen wie *Phyllostachys* und *Indocalamus tesselatus* eignen sich besonders für tropisch und subtropisch anmutende Anlagen. Sie bleiben das ganze Jahr über interessant und grün, auch wenn andere Pflanzen längst eingepackt oder ins Haus gebracht wurden. Ihr lichtes Blattwerk schafft fast sofort eine dschungelartige Szenerie, wenn sie mit mehr oder weniger winterharten »tropischen« Blattpflanzen wie Baumfarnen, *Fatsia, Trachycarpus fortunei, Gunnera*, Neuseeländer Flachs und Bananen *(Musa* und *Ensete)* kombiniert werden. Einfache grüne Bambusblätter sind hingegen der ideale Hintergrund für flammende *Canna*- und *Hedychium*-Blüten.

Hecken

Obwohl sie weniger Wind vertragen als traditionelle Heckenpflanzen, eignen sich manche Bambusarten als Hecken oder Raumteiler im Garten. Besonders robust sind die *Fargesia*-Arten.

Moderner Stil

Die architektonische Wirkung der geraden Bambusrohre, vor allem wenn sie auch noch farbig sind, passt gut in moderne Gestaltungen. So heben sich die Blätter von *Phyllostachys nigra* von den schwarzen Halmen ab; ihre vertikale Linie spiegelt sich zum Beispiel wider in Yucca-Palmen oder *Cordyline* oder sie steht in Kontrast zu geschnittenen Sträuchern wie Buchsbaum *(Buxus)*.

Kleiner Bambus

Zierliche Arten der Gattungen *Indocalamus, Sasaella, Pleioblastus* und *Shibatea* passen in kleine Gärten. Sie eignen sich ebenfalls für die Topfkultur.

EMPFEHLENSWERTE BAMBUSARTEN

Für Hecken und Sichtschutz

Fargesia nitida ↕ 5m ↔ 1,5m
◩ 💧 ❄❄❄

Phyllostachys flexuosa ↕ 1,8–10m
↔ unbegrenzt ◻–◩ 💧 ❄❄❄

Pleioblastus gramineus ↕ 1,8–5m
↔ unbegrenzt ◻–◩ 💧 ❄❄❄

Pleioblastus hindsii ↕ 3,6m ↔ unbegrenzt
◻–◩ 💧 ❄❄❄

Pseudosasa japonica 🏆 ↕ 6m ↔ unbestimmt
◻–◩ 💧 ❄❄❄ [5]

Sasa palmata ↕ 1,8–4m ↔ unbegrenzt
◻–◼ 💧 ❄❄❄

Semiarundinaria fastuosa 🏆 ↕ 7m ↔ 1,8m
◻–◩ 💧 ❄❄❄

Für Pflanzgefäße

Chimonobambusa marmorea ↕ 1,5m
◩ 💧 ❄❄❄

Fargesia murieliae 'Simba' 🏆 ↕ 1,8m
◻ 💧 ❄❄❄

Phyllostachys nigra 🏆 ↕ 3–5m
◻–◩ 💧 ❄❄❄

Pleioblastus variegatus 🏆 ↕ 75cm
◻ 💧 ❄❄❄

Pleioblastus viridistriatus 🏆 ↕ 1,5m
◻ 💧 ❄❄❄

Shibataea kumasasa ↕ 60–150cm
◻–◩ 💧 ❄❄❄

Dekorative Halme

Fargesia nitida ↕ 5m ↔ 1,5m, violett-grün
◩ 💧 ❄❄❄

Phyllostachys aurea 🏆 ↕ 1,8–10m
↔ unbegrenzt, grün bis gelb ◻–◩ 💧 ❄❄❄

Phyllostachys aureosulcata fo. *spectabilis* 🏆
↕ 3–6m ↔ unbegrenzt, gelb, grün gestreift
◻–◩ 💧 ❄❄❄

Phyllostachys bambusoides 'Castilloni'
↕ 5m ↔ unbegrenzt, gelb, grün gestreift
◻–◩ 💧 ❄❄❄ [4]

Phyllostachys bambusoides 'Holochrysa'
↕ 3–8m ↔ unbegrenzt, gelb/grün
◻–◩ 💧 ❄❄❄ [1]

Phyllostachys mannii ↕ 4m ↔ unbegrenzt, blassgrün ◻–◩ 💧 ❄❄❄ [3]

Phyllostachys nigra 🏆 ↕ 3–5m ↔ 1,8–3m, schwarz ◻–◩ 💧 ❄❄❄

Phyllostachys vivax fo. *aureocaulis* 🏆 ↕ 5m
↔ unbegrenzt, gelb, grün gestreift ◻–◩ 💧
❄❄❄ [2]

Sasa palmata ↕ 1,8–4m ↔ unbegrenzt, leuchtend grün, rötlich gestreift ◻–◼ 💧 ❄❄❄

Semiarundinaria fastuosa 🏆 ↕ 7m ↔ 1,8m, grün, reift rötlich braun aus ◻–◩ 💧 ❄❄❄

Panaschierte Blätter

Chimonobambusa marmorea 'Variegata'
↕↔ 90cm ◩ 💧 ❄❄❄

Hibanobambusa tranquillans 'Shiroshima' 🏆
↕ 2,4m ↔ unbegrenzt ◻–◩ 💧 ❄❄

Pleioblastus variegatus 🏆 ↕ 75cm ↔ 1,2m
◻ 💧 ❄❄❄

Pleioblastus viridistriatus 🏆 ↕↔ 1,5m
◻ 💧 ❄❄❄

Pseudosasa japonica 'Akebonosuji' ↕ 3m
↔ unbestimmt ◻ 💧 ❄❄❄

Sasaella masamuneana 'Aureostriata' ↕ 90cm
↔ unbegrenzt ◻ 💧 ❄❄❄

Pflegeplan für Bambus

Im richtigen Boden oder in Gefäßen, versorgt mit reichlich Wasser und Dünger, bereitet Bambus keine Probleme; nicht wuchernde Sorten halten den Pflegeaufwand in Grenzen.

Bambus lässt sich nach der Art seines Wurzelsystems in zwei Gruppen einteilen (siehe auch Bambusformen, gegenüber). Die größte Gruppe, die sich schwer bändigen lässt, sind die Ausläufer bildenden Formen. Sobald die Pflanzen eingewachsen sind, treiben sie nach allen Seiten unterirdische Ausläufer, die immer größere Flächen einnehmen. Im Garten können manche Arten Probleme verursachen, wenn sie unkontrolliert wuchern. Die zweite Gruppe bildet dichte Horste und wuchert nicht. Das sollten Sie bei der Auswahl von Bambus berücksichtigen.

Es gibt Ausnahmen von dieser groben Einteilung. Deshalb empfiehlt es sich vor dem Kauf, die Beschreibung im Katalog genau zu lesen und sich nach Möglichkeit eine ausgewachsene Pflanze anzusehen.

Ein Weg durch den Bambusdschungel

Für einen Durchgang werden die Halme gekappt.

Standort und Boden

Bambus braucht einen offenen, aber geschützten, sonnigen Standort. Die meisten gedeihen in voller Sonne und lichtem Schatten. Sie sollten vor kaltem Nord- und Ostwind und überhaupt vor starkem Wind geschützt sein; manche Arten werden jedoch in milden Klimaten an der Küste und im Binnenland als Windschutz gepflanzt.

Bambus ist sehr anpassungsfähig, er kommt mit den meisten Bodenarten zurecht und er toleriert bei der Bodenreaktion eine weite Bandbreite. Er bevorzugt jedoch lehmigen Boden mit hohem Humusanteil, der frisch und gut dräniert ist. In magerem Boden wächst Bambus zwar, Staunässe oder Trockenheit verträgt er jedoch nicht.

Pflanzung

Bambus wird meist in Containern verkauft, das bedeutet: Er kann im Grunde das ganze Jahr über gepflanzt werden. Man sollte Bambus jedoch in der ersten Jahreshälfte setzen, denn dann nutzt die Pflanze die Nahrungsreserven in den Rhizomen, um im Sommer frische Halme zu bilden. Später entwickeln sich die Rhizome und bilden neue Wurzeln, bevor sich die Pflanze im Herbst in den Wurzelbereich zurückzieht.

Graben Sie vor dem Pflanzen den Boden spatentief um. So werden Verdichtungen gelöst und die Dränage verbessert. Eine Zugabe von Gartenkompost erhöht den Gehalt an organischer Substanz und die Wasserspeicherfähigkeit des Bodens. Heben Sie das Pflanzloch so aus, dass der Wurzelballen etwas tiefer sitzt als zuvor und seine ursprüngliche Oberfläche mit etwa 2,5 cm Erde bedeckt ist. Drücken Sie den Boden beim Auffüllen gut an, ohne dabei die jungen Rhizome zu beschädigen. Gießen Sie nach der Pflanzung gut und mulchen Sie mit Garten-- oder Laubkompost oder Rinde.

Gießen und düngen

Als Starkzehrer braucht Bambus während der Wachstumszeit reichlich Nährstoffe und Wasser. Gießen Sie bei Trockenheit regelmäßig, aber nicht zu stark, da sonst die Rhizome faulen.

Bambus braucht im Frühjahr reichlich Stickstoff und im weiteren Jahreslauf mehrere Volldüngergaben. Düngen Sie erstmals, wenn sich die neuen Triebe zeigen. Verabreichen Sie dann bis zum Spätsommer regelmäßig etwas Flüssigdünger. Bambus enthält reichlich Silikat, einen wichtigen Bestandteil der Zellwände. Die Pflanzen nehmen viel davon aus ihren abgefallenen Blättern wieder auf, deshalb sollte das Laub an Ort und Stelle verrotten dürfen.

SCHÄDLINGE & KRANKHEITEN

Nur wenige Schädlinge und Krankheiten befallen Bambus. Bei großer Hitze und Trockenheit unter Glas kann die Rote Spinne *(Tetranychus urticae)* zu gesprenkelten Blättern führen, die später vergilben und abfallen. Zur Vorbeugung die Pflanzen täglich mit dem Wasserschlauch abspritzen.

Siehe auch Bambus im Garten, S. 134–135; Gräser und Bambus vermehren, S. 138–139

Bambusblüte

Man hört immer wieder, dass ein bestimmter Bambustyp auf der ganzen Welt zur gleichen Zeit blüht und dann abstirbt. In Wahrheit geschieht das sehr selten; das Missverständnis rührt vermutlich daher, dass Bambus sehr unregelmäßig blüht, oft erst nach vielen Jahren in Kultur. Häufig wurde einstmals nur eine einzige Pflanze eingeführt. Diese wurde in Kultur immer wieder geteilt, und somit blühen alle Abkömmlinge in etwa zur gleichen Zeit. Die Blüte kann sehr kurz sein, aber auch Monate andauern; die Pflanze wird dadurch geschwächt und kann absterben. Blühende Exemplare erhalten daher im Frühjahr eine Gabe Volldünger. Ein Klumpen, der wie abgestorben wirkt, treibt oft neu aus, wenn er bis auf den Boden zurückgeschnitten und im Frühjahr gedüngt wird. Viele blühende Arten bilden keimfähige Samen, die man abnehmen und aussäen kann.

Rohre ernten

Schneiden Sie die Halme erst, wenn sie wirklich reif sind. Das ist meist erst nach drei Jahren der Fall. Markieren Sie deshalb die neuen Rohre mit einem winzigen Farbfleck, jedes Jahr in einer anderen Farbe. Die beste Zeit zum Schneiden ist im Spätherbst und Frühwinter, wenn der Saftdruck am schwächsten ist. Trocknen Sie die Halme nach dem Schnitt erst einmal gut. Dazu eignet sich ein Gerüst in einem luftigen Schuppen. Bis zu 2,5 cm dicke Rohre brauchen etwa 6 Monate zum Trocknen, dickere bis zu 12 Monate.

BAMBUSTYPEN

Ausläufer bildende (wuchernde) Typen

Arundinaria	*Sasa*
Bashania	*Sasaella*
Chimonobambusa	*Sasamorpha*
Clavinodum	*Semiarundinaria*
Dendrocalamus	*Shibataea*
Indocalamus	*Sinarundinaria*
Phyllostachys	*Sinobambusa*
Pleioblastus	*Yushania*
Pseudosasa	

Horst bildende (nicht wuchernde) Typen

Bambusa	*Himalayacalamus*
Chusquea	*Schizostachyum*
Drepanostachyum	*Shibataea*
Fargesia	*Thamnocalamus*

Schneiden

Die Bambushalme können zwar etwa 10 Jahre alt werden, es ist aber ratsam, die älteren zu entfernen, da sie nach 4–5 Jahren die Farbe verlieren und unansehnlich werden. Dabei wird die Zahl der Rohre um etwa 20–30 Prozent verringert, indem man im Frühjahr die schwächeren bis zum Boden abschneidet. So wird das Zentrum des Horstes lichter. Werden die unteren Blätter der verbliebenen Halme entfernt, kommen die Rohre besser zur Geltung.

Bambus in Kübeln

Bambus ist ideal für Kübel von mindestens 45 cm Durchmesser. Glasierte Töpfe sind besonders praktisch, da sie nicht so schnell austrocknen. Ein wichtiger Vorteil der Topfkultur besteht darin, dass man damit sogar wuchernde Arten gefahrlos in den Garten bringen kann. Als Starkzehrer braucht Bambus ein hochwertiges Substrat, versetzt mit Depotdünger und wasserhaltigem Granulat. Zusätzliche Gaben von Flüssigdünger während der Wachstumszeit sind hoch willkommen. In Kübeln ist Bambus frostempfindlicher als ausgepflanzt; daher sollte man die Töpfe vor Einbruch des Winters in Luftpolsterfolie packen oder in einen kühlen Raum im Haus bringen. Bambus im Kübel muss regelmäßig geteilt werden; die jungen Rhizome und Triebe werden weiter kultiviert.

EINE BAMBUSLAUBE

1 Hoher Bambus wie dieser *Phyllostachys violascens* lässt sich besser nutzen, indem man eine Lichtung schlägt und dort eine Bank aufstellt.

2 Die Halme kappt man am Boden mit der Baumschere, bis die Fläche groß genug für den Sitzplatz ist.

3 So entsteht ein angenehmer, geschützter Platz für Sommerabende. Unerwünschter Neuaustrieb wird nach Bedarf entfernt.

Gräser und Bambus vermehren

Grundsätzlich gibt es zwei einfache Vermehrungsmethoden für Ziergräser und Bambus: Arten können gesät, Kultursorten auf verschiedene Weise geteilt werden.

Gräser lassen sich sehr leicht und ohne besondere Gerätschaften vermehren. Der Hobbygärtner kann somit jederzeit neue Pflanzen gewinnen. Die Anzucht aus Samen ist bei den meisten Ziergras-Arten möglich. Das gilt nicht für Kultursorten, denn die Nachkommen würden durch die genetische Aufspaltung anders aussehen als die Eltern.

Alle Ziergräser und die meisten Bambuspflanzen lassen sich teilen. Bei dieser vegetativen Vermehrungsmethode sind die Jungpflanzen mit den Eltern identisch, und damit eignet sie sich gleichfalls für Kultursorten. Rhizomschnittlinge sind streng genommen eine Form der Teilung und kommen für Ausläufer bildende Bambusarten in Frage.

Gräser aus Samen

Ausgesät wird im Spätwinter oder zeitigen Frühjahr in 9-cm-Töpfe im Frühbeet oder in einem kühlen Gewächshaus. Damit erhält man bis zum Mai-Juni reichlich junge Gräser, um sie im Garten auszupflanzen.

Sie können aber auch im zeitigen Frühjahr in Multitopfplatten säen, dann müssten Anfang Mai die Einzeltöpfe voll von neuen, etwa 6–8 cm hohen Halmen sein. Die jungen Pflänzchen setzt man in 8-cm-Töpfe um. Wenn Sie in jeden Einzeltopf mehrere Samen legen, geht es schneller und Sie können in 9-cm-Töpfe umtopfen. Verwenden Sie ein hochwertiges Substrat, das genügend Nährstoffreserven enthält, damit die Sämlinge bis zum Auspflanzen im Juni versorgt sind. Das größte Problem bei jungem Gras sind schwache Halme durch Lichtmangel. Härten Sie die Pflanzen daher kurz nach dem Eintopfen ab, schützen Sie sie aber vor Frost.

Gräser teilen

Ziergräser lassen sich leicht durch Teilung vermehren; das gilt ebenso für viele Bambusarten.

Dazu gehören *Chimonobambusa*, *Chusquea*, *Phyllostachys*, *Fargesia*, *Pleioblastus*, *Pseudosasa* und *Sasa*. Horst bildende Gattungen wie *Stipa*, *Festuca*

GRÄSER AUSSÄEN

[1] Die Samen spätestens im Frühjahr nach der Ernte in Multitopfplatten säen. Hier hat jeder Topf 2,5 cm Kantenlänge und eine Tiefe von 4 cm. Mit erdfreiem Anzuchtsubstrat füllen und mehrmals aufstoßen, damit sich keine Lufteinschlüsse in der Erde bilden. [2] Mit dem Pikierstab ein Loch in jeden Topf bohren. [3] Einen oder mehrere Samen in die Löcher geben. Mit dem Pikierstab das Substrat vorsichtig wieder über die Samen ziehen. Angießen und dann in ein Frühbeet oder auf den Tisch im unbeheizten Gewächshaus stellen. [4] Die Samen keimen innerhalb von 15 Tagen. Mit etwas Wärme von unten (bei etwa 15°C) geht es schneller. Nach der Keimung frostfrei und nur leicht feucht halten.

GRÄSER TEILEN

[1] Den Ballen ausgraben; hier die *Segge Carex oshimensis* 'Evergold'. [2] Den Ballen mit dem Messer zerschneiden oder einfach auseinander ziehen, sodass 2,5–5 cm große Teile entstehen. [3] Das Verhältnis von Spross und Wurzel sollte ausgewogen sein. Alte, abgestorbene Wurzeln und Halme entfernen, die verbliebenen Halme auf 10 cm kürzen. [4] Jede Teilpflanze in einen 9-cm-Topf mit hochwertigem erdfreiem Substrat setzen. Bei hoher Luftfeuchtigkeit, etwa im Folientunnel, Frühbeet oder kalten Gewächshaus, entwickeln sich die Wurzeln besser. Die neuen Pflanzen abhärten, wenn sie Wurzeln haben.

Siehe auch Ziergräser, S. 131–132; Mehr Erfolg mit Ziergräsern, S. 133; Bambus im Garten, S. 134–135 und *Carex*, die nicht aus Rhizomen wachsen, sondern leichte, faserige Wurzelsysteme haben, lassen sich besonders leicht teilen. Die Maßnahme trägt dazu bei, dass Spross und Wurzeln gesund und wüchsig bleiben.

Die Pflanzen werden am besten im Spätwinter oder zeitigen Frühjahr geteilt, dann wenn sie gerade austreiben. Die Teilungsmethode hängt davon ab, wo die Pflanzen weiter kultiviert werden: gleich wieder im Garten, im Anzuchtbeet oder in Töpfen.

Bei niedrigen Gräsern, die zunächst eingetopft werden, reichen Stücke von 2,5–5 cm Durchmesser. Werden die Teile gleich wieder in den Garten gepflanzt, sollten sie etwa faustgroß sein. Gießen Sie nach dem Einpflanzen gründlich, denn die neuen Triebe kommen oft gleichzeitig mit trockenem Wetter im Frühjahr.

Große Gräser und Bambus teilen

Auch sie werden im zeitigen Frühjahr geteilt, nötigenfalls mit schwerem Werkzeug. Man unterscheidet zwischen Horst bildenden Gattungen wie *Chuspea* und Arten, deren Rhizome sich unterirdisch ausbreiten, wie *Pleioblastus*, einige *Phyllostachys*-Arten und *Sasa*. Ihr Wuchsverhalten hängt jedoch vom Klima ab: In gemäßigten Regionen bilden viele *Phyllostachys*-Arten, die in der Natur Ausläufer treiben, doch Horste.

Durch Teilung der Klumpen lässt sich Horst bildender Bambus vermehren, genau wie bei Gräsern. Dabei bleibt mindestens ein Teil eines ausgewachsenen Halmes erhalten (siehe Kasten unten). Die Teilstücke werden in 13- oder 15-cm-Töpfe gesetzt und an einen warmen Ort mit hoher Luftfeuchte und ohne direkte Sonne gestellt. Schneiden Sie die Halme nicht zurück, das würde die Pflanze schwächen. Härten Sie die bewurzelten Pflanzen ab, indem sie zunächst an einem geschützten Platz im Freien stehen.

Ausläufer bildende Arten werden auf eine spezielle Art und Weise vermehrt (siehe Kasten links).

BAMBUSVERMEHRUNG ÜBER RHIZOMSCHNITTLINGE

[1] Der Ballen wird bei Beginn des Austriebs im zeitigen Frühjahr ausgegraben und in Teile zerlegt, die jeweils einige Halme, Wurzeln und Rhizomabschnitte mit Augen aufweisen. [2] Die Rhizome werden in Stücke mit mindestens einer Knospe geteilt. Je zwei Stücke werden in einen 9-cm-Topf direkt unter die Oberfläche gesetzt. [3] Teile mit drei bis vier Halmen kommen gleich in einen 13-cm-Topf. Der Bambus wird in einen Raum mit hoher Luftfeuchtigkeit gestellt. Gut gießen, dann sollten sich nach etwa 6 Wochen neue Rohre zeigen.

GROSSE KLUMPEN TEILEN

Größere Gräser (hier Chinaschilf) und viele Bambusarten, die große, dicht durchwurzelte Ballen bilden, erfordern ein härteres Vorgehen.

[1] Zum Teilen den Ballen ausgraben und die Halme auf 20–30 cm einkürzen. [2] Den Ballen mit zwei Gabeln Rücken an Rücken oder mit einem scharfen Messer in handlichere Teilstücke zerlegen. [3] Die Teilstücke sollten etwa 10–13 cm Durchmesser haben. [4] Die Teilstücke säubern und sofort wieder ausplanzen bzw. in einen 13- oder 15-cm-Topf setzen. [5] Sie werden zügig weiterwachsen.

Stauden für den Schatten

Eine große Zahl von Stauden steht für verschiedene Schattenbereiche zur Verfügung.

Schatten entsteht durch Gebäude, Mauern oder Zäune, aber auch durch Gehölze, die dann meist auch einen trockenen Boden im Wurzelbereich bedingen.

Damit im Schatten gesunde Pflanzen wachsen, ist es wichtig zu wissen, wie viel Schatten eine Pflanze verträgt. Wenige Stauden gedeihen noch im tiefen Schatten, vor allem wenn trockener, magerer Boden dazukommt. Zusätzliche organische Substanz und Volldüngergaben verbessern die Wachstumsbedingungen für die Pflanzen.

Viele Stauden – außer den unten aufgeführten – vertragen lichten Schatten und gedeihen dort mitunter sogar gut. Ungeeignet sind sonnenhungrige Pflanzen, die aus warmen Regionen stammen, oder solche, die viel Sonne brauchen, um zu reifen und Blüten zu bilden. Die meisten im Hochsommer blühenden Stauden brauchen viel Licht, um schön zu blühen.

1

2

TIEFER SCHATTEN

Brunnera macrophylla 'Dawson's White' ↕ 45cm ↔ 60cm 💧 ❄❄❄ [1]

Epimedium grandiflorum 🏆 ↕ 20–30cm ↔ 30cm 💧 ❄❄❄

Euphorbia amygdaloides var. *robbiae* 🏆 ↕ 60cm ↔ 30cm E 💧 ❄❄❄

Hosta (nicht gelblaubige) ↕↔ variabel 💧 ❄❄❄

Iris foetidissima 🏆 ↕ 30–90cm ↔ 60cm E 💧 ❄❄❄

Liriope muscari 🏆 ↕ 30cm ↔ 45cm E 💧 pH ❄❄❄

Pulmonaria angustifolia 🏆 ↕ 25–30cm ↔ 45cm 💧 ❄❄❄

Symphytum ibericum ↕ 40cm ↔ 60cm 💧 ❄❄❄

LICHTER ODER HALBSCHATTEN

Zusätzlich zu den links aufgeführten Pflanzen:

Acanthus mollis ↕ 1,5m ↔ 90cm 💧 ❄❄❄ [2]

Anemone x *hybrida* ↕ 1,2–1,5m ↔ unbegrenzt 💧 ❄❄❄

Astilbe x *arendsii* ↕ 60–90cm ↔ 45cm 💧 ❄❄❄

Astrantia maxima 🏆 ↕ 60cm ↔ 30cm 💧 ❄❄❄

Dicentra spectabilis 🏆 ↕ 1,2m ↔ 45cm 💧 ❄❄❄

Geranium sanguineum ↕ 20cm ↔ 30cm 💧 ❄❄❄

Saxifraga x *urbium* ↕ 30cm ↔ unbegrenzt E 💧 ❄❄❄

Tiarella cordifolia 🏆 ↕ 10–30cm ↔ 30cm 💧 ❄❄❄

Siehe auch Sträucher für Schatten, S. 83–84; Winterharte Farne, S. 142, Zwiebelblumen, S. 144

PRAKTISCHE TIPPS

Erfolg mit Baumfarnen

Exotisch anmutende Baumfarne finden immer mehr Freunde.

Baumfarne kommen in geschützten Hochlandwäldern in den gemäßigten und tropischen Regionen Südostasiens, Australasiens und Südamerikas vor. Am häufigsten finden sich *Dicksonia*- und *Cyathea*-Arten in Kultur. Die meisten entwickeln einen hohen Stamm aus Faserwurzeln (so genannte Rhizoide), umhüllt von den Ansätzen alter Wedel, und eine ausladende Krone. In der Natur wachsen die Pflanzen langsam, etwa 3 cm pro Jahr. In der Baumschule schaffen die Farne unter günstigen Bedingungen gelegentlich einen Zuwachs von bis zu 10 cm pro Jahr.

Nur sehr wenige Baumfarne sind in Europa winterhart genug für die Freilandkultur. In sehr milden Regionen, etwa in Südengland, gedeihen *Dicksonia antarctica* und *D. fibrosa* ganzjährig im Freien. *Cyathea australis* kann ebenfalls in milden Lagen überleben, sofern ein besonders günstiges Kleinklima herrscht.

Baumfarn für den Wintergarten
Der Baumfarn *Cyathea dealbata* aus Neuseeland eignet sich hervorragend als Kübelpflanze für den Wintergarten.

Siehe auch Nicht winterharte Stauden überwinter

Dicksonia antarctica gedeiht in Südengland sogar im Freien.

Baumfarne sind unter Glas immergrün, im Freien stirbt das Laub in unseren Breiten aber in aller Regel ab.

Baumfarne gedeihen unter luftfeuchten Bedingungen, und sie benötigen Schutz vor starken, austrocknenden Winden. Sie bevorzugen feuchte, lichtarme Standorte, wo kaum andere Pflanzen wachsen, vertragen aber weder Trockenheit noch sengende Sonne. Auch Frostsenken sind gefährlich. Dagegen tolerieren die Pflanzen sehr verschiedene Bodentypen und pH-Werte von leicht sauer bis neutral. Am schönsten kommen Baumfarne zur Geltung, wenn ihre Wedel sich ungehindert ausbreiten können. Diese können bei ausgewachsenen Pflanzen bis zu 2 m lang werden.

Pflegetipps

Baumfarne werden im Topf oder als kahler Stamm angeboten. Lassen Sie den kahlen Stammgrund zunächst in Wasser quellen und setzen Sie ihn in einen Topf mit tonhaltiger Blumenerde, um die Wurzelbildung zu fördern. Der Stamm wird nur so tief eingesetzt, dass die Pflanze guten Halt hat. Gegossen wird jeden Tag, bis sich die Wedel zeigen. Düngen Sie im ersten Jahr nicht, damit sich die Wurzeln gut entwickeln. Im folgenden Frühjahr kann man die Pflanze in den Garten setzen. Kahle Stämme können an günstigen Standorten nach dem letzten Frost direkt ausgepflanzt werden, aber man sollte sie dann täglich mit Wasser versorgen.

In der Natur nehmen Baumfarne Feuchtigkeit und Nährstoffe über ihre riesigen Wedel auf. Im Garten erhalten sie während der Wachstumszeit einmal im Monat eine schwache Gabe Flüssigdünger, der auf die Wedel und den Stamm gespritzt wird. Man kann auch einen Depotdünger ins Substrat mischen. In Kultur sprechen Baumfarne gut auf einen hohen Anteil organischer Substanz an. Eingewachsene Pflanzen sollte man im Sommer und im Winter bei Trockenheit am Stamm gießen. So lange die Pflanze aktiv wächst, können beschädigte Wedel weggeschnitten werden. Im Winter durch Frost oder Wind beschädigte Wedel entfernt man besser erst im Frühjahr.

Winterschutz

Je höher die Pflanze über dem Boden wächst, desto besser verträgt sie Kälte. Jungpflanzen ohne Stamm sind für die Überwinterung im Freien nicht geeignet (außer an sehr gut geschützten Plätzen). Es bietet sich daher an, sie den Sommer über in Töpfen im Garten einzugraben und den Winter über in einen frostfreien, kühlen, hellen Raum wie den Wintergarten oder das Gewächshaus zu bringen. Milde Winter und eine begünstigte Lage vorausgesetzt, kann

STANDORTE

- In milden Regionen sind Baumfarne ideal für Waldgärten. *Eucalyptus dalrympleana* ist der natürliche Nachbar von *Dicksonia antarctica*.
- In kühleren Regionen eignen sich Baumfarne als Kübelpflanzen für den kühlen Wintergarten, wo sie ausreichend Platz für die ausladenden Wedel haben sollten.

S. 123-124; Pflanzen für den Wintergarten, S. 193–194

PRAKTISCHE TIPPS

Dicksonia antarctica nahezu ungeschützt im Freien überwintern. Packen Sie zur Sicherheit eine 15 cm dicke Lage Stroh rund um den Stammansatz der Pflanze und falten Sie die Wedel nach innen, um die Krone zu schützen. In kälteren Regionen sollten Sie die Pflanze zusätzlich mit Sackleinen oder Luftpolsterfolie und zusätzlichem Stroh abdecken. Besseren Schutz bieten eine Styroporhaube oder Styroporplatten, die mit losem Stroh um den Stamm gebunden werden. In sehr kalten Regionen werden die Pflanzen in Strohballen verpackt. Den Schutz sollten Sie im November anbringen und im Frühjahr entfernen. Selbst im Winter kann es nötig werden, den Stamm bei längerer Trockenheit zu wässern, die Krone sollte dabei jedoch nicht nass werden.

Topfkultur

Baumfarne sind gute Kübelpflanzen. Sie gedeihen gut in handelsüblicher Topferde. Man kann aber auch selbst ein Substrat mischen aus je einem Teil Lehm, mittelfeiner Rinde und Holzkohle, 2 Teilen scharfem Sand und 3 Teilen grobem Laubkompost oder Torfersatz.

Unter Glas gedeihen die Pflanzen am besten bei hellem, diffusem Licht und mäßiger Luftfeuchtigkeit. Sie dürfen nicht austrocknen, das erfordert im Sommer eventuell tägliche Wassergaben. Geben Sie während der Wachstumszeit wöchentlich einen schwach dosierten Flüssigdünger. Junge Pflanzen können im Sommer im Freien stehen, aber nicht direkt in der Sonne. Raumtemperaturen über 32°C können schädlich sein. Kübelpflanzen sollten jährlich im Frühjahr eine Kopfdüngung erhalten, oder man topft sie um.

Im Winter brauchen Topfpflanzen im Haus so viel Licht wie möglich und sie werden nur eben feucht gehalten. Bleiben die Kübel im Freien, müssen sie an einem geschützten Ort stehen. Das Pflanzgefäß und auch die Pflanze braucht einen Schutz vor Frost.

PFLANZVORSCHLÄGE

Winterharte Farne

Farne sind en vogue und die meisten der unzähligen Arten und Auslesen erweisen sich als pflegeleichte Schattenbewohner.

Winterharte Farne gedeihen in aller Regel an feuchten, schattigen Standorten in gut dräniertem, gut gelockertem, humusreichem, neutralem bis alkalischem Boden. Einige wie *Thelypteris simulata* und diverse *Blechnum*-Arten bevorzugen sauren Boden, *Osmunda*-Arten dagegen neutralen bis sauren Untergrund. Kalkverträglich sind zum Beispiel *Asplenium scolopendrium*, *Cystopteris fragilis* und *Polystichum setiferum*.

Winterharte *Asplenium*-, *Dryopteris*- und *Polypodium*-Arten kommen sogar mit trockenerem Schatten zurecht, brauchen aber im ersten Jahr regelmäßige Wassernachhilfe, bis sie angewachsen sind; ein Mulch aus Laubkompost, Rinde oder Gartenkompost bekommt ihnen gut. An sehr feuchten Standorten können *Athyrium filix-femina* und seine Sorten sowie *Dryopteris cristata*, *Matteuccia struthiopteris*, *Monoclea sensibilis* und *Osmundia regalis* gedeihen.

Farne müssen kaum geschnitten werden, jedoch sollten vor dem Erscheinen des Neuaustriebs abgestorbene und unansehnliche Wedel entfernt werden. Gießen Sie bei Bedarf, aber nur auf die Wurzeln und nicht in die Krone, da sonst leicht Fäulnis entsteht. Wenn es doch einmal zu Schimmel oder Fäule kommt, entfernen Sie alle abgestorbenen Pflanzenteile, um die Luftzirkulation zu verbessern. Das Abstreuen der Erdoberfläche mit Kies beugt Folgeinfektionen vor. Im Garten ausgepflanzte Farne sind kaum anfällig für Schädlinge, bei Topfpflanzen treten gelegentlich Dickmaulrüsslerlarven auf.

Wurmfarn *(Dryopteris filix-mas)*

WINTERHARTE FARNE

Immergrüne Farne für feuchte Standorte

Adiantum venustum 🏆 ↕ 15cm ↔ unbegrenzt, halb wintergrün ❄❄❄

Asplenium scolopendrium 🏆 ↕ 45–70cm ↔ 60cm ❄❄❄

Asplenium scolopendrium Crispum-Gruppe ↕ 45–70cm ↔ 60cm ❄❄❄

Asplenium trichomanes 🏆 ↕ 15cm ↔ 20cm ❄❄❄

Polypodium vulgare ↕ 30cm ↔ unbegrenzt ❄❄❄

Polystichum setiferum 🏆 ↕ 1,2m ↔ 90cm ❄❄❄

Polystichum setiferum Divisilobum-Gruppe ↕↔ 50–70cm ❄❄❄

Polystichum setiferum Plumosum-Gruppe ↕↔ 60–80cm ❄❄❄

Sommergrüne Farne für feuchte Standorte

Adiantum pedatum ↕ 45cm ↔ 45cm ❄❄

Athyrium filix-femina 🏆 ↕ 1,2m ↔ 60–90cm pH ❄❄❄

Cystopteris fragilis ↕↔ 20cm ❄❄❄

Dryopteris affinis 🏆 ↕↔ 90cm ❄❄❄

Dryopteris dilatata ↕ 90cm ↔ 1,2m ❄❄❄

Dryopteris filix-mas 🏆 ↕↔ 1–1,2m ❄❄❄

Matteuccia struthiopteris 🏆 ↕ 1,7m ↔ 90cm ❄❄❄

Onoclea sensibilis 🏆 ↕ 60cm ↔ unbegrenzt pH ❄❄❄

Osmunda regalis 🏆 ↕ 1,8m ↔ 4m pH ❄❄❄

Siehe auch Stauden für den Schatten, S. 140; Erfolg mit Baumfarnen, S. 140–141

ZWIEBELPFLANZEN

TECHNIKEN

Zwiebeln setzen

Guter Boden und die richtige Pflanztiefe sind entscheidend.

Pflanzen Sie die Frühjahrsblüher im Frühherbst, sommerblühende Zwiebelpflanzen im zeitigen Frühjahr und herbstblühende bis zum Spätsommer. Die meisten Zwiebeln werden trocken, wurzel- und blattlos im Ruhezustand verkauft und gepflanzt. Man sollte so bald wie möglich pflanzen, denn lange Lagerzeiten und eine späte Pflanzung beeinträchtigen die Blüte.

Die meisten winterharten Zwiebelpflanzen lieben einen warmen, sonnigen Standort mit gutem Wasserabzug; Waldbewohner bevorzugen eine frische, kühle Umgebung. Guter Boden ist wichtig, denn die meisten tragen nur kurze Zeit Blätter, die bald wieder absterben.

Graben Sie mit der Handschaufel oder einem Zwiebelpflanzer ein Loch in der richtigen Tiefe und arbeiten Sie etwas Knochenmehl ein. Setzen Sie die Zwiebeln zwei- bis dreimal so tief, wie sie hoch sind. Die Spitze einer 5 cm hohen Zwiebel sollte also 10–15 cm unter der Erde liegen. Wird zu flach gepflanzt, blüht die Pflanze eventuell nach dem ersten Jahr nicht mehr. Füllen Sie das Loch wieder auf und drücken Sie den Boden an.

Pflanztiefe für Zwiebeln
Setzen Sie die Zwiebeln tief genug. Zu flach gepflanzte Blumenzwiebeln blühen nach dem ersten Jahr oft nicht mehr.

Siehe auch Blumenzwiebeln teilen, S. 154

TECHNIKEN

Zwiebeln mit Blättern

Manche Zwiebeln werden umgesetzt, so lange sie Blätter haben.

Die meisten Zwiebeln werden im Ruhezustand verpflanzt, einige sollten jedoch nicht austrocknen, etwa Buschwindröschen *(Anemone nemorosa)*, winterharte Alpenveilchen, Winterling *(Eranthis)*, Schneeglöckchen *(Galanthus)*, Hasenglöckchen *(Hyacinthoides)* und Knotenblumen *(Leucojum)*. Spezialgärtnereien bieten die Zwiebeln mit Blättern in feuchter Verpackung an, im Gartencenter erhält man manche Zwiebelpflanzen kurz vor der Blüte im Topf.

Zwiebelpflanzen lassen sich vermehren, indem man zu dicht gewachsene Kolonien kurz nach der Blüte, bevor die Blätter absterben, ausgräbt und teilt. Die Pflanzen werden dadurch im nächsten Jahr besser blühen.

Nach der Teilung pflanzt man Gruppen aus vier bis sechs Zwiebeln in Löcher, die groß genug sein müssen, um die Wurzeln darin auszubreiten. Gepflanzt wird auf die gleiche Tiefe wie zuvor, erkennbar an der Farbveränderung am Spross von Grün nach Weiß. Nach dem Nachdrücken der Erde wird angegossen. Wenn der Boden austrocknet und solange die Pflanze Blätter hat, weiterhin gießen.

Zwiebel mit Blättern
Manche Zwiebelpflanzen, hier Schneeglöckchen, werden gleich nach der Blüte gepflanzt oder geteilt, wenn die Blätter noch grün sind.

PFLANZVORSCHLÄGE

Pflanzen für den Schatten

Manche Zwiebelpflanzen gedeihen im Schatten von Bäumen.

GEEIGNETE PFLANZEN

Schatten entsteht durch Gebäude, Mauern oder Zäune und durch Gehölze. Im letzten Fall kommen weitere Probleme wie trockener Boden im Wurzelraum und stehende Luft unter überhängenden Ästen hinzu.

Zwiebelpflanzen gedeihen nicht in tiefem Schatten, vor allem wenn der Boden trocken und mager ist. Die Zufuhr organischer Substanz oder Gaben von Mehrnährstoffdünger verbessern die Bedingungen. Etliche Zwiebelblumen aber eignen sich für lichten Schatten, Halbschatten oder für absonnige Plätze. Lichter Schatten findet sich etwa unter dem leichten Laubdach von Bäumen; Sonnenlicht fällt noch durch das Blätterdach ein, ansonsten herrscht gestreutes Licht vor. Halbschattige Bereiche erhalten nur einige Stunden am Tag direkte Sonne. Im Schlagschatten von Bäumen und Hecken ergeben sich absonnige Zonen mit höherer Luftfeuchtigkeit, in die kein direktes Sonnenlicht einfällt.

Anemone blanda ◐ ↕↔ 15cm 💧 ❄❄❄
Colchicum autumnale ↕ 10–15cm ↔ 8cm 💧 ❄❄❄
Cyclamen coum ◐ ↕ 5–8cm ↔ 10cm 💧 ❄❄❄
Cyclamen hederifolium ◐ ↕ 10–13cm ↔ 15cm 💧 ❄❄❄
Eranthis hyemalis ◐ ↕ 5–8cm ↔ 5cm 💧 ❄❄❄
Erythronium dens-canis ↕↔ 10–15cm 💧 ❄❄❄
Galanthus nivalis ◐ ↕↔ 10cm 💧 ❄❄❄
Hyacinthoides non-scripta ↕ 20–40cm ↔ 8cm 💧–💧 ❄❄❄
Leucojum vernum ◐ ↕ 20–30cm ↔ 8cm 💧 ❄❄❄
Muscari armeniacum ◐ ↕ 20cm ↔ 5cm 💧 ❄❄❄
Narcissus ↕ 10–50cm ↔ 8–10cm 💧 ❄❄❄
Scilla siberica ◐ ↕ 10–20cm ↔ 5cm 💧 ❄❄❄

Siehe auch Unterbewuchs für Bäume, S. 64

PFLANZVORSCHLÄGE

Zwiebelpflanzen verwildern

Zwiebelpflanzen werden gern gruppenweise im Gras gesetzt, doch entsprechende Arten blühen ebenso gut unter Bäumen.

Verwilderte Zwiebeln sorgen für Leben in Gartenbereichen, wo sonst keine Blütenpflanzen gedeihen. (Geeignete Pflanzen siehe S. 146.) Unter Laubgehölze passen Zwiebelpflanzen, die im Frühjahr oder Herbst blühen, wenn noch keine Blätter vorhanden sind, die das Licht abschirmen. Winterharte Alpenveilchen wie *Cyclamen hederifolium* und *C. coum*, Anemonen, Krokusse und Blausternchen eignen sich hierfür.

Rasen, Böschungen und problematische Grasflächen verwandeln sich im Frühjahr und Herbst in einen Farbteppich. Zwiebeln, die im Rasen auswildern sollen, müssen die Konkurrenz der Graswurzeln ertragen. Ideal sind robuste Narzissen (Arten und Hybriden) sowie Krokusse und Zwiebelblumen, die ihr Wachstum schnell abschließen. Mehr Abwechslung bieten Schachbrettblumen *(Fritillaria meleagris)* und Sommerknotenblumen *(Leucojum aestivum)*. ▷

NARZISSEN IM GRAS

Ausgewilderte Zwiebeln bleiben mehrere Jahre an ihrem Platz. Sie dürfen nicht zu dicht sitzen, sonst fällt die Blüte spärlicher aus. 1 Streuen Sie Zwiebeln auf der gewählten Fläche wie zufällig aus und pflanzen Sie an Ort und Stelle. 2 Heben Sie Pflanzlöcher mit der Pflanzschaufel oder im Rasen mit dem Zwiebelpflanzer aus. Die Zwiebeln werden etwa dreimal so tief gesetzt, wie sie hoch sind. Zu flach gepflanzte Zwiebeln trocknen leichter aus und werden dadurch geschwächt. Wird ein Stück Rasen ausgestochen, sollten Sie die Unterseite mit der Pflanzschaufel vor dem Wiedereinsetzen lockern. Gut andrücken. 3 Verwelkte Blüten (außer bei Narzissenarten) sofort entfernen. 4 Die Blätter bis 6 Wochen nach der Blüte belassen, damit die Pflanzen einziehen können. Erst danach abschneiden.

NARZISSEN ZUM VERWILDERN

Für niedriges Gras

Narcissus assoanus ↕ 15cm ↔ 5–8cm

N. asturiensis ↕ 8cm ↔ 5–8cm pH

N. bulbocodium ↕ 10–15cm ↔ 8cm pH

N. cyclamineus und die Hybriden **'Bartley'**, **'Beryl'**, **'February Gold'**, **'Jack Snipe'**, **'Midget'**, und **'Peeping Tom'** ↕ 15–40cm ↔ 8cm pH

***N.* 'Hawera'** ↕ 18cm ↔ 5–8cm pH

***N.* 'Minnow'** ↕ 18cm ↔ 8cm

N. nanus ↕ 15cm ↔ 5–8cm

N. obvallaris ↕ 30cm ↔ 8cm

N.* x *odorus ↕ 25cm ↔ 8cm

N. pseudonarcissus und Sorten ↕ 15–35cm ↔ 8cm

***N.* 'Tête-à-Tête'** ↕ 15cm ↔ 5–8cm

N. triandrus ↕ 10–25cm ↔ 5–8cm pH

***N.* 'W.P. Milner'** ↕ 23cm ↔ 8cm

Für höheres Gras

Die meisten größeren Trompeten- und Großblütigen Narzissen lassen sich gut verwildern. Geeignet sind ebenso die folgenden Hybriden:

***N.* 'Actaea'** ↕ 45cm ↔ 15cm

***N.* 'Binkie'** ↕ 35cm ↔ 15cm

***N.* 'Charity May'** ↕ 30cm ↔ 8cm pH

***N.* 'Carlton'** ↕ 40cm ↔ 15cm

***N.* 'Fortune'** ↕ 45cm ↔ 15cm

***N.* 'Ice Follies'** ↕ 40cm ↔ 15cm

***N.* 'Kilworth'** ↕ 50cm ↔ 15cm

***N.* 'Merlin'** ↕ 45cm ↔ 15cm

***N.* 'Mount Hood'** ↕ 45cm ↔ 15cm

***N. poeticus* 'Plenus'** ↕ 40cm ↔ 15cm

N. poeticus* var. *recurvus ↕ 35cm ↔ 15cm

***N.* 'Portrush'** ↕ 45cm ↔ 15cm

***N.* 'Saint Keverne'** ↕ 45cm ↔ 15cm

***N.* 'Spellbinder'** ↕ 50cm ↔ 15cm

Reifrocknarzisse, *N. bulbocodium*

Siehe auch Unterbewuchs für Bäume, S. 64

EMPFEHLENSWERTE ZWIEBELPFLANZEN ZUM VERWILDERN

Frühjahrsblühender Krokus

Die folgenden Arten bevorzugen die gleichen Bedingungen: ☐ ◊ ❄❄❄

Crocus ancyrensis ↕↔ 5cm

C. angustifolius ◉ ↕↔ 5cm

C. biflorus ↕ 6cm ↔ 5cm

C. chrysanthus Sorten **'Blue Pearl'** ◉, **'Cream Beauty'** ◉, **'Gipsy Girl'**, **'Skyline'**, und **'Snow Bunting'** ◉, alle ↕ 8cm ↔ 5cm

C. etruscus ◉ ↕ 8cm ↔ 4cm

C. flavus subsp. *flavus* ◉ ↕ 8cm ↔ 5cm

C. sieberi ◉ und Sorten **'Firefly'** und **'Violet Queen'** ↕ 5–8cm ↔ 2,5cm

C. tommasinianus ◉ und Sorten **'Ruby Giant'** und **'Whitewell Purple'** ↕ 8–10cm ↔ 2,5cm

C. vernus (größere Sorten) ↕ 10–12cm ↔ 5cm

Herbstblühender Krokus

Crocus banaticus ◉ ↕ 10cm ↔ 5cm ☐–◧ ◊ ❄❄❄

C. kotschyanus ◉ ↕ 6–8cm ↔ 5cm ☐ ◊ ❄❄❄

C. laevigatus ◉ ↕ 4–8cm ↔ 4cm ☐ ◊ ❄❄❄

C. nudiflorus ↕ 15–25cm ↔ 5cm ☐–◧ ◊ ❄❄❄

C. pulchellus ◉ ↕ 10–12cm ↔ 4cm ☐ ◊ ❄❄❄

C. serotinus subsp. *salzmannii* ↕ 5–8cm ↔ 4cm ☐ ◊ ❄❄❄

C. speciosus ◉ und Sorten **'Aitchisonii'**, **'Albus'** ◉, **'Artabir'**, **'Conqueror'** und **'Oxonian'** ↕ 10–15cm ↔ 5cm ☐ ◊ ❄❄❄

Andere Zwiebelpflanzen

Allium-Arten: ☐ ◊ ❄❄❄

A. hollandicum ◉ ↕ 90cm ↔ 10cm

A. karataviense ◉ ↕ 25cm ↔ 10cm

A. moly ↕ 15–25cm ↔ 5cm

A. triquetrum ↕ 30cm ↔ 10cm

A. ursinum ↕ 10–50cm ↔ 10cm

Anemone blanda ◉ ↕↔ 15cm ☐–◧ ◊ ❄❄❄

Camassia leichtlinii ↕ 60–130cm ↔ 10cm ☐–◧ ◊ ❄❄

Chionodoxa luciliae ◉ ↕ 15cm ↔ 3cm ☐ ◊ ❄❄❄

Colchicums-Arten ☐ ◊ ❄❄❄

C. autumnale ↕ 10–15cm ↔ 8cm

C. byzantinum ◉ ↕ 12cm ↔ 10cm

C. speciosum ◉ ↕ 18cm ↔ 10cm

Eranthis hyemalis ◉ ↕ 5–8cm ↔ 5cm ☐–◧ ◊ ❄❄❄

Erythronium dens-canis ◉ ↕ 10–15cm ↔ 10cm ◧ ◊ ❄❄❄

Fritillaria meleagris ↕ 30cm ↔ 5–8cm ☐–◧ ◊ ❄❄❄

Galanthus nivalis ◉ ↕↔ 10cm ◧ ◊ ❄❄❄

Hyacinthoides non-scripta ↕ 20–40cm ↔ 8cm ◧ ◊ ❄❄❄

Leucojum vernum ◉ ↕ 20–30cm ↔ 8cm ☐ ◊ ❄❄❄

Muscari armeniacum ◉ ↕ 20cm ↔ 5cm ☐ ◊ ❄❄❄

Nectaroscordum siculum ↕ 1,2m ↔ 10cm ☐–◧ ◊ ❄❄❄

Scilla siberica ◉ ↕ 10–20cm ↔ 5cm ☐–◧ ◊ ❄❄❄

Crocus kotschyanus

Fritillaria meleagris

PFLANZENPROBLEME

Probleme bei Narzissen

Narzissen sind pflegeleicht, doch es treten verschiedene Schadbilder auf.

Narzissen *(Narcissus)* wachsen und blühen in der Regel gut. Wenn sie nicht gedeihen oder blühen, kann es an Schädlingen, Krankheiten, einem ungünstigen Standort oder ungeeigneten Kulturmethoden liegen.

AUSBLEIBENDE BLÜTEN

Wenn Narzissen nicht blühen, liegt das oft an schlechten Standortbedingungen oder an ungeeigneten Kulturmethoden. Zu flach gepflanzte Zwiebeln beeinträchtigen die Blüte, ebenso wirkt sich das Entfernen der Blätter zu kurz nach der Blüte ungünstig aus. Bei Trockenheit sterben die Narzissen früher ab und bilden keine neuen Blütenanlagen, weil die Nährstoffreserven fehlen. Blüten bleiben auch bei einem Befall durch die Larven der Großen Narzissenfliege aus (siehe gegenüber).

Vorbeugung

Pflanzen Sie Zwiebeln zwei- bis dreimal so tief, wie sie hoch sind. Verwildern Sie nur dafür geeignete Sorten oder Arten im Gras, da den anderen die nötige Wuchskraft fehlt. Schneiden Sie Narzissenblätter erst etwa 6 Wochen nach der Blüte weg, damit die Pflanzen die verbliebenen Reserven in die Zwie-

Nicht blühende Narzissen

Siehe auch Blumenzwiebeln aufbewahren, S. 150

bel einlagern können (siehe S. 145). Das gelegentlich praktizierte Verknoten der Blätter stört ihre Funktion und sollte unterbleiben. Entfernen Sie welke Blüten und Samenstände, damit alle Nährstoffe der Zwiebel zugute kommen.

Geben Sie bei magerem Boden im Frühjahr etwas Mehrnährstoffdünger und nach der Blüte etwas Kalidünger. Bei Trockenheit sollten Sie gießen und mulchen.

GROSSE NARZISSENFLIEGE

Warme, sonnige Tage vom Spätfrühling bis zum Hochsommer fördern die Aktivität und Fruchtbarkeit der Narzissenfliege *(Merodon equestris)*. Durch die wärmeren Tagen hat sich dieser Schädling stark ausgebreitet. Die Weibchen werden etwa 15 mm lang, sind unterschiedlich gefärbt und Sie erinnern an kleine Hummeln. Sie legen Eier an den Zwiebelhals, wenn die Blätter absterben. Frisch geschlüpfte Larven kriechen zu den Zwiebeln und bohren sich durch den Zwiebelgrund. Die 18 mm langen Larven verpuppen sich bis zum nächsten Frühjahr im Boden.

Meist lebt nur eine Larve in der befallenen Zwiebel. Der entstehende Hohlraum füllt sich mit Exkrementen. Wenn Zwiebeln viele Larven enthalten, handelt es sich meist um die Kleine Narzissenfliege (*Eumerus*-Arten). Sie ernährt sich von Zwiebeln, die schon von anderen Schädlingen oder Krankheiten befallen sind.

Narzissen sind die wichtigsten Wirtspflanzen, aber auch *Amaryllis, Hippeastrum*, Schneeglöckchen *(Galanthus)* und Jakobslilie *(Sprekelia)* werden befallen.

Bekämpfung

Keines der für Hobbygärtner erhältlichen Insektizide bekämpft die Larven. Pflanzen Sie Zwiebeln in den Schatten, wo sie die Fliegen weniger leicht finden. Drücken Sie den Boden um den Hals der Zwiebel an, wenn die Blätter absterben, so wird die Eiablage schwieriger. Wertvolle Zwiebeln können Sie zur Zeit der Eiablage mit Gartenvlies schützen, doch in der feuchten Luft entwickeln sich mitunter Pilzkrankheiten an den Blättern.

ZWIEBELGRUNDFÄULE

Eine der gefährlichsten Narzissenkrankheiten wird von dem bodenbürtigen Pilz *Fusarium oxysporum* fo. sp. *narcissi* verursacht. Er kommt in feuchten Böden vor, auch wenn dort noch keine Narzissen gewachsen sind. Der Erreger befällt die Zwiebeln über die Wurzeln und den Zwiebelboden oder über kleine Wunden.

Bei befallenen Zwiebeln wird der Grund weich und färbt sich braun. Fäulnis breitet sich in die inneren Zwiebelschichten aus, die rötlich braun werden und einen rosaweißen Sporenbelag zeigen. Schließlich werden die Zwiebeln rissig, schrumpfen und trocknen ein. Die Krankheit tritt bei Zwiebeln auf, die bei über 22°C gelagert werden.

Der Erreger wird vor allem durch die Zwiebeln von einer Saison zur nächsten weitergetragen. Werden leicht befallene Zwiebeln gepflanzt, zeigen sich Symptome wie Gelbfärbung, schwacher Wuchs und spärliche Blätter. Stark befallene Zwiebeln wachsen nicht.

Bekämpfung

Es gibt kein Heilmittel, daher sollten Sie Zwiebeln, die Anzeichen der Krankheit zeigen, wegwerfen. Um eine Infektion zu vermeiden, graben Sie die Zwiebeln 6 Wochen nach der Blüte aus. Quetschen Sie die Zwiebeln nicht und sorgen Sie für einen kühlen, luftigen Lagerplatz. Lassen Sie sie nicht in der heißen Sonne liegen. Bestäuben Sie die Zwiebeln vor dem Einlagern mit Aktivkohle, um die Infektionsgefahr zu verringern.

Schäden durch Nagetiere

Mäuse und Wühlmäuse fressen gern an Blumenzwiebeln.

Mäuse und Wühlmäuse bedienen sich an Blumenzwiebeln im Lager und im Garten. Dies geschieht meist von Herbst bis Frühjahr. Viele Zwiebeln und Knollen sind betroffen, besonders attraktiv sind Tulpen und Krokusse.

Schadbild

An den Resten der Zwiebeln sind typische Zahnabdrücke zu erkennen. Wenn an Pflanzen im Boden gefressen wurde, ist die Zwiebel möglicherweise verschwunden, die Blätter liegen oft um das gegrabene Loch herum. Die Nager meiden das Laub und konzentrieren sich auf die nährstoffreicheren Speichergewebe.

Bekämpfung

Lagern Sie ausgegrabene Zwiebeln und Knollen in nagersicheren Behältern. Drücken Sie nach der Pflanzung die Erde gut an, um die Pflanzlöcher zu verdecken. Stellen Sie Mausefallen unter Abdeckungen aus Holzblöcken oder Steinen, damit sich keine Haustiere oder Vögel darin verfangen.

Boden andrücken
Mäuse mögen Zwiebeln. Drücken Sie daher nach der Pflanzung den Boden gut an, um die Pflanzlöcher zu verbergen und das Graben zu erschweren. Stellen Sie in gefährdeten Gärten Mäusefallen auf.

PFLANZENPROBLEME

Probleme mit Tulpen

Falls eine Viruskrankheit oder die Grauschimmelfäule auftritt, sind drastische Maßnahmen erforderlich.

Tulpen sollten nach der Blüte ausgegraben werden, unter anderem um das Infektionsrisiko mit Viren und Pilzkrankheiten zu verringern.

TULPENVIREN

Das wichtigste der 13 oder mehr Viren, die Tulpen befallen, ist das Tulpenmosaikvirus. Es verursacht die bekannten und mitunter sehr geschätzten Mosaikmuster auf den Kronblättern, führt aber auch zum Nachlassen der Wuchs- und Blühkraft. Das Gurkenmosaikvirus, das verschiedene Pflanzen befällt, kann die gleichen Symptome hervorrufen. Tabaknekrosevirus verursacht die Augustakrankheit (nach der Tulpensorte), die sich durch braune Streifen auf Blättern und Stängeln bemerkbar macht.

Bekämpfung

Das Tabaknekrosevirus wird durch den Bodenpilz *Olpidium* verbreitet. Eine Pflanzung im Herbst verringert das Infektionsrisiko. Die anderen Viren werden durch Blattläuse übertragen, doch die Bekämpfung mit Insektiziden ist nicht sehr effektiv. Von Viren befallene Tulpen sollten entfernt und vernichtet werden. Pflanzen Sie Tulpen nicht neben Lilien, die den Viren als Wirt dienen, ohne Symptome zu zeigen.

Tulpenfeuer an einer Blüte

TULPENFEUER (GRAUSCHIMMELFÄULE)

Diese Krankheit entsteht durch den Pilz *Botrytis tulipae*. Bei feuchter Witterung bildet der Pilz zahlreiche graue Sporen, die von Wind und Regen übertragen werden. Später entwickeln sich feste, schwarze, stecknadelkopfgroße Dauersporen, die bis zu 2 Jahre im Boden überdauern können, bevor sie den nächsten Wirt befallen.

Schadbild von Tulpenfeuer an jungen Blättern

Der Befall äußert sich zuerst darin, dass die Spitzen junger Blätter braun und verbrannt erscheinen, oft wirken sie zerfranst und verkrüppelt. Braune oder helle Flecken zeigen sich auf Blättern und Blüten, die einreißen und manchmal schimmeln. Die Blätter überziehen sich mit einem grauen, filzigen Sporenbelag.

Bekämpfung

Es gibt keine chemische Behandlung. Pflanzen Sie nur gesund aussehende Zwiebeln. Entfernen Sie befallene Blätter sofort und werfen Sie stark befallene Pflanzen weg, zusammen mit der umgebenden Erde. Eine späte Pflanzung senkt das Infektionsrisiko.

Graben Sie Tulpenzwiebeln nach dem Einziehen aus und bestäuben Sie sie beim Einlagern mit Aktivkohle.

Siehe auch Blumenzwiebeln aufbewahren, S. 150; Lagerfäule, S. 150

TECHNIKEN

Iris ausgraben und teilen

Iris wachsen und blühen besser, wenn man sie regelmäßig teilt.

Zwiebeliris bilden Tochterzwiebeln, die man abnehmen und während der Ruhezeit neu einpflanzen kann. Nach 2 bis 3 Jahren beginnen sie zu blühen. Graben Sie die Iris im Frühherbst aus, trennen Sie die Tochterzwiebeln ab und pflanzen Sie sie gleich wieder ein. Bartiris, alle Limniris *(Iris sibirica, I. ensata)* und *Californicae*-Iris bilden Rhizome.

Graben Sie Bartiris alle paar Jahre 6 Wochen nach der Blüte aus. Schneiden Sie die einzelnen Blattfächer mit jeweils einem jungen Rhizomteil ab. Bei großen Pflanzen kann es bis zu 15 cm lang sein, bei Zwerg- oder Miniaturformen entsprechend kleiner. Werfen Sie kleinere Fächer und alte Rhizome weg, pflanzen Sie nur große Fächer mit gesunden Rhizomen. Setzen Sie Iris bei schwerem Boden an die Oberfläche, bei leichtem Boden etwas darunter. Der Pflanzabstand beträgt 30 cm, bei Zwergformen nur 15 cm.

Teilen Sie Sibirische Iris kurz nach der Blüte. Stoßen Sie zwei Gabeln Rücken an Rücken in die Pflanze und zerlegen Sie den Klumpfen in nicht zu kleine Stücke. Pflanzen Sie die jungen äußeren Teile wieder ein.

Bartiris teilen

Calla richtig pflegen

Die vielseitige Calla eignet sich für Gärten mit mildem Klima, als Teichpflanze und als Topfpflanze im Haus.

Die Calla *(Zantedeschia aethiopica)* ist eine Staude aus Südafrika mit knollenähnlichen Rhizomen. Im Frühjahr oder Sommer bildet sie große weiße, blütenblattartige Hochblätter. Alle Pflanzenteile können nach Verzehr leichte Magenbeschwerden verursachen, der Saft kann die Haut reizen.

Zantedeschia elliottiana unter Glas

Im Freien

Calla sind nicht winterhart. Die Sorte 'Crowborough' kann allerdings in besonders warmen Regionen an gut geschützten Standorten überleben. Pflanzen kann man sie an einen geschützten Platz in voller Sonne, in nährstoffreichen, gut wasserhaltenden Boden, der mit reichlich organischer Substanz wie Garten- oder Laubkompost aufgebessert wurde. Als Frostschutz im Winter braucht es eine dicke Schicht aus organischem Mulch. Die Pflanze eignet sich auch für den Teichrand.

Unter Glas

Calla gedeihen gut als Topfpflanze im Wintergarten oder im Kleingewächshaus. Zusätzliche Wärme fördert das Wachstum und sorgt für eine zeitige Blüte im Frühjahr. Setzen Sie im Winter zwei bis drei Rhizome in einen 23-cm-Topf mit gut dräniertem, lehmhaltigem Substrat, sodass sie gerade an der Oberfläche liegen. Gießen Sie gut an und halten Sie das Substrat ständig feucht. Im Winter sollte die Nachttemperatur bei etwa 16°C liegen, die Tagestemperatur bei 18°C, sobald das Wachstum einsetzt. Wer kein beheiztes Gewächshaus besitzt, kann die Pflanzen in einem kühlen Raum bei 13°C halten. Dann werden die Rhizome aber im Spätsommer oder Frühherbst gepflanzt, damit sie eine längere Wachstumszeit haben.

Düngen Sie angewachsene Pflanzen regelmäßig flüssig mit einem stickstoffbetonten Dünger. Sorgen Sie im Winter für so viel Licht wie möglich, später kann Schutz vor zu intensiver Sonneneinstrahlung nötig sein. Düngen Sie während der Blüte nicht mehr, sondern erst wieder, wenn die Blüten verwelkt sind und die Pflanze einzieht. Achten Sie auf Blattläuse, die lästig werden können.

Lassen Sie die Pflanzen ab Ende Mai nach und nach austrocknen. Stellen Sie die Töpfe im Gewächshaus oder Wintergarten an die Seite, bis es wieder Zeit wird zum Umtopfen. Dazu entfernen Sie das alte Substrat und setzen die Pflanze in frisches Substrat mit den gleichen Bestandteilen. Die Töpfe können ab Ende Mai bis Mitte Herbst im Freien stehen; sobald Frost droht, müssen sie ins Haus. Beim erneuten Eintopfen können Sie Ableger nehmen.

Teichkorb
Soll eine Calla den Teich schmücken, wird sie in einen Teichkorb mit 30 cm Durchmesser gepflanzt. Der mit Wasserpflanzensubstrat gefüllte Korb sollte nicht tiefer als 30 cm im Wasser stehen.

Siehe auch Einen Sumpfgarten anlegen, S. 274; Die besten Wasserpflanzen, S. 276-277

Sommer-Zwiebelblumen

Zwiebelblumen bringen auch im Sommer viel Farbe in die Rabatte.

GEEIGNETE SOMMERBLÜHER

Die winterharten unter den im Sommer blühenden Zwiebelblumen kann man schon im Herbst kaufen, frostempfindliche dagegen erst im Spätwinter und Frühjahr. Blühende Topfpflanzen eignen sich als Lückenfüller oder für die Terrasse; man kann sie bei Bedarf ins Beet setzen. Große Pflanzen, die viel Feuchtigkeit brauchen, sollten nicht zu sehr von Nachbarn bedrängt werden. Kleinere können zwischen den Blättern der Frühjahrsblüher wachsen.

Allium ↕ 15–180cm ↔ 8–15cm ☼ ◊ ❄❄–❄❄❄

Camassia leichtlinii ↕ 60–130cm ↔ 10cm ☼–◐ ♦ ❄❄

Cardiocrinum giganteum ↕ 1,5–4m ↔ 45cm ◐ ♦ ❄❄❄

Crocosmia 40–120cm ↔ 8cm ☼–◐ ♦ ❄❄–❄❄❄

Dierama pulcherrimum ↕ 90–150cm ↔ 60cm ☼ ◊ ❄❄

Eucomis autumnalis ❦ ↕ 20–30cm ↔ 20cm ☼ ◊ ❄❄–❄❄❄

Galtonia candicans ❦ ↕ 90–120cm ↔ 10cm ☼ ♦ ❄❄❄

Ixia-Hybriden ↕ 40cm ↔ 8cm ☼ ◊ ❄

Nectaroscordum siculum ↕ 1,2m ↔ 10cm ☼–◐ ◊ ❄❄❄

Watsonia pillansii ↕ 50–120cm ↔ 10cm ☼ ♦ ❄

Cardiocrinum giganteum

Siehe Stauden für jede Jahreszeit, S. 110–111

Lilien in Töpfen

Mit Lilien in Töpfen kann man Gewächshäuser, Wintergärten, Wohnräume, Terrassen und Innenhöfe herrlich dekorieren.

Die meisten Lilien gedeihen gut in Töpfen, höhere Formen müssen jedoch gestützt werden. Für die Topfkultur eignen sich die Arten *Lilium auratum*, *L. formosanum*, *L. longiflorum* und *L. speciosum*. Von den Sorten sind vor allem die niedrigen wie 'Apollo' und 'Côte d'Azur' mit 60 cm Höhe und 'Pixie' mit nur 50 cm zu empfehlen.

Eintopfen

Zwiebeln mit einem Durchmesser von 10–12 cm sollte man einzeln in 20- bis 23-cm-Töpfe pflanzen, Zwiebeln mit einem Durchmesser von 5–8 cm passen zu dritt oder zu viert in einen 23- bis 25-cm-Topf. Lassen Sie immer 5 cm Abstand und verwenden Sie tiefe Töpfe.

Ein nährstoffreiches, lehmhaltiges Substrat mit zusätzlich je 20 Volumenprozent Gartensplitt und Moorbeeterde oder Laubkompost eignet sich für die meisten Lilien. Es gibt einige kalkunverträgliche Arten wie *L. auratum* und *L. speciosum*.

Die beste Pflanzzeit ist der Frühherbst, Sie können aber auch noch bis zum Frühjahr pflanzen. Geben Sie 5 cm Dränagematerial in den Topf, wie Tonscherben oder kleine Steine, bevor Sie das Substrat auffüllen. Setzen Sie die Zwiebeln auf halbe Höhe und bedecken Sie sie dünn mit Substrat. Wenn sie Austreiben, wird der Topf nach und nach bis 2,5 cm unter den Rand aufgefüllt.

Lilien pflegen

Die Töpfe kommen an einen kühlen, frostfreien, luftigen Platz mit ausreichend Licht, etwa in ein gut belüftetes, unbeheiztes Gewächshaus, vor allem wenn die Töpfe später im Zimmer stehen sollen. Viele Lilien sind winterhart und können in milden Regionen den ganzen Winter im Freien verbringen. Bei ungünstigen Witterungsbedingungen sollten Sie die Töpfe dann allerdings in Luftpolsterfolie wickeln.

Lilien vortreiben
Die duftenden Blüten von *Lilium longiflorum* können Sie schon früh genießen, wenn Sie die Zwiebeln bei Wärme vortreiben. Ein zweites Mal ist das jedoch nicht ratsam.

Halten Sie das Substrat jederzeit feucht, aber nicht nass. Lilien brauchen reichlich Nährstoffe, düngen Sie daher im Sommer alle 2 Wochen mit Tomatendünger. Sind die Lilien im Topf etwa 30 cm hoch, sollten sie eine Stütze erhalten.

Wenn nach der Blüte die Stängel verwelken, wird umgetopft oder die Lilien werden in den Garten gepflanzt. Lilien können in größeren Töpfen verbleiben, um im folgenden Jahr erneut zu blühen, sie sollten dann aber während der Ruhezeit eine Lage frisches Substrat erhalten.

Verfrühen

Bei manchen Lilien lässt sich die Blüte verfrühen. Das sollten Sie jedoch nur einmal tun. Dafür eignen sich *L. auratum*, *L. longiflorum* und die Asiatischen Hybriden. Wenn sich Triebe zeigen, kommen die Pflanzen in ein warmes Gewächshaus oder in den Wintergarten. Bei Temperaturen von 18–21°C entwickeln sie sich gut, aber auch 13–16°C sind akzeptabel. Die Blüte beginnt meist einige Wochen nach dem Erscheinen der Knospen. Stellen Sie die Töpfe in das Zimmer, in dem sie blühen sollen, sobald sich die erste Farbe an den Blütenknospen zeigt.

Siehe auch Ruhende Zwiebeln setzen, S. 144, Zwiebeln mit Blättern, S. 144

PFLANZENPROBLEME

Schädlinge & Krankheiten

Viren, Pilze und tierische Schädlinge können Lilien befallen.

Lilien sind eher pflegeleicht, man sollte sie jedoch im Auge behalten, damit man Infektionen und Schädlingsbefall sofort bekämpfen und ihre Ausbreitung verhindern kann.

LILIENHÄHNCHEN

Das leuchtend rote, 8 mm lange Lilienhähnchen *(Lilioceris lilii)* und seine orangeroten Larven fressen im Spätfrühling und Sommer die Blätter von Lilien und Kaiserkronen ab. Die Larven verstecken sich unter feuchten, schwarzen Exkrementen. Lilienhähnchen sollten von Hand abgelesen werden. Sind die Pflanzen wirklich stark befallen, können Sie mit einem Pyrethrum-Mittel spritzen.

GRAUSCHIMMEL

Der Pilz *Botrytis elliptica* ruft diese Krankheit hervor. Sie zeigt sich in Form von braunen, elliptischen Flecken, die sich bei nassem Wetter an den Blättern entwickeln. Die Flecken breiten sich aus und töten das Blatt bei anhaltend

Lilienhähnchen und Larven
Im Frühjahr und Sommer entblättern die roten Käfer und die orangeroten Larven Lilien und Kaiserkronen. Die Larven verstecken sich unter Exkrementen. Lesen Sie die Käfer bei geringem Befall von Hand ab.

Siehe auch Vorbeugender Pflanzenschutz, S. 36–37

Calla richtig pflegen

Die vielseitige Calla eignet sich für Gärten mit mildem Klima, als Teichpflanze und als Topfpflanze im Haus.

Die Calla *(Zantedeschia aethiopica)* ist eine Staude aus Südafrika mit knollenähnlichen Rhizomen. Im Frühjahr oder Sommer bildet sie große weiße, blütenblattartige Hochblätter. Alle Pflanzenteile können nach Verzehr leichte Magenbeschwerden verursachen, der Saft kann die Haut reizen.

Zantedeschia elliottiana unter Glas

Im Freien

Calla sind nicht winterhart. Die Sorte 'Crowborough' kann allerdings in besonders warmen Regionen an gut geschützten Standorten überleben. Pflanzen kann man sie an einen geschützten Platz in voller Sonne, in nährstoffreichen, gut wasserhaltenden Boden, der mit reichlich organischer Substanz wie Garten- oder Laubkompost aufgebessert wurde. Als Frostschutz im Winter braucht es eine dicke Schicht aus organischem Mulch. Die Pflanze eignet sich auch für den Teichrand.

Unter Glas

Calla gedeihen gut als Topfpflanze im Wintergarten oder im Kleingewächshaus. Zusätzliche Wärme fördert das Wachstum und sorgt für eine zeitige Blüte im Frühjahr. Setzen Sie im Winter zwei bis drei Rhizome in einen 23-cm-Topf mit gut dräniertem, lehmhaltigem Substrat, sodass sie gerade an der Oberfläche liegen. Gießen Sie gut an und halten Sie das Substrat ständig feucht. Im Winter sollte die Nachttemperatur bei etwa 16°C liegen, die Tagestemperatur bei 18°C, sobald das Wachstum einsetzt. Wer kein beheiztes Gewächshaus besitzt, kann die Pflanzen in einem kühlen Raum bei 13°C halten. Dann werden die Rhizome aber im Spätsommer oder Frühherbst gepflanzt, damit sie eine längere Wachstumszeit haben.

Düngen Sie angewachsene Pflanzen regelmäßig flüssig mit einem stickstoffbetonten Dünger. Sorgen Sie im Winter für so viel Licht wie möglich, später kann Schutz vor zu intensiver Sonneneinstrahlung nötig sein. Düngen Sie während der Blüte nicht mehr, sondern erst wieder, wenn die Blüten verwelkt sind und die Pflanze einzieht. Achten Sie auf Blattläuse, die lästig werden können.

Lassen Sie die Pflanzen ab Ende Mai nach und nach austrocknen. Stellen Sie die Töpfe im Gewächshaus oder Wintergarten an die Seite, bis es wieder Zeit wird zum Umtopfen. Dazu entfernen Sie das alte Substrat und setzen die Pflanze in frisches Substrat mit den gleichen Bestandteilen. Die Töpfe können ab Ende Mai bis Mitte Herbst im Freien stehen; sobald Frost droht, müssen sie ins Haus. Beim erneuten Eintopfen können Sie Ableger nehmen.

Teichkorb
Soll eine Calla den Teich schmücken, wird sie in einen Teichkorb mit 30 cm Durchmesser gepflanzt. Der mit Wasserpflanzensubstrat gefüllte Korb sollte nicht tiefer als 30 cm im Wasser stehen.

Siehe auch Einen Sumpfgarten anlegen, S. 274; Die besten Wasserpflanzen, S. 276-277

Sommer-Zwiebelblumen

Zwiebelblumen bringen auch im Sommer viel Farbe in die Rabatte.

GEEIGNETE SOMMERBLÜHER

Die winterharten unter den im Sommer blühenden Zwiebelblumen kann man schon im Herbst kaufen, frostempfindliche dagegen erst im Spätwinter und Frühjahr. Blühende Topfpflanzen eignen sich als Lückenfüller oder für die Terrasse; man kann sie bei Bedarf ins Beet setzen. Große Pflanzen, die viel Feuchtigkeit brauchen, sollten nicht zu sehr von Nachbarn bedrängt werden. Kleinere können zwischen den Blättern der Frühjahrsblüher wachsen.

Allium ↕ 15–180cm ↔ 8–15cm ☼ ◊ ✽✽–✽✽✽

Camassia leichtlinii ↕ 60–130cm ↔ 10cm ☼–◐ ♦ ✽✽

Cardiocrinum giganteum ↕ 1,5–4m ↔ 45cm ◐ ♦ ✽✽✽

Crocosmia 40–120cm ↔ 8cm ☼–◐ ♦ ✽✽–✽✽✽

Dierama pulcherrimum ↕ 90–150cm ↔ 60cm ☼ ◊ ✽✽

Eucomis autumnalis ❦ ↕ 20–30cm ↔ 20cm ☼ ◊ ✽✽–✽✽✽

Galtonia candicans ❦ ↕ 90–120cm ↔ 10cm ☼ ♦ ✽✽✽

Ixia-Hybriden ↕ 40cm ↔ 8cm ☼ ◊ ✽

Nectaroscordum siculum ↕ 1,2m ↔ 10cm ☼–◐ ◊ ✽✽✽

Watsonia pillansii ↕ 50–120cm ↔ 10cm ☼ ♦ ✽

Cardiocrinum giganteum

Siehe Stauden für jede Jahreszeit, S. 110–111

TECHNIKEN

Blumenzwiebeln lagern

Richtig gelagerte Blumenzwiebeln blühen im nächsten Jahr wieder.

Viele Sommerblüher unter den Zwiebelpflanzen sind frostempfindlich und müssen im Herbst ausgegraben und die Wintermonate über gelagert werden. Andere Zwiebelblumen wie Tulpen müssen der Sommerhitze ausgesetzt sein, damit die Zwiebeln für das nächste Jahr reifen.

Graben Sie die Zwiebeln nicht zu früh aus. Sie sollten nach der Blüte noch mindestens 6 Wochen in der Erde bleiben, in denen sie gegossen und gedüngt werden. Dadurch verlängert sich die Lebensdauer der Blätter, und diese synthetisieren die Nährstoffreserven für die Blüte im nächsten Jahr.

Wenn das Laub abgestorben ist, werden die Zwiebeln behutsam ausgegraben und gereinigt.

1 Wurzeln zurückschneiden und die lockeren, äußeren Zwiebelschalen entfernen. Nur gesunde Zwiebeln in der richtigen Größe aufbewahren, kranke oder beschädigte wegwerfen.

2 Die Zwiebeln locker ausgebreitet 24 Stunden lang trocknen lassen, mit Aktivkohle bestäuben und in beschriftete Papiertüten oder Netze verpacken. Trocken, luftig, kühl, aber frostfrei lagern.

Siehe auch Probleme mit Tulpen, S. 148

PFLANZENPROBLEME

Lagerfäule

Zwiebeln und Knollen im Lager sind anfällig für Fäulnis.

Fäulnis wird meist durch bodenbürtige Pilze und Bakterien verursacht. Über Verletzungen dringen sie in das Gewebe ein. Manche befallen auch die Blätter während des Wachstums und breiten sich bis zu den Speicherorganen aus. Die festen schwarzen Dauersporen der *Botrytis*-Arten haften an den äußeren Zwiebelschalen und entwickeln im Frühjahr infektiöse Sporen. Begonien, Tulpen, Narzissen und Gladiolen sind besonders anfällig.

Gesundes Gewebe sieht unter der Schale fest und weiß oder rosa aus; krankes Gewebe ist fest, braun, vertrocknet oder weich und verfärbt. In feuchter Umgebung können sich grauer Sporenrasen *(Botrytis)* oder blaugrüner Schimmelbelag *(Penicillium)* zeigen. Ist das Speicherorgan einmal beschädigt, können Bakterien eindringen und sich vermehren; sie riechen zudem unangenehm.

Bekämpfung

Graben Sie die Blumenzwiebeln vorsichtig aus, entfernen Sie die abgestorbenen äußeren Schalen und werfen Sie alle Zwiebeln weg, die weich erscheinen oder schwarze Sporen enthalten. Bestäuben Sie die Zwiebeln mit Aktivkohle. Sie müssen kühl und trocken in sauberen, desinfizierten Kisten lagern. Lassen Sie genug Platz zwischen den Zwiebeln.

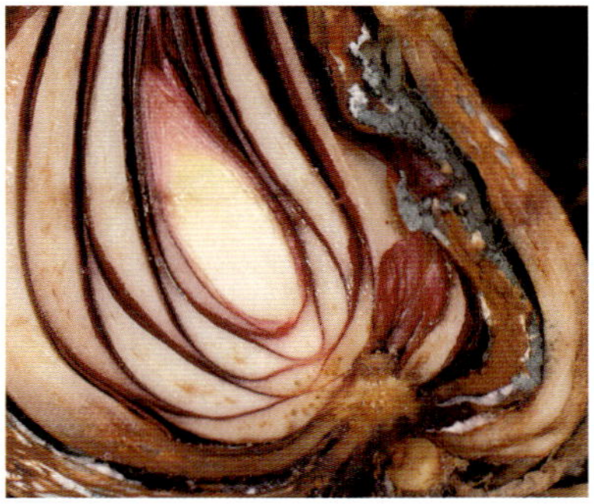

Penicillium-Fäule dringt durch Wunden in die Zwiebel ein.

Siehe auch Probleme bei Narzissen, S. 146

TECHNIKEN

Dahlien und Canna

Diese frostempfindlichen Stauden sorgen im Sommer für Farbe.

Dahlien für das Beet

Zwergdahlien lassen sich leicht aus Samen anziehen. Gesät wird im zeitigen Frühjahr bei 16°C in Anzuchterde. Vereinzeln Sie die Sämlinge in Töpfe. Sprühen Sie bei Blattlausbefall mit Kaliumseife, Ohrwürmer lassen sich in strohgefüllten, umgedrehten Blumentöpfen fangen. Bekämpfen Sie Echten Mehltau mit einem zugelassenen Fungizid. Graben Sie die Knollen im Herbst rechtzeitig vor dem ersten Frost aus.

Canna vermehren

Canna bildet fleischige Rhizome. Bringen Sie diese in einem frostfreien Gewächshaus bei mindestens 10°C zum Keimen. Teilen Sie zu dichte Klumpen in Stücke mit zwei oder drei Knospen. Pflanzen Sie diese in Töpfe mit 15–20 cm Durchmesser in ein gutes Topfpflanzensubstrat, sodass der Wurzelhals gerade unter der Oberfläche liegt. Gießen Sie sparsam, bis Keime und Triebe gut angewachsen sind. Erhöhen Sie danach die Wassermenge und geben Sie alle 2 Wochen einen ausgewogenen Flüssigdünger. Gutes Licht ist entscheidend für das Wachstum. Die ideale Temperatur liegt bei 16°C, die Pflanzen vertragen es aber auch etwas kühler. Nach dem letzten Frost können Sie die Canna an einen offenen, sonnigen Platz ins Freie setzen. Verbessern Sie den Boden vor der Pflanzung mit organischer Substanz und einem Blumenvolldünger und gießen Sie gut an. Gießen Sie auch weiterhin gut und geben Sie während der Wachstumszeit alle 2 Wochen einen ausgewogenen Flüssigdünger. Nach dem ersten Frost schneiden Sie die Triebe zurück. Die ausgegrabenen Rhizome müssen den Winter über frostfrei lagern, am besten eingesenkt in Töpfen, die nicht austrocknen sollten und mit Substrat oder Rinde abgedeckt sind.

DAHLIENKALENDER

Dahlien gedeihen in verschiedenen Bodentypen und Lagen. Der ideale Standort hat gut dränierten, offenen Boden in voller Sonne, ohne Konkurrenz durch andere Pflanzen.

Mitte bis Ende Winter

Dahlienspezialisten regen um diese Jahreszeit die Knollen im beheizten Gewächshaus zum Neuaustrieb an: Man setzt sie in tonhaltiges oder reines Torfsubstrat, sodass der Wurzelhals etwas über der Erde liegt. Gut gegossen erscheinen bei Temperaturen über 10°C nach 2–3 Wochen die ersten Triebe.

Anfang bis Mitte Frühjahr

Werden mehrere Einzelpflanzen gewünscht, nimmt man die Ballen aus dem Substrat und teilt sie, sobald die Triebe 2,5 cm hoch sind. Jedes Teilstück muss einen Wachstumspunkt enthalten, daher achtet man schon beim Zerlegen darauf, dass jeder Teil Wurzeln, Knollen und Triebe aufweist. Jede Teilpflanze wird in einen eigenen Topf gepflanzt.

Stattdessen ist es auch möglich, Stecklinge von jungen Trieben zu schneiden. Mit einem scharfen Messer schneidet man die Stecklinge so nah wie möglich am Wurzelhals ab und steckt sie in eine Mischung aus gleichen Teilen Torfersatz und Vermiculit oder Perlite. Die Stecklinge bewurzeln bei 21°C im Anzuchtkasten. Nach 2 Wochen, wenn

Kneifen Sie die Triebspitzen junger Pflanzen aus.

sich Wurzeln gebildet haben, kann man sie einzeln eintopfen und weiterkultivieren.
Ab April kann man beginnen, die Pflanzen im Frühbeet zu akklimatisieren. Ausgepflanzt wird erst, wenn sicher keine Frostgefahr mehr besteht. Ruhende Knollen können ab Anfang Mai direkt an ihren endgültigen Platz im Beet gesetzt werden.

Spätfrühjahr bis Frühsommer

Sobald die Gefahr von Spätfrösten vorüber ist, kann man Dahlien auspflanzen. Etwa 10 Tage vor der Pflanzung wird 35 g Volldünger pro Quadratmeter gegeben. Kleine Beetdahlien setzt man am besten dicht an dicht, bei höheren Sorten ist ein Abstand von mindestens 60 cm ratsam.
Die Triebspitzen sollte man zunächst auskneifen, damit sich die jungen Pflanzen buschig entwickeln. Dadurch bilden sich Blütenknospen an Seitentrieben. Höher wachsende Dahlien werden an einem Stab aufgebunden.

Hochsommer bis Frühherbst

Während der Blütezeit sollte man beständig welke und welkende Blüten entfernen. Der Boden um die Pflanzen erhält eine Mulchauflage, damit die Erde in Trockenzeiten feucht bleibt. Alle 2 Wochen gibt man einen kalibetonten Flüssigdünger auf den feuchten Boden um die Pflanzen. Ab September lässt das Wachstum allmählich nach. Das Düngen und Gießen wird langsam eingestellt, damit die Knollen einziehen, das heißt, die Reservestoffe aus den oberirdischen Pflanzenteilen in die unterirdischen Speicherorgane einlagern können.

Mitte bis Ende Herbst und Winter

Die Knollen werden nach dem ersten Frost ausgegraben, getrocknet und kühl, trocken und frostfrei gelagert (siehe unten). Werden die Dahlien im Gartenschuppen aufbewahrt, brauchen die Schalen eine gute Abdeckung aus Sackleinen oder Zeitung, damit sie die Frosttage überstehen. Den ganzen Winter über sollte man alle 2 Wochen den Zustand der Knollen kontrollieren und alle angefaulten wegwerfen.

Dahlienknollen ausgraben und überwintern

1 Wenn die Blätter nach dem ersten Herbstfrost schwarz geworden sind, die Triebe auf 15 cm kürzen. Den Boden lockern und die Knollen vorsichtig herausnehmen.

2 Erde von den Knollen grob entfernen. Die Knollen beschriften und für etwa 3 Wochen an einem kühlen, trockenen, frostfreien Ort kopfüber lagern, damit sie gut trocknen.

3 Die Knollen mit Rinde oder Torfersatz abgedeckt in einem Kasten kühl, trocken und frostfrei lagern. Im Haus vortreiben oder nach dem letzten Frost direkt auspflanzen.

1

2

3

PRAKTISCHE TIPPS

Lilien in Töpfen

Mit Lilien in Töpfen kann man Gewächshäuser, Wintergärten, Wohnräume, Terrassen und Innenhöfe herrlich dekorieren.

Die meisten Lilien gedeihen gut in Töpfen, höhere Formen müssen jedoch gestützt werden. Für die Topfkultur eignen sich die Arten *Lilium auratum*, *L. formosanum*, *L. longiflorum* und *L. speciosum*. Von den Sorten sind vor allem die niedrigen wie 'Apollo' und 'Côte d'Azur' mit 60 cm Höhe und 'Pixie' mit nur 50 cm zu empfehlen.

Eintopfen

Zwiebeln mit einem Durchmesser von 10–12 cm sollte man einzeln in 20- bis 23-cm-Töpfe pflanzen, Zwiebeln mit einem Durchmesser von 5–8 cm passen zu dritt oder zu viert in einen 23- bis 25-cm-Topf. Lassen Sie immer 5 cm Abstand und verwenden Sie tiefe Töpfe.

Ein nährstoffreiches, lehmhaltiges Substrat mit zusätzlich je 20 Volumenprozent Gartensplitt und Moorbeeterde oder Laubkompost eignet sich für die meisten Lilien. Es gibt einige kalkunverträgliche Arten wie *L. auratum* und *L. speciosum*.

Die beste Pflanzzeit ist der Frühherbst, Sie können aber auch noch bis zum Frühjahr pflanzen. Geben Sie 5 cm Dränagematerial in den Topf, wie Tonscherben oder kleine Steine, bevor Sie das Substrat auffüllen. Setzen Sie die Zwiebeln auf halbe Höhe und bedecken Sie sie dünn mit Substrat. Wenn sie Austreiben, wird der Topf nach und nach bis 2,5 cm unter den Rand aufgefüllt.

Lilien pflegen

Die Töpfe kommen an einen kühlen, frostfreien, luftigen Platz mit ausreichend Licht, etwa in ein gut belüftetes, unbeheiztes Gewächshaus, vor allem wenn die Töpfe später im Zimmer stehen sollen. Viele Lilien sind winterhart und können in milden Regionen den ganzen Winter im Freien verbringen. Bei ungünstigen Witterungsbedingungen sollten Sie die Töpfe dann allerdings in Luftpolsterfolie wickeln.

Lilien vortreiben
Die duftenden Blüten von *Lilium longiflorum* können Sie schon früh genießen, wenn Sie die Zwiebeln bei Wärme vortreiben. Ein zweites Mal ist das jedoch nicht ratsam.

Halten Sie das Substrat jederzeit feucht, aber nicht nass. Lilien brauchen reichlich Nährstoffe, düngen Sie daher im Sommer alle 2 Wochen mit Tomatendünger. Sind die Lilien im Topf etwa 30 cm hoch, sollten sie eine Stütze erhalten.

Wenn nach der Blüte die Stängel verwelken, wird umgetopft oder die Lilien werden in den Garten gepflanzt. Lilien können in größeren Töpfen verbleiben, um im folgenden Jahr erneut zu blühen, sie sollten dann aber während der Ruhezeit eine Lage frisches Substrat erhalten.

Verfrühen

Bei manchen Lilien lässt sich die Blüte verfrühen. Das sollten Sie jedoch nur einmal tun. Dafür eignen sich *L. auratum*, *L. longiflorum* und die Asiatischen Hybriden. Wenn sich Triebe zeigen, kommen die Pflanzen in ein warmes Gewächshaus oder in den Wintergarten. Bei Temperaturen von 18–21°C entwickeln sie sich gut, aber auch 13–16°C sind akzeptabel. Die Blüte beginnt meist einige Wochen nach dem Erscheinen der Knospen. Stellen Sie die Töpfe in das Zimmer, in dem sie blühen sollen, sobald sich die erste Farbe an den Blütenknospen zeigt.

Siehe auch Ruhende Zwiebeln setzen, S. 144, Zwiebeln mit Blättern, S. 144

PFLANZENPROBLEME

Schädlinge & Krankheiten

Viren, Pilze und tierische Schädlinge können Lilien befallen.

Lilien sind eher pflegeleicht, man sollte sie jedoch im Auge behalten, damit man Infektionen und Schädlingsbefall sofort bekämpfen und ihre Ausbreitung verhindern kann.

LILIENHÄHNCHEN

Das leuchtend rote, 8 mm lange Lilienhähnchen *(Lilioceris lilii)* und seine orangeroten Larven fressen im Spätfrühling und Sommer die Blätter von Lilien und Kaiserkronen ab. Die Larven verstecken sich unter feuchten, schwarzen Exkrementen. Lilienhähnchen sollten von Hand abgelesen werden. Sind die Pflanzen wirklich stark befallen, können Sie mit einem Pyrethrum-Mittel spritzen.

GRAUSCHIMMEL

Der Pilz *Botrytis elliptica* ruft diese Krankheit hervor. Sie zeigt sich in Form von braunen, elliptischen Flecken, die sich bei nassem Wetter an den Blättern entwickeln. Die Flecken breiten sich aus und töten das Blatt bei anhaltend

Lilienhähnchen und Larven
Im Frühjahr und Sommer entblättern die roten Käfer und die orangeroten Larven Lilien und Kaiserkronen. Die Larven verstecken sich unter Exkrementen. Lesen Sie die Käfer bei geringem Befall von Hand ab.

Siehe auch Vorbeugender Pflanzenschutz, S. 36–37

Verkrüppelter Wuchs durch Lilienvirus

Grauschimmel an Lilien

feuchter Witterung. Der Pilz überdauert in abgestorbenen Blättern. Von den schwarzen Dauersporen geht im folgenden Jahr die Neuinfektion aus. Entfernen Sie infizierte Blätter sofort und vernichten Sie sie. Pflanzen Sie keine Lilien an Stellen, wo die Krankheit schon aufgetreten ist. Gegen diese Krankheit sind keine Fungizide erhältlich.

LILIENVIREN

Zahlreiche Viren treten an Lilien auf, etwa das weit verbreitete Gurkenmosaikvirus, das Lilienmosaik- und das Lilienfleckenvirus sowie das Tulpenmosaikvirus (siehe S. 148). Zu den Symptomen eines Virusbefalls gehören gestreifte und gefleckte Blätter sowie nachlassende Wuchskraft. Es gibt keine Mittel gegen Viruskrankheiten. Um das Infektionsrisiko gering zu halten, kaufen Sie nur hochwertige Zwiebeln und vernichten Sie befallene Pflanzen.

TECHNIKEN

Lilien vermehren

Arten zieht man aus Samen, was lange dauert und kräftige Pflanzen liefert; Hybriden werden einfacher über Zwiebelschuppen vermehrt.

Alle Lilienarten lassen sich aus Saatgut vermehren, die Kultursorten hingegen vegetativ aus Zwiebelschuppen (siehe Kasten unten). Aus Samen angezogene Pflanzen blühen erst nach 4–5 Jahren.

Sammeln Sie im Herbst die Kapseln, wenn sie an der Spitze aufplatzen. Lösen Sie daraus die Samen und säen Sie sofort aus. Gesät wird dünn in einen tiefen Topf mit lehmhaltigem Anzuchtsubstrat oder Moorbeeterde (für kalkunverträgliche Arten).

Decken Sie die Samen mit feinem Splitt ab und stellen Sie die Töpfe an einen schattigen Platz im Freien. Halten Sie die Samen feucht. Die Samen mancher Lilien keimen sofort und bilden einen geraden Trieb, andere hingegen bilden erst Wurzeln und treiben im folgenden Frühjahr aus; werfen Sie also Töpfe mit augenscheinlich nicht aufgegangenen Samen nicht weg. Treibt auch im Frühjahr nichts aus, stellen Sie die Töpfe für weitere 2 Jahre an einen leicht schattigen Platz und halten Sie sie feucht. Topfen Sie Keimlinge mit Zwiebeln regelmäßig während der Ruhezeit um, damit sie kräftig wachsen.

VERMEHRUNG ÜBER ZWIEBELSCHUPPEN

Diese Methode gelingt recht zuverlässig, wenn sie im Spätsommer durchgeführt wird.
1 Einige Zwiebelschuppen möglichst nah am Ansatz von der Zwiebel lösen. 2 In einer Tüte mit Aktivkohle schütteln. 3 In eine Kunststofftüte mit einer Mischung aus feuchtem Torfersatz und Perlite zu gleichen Teilen geben. Aufpusten, verschließen und beschriften. An einem dunklen Ort bei 21°C für 6 Wochen aufbewahren. Manche Lilien, etwa *Lilium martagon* und nordamerikanische Lilien, brauchen einen vorgetäuschten Winter von weiteren 6 Wochen bei 5°C, damit sich die Zwiebeln entwickeln. 4 Regelmäßig kontrollieren, ob sich Zwiebeln bilden. 5 Die kleinen Zwiebeln einzeln eintopfen (die Zwiebelschuppe nicht entfernen, wenn sie Wurzeln gebildet hat) und mit einer Substratschicht bedecken, die der Höhe der Zwiebeln entspricht. Das Substrat sollte für die meisten Lilien zu gleichen Teilen aus lehmhaltiger Topfpflanzenerde und Splitt (Körnung 5 mm) bestehen; für Kalkflieher Moorbeeterde verwenden. 6 Die Töpfe mit Splitt abdecken, beschriften und den Sommer über an einen kühlen, schattigen Platz stellen. Im Frühbeet überwintern.

1

2

3

4

5

6

Siehe auch Blumenzwiebeln teilen, S. 154–155

Blumenzwiebeln teilen

Wenn Sie Zwiebeln zur richtigen Zeit teilen, erhalten Sie schnell und günstig viele neue Pflanzen, die bald blühen.

Die preiswerteste Methode an neue Zwiebelpflanzen zu kommen ist, sie selbst zu vermehren.

Verschiedene Vermehrungsmethoden

Zwiebeln, Spross- und Wurzelknollen sind unterirdische Speicherorgane, mit deren Hilfe die Pflanze ihre Ruhezeit überbrückt. Während des Wachstums bilden die Blätter Nährstoffe, die in die Speicherorgane eingelagert werden. Daraus zieht die Pflanze die Energie, um nach der Ruhe erneut auszutreiben.

Bei manchen Vermehrungsmethoden wird die Zwiebel verletzt oder zerschnitten (siehe S. 156); dadurch lassen sich viele neue Pflanzen gewinnen. Durch Teilung entstehen rasch neue Pflanzen, aber in geringerer Zahl. Sie ist einfacher durchzuführen und eignet sich für alle Pflanzen, die Tochterzwiebeln bilden wie viele Krokusse, Narzissen, Traubenhyazinthen und Tulpen. Tochterzwiebeln entwickeln sich an der Mutterpflanze und können einfach abgetrennt werden.

Ebenso leicht und schnell geht es, Brutzwiebeln (Bulbillen), die sich am Spross und in Blütenständen bilden, abzunehmen oder Brutknöllchen, die an unterirdischen Sprossteilen entstehen (siehe rechts).

Formen von unterirdischen Speicherorganen

Eine Zwiebel besitzt einen gestauchten Spross in Gestalt des festen Zwiebelbodens. Hier entspringen die Wurzeln. Nicht schuppende Zwiebeln wie jene der Narzissen haben feste Zwiebelschuppen, eingehüllt von einer trockenen, papierartigen Haut. Dagegen besitzen Lilienzwiebeln lockere Zwiebelschuppen ohne äußere Hülle. Bei den Zwiebelknollen der Krokusse handelt es sich um verdickte Sprosse mit Knospen an der Oberseite. Wurzelknollen sind verdickte Wurzeln, die nur am Stammgrund Knospen aufweisen. Ist der Stamm verdickt wie bei Cyclamen, spricht man von Sprossknollen, die nur an der Oberfläche Knospen ausbilden. Die fleischigen Rhizome von Bartiris und Canna dienen gleichfalls als Speicherorgane.

Wann wird geteilt

Übergroße, schlecht blühende Zwiebel- oder Knollengruppen auszugraben und zu teilen ist eine Möglichkeit, die Blüte zu verbessern. Zugleich gewinnt man durch das Abtrennen von Brutknöllchen neue Pflanzen. Manche Pflanzen, etwa Nerine und Ritterstern, blühen nur gut, wenn die Zwiebeln dicht zusammensitzen; sie sollten nur zur Vermehrung geteilt werden.

Die beste Zeit für die Teilung ist bei den meisten Pflanzen der Beginn der Ruhezeit, wenn die Blätter braun werden und absterben (der genaue Zeitpunkt richtet sich nach der Pflanze). Manche Zwiebeln sollte man hingegen ausgraben, während die Blätter noch wachsen (siehe S. 144). Nerine wird am besten im Frühjahr geteilt (nicht beim Einziehen der Blätter), um die Blütenknospen nicht zu beschädigen. Immergrüne wie *Dierama* und *Cyrtanthus* gräbt man gleich nach der Blüte aus.

Tochterzwiebeln abtrennen und eintopfen

Lösen Sie nach dem Ausgraben der Zwiebeln oder Sprossknollen die Tochterzwiebeln vorsichtig ab. Bei Zwiebeln

MONTBRETIEN TEILEN

Montbretien bilden Brut- oder Tochterzwiebeln an den Ausläufern. [1] Wenn die Blätter nach der Blüte abgestorben sind, die Ballen ausgraben. Mindestens 30 cm tief graben, damit weder Tochterzwiebeln noch Wurzeln beschädigt werden. [2] Die Ballen vorsichtig lockern; sind sie sehr fest verwachsen, mit zwei Gabeln Rücken an Rücken auseinander hebeln. Abgestorbene oder kranke Pflanzenteile entfernen. [3] Die Ketten aus Tochterzwiebeln zerlegen. Die Zwiebeln für ein Jahr in Töpfe mit Torfsubstrat setzen. Größere Ketten bei 8 cm Abstand auf dieselbe Tiefe wie vorher wieder einpflanzen und gründlich angießen.

Siehe auch Zwiebeln mit Blättern, S. 144; Dahlien und Canna, S. 150–151; Lilien vermehren, S. 153; Zwiebeln anritzen, S. 156

BRUTKNÖLLCHEN ABTRENNEN

Manche Lilien- und *Allium*-Arten bilden Brutknöllchen. [1] Graben Sie die Mutterzwiebel im zeitigen Frühjahr aus, wenn sie noch ruht, und lösen Sie die Brutknöllchen ab. [2] Setzen Sie Zwiebeln doppelt so tief, wie sie hoch sind, in Töpfe mit lehmhaltigem Substrat. (Die Behandlung ist die gleiche wie bei den Tochterzwiebeln.) Die jungen Pflanzen blühen nach einigen Jahren.

BRUTZWIEBELN ABTRENNEN

Brutzwiebeln (Bulbillen) finden sich bei manchen *Allium*-Arten, Lilien, *Calochortus*, *Lachenalia* und *Notholirion*. [1] Entnehmen Sie reife Brutzwiebeln, die beste Zeit ist meist der Spätsommer oder Frühherbst. Eingetopft hält man sie bis zum folgenden Herbst im. [2] Die Bulbillen bilden schnell Wurzeln und Triebe. Weiter wie Tochterzwiebeln behandeln.

finden sich die Tochterzwiebeln meist unter der trockenen äußeren Haut.

Sie sind immer mit dem Zwiebelboden (aus dem die Wurzeln entspringen) verwachsen. Winzige Brutzwiebeln bilden sich in der Regel an der Basis von Zwiebelknollen oder in langen Ketten wie bei Montbretien. Zwiebeln und Zwiebelknollen neigen zu Fäulnis, daher sollten Sie Wunden mit Aktivkohle bestäuben.

Sortieren Sie die Tochterzwiebeln nach Größe. Die größten, die schon fast groß genug sind um zu blühen, können an ihren endgültigen Platz gesetzt oder, wenn sie nicht winterhart sind, einzeln eingetopft werden.

Kleinere Tochterzwiebeln werden wie Sämlinge behandelt. Nachkommen winterharter Pflanzen können in einem Anzuchtbeet im Freien weiterwachsen. In Töpfen sind sie jedoch besser zu kontrollieren, so lange bis sie groß genug zum Auspflanzen sind. Etwa fünf kleine Tochterzwiebeln kommen in einen Topf, sodass sie noch Platz zum Wachsen haben. Sie blühen meist innerhalb von 2 Jahren. Verwenden Sie durchlässiges, splitthaltiges Erdsubstrat. Die meisten benötigen eine Auflage, die ihrer doppelten Höhe entspricht. Stellen Sie winterharte Pflanzen in ein Frühbeet, am besten graben Sie die Töpfe bis zum Rand in Grobsand oder Splitt ein. Lüften Sie im Sommer gut. Frostempfindliche Tochterzwiebeln müssen im beheizten Gewächshaus oder in der Wohnung überwintern.

Mehr Nachkommen von Zwiebelknollen

Wenn Sie viele neue Pflanzen brauchen, können Sie wie im Erwerbsgartenbau vorgehen: Die reifen Zwiebelknollen werden flach eingepflanzt, sodass sich mehr Tochterzwiebeln bilden. Die Mutterknollen kommen 2,5 cm tief in ein Anzuchtbeet. Die Blütenstiele werden alle abgeschnitten. Im Herbst wird wieder ausgegraben und man kann die Tochterzwiebeln abnehmen.

DIE BESTE ZEIT ZUM TEILEN

Winterharte und frostempfindliche Pflanzen (nach Art der Speicherorgane sortiert)

Zwiebeln

Allium Spätsommer
Amaryllis Frühjahr
Camassia Herbst
Chionodoxa Herbst
Cyrtanthus Frühjahr nach der Blüte
Erythronium Herbst
Fritillaria Herbst
Galanthus (mit Blättern) Frühjahr
Hippeastrum Spätwinter oder zeitiges Frühjahr
Hyacinthus Herbst
Ipheion Herbst
Iris (Reticulata- und Xiphium-Iris) Herbst
Lachenalia Spätsommer oder Frühherbst
Leucojum Spätsommer oder Frühherbst
Lilium (manche Arten) zeitiges Frühjahr oder Herbst
Muscari Herbst
Narcissus Herbst
Nerine Frühjahr
Ornithogalum Herbst
Scilla Frühherbst
Tulipa Herbst
Veltheimia Herbst

Zwiebelknollen

Colchicum Spätsommer bis Herbst
Crocosmia Spätsommer
Crocus Spätsommer
Dierama Spätsommer nach der Blüte
Gladiolus Herbst

Wurzelknollen

Alstroemeria Spätsommer bis Herbst
Anemone Hoch- bis Spätsommer
Arum Frühsommer
Corydalis (manche Arten) Herbst
Dahlia Frühjahr
Eranthis (mit Blättern) Frühjahr
Tropaeolum Frühjahr

Über Brutzwiebeln vermehren

Allium (manche Arten) Spätsommer
Begonia Spätsommer oder Frühjahr
Calochortus Herbst
Lachenalia Spätsommer
Lilium (manche Arten) Spätsommer
Notholirion (manche Arten) Spätsommer

Über Zwiebelschuppen vermehren

Allium Spätsommer
Lilium (manche Arten) zeitiges Frühjahr oder Herbst

Zwiebeln anritzen, aushöhlen und zerschneiden

Wenn Sie viele Zwiebeln für eine größere Pflanzung brauchen, bieten sich verschiedene einfache vegetative Vermehrungsmethoden an, mit denen man zahlreiche Tochterzwiebeln gewinnen kann.

Auf die Weise lassen sich Zwiebeln leicht vermehren, die nicht viele Tochterzwiebeln bilden (siehe S. 154–155).

Sicherer Erfolg

Verwenden Sie nur gesunde Zwiebeln, entweder frisch gekauft oder frisch ausgegraben. Arbeiten Sie unter Glas unter hygienischen, überwachten Bedingungen und säubern Sie das Messer regelmäßig (siehe Kasten rechts).

Zwiebeln, Zwiebel- und Wurzelknollen neigen zu Fäulnis, man sollte daher vor allem Wunden und Schnittflächen mit Aktivkohle bestäuben.

Anritzen und Aushöhlen

Beide Verfahren verletzen den Zwiebelboden, mit dem Ziel, dass sich mehr Brutzwiebeln bilden. Sie eignen sich für Kaiserkronen, Hyazinthen und Hasenglöckchen und werden im Spätsommer durchgeführt.

Zum Anritzen halten Sie die Zwiebel mit dem Kopf nach unten und schneiden mit einem scharfen Messer eine V-förmige Kerbe hinein. Schneiden Sie kreuzweise noch ein bis zwei weitere Kerben. Bestäuben Sie die Wunden mit Aktivkohle. Füllen Sie einen kleinen Topf mit feuchtem Sand und stecken Sie die Zwiebel mit dem Kopf nach unten so weit hinein, dass sie stecken bleibt. Aushöhlen ist schwieriger: Das Zentrum des Zwiebelbodens wird mit einer sterilisierten Klinge, etwa einem scharfkantigen Löffel oder einem Skalpell, herausgelöst, sodass der Rand intakt bleibt. Stecken Sie die ausgehöhlte Zwiebel mit dem Kopf nach unten in Sand, sodass sie stehen bleibt.

Stellen Sie den Topf an einen warmen, trockenen, dunklen Ort, etwa in einen Schrank. Dann bilden sich nach 2–3 Monaten Brutzwiebeln. Danach setzen Sie die Zwiebel – immer noch auf dem Kopf – in Torfsubstrat und decken die Brutzwiebeln mit einer dünnen Substratschicht ab. Stellen Sie den Topf in ein gut belüftetes Frühbeet. Nach einem Jahr können Sie die Tochterzwiebeln abtrennen und einzeln eintopfen.

HYGIENE IST WICHTIG

Nur durch Hygiene lässt sich vermeiden, dass Krankheitskeime in die Schnittwunden eindringen. Tragen Sie Gummihandschuhe oder waschen Sie die Hände und verwenden Sie ein steriles Schneidbrett. Das Messer sollte nach jedem Schnitt mit Methylalkohol abgewischt oder in eine Flamme gehalten werden.

ZWIEBELN ZERSCHNEIDEN

Eine nicht schuppende Zwiebel (siehe S. 154) wird in Teile zerlegt, um die Bildung von Tochterzwiebeln anzuregen. Die äußere Zwiebelhaut wird entfernt. [1] Schneiden Sie die Wurzeln ab, ohne den Zwiebelboden zu beschädigen, entfernen Sie dann die Spitze der Zwiebel. [2] Schneiden Sie die umgedrehte Zwiebel mit senkrechten Schnitten und je nach Größe in 8–16 Stücke; an jedem Stück muss ein Teil des Zwiebelbodens sein. [3] Schütteln Sie die Stücke zuerst in einer Tüte mit Schwefelstaub oder Aktivkohle, anschließend in einer Tüte mit feuchtem Vermiculit, um sie gut mit der Substanz zu mischen. Alles an einem dunklen Ort bei 20°C aufbewahren. [4] Nach etwa 3 Monaten bilden sich Tochterzwiebeln direkt über dem Zwiebelboden. [5] Topfen Sie diese einzeln ein, darüber kommt eine 1 cm dicke Substratlage. [6] Stellen Sie die Töpfe ein gut belüftetes Frühbeet oder, bei frostempfindlichen Zwiebeln, an einen wärmeren Ort im Haus. Nach 2–3 Jahren sind die ersten Blüten zu erwarten.

Siehe auch Blumenwiebeln teilen, S. 154–155

SOMMERBLUMEN & KÜBELPFLANZEN

Winterharte Einjährige säen

Winterharte Einjährige sind pflegeleicht und werden an Ort und Stelle gesät; in gut vorbereitetem Boden entwickeln sich schöne Pflanzen.

Winterharte Einjährige können Sie direkt am endgültigen Platz aussäen. Sie ertragen Frost ungeschützt. Viele brauchen einen offenen, sonnigen Platz, im Schatten blühen sie später und weniger reich. Die Pflanzen gedeihen am besten in mittlerem bis leichtem Boden. In schwerem, weniger durchlässigem Boden keimen und wachsen sie langsamer, da der Boden sich nicht so schnell erwärmt. Einjährige wirken weniger gut in nährstoffreichem Boden, denn er fördert saftiges Grün auf Kosten der Blütenbildung.

Bereiten Sie den Boden schon im Herbst vor. Graben Sie die Fläche um; sie sollte den Winter über brach liegen, damit Frost in den Boden eindringen und ihn lockern kann. Bearbeiten Sie die Fläche im Frühjahr mit der Grabgabel, entfernen Sie alles Unkraut und treten Sie die Erde leicht fest. Nährstoffreicher Boden braucht keinen Dünger, ansonsten verteilen Sie 70 g Volldünger pro Quadratmeter und rechen ihn ein. Glätten Sie den Boden, um ein gutes Saatbett zu erhalten.

Säen Sie je nach Region zwischen März und April. Wenn Sie früh beginnen, können Sie die Aussaat über mehrere Wochen verteilen; in kühleren Regionen wird erst später ausgesät; es gibt weniger Folgesaaten. Bei Trockenheit müssen Sie vor der Aussaat gründlich wässern.

WINTERHARTE EINJÄHRIGE SÄEN UND AUSDÜNNEN

Im Winter wird die Verteilung der verschiedenen Einjährigen auf der Aussaatfläche geplant.

1 Die geplanten Standorte vor der Aussaat mit Sand oder einem Stab anzeichnen. In die Teilflächen mit der Spitze einer Hacke oder mit einem Stab Furchen ziehen. Für jede Sorte die Furchen in eine andere Richtung ziehen, damit nicht alles wie in Reih und Glied aussieht. Die Furchen sollten je nach Saatgröße 0,5–1 cm tief sein. Kleinere Samen dünn abdecken. Der Abstand zwischen den Furchen hängt von der Endgröße der Pflanzen ab, im Durchschnitt sollten es 15 cm sein.

2 Große Samen einzeln mit der Hand verteilen. Sehr kleine Samen erst mit feinem Sand mischen, gut schütteln und säen. So werden sie gleichmäßiger verteilt. Nach der Aussaat feine Erde in die Furchen rechen und mit der Rückseite des Rechens andrücken.

3 Die Sämlinge, sobald sie groß genug sind, auf ein Viertel des Endabstands ausdünnen. Nach einer Woche nochmals auf den halben Abstand, später auf den Endabstand ausdünnen. Werden die Sämlinge vorsichtig ausgegraben, können sie andernorts als Lückenfüller dienen.

1

2

3

Siehe auch Samen ernten, S. 174

PFLANZVORSCHLÄGE

Aussaat für frühe Blüten

Im Herbst gesäte Einjährige blühen vor den im Frühjahr gesäten.

Wenn Sie frühe Blüten von Ihren winterharten Einjährigen erwarten, können Sie einige schon im Frühherbst säen. Sie überwintern ohne Probleme. Manche können direkt ins Beet gesät werden (siehe links), sofern sie Frost sicher vertragen. Andere weniger robuste sät man an den endgültigen Platz und deckt sie bei Frostgefahr mit Hauben ab. Oder man sät sie in Töpfe und überwintert sie im kühlen, frostfreien Gewächshaus. Wer kein beheiztes Gewächshaus hat, sät bedingt winterharte und frostempfindliche Einjährige eben im Frühjahr.

AUSSAAT IM HERBST

In milden Regionen kein Schutz nötig

Briza maxima, *B. minor*
Calendula officinalis
Centaurea cyanus
Consolida ajacis
Hordeum jubatum
Limnanthes douglasii 🏆
Linum grandiflorum 🏆
Nigella damascena

Schutz erforderlich

Adonis aestivalis
Cerinthe major 'Purpurascens'
Eschscholzia californica 🏆
Gypsophila elegans
Lathyrus odoratus (in Töpfe säen)
Lavatera trimestris
Lunaria annua
Matthiola longipetala subsp. *bicornis*
Nemophila menziesii
Papaver commutatum 🏆, *P. rhoeas*, *P. somniferum*
Salvia viridis (in Töpfe säen)
Viola

PFLANZVORSCHLÄGE

Schatten liebende und duftende Einjährige

Nur wenige Einjährige duften gut oder gedeihen im Schatten; diese wenigen leisten einen wertvollen Beitrag zur Gartengestaltung.

1

2

SCHATTEN LIEBENDE UND DUFTENDE EIN- UND ZWEIJÄHRIGE

Duftende Ein- und Zweijährige

Die wenigen duftenden Einjährigen sind sehr gesuchte Pflanzen für Bauerngärten, passen aber auch in modernere Anlagen. Manche duften vor allem am Abend gut, wie Ziertabak *(Nicotiana)* und Nachtkerze *(Oenothera)*.

Duftwicken *(Lathyrus-odoratus-*Sorten) duften von allen Einjährigen am besten, wenn auch nicht alle Sorten. Vor allem die nostalgischen Duftwicken sind für ihren herrlichen Duft bekannt.

Amberboa moschata winterharte Einjährige

Erysimum x allionii, E. cheiri Zweijährige

Lathyrus odoratus winterharte Einjährige

Lobularia maritima winterharte Einjährige

Matthiola winterharte Einjährige und Zweijährige

Nicotiana affinis, N. sylvestris 🏆 halbwinterharte Einjährige

Oenothera biennis winterharte Einjährige oder Zweijährige [1]

Reseda odorata winterharte Einjährige

Ein- und Zweijährige für den Schatten

Manche Einjährige und zweijährige Beetpflanzen gedeihen im lichten Schatten unter einem Baum oder im Halbschatten, selbst noch auf Flächen, die nur für 2 oder 3 Stunden pro Tag direkte Sonne bekommen. Pralle Mittagssonne ist allerdings für diese Pflanzen nicht ideal.

Begonia semperflorens nicht winterharte Einjährige

Bellis perennis Zweijährige

Campanula medium Zweijährige

Impatiens nicht winterharte Einjährige

Limnanthes douglasii 🏆 winterharte Einjährige [2]

Linum grandiflorum 🏆 winterharte Einjährige

Lunaria annua Zweijährige

Myosotis Zweijährige

Nemophila menziesii winterharte Einjährige

Nicotiana halbwinterharte Einjährige

Schizanthus halbwinterharte Einjährige

Tropaeolum peregrinum halbwinterharte Einjährige

Viola winterharte Einjährige und Zweijährige

Siehe auch Eigene Anzucht aus Samen, S. 20–21

PRAKTISCHE TIPPS

Beetpflanzen kaufen

Pflanzen können ins Freie, sobald die Frostgefahr vorüber ist.

Wer seine Beetpflanzen für den Sommer nicht selbst aus Samen vermehrt, wird sich junge Pflanzen im Gartencenter auswählen, die groß genug sind zum Auspflanzen und bald zu blühen beginnen. Sie können auch preisgünstige Halbfertigware, also Jungpflanzen zur Weiterkultur, beim Gärtner erwerben. Diese müssen Sie eintopfen und im frostfreien Gewächshaus heranziehen.

Achten Sie beim Kauf darauf, dass die Pflanzen in gutem Zustand sind – kräftig, gut verzweigt, mit kurzen Trieben und gesunden Blättern. Das Substrat sollte feucht sein. Kaufen Sie nur Pflanzen mit gut entwickelten Wurzeln, die noch nicht an der Topfwand haften.

Beet- und Balkonpflanzen werden schon angeboten, bevor man sie problemlos ins Freie pflanzen kann. Vor dem Einkauf sollten Sie für eine Gelegenheit sorgen, wo Sie die Pflanzen im Haus oder unter Glas kultivieren können – so lange bis keine Spätfröste mehr drohen. Härten Sie die jungen Pflanzen vor dem Auspflanzen über mehrere Wochen im Frühbeet ab.

Ein gutes und ein schlechtes Beispiel
Das kräftige Stiefmütterchen links hat gesunde Blätter und entwickelt Blütentriebe. So ein Exemplar können Sie kaufen. Das rechte dagegen hat welkende Blüten und vergilbende Blätter – deutliche Zeichen einer überständigen Pflanze.

Siehe auch Pflanzen abhärten, S. 125

Ideen für Tropenbeete

Pflanzungen mit subtropischen, frostempfindlichen Pflanzen waren im 19. Jahrhundert beliebt; jetzt kommen sie wieder in Mode und eröffnen Möglichkeiten für fantasievolle Gestaltungen.

Durch die milderen Winter und die explosionsartige Ausweitung des Angebots an Exoten hat dieser Gartenstil neue Höhen erreicht. Die meisten frostempfindlichen Arten werden im Mai oder Frühsommer gepflanzt, wenn keine Frostgefahr mehr besteht. Sie haben ihre beste Zeit im Sommer und bleiben attraktiv bis in den Herbst.

Es gibt viele Möglichkeiten, einen subtropischen Stil zu schaffen. Eine kleine Sammlung *Canna* in Töpfen wäre eine Möglichkeit oder eine groß angelegte Pflanzung mit winterharten Zierbäumen wie *Catalpa* und *Paulownia* als Strukturbildner. Schneiden Sie die Bäume im Herbst zurück, damit sie im folgenden Sommer kräftige neue Triebe mit großen Blättern bilden. Entfernen Sie schwache Triebe.

Pflanzpläne
Stellen Sie vor dem Bepflanzen die Töpfe mit den Pflanzen an den gewünschten Platz im Sommerbeet. So bekommen Sie eine bessere Vorstellung, wie das fertige Beet aussieht, und es bleibt die Möglichkeit, etwas zu ändern, ohne die Pflanzen zu stören. Einige frostempfindliche Pflanzen wie Bananen kann man einfach mit dem Topf im Beet eingraben.

Planung im Winter

Die Planung wird sich nach der Größe des Grundstücks, der Dicke des Geldbeutels, der für die Gartenpflege verfügbaren Zeit richten und hängt nicht zuletzt davon ab, welche Einrichtungen vorhanden sind, etwa ein frostfreies Gewächshaus, ein Wintergarten oder Frühbeete zum Überwintern der frostempfindlichen Pflanzen. Auch mit Zwiebelpflanzen wie *Hedychium* und *Canna* neben Einjährigen wie *Cleome hassleriana, Nicotiana tabacum* und *N. sylvestris* sowie *Ricinus communis* können Sie verblüffende Effekte erzielen.

Frostempfindliche Kletterpflanzen, die als Einjährige kultiviert werden, wie *Cobaea scandens, Ipomoea lobata* und *Dicentra scandens,* eignen sich an einem Gerüst gezogen als Hintergrund oder Strukturelement. Gemüse wie Auberginen, buntblättrige Maissorten, Mangold oder einige alte Tomatensorten mit ungewöhnlich geformten Früchten in ausgefallenen Farben passen zu diesem Stil. Kombinieren Sie ruhig kräftige Farben. Mit unterschiedlichen Blattformen und -texturen hat die Gestaltung – neben den Blüten – die ganze Saison über Interessantes zu bieten.

Feurige Farben
Im Uhrzeigersinn von oben links: *Cleome hassleriana* 'Colour Fountain', *Ricinus communis* 'Carmencita Pink' und *Canna* 'Verdi' wirken wunderbar tropisch.

Erfolgstipps

Wählen Sie einen sonnigen, geschützten Standort. Die Pflanzen gedeihen bei Wärme und ausreichend Wasser am besten. Der Boden muss nicht sehr nährstoffreich sein. Verwenden Sie große Solitärpflanzen als Strukturbildner. Füllen Sie die Lücken mit bewurzelten Stecklingen oder Einjährigen, um Unkraut zu unterdrücken. Härten Sie frostempfindliche Pflanzen vor dem Auspflanzen ab und warten Sie, bis keine Frostgefahr mehr besteht. Gießen Sie bei Hitze gegebenenfalls täglich, und düngen Sie mit Mehrnährstoffdünger. Entfernen Sie verwelkte Blüten.

Blatteffekte
Mischen Sie interessante Blattformen und -strukturen, etwa die schaufelförmigen Blätter der Bananen *(Musa* und *Ensete)* mit silbergrauem *Plectranthus argentatus.*

Siehe auch Frostempfindliche Stauden überwintern, S. 123–125; Empfindliche Pflanzen abhärten, S. 125

Pflanzen in Gefäßen

Bei Pflanzgefäßen spielt die Größe ebenso eine Rolle wie das Substrat und die Pflanzzeit; all diese Elemente fördern das Wachstum der Pflanzen, sofern regelmäßig gedüngt und gegossen wird.

Pflanzen in Gefäßen brauchen im Vergleich zur Kultur im Beet mehr Pflege. Die Töpfe schränken das Wurzelwachstum ein, was sich bei schnell wachsenden Pflanzen bald bemerkbar macht. Sie wachsen weniger, haben kleinere Blätter und blühen spärlicher. Andererseits blühen und fruchten wüchsige Pflanzen früher, wenn sie sich nicht ungehindert ausbreiten können. Bei guter Pflege können viele Pflanzen jahrelang in Töpfen gedeihen, wenn auch nicht ganz so gut wie im Beet.

Pflanzgefäße

Kübel, Töpfe und andere Gefäße sind in vielerlei Größen erhältlich, voluminöse Container fassen mehrere Pflanzen. Wenn Sie einzelne Pflanzen in Gefäße setzen, wählen Sie den Topf gerade so groß, dass die Wurzeln gut Platz haben. In kleine Töpfe passt nur wenig Substrat und sie trocknen schnell aus. Topfen Sie daher in einen größeren Topf um, sobald das Substrat gut durchwurzelt ist, allerdings nur zu Beginn der Wachstumszeit oder wenn noch mehrere Wochen des Wachstums bevorstehen. Kübel mit einem Durchmesser von 30–45 cm eignen sich für Sträucher und Kletterpflanzen. Die größten noch transportablen Gefäße haben etwa 60 cm Durchmesser; nicht mobile Behälter können noch viel größer sein.

Achten Sie darauf, dass sich genügend Dränagelöcher im Boden befinden und stellen Sie die Gefäße etwas erhöht auf, damit das Wasser gut ablaufen kann.

BLUMENTOPFERDEN UND DÜNGER

Alle Markensubstrate enthalten genug Nährstoffvorräte für eine bestimmte Zeit. Achten Sie auf die Düngeanleitung des Herstellers, da manche Substrate Depotdünger enthalten. Ist keine Anleitung vorhanden, beginnen Sie bei reinem Torfsubstrat 4–6 Wochen, bei tonhaltigem frühestens 8 Wochen nach der Pflanzung mit dem Düngen. Von Mitte Frühjahr bis Spätsommer geben Sie einen flüssigen Volldünger oder, noch besser, Sie verwenden von April bis zum Frühsommer einen flüssigen Stickstoffdünger und im Hochsommer einen stickstoffarmen Kalidünger. Achten Sie bei erdfreiem Substrat darauf, dass der Dünger alle wichtigen Spurenelemente enthält. Verwenden Sie für Kalkflieher Rhododendron-Dünger.

Torfsubstrat Substrate aus Weißtorf oder Torfersatz sind ideal für Kurzzeitbepflanzungen, etwa mit Fleißigen Lieschen.

Einheitserde Pflanzen, die länger als ein Jahr im Topf bleiben, etwa Funkien, brauchen tonhaltige Einheitserde.

Moorbeeterde Kalk fliehende Pflanzen wie Kamelien benötigen Moorbeeterde. Die meisten Substrate haben keinen Tonanteil.

Pflanzung und Nachsorge

Pflanzen Sie dauerhafte Pflanzen wie Gehölze, Kletterpflanzen und winterharte Stauden im zeitigen Frühjahr, damit sie schnell Wurzeln bilden und anwachsen. Kontrollieren Sie von April bis zum Frühherbst täglich die Feuchtigkeit, bei Hitze womöglich zweimal, bei Koniferen und Immergrünen auch wöchentlich im Winter. Gießen Sie gründlich; füllen Sie das Pflanzgefäß bis zum Rand und lassen Sie das Wasser einsickern. Dann füllen Sie ihn ein zweites Mal, um sicherzugehen, dass das Substrat gründlich durchfeuchtet ist.

In strengen Wintern kann das Substrat gefrieren, sodass die Pflanzen absterben, wenn die Töpfe nicht gut in Luftpolsterfolie verpackt oder vorübergehend abgedeckt werden. Bei Sonnenhitze können Sie die Töpfe hingegen in nasse Säcke wickeln, damit sie nicht zu schnell austrocknen. Bei anhaltenden Niederschlägen sollten die Pflanzen vorübergehend einen Regenschutz erhalten, so lange bis das durchnässte Substrat wieder etwas abgetrocknet ist.

Beetpflanzen und Einjährige werden bis zum Frühherbst gedüngt. Im Winter ist dies nicht nötig oder sogar schädlich. Geben Sie Dünger nur auf feuchtes Substrat.

Ungewöhnliche Gefäße Sie können in fast jedem Gefäß Pflanzen kultivieren, wenn es nur das Substrat hält und Wasser durchlässt. Ein Metallsieb zum Beispiel lässt sich leicht zum Hängekorb umfunktionieren.

Siehe auch Dachgärten und Balkone, S. 18; Minigärten in Trögen, S. 22–23; Umtopfen und Erdaustausch, S. 162–163

Umtopfen und Erdaustausch

Der Boom bei den Kübelpflanzen bedeutet, dass viele Pflanzen ihr ganzes Leben in Töpfen verbringen – im Freien oder in der Wohnung; bei guter Pflege bleiben sie wüchsig, blühen reich und sehen dekorativ aus.

Die Pflanzen müssen regelmäßig umgetopft werden, damit die Wurzeln nicht im Kreis an der Topfwand entlang wachsen. Das geschieht, wenn die Wurzeln das Substrat völlig ausfüllen und sich dicht zusammendrängen müssen. Die Anzeichen dafür sind verzögertes, schwaches Wachstum, vergilbende Blätter und im schlimmsten Fall dauerndes Welken bei regelmäßigem Gießen. Ein mit Wurzeln gefüllter Topf kann keine Feuchtigkeit halten und das Gießwasser dringt nicht in das wenige Substrat vor, sondern läuft an den Seiten des Wurzelballens herab. Die Nährstoffe, die im Substrat vorhanden sind, stehen der Pflanze nicht zur Verfügung, wenn sie kein Wasser aufnimmt. Dadurch zeigt sie Mangelerscheinungen wie eine Gelb- oder Rotfärbung der Blätter. Am besten wird umgetopft, bevor sich solche Symptome zeigen.

Beim Umtopfen erhält die Pflanze frisches Substrat und damit neue Nährstoffe. Substrate aus organischem Material wie Torfersatz oder Rinde zerfallen in kleinere Teile, die verklumpen können. So hält das Substrat kaum noch Luft und lässt kein Wasser mehr durch.

EIN GRÖSSERER TOPF

1 Nehmen Sie die Pflanze, hier einen panaschierten *Ficus benjamina*, aus dem Topf. Lockern Sie Wurzeln, die rund um den Ballen liegen. 2 Geben Sie frisches Substrat in den größeren Topf. Stellen Sie den alten Topf in den neuen und füllen Sie rundum mit Substrat auf, sodass eine Höhlung in der Größe des Wurzelballens entsteht. 3 Setzen Sie die Pflanze anstelle des alten Topfes in die Höhlung. Drücken Sie das Substrat rundum an und füllen Sie bei Bedarf noch einmal auf. 4 Zum Schluss können Sie das Substrat mulchen (siehe Kasten gegenüber).

Größere Töpfe

Stören Sie beim Umtopfen in einen größeren Topf die Wurzeln der Pflanze möglichst wenig. Der neue Topf sollte ein bis zwei Nummern größer sein als der alte. Ein zu großer Topf enthält reichlich frisches Substrat, in das die Wurzeln nur langsam vordringen und das deshalb oft nass bleibt. Dadurch können die Wurzeln faulen. Verwenden Sie flache Töpfe für flach wurzelnde Zimmerpflanzen wie *Columnea, Fittonia, Maranta* und *Pilea*, für niedrig wachsende Kakteen, Sukkulenten und Alpine und ebenso für Pflanzen

UMTOPFEN

1 Ist ein größerer Topf nicht ratsam, hilft das Umtopfen in ein gleich großes Gefäß dabei, die Pflanze wüchsig zu erhalten. Holen Sie die Pflanze aus dem Topf.

2 Entfernen Sie äußere Substratschichten, lockern Sie Wurzeln, die rund um den Ballen liegen. Zu lange und alte Wurzeln zurückschneiden für einen kompakten Ballen.

3 Füllen Sie eine Schicht frisches Substrat unten in den Topf und setzen Sie die Pflanze wieder hinein. Füllen Sie frisches Substrat an den Seiten lückenlos ein.

Lorbeer-Hochstamm im Topf

Siehe auch Pflanzen in Containern, S. 161; Kräuter in Töpfen, S. 165; Wiesen in Pflanzgefäßen, S. 166–167; Sträucher in Töpfen, S. 168–169

mit kompaktem Wurzelwerk wie Bromelien, Orchideen, Farne und Rhododendren.

Verwenden Sie für eine Pflanze entweder nur Terrakotta- oder nur Kunststofftöpfe. Die unterschiedlichen Materialien schaffen unterschiedliche Bedingungen, was das Wachstum stören kann. Gleiches gilt für die Zusammensetzung des Substrates.

Gewächshaus- und Zimmerpflanzen können praktisch jederzeit umgetopft werden, ideal ist jedoch der Beginn der Wachstumszeit, also meist das Frühjahr. Freilandpflanzen sollten im zeitigen Frühjahr umgetopft werden, bevor sie wieder austreiben. Junge, wüchsige Pflanzen müssen öfter umgetopft werden (mitunter mehrmals pro Jahr) als ältere, langsamer wachsende wie Kakteen, Sukkulenten und viele Koniferen. Topfen Sie diese jährlich oder alle 2 Jahre um. Beobachten Sie die Pflanze, um festzustellen, wann sie umgetopft werden muss; Aufschluss darüber gibt eventuell das Wurzelwerk. Umgetopft wird, wenn das Substrat völlig durchwurzelt ist (aber die Wurzeln noch nicht an der Topfwand entlang wachsen), ansonsten verzögert sich das Wachstum.

Topfen Sie keine ruhenden Pflanzen um, sonst bleibt das frische Substrat nass und die inaktiven Wurzeln beginnen zu faulen. Stören Sie die Wurzeln möglichst wenig; nur die, die am Ballenrand liegen, sollten Sie lockern.

Gleich große Töpfe

Beim Umtopfen in einen gleich großen Topf entfernen Sie einen Teil des alten Substrats von den Wurzeln (die man bei dieser Gelegenheit beschneiden kann). Dies ist nötig, wenn für die Pflanze kein noch größerer Topf mehr in Frage kommt. Entfernen Sie so viel wie möglich vom alten Substrat, damit Platz für neues ist, ohne dabei die Wurzeln zu beschädigen. Lockern Sie Wurzeln, die rund um den Ballen liegen. Für die Pflanzzeit gilt das Gleiche wie oben beschrieben.

Wenn die gelockerten Wurzeln sich nicht gut in den neuen Topf einfügen lassen, kann man sie beschneiden. Werden einige dicke, ältere Wurzeln entfernt, bilden sich dafür neue Faserwurzeln, die Wasser und Nährstoffe besser aufnehmen. Ein Viertel bis ein Drittel der Wurzelmasse kann entfernt werden.

Erde auffüllen bei älteren Pflanzen
Bei Pflanzen in größeren Behältern kratzt man im Frühjahr die obere Substratschicht ab, um sie durch frisches Substrat zu ersetzen.

Wie oft Sie umtopfen müssen, hängt von der Wuchskraft der Pflanze ab: jährlich bei schnell wachsenden Pflanzen wie Bambus, Engelstrompeten *(Brugmansia)* und Zimmerlinden *(Sparrmannia)*, alle 2 Jahre bei langsamer wachsenden wie Stechpalme *(Ilex)* und Eibe *(Taxus)*. Große Gehölze, hohe Kakteen und Sukkulenten sollten Sie in lehmhaltige Erde (für Kakteen mit hohem Sandanteil) pflanzen, da es besseren Halt bietet.

An der Oberfläche

Ersetzen Sie zu Beginn der Wachstumsperiode die oberen 2,5–5 cm Substrat. Handliche Pflanzen nimmt man dazu am besten aus dem Topf. Die obere Substratschicht rubbelt man ab, setzt die Pflanze wieder in den Topf und füllt mit frischem Substrat auf. Bei Pflanzen in größeren Behältern wird das Substrat mit einem Löffel abgekratzt, um dann aufzufüllen. Bei dieser Gelegenheit lässt sich großzügig Mulch aufbringen (siehe Kasten rechts).

MULCHEN

Organische und anorganische Mulchmaterialien gibt es in reicher Auswahl. Sie bilden eine schöne Oberfläche, halten das Substrat feucht und unterdrücken Unkrautaufwuchs.

Besonders groß ist die Auswahl an dekorativem mineralischem Mulch. Früher gab es nur Kies, der sich je nach Herkunft in Farbe und Struktur unterschied, doch heute sind gefärbter Kies und farbiger Rollsplitt im Angebot. Die neueste Variante sind Glas-»Steine« in verschiedenen Farben.

Rindenmulch, erhältlich in verschiedenen Stärken, wirkt natürlich. Er zersetzt sich mit der Zeit und muss beim Umtopfen erneuert werden.

Tongranulat ist eine dekorative Abdeckung für Kakteen und Sukkulenten, da es für gute Dränage am Wurzelhals sorgt.

Moos (aus dem Rasen gezupft) passt gut zu Epiphyten wie vielen Orchideen, Bromelien und Waldkakteen.

Kies sorgt für gute Dränage am Wurzelhals; das ist wichtig bei Kakteen, Sukkulenten und Alpinen, die leicht faulen.

Pflanzen für die Terrasse

Viele Pflanzen sind ideal für Kübel oder kleine Beete auf der Terrasse; auch hier richtet sich die Auswahl nach den Bedingungen am Standort.

SONNIG, TROCKEN

Sträucher

Artemisia 'Powis Castle' ⊛ ↕ 60cm ↔ 90cm E ✻✻

Caryopteris x *clandonensis* 'Heavenly Blue' ↕ 90cm ↔ 1,5m ✻✻✻

Ceanothus 'Blue Mound' ⊛ ↕ 1,5m ↔ 1,8m E ✻✻

Cistus x *pulverulentus* 'Sunset' ⊛ ↕ 60cm ↔ 90cm E ✻✻

Convolvulus cneorum ⊛ ↕ 60cm ↔ 90cm E ✻✻

Hebe pimeleoides 'Quicksilver' ⊛ ↕ 30cm ↔ 60cm E ✻✻

Lavandula angustifolia 'Hidcote' ⊛ ↕ 60cm ↔ 75cm E ✻✻✻

Phormium cookianum subsp. *hookeri* 'Cream Delight' ⊛ ↕↔ 90cm E ✻✻

Artemisia 'Powis Castle'

Potentilla fruticosa 'Primrose Beauty' ⊛ ↕ 90cm ↔ 1,5m ✻✻✻

Stauden

Dianthus 'Doris' ⊛ ↕ 30–45cm ↔ 23–30cm E ✻✻✻

Geranium x *oxonianum* Sorten ↕ bis 80cm ↔ 60cm E ✻✻✻

Oenothera macrocarpa ⊛ ↕ 15cm ↔ 50cm ✻✻✻

Penstemon barbatus ↕ 1,8m ↔ 30–50cm ✻✻✻

Sedum spathulifolium ↕ 10cm ↔ 60cm E ✻✻✻

Zwiebelpflanzen

Crocosmia 'Lucifer' ⊛ ↕ 1–1,2m ↔ 8cm ✻✻

Nerine bowdenii ⊛ ↕ 45cm ↔ 8cm ✻✻✻

Sternbergia lutea ↕ 15cm ↔ 8cm ✻✻

SCHATTIG, TROCKEN

Sträucher

Berberis buxifolia 'Pygmaea' ↕ 30cm ↔ 45cm E ✻✻✻

Cotoneaster horizontalis ⊛ ↕ 90cm ↔ 1,5m ✻✻✻

Euonymus fortunei 'Silver Queen' ↕ 2,4m ↔ 1,5m E ✻✻✻

Mahonia aquifolium

Hedera helix Sorten ↕ 10–15cm ↔ unbegrenzt E ✻✻–✻✻✻

Mahonia aquifolium ↕ 90cm ↔ 1,5m E ✻✻✻

Prunus laurocerasus 'Otto Luyken' ⊛ ↕ 90cm ↔ 1,5m E ✻✻✻

Vinca minor Sorten ↕ 10–20cm ↔ unbegrenzt E ✻✻✻

Stauden

Alchemilla mollis ⊛ ↕ 60cm ↔ 75cm ✻✻✻

Bergenia purpurascens ⊛ ↕ 45cm ↔ 30cm E ✻✻✻

Brunnera macrophylla ⊛ ↕ 45cm ↔ 60cm ✻✻✻

Campanula portenschlagiana ⊛ ↕ 15cm ↔ 50cm E ✻✻✻

Epimedium perralderianum ↕ 30cm ↔ 60cm E ✻✻✻

Euphorbia amygdaloides var. *robbiae* ⊛ ↕ 60cm ↔ 30cm E ✻✻✻

Geranium macrorrhizum ↕ 50cm ↔ 60cm ✻✻✻

Lamium maculatum Sorten ↕ 15–20cm ↔ 90cm ✻✻✻

Liriope muscari ⊛ ↕ 30cm ↔ 45cm E ✻✻✻

Pulmonaria saccharata ↕ 30cm ↔ 60cm E ✻✻✻

Lamium maculatum

SCHATTIG, FEUCHT

Sträucher

Acer palmatum var. *dissectum* ⊛ ↕ 1,8m ↔ 3m pH ✻✻✻

Camellia x *williamsii* 'Anticipation' ⊛ ↕ 4m ↔ 1,8m E pH ✻✻✻

Fatsia japonica ⊛ ↕↔ 1,5–4m E ✻✻

Hydrangea macrophylla 'Altona' ⊛ ↕ 90cm ↔ 1,5m ✻✻✻

Stauden

Ajuga reptans ↕ 15cm ↔ 60–90cm E ✻✻✻

Alchemilla mollis ⊛ ↕ 60cm ↔ 75cm ✻✻✻

Anemone nemorosa ⊛ ↕ 8–15cm ↔ 30cm ✻✻✻

Astilbe x *arendsii* 'Fanal' ⊛ ↕ 60cm ↔ 45cm ✻✻✻

Convallaria majalis ⊛ ↕ 23cm ↔ 30cm ✻✻✻

Helleborus x *hybridus* ↕↔ 45cm ✻✻✻

Hosta-Arten und Sorten ↕↔ variable, ✻✻✻

Tolmiea menziesii 'Taff's Gold' 𝕐 ↕ 30–60cm ↔ 90cm E ✻✻✻

Tricyrtis formosana 𝕐 ↕ 80cm ↔ 45cm ✻✻✻

Viola cornuta ⊛ ↕ 15cm ↔ 40cm E ✻✻✻

Ajuga reptans

Zwiebelpflanzen

Eranthis hyemalis ⊛ ↕ 5–8cm ↔ 5cm ✻✻✻

Galanthus nivalis ⊛ ↕↔ 10cm ✻✻✻

Muscari armeniacum ⊛ ↕ 20cm ↔ 5cm ✻✻✻

Narcissus cyclamineus-Hybriden ↕ 20–30cm ↔ 8cm pH ✻✻✻

Siehe auch Bäume, S. 59; Kletterpflanzen, S. 96–97; Wiesen in Pflanzgefäßen, S. 166–167, Sträucher in Töpfen, S. 168–169

Kräuter in Töpfen

Ein paar frische Blätter in Küchennähe machen sich kulinarisch sofort bemerkbar; Kräuter, die im selben Kochtopf enden, gedeihen zusammen in einem Topf.

Die meisten Gärtner und alle Hobbyköche wissen, welche Kräuter zu Chili con Carne, zu einem Curry- oder Pastagericht gehören, aber die wenigsten pflanzen sie zusammen. Sitzen die Kräuter für mexikanische, indische und italienische Gerichte jeweils in einem Topf, sind sie für die Küche noch praktischer und sehen dekorativ aus.

Die meisten Kräuter sind ideale Topfpflanzen; sie mögen die gute Dränage, die sich im Topf leicht schaffen lässt, und sie vertragen die Enge eines Topfes recht gut. Bei regelmäßiger Ernte bleiben sie klein und buschig.

Die Pflanzen zeigen sich im Topf unterschiedlich wüchsig; manche wachsen schneller als andere und müssen öfter geschnitten werden. Diejenigen, die keine Konkurrenz vertragen oder besonders kräftig wachsen (wie Minze), wachsen besser in einem separaten Topf, der neben dem großen Kräutertopf steht oder darin eingegraben wird. Diese Töpfe müssen nach einigen Jahren neu bepflanzt werden; manche Pflanzen sollte man jährlich ersetzen.

Mexikanisch

Die wichtigsten Zutaten für mexikanische Gerichte sind frischer Koriander *(Coriandrum sativum)* und Cayennepfeffer oder Chili *(Capsicum annuum)*. Weiter spielen Basilikum *(Ocimum basilicum)*, Estragon *(Artemisia dracunculus)* und Lorbeer *(Laurus nobilis)* in der mexikanischen Küche eine Rolle. Weniger bekannte Pflanzen sorgen für ungewöhnliche, mittelamerikanische Aromen. *Satureja douglasii* wird auch *Yerba buena* (»gutes Kraut«) genannt, passt mit seinem leichten Minzegeschmack gut zu Bohnen und Zwiebeln und ergibt einen aromatischen Tee.
Da in der mexikanischen Küche auch viel Schokolade verwendet wird, können Sie *Tagetes lucida* pflanzen, das süß nach Lakritze schmeckt und zu Schokolade gegeben wird.

Indisch

Wie in der mexikanischen Küche herrschen auch in der indischen Koriander und Gewürzpaprika vor. Der kräftige Anisgeschmack von Fenchel *(Foeniculum vulgare)* ist ebenso von Bedeutung wie

Scharf und würzig: ein Indischer Topf

Lorbeer. Der goldblättrige *Laurus nobilis* 'Aureus' sorgt zudem für Farbe, ist aber sehr wüchsig und sollte separat gepflanzt werden. *Murraya koenigii* ist eine wichtige Zutat in Indien, wo die frischen Blätter fast immer dem getrockneten Currypulver vorgezogen werden. Das Kraut wird hierzulande selten kultiviert, vielleicht weil es nur an sehr warmen, geschützten Standorten gedeiht. Sie können normales Basilikum verwenden, in Indien ist jedoch das Kleine Basilikum *(Ocimum tenuiflorum)* heimisch, das scharf und würzig schmeckt.

Italienisch

Rosmarin *(Rosmarinus officinalis Prostratus*-Gruppe*)* und Salbei *(Salvia lavandulifolia)* hängen über den Rand des Topfes herab. Basilikum *(Ocimum basilicum)* gilt als schwierig, daher sollte es separat gepflanzt werden und in den Morgenstunden genug Wasser erhalten. *Origanum vulgare* subsp. *hirtum* 'Greek' schmeckt besonders kräftig und passt mit wunderbar in Töpfe. Auch glattblättrige Petersilie *(Petroselinum crispum* var. *neapolitanum)* wird in der italienischen Küche häufig verwendet.

ITALIENISCHER KRÄUTERTOPF

1 Kräuter brauchen gute Dränage, Töpfe können jedoch schnell austrocknen. Legen Sie Tonscherben unten in den Topf und füllen Sie mit tonhaltigem Substrat auf. Die Pflanzen einsetzen und das Substrat rundum andrücken.

2 Mulchen Sie mit Kies, damit sich am Wurzelhals keine Fäulnis bildet. 3 Der Topf braucht einen geschützten, frostfreien Platz in voller Sonne. Pflanzen regelmäßig gießen (anfangs sparsam, dann gründlicher) und schneiden.

1

2

3

Siehe auch Kräuter in Wegen und Mauern, S. 126–127; Pflanzen in Gefäßen, S. 161

Wiesen in Pflanzgefäßen

Die Komplexität einer Wiese nachzuahmen bedeutet schon auf großen Flächen eine Herausforderung, und erst recht in Töpfen – und doch lassen sich Mini-Wiesen mit Einjährigen und Gräsern verwirklichen.

Seit die Menschheit begann Land zu bestellen, um sich und ihr Vieh zu ernähren, sind Wiesen Bestandteil unserer Kultur. Abgesehen von ihrer landwirtschaftlichen Nutzung werden Wiesen schon lange wegen ihrer Schönheit geschätzt, die Künstler und Musiker ebenso inspiriert wie Gärtner. Wer hat sich noch nicht vom Reichtum alter Heuwiesen oder vom roten Feuer des Mohns bezaubern lassen, das am Feldrand auflodert? Im Laufe der Jahrtausende haben Menschen eine starke Verbundenheit zu Wiesen aller Art entwickelt und in der heutigen Zeit schätzen wir ihre Bedeutung für die Fauna.

Leider verschwinden diese komplexen Gemeinschaften von Gräsern und dazugehörigen Blütenpflanzen mehr und mehr aus dem Landschaftsbild. Daher rührt das Bestreben, die Eigentümlichkeit von Wiesen in der Stadt nachstellen zu wollen, vielleicht aus Sehnsucht nach der guten alten Zeit oder als Versuch, ein Stück Natur vor die Haustür zu holen.

Das Interesse an wiesenähnlichen Anlagen im Hausgarten wächst, doch nicht alle Gärtner haben den Platz oder den Wunsch, große Teile des Gartens dieser dauerhaften Pflanzengesellschaft zu widmen.

Einjährige, die sich ideal für die Topfkultur eignen, bieten eine kurzfristige Alternative. Mit einer Mischung aus geeigneten Arten und Sorten winterharter und bedingt winterharter Blumen und Gräser lässt sich ein Kornfeld nachahmen oder man kombiniert auffallende Farben, Formen und Strukturen miteinander. Jedes Jahr können Sie Pflanzen ersetzen oder die Mini-Wiese nach eigenen Vorstellungen neu planen.

Eine Studie in Grün und Blau
In diesem wunderschön natürlich wirkenden Container sitzen *Cerinthe major* 'Purpurascens', *Centaurea cyanus* 'Blue Diadem', *Salpiglossis* 'Kew Blue', *Delphinium ajacis* 'Frosted Skies', *Anagallis monellii, Elymus magellanicus, Bupleurum rotundifolium* 'Green Gold' und *Nicotiana* 'Lime Green'.

Geeignete Pflanzen

Für eine natürliche Wirkung müssen Sie mit der Natur arbeiten. Wählen Sie vor allem winterharte und bedingt winterharte Einjährige, deren ursprünglich wilder Charakter noch nicht weggezüchtet wurde. Meiden Sie Zwerg- oder Kompaktformen, panaschierte Blätter, übergroße oder gefüllte Blüten. Sortenmischungen sind möglich, sie zeigen mit ihren unterschiedlichen Größen und Farben die Vielfalt der Natur, ihre Eignung hängt jedoch von den verwendeten Pflanzen ab. Samen von Ziergräsern kauft man besser in separat abgefüllten Tütchen, da die angebotenen Mischungen oft zu viele Sorten enthalten und ihre optische Wirkung nicht vorhersagbar ist.

Machen Sie einen genauen Plan und legen Sie ein Ziel fest – möchten Sie ein Kornfeld nachempfinden oder nehmen Sie ein größeres Vorhaben in Angriff, dessen Gestaltung mit Farbe, Form und Struktur spielt? Bestimmte Gräser und Blumen sind das Rückgrat der Pflanzung und bestimmen ihren Charakter, andere werden sparsamer als Höhepunkte eingesetzt. Überlegen Sie, wann die Pflanzen blühen sollen: Gleichzeitig in einem farbigen Feuerwerk oder nacheinander, damit der Topf länger interessant wirkt? Manche Gräser und Einjährige entwickeln

Bunte Wiesen von Frühjahr bis Herbst
Oben links: Normale und kompakte Formen von *Lagurus ovatus* mit zwergigem *Helichrysum monstrosum* 'Bright Bikini Mixed'. Oben Mitte: In diesem *Triticum spelta* (Weizen) leuchten ab dem Spätfrühjahr *Roemeria refracta, Lupinus aridus* 'Summer Spires' und *Scabiosa stellata*. Oben rechts: Diese Mischung enthält *Panicum milaceum, Agrostis nebulosa, Cosmidium burridgeanum* und *Rudbeckia* 'Cherokee Sunset'.

schöne Samenstände oder rötliche Farben, wenn sie im Herbst absterben.

Schaffen Sie Ausgleich zwischen der unterschiedlichen Wuchskraft von Pflanzen: Weniger wüchsige Arten werden in größeren Mengen gesetzt, kleine und herabhängende Pflanzen am Rand des Topfes platziert. Studieren Sie mehrere Saatgutkataloge und schreiben Sie passende Pflanzen heraus. Die Gesamtzahl der verwendeten Pflanzen hängt von der Größe des Topfes und vom gewünschten Effekt ab. Für kleinere, einfache Pflanzungen brauchen Sie vielleicht nur zwei oder drei Pflanzen, in große Gefäße oder halbierte Fässer passen sechs oder mehr.

Mögliche Kombinationen für eine Mini-Wiese sind Weizen mit Mohn und wilden Lupinen, eine Pflanzung mit Blättern und Blüten in Blau und Grün (hier können Sie das ausdauernde blaue Gras *Elymus magellanicus* verwenden), eine Hochsommer- und Herbstwiese in Gold- und Rottönen, eine Pflanzung mit weißen Blüten und hellen Samenständen oder eine Gemüsewiese mit Tomaten, Bohnen und Erdbeerspinat *(Chenopodium capitatum)*.

Verblasste Eleganz im Spätsommer
Im Spätsommer kontrastieren die kugeligen Samenstände von *Scabiosa stellata* mit den begrannten Getreideähren. Beide zeigen zurückhaltende Farben und fangen das späte Sonnenlicht ein.

Kulturmethoden

Die Aussaat in Multitopfplatten gelingt viel leichter als die Direktaussaat. Dadurch können Sie herangewachsene Setzlinge schon nach Plan anordnen. Kleinere oder schlanke Einjährige wie *Anagallis* oder *Cosmidium* kann man flächig aussäen oder in Gruppen pflanzen, damit sie zur Geltung kommen. Übernehmen Sie sich nicht mit der Anzahl der Pflanzen. Aus einem Anzuchtkasten voller Sämlinge wird schnell ein überfülltes Gewächshaus. Ab dem Spätwinter können Sie die winterharten Einjährigen vorziehen; mit den bedingt winterharten wie *Salpiglossis* sollten Sie später beginnen, wenn es keine Einrichtung gibt, um für die nötige Wärme zu sorgen. Düngen Sie nicht zu stark, die Pflanzen bilden sonst schwache Stängel und kippen leicht.

Die besten Ergebnisse erzielen Sie mit erdfreiem Substrat, da erdhaltiges zu schwer ist. Verbessern Sie die Dränage bei großen Substratmengen in Kübeln und Fässern, indem Sie Splitt oder Perlite einarbeiten und in Fässer sechs oder acht Dränagelöcher bohren. Stellen Sie die noch leeren Pflanzgefäße an den vorgesehenen Ort; voll bepflanzt sind sie zu schwer. Füllen Sie die Behälter und drücken Sie das Substrat leicht an.

Gießen Sie nach der Pflanzung an und halten Sie die Pflanzen feucht, vor allem in kleineren Töpfen, die schneller austrocknen. Düngen Sie nicht zu viel; nur wenn die Pflanzen verhungert aussehen, werden kleine Mengen eines (auf ein Viertel) verdünnten Tomatendüngers in den Topf geträufelt. Die meisten Pflanzen stützen einander, hohe Pflanzen am Rand des Gefäßes sollten jedoch angebunden werden, sonst hinterlassen Wind und Regen bald ihre Spuren. Sofern man keine Samenstände gewinnen will, werden welke Blüten entfernt.

EINE MINI-WIESE GESTALTEN

Die wichtigsten Pflanzen sind jene mit den auffälligsten Blüten und die Gräser. Sie werden in Gruppen oder einzeln platziert, sodass die anderen dazwischen Platz finden. Die höchsten und wüchsigsten kommen in die Mitte, die kleineren, schwächeren an den Rand, wo sie weniger bedrängt sind und mehr Licht bekommen. Wenn die Pflanzen den Topf ausfüllen, müssen Sie ausdünnen, die Abstände anpassen und eventuell ergänzen.

Immergrüne Sträucher in Töpfen

Einige der schönsten immergrünen Sträucher gedeihen in Töpfen auf der Terrasse und sorgen für dauerhafte Strukturen, völlig unabhängig von den Bodenbedingungen des Gartens.

Immergrüne Blütenträger
Hybriden von *Rhododendron yakushimanum* wie 'Aloha' (ganz links) sind mit ihrem kompakten, rundlichen Wuchs ideal für die Topfkultur; sie blühen im Spätfrühjahr und Frühsommer. Der zwergige *Arbutus unedo* 'Compacta' (links) beeindruckt mit weißen Trichterblüten und im Spätherbst mit roten Früchten.

Immergrüne Sträucher bereichern den Garten, in Töpfe gepflanzt gedeihen Sie auf der Terrasse und mildern die harten Linien der Bodenplatten.

Blühende Immergrüne

Immergrüne Sträucher, die zusätzlich noch blühen, sind wahre Schätze. Viele der schönsten und wertvollsten immergrünen Blütensträucher gehören zur Familie der *Ericaceae*. Am wohlsten fühlen sich ihre feinen Faserwurzeln in frischem, saurem Torfboden. Auf Kalk im Boden reagieren sie mit einer blassen Gelbfärbung und schwachen Trieben. Daher sind sie ideal für Töpfe mit Moorbeeterde – was eine Kultur in Gärten mit sonst alkalischem Boden erlaubt.

Von den vielen Rhododendren, die einen Versuch lohnen, eignen sich Hybriden von *R. yakushimanum* wie 'Aloha' besonders gut für die Topfkultur. Die meisten haben einen kompakten, hüge ligen Habitus und dunkle Blätter mit spinnwebartiger oder rostroter, filziger Unterseite. Im Spätfrühjahr und Frühsommer tragen sie Büschel glockenförmiger Blüten, deren Farben von rot und rosa bis zu creme und weiß variieren.

Neuere Züchtungen der Breitblättrigen Lorbeerrose *(Kalmia latifolia)* haben die Farbpalette stark erweitert; so gibt es neben der kastanienbraunen *K. latifolia* 'Ostbo Red' auch die weiß gestreiften Blüten von 'Bullseye'. Alle tragen Büschel kelchförmiger Blüten.

Unter den Erikengewächsen gehört der Erdbeerbaum *(Arbutus unedo)* zu den besten Kübelpflanzen. Seine knorrigen Zweige haben eine rote, abblätternde Rinde; sie tragen weiße Röhrenblüten und im Herbst kugelige rote Früchte. Wählen Sie möglichst Zwergformen wie *A. unedo* 'Compacta' oder die noch zierlichere, aber auch seltenere *A. unedo* 'Elfin King'.

Das Erfolgsgeheimnis bei allen Kalkfliehern in Topfkultur ist es, das Substrat immer feucht (aber nicht nass) zu halten und sie mit Rhododendron-Dünger zu versorgen. Alle vertragen Halbschatten besser als Hitze und Trockenheit.

Auch Kamelien mögen feuchten, sauren Boden und lichten Schatten. Wenn sie sich wohl fühlen, blühen sie schon früh im Jahr herrlich. Sie brauchen einen geschützten Platz, abseits der prallen Sonne, die Blüten sind frostempfindlich. Sorten von *Camellia* x *williamsii* wie 'Anticipation' sind zu empfehlen.

Immergrüne für Sonnenplätze

Beeren tragende Stechpalmen sind gute Kübelpflanzen (wenn sie einen Platz bekommen, wo die Blätter nicht stechen können) und gedeihen in der Sonne wie im Schatten. Achten Sie auf robuste, am besten kompakte Sorten und denken Sie daran, dass die meisten Arten zweihäusig sind. Die weiblichen Pflanzen brauchen eine männliche zur Bestäubung, wenn sie Beeren bilden sollen. Weibliche Namen deuten jedoch nicht immer auf eine weibliche Pflanze hin! Panaschierte Sorten sorgen das ganze Jahr über für Farbe. Geeignete weibliche Sorten sind *Ilex aquifolium* 'J.C. van Tol' (elliptische Blätter) und 'Alaska' (stachlige Blätter) sowie *I.* x *altaclerensis* 'Golden King' mit goldenen Blatträndern.

I. x *altaclerensis* 'Lawsoniana' ist eine dekorative panaschierte weibliche Stechpalme mit relativ wenig Stacheln. Sie lässt sich wie die meisten Stechpalmen gut in Form schneiden, etwa

Magnolia grandiflora 'Little Gem'

Daphniphyllum teijsmannii

Siehe auch Bäume in Containerkultur, S. 59; Immergrüne Sträucher, S. 78; Pflanzen in Gefäßen, S. 161; Umtopfen und Erde auffüllen, S. 162–163

Viburnum odoratissimum

als Kegel, Pyramide oder Hochstamm. Stechpalmen in Kübeln sollten im Sommer feucht gehalten werden und jährlich einen Depotdünger bekommen. Es ist besser, wenn sie nur wenige Jahre im Kübel bleiben und dann ausgepflanzt werden.

Für einen heißen, sonnigen Platz empfiehlt sich die blühfreudige, ausdauernde Mexikanische Orangenblume *(Choisya ternata)*. Sie hat glänzende, dreizählige Blätter und süß duftende, weiße Blüten. *C. ternata* 'Sundance' ('Lich') zeigt im Sommer strahlend goldene Blätter und wird im Winter lindgrün. *Choisya* 'Aztec Pearl' ist eine Kreuzung mit *C. azorica*, wirkt zarter und schmückt lange mit üppiger weißer Blütentracht. An vollsonnigen Plätzen gedeihen im Topf auch die vielen Varianten von *Pittosporum* mit zierlichen, glänzenden Blättern in Gelb bis fast Schwarz.

Ungewöhnliche Immergrüne

Spezialbaumschulen bieten eine unüberschaubare Auswahl von schönen Immergrünen aus aller Welt an. Die frostempfindlichen unter ihnen eignen sich vielleicht nur für mildes Klima, eventuell brauchen sie Winterschutz oder einen geschützten Platz an einer Wand, was sich bei der Topfkultur alles bewerkstelligen lässt. Andere sind winterhart, werden aber selten gepflanzt, weil sie exotisch und damit empfindlich wirken.

Bei den Magnolien gibt es eine kleine Sorte der nordamerikanischen *M. grandiflora*. Die langsam wachsende 'Little Gem' wird nur 1,8 m hoch – im Topf noch weniger – und trägt im Hochsommer vereinzelt die charakteristischen weißen Blüten mit bezauberndem Zitronenduft.

Wer *Crinodendron hookerianum* einmal gesehen hat, vergisst ihn nicht wieder. Der Strauch stammt aus Chile und ist im Spätfrühjahr über und über mit wachsartigen glänzenden, roten Laternenblüten bedeckt. Der Strauch gedeiht am besten in kalkfreiem Substrat, wenn die Wurzeln feucht bleiben und der Topf im Halbschatten steht.

Ebenfalls aus Südamerika stammt *Drimys winteri*. Dieser stattliche, winterharte immergrüne Strauch hat ledrige, lanzettliche Blätter und Dolden duftender weißer Blüten, die ab dem Frühjahr für lange Zeit zwischen den Blättern sitzen. Die langsam wachsende, zwergige Hochgebirgsvariante *D. winteri* var. *andina* eignet sich besser für viele gärtnerische Zwecke.

Kräftiger wirkt *Daphniphyllum himalaense* subsp. *macropodum* aus Japan und China, ein erstklassiger Strauch mit rundlichem Wuchs und rotstieligen, ovalen, dunkelgrünen Blättern in Quirlen. Aus höheren Regionen stammt *D. teijsmannii*, der an einem geschützten Platz recht schnell wächst.

Etwas weniger exotisch wirkt die Schmalblättrige Steinlinde *(Phillyrea angustifolia)* aus dem Mittelmeerraum, ein kleiner, attraktiver Strauch mit winzigen, süß duftenden, grünen Blüten.

Der kräftig wachsende Schneeball *Viburnum odoratissimum* ist auch in Indien und China verbreitet. Er entwickelt sich zu einem großen Strauch mit dicken, glänzenden Blättern, kann aber auch mehrere Jahre im Topf wachsen.

IMMERGRÜNE MIT UNTERPFLANZUNG

Die Substratoberfläche im Pflanztopf sieht nicht immer schön aus. Die Erde ist zwar ein guter Anzeiger für den Wasserbedarf, aber hier siedeln sich auch Unkräuter und Moos an. Eine Unterpflanzung stellt eine gute Lösung dar, wenn die gewählten Pflanzen zusammenpassen, der Topf am richtigen Ort steht und genug Platz bietet. Die Unterpflanzung sollte aber niedrig bleiben, nicht zu dicht oder zu stark wachsen und nur flach streifende Wurzeln haben.

Gute Nachbarn
Kapuzinerkresse lockert den getrimmten Buchsbaum auf. Sie ist zwar wüchsig, verträgt aber auch Trockenheit, gedeiht in magerem Boden und sorgt für Farbe. Der schwarze *Ophiopogon planiscapus* 'Nigrescens' passt gut unter *Chamaerops humilis* var. *argentea*. Beide fühlen sich in der Sonne wohl.

Pflanzen für Blumenkästen & Hängekörbe

Versuchen Sie sich ruhig einmal mit neuen Pflanzen in Blumenkästen und Ampeln; sie bieten den ganzen Sommer über einen schönen Anblick – oder etwas zu naschen.

BALKONKÄSTEN UND HÄNGEKÖRBE

Hängekörbe werden meist mit sommerblühenden Einjährigen oder mit frostempfindlichen Stauden bestückt. Aufgehängt an einem sonnigen, geschützten Platz können sie ebenso eine dauerhafte Pflanzung mit Zwergsträuchern, winter- und frühjahrsblühenden Stauden oder Zwiebelblumen aufnehmen

Im Mittelpunkt des Korbes

Antirrhinum majus, Knollenbegonien, *Dahlia* (Zwergsorten), *Dianthus chinensis, Diascia, Fuchsia* (aufrechte Sorten), *Gazania, Iberis umbellata, Nemesia strumosa, Nicotiana alata* (Zwergsorten), *Osteospermum, Pelargonium* (aufrechte Sorten), *Salvia splendens, Zinnia elegans* (niedrige Sorten)

Innerer Korbbereich

Ageratum houstonianum, Anagallis 'Skylover', *Begonia* 'Illumination'-Sorten, *Begonia semperflorens, Brachyscome iberidifolia* 'Purple Splendour', *Erigeron karvinskianus* 🏆, *Impatiens walleriana, Isotoma axillaris, Linaria maroccana, Lobularia maritima, Matthiola longipetala* subsp. *bicornis, Portulaca grandiflora, Solenostemon, Tagetes patula, T. tenuifolia, Verbena* x *hybrida* (hängende Sorten), *Viola*

Am Korbrand

Fuchsia (hängende Sorten), *Glechoma hederacea* 'Variegata', *Hedera helix, Helichrysum petiolare* 🏆, *Lobelia erinus, Lysimachia nummularia* 'Aurea' 🏆, *Pelargonium* (Peltatum- und Zonale-Hybriden), *Petunia* 'Surfinia'-Sorten, *Sanvitalia procumbens, Scaevola, Sutera cordata* 'Snowflake', *Thunbergia alata, Tropaeolum majus*

Alles in Rosa
Oben links: Aus diesem gut bestückten, farbenfrohen Korb in leuchtenden und blassen Rosatönen quellen *Diascia*, einjähriger Phlox, Verbenen, Lobelien und Efeublättrige Pelargonien *(Peltatum*-Sorten*)*.

Feurige Farben
Oben rechts: *Mimulus, Tradescantia zebrina*, Stiefmütterchen und *Lobularia maritima* sorgen im Sommer für intensive Farben. Für einen solchen Feuerball wird rundum dicht gepflanzt – auch in die seitlichen Aussparungen des Hängekorbs.

IDEEN FÜR DEN BLUMENKASTEN

Winter und Frühjahr

Bepflanzen Sie bis zur Herbstmitte die Kästen für den Winter, spätestens wenn der erste Frost die Sommerblumen beschädigt hat. Bei längerem Frost friert das Substrat ein, die Pflanzen können kein Wasser mehr aufnehmen und vertrocknen. Bei anhaltender Winternässe können die Wurzeln faulen, vor allem bei schlechter Dränage. Stellen Sie deshalb die Kästen bei extremen Wetterverhältnissen an einen geschützten Platz.

Ein Kasten für den Winter
Zwischen Zierkohl mit auffälliger roter Mitte blühen Stiefmütterchen der Saison. Über den Rand hängt panaschierter Efeu.

WINTERHARTE STAUDEN

Aubrieta (hängend) □, *Bellis perennis* Sorten □–□, *Lysimachia nummularia* 'Aurea' 🏆 □–□, *Myosotis alpestris* □–□, *Primula denticulata* 🏆 mit Sorten □–□, *Primula* 'Wanda' 🏆 □–□, *Pulmonaria angustifolia* 🏆 □–□, *Viola* 'Prince Henry' □–□, *V.* 'Prince John' □–□

WINTERHARTE ZWIEBELPFLANZEN

Zwergnarzissen □–□, Krokusse □, Kleiner Winterling □–□, Zwergiris □, Tulpen □, Hyazinthen □–□, Traubenhyazinthen □

WINTERHARTE STRÄUCHER & KLETTERPFLANZEN

Erica carnea Sorten □, *Euonymus fortunei* 'Emerald Gaiety' 🏆 □–□, *E. fortunei* 'Emerald 'n' Gold' 🏆 □–□, *Hedera helix* Sorten □–□, *Santolina rosmarinifolia* □

KURZLEBIGE PFLANZEN

Erysimum cheiri mit Sorten □, *Myosotis sylvatica* □–□, *Primula* 'Crescendo'-Sorten □–□, *Viola* (winterblühende Sorten) □–□

Für den Sommer

Bepflanzen Sie die Kästen nach dem letzten Frost: in milden Regionen Ende April, sonst Mitte Mai.

20–30 CM HOHE PFLANZEN

Antirrhinum majus □ ❄, *Dahlia* (Zwergsorten) □ ❄, *Fuchsia* (viele Sorten) □–□ ❄, *Gazania* □ ❄, *Nemesia strumosa* □ ❄, *Osteospermum* □ ❄,

Ein Kasten für den Sommer
Schwarzviolette Stiefmütterchen stehen in Kontrast zu weißer *Sutera cordata*, die über den Rand herabhängt. *Stachys byzantina* sitzt im Zentrum.

Siehe auch Pflanzen in Kästen und Ampeln, S. 172; Umweltfreundliches Material für Hängekörbe, S. 173

ZUM ANBEISSEN

Kräuterkörbe

Eine Auswahl weniger wüchsiger Kräuter: Schnittlauch, Sommerbohnenkraut, Petersilie, Bergbohnenkraut, Thymian, Salbei, Mutterkraut, Oregano, Poleiminze, Zitronenmelisse, Ysop, Salatrauke und Rosmarin.

Gemüsekörbe

Da die Wurzeln wenig Platz haben, sind zwergige, herabhängende Gemüse ideal für Körbe, etwa Zwergbohnen, Kirschtomaten, Gurken, Zucchini und Zuckererbsen.

Obstkorb
Fast alle Erdbeersorten tragen in Hängekörben gut. Im Spätsommer gepflanzt, wird der Korb am besten im kühlen Gewächshaus überwintert.

Pelargonium (Zonale-, Peltatum-, Grandiflorum-Sorten) ☼–◐ ◈, *Petunia* ☼ ❄, *Salvia splendens* ☼ ❄, *Zinnia haageana* 'Persian Carpet' ☼ ❄

10–20 CM HOHE PFLANZEN

Ageratum houstonianum ☼ ❄, *Begonia semperflorens* ☼–◐ ◈, *Impatiens walleriana* ◐ ◈, *Limnanthes douglasii* 🏆 ☼ ❄❄❄, *Linaria maroccana* ☼ ❄❄❄, *Lobelia erinus* ☼–◐ ❄, *Lobularia maritima* ☼ ❄❄❄, *Malcolmia maritima* ☼–◐ ❄❄❄, *Matthiola longipetala* subsp. *bicornis* ☼ ❄❄❄, *Phlox drummondii* ☼ ❄❄, *Tagetes patula* ☼ ❄, *T. tenuifolia* ☼ ❄, *Tropaeoleum majus* ☼ ❄, *Verbena* x *hybrida* ☼ ❄, *Viola* (Stiefmütterchen) ☼–◐ ❄❄❄

HERABHÄNGEND

Fuchsia (viele) ☼–◐ ◈, *Glechoma hederacea* 'Variegata' ☼–◐ ❄❄❄, *Hedera helix* Sorten ☼–● ❄❄ – ❄❄❄, *Helichrysum petiolare* 🏆 ☼ ❄, *Lobelia erinus* (manche) ☼–◐ ❄, *Lysimachia nummularia* 'Aurea' 🏆 ☼–◐ ❄❄❄, *Pelargonium* (Peltatum-Sorten) ☼ ◈

TECHNIKEN

Duftwicken säen und erziehen

Duftwicken lassen sich im Herbst oder Frühjahr leicht aus Samen anziehen; im Herbst gesät ergeben sie robuste, früh blühende Pflanzen.

DUFTWICKEN SÄEN

1

2

3

Duftwicken können Sie im Herbst in Töpfe säen; oft reicht auch noch Januar oder Februar. Eine Direktsaat ist ab April möglich.

1 Die Samen mit Abstand in eine Saatschale legen oder jeweils fünf Samen in einen 13-cm-Topf bzw. einzeln in eine Multitopfplatte säen. Anzuchterde oder Einheitserde mit zusätzlichem Perlite verwenden. Das Substrat andrücken, die Samen auf 2,5 cm Tiefe setzen und angießen. Die Samen bei 12–18°C keimen lassen. Um die Keimung zu unterstützen, Samen mit harter Schale anritzen oder einweichen: Mit einem scharfen Messer die Samen einritzen oder vor der Aussaat über Nacht auf feuchtes Küchenpapier legen.

2 Wenn die Keimlinge etwa 3,5 cm hoch sind, in 7-cm-Töpfe vereinzeln. In ein gut belüftetes Frühbeet stellen. Die Triebspitzen von im Herbst gesäten Keimlingen auskneifen, wenn sie etwa 10 cm lang sind, damit die Pflanze sich verzweigt. Im Frühjahr gesäte Keimlinge knapp über dem ersten Blattpaar auskneifen. Überwinterte Pflanzen im Mai auspflanzen, im Frühjahr gesäte im Juni. Der Standort sollte sonnig, offen, gut dräniert und humusreich sein.

3 Garten- oder Schnittblumen mit Erbsenreisern stützen oder Wigwams aus Stäben errichten, an denen die Pflanzen emporklettern können.

Duftwicken erziehen
Um schöne Blüten zu erhalten, werden die Pflanzen einstämmig an jeweils einem Stab erzogen; alle Seitentriebe und Ranken werden entfernt.

DUFTWICKEN SÄEN UND ERZIEHEN

Pflanzen in Gefäßen & Hängekörben pflegen

Pflanzen in Gefäßen müssen von außen mit Wasser und Nährstoffen versorgt werden; sie belohnen gute Pflege mit üppigen Blüten bis in den Herbst.

Je größer die Blattfläche einer Kübelpflanze, desto mehr Wasser braucht sie. Wind und Sonne steigern den Wasserverlust über die Blätter noch. Poröse Terrakottatöpfe verdunsten Wasser über die Wände. Mit Folie ausgekleidet geht hier weniger Wasser verloren, ein Großteil verdunstet aber immer noch über die Blätter.

Feines Substrat hält das Wasser besser als grobes. Zusätze können die Wasserhaltefähigkeit von feinem Substrat kaum verbessern, helfen aber bei gröberem.

Substrat und Düngung

Substrat mit Tonanteilen ist schwerer und damit ideal für höhere Pflanzen, da es besseren Halt bietet. Die Tonminerale tragen dazu bei, dass das Substrat Wasser und Nährstoffe gut hält, die Pflanzen wachsen dadurch besser. Blumentopferde ohne Tonzusatz ist fein und verdichtet sich gern in großen Containern, sodass eine luftleere, sumpfige Masse entsteht, in der sich keine Wurzeln entwickeln können. Dagegen hilft ein Zusatz von 25 Volumenprozent Splitt oder feinem Kies.

Mit der Zeit verrotten die organischen Anteile eines Substrats und es verliert seine Struktur. Auch wenn sie einen Sommer so überstehen, können die Pflanzen später noch eingehen. Gehölze, die Monate oder Jahre lang in einem Topf sitzen, sind besonders anfällig. Wenn es nicht mehr möglich ist, sie jedes Jahr in einen größeren Topf zu setzen, sollte man sie dennoch aus dem Topf nehmen, bis zu einem Drittel des Substrats und der Wurzeln entfernen und die Pflanze in dasselbe Gefäß mit frischer Kulturerde setzen.

Ein Substrat kann nur bestimmte Düngermengen aufnehmen. Regelmäßiges Düngen während des Wachstums füllt die Nährstoffreserven wieder auf, praktischer ist es aber, zu Beginn des Austriebs einen Depotdünger zu geben.

FÜR GUTE DRÄNAGE SORGEN

Verwenden Sie durchlässiges Substrat und Behälter mit reichlich Dränagelöchern. Mit der Bohrmaschine und einem Holz- oder Steinbohrer können Sie weitere Löcher in Kunststoff- oder Keramiktöpfe bohren. Tonscherben am Boden verbessern nicht die Dränage, verhindern aber, dass Substrat ausgewaschen wird. Eine Kiesschicht unterbricht den Wasserfluss nach oben und kann dadurch die Dränage verschlechtern und die verfügbare Wassermenge verringern. Füllen Sie lieber den ganzen Topf mit Substrat und verhindern Sie das Auswaschen mit feinem Drahtgewebe oder altem Vlies über den Dränagelöchern. Wenn sich auf dem Boden das Wasser staut, stellen Sie die Töpfe etwas erhöht auf Füße.

Füße

Tonscherben verhindern, dass Substrat ausgewaschen wird

Damit Hängekörbe weiter blühen

Wenn die Pflanzen im Hängekorb schwachtriebig werden und im Spätsommer nicht mehr richtig blühen, sind wachstumsfördernde Maßnahmen angebracht, damit sich mehr Blütentriebe bilden. Wurden die Pflanzen nicht ausgeputzt, hat die Bildung von Samenständen die Entwicklung neuer Blütenknospen gebremst. Schneiden Sie die Pflanze zurück und entfernen Sie alle Samen tragenden Triebe. Düngen Sie dann wöchentlich mit einem ausgewogenen Flüssigdünger, damit sich neue, gesunde Triebe bilden. Später wird mit Blütendünger oder einem anderen kalibetonten Dünger nachgeholfen, um die Bildung von Blütenknospen zu fördern.

Ausputzen
Warten Sie nicht, bis die Blüte völlig verwelkt ist, sondern putzen Sie regelmäßig aus, damit sie neue Blütenknospen bilden und kontinuierlich weiterblühen. Kneifen Sie die welken Blüten aus oder schneiden Sie sie ab.

Gut ernährte, wüchsige Pflanzen werden besser mit Schädlingen und Krankheiten fertig. Wenn Sie alte Blätter entfernen, hält man sich solche Probleme vom Leib und fördert das Wachstum.

Wenn Sie mit dem Gießen nicht mehr nachkommen, sollten Sie den Korb an einen schattigeren Platz hängen. Verwenden Sie abgeschnittene Plastikflaschen als Trichter, um das Wasser direkt in das Substrat zu leiten und zu verhindern, dass es außen abläuft.

Überlegen Sie, warum Ihr Korb nicht gut blüht, und planen Sie vorbeugende Maßnahmen für das nächste Jahr, etwa einen größeren Korb, Depotdüngung, Pflanzen mit weniger Wasserbedarf oder regelmäßiges Ausputzen.

Siehe auch Umtopfen und Erde auffüllen, S. 162–163; Wasserhaltige Gele, S. 174; Depotdünger, S. 174

Umweltfreundliches Material für Hängekörbe

Traditionelle Hängekörbe aus Draht brauchen eine Einlage, damit das Substrat nicht herausfällt; Sphagnummoos wäre die erste Wahl, doch gibt es noch weiteres gutes Material.

Für viele Gärtner ist Moos aus dem Rasen das ideale Material zum Auskleiden der Hängekörbe, ist es doch ebenso effektiv wie gekauftes Sphagnummoos. Andere Materialien sorgen ebenfalls für interessante Effekte: Stroh wird mit der Zeit goldbraun und wirkt rustikal, Ahornblätter färben sich goldbraun.

Geeignete Blätter
Die Blätter von breitblättrigem Bambus wie *Sasa palmata* (ganz links) vergilben mit der Zeit. Farne (Mitte) sind feinteilig, aber flexibel. *Fatsia*-Blätter (links) nehmen einen attraktiven hellen Braunton an.

Gute Ideen

Seien Sie kreativ und wählen Sie ungewöhnliche Blätter. Sie werden überrascht sein, wie gut dieses umweltfreundliche Material im Hängekorb wirkt. (Eventuell müssen Sie aber mehr gießen.) Vielleicht starten Sie sogar einen Trend zu interessanten, außergewöhnlichen Hängekörben in Ihrem Bekanntenkreis.

Ordnen Sie die Blätter erst lückenlos im Korb an. Dann legen Sie einen Kreis aus Folie unten in den Korb, um das Wasser zu halten, da mit Blättern ausgelegte Körbe schneller austrocknen als solche mit festerem Material. Geben Sie wasserhaltiges Granulat ins Substrat, um diesem Problem zu begegnen. Die Blätter halten das Substrat gut, es wird allerdings nicht möglich sein, in die Seiten des Korbes zu pflanzen wie beim traditionellen Moos. Die Blätter altern jeweils unterschiedlich und sorgen so für Abwechslung im Laufe der Saison, was die fehlende Bepflanzung etwas ausgleicht.

Bambus, Farne, *Fatsia, Phormium* und *Gunnera manicata* liefern neben vielen anderen geeignete Blätter für Hängekörbe, mit unterschiedlichen Eigenschaften in Bezug auf Form, Stärke, Biegsamkeit und Farbe. Die Blätter des Bambus *Sasa palmata* werden im Laufe des Sommers blassbeige und passen so ideal zu den Pastelltönen von Lavendel, Phlox, Lobelien und Petunien.

Nur Farnwedel sind so biegsam, dass eine Seitenbepflanzung noch möglich ist. Legen Sie einige Blätter quer zueinander auf den Boden des Korbs. Geben Sie darauf einen Kreis aus Folie, die Sie mit ein paar Händen voll Substrat fixieren. Pflanzen Sie dann eine Lage Hängepflanzen wie Lobelien. Bauen Sie so die Seitenbepflanzung abwechselnd aus Pflanzen und Farnwedeln auf. Sie können den Korb aber auch dicht mit Farnwedeln auslegen und dann in Herbstfarben bepflanzen. Diese passen gut zu den Wedeln, die mit der Zeit kräftig braun werden.

EINE PHORMIUM-EINLAGE

1 *Phormium*-Blätter rechtwinklig übereinander legen, sodass der Korb gut abgedeckt ist. Die kräftigen, fleischigen Blätter enthalten so viel Wasser, dass sie beim Austrocknen schrumpfen. Das dadurch freigelegte Substrat trocknet ebenfalls aus. Um das zu verhindern, wird die Innenseite mit Folie ausgekleidet. Dann das Substrat einfüllen. 2 Überlange Enden abschneiden, dabei die Schrumpfung berücksichtigen. 3 Ein mit *Phormium* ausgekleideter Korb wirkt gut mit Blumen in kräftigen Farben, die mit den Blättern harmonieren.

Dichtes Geflecht aus Blättern

Gunnera im Hängekorb
Stecken Sie *Gunnera*-Blätter in den Drahtkorb und schneiden Sie die Stängel ab. Die trockenen Blätter sind sehr brüchig, zeigen aber interessante dunkelbraune Adern.

Siehe auch Wasserhaltige Gels, S. 174; Depotdünger, S. 174

PRAKTISCHE TIPPS

Wasserhaltendes Gel

Ein spezielles Gel sorgt für gleichmäßige Feuchte im Substrat.

Wasserhaltende Gele sind in der Lage, eine Wassermenge von einem Mehrfachen ihres Gewichts aufzunehmen und wieder abzugeben. Untergemischt in Topfsubstrate und in den Boden, stellen sie für die Pflanzen ein zusätzliches Wasserreservoir dar. Die Gele wirken viele Jahre lang; sie können auch Nährstoffe aufnehmen und somit die Auswaschung verhindern.

Gele wirken am besten, wo viel Wasser aus dem Boden verdunstet, bei Boden mit geringer Wasserkapazität und wenn die Pflanzen schnell wachsen. Hier vergrößern sie die verfügbare Wassermenge und erleichtern das Gießen. Wenn allerdings genügend Wasser zur Verfügung steht und die Pflanzen schon gut entwickelt sind, zeigen Gele eine geringere Wirkung.

Der Zusatz zum Substrat lohnt sich für Hängekörbe, Blumenkästen und Kübel, die bei Hitze sonst sehr rasch austrocknen.

GELE IN DER PRAXIS

- Die Gele werden als Granulat verkauft, das mit der Wasseraufnahme aufquillt.
- Befolgen Sie die Anleitung des Herstellers, besonders in Hinblick auf die Mengenverhältnisse von Gel und Substrat.
- Das Granulat muss gleichmäßig verteilt werden; mischen Sie es also gut unter, solange es noch trocken ist.

Siehe auch Pflanzen in Gefäßen, S. 161

PRAKTISCHE TIPPS

Was ist Depotdünger?

Keine Panik bei verdächtigen Kügelchen im Blumentopf.

Vielleicht wundern Sie sich, wenn Sie gelblich braune oder bläulich grüne Kügelchen von 1–3 mm Durchmesser zwischen den Wurzeln Ihrer Topfpflanzen entdecken. Es sind Hüllen von Depotdünger, den man in der Gärtnerei dem Substrat zugefügt hatte.

Die Körnchen nehmen Wasser aus der Erde auf und geben durch ihre durchlässige Membranhülle langsam, über mehrere Monate verteilt, Nährstoffe ab. Dieser Zusatz spart viel Arbeit beim Düngen von Topfpflanzen, denn er wirkt fast die ganze Wachstumszeit über.

Die Körnchen lassen sich ganz leicht zerdrücken wie Eier. Daher wird oft ein Schädlingsbefall befürchtet, und schnell wird der Verdacht auf die Eier des Dickmaulrüsslers laut. Dieser Schädling hat aber braune, runde Eier, die kleiner sind als 1 mm – und im Boden kaum zu erkennen.

Depotdünger anwenden
Depotdünger in Säckchen ist praktisch für Topfpflanzen. Man gibt ihn im Frühjahr in die Erde. Solange das Substrat feucht bleibt, ist keine weitere Düngung nötig.

Siehe auch Düngen, S. 267

TECHNIKEN

Eigene Samen ernten

Samen von Ein- und Zweijährigen lassen sich einfach gewinnen.

Im Spätsommer sind die Samen vieler ein- und zweijährige Pflanzen erntereif, etwa von Silberling *(Lunaria)*, Ringelblume *(Calendula)*, Mohn *(Papaver)* und Jungfer im Grünen *(Nigella)*. Kultursorten entwickeln sich, im Gegensatz zu Arten, nicht sortenecht aus Samen.

Samen sollte man gleich ernten, wenn sie reif sind. Das zeigt sich meist daran, dass sich die Fruchtwand braun färbt. Lassen Sie die Fruchtstände einige Tage trocknen und nehmen Sie dann die Samen heraus (die Samenbehälter muss man oft erst zerdrücken). Die Spreu lässt sich entfernen, etwa indem man vorsichtig über die Mischung aus Samen und Spreu bläst.

Bewahren Sie die Samen in einem luftdichten Behälter auf, zusammen mit etwas Silikagel oder auch Reis, um die Luftfeuchtigkeit aufzunehmen. Bis zum Frühjahr muss das Saatgut an einem kühlen, trockenen Platz lagern.

Samenernte
Ernten Sie Samenhülsen und -kapseln kurz bevor sie sich öffnen; geben Sie jede Sorte in eine eigene Papiertüte. Stellen Sie die Tüten für mehrere Tage an einen warmen Ort, dann lösen sich die Samen aus den trockenen Hüllen.

Siehe auche Winterharte Einjährige, S. 158

RASEN

Die richtige Rasenmischung

In den letzten Jahren sind deutlich verbesserte Rasenzüchtungen entstanden; achten Sie darauf, wenn Sie eine Rasenfläche neu anlegen wollen.

Rasenmischungen
Gesät wird bei warmem, feuchtem Wetter, damit die Samen schnell auflaufen (rechts). Die Auswahl der Mischung hängt davon ab, wie der Rasen genutzt werden soll.

Grassamenmischungen bestehen hauptsächlich aus Arten der Gattungen *Agrostis* (Straußgras), *Festuca* (Schwingel), *Poa* (Rispengras) und *Lolium* (Lolch). Schwingel und Straußgras sind traditionell in Zierrasenmischungen enthalten. Englisches Raygras *(Lolium perenne)* ist ein grobes Gras, das sich schnell etabliert, sehr robust ist und auf den verschiedensten Bodentypen wächst. Es wird oft für Gebrauchsrasen verwendet, meist mit einer Mischung aus Straußgras, Schwingel und Wiesenrispengras *(Poa pratensis)*.

Achten Sie beim Kauf einer Rasenmischung darauf, dass sie nicht nur die richtigen Arten enthält, sondern auch die neuesten Züchtungen. Es wurden Kultursorten ausgelesen, die fast alle erdenklichen Situationen abdecken. Sie sollten in den Mischungen enthalten sein – und nicht die älteren, landwirtschaftlichen Varianten von *Lolium perenne*. Aus denen entstand früher ein grober Rasen, der sich nicht kurz mähen ließ. Die neuen Formen haben feinere Halme und einen gedrungeneren Wuchs.

Straußgräser bilden feinen Zierrasen, der kurz gemäht werden kann, da sie recht niedrig wachsen. Sie halten mitunter mehr aus als Schwingel, wachsen aber langsamer an. *Agrostis capillaris*, das Rote Straußgras, gedeiht in den meisten Böden, vorzugsweise in sauren, und verträgt feuchten Schatten. *Agrostis stolonifera* (Weißes Straußgras) gedeiht am besten in frischem, nährstoffreichen Boden, kann aber sehr viel Filz (Matten aus toten Halmen) bilden. Diese Art findet sich sogar noch in Trittgesellschaften.

Schwingel sind feinhalmige Gräser, die recht gut anwachsen und sich kurz mähen lassen. Sie sind oft robust und einige Sorten vertragen mageren Boden. *Festuca rubra* subsp. *rubra* gedeiht gut in trockenem Schatten, verträgt aber auch feuchten. *Festuca rubra* subsp. *commutata* und *F. rubra* subsp. *litoralis* wachsen recht gut in trockenem Schatten. *F. ovina* subsp. *tenuifolia* verträgt einen niedrigen Schnitt weniger gut, wächst aber in trockenem, nährstoffarmem Boden. Gleiches gilt für die Art *F. longifolia*, die allerdings weniger robust ist, wenn kurz gemäht wird.

Viele Gräser vertragen Schatten, bestocken dort aber spärlich oder schlecht. Sie brauchen dann mehr Wasser und Dünger. *Poa nemoralis* (Hainrispengras) und *P. trivialis* (Gewöhnliches Rispengras) eignen sich gut für feuchten Schatten, dürfen aber nicht kurz gemäht oder stark beansprucht werden. *Poa pratensis* (Wiesenrispengras) verträgt Trockenheit und Beanspruchung besser, gedeiht aber im Schatten schlecht.

Unter ungünstigen Bedingungen werden konkurrenzschwache, feinere Grasarten eventuell von groben Gräsern, Unkraut und unerwünschten Gräsern wie *Poa annua* (Einjähriges Rispengras) verdrängt.

GROßE FLÄCHEN EINSÄEN

Besorgen Sie sich vor dem Einsäen großer Flächen genaue Informationen über die im Samenfachhandel angebotenen Mischungen. Mischen Sie den Samensack vor der Aussaat gut durch, denn die kleineren und schwereren Körner setzen sich unten ab und die Verteilung ist ungleichmäßig. Behalten Sie Saatgut übrig, um später nachzusäen.

Siehe auch Rasenansaat, S. 177–178; Was tun gegen Filz?, S. 183

TECHNIKEN

Rasenansaat

Aussäen ist preiswerter als Rollrasen, außerdem ist die Auswahl an geeigneten Mischungen größer. Es braucht aber etwas Geduld und der neue Rasen lässt sich im ersten Jahr kaum nutzen.

Feiner Rasen aus Samen
Die Ansaat eines neuen Rasens erfordert viel Vorbereitung, Durchhaltevermögen und Geduld, doch das Ergebnis entschädigt reichlich für die Mühe.

Die beste Zeit für die Rasenansaat ist im Frühjahr oder im Spätsommer, nach Ende der trockenen Sommerwochen. Ideal erweist sich eine Aussaat im Frühjahr: Ihrer natürlichen Vegetationszeit entsprechend entwickeln sich die Gräser dann am besten. Unter günstigen Bedingungen dauert die Keimung bei feucht-warmer Witterung 7–10 Tage. Ab der Herbstmitte dauert die Keimung länger und die Keimrate geht zurück. Im Herbst noch spät ausgebrachte Saaten nehmen im Winter keinen Schaden und keimen spätestens im folgenden Frühjahr.

Bodenvorbereitung

Der Boden wird genau wie für Rollrasen beschrieben vorbereitet (siehe S. 178). Geben Sie vor dem letzten Abrechen 30 g Superphosphat pro Quadratmeter, um die Bewurzelung zu fördern (wichtig bei magerem Boden). Bei der Aussaat im Herbst geben Sie zusätzlich 10 g Kalisulfat pro Quadratmeter, damit die frühen Triebe nicht zu zart und damit anfällig für Winterschäden werden. Wenn Sie im Frühjahr säen, geben Sie ebenso viel Kaliumsulfat und zusätzlich 15 g Ammoniumsulfat (21 % N) pro Quadratmeter.

Aussaat

Sie können von Hand oder mit einer Sämaschine aussäen. Berechnen Sie die nötige Saatgutmenge für ihre Fläche. Die Empfehlungen der Hersteller weichen hier ziemlich voneinander ab, daher sollten Sie schon beim Kauf darauf achten. Sind keine Empfehlungen gegeben, gelten folgende Richtwerte:

- Zierrasen: 30 g pro Quadratmeter
- Universal-(Allzweck-)Rasen: 20–25 g pro Quadratmeter
- Gebrauchsrasen (mit Raygras): 15–20 g pro Quadratmeter.

Teilen Sie für die Aussaat von Hand die Saatgutmenge in zwei Hälften. Teilen Sie große Flächen in Parzellen auf, kleinere Flächen nach Quadratmetern. Verteilen Sie die Hälfte des Saatguts in senkrechten, parallelen Reihen über die ganze Fläche. Die zweite Hälfte verteilen Sie ebenso in waagerechten Reihen.

Wenn Sie mit der Sämaschine arbeiten, müssen Sie zunächst die richtige Saatdichte einstellen. Markieren Sie zwei getrennte Testflächen von je einem Quadratmeter, verteilen Sie auf der einen die vorgesehene Menge Saatgut von Hand und auf der anderen mit der Maschine. Stellen Sie diese so ein, dass die richtige Menge Saatgut verteilt wird.

BODEN VORBEREITEN

Bodenvorbereitung ist bei der Rasenaussaat von entscheidender Bedeutung. Wird organische Substanz eingearbeitet, steigen die Chancen auf einen dicht wachsenden Rasen.

Siehe auch Die richtige Rasenmischung, S. 176; Rollrasen auslegen, S. 178–179

TECHNIKEN

Nach dem Säen abrechen

Säen Sie wie von Hand in zwei Saatgängen: erst längs, dann quer. Rechen Sie die Fläche leicht ab, um die Samen in die Erde zu bringen – es genügt, wenn die meisten Samen abgedeckt sind. Falls es 2 oder 3 Tage nicht regnet, beregnen Sie vorsichtig. Bleibt es weiterhin trocken, wässern Sie nach Bedarf, wenn die Samen auflaufen und die Keimlinge zu wachsen beginnen. Damit die Vögel kein Staubbad nehmen, kann man die Fläche mit Gartenvlies abdecken, bis die Samen gekeimt sind.

Nachsorge

Wenn die Keimlinge 5–7,5 cm hoch sind, wird der Rasen mit der Hinterwalze eines Walzenmähers gewalzt: Heben Sie dazu die vordere Walze und das Mähwerk an. Kürzen Sie das Gras 2 oder 3 Tage später um ein Drittel. Achten Sie darauf, dass die Messer wirklich scharf sind. Entfernen Sie vor dem Mähen die vordere Walze, um das Gras nicht flachzudrücken. Ein im Herbst gesäter Rasen muss dann in der Regel bis zum folgenden Frühjahr nicht mehr gemäht werden. Haben Sie im Frühjahr gesät, reduzieren Sie die Grashöhe nach und nach auf die des fertigen Rasens.

Siehe auch Mähtechniken, S. 182

TECHNIKEN

Rollrasen auslegen

Mit Rollrasen kommen Sie am schnellsten zu einem neuen Rasen; er kostet allerdings mehr und erfordert härtere Arbeit.

Rollrasen können Sie bis zum Herbst jederzeit auslegen, wenn der Boden nicht gefroren oder zu nass ist. Die beste Zeit ist in der Regel Anfang bis Mitte Herbst, wenn der Boden feucht, aber noch warm ist, sodass sich die Wurzeln schnell entwickeln. Wird der Rasen im Frühjahr ausgelegt, sollten Sie gründlich gießen, sofern in der ersten Zeit trockenes Wetter herrscht. Im Frühjahr und Herbst gibt es kaum etwas zu mähen, der Rasen kann sich also einige Wochen ungestört entwickeln.

Sie können auch im Sommer Rollrasen auslegen, wenn Sie gut wässern; allerdings müssen Sie dann in der Folgezeit regelmäßig mähen, was die Wurzelentwicklung stört. Bei Hitze wächst der gestresste Rasen langsamer an.

Bodenvorbereitung

Graben Sie die Rasenfläche um und arbeiten Sie verrotteten Dung, Gartenkompost, Torfersatz oder Lauberde ein, vor allem bei Sandboden, um die Wasserhaltefähigkeit zu verbessern. Verwenden Sie keinen frischen Dung, da dieser sich noch zersetzt und der Boden dann absacken würde. Entfernen Sie ausdauernde Unkräuter gründlich während des Umgrabens.

Lassen Sie die umgegrabene Fläche mehrere Wochen oder gar Monate liegen – je länger, desto besser; ideal sind mindestens 5–6 Wochen. Bevor Sie den Rasen auslegen, treten Sie den Boden in mehrere Richtungen fest, sodass eine feste, ebene Fläche entsteht. Rechen Sie mehrmals in verschiedene Richtungen.

ROLLRASEN AUSLEGEN

[1] Auf dem vorbereiteten Boden die erste Bahn an einer geraden Kante, etwa einem Weg oder der Terrasse, entlang ausrollen und alle weiteren Bahnen an der vorhergehenden ansetzen.
[2] Ein Brett über die ersten Bahnen legen und darauf kniend die nächsten Stücke anlegen. Die Fugen versetzen wie bei einer Mauer. [3] Die Rasenstücke mit der Rückseite des Rechens andrücken, damit keine Lufteinschlüsse entstehen. Leichtes Walzen wirkt ebenso gut. [4] Sandigen Lehm ausstreuen und mit dem Besen einarbeiten. Alle Lücken müssen sich schließen.

Siehe auch Rasenansaat, S. 177–178; Gestalten mit Fertigrasen, S. 180

Vor dem letzten Abrechen geben Sie 70 g Superphosphat pro Quadratmeter, um die Wurzelentwicklung zu fördern. Das ist besonders bei magerem Boden wichtig. Außerdem muss der Untergrund fest und eben sein, damit auch die fertige Fläche eben ist und bleibt.

Den Rasen vorbereiten

Fertigrasen gibt es in verschiedenen Größen und Stärken. Üblich sind 40 cm x 2 m und 30 cm x 90 cm. Zum Transport wird er in der Regel aufgerollt. Manche Fertigrasensoden sind nur 30 cm x 30 cm oder 30 cm x 60 cm groß, diese werden auch flach geliefert. Mit der Maschine abgeschälter Fertigrasen ist meist etwa 2 cm dick.

Sie können ebenso gut Rasen von einer anderen Fläche umsetzen: Stechen Sie ihn mit dem Sodenschäler aus und schneiden Sie ihn in passende Stücke. Es ist oft praktischer, 5 cm dicken Rasenfilz zu schneiden und die Stücke mit Hilfe einer Steige und dem Messer auf ungefähr die gleiche Stärke zu bringen. Dazu legen Sie das Rasenstück mit dem Gras nach unten in eine vorbereitete Kiste mit der gewünschten Tiefe und schneiden die Erdschicht soweit ab, bis die richtige Dicke erreicht ist. Je dünner die Rasensoden (in gewissen Grenzen), desto leichter bewurzeln sie. 2 cm dicke Rasensoden wachsen also schneller an als 7,5 cm dicke.

Verwenden Sie keine Rasenstücke, die viel Unkraut enthalten. Wenn Sie Rasensoden kaufen, nehmen Sie keine Stücke, die sich beim Anfassen schon auflösen. Rollrasen, den man erst später auslegen kann, muss ausgebreitet lagern, damit er nicht vergilbt oder geschwächt wird. Nach Möglichkeit sollte man innerhalb von 24 Stunden nach der Lieferung verlegen.

NEUEN RASEN MÄHEN

Gehen Sie nach dem ersten leichten Schnitt mit hoch eingestelltem Mähwerk nach und nach zur normalen Höhe über, bis sich der Rasen gut entwickelt hat. Danach richten sich die Mähhäufigkeit und -höhe nach den Grassorten, der Nutzung des Rasens und der Jahreszeit. Die Grundregel lautet: wenig, dafür oft mähen.

Wenn das Gras etwa 5 cm hoch ist, wird zum ersten Mal mit hoch eingestelltem Mähwerk gemäht.

Rollrasen auslegen

Beginnen Sie an einer Seite der Fläche und arbeiten Sie sich reihenweise voran, sodass Sie beim Auslegen in Richtung offenen Boden schauen. Legen Sie die Platten mit versetzten Fugen, wie bei einer Ziegelmauer, und stoßen Sie die Kanten fest aneinander, sodass keine Lücken entstehen. Legen Sie alle Platten auf die gleiche Höhe. Dazu sollten Sie einen Eimer mit sandiger Erde bereithalten und je nach Bedarf davon einstreuen oder Erde aus dem Boden nehmen.

Wenn Sie ein früheres Blumenbeet in Rasen umwandeln, legen Sie die Platten etwas höher als in der Umgebung, damit der Boden sich noch setzen kann, ohne dass eine Senke entsteht. Sind die Platten alle ausgelegt, können Sie den Rasen leicht walzen; das ist nicht unbedingt nötig und die Walze darf nicht zu schwer sein. Stattdessen können Sie auch jede einzelne Platte mit dem Spatenrücken andrücken – oder mit einem Holzbrett, das an einem Besenstiel befestigt wird.

Streuen Sie eine Mischung aus Sand und feiner Erde auf dem Rasen aus und arbeiten Sie diese Mischung mit einem Gummirechen oder einem groben Besen gut in die Lücken ein. Dadurch werden kleine Hohlräume ausgefüllt und es unterstützt die Soden beim Zusammenwachsen.

Nachsorge

Lassen Sie den Rasen danach in Ruhe. Die ersten Tage sind entscheidend für das Wurzelwachstum. Bei trockenem Wetter sollten Sie den neuen Fertigrasen während der ersten Woche gut feucht halten. Später gießen Sie bei Trockenheit im Sommer alle 7 Tage, ansonsten genügt es bei Trockenheit alle 14 Tage zu wässern. Bei übermäßigem oder zu langem Gießen wachsen die Wurzeln nur flach und Einjähriges Rispengras macht sich breit. 12–15 Minuten beregnen bei normalem Wasserdruck genügt.

Gestalten mit Fertigrasen

Die Vorstellung von der perfekten traditionellen Rasenfläche mag einen davon abhalten, mit Rasen zu experimentieren, doch er erlaubt vielfältige und sogar dreidimensionale Gestaltungen.

Der Begriff tapis vert bezeichnet Grasflächen, die auf unterschiedliche Höhen geschnitten werden, sodass Muster entstehen. Die meisten Mäher lassen sich mit einem Handgriff auf verschiedene Mähhöhen einstellen. Bei kleinen Flächen sind Rotormäher ideal für diesen Zweck.

Um das Muster sauber zu erhalten, stecken Sie rund um die Grasfläche Stifte ein, die beim Mähen als Orientierung dienen. (Stattdessen können Sie auch Plastiken oder Pflanzgefäße als Grenzpunkte für verschiedene Grashöhen verwenden.) Wenn das Muster feststeht, mähen Sie jede Woche oder alle 2 Wochen, je nach dem gewünschten Effekt.

Bauen mit Fertigrasen

Mit etwas Fantasie lassen sich aus Fertigrasen interessante dreidimensionale Elemente gestalten, Rasenbänke zum Beispiel. Fertigen Sie dazu ein Holz- oder Metallgerüst und füllen Sie es mit Garten- oder Kübelpflanzenerde, um dem Fertigrasen Halt zu geben. Die Bauwerke sollten durchlässig sein und Platz für mindestens 5 cm Erde oder Substrat bieten.

Ein Pflanzbehälter aus lebendem Rasen

Grüne Pflanzgefäße

Aus Fertigrasen können Sie lebendige Pflanzgefäße gestalten. Die Grundkonstruktion besteht aus zwei Stücken verzinktem Maschendraht und einem quadratischen Boden aus witterungsbeständigem Sperrholz. Legen Sie die Drahtstücke, die jeweils dreimal so lang sind wie der Boden, kreuzweise aufeinander. Legen Sie die Holzplatte unter die quadratische Fläche, wo die Drahtstücke sich überlappen, und tackern Sie den Draht an. Drehen Sie das Gebilde um, sodass das Holz innen liegt, biegen Sie den Draht nach oben, der die Wände des Pflanzgefäßes bildet, und verknüpfen Sie die Ränder mit Nylonschnur.

Kleine Behälter mit einer Kantenlänge von 30 cm lassen sich leichter bewegen, trocknen aber auch schneller aus. Größere Behälter mit 45 cm oder mehr Kantenlänge bieten mehr Platz für Pflanzen, sind aber zu schwer, um sie zu bewegen. Sie werden daher gleich am späteren Standort gebaut. Legen Sie Fertigrasen innen in die Behälter, an die Maschendrahtwände, mit der Grasnarbe nach außen. Von innen wird danach Substrat eingefüllt. Drücken Sie die Füllung kräftig in die

Rasenpyramide als Blickpunkt

Rasenstühle und ein Tisch sind leicht zu bauen

Ecken, damit die Form hält, im Inneren wird aber nur locker aufgefüllt, damit sich die Wände nicht nach außen wölben. Verwenden Sie ein leichtes Torfsubstrat und gießen Sie gut, damit es sich setzt.

Gras braucht zum Wachsen gleichmäßige Sonne, was bei einer dreidimensionalen Anlage schwer zu bewerkstelligen ist. Wenden Sie die Behälter alle paar Tage, um dieses Problem zu lösen. Ist das Gras einmal angewachsen, gedeiht es den ganzen Sommer über gut. Es muss allerdings täglich gewässert werden, in den gleichen Intervallen wie Topf- oder Kübelpflanzen. Das Gras können Sie schneiden oder wachsen lassen. Wird allerdings langes Gras plötzlich kurz geschnitten, braucht es Zeit, um sich zu erholen, wie der Rasen auch.

Tipps für Rasenkünstler

Dreidimensionale Rasenkunstwerke können Sie am besten im Frühjahr schaffen, damit das Gras anwachsen und Wurzeln bilden kann. Um zu verhindern, dass die Fugen zwischen den Rasenstreifen austrocknen und sich weiten, müssen Sie darauf achten, dass der Rasen Kontakt mit der Erde oder dem Substrat hat. Es dürfen keine Hohlräume entstehen. Halten Sie das Ganze gut feucht.

Siehe auch Rollrasen auslegen, S. 178–179

So bleibt der Rasen grün

Ein wüchsiger Rasen, der es mit Unkraut und Moos aufnimmt, muss jährlich gedüngt und rechtzeitig gewässert werden, damit er bei Trockenheit nicht braun wird.

Der Rasen braucht jährlich im Frühjahr Düngergaben, damit er wüchsig bleibt, ansonsten gewinnen Unkraut und Moos schnell die Oberhand. Düngen Sie bei feuchtem Boden oder bei regnerischem Wetter oder gießen Sie nach dem Düngen.

Geben Sie zwischen Anfang März bis Ende April pro Quadratmeter je 15 g Volldünger mit Ammoniumsulfat, 50 g Superphosphat und 8 g Kalisulfat. Füllen Sie geringe Düngermengen mit Quarzsand (kein Bausand) oder trockener Erde auf, dann lassen sie sich gleichmäßiger verteilen. Lässt die Färbung des Rasens zu wünschen übrig, bringt häufig ein Zusatz von 5 g Eisensulfat zur Düngermischung eine Verbesserung. Der Handel bietet aber auch gebrauchsfertige Düngermischungen speziell für den Rasen an.

Von Juni bis Spätsommer düngt man mit 15 g Ammoniumsulfat pro Quadratmeter, sobald der Rasen sich verfärbt oder seine Wuchskraft nachlässt. Füllen Sie die Düngermenge mit der vierfachen Gewichtsmenge an trockener Erde oder Sand auf, damit eine gleichmäßige Verteilung möglich ist. Selbstverständlich eignen sich wiederum die handelsüblichen Rasendünger. Im Herbst wird ein ausgeglichener Mehrnährstoffdünger gegeben.

Wenn der Rasen unter Trockenheit oder Verdichtung zu leiden hatte (beides verringert die Aktivität des Wurzellebens), wird im Herbst oder besser Frühjahr gerecht und vertikutiert. Danach folgt eine Düngergabe, bei Bedarf wird mit Sand abgestreut.

Wässern

Gras wird bei Trockenheit oft braun und wächst nicht mehr. Dies sieht zwar nicht schön aus, ist aber nicht gefährlich. Das Gras wächst kräftig weiter, wenn der Regen wieder einsetzt. Wer ständig grünes Gras haben will, muss den Rasen bei Trockenheit gießen. Dafür wird es Zeit, wenn sich das Gras nach dem Betreten nicht mehr schnell aufrichtet.

Achten Sie auf die richtige Menge Wasser. Zu viel ist Verschwendung und führt zu flach streifenden Wurzeln. Dadurch wird der Rasen erst recht anfällig fürs Austrocknen und das unerwünschte Einjährige Rispengras zudem gefördert. Geben Sie jedes Mal genügend Wasser, um die oberste, 10–15 cm tiefe Bodenschicht zu durchfeuchten. In der Regel sind das etwa 20 Liter Wasser pro Quadratmeter, was etwa 2,5 cm Niederschlag entspricht.

Ein durchschnittlicher Gartenschlauch leitet etwa 900 Liter Wasser pro Stunde durch den Regner. Angenommen der Regner erreicht 9 Quadratmeter, verteilt er in einer Stunde etwa 100 l pro Quadratmeter. Selbst im Früh- bis Hochsommer braucht ein Quadratmeter nur 20 Liter alle 7 Tage. Demnach erfüllen 12 Minuten stetiges Regnen die Bedürfnisse des Rasens. Die Reichweite von Regnern fällt jedoch sehr unterschiedlich aus. Ein Regenmesser leistet gute Dienste, um festzustellen, wie viel Wasser in welcher Zeit fließt. Die Verteilung kann aber unregelmäßig sein. Deshalb sollten Sie mehrmals an verschiedenen Stellen der beregneten Fläche messen. Daraus lässt sich errechnen, wie lange es dauert, 2,5 cm Wasser zu verteilen.

WIE VIEL WASSER?

Auf einfache Weise lässt sich ermitteln, wie viel Wasser im Boden ankommt: Man gräbt ein kleines Loch, etwa in einer Rabatte neben dem Rasen, um zu sehen, wie tief das Wasser eingedrungen ist. Wer sich notiert hat, wie lange es dauert, kann die Wasserversorgung in Zukunft genauer steuern und damit übermäßige Verdunstung vermeiden.

Regelmäßig beregneter Rasen bleibt gut in Form.

Siehe auch Rasenpflege bei Trockenheit, S. 182; Rasenpflege im Herbst, S. 182–183

TECHNIKEN

Die richtige Mähtechnik

Mit diesen Methoden machen Sie das Beste aus Ihrem Rasen.

Ein Walzenmäher bringt die besten Ergebnisse.

Höhe

Mähen Sie zu Beginn der Wachstumszeit zunächst mit hoch eingestelltem Mähwerk und senken Sie es nach und nach ab. Bei Zierrasen liegt die Höhe zwischen 6 mm und 13 mm, bei Universalrasen zwischen 13 mm und 4 cm.

Häufigkeit

Mähen Sie alle 1 bis 2 Wochen im Frühjahr oder Herbst bzw. bei Trockenheit im Sommer. Im Mai und Juni kann es notwendig werden, einmal wöchentlich oder noch öfter zu mähen. Entfernen Sie bei jedem Schnitt bis zu einem Drittel der Länge.

Qualität

Am besten mähen Sie mit einem Walzenmäher mit vielen Klingen. Sichel- und Luftkissenmäher sind für Universal- und Gebrauchsrasen besser geeignet als für Zierrasen.

Mähprobleme

Abschälen kommt vor
- bei weichem Boden, wenn die Räder des Rasenmähers einsinken.
- bei Wendungen, wenn sie zu schnell genommen werden.
- wenn sich Spurrillen bilden, bei immer gleicher Mährichtung.
- wenn das Mähwerk zu tief eingestellt ist.

Siehe auch Gestalten mit Fertigrasen, S. 180

PRAKTISCHE TIPPS

Pflege bei Trockenheit

Bei regelmäßiger Pflege übersteht der Rasen Trockenheit besser.

Die Grasnarbe stirbt bei Trockenheit mitunter ab, dann bilden sich braune Flecken. Das Gras wächst wieder, sobald es regnet. Dauert dies lange, kann sich trockenheitsverträgliches Unkraut wie Schafgarbe *(Achillea millefolium)* oder Löwenzahn *(Taraxacum* und *Leontodon)* ausbreiten.

Bei Trockenheit leidet der Rasen nach etwa 7–10 Tagen. Zuerst richtet sich das Gras nach dem Betreten nicht mehr schnell auf, dann vergilbt es. Stellen Sie das Mähwerk höher ein, um den Wasserstress zu verringern, und mähen Sie nicht bei Trockenheit. Wässern Sie den Rasen bei Trockenheit, um die oberen 10–15 cm Boden zu durchfeuchten (siehe S. 181).

Damit der Rasen Trockenheit besser übersteht, sollte man im Herbst vertikutieren, um Wurzelfilz zu entfernen (siehe S. 183). Eine dünne Filzschicht kann zwar als Mulch dienen und das Gras widerstandsfähiger machen; ist sie jedoch dicker als 1 cm, verhindert sie, dass Wasser in den Boden gelangt.

Regelmäßiges Aerifizieren ist wichtig, damit die Feuchtigkeit bis zu den Wurzeln eindringt. Dies geschieht im Herbst, vor allem an den stark beanspruchten Stellen. Geben Sie danach einen Mehrnährstoffdünger mit viel Phosphor und wenig Stickstoff, damit die Wurzeln sich kräftig entwickeln.

TIPPS FÜR TROCKENHEIT

- Nur wichtige Flächen regelmäßig gießen. Bei zu viel Wasser wachsen die Wurzeln flach und Einjähriges Rispengras breitet sich aus.
- Rasen düngen, damit er extreme Verhältnisse aushält.
- Bei Trockenheit den Rasen möglichst wenig beanspruchen.

Siehe auch So bleibt der Rasen grün, S. 181

TECHNIKEN

Rasenpflege im Herbst

Die Pflege im Herbst sorgt für gutes Wachstum im nächsten Jahr.

Vertikutieren

Mit der Zeit bildet sich eine Schicht aus abgestorbenen Pflanzenteilen, der so genannte Rasenfilz (siehe S. 183), sodass Wasser und Dünger nicht mehr in den Boden eindringen können und der Rasen weniger widerstandsfähig gegen Trockenheit und Krankheiten wird. Um den Filz zu entfernen, sollten Sie im Frühjahr vertikutieren. Es gibt mechanische, und ebenso motorbetriebene Vertikutiergeräte, die man tageweise mieten kann. Wichtig ist behutsames Vorgehen, denn bei zu großem Eifer kann die Rasendecke Schaden erleiden.

Aerifizieren

Das Einstechen oder Einritzen im Rasen, um Verdichtungen zu lockern, nennt man Aerifizieren. Den gesamten Rasen brauchen Sie nur alle paar Jahre auf diese Weise zu belüften, meist finden sich jedoch bestimmte Stellen, die häufiger gepflegt werden müssen, etwa dort, wo Gartenmöbel stehen oder wo die Fläche häufig betreten wird.

Wer es genau machen will, aerifiziert nach dem Vertikutieren, wenn der Boden feucht ist. Verwenden Sie für kleine Flächen eine Grabgabel und stoßen Sie in 10 cm Abstand Reihen mit 10–15 cm tiefen Löchern in den Boden. Spezielle Aerifizierer, die Löcher in den Boden stechen, kann man kaufen oder mieten.

Bei schwerem Boden empfiehlt sich ein Gerät mit Hohlröhrchen, das Pfropfen aus der Erde stanzt. Rechen Sie die Pfropfen ab und streuen Sie sandige Erde über die Fläche. Das verbessert die Durchlüftung und Wasserdurchlässigkeit, und es fördert das Wurzelwachstum. Eine gute Igelwalze mit langen Dornen dient dem gleichen Zweck, sofern sie mindestens 7 cm tief in den Boden eindringt.

Siehe auch Moos bekämpfen, S. 186

GRUNDLEGENDE RASENPFLEGE

Mit Hilfe eines Drahtrechens werden Moos und abgestorbene Pflanzenteile regelmäßig entfernt, damit sich nicht so rasch ein Rasenfilz bildet.

Vertikutieren und Aerifizieren belüften den Boden. Ein Aerifizierer mit Hohlröhrchen (Bild) sticht Erdbrocken aus.

Im Anschluss an das Vertikutieren und Aerifizieren wird Dünger ausgebracht, auf größeren Flächen am besten mit einem Düngerstreuer.

Düngung

Düngen Sie im Frühherbst nach dem Vertikutieren und Aerifizieren und vor dem Abstreuen. Dafür eignet sich ein handelsüblicher Volldünger mit hohem Phosphor- und niedrigem Stickstoffgehalt. Ein Düngerstreuer ist hilfreich für ein gleichmäßiges Ausbringen.

Abstreuen

Eine Mischung aus Lehm (Erde), Sand und organischer Substanz wird auf dem Rasen verteilt, um Unregelmäßigkeiten der Oberfläche auszugleichen und die Grasnarbe zu stärken. Eine einfache Mischung besteht aus 3 Volumenanteilen sandigem Lehm, 6 Teilen scharfem Sand und einem Teil Torfersatz. Geben Sie 2 kg dieser Mischung pro Quadratmeter, bei einer unregelmäßigen Rasenfläche dürfen es auch 3 kg sein. Arbeiten Sie die Mischung mit der Rückseite eines Rechens ein. Versuchen Sie nicht, größere Unregelmäßigkeiten in einer Saison auszugleichen, da sonst die zarteren Gräser ersticken.

Schäden beseitigen

Beschädigte Teile der Grasnarbe können Sie ersetzen oder neu einsäen, indem Sie die Fläche leicht mit der Grabgabel lockern und 15–35 g Samen pro Quadratmeter ausstreuen. Danach wie oben beschrieben abstreuen.

Moosbekämpfung

Schlechte Wachstumsbedingungen – geringer Zuwachs, Verdichtung, Übersäuerung, schlechte Dränage und übermäßiger Schatten – begünstigen Moos. Düngung und regelmäßige Pflege fördern einen wüchsigen Rasen. Mähen Sie das Gras nicht zu kurz.

Moos kann man mit den Rechen herausziehen. Nach dem Vertikutieren und Abstreuen können Sie neues Gras einsäen. Die Behandlung mit Moosvernichtern (oder Eisensulfat) stellt nur eine schlechte Notlösung dar. Besser und nachhaltiger ist es, den Rasen nicht zu kurz zu mähen und durch geeignete Pflegemaßnahmen zu verhindern, dass Moos sich ausbreitet (siehe auch S. 186).

Was tun gegen Filz?

Für einen gesunden Rasen muss Wurzelfilz entfernt werden.

Filz: eine Schicht organischer Abfälle

Filz ist die Ansammlung von mehr oder weniger stark zersetzten Pflanzenresten auf der Rasenoberfläche. Abgestorbene Gräser, Blätter von Unkräutern, liegen gebliebener Rasenschnitt und angewehtes Laub verfilzen nach und nach. Mit der Zeit wachsen Graswurzeln hinein und die Rasenoberfläche verwandelt sich in eine feste Matte, die bei Nässe schwammig wird.

Filz lässt sich auf einem kleinen Rasen mit einem Drahtbesen abrechen. Für größere Flächen stehen geeignete Geräte und sogar motorbetriebene Vertikutierer zur Verfügung. Filz wird am besten im Frühjahr vor Wachstumsbeginn bekämpft.

Vertikutieren Sie vorsichtig; dringen die Zinken zu tief ein, könnten die Graswurzeln beschädigt werden. Bearbeiten Sie die Fläche mit dem Motorvertikutierer mehrmals in verschiedenen Richtungen. Geben Sie den abgerechten Filz auf den Kompost. Über das weitere Vorgehen entscheidet der Zustand und die Dichte des entfilzten Rasens: Ist er zu spärlich, wird sofort ein Sand-Erde-Gemisch gestreut, das auch etwas Grassamen enthält. Um die Filzbildung zu unterbinden, muss Rasenschnitt sorgfältig entfernt werden. Sorgen Sie regelmäßig für eine gute Durchlüftung und Oberflächendränage.

Siehe auch Rasenpflege im Herbst, S. 182

PFLANZENPROBLEME

Hexenringe

Hutpilze im Garten sind nur eine Frage der Optik.

Hutpilze zeigen sich im Sommer und Herbst.

Hexenringe im Rasen entstehen durch Pilze, die im Wurzelraum des Grases leben. Die Pilze liefern den Graswurzeln Nährstoffe, daher ist das Gras dort dunkler grün. Sie entziehen aber auch Wasser, sodass es zu Schäden kommen kann.

Symptome

Typ 1: Ringe oder Halbkreise aus dunkelgrünem Gras mit abgestorbenen Flächen in der Mitte oder am inneren Rand des Rings. **Typ 2**: Dunkelgrüne Ringe ohne abgestorbene Flächen. **Typ 3**: Nur dunkler grüne Flecken im Rasen. Im Sommer und Herbst zeigen sich auf den dunkleren Flächen Pilzkörper. Der Pilz *Marasmus oreades* verursacht Ringe vom Typ 1, die anderen werden von verschiedenen Pilzen hervorgerufen.

Bekämpfung

Pilzfrei Saprol dämmt das Wachstum der Pilze ein, aber der Ring muss zunächst mit der Grabgabel durchbrochen werden. Das verlangt eine Bearbeitung bis in 25 cm Tiefe und in ausreichender Breite. Wenn die Hexenringe wirklich stören, ist ein Erdaustausch nötig. Allerdings werden sich weiterhin Pilzfäden ausbreiten.

PFLANZENPROBLEME

Schneeschimmel

Versuchen Sie diese Krankheit möglichst zu verhindern.

Schneeschimmel wird von dem Pilz *Monographella nivalis*, manchmal auch von anderen Pilzen, hervorgerufen. Schlechte Belüftung und eine feuchte Atmosphäre fördern die Krankheit. Sie entwickelt sich oft auf Grasflächen, die im Winter nach Schneefall betreten wurden.

Symptome

Frühe Symptome sind kleine Flecken mit gelbem, welkendem Gras, die sich zu größeren, braunen Flächen verbinden. Bei hoher Feuchtigkeit sind die abgestorbenen Flächen mit weißen oder blassrosa Pilzfäden überzogen. Die Krankheit tritt zu jeder Jahreszeit auf, meist aber im Herbst oder bei mildem Wetter im Winter.

Bekämpfung

Rasenmischungen mit hohem Anteil an *Poa annua* (Einjährigem Rispengras), sind besonders anfällig, versuchen Sie also, diese Grasart zurückzudrängen. Vertikutieren Sie den Rasen, um abgestorbene Pflanzenteile zu entfernen, aerifizieren Sie und streuen Sie danach gut mit Sand ab, um die Feuchtigkeit an der Oberfläche zu verringern (siehe S. 182–183). Starker Morgentau lässt sich mit einem Reisigbesen abziehen; senken Sie im Spätsommer die Stickstoffgaben.

Schneeschimmel

Siehe auch Rasenpflege im Herbst, S. 182

PFLANZENPROBLEME

Wurmhäufchen

Regenwürmer hinterlassen kleine Erdhäufchen im Rasen.

Wurmhäufchen verschmieren bei Regen zu Schlamm.

Regenwürmer sind im Allgemeinen nützliche Gartenbewohner, da sie mit ihren Gängen den Boden belüften und die Wasserführung verbessern. Sie ziehen auch tote Blätter in die Erde und arbeiten so organische Substanz ein.

Symptome

Regenwürmer fressen verrottende Pflanzenteile und scheiden schlammige Exkremente auf der Erdoberfläche aus. Das mag bei Zierrasen unschön wirken, außerdem wird die Oberfläche schlüpfrig. Die Häufchen werden mit dem Rasenmäher oder mit den Füßen zu Schlammflecken zerdrückt, wo sich Moos und Unkraut ansiedeln. Die Würmer sind im Herbst und Frühjahr besonders aktiv, aber auch bei milder Witterung im Winter.

Bekämpfung

Trockene Wurmhäufchen lassen sich leicht mit dem Reisig- oder Drahtbesen oder dem umgedrehten Laubrechen entfernen. Bei feuchtem Wetter kann man kaum etwas dagegen unternehmen.

PRAKTISCHE TIPPS

Rasenunkräuter beseitigen

Geeignete Kulturmaßnahmen drängen Unkräuter zurück; Herbizide sind nicht erforderlich, sofern die Gräser gute Bedingungen vorfinden.

Rasenunkraut kann sogar dekorativ sein, aber es stört jene, die eine perfekte Grünfläche wünschen.

Jäten Sie Unkraut von Hand mit dem Unkrautstecher oder der Handgabel, wenn es nur um wenige, Rosetten bildende Unkräuter wie Gänseblümchen *(Bellis perennis)*, Löwenzahn *(Taraxacum officinale)* oder Wegerich *(Plantago*-Arten*)* geht.

Rechen Sie den Rasen ab, um die Ausbreitung von kriechenden Unkräutern wie Ehrenpreis *(Veronica*-Arten*)*, Weißklee *(Trifolium repens)*, Gänsefingerkraut *(Potentilla anserina)* und Ampfer *(Rumex*-Arten*)* zu verhindern. Mähen Sie den Rasen danach sofort.

Versorgen Sie sauren Boden gegen Winterende mit 50 g Kalk pro Quadratmeter, um die Ansiedlung von Unkraut zu verhindern, das sauren Boden bevorzugt, etwa Ampfer, Feldhainsimse *(Luzula campestris)* und Moos.

Düngen, aerifizieren und vertikutieren Sie zur richtigen Zeit (siehe S. 182–183), um die Wuchskraft des Rasens zu stärken. Er setzt dann wucherndem Unkraut mehr Widerstand entgegen. Mähen Sie regelmäßig, aber nicht zu kurz, vor allem, wenn Sie Ackerfrauenmantel *(Aphanes arvensis)*, Niederliegendes Mastkraut *(Sagina procumbens)* und Moos im Rasen haben.

Unkrautvernichter

Rasenherbizide verbreiten sich in den Gefäßen der Pflanze. Ihre Wirkung zeigt sich in verdrehten Stängeln und Blättern, die wenige Tage nach der Anwendung auftreten. Die Mittel schaden bei sachgerechter Anwendung den Rasengräsern nicht, aber bei Keimlingen sollte man sie nicht anwenden.

Der Handel bietet Rasendünger an, die zugleich Unkraut- oder Moosvernichter enthalten. Lesen Sie die Gebrauchsanweisung vor dem Kauf genau und wenden Sie das Mittel exakt nach den Angaben des Herstellers an.

Viel lässt sich aber allein schon dadurch erreichen, dass man durch rechtzeitiges Mähen das Aussamen von unerwünschten Kräutern unterbindet. Unkräuter siedeln gern auf Bodenverdichtungen, entsprechend wichtig ist die Bodenvorbereitung vor der Rasenansaat und eine gute Bodenpflege.

Siehe auch Rasenpflege im Herbst, S. 182–183; Moosbekämpfung, S. 186

PFLANZENPROBLEME

Schafgarbe bekämpfen

Nur mit viel Geduld wird man mit diesem Unkraut fertig.

Schafgarbe *(Achillea millefolium)* kommt häufig auf trockenen, kalkhaltigen Wiesen und Wegrändern vor. Sie entwickelt im Sommer an 60 cm hohen Stängeln flache Blütenstände mit kleinen, meist weißen, winzigen Blütenkörbchen. Im Rasen, wo ihre Samen oft mit Vogelkot landen, übersteht sie einen kurzen Schnitt, gelangt dann aber nicht zur Blüte. Die Stängel verzweigen sich nahe am Boden, wachsen mehr als 15 cm pro Jahr und bilden Wurzeln an den Blattachseln. Ihre weichen, graugrünen Blätter bilden ausladende Flecken, die an Moos erinnern.

Schafgarbe gedeiht, wenn das Gras unterernährt oder durch Trockenheit geschwächt ist; düngen Sie also den Rasen im Frühjahr und im Herbst. Wenn Sie wirklich wert legen auf eine makellose Grünfläche, müssen Sie während der heißen Sommerwochen einmal wöchentlich gründlich beregnen. Entfernen Sie die Pflanzen möglichst von Hand: Sie lassen sich ausstechen oder man hackt sie mit einer scharfen Ziehhacke am Wurzelhals ab.

Schafgarbe überlebt auch einen kurzen Schnitt.

TECHNIKEN

Moos bekämpfen

Vor dem Griff zur Giftflasche sollten Sie Bedingungen schaffen, unter denen Moos im Rasen nicht gedeiht.

Starker Moosbefall in einem vernachlässigten Rasen

Viele Moosarten besiedeln Rasen, in der Regel dann, wenn eine oder mehrere der folgenden Bedingungen vorliegen. Diese lassen sich leicht mit den vorgeschlagenen Methoden ändern:

- Zu schlecht belüfteter Boden/ Verdichtung – den Rasen im Frühherbst belüften.
- Geringe Bodenfruchtbarkeit – im Frühjahr und Herbst einen Rasendünger geben.
- Übersäuerung – bei pH-Werten unter 5,5 im Winter 50 g Kalk pro Quadratmeter geben.
- Staunässe – die Oberflächendränage mit dem Hohlzinken-Aerifizierer und scharfem Sand verbessern. Auf sehr nassen Flächen eventuell Dränagerohre legen.
- Zu viel Schatten – die Krone von überhängenden Bäumen nach Möglichkeit zurückschneiden oder auslichten.
- Zu kurzes Mähen – feinen Zierrasen während des Wachstums bei 6–13 mm, normalen Rasen auf 13 mm und Nutzrasen auf 2,5 cm Höhe halten.
- Trockenheit, Schädlinge oder Krankheiten – düngen, lüften und an ausgelichteten Stellen nachsäen.

Chemikalien helfen nur vorübergehend, wenn die Ursachen wie Bodenverdichtung oder Wurzelfilz und Staunässe auf überalterten Flächen sich nicht ändern. Danach kann man auf Flächen mit spärlichem Bewuchs nachsäen. Abgetötetes, schwarzes Moos muss mit dem Laubrechen entfernt werden. Handelsübliche Rasendünger enthalten oft Eisensulfat zur Moosbekämpfung.

BEKÄMPFUNGSMETHODEN

- Im April vertikutieren, kalken und mit Sand abstreuen. Danach neu einsäen.
- Eisensulfat ausbringen.
- Tritt weiterhin Moos auf, Ende September nochmals mit Sand behandeln.

Siehe auch Rasenpflege im Herbst, S. 182-183

PFLANZENPROBLEME

Wie entstehen tote Zonen?

Krankheiten und Schadstoffe können den Rasen schädigen.

Schnakenlarven

Abgestorbene Flecken im Rasen sind unschön. Die Ursachen hierfür sind vielfältig: Schädlinge, Krankheiten oder mangelnde Pflege. Schneeschimmel (siehe S. 184) tritt vor allem gegen Winterende auf, Rostpilz *(Puccinia-* und *Uromyces-*Arten) und Echter Mehltau *(Erysiphe graminis)* entwickeln sich eher bei warmem Wetter auf schlecht gepflegten Flächen.

Manche Schädlinge fressen Graswurzeln, sodass sich das Gras verfärbt, etwa die Larven von Weberknechten oder Schnaken *(Tipula-* und *Nephrotoma-*Arten). Diese gräulich braunen, beinlosen Maden werden bis zu 45 mm lang und richten im Hochsommer den größten Schaden an. Die Engerlinge von Gartenlaubkäfer *(Phylloperta horticola)* und Großem Graslaubkäfer *(Hoplia philanthus)* können von Herbst bis Frühjahr Probleme bereiten. Die großen dicken Larven sind cremeweiß mit braunen Köpfen und Beinen.

Oft haben abgestorbene Flecken im Rasen nichts mit Schädlingen und Krankheiten zu tun. Häufig sind sie verursacht durch Unkrautvernichter und Dünger, die ungleichmäßig verteilt wurden.

Bekämpfung

Es gibt keine für den Hobbygärtner zugelassenen Insektizide gegen Rasenschädlinge und Krankheiten. Beugen Sie Schäden durch eine gute Rasenpflege vor. Gegen Schnakenlarven und Engerlinge lassen sich natürliche Gegenspieler einsetzen, nämlich die Nematoden *Steinernema feltiae* und *Heterorhabditis megidis.*

Siehe auch Nützlinge einsetzen, S. 40–41

TECHNIKEN

Strapazierter Rasen

Beanspruchte Stellen mit Fertigrasen oder Samen auffüllen.

Führen Sie Rasenreparaturen bei kühlem, feuchtem Wetter im Herbst oder Frühjahr aus. Lockern Sie die kahlen Flächen mit der Grabgabel, achten Sie dabei besonders auf Verdichtungen und geben Sie einen Depotdünger, bevor Sie neu einsäen. Graben Sie braunen, abgestorbenen Rasen rechteckig aus, wobei Sie die Fläche so klein wie möglich halten. Lockern Sie den Boden nochmals mit der Gabel, düngen Sie und legen Sie neuen Fertigrasen aus. Stattdessen können Sie die Stelle, wo Sie den Rasen entfernt haben, auch mit Oberboden auffüllen. Rechen Sie frisch eingesäte Grassamen gut ein. Es muss sich um dieselbe Mischung wie für den restlichen Rasen handeln, damit sich die Stelle nahtlos einfügt.

Bei Problemen in Randzonen kann man ein Rasenquadrat neben der beschädigten Stelle ausstechen und damit den Rand flicken. Die Lücke im Rasen lässt sich mit Fertigrasen oder durch Ansaat schließen. Bei trockener Witterung müssen Sie wässern.

DEN RASEN FLICKEN

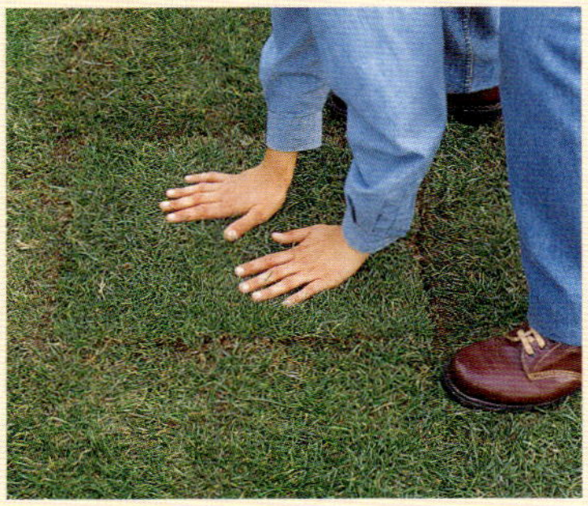

Fertigrasen, der eine beanspruchte Stelle ersetzen soll, muss unbedingt auf gleicher Höhe wie der restliche Rasen eingepasst werden. Gut andrücken und angießen.

Siehe auch Wie entstehen tote Zonen?, S. 186

PRAKTISCHE TIPPS

Verstärkung für den Rasen

Rasen kann sogar bei intensiver Nutzung im Sommer gut aussehen.

Rasen nutzt sich selbst bei guter Pflege ab (siehe S. 182–83). Eine Möglichkeit, die Trittbelastung zu mindern, besteht darin, Trittplatten auszulegen. Ebenso können in den Erdboden eingelassene Gummigitter, Rasengittersteine aus Kunststoff oder Beton die Fläche so weit verstärken, dass sie eine stärkere Belastung aushält. Gras wächst in den Hohlräumen des Rasenpflasters und verdeckt bald das Gittermaterial. Rasengittersteine können das Gewicht von Fahrzeugen tragen und schützen Baumwurzeln vor Verdichtung, Kunststoffgitter eignen sich für Fußwege.

Vor allem die Randbereiche des Rasens leiden unter zu hoher Belastung, wenn sie nicht mit einer Einfassung aus Holz oder Metall geschützt sind. Befestigte Rasenflächen können zwar gemäht und gedüngt werden, andere Maßnahmen zur Standortverbesserung sind aber nicht mehr möglich. Sorgen Sie daher vor dem Verlegen für gute Dränage und Durchlüftung.

ABNUTZUNG VERMEIDEN

Zu hohe Trittbelastung lässt sich vermeiden, indem man die häufig begangenen Stellen mit Trittsteinen oder Wegplatten auslegt.

Siehe auch Rasenpflege im Herbst, S. 182–183

PFLANZVORSCHLÄGE

Rasen ohne Gras

Eine Grünfläche lässt sich auch mit grasähnlichen Pflanzen erreichen.

Chamaemelum nobile 'Treneague'

Es gibt keine anderen Pflanzen, die das Gras als idealen, niedrig wachsenden Bodendecker für Zier- und Nutzrasen ersetzen könnten. Seine Widerstandsfähigkeit bei starker Beanspruchung ist unübertroffen. Die Tatsache, dass es sich ständig von unten her erneuert, ermöglicht das regelmäßige Mähen; dadurch bleibt der Rasen das ganze Jahr über frisch und grün.

Niedrig wachsende Stauden und Sträucher dagegen halten keine Trittbelastung aus. Durch Verletzungsstellen könnten Krankheiten eindringen.

Bei schwacher Nutzung können einige Pflanzen an geeigneten Standorten als Grasersatz dienen. Um gut zu wirken, müssen sie gelegentliches Betreten vertragen. Sie müssen das ganze Jahr über ordentlich und attraktiv aussehen und eine dichte Decke bilden, die kein Unkraut durchlässt. (Unkrautvernichter für den Rasen scheiden hier erst recht aus.) Aus diesem Grund ist es nötig, alle hartnäckigen Unkräuter vor der Pflanzung zu entfernen.

Stachelnüsschen *(Acaena novae-zelandiae)* ▷
Die wüchsige, kriechende, immergrüne Staude eignet sich vor allem für sonnige, gut dränierte Standorte.

Eine Rasenfläche aus *Trifolium repens* (Weißklee) ist eine gute Alternative zu Gras.

Sie bildet einen 10 cm dicken Teppich aus weichen, kräftig grünen, fedrigen Blättern und breitet sich schnell durch schlanke Ausläufer aus. Die Pflanze eignet sich besonders für Böschungen oder andere Flächen, wo sich Gras nicht gut mähen lässt und höhere Pflanzen den Blick verdecken würden. Auch andere *Acaena*-Arten sind gut geeignet, etwa *A. buchananii*.

Römische Kamille *(Chamaemelum nobile)*

Kamille ergibt einen guten Bodendecker für selten benutzte Wege oder kleine, schwer zu mähende Flächen. Die niedrige, immergrüne Staude bildet kriechende Triebe, die sich ausbreiten und Wurzeln bilden. Die dunkelgrünen, fein zerschlitzten Blätter duften, wenn man darüber läuft. Die kleinen, weißen Blüten erinnern an winzige Margeriten. Die Pflanze bevorzugt offene, sonnige Standorte und leichten, aber nicht trockenen Boden. Sie mag keinen Schatten, gedeiht aber einigermaßen in lichtem Schatten. Gelegentlich stirbt sie fleckenweise ab und lässt Unkraut durch, daher muss man hin und wieder jäten. Welke Blütenstände und eventuell vorhandene schwache Triebe werden im Spätsommer mit dem Rasenmäher oder der Heckenschere entfernt. Am besten deckt die Sorte 'Treneague' den Boden ab; sie blüht nicht und wird nur 10 cm hoch.

Die Art lässt sich aus Samen heranziehen. Gesät wird im zeitigen Frühjahr im Gewächshaus. Die Keimlinge werden in Anzuchtschalen pikiert und im Frühbeet abgehärtet. Im Spätfrühling wird auf 20 cm Abstand ausgepflanzt. 'Treneague' bildet keine Samen, die Sorte wird durch Teilung oder über Stecklinge vermehrt.

Fiederpolster *(Leptinella squalida)*

Diese attraktive Staude bildet einen dichten Teppich aus kriechenden Trieben. Sie eignet sich für Sonne und lichten Schatten und bevorzugt relativ frischen Boden, hält aber auch direkte Sonne aus. Die Blätter sind zart, farnähnlich und bronzegrün. Die gelben, knopfförmigen Blüten erscheinen im Sommer. Das Fiederpolster passt gut in schmale Rabatten am Fuß einer Mauer oder in Lücken in Pflasterflächen.

Sandthymian *(Thymus serpyllum)*

Diese immergrüne Staude hat winzige dunkelgrüne Blätter an niederliegenden Trieben. Im Sommer trägt sie viele kleine, lilarosa Blüten. Thymian braucht volle Sonne und gut dränierten Boden. In magerem, leichtem Boden gedeiht er weniger gut.

Dieser dekorative, niedrige Bodendecker eignet sich für bucklige Flächen auf steinigem Boden und als Übergang zu naturnahen Flächen mit niedrigen Pflanzen, wie etwa alpine Matten. Es gibt verschiedene interessante Formen wie *Thymus serpyllum* var. *albus* und 'Pink Chintz'.

Weißklee *(Trifolium repens)*

Viele betrachten Weißklee als Rasenunkraut, aber manchmal wird Weißklee absichtlich für Rasenflächen verwendet, besonders auf magerem, kalkhaltigem und somit alkalischem Boden. Klee braucht kaum einen Schnitt, kann aber bei mildem, feuchtem Wetter im Frühjahr üppig wachsen; dann wird er leicht zertreten und verfärbt sich schwarz.

Weißklee braucht wenig Dünger. Bakterien in den Wurzelknöllchen binden Stickstoff aus der Luft, eine Gabe von 50 g Superphosphat pro Quadratmeter im Frühjahr fördert jedoch das Wachstum. Auf Kleeflächen können stärker wachsende, Rosetten bildende Unkräuter wie Löwenzahn, aber auch Grasunkräuter, zum Problem werden. Klee kann man im April oder Mai in einen bestehenden Rasen einsäen. Ausgebracht werden 5 g pro Quadratmeter.

RASEN OHNE GRAS

- Überlegen Sie es sich gut, bevor Sie einen Alternativrasen ohne Gras anlegen – er ist meist weniger widerstandsfähig.
- Einige Alternativen zu Gras erfordern viel Pflege.
- Wählen Sie eine Pflanze, die das ganze Jahr über attraktiv bleibt, wie etwa der Weißklee.

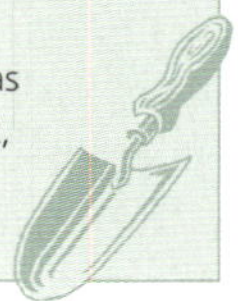

PFLANZEN IM GEWÄCHSHAUS

Das Gewächshaus heizen

Ein beheiztes Gewächshaus kann teuer werden. Stecken Sie Ihre Ziele daher nicht zu hoch. Schon mit einem frostfreien oder kalten Gewächshaus lässt sich viel erreichen.

Eine Stromheizung ist bei einem kleinen Gewächshaus am praktischsten und zudem ideal, um das Haus frostfrei zu halten. Mit einer Elektroheizung können Sie sehr leicht eine gleichmäßige Temperatur erreichen. Enthält das Gewächshaus auch noch einen Stromanschluss, lassen sich auch andere Elektrogeräte dort anschließen.

Man unterscheidet zwischen Konvektoren- und Röhrenheizung. Die Leistung der Röhren wird in Watt pro Längeneinheit angegeben. Da sie sehr heiß werden können, sollte man einen Schutz anbringen, damit keiner sie versehentlich berührt. Manche haben kein Thermostat, arbeiten dadurch aber viel effektiver.

Konvektoren sind oft mit einem Ventilator ausgestattet, um die Wärme besser zu verteilen. Bei manchen Modellen läuft der Ventilator ständig, auch wenn gerade nicht geheizt wird. Bei anderen wird auch der Ventilatorbetrieb vom Thermostat kontrolliert. Arbeitet der Ventilator unabhängig vom Thermostat, braucht das Gerät etwas mehr Strom, sorgt aber gleichzeitig für gute Luftzirkulation und eine gleichmäßige Temperatur. Heizkörper mit Ventilator bieten vor allem in größeren Gewächshäusern oft keine gute Wärmeverteilung.

Lassen Sie eine Hauptstromleitung von ausreichender Kapazität durch einen ausgebildeten Elektriker in einem Graben im Gewächshaus verlegen, wenn Sie dort Elektrogeräte einsetzen wollen. Verwenden Sie kein Verlängerungskabel aus der Wohnung.

Paraffin

Im Handel sind kleine paraffinbetriebene Heizgeräte. Sie eignen sich nicht für einen Dauerbetrieb im Winter, aber sie sind praktisch, wenn es darum geht, kühle Perioden im Frühjahr zu überbrücken, damit man vorzeitig aussäen kann. Bei kaltem Wetter sorgen kleinere

Brugmansia x candida 'Grand Marnier' blüht in einem kühlen Gewächshaus.

Geräte nicht zuverlässig für ausreichende Temperaturen. Sie können zwischen Heizgeräten mit Abluftrohr und direktem Ausstoß wählen. Das Brennmaterial muss oft nachgefüllt werden.

Geräte mit Abluftrohr verteilen die Wärme durch Warmwasserleitungen und geben Abgase über den Kamin ab, sodass sie nicht mit den Pflanzen in Berührung kommen. Im anderen Fall werden die Abgase ins Gewächshaus abgegeben.

Verwenden Sie Paraffin mit einem garantierten Schwefelgehalt von höchstens 0,06 Prozent. Wird die Temperatur nicht um mehr als 4°C erhöht, verursachen die Abgase in der Regel an den Pflanzen keinen Schaden.

Brenner mit blauer Flamme sind besser für die Pflanzen als solche mit gelber Flamme. Ein Nebenprodukt der Paraffinverbrennung ist Wasserdampf, daher kann an windstillen, kalten Abenden die Luftfeuchtigkeit sehr hoch sein.

Bei der Verbrennung von Stoffen wie Paraffin, Flaschengas oder Erdgas entsteht ein Gemisch von Gasen, die in hohen Konzentrationen für Pflanzen giftig sein können. Sorgen Sie daher auch bei größter Kälte für gute Belüftung, damit sich die schädlichen Gase nicht ansammeln können. Lüften Sie morgens gründlich, um noch vorhandene Gase abziehen zu lassen.

Öl

Ölheizungen besitzen einen indirekten Brenner mit Luftabzug. Sie werden durch ein Thermostat gesteuert.

ISOLIERUNG

Senken Sie die Heizkosten, indem Sie das beheizte Gewächshaus im Winter von innen mit Luftpolsterfolie isolieren, damit keine Heizenergie verloren geht. Es gibt spezielle Rahmen, um die Folie in Metallgewächshäusern anzubringen. Lüftungsfenster werden getrennt isoliert, sodass sie sich noch öffnen lassen.

Siehe auch Frostempfindliche Stauden überwintern, S. 123–124; Pflanzen für den Wintergarten, S. 193–194

Erdgas

Erdgas stellt eine recht zuverlässige Energiequelle für die Gewächshausheizung dar. Eine Zündflamme entzündet das Gas, wenn das Thermostat zusätzlichen Wärmebedarf registriert. Der Brenner muss aber unbedingt für den Einsatz im Gewächshaus zugelassen sein. Bei der Verbrennung von Erdgas entstehen Wasserdampf und Kohlendioxid.

Bei sehr hoher Brenntemperatur können für die Pflanzen schädliche Gase entstehen. Lüften Sie daher ebenso wie bei einer Paraffinheizung.

Flaschengas

Gas in Flaschen ist praktisch als Notbehelf. Allerdings ist Flaschengas (Propan) teuer und die Flaschen müssen oft ausgewechselt werden. Das Gas kann Propylen enthalten, das wie ein Pflanzenhormon wirkt und die Pflanzen schädigen kann. Lüften Sie ausreichend und achten Sie auf austretendes Gas.

Heizkabel

Auf Tischen oder im Grundbeet verlegte Heizkabel schaffen im Wurzelraum die erforderliche Wärme für die Vermehrung. Sie sollten mit einem Thermostat kombiniert werden. Man kann dafür einen Teil des Regals oder Arbeitstisches mit Luftpolsterfolie abteilen.

Heizkosten

Die Kosten der Heizung hängen davon ab, welche Mindesttemperatur während des Winters einzuhalten ist. Am günstigsten kommt ein frostfreies Gewächshaus mit einer Mindesttemperatur von 4°C. Es eignet sich zum Beispiel für Pelargonien, Fuchsien und Kakteen. Danach kommt das kühle Gewächshaus mit einer Mindesttemperatur von 7°C. Es ist ideal für *Cineraria* und Primeln. Ein temperiertes Gewächshaus hat eine Mindesttemperatur von 10°C. Hier lassen sich Begonien und Dahlien vorziehen. Mindestens 13°C werden für die Kultur von Kalthausorchideen benötigt. Ein warmes Gewächshaus mit einer Mindesttemperatur von 16°C ist die teuerste Variante und eignet sich für tropische Pflanzen.

PRAKTISCHE TIPPS

Frühjahrsputz im Gewächshaus

Bei der Anzucht junger Pflanzen im Frühjahr wirken sich Lichtdurchlässigkeit und Wärmedämmung entscheidend aus.

Entfernen Sie Moos und Algen in den Fugen zwischen den Glasscheiben mit einem stabilen Stecketikett und holen Sie Abfall aus Wasserrinnen. Damit genügend Licht einfallen kann, reinigen Sie das Glas von innen und außen mit einer Bürste und Seifenwasser. Decken Sie die Pflanzen im Gewächshaus ab, damit sie nicht durch Spritzwasser geschädigt werden. Achten Sie auf undichte Stellen, da es darunter zu stauender Nässe kommen kann, die wiederum zu Umfallkrankheit und Grauschimmel führt. Dichten Sie diese Stellen mit elastischem, transparentem Silikon ab.

Kontrollieren Sie elektrische Heizgeräte auf Rost und Stromleitungen auf Schäden. Wenn Sie nicht sicher sind, ob Leitungen und Schalter in Ordnung sind, lassen Sie die Geräte von einem Elektriker nachsehen. Kontrollieren Sie, ob alle Thermostate funktionieren.

An Türen und Lüftungsöffnungen kann es ziehen oder tropfen, außerdem dringt hier Frost nach innen und Hitze nach außen. Kontrollieren Sie die Dichtungsstreifen und ersetzen Sie den Gummi bei Bedarf. Ölen Sie die Scharniere. Türdichtungen zum Ankleben, wie es sie für Türen in der Wohnung gibt, ergeben gute, langlebige Dichtungen für Türen, Fenster und Lüftungsschlitze.

Waschen Sie die Regale und den Boden mit heißem Wasser und einem Haushaltsdesinfektionsmittel ab. So bilden sich weniger Moose und Algen und damit auch weniger Krankheitskeime.

GEWÄCHSHAUSPFLEGE

1

2

3

4

1 Abfall und Unkraut in den Fugen mit einem Stab oder einem Stecketikett aus Kunststoff entfernen. 2 Risse in Glasscheiben reparieren und neu isolieren. Glasstücke oder flexibles, transparentes Silikondichtmittel halten die Scheiben an Ort und Stelle. 3 Alle Heizgeräte, vor allem die Thermostate, prüfen. 4 Das gesamte Gewächshaus mit heißem Wasser und einem Haushaltsdesinfektionsmittel reinigen, bevor es für die nächste Saison in Betrieb genommen wird.

Siehe auch Moos und Algen bekämpfen, S. 196

Das Gewächshaus nicht überhitzen

Gewächshäuser und Wintergärten erhitzen sich von Frühjahr bis Frühherbst oft zu stark. Mäßigen Sie die Temperatur durch rechtzeitiges Lüften und Schattieren.

Gewächshäuser werden im Sommer oft zu heiß, und auch im Winter kann direkte Sonneneinstrahlung zu einer raschen Temperaturerhöhung führen. Pflanzenschäden in Form von blassen Trieben, welken oder verbrannten braunen Blättern treten, je nach Pflanze, bei 25–35°C auf. Im Tomatenanbau wird zum Beispiel sehr darauf geachtet, dass die Temperatur im Gewächshaus nicht über 30°C steigt. Daher kommt es sehr auf eine gute Belüftung an, damit heiße Luft aus dem Gewächshaus strömen kann; eine ausreichende Schattierung hält bereits einen Großteil der Sonnenhitze ab.

Lüften

Das Lüften ist besonders wichtig für ein gesundes Wachstumsklima. Dadurch strömt frische, kohlendioxidhaltige Luft in das Gewächshaus. In allzu stickiger Luft kann das Wachstum stocken.

Ein gut geplantes Gewächshaus oder ein Wintergarten hat Lüftungsöffnungen im Dach. Heiße Luft steigt von unten auf und strömt durch die Öffnungen nach außen. Falls die Klappen auf dem Dach die einzigen Lüftungsmöglichkeiten sind, sollte ihre Fläche mindestens ein Fünftel der Bodenfläche betragen.

Die Zirkulation von Luft im Gewächshaus wird verbessert, wenn auch die Wände Lüftungsöffnungen enthalten. Wo solche Schlitze oder Klappen eingebaut sind, genügt für die Dachlüftung ein Anteil von einem Sechstel der Bodenfläche.

Wand- und Dachlüftung lassen sich automatisch steuern. Wenn die Temperaturen am Abend sinken, schließt sich die Lüftung; der Innenraum hält so die Temperatur. Ausreichende Nachttemperaturen sind wichtig für eine gute Entwicklung der Pflanzen. Tomaten bilden zum Beispiel kaum Früchte, wenn die Temperatur unter 14°C fällt.

Starke Winde können die Lüftungsöffnungen beschädigen, wenn sie zu weit geöffnet sind, vor allem an der Windseite. Sind jedoch Schlitze in windabgewandter Richtung geöffnet, entsteht ein leichter Sog, der die Luftzirkulation verbessert. Ventilatoren sind nützlich, ihr Einsatz empfiehlt sich aber nur als Ergänzung zu Lüftungsklappen.

Abspritzen

Bei Hitze trocknet die Luft im Gewächshaus schnell aus. Werden der Boden und die Blätter der Pflanzen mit dem Schlauch abgespritzt, sinkt die Temperatur durch die entstehende Verdunstungskälte. Wird bei Hitze ein- bis zweimal täglich benässt, bleiben günstige Wachstumsbedingungen erhalten – wenn die Belüftung stimmt. Bei starker Sonne allerdings sollten Sie zwar den Boden und die Regale beim Gießen befeuchten, nicht aber die Pflanzen, da es durch den Brennglaseffekt leicht zu Verbrennungen kommt. Ein Gewächshaus mit gut gewässerten Pflanzen bleibt eher kühl.

Schattieren

Während der Sommermonate genügt die Belüftung nicht, um hohe Temperaturen zu vermeiden, somit braucht das Gewächshaus eine Schattiereinrichtung. Am effektivsten ist eine Rolljalousie außen an den Scheiben; sie hält die Sonne ab, bevor Wärmestrahlung in das Gewächshaus gelangt. Die Jalousie wird herabgelassen, wenn die Sonne scheint, und wieder heraufgezogen, wenn die Sonne verschwunden ist. Innenjalousien sind weniger wirksam. Ideal sind automatisch gesteuerte Jalousien, die aber ihr Geld kosten.

Preiswerter sind Schattiernetze, die innen oder außen angebracht werden. Allerdings sind sie schwieriger zu entfernen oder aufzurollen.

SCHUTZ VOR ÜBERHITZUNG

Schattierfarbe
Schattierfarbe ist nicht leicht aufzutragen, kostet aber wenig. Manche Präparate werden fast transparent, wenn sie nass sind.

Seitenlüftung
In Verbindung mit der Dachlüftung sorgen Schlitze an den Wänden für gute Luftzirkulation, sodass frische Luft durch das Gewächshaus strömen kann.

Siehe auch Spinnmilben bekämpfen, S. 197

PRAKTISCHE TIPPS

Alternativen zu Glas

Moderne Eindeckungen erreichen fast die Qualität von Glas.

Ein Folientunnel ist eine gute Alternative zu Glas.

Glas ist äußerst lichtdurchlässig, sodass Sonnenlicht in das Gewächshaus dringen kann und die Eindeckung gleichzeitig die Wärme im Innenraum bewahrt. Es ist allerdings auch teuer, brüchig und manchmal sogar gefährlich. Man kann auch Sicherheitsglas verwenden, doch dies ist ebenfalls teuer und schwer. Sicherheitsglas wird höchstens für Türen und für jene Flächen verwendet, an denen man beim Hantieren anstoßen könnte. Kunststoffmaterialien bieten gute Alternativen.

Stegdoppelplattern aus Polycarbonat sind teuer, lassen etwas weniger Licht durch und halten die Wärme recht gut. Im Laufe der Jahre wird das Material im Sonnenlicht brüchig und verkratzt leicht. Das feste, gut isolierende, ungefährliche und bruchsichere Material wirkt fast so gut wie Glas.

Einfache Polycarbonat-, PVC- oder Plexiglasplatten biegen sich, können sich lockern und fliegen bei starken Windböen davon. Sie isolieren weniger gut, sind dafür aber relativ preiswert.

Im Handel sind zudem robuste Folientunnel erhältlich. Die Folie ist mitunter so behandelt, dass sie fast wie Glas wirkt. Tunnels sind eine wirtschaftliche Alternative zum unbeheizten Gewächshaus.

PFLANZVORSCHLÄGE

Pflanzen für den Wintergarten

Ein beheizter Wintergarten bietet vielen Zierpflanzen ein Zuhause – je höher die Temperatur, desto exotischer darf es werden.

Ein beheizter Wintergarten – oder gar ein beheiztes Gewächshaus – bietet die Gelegenheit, eine Vielzahl seltener oder exotischer Pflanzen zu kultivieren. Damit eröffnen sich für den Hobbygärtner neue, interessante Welten. Besonders beliebt sind kühle und temperierte Wintergärten. Diese liegen für viele Hobbygärtner im Bereich des Möglichen, da die Heizung nicht zu teuer ist. Die Tabelle nennt dafür geeignete Pflanzen. ▷

PFLANZEN FÜR DEN KÜHLEN WINTERGARTEN

Kühle Wintergärten bzw. Gewächshäuser lassen sich mit moderatem Energieverbrauch betreiben und eignen sich für sehr viele verschiedene Pflanzen. Die Mindesttemperatur im Winter sollte 7°C betragen. Einige der hier genannten Pflanzen sind bedingt winterhart, manche würden mit Einschränkungen auch im Wohnzimmer gedeihen.

Kletterpflanzen

Aristolochia macrophylla
Bomarea caldasii 🏆
Cobaea scandens 🏆
Eccremocarpus scaber
Hoya carnosa 🏆 [1]
Jasminum polyanthum 🏆
Lapageria rosea 🏆
Mandevilla laxa 🏆
Pandorea jasminoides
Passiflora 'Amethyst' 🏆
Plumbago auriculata 🏆 [2]
Sollya heterophylla 🏆
Thunbergia alata
Tropaeolum tuberosum

Sträucher

Abutilon
Acacia dealbata 🏆
Bouvardia longiflora
Brugmansia suaveolens 🏆
Caesalpinia gilliesii
Callistemon citrinus 'Splendens' 🏆
Chamaerops humilis 🏆
Citrus
Clianthus puniceus 🏆
Cordyline australis 🏆 [3]
Dicksonia antarctica 🏆
Dodonaea viscosa
Erica canaliculata 🏆
Erythrina crista-galli
Eucalyptus globulus
Genista canariensis
Grevillea robusta 🏆
Lantana camara
Leptospermum
Nerium oleander
Pittosporum eugenioides 'Variegatum' 🏆
Senna corymbosa
Tibouchina urvilleana 🏆
Tweedia caerulea 🏆

Stauden und Zwiebelpflanzen

Agapanthus
Agave
Alstroemeria
Anigozanthos manglesii 🏆
Aspidistra elatior 🏆
Begonia grandis subsp. *evansiana* 🏆
Billbergia nutans
Calceolaria integrifolia 🏆
Campanula isophylla 🏆
Canna
Crinum moorei
Cyrtanthus elatus 🏆
Freesia
Geranium maderense 🏆
Gerbera
Hedychium coccineum 🏆
Lachenalia
Nerine sarniensis 🏆
Pelargonium
Salvia confertiflora
Salvia elegans 'Scarlet Pineapple'
Schizanthus
Strelitzia reginae 🏆
Veltheimia capensis 🏆
Watsonia
Zantedeschia aethiopica 'Green Goddess' 🏆 [4]

Siehe auch Bougainvilleen, S. 194; Kakteen und Sukkulenten, S. 195; Zimmerhibiskus, S. 196

PFLANZVORSCHLÄGE

DER TEMPERIERTE WINTERGARTEN

Die etwas höheren Temperaturen im mäßig warmen Wintergarten erweitern die Pflanzenauswahl gegenüber dem kühlen Wintergarten. Die Mindesttemperatur liegt bei 10–13°C.

Kletterpflanzen

Clerodendrum thomsoniae
Epipremnum aureum
Ficus pumila
Mandevilla splendens
Monstera deliciosa [1]
Passiflora quadrangularis [2]
Philodendron scandens
Rhodochiton atrosanguineus

Sträucher und Halbsträucher

Aphelandra squarrosa 'Louisae'
Brunfelsia pauciflora
x *Citrofortunella microcarpa*
Gardenia jasminoides
Justicia brandegeeana
Pachystachys lutea [3]
Pilea cadierei

Stauden und Zwiebelpflanzen

Aechmea fasciata
Asplenium nidus [4]
Ensete ventricosum
Hymenocallis 'Sulphur Queen'
Musa acuminata 'Dwarf Cavendish'
Platycerium bifurcatum
Ruellia makoyana

Siehe auch Zimmerhibiskus, S. 196

TECHNIKEN

Bougainvilleen kultivieren

Diese Kletterpflanzen aus den Tropen und Subtropen Südamerikas entwickeln farbenfrohe, blütenähnliche Hochblätter.

Es sind zwei Arten und eine Hybride in Kultur: *Bougainvillea glabra, B. spectabilis* und *B.* x *buttiana*, von denen es zahlreiche Kultursorten gibt. Im Mittelmeerraum kann *B. spectabilis* bis zu 10 m hoch werden, auch *B. glabra* erreicht 7 m Höhe. In der Topfkultur oder im Grundbeet ausgepflanzt vertragen Bougainvilleen etwas Enge und können in Kübeln 1,5–2 m hoch werden.

Bougainvillea 'Miss Manila'

Standort und Temperatur

Ein heller, sonniger Platz ist wichtig, er sollte aber vor der größten Sommerhitze etwas geschützt sein. Bougainvilleen passen in kühle und temperierte Wintergärten oder Gewächshäuser, wo es im Winter mindestens 7°C–10°C warm ist.

Düngen und Gießen

Gießen Sie im Sommer reichlich, lassen Sie das Substrat aber ab Ende September zwischen den Wassergaben stärker austrocknen. Ab dem Spätherbst halten Sie es eher trocken und gießen nur gelegentlich, aber gründlich. Mit zunehmender Tageslänge wird ab März wieder normal gegossen, bei Bedarf wird umgetopft. An sonnigen Tagen sollten Sie für reichlich Luftfeuchtigkeit sorgen, damit die Knospen sich öffnen.

Ab Mitte Frühjahr, wenn die Pflanzen kräftig wachsen, wird wöchentlich ein stickstoffreicher Flüssigdünger gegeben. Sobald die Hochblätter ihre Farbe entwickeln, geht man zu einem ausgewogenen Flüssigdünger über.

Wenn die Hochblätter abgefallen sind, wird wieder stickstoffbetont gedüngt. Die meisten Bougainvilleen bilden noch einmal Blüten mit Hochblättern. Wenn diese sich färben, wird wieder mit kali- und phorphorhaltigem Blütendünger gedüngt. Im Anschluss an die Blüte, spätestens im Frühherbst, wird die Düngung eingestellt. Sie setzt erst im folgenden Frühjahr wieder ein.

Schnitt und Erziehung

Im Frühjahr sollte man kräftig wachsende Seitentriebe seitwärts an einem Rankgerüst erziehen. Diese Maßnahme dämpft den Saftdruck und bremst den Wuchs; dadurch wird die Bildung der Hochblätter gefördert. Wenn die Hochblätter abgefallen sind, kürzt man lange Triebe um die Hälfte. Die diesjährigen Triebe schneidet man im Herbst, nach Ende der Blühphase, auf 2,5 cm lange Stummel zurück.

Schnitt: Im Herbst die diesjährigen Triebe auf 2,5 cm kürzen

Siehe auch Das Gewächshaus heizen, S. 190-191

Erfolg mit Kakteen und Sukkulenten

Kakteen und andere Sukkulenten sind pflegeleicht; sie bringen erstaunliche Blüten hervor, sofern die Kulturbedingungen ihren Ansprüchen entsprechen.

In der Natur wachsen Kakteen und Sukkulenten in trockenen Gebieten, aber auch im Regenwaldklima. Die Wüstenarten entwickeln sich bei geringer Feuchtigkeit, trockener Luft, heller Sonne, guter Dränage und hohen Temperaturen. Die Waldarten sind in der Regel Epiphyten; sie wachsen auf den Ästen der Bäume im Halbschatten bei hoher Luftfeuchtigkeit und weisen flache, blattähnliche Triebe auf.

MIT KAKTEEN ARBEITEN

Manche Kakteenarten haben scharfe Stacheln, was die Arbeit mit diesen Pflanzen schmerzhaft macht. Mit einem Pappstreifen kann man die Hände vor den Stacheln schützen – und diese werden nicht so leicht zerdrückt.

Substrat

Wüstenkakteen (und andere Sukkulenten) brauchen ein durchlässiges Substrat, etwa eine Mischung aus 1 oder 2 Teilen Lehm (am besten sterilisiert), 1 Teil Laubkompost (bzw. Torf oder Torfersatz), 1 Teil Quarzsand und einer Prise Langzeitdünger. Stattdessen können Sie auch handelsübliche Kakteenerde oder ein tonhaltiges Topfsubstrat verwenden – sofern noch Splitt oder Feinkies zugemischt wird. Das Substrat für Waldkakteen sollte frei sein von Lehm oder Ton.

Standort

Stellen Sie Wüstenkakteen und andere Sukkulenten das ganze Jahr über auf eine sonnige Fensterbank; volle Sonne ist nicht unbedingt nötig. Waldkakteen wie *Rhipsalis* wollen es hell, aber abseits der prallen Sonne. Im Winter sollten Kakteen einen kühlen Platz mit mindestens 8–10°C haben, damit sie eine Ruhephase einlegen können.

Gießen und Düngen

Die meisten Kakteen und Sukkulenten sollte man ab April und den Sommer über reichlich gießen; überschüssiges Wasser muss aber immer ablaufen können und darf nie im Untersetzer stehen. Bis zum nächsten Gießen darf das Substrat etwas austrocknen, es muss nicht ständig feucht sein.

Ab dem Frühherbst wird das Gießen auf ein Minimum reduziert, sodass die Pflanze eine Zeit lang nicht oder kaum wächst. Lassen Sie das Substrat praktisch austrocknen, bevor Sie wieder schwach gießen. Viele Wüstenkakteen kommen von Spätherbst bis Februar ohne Wassergaben aus. Manche Kakteen wie *Schlumbergera* (Weihnachtskaktus) wachsen und blühen im Winter und brauchen dann mehr Wärme und regelmäßige Wassergaben; sie ruhen dagegen im Sommer. Lauwarmes Regenwasser ist Leitungswasser vorziehen.

BLÜTE

Viele Kakteen und Sukkulenten brauchen eine Ruhezeit, damit sie blühen. Einige blühen im Frühjahr und ruhen im Winter, manche Sukkulenten aus Südafrika blühen im Spätherbst nach der Regenzeit und brauchen daher im Sommer eine Ruhephase. Genauer informieren darüber die zahlreichen Fachbücher.

KAKTEEN UMTOPFEN

1 Wird der Topf zu eng, werden die Pflanzen im Frühjahr in den nächstgrößeren gesetzt. Ein Topf in der Größe des alten wird in den neuen Topf gestellt. 2 Rund um den kleineren Topf Substrat auffüllen und andrücken. 3 Das Substrat anfeuchten, dann den Kaktus vorsichtig aus dem alten Topf gleiten lassen. 4 Den kleineren Topf aus dem neuen nehmen und den Kaktus sorgfältig auf die gleiche Tiefe wie vorher setzen. Bei Bedarf mit Substrat auffüllen, gut andrücken und mit einer Kiesschicht bedecken.

Siehe auch Pflanzen für den Wintergarten, S. 193–194

TECHNIKEN

Zimmerhibiskus

Der Zimmerhibiskus erfreut sich mit seinen vielen Sorten in leuchtenden Farben seit ehedem großer Beliebtheit.

Der Chinesische Roseneibisch *(Hibiscus rosa-sinensis)* ist ein Strauch, der in den Tropen und Subtropen 5 m hoch werden kann. Als nicht winterharte Pflanze wird er in Europa als Topfpflanze oder als Einzelgehölz im temperierten Gewächshaus oder Wintergarten kultiviert; dort kann er 1,8 m und mehr erreichen.

Kulturbedingungen

Hibiskus gedeiht in der Regel besser in feuchter Gewächshausluft als in Räumen mit Zentralheizung, wo die Tag- und Nachttemperaturen die meiste Zeit des Jahres stark schwanken. Die Mindesttemperatur liegt bei 10°C.

In der Wohnung sollte die Pflanze einen hellen, sonnigen Platz bekommen, aber abseits der prallen Sommersonne. Im Winter ist ein helles, sonniges Südfenster ideal. In der feuchteren Gewächshaus-Atmosphäre braucht die Pflanze helles Licht, aber Schutz vor direkter Mittagssonne und ab 21°C gute Belüftung.

Im Gewächshaus wächst und blüht die Pflanze bis in den Winter, in der Wohnung hingegen, bei niedrigen Nachttemperaturen und wenig Licht, hört sie oft auf zu blühen und lässt die Blütenknospen fallen. Im Frühjahr und Sommer wird reichlich, im Winter hingegen sparsam gegossen. Stehen die Pflanzen im Winter kühl, halten sie eine Winterruhe und verlieren einen Teil der Blätter.

Schneiden und Umtopfen

Kürzen Sie jährlich im Spätwinter oder zeitigen Frühjahr die längeren Triebe des Vorjahres. Schneiden Sie die Triebe wüchsiger Pflanzen etwa 5–8 cm über dem Ansatz ab. So entwickelt die Pflanze ein Gerüst, an dem sich neue Blütentriebe entwickeln können. Entfernen Sie nötigenfalls schwache, wenig wüchsige Triebe oder dünnen Sie zu dicht stehende Triebe aus. Kürzen Sie die Triebe um höchstens ein Drittel, wenn die Pflanze größer werden soll. Entfernen Sie die Triebspitzen junger Pflanzen, damit sie sich schön buschig entwickeln.

Topfen Sie die Pflanzen vor dem Schnitt nach Bedarf um, lockern Sie beengte Wurzeln und entfernen Sie einen Teil des alten Substrates. Verwenden Sie immer ein Substrat mit gleicher Zusammensetzung. Ist die Pflanze etwa 6–8 Wochen nach dem Umtopfen gut angewachsen, wird wöchentlich über das Gießwasser ein Volldünger verabreicht.

Zimmerhibiskus
Der Chinesische Roseneibisch *(Hibiscus rosa-sinensis)* blüht schon als kleine Pflanze üppig in leuchtenden Farben.

Siehe auch Das Gewächshaus heizen, S. 190; Pflanzen für den Wintergarten, S. 193

PRAKTISCHE TIPPS

Moos & Algen bekämpfen

Beläge aus Moos und Algen stören das Wachstum der Keimlinge.

Das Problem lässt sich beseitigen, indem Sie Regenrinnen und Wassertanks sauber halten und Behälter mit Regenwasser mit geeigneten Deckeln verschließen. Wenn Moos und Algen an Flächen im Inneren des Gewächshauses immer wieder auftreten, sollten Sie versuchen, den Luftaustausch zu verbessern.

Algen und Moos entstehen auch, wenn Töpfe und Anzuchtschalen vor der Verwendung nicht gründlich gereinigt wurden, oder wenn Samen und Anzuchterde nicht sterilisiert sind. Moos und Algen gedeihen auch, wenn Pflanzen zu fest eingetopft wurden (vor allem bei reinem Torfsubstrat). Durch die entstandene Verdichtung bleibt die Oberfläche dann ständig feucht.

Wenn die Pflanzen längere Zeit im Topf bleiben sollen, streut man am besten die Substratoberfläche mit Splitt ab, damit sich kein Bewuchs bildet. Vorteilhaft erweist sich dies bei Töpfen mit langsam keimenden Gehölzsamen oder bei Sämlingen von Zwiebelpflanzen, etwa Lilien, die 1 oder 2 Jahre im Topf bleiben, bevor sie groß genug sind zum Auspflanzen.

Reinigen Sie das Gewächshaus und Ihre Geräte mindestens einmal im Jahr sorgfältig, am besten im Winter, bevor die Frühjahrsarbeit beginnt. Putzen Sie das Gewächshaus innen und außen gründlich, ebenso die Regale und gebrauchten Töpfe. Anzuchtschalen kann man mit einer geeigneten Desinfektionslösung spülen.

Beläge in Zisternen, Regenwassertonnen und Wassertanks von Balkonkästen werden mit einem speziellen Reinigungsmittel aus dem Gartencenter oder Baumarkt entfernt. Groben Bewuchs müssen Sie erst mit einer rauen Bürste wegschrubben. Frisches Wasser sollten Sie nur in ein gründlich gereinigtes Fass einfüllen.

Siehe auch Frühjahrsputz im Gewächshaus, S. 191

Algen bilden einen Belag auf dem Glas.

Algenbelag überzieht alte Tontöpfe.

SCHUTZ VOR MOOS & ALGEN

- Kaufen Sie nur gut gepflegte Pflanzen, auf deren Substrat nicht schon Moose und Algen wachsen.
- Hygiene ist wichtig. Reinigen Sie Saatschalen und Töpfe gleich nach Gebrauch.
- Achten Sie im Gewächshaus auf eine gute Lüftung.

Spinnmilben bekämpfen

Spinnmilben saugen an vielen Pflanzen im Zimmer oder im Gewächshaus; sie vermehren sich explosionsartig unter warmen, trockenen Bedingungen.

Die kugelförmigen Eier, Larven und erwachsenen Tiere der Gewöhnlichen Spinnmilbe oder Roten Spinne *(Tetranychus urticae)* finden sich meist an der Unterseite der Blätter. Adulte Milben sind kürzer als 1 mm und gelblich grün mit einer dunkleren Zeichnung am Kopf, manchmal auch ganz schwarz. Im Herbst und Winter werden die überwinternden Milben orangerot.

Wärme und Trockenheit bekommen der Spinnmilbe gut, sie kann dann einen Lebenszyklus in nur 7 Tagen vollenden. In unbeheizten Gewächshäusern überwintern nicht saugende erwachsene Milben, die ab dem zeitigen Frühjahr wieder zu saugen beginnen. In Warmhäusern bleiben sie oft das ganze Jahr über aktiv.

Symptome

Eine feine, fleckige Verfärbung entsteht auf der Blattoberfläche. Bei starkem Befall trocknen die Blätter aus und fallen vorzeitig ab. Zwischen den Blättern bildet sich ein feines Gespinst.

Bekämpfung

Spezielle Akarizide wirken gegen Milben. Insektizide mit dem Wirkstoff Bifenthrin eignen sich, doch die Spinnmilben sind dagegen mitunter resistent. Gegen organische Spritzmittel wie Pflanzenöle oder Fettsäuren baut sich weniger leicht eine Resistenz auf. Diese Mittel müssen jedoch häufiger eingesetzt werden, um zur richtigen Zeit in den Entwicklungzyklus der Milben einzugreifen.

Eine wirksame alternative Bekämpfungsmethode ist der Einsatz der Raubmilbe *Phytoseiulus persimilis*. Man erhält sie über den Versandhandel für einen Einsatzzeitraum von März bis Oktober. Damit sie sich wirksam ausbreiten kann, braucht sie Tagestemperaturen von mindestens 21°C. Die Nützlinge müssen ausgebracht werden, bevor der Schädlingsbefall zu stark wird.

FEUCHTES KLIMA

Manche Insektizide wirken für Nützlinge bis zu 10 Wochen lang schädlich; verzichten Sie also vor dem Einsatz von Raubinsekten auf synthetische Pflanzenschutzmittel. Spritzen Sie bei warmen Temperaturen Wege und Wände im Gewächshaus ab und besprühen Sie die Blätter von unten mit Wasser.

Schaden durch Spinnmilben
Die Gewöhnliche Spinnmilbe saugt unten an den Blättern und verursacht feine, helle Flecken an der Oberseite. Manchmal fallen die Blätter ab.

Siehe auch Nützlinge einsetzen, S. 40–41

PFLANZENPROBLEME

Schmierläuse bekämpfen

Diese saugenden Insekten schwächen die Pflanzen.

Verschiedene Schmierläuse *(Pseudococcus-* und *Planococcus*-Arten*)* befallen die unterschiedlichsten Gewächshaus- und Zimmerpflanzen. Die Insekten haben einen weichen, grauweißen, ovalen Körper von bis zu 3–4 mm Länge.

Symptome

Schmierläuse saugen an den Pflanzenzellen. Gelegentlich sitzen sie an Blättern, bevorzugen aber meist besser geschützte Plätze, etwa in Blattachseln. Sie sind oft mit einer flockigen, weißen Substanz bedeckt, weshalb nicht selten der Verdacht einer Pilzkrankheit aufkommt. Stark befallene Pflanzen sind weniger wüchsig und werden häufig von Rußtaupilzen überzogen, die sich auf den zuckerhaltigen Ausscheidungen der Schmierläuse ansiedeln.

Bekämpfung

Als Nützling ist der Australische Marienkäfer *Cryptolaemus motrouzieri* im Versandhandel erhältlich. Er braucht zu seiner Entwicklung Wärme und viel Licht und ist nur im Sommer aktiv. Die Pflanzen dürfen dann aber nicht mit chemischen Pflanzenschutzmitteln behandelt sein. Bei einem starken Befall kann man in den Wintermonaten Zierpflanzen mit Imidacloprid oder einem Pyrethrum-Mittel spriten; schonender sind geeignete Fettsäuren oder Pflanzenöle.

Nützlinge und Insektizide senken den Befall mit Schmierläusen, die an oberirdischen Pflanzenteilen leben; sie richten kaum etwas aus gegen Arten, die an den Wurzeln saugen. Bei einem Befall durch Wurzelläuse *(Rhizoecus-*Arten*)* kann man versuchen, aus Stecklingen neue, gesunde Pflanzen heranzuziehen. Angießen mit Imidacloprid-Lösung kann den Befall reduzieren.

Siehe auch Nützlinge einsetzen, S. 40–41

PFLANZENPROBLEME

Schildläuse

Insektizide wirken nur gegen junge Schildläuse.

Schildläuse sind saugende Insekten, die die Blätter und Stängel vieler Gewächshaus- und Zimmerpflanzen befallen. Sie sitzen unbeweglich unter harten Schilden, nur die neu geschlüpften Larven krabbeln umher und suchen sich einen geeigneten Futterplatz.

An Gewächshaus- und Zimmerpflanzen finden sich verschiedene Schildlausarten. Die Weiche Schildlaus *(Coccus hesperidum)* hat einen gelbbraunen, flachen, ovalen, 3–4 mm langen Schild. Die Oleanderschildlaus *(Aspidiotus nerii)* ist ein flaches, rundliches, weißlich braunes Insekt von 2 mm Breite und scheidet keinen Honigtau aus. Die Halbkugelige Napfschildlaus *(Saissetia coffeae)* hat einen tiefbraunen, halbkugeligen Schild, der bis zu 4 mm breit wird.

Symptome

Manche Schildläuse sondern eine zuckrige Flüssigkeit, den Honigtau, ab, der die Blätter klebrig macht und die Bildung von Rußtau fördert. Schwerer Befall reduziert die Wuchskraft der Pflanzen und sie können absterben.

Bekämpfung

Als frisch geschlüpfte Larven sind Schildläuse besonders anfällig für Insektizide wie Pyrethrum, Imidacloprid bzw. Fettsäuren und Pflanzenöle bei Nutzpflanzen. Spritzungen müssen mehrmals im Abstand von 7 Tagen wiederholt werden.

Schildläuse an Farnwedeln

Siehe auch Pflanzenschutzmittel, S. 37–38

PFLANZENPROBLEME

Weiße Fliege

Dieser Gewächshausschädling lässt sich gut mit Nützlingen bekämpfen.

Die Weiße Fliege ist weit verbreitet.

Die Weiße Fliege oder Mottenschildlaus *(Trialeurodes vaporariorum)* vermehrt sich das ganze Jahr über an Zimmerpflanzen und im Gewächshaus. Ausgewachsen ist sie 2 mm lang, hat weiße Flügel und fliegt sofort auf, sobald die befallene Pflanze berührt wird. Ausgewachsene Tiere wie auch die unbeweglichen, weißlich grünen, ovalen, schildlausähnlichen Larven saugen an der Unterseite der Blätter.

Symptome

Der zuckrige Honigtau macht die Blätter klebrig und fördert die Bildung von Rußtau. Starker Befall schwächt die Pflanzen.

Bekämpfung

Spritzungen mit Imidacloprid, Bifenthrin, Pyrethrum, Fettsäuren oder Pflanzenölen drängen einen vorhandenen Befall zurück. Achten Sie bei Nutzpflanzen darauf, ob das Pflanzenschutzmittel eine amtliche Zulassung hat und gehen Sie exakt nach Anweisung vor. Nützlinge wirken am besten von April bis September; Bewährt hat sich die Schlupfwespe *Encarsia formosa*.

Siehe auch Nützlinge einsetzen, S. 40–41

OBST &
GEMÜSE

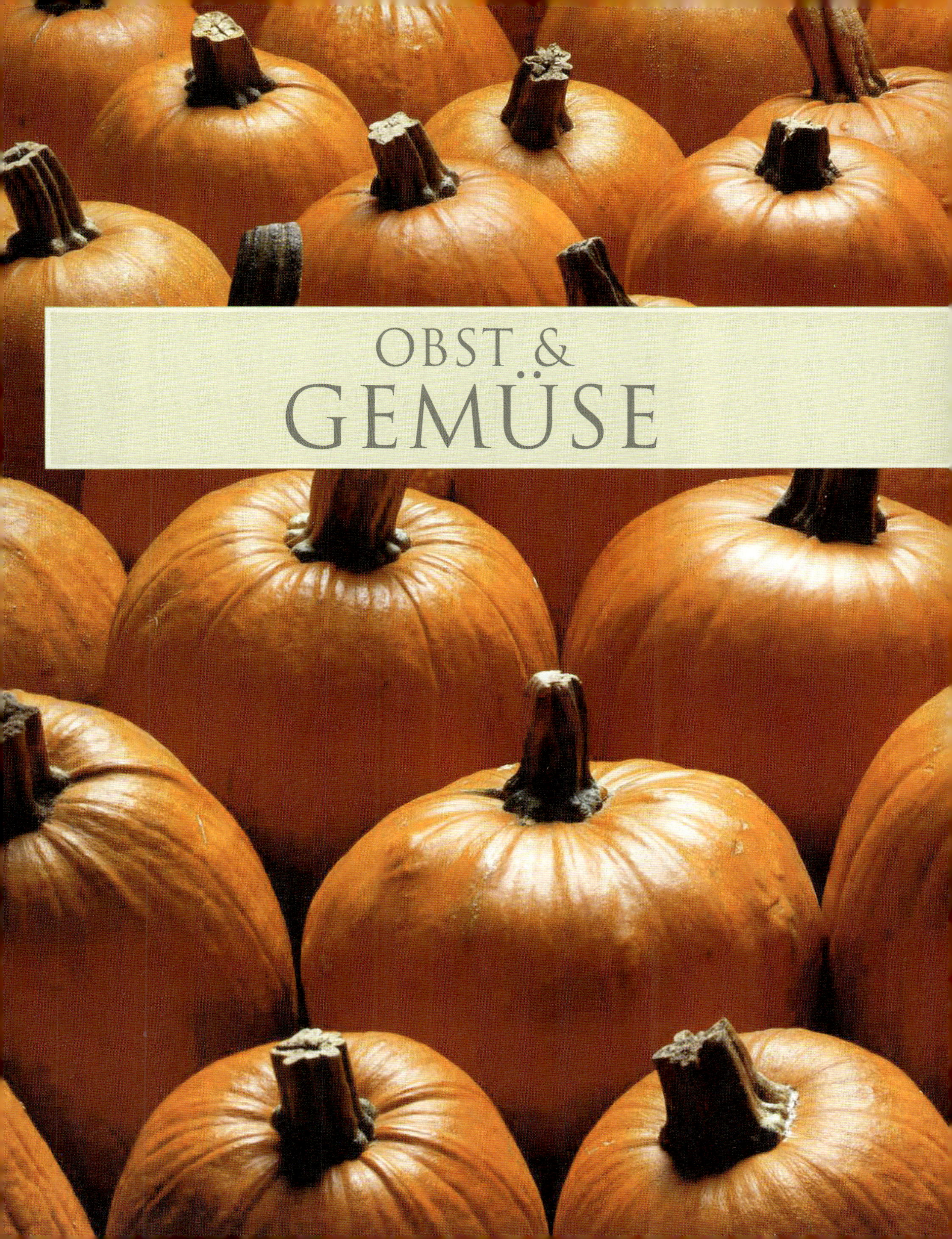

Gemüsekultur ohne Chemie

Es braucht keine Chemikalien, um Unkraut zu bekämpfen, Schädlinge abzuwehren oder um die Bodenfruchtbarkeit zu erhalten: alternative Methoden bringen beste Ergebnisse.

Was den vorbeugenden Pflanzenschutz betrifft, gilt für Gemüse das Gleiche wie für Zierpflanzen (siehe S. 36). In einem chemiefreien Gemüsegarten können erstaunlich gesunde Pflanzen heranreifen, sodass Sie nur gelegentlich eingreifen müssen, um die schlimmsten Probleme zu beseitigen. Und manche Schädlinge und Krankheiten lassen sich auch mit Chemie kaum bekämpfen.

Bodenbearbeitung

Die Pflanzen brauchen offenen Boden und eine gleichmäßige Nährstoffversorgung. Vieles hängt daher von der Bodenfruchtbarkeit ab. Holländern (siehe S. 258) lockert den Boden, sodass die Wurzeln aus einer größeren Fläche Nährstoffe und Feuchtigkeit aufnehmen. Durch das Umgraben im Herbst verschwinden Unkräuter unter der Erde und liefern organische Substanz nach.

Arbeiten Sie beim Umgraben gleich Gartenkompost oder Stallmist in den Boden ein, um die Stellen gut versorgt zu wissen, wo Kohlpflanzen, Feuerbohnen, Zwiebeln, Lauch, Kartoffeln oder Sellerie wachsen sollen. Wenn Sie eine gewisse Fruchtfolge einhalten, wird die ganze Fläche regelmäßig mit bis zu 6 kg Dung pro Quadratmeter gedüngt. Um Auswaschungsverluste während der Wintermonate auszugleichen, wird im Frühjahr mit Kompost gemulcht.

Bei reichlich organischer Substanz entsteht feinkrümelige Erde zum Säen und Pflanzen. Geben Sie vor dem Säen oder Pflanzen etwas Hornmehl. Starkzehrer wie Kartoffeln, Kohl, Sellerie und Feuerbohnen sollten zwei Hand voll pro Quadratmeter bekommen, andere Gemüse eine Hand voll. Erbsen und Ackerbohnen werden nicht gedüngt. Setzen Sie Kartoffeln flach und decken Sie das Beet mit einer dicken Kompostschicht ab, die den Boden feucht hält, Nährstoffe liefert und das Anhäufeln überflüssig macht.

Mit einem solchen Vorrat an organischer Substanz wird meist kein weiterer Dünger während der Saison benötigt; bei Bedarf können Sie Algenkalk streuen. Breiten Sie Kompost auf abgeernteten

Dungzufuhr verbessert die Bodenqualität.

Gemüse unter Netzen
Bodenpflege, Kontrolle der wachsenden Pflanzen und der Einsatz von Netzen gegen Insekten ersetzen den Einsatz von synthetischen Pflanzenschutzmitteln.

RESISTENTES GEMÜSE

- **Buschbohne 'Speedy'**🏆, gegen Brenn- und Fettfleckenkrankheit
- **Chinakohl 'Yuki F1'**🏆, gegen Kohlhernie
- **Eissalat 'Barcelona'**🏆, gegen Grüne Salatblattlaus und Falschen Mehltau
- **Kohlrabi 'Printako'**🏆, gegen Falschen Mehltau
- **Kopfsalat 'Fiorella'**🏆, gegen Salatblattlaus
- **Markerbse 'Slim'**🏆, gegen Echten Mehltau
- **Möhre 'Flyaway'**🏆, gegen Möhrenfliege
- **Pastinake 'Gladiator'**🏆, gegen Pastinakenkrebs
- **Schnittsalat 'Amazona' (rot) und 'Krizet'**🏆, gegen Falschen Mehltau
- **Stangenbohne 'Dynamite' und 'Tamara'**🏆, gegen Brennfleckenkrankheit, **'Fidel' und 'Marga'**🏆, gegen Bohnenrost

Siehe auch Was ist biologischer Gartenbau?, S. 254–255; Düngen – mit Maß und zur rechten Zeit, S. 267; Erfolgreich kompostieren, S. 271

Flächen aus und arbeiten Sie ihn vor der Aussaat oder Pflanzung gut ein. Bei diesem Vorgehen zeigen die Pflanzen selten Mangelerscheinungen. Zu mastige Triebe sind eher ein Problem, da die Nährstoffe in organischen Düngern weniger löslich sind als in anorganischen, daher wirkt ein Überangebot länger nach.

Fruchtfolge

Eine traditionelle dreijährige Fruchtfolge (siehe S. 210) sorgt dafür, dass jedes Jahr ein anderes Gemüse auf einer bestimmten Fläche wächst und zwischen verwandten Pflanzen 2 Jahre Pause liegen. Fruchtfolgen werden häufig als unwichtig und unpraktisch für kleine Gärten abgetan; dabei verzögert eine Fruchtfolge den Ausbruch von Bodenkrankheiten und sie wirken sich weniger verheerend aus. Auch in einem kleinen Garten ermöglicht es eine Fruchtfolge, unterschiedlichstes Gemüse anzubauen.

Unkraut und Krankheiten bekämpfen

Die chemiefreie Version des »sauberen« Saatbetts reduziert das Jäten während des Wachstums. Bereiten Sie die Beete vor der Pflanzung gut vor und hacken Sie alle bereits vorhandenen Unkräuter ab. Wenn Sie das Gemüse auspflanzen, haben die meisten Unkräuter schon gekeimt und wurden bereits entfernt.

Wüchsige Sorten überwachsen aus eigener Kraft Krankheiten und sie beziehen Nährstoffe aus einem großen Bodenvolumen. Moderne F_1-Hybriden erfüllen diese Anforderungen oft am besten, vor allem bei Möhren, Pastinaken und Kohlpflanzen. Ist der Boden mit Krankheiten wie der Kohlhernie belastet, sollten Sie vorerst nur resistente Sorten verwenden. Reichlich organische Substanz bietet vielen Organismen einen Lebensraum, die Gegenspieler sind zu Schädlingen und Krankheiten.

Schädlinge bekämpfen

Barrieren wie Vlies und Netz helfen gegen manche Schädlinge. Vlies ist ein feines Gewebe, das über die Pflanzen gezogen und am Rand im Boden befestigt wird. Häufig dient es als Schutz gegen Kälte und Wind (siehe S. 202). Insekten können nicht durch das Gewebe dringen, daher sind die Pflanzen darunter sicher vor Möhrenfliege, Kohlfliege und Blattläusen; Unkraut und Schnecken hingegen gedeihen hier gut. Die Temperaturen unter dem Vlies können bei Hitze bedenklich hoch werden, daher ist es vor allem im kühlen Frühjahr nützlich.

Hacken beseitigt keimendes Unkraut.

Insektenschutznetze eignen sich ebenfalls, um Schädlinge von Gemüse fernzuhalten. Netze lassen die Wärme besser durch als Vlies, deshalb kommt es seltener zu Überhitzung. Dafür sind die Netze schwerer und müssen gestützt werden.

Vlies oder Netz schützt Möhren vor der Möhrenfliege, Pappmanschetten eignen sich hierfür aber besser (siehe S. 205). Oder aber man wählt gleich resistente Möhrensorten. Die Kohlfliege lässt sich von dicht gepflanztem Gemüse wie Rettich oder Chinakohl fernhalten, wenn ein Netz oder Vlies über das Beet gespannt wird. Pappkragen um den Spross eignen sich besser für weiter gepflanzte und höhere Arten wie Blumen- und Rosenkohl.

Auch eine biologische Schädlingsbekämpfung durch Fressfeinde und Parasiten ist im Gemüsegarten möglich (siehe S. 40–41). Treten Blattläuse oder Weiße Fliege im Übermaß auf, können gelegentlich Pflanzenschutzmittel auf natürlicher Basis notwendig werden – allerdings schaden auch sie den nützlichen Insekten. Ein schwerer Befall wird im Hausgarten oft allein dadurch vermieden, dass man auf schwere chemische Geschütze verzichtet, denn die vorhandenen natürlichen Feinde halten die meisten Schädlinge in Schach.

Eine Manschette aus wachsbeschichteter Pappe schützt Möhren vor der Möhrenfliege.

TECHNIKEN

Vlies bei Frühgemüse

Vlies schafft gute Bedingungen für eine frühere Ernte.

Das feine Vliesgewebe schützt Pflanzen vor Wind und Kälte; durch die Abdeckung erhöht sich die Luft- und Bodentemperatur leicht, dadurch entwickeln sich die Pflanzen zügiger als ohne Schutz. Wird das Vlies gut im Boden verankert, verhindert es, dass Schädlinge wie die Möhrenfliege ihre Eier an den Pflanzen ablegen.

Da Vlies Wasser und Luft durchlässt, reduziert es den Wasserbedarf und es erlaubt, dass Luft um die Kulturen zirkuliert. Die Pflanzen werden robuster und weniger anfällig für Krankheiten. Bei sorgfältigem Umgang kann das Vlies mehrfach verwendet werden.

Das durchlässige Vlies erwärmt den Boden nicht so stark wie Kunststoffhauben oder schwarze Mulchfolie. Bei Nässe kann es zudem fest anliegen, sodass die Keimung erschwert wird.

Vlies über frühem Salat

VERWENDUNG

- zum Verlängern der Wachstumsperiode, um die Fläche optimal zu nutzen,
- zur Förderung von wärmebedürftigem Gemüse wie Paprika,
- zur Ernte zarterer Blätter von Gemüse, das im Winter leicht hart wird, wie Spinat oder Endivien.

PFLANZVORSCHLÄGE

Schnitt- und Pflücksalate

Von Blattgemüse wie Spinat und Salatarten können Sie mehrmals zarte junge Blätter ernten.

Blattgemüse wird meist in Form von reifen Köpfen oder Herzen geerntet, Sie können aber auch mehrmals die zarten jungen Blätter abschneiden. So erhalten Sie mehrere Ernten aus einer Aussaat, da die Blätter vom Ansatz her nachwachsen. Diese Art der Kultur braucht wenig Platz und eignet sich für den kleinsten Garten. Im Herbst und Winter, oder wenn Sie wenig Platz haben, können Sie im Gewächshaus oder auf einer hellen Fensterbank aus Gefäßen oder Kultursäcken ernten.

Gießen Sie trockenen Boden vor der Aussaat und lassen Sie das Wasser einsickern. Da die Pflanzen jung geerntet werden, wird eng mit nur 1 cm Abstand bei 10–15 cm Reihenabstand gesät. Bei einer breitwürfigen Aussaat könnte das Jäten schwierig werden. Manche Samen werden besser nicht gemischt, da die Pflanzen unterschiedlich schnell wachsen. Decken Sie die Aussaaten mit Vlies ab.

Meist wird bereits geerntet, bevor sich die Schnecken vermehren, daher braucht es außer Wassergaben keine weitere Pflege. Sobald die Blätter groß genug sind, kann man sie mit der Schere etwa 2,5 cm über dem Boden abschneiden. Das geschieht am besten morgens, bevor es richtig heiß wird.

1

2

3

BLATTGEMÜSE

Amaranth (Gänsefuß)	Mizuna 1
Blattsellerie	Pak Choi 3
Chicoree	Rettichblätter
Chinakohl	Rote Bete
Endivie	Sauerampfer
Feldsalat	Senf 2
Gartenkresse	Spinat
Grünkohl	Stielmus
Kopfsalat	Tatsoi
Koriander	
Mangold	

Siehe auch Junge Salate, S. 218–219

PRAKTISCHE TIPPS

Gemüse gießen

Wasser ist wichtig für Gemüse, vor allem zu bestimmten Zeitpunkten wie nach der Aussaat oder dem Pflanzen.

Zum Gießen zwischen den Reihen ist ein Sprühaufsatz an einem starren Rohr ideal.

Vor der Aussaat wird der Boden erst gründlich bewässert, denn das Wasser soll gut einsickern. Oder Sie lassen 1 Liter Wasser auf 30 cm in die Saatrillen tröpfeln. Säen Sie auf den feuchten Boden und decken Sie die Samen mit trockener Erde ab. Gießen Sie nicht nach der Aussaat, denn dadurch verschlämmt der Boden leicht. Versorgen Sie für junge Setzlinge den Boden vor und nach der Pflanzung mit Wasser, gießen Sie dann nochmals nach einigen Tagen. Werden die Pflanzen vor dem Auspflanzen nicht gegossen, machen Sie das Pflanzloch groß genug für die Wurzeln, setzen die Pflanze hinein und wässern mit 1 bis 3 Litern Wasser.

Gießen Sie anschließend bei Trockenheit alle 7–10 Tage 20 Liter pro Quadratmeter, sodass der Boden bis in 25 cm Tiefe befeuchtet wird.

Wirksam gießen

Zucchini, Gurken und Feuerbohnen haben eine lange Blütezeit und müssen häufig gegossen werden, damit sie gut gedeihen. Blattgemüse wie Spinat und Sellerie bilden mehr und bessere Blätter und schießen weniger leicht, wenn sie ständig feucht gehalten werden.

In anderen Fällen ist das Gießen vor allem in bestimmten Wachstumsstadien wichtig. Kohl, Blumenkohl und Kopfsalat gedeihen gut, wenn sie 2–3 Wochen vor der Ernte gründlich gewässert werden. Rosenkohl braucht ausreichend Wasser, wenn sich die Röschen bilden. Leguminosen und Zuckermais sollten Sie zu Beginn der Blüte und wenn sich die Samen bilden gründlich wässern. Wassergaben zu anderen Zeiten fördern die Blattbildung, nicht den Ertrag.

Zwiebeln reagieren kaum auf Bewässerung. Wurzelgemüse braucht weniger Wasser als anderes, profitiert aber dennoch von gelegentlichem Gießen; bei unregelmäßiger Wasserversorgung reißen die Wurzeln auf (siehe S. 207). Kartoffeln gedeihen am besten bei guter Wasserversorgung.

Siehe auch Die Vorteile des Mulchens, S. 269–270

PFLANZVORSCHLÄGE

Mehrjähriges Gemüse

Diese dekorativen wie nützlichen Pflanzen stellen Ansprüche.

Gemüse, das längere Zeit im Boden bleibt, etwa Spargel, Rhabarber und Artischocken, bedeutet eine langfristige Investition in den Gemüsegarten. Daher ist eine gute Bodenaufbereitung vor dem Pflanzen sehr wichtig. Entfernen Sie alle Spuren von Dauerunkräutern aus den geplanten Beeten, denn später wird es schwierig sein zu jäten, ohne dabei die Wurzeln zu stören. Das ist besonders bei Spargel mit seinen sehr empfindlichen, fleischigen Wurzeln wichtig (siehe S. 214).

Einjährige Gemüsearten können in eine Fruchtfolge integriert werden, um eine Ansammlung bestimmter Schädlinge und Krankheiten im Boden zu vermeiden (siehe S. 210), bei mehrjährigen ist das hingegen nicht möglich. Entsprechende Bedeutung hat eine gute Hygiene. Entfernen Sie alle Pflanzenabfälle im Herbst.

Wächst das Gemüse über mehrere Jahre auf derselben Fläche, braucht es die Bodennährstoffe auf. Sorgen Sie daher immer wieder für Nährstoffnachlieferung (siehe S. 267), um regelmäßig gute Ernten zu erhalten. Das geschieht entweder mit organischem Mulch oder man gibt immer wieder einen anorganischen Volldünger.

Eine Mulchschicht für die Artischocken

Siehe auch Spargelanbau, S. 214

Zehn pflegeleichte Gemüsearten

Die meisten der hier genannten zuverlässigen Kulturen liefern innerhalb von 3 Monaten nahrhaftes, frisches Gemüse für die Küche.

Wählen Sie für einen pflegeleichten Gemüsegarten Pflanzen, die sich direkt aussäen lassen, und die Sie bis zur Ernte nicht ausdünnen müssen.

Kürbisse
Die meisten Kürbissorten können an einem starken Gerüst erzogen werden oder man lässt die Ranken einfach über den Boden wachsen. Legen Sie zur Vorkultur die großen Samen ab März in Töpfe, im Frühsommer kommen die Pflanzen an ihren endgültigen Platz. Sie brauchen frischen Boden und viel Sonne.

Frühkartoffeln
Günstig sind Frühkartoffeln, weil sie geerntet werden, bevor sie unter Kartoffelfäule (siehe S. 222) oder Trockenheit leiden. Vorgekeimte Knollen (siehe S. 220) können je nach Region ab April im Freien gepflanzt werden, um Frühkartoffeln zu ernten. Nach 13 Wochen ist Erntezeit.

Zucchini und Gartenkürbis
Gartenkürbisse brauchen meist eine Rankhilfe, Zucchini dagegen wachsen buschig. Ab Mai kann man nach den Eisheiligen an den endgültigen Platz säen, oder man zieht die Pflanzen ab Mitte April einzeln in Töpfen vor. Die Ernte beginnt nach 10–14 Wochen.

Kopfsalat
Kleine Sorten wie 'Labell' oder 'Pia' bereiten weniger Putzabfall. Geerntet wird 8–14 Wochen nach der Aussaat. Ab dem zeitigen Frühjahr kann man in humusreichen, gut mit Kompost versorgten Boden aussäen. Rechtzeitig ausdünnen.

Bohnen
Stangenbohnen brauchen nährstoffreichen, gut dränierten Boden. Buschbohnen sind weniger anspruchsvoll und kommen ohne Stützen aus. Sobald sich der Boden erwärmt hat, also ab Ende April, kann man bis Anfang Juli säen. Die Ernte beginnt 8–12 Wochen später. Feuerbohnen sät man von Ende April bis Anfang Juli. Nach 12–14 Wochen wird geerntet. Dicke Bohnen sind winterhart. Gesät wird bereits Anfang bis Ende März an einen gut vorbreiteten, geschützten Platz. Nach 14 Wochen ist Erntezeit.

Feuerbohnen am Wigwam

Rote Bete
Samen von Rote Bete werden in Horsten abgelegt. Nach der Aussaat ab Mitte April (oder erneut Anfang Juli) sollte man früh vereinzeln. Achten Sie auf schossfeste Sorten wie 'Kosak'. Runde Sorten erntet man nach 11 Wochen.

Rettich
Rettich wird ab dem zeitigen Frühjahr satzweise alle 2 Wochen gesät, um laufend ernten können. Wird dünn gesät, erübrigt sich das Ausdünnen. Die Ernte beginnt nach 3–4 Wochen.

Knoblauch und Schalotten
Knoblauch wird im Spätherbst gesteckt und braucht einen gut dränierten, sonnigen Platz. Die Pflanzen holt man im Hochsommer aus der Erde, wenn die Blätter gelb werden. Schalotten werden von März bis April gesteckt. Pro Steckzwiebel sind nach 18 Wochen 8–12 Schalotten zu erwarten.

Runde Rote Bete sind nach 11 Wochen erntereif.

Siehe auch Pflück- und Schnittsalate, S. 202–203; Zeitplanung im Gemüsegarten, S. 208–209; Kürbiskultur, S. 224–225

PFLANZENPROBLEME

Möhrenfliege

Rechtzeitige Schutzmaßnahmen sind ratsam.

Schaden durch Möhrenfliege

Die Larven der Möhrenfliege *(Psila rosae)* sind schlank, cremegelb und bis zu 9 mm lang. Sie bohren sich in die Pfahlwurzel ein und hinterlassen rostbraune Gänge. Pastinake, Petersilie und Sellerie sind ebenfalls anfällig, aber weniger als die Möhre. Den Sommer über entwickeln sich zwei Generationen der Möhrenfliege, in warmen Jahren auch drei.

Bekämpfung

Es gibt keine völlig resistenten Möhrensorten, doch 'Sytan', 'Resistafly' und 'Flyaway' sind weniger anfällig. Wird relativ früh, also im März oder April gesät, umgeht man die Eiablage der ersten Generation. In offenen Lagen mit guter Luftbewegung lässt sich die Fliege weniger gern nieder. Mischkulturen mit Zwiebeln tragen wesentlich zur Abwehr bei. Säen Sie dünn, damit Sie nicht weiter vereinzeln müssen, denn der Geruch der zerdrückten Möhrenblätter lockt die Fliegen an.

Decken Sie Ihre Möhren mit Vlies oder fliegensicherem Netz ab (siehe S. 202), das verhindert die Eiablage. Dann sollten Sie Ihre Möhren allerdings jedes Jahr an einer anderen Stelle kultivieren, sonst sind die erwachsenen Fliegen, die aus dem Boden kriechen, unter der Abdeckung gefangen.

PFLANZENPROBLEME

Kohlraupen

Die Raupen verschiedener Schmetterlingsarten fressen an Kohl und verwandtem Gemüse.

Der Große und der Kleine Kohlweißling *(Pieris brassicae* und *P. rapae)* entwickeln jedes Jahr zwei Generationen. Die Raupen sind von Spätfrühling bis Mitte Herbst aktiv. Sie verlassen nach dem Reifefraß die Pflanze und verpuppen sich an geschützten Plätzen über der Erde. Die Kohleule *(Mamestra brassicae)* entwickelt nur eine Generation, ihre Raupen fressen von Hochsommer bis Frühherbst. Diese Art verpuppt sich im Boden. Die Raupen des Kleinen Kohlweißlings und der Kohleule bohren sich in die Kohlköpfe, die des Großen Kohlweißlings bleiben an den äußeren Blättern.

Symptome

In den Blättern erscheinen Löcher, die Raupen sind bei genauer Betrachtung auf den Blättern oder im Kohlkopf zu entdecken. Die essbaren Teile der Pflanze sind mit Kot verschmutzt. Die Raupen des Großen Kohlweißlings sind bis zu 4,5 cm lang, behaart, dabei gelb und schwarz gezeichnet. Die des Kleinen Kohlweißlings sind bis zu 3 cm lang und samtig grün. Die grünlich braunen Kohleulenraupen sind bis zu 3,5 cm lang und weitgehend haarlos.

Bekämpfung

Junge Raupen sind leichter zu bekämpfen als ältere, daher lohnt es sich, die Pflanzen regelmäßig zu kontrollieren. Geringen Befall bekommt man durch Absammeln in Griff. Notfalls wird mit einem Pyrethrum- oder Neem-Produkt gespritzt. Zudem steht das Präparat *Bacillus thuringiensis* zur Verfügung, das über den Versandhandel erhältlich ist. Die Raupen werden infiziert, wenn sie die behandelten Blätter fressen und sterben innerhalb von 24 Stunden. Das Bakterium wirkt nur gegen die Raupen und kann bedenkenlos auf Nahrungspflanzen eingesetzt werden. Sind die Raupen bereits ins Innere des Kohlkopfs vorgedrungen, werden sie weder von Insektiziden noch vom Bakterien-Präparat erreicht. Eine Abdeckung mit Gartenvlies hindert Kohleulen und Kohlweißlinge an der Eiablage und schützt vor der Kohlfliege und vor Tauben.

Raupen des Großen Kohlweißlings

Siehe auch Einsatz von Nützlingen, S. 40–41; Gemüsekultur ohne Chemie, S. 200–201

PFLANZENPROBLEME

Kohlmottenschildlaus

Diese »Weiße Fliege« tritt nur an Kohlpflanzen auf.

Kohlmottenschildlaus an einem Kohlblatt

Die Kohlmottenschildlaus *(Aleyrodes proletella)* vermehrt sich in milden Lagen vor allem im Spätsommer und bei warmer Herbstwitterung. Nur die weiblichen Tiere überwintern an Wirtspflanzen aus der Familie der Kreuzblütler. Das Insekt hat weiße Flügel mit einem schwachen grauen Punkt. Die 1,5 mm langen Insekten fliegen in Schwärmen unter den Blättern auf, wenn sie gestört werden. Sie legen ihre Eier an der Blattunterseite ab; daraus schlüpfen flache, ovale, weißlich grüne Larven, die an Schildläuse erinnern. Larven und Fliegen saugen Saft und sondern zuckrige Ausscheidungen auf die Blätter ab, auf dem sich bald Rußtau bildet.

Bekämpfung

Kohl verträgt diesen Schädling recht gut; auch schwerer Befall wirkt sich kaum aus. Rußtau kann vor allem bei Rosenkohl lästig werden, betrifft aber nur die äußeren Blätter, die man in der Küche einfach entfernt. Die Kohlmottenschildlaus ist schwer zu bekämpfen, da an der wachsartigen Oberfläche der Kohlblätter keine Spritzmittel haften. Erscheinen Maßnahmen erforderlich, können Sie mit einem Pyrethrum-Mittel oder mit Rapsöl spritzen.

Siehe auch Pflanzenschutz, S. 36–37

PFLANZENPROBLEME

Kohlhernie

Diese Krankheit kann Kohlpflanzen schwächen.

Kohlhernie wird durch den Schleimpilz *Plasmodiphora brassicae* ausgelöst. Die mikroskopisch kleinen Sporen breiten sich im Boden, im Wasser oder an der Pflanze aus und können im Boden mehrere Jahre ohne Wirtspflanze überdauern. Als erstes Anzeichen welkt die Pflanze bei warmem Wetter und erholt sich über Nacht wieder. Wird die Pflanze ausgegraben, ist die Wurzel zu einer Keule verdickt oder sie besteht aus gallenartigen Wucherungen.

Bekämpfung

Kohlhernie ist besonders in feuchtem, saurem Boden gefährlich, daher tragen gute Dränage und Kalkgaben zur Vorbeugung bei. Ziehen Sie die Pflänzchen in Töpfen vor und tauchen Sie die Wurzeln vor der Pflanzung in eine Schachtelhalm-Lehmbrühe. Da die Krankheit bis zu 20 Jahre infektionsfähig bleiben kann, hilft ein Fruchtwechsel (siehe S. 210) wenig, kann aber in Verbindung mit Kulturmethoden doch Nutzen bringen. Bekämpfen Sie Unkräuter, da die Kreuzblütler unter ihnen der Krankheit als Wirt dienen.

Schaden durch Kohlhernie

Siehe auch Kalken bringt Nutzen, S. 265

PFLANZENPROBLEME

Erbsenwickler

Die Raupen sind eher lästig als gefährlich.

Die Larve des Erbsenwicklers frisst in den Schoten.

Weibliche Erbsenwickler *(Cydia nigricana)* legen ihre Eier an blühende Erbsenpflanzen. Nach dem Schlüpfen bohren sich die Raupen in die Schoten und fressen die sich entwickelnden Samen. Oft sitzt nur eine Raupe in der Schote, sodass einige Samen unbeschädigt bleiben. Nach dem Reifefraß überwintern die Raupen in Seidenkokons im Boden.

Bekämpfung

Es lohnt sich, die Erbsen so auszusäen, dass die Flugzeit des Erbsenwicklers vermieden wird. Wenn Sie sehr früh, vielleicht schon Anfang bis Mitte März unter Hauben säen, sind die Pflanzen sicher, ebenso wie jene, die Sie erst im Hochsommer säen. Verwenden Sie in beiden Fällen frühe (schnell reifende) Sorten.

Im Handel sind Pheromonfallen für den Erbsenwickler erhältlich, ähnlich jenen, wie sie gegen den Apfelwickler im Obstbau üblich sind. Diese fangen männliche Erbsenwickler und zeigen an, wie stark der Besatz ist, sodass sich weitere Pflanzenschutzmaßnahmen ergreifen lassen. Bei einem starken Befallsdruck, können Sie mit einem zugelassenen Pyrethrum-Mittel spritzen.

Siehe auch Pflanzenschutz, S. 36–37

PFLANZENPROBLEME

Platzendes Wurzelgemüse

Ursache: Wasserversorgung

Die meisten Gemüsearten, deren oberirdische Teile geerntet werden, können größere Mengen Wasser vertragen, denn während der Blüte steigt ihr Wasserbedarf deutlich. Wurzelgemüse hingegen braucht während des Wachstums stetig etwas mehr Wasser. Ständige Überversorgung führt allerdings zu kräftigem Blattwuchs bei kleinen Wurzeln. Infektionen, etwa durch die Bakterienfäule, sind oft die Folge. Daher ist es wichtig, immer sorgfältig zu gießen, besonders aber kurz vor der Ernte.

Wenn die Wurzeln schon aufreißen, geben Sie anfangs alle 2 Wochen 4,5 Liter Wasser pro Meter in der Reihe und erhöhen Sie die Menge allmählich, bis kurz vor der Ernte das Doppelte erreicht ist. Rechnen Sie dabei die Niederschlagsmenge mit ein. Geben Sie organische Substanz zu Sandboden und Sand zu Tonboden, um die Schwankungen im Feuchtigkeitsgehalt auszugleichen.

Aufgerissene Möhre

Siehe auch Gemüse gießen, S. 203

TECHNIKEN

Gründüngung

Diese schnell wachsenden Blattpflanzen ergänzen die Düngung und verbessern den Boden im Nutzgarten.

Gründüngung liefert zwar wenig organische Substanz, sorgt aber dafür, dass der Boden leichter zu bearbeiten ist, dass weniger Nährstoffe ausgewaschen werden und der Boden sich weniger verdichtet. Nach der Gründüngung kann es nötig werden, gegen Schnecken vorzugehen.

Gründüngungspflanzen

In der Regel gibt es für jeden Standort die passende Pflanze. Zum Überwintern sind Winterroggen *(Secale cereale)* oder Winterwicke *(Vicia villosa)* beliebt. Schnell wachsende Pflanzen für das Frühjahr sind Gelbsenf *(Sinapis alba)* und *Phacelia tanacetifolia*. Als Kohlpflanze kann Geldsenf jedoch der Kohlhernie als Wirt dienen und daher die Fruchtfolge stören (siehe S. 210). Lupinen *(Lupinus angustifolius)* und Klee *(Trifolium*-Arten) binden Stickstoff im Boden, die tief wurzelnde Luzerne *(Medicago sativa)* oder Buchweizen *(Fagopyrum esculentum)* holen Nährstoffe in höhere Bodenschichten.

Der Bodentyp spielt eine Rolle bei der Auswahl. Luzerne und Hopfenklee *(Medicago lupulina)* bevorzugen trockenen, alkalischen bis neutralen Boden, Lupinen gedeihen am besten in trockenem, schwach saurem Boden. Winterwicke und Ackerbohne *(Vicia faba)* vertragen schweren Boden, Inkarnatklee *(Trifolium incarnatum)* leichten.

Säen und einarbeiten

Säen Sie breitwürfig und rechen Sie die Samen ein. Gründüngung kann fast zu jeder Jahreszeit gesät werden. Im Herbst sorgt sie dafür, dass Nährstoffe nicht vom Regen ausgewaschen werden. Winterharter Roggen wächst den ganzen Winter über und wird im Frühjahr untergegraben. Senf kann im Herbst untergegraben werden oder als Mulch liegen bleiben. Im Sommer wachsende Gründüngung braucht Platz und Feuchtigkeit, unterdrückt aber Unkraut. Lupinen und Klee binden in dieser Zeit den meisten Stickstoff. Graben Sie die Gründüngungspflanzen vor der Blüte unter. Bis zur nächsten Aussaat sollten mindestens 2 Wochen vergehen.

Gründüngung untergraben

Siehe auch Bodenfruchtbarkeit, S. 259; Was ist biologischer Gartenbau?,, S. 254–255

Zeitplanung im Gemüsegarten

Der eigene Anbau von Obst und Gemüse lässt sich in einer überschaubaren Zahl von Stunden managen; selbst viel beschäftigte Leute bewältigen ein ertragreiches Gemüsegärtchen.

Die meisten Gemüsegärtner wollen nicht mehr erreichen als gelegentlich etwas Frisches auf den Tisch zu bringen. Wählen Sie daher Gemüse, die frisch am besten schmecken, also Kopfsalat, zarte Buschbohnen, Mairübchen, Brokkoli, Zuckererbsen, Grünkohl und Frühkartoffeln. Späte Kartoffeln, Möhren und Zwiebeln gibt es preiswert und knackig zu kaufen. Eine Ausnahme sind Kartoffeln, die man spät im Jahr setzt, um sie frisch für ein leckeres Festessen zu haben. Himbeeren und anderes pflegeleichtes Obst liefern reiche, hochwertige Ernten.

Manche Gemüse, etwa Kopfsalat, können Sie jeweils in kleinen Mengen im Abstand von 3 Wochen aussäen, damit Sie immer wieder ernten können. Um die Saison möglichst lange auszudehnen, sollten Sie kleine Mengen von Gemüse wie Brokkoli, Endivie und Radicchio säen. Möhren säen Sie früh im Jahr, teilweise dicht, um zarte, kleine Wurzeln zu erhalten, teils in Reihen, die ausgedünnt werden, sodass im Spätsommer und Herbst größere Wurzeln geerntet werden können.

Kleine Folgesaaten, etwa von Kopfsalat, nutzen Zeit und Platz optimal aus.

Zarte junge Möhren werden geerntet.

Schnitt- oder Pflücksalate (siehe S. 202) sind ideal für viel beschäftigte Gärtner. Manche Samenhändler verkaufen Mischungen verschiedener Blattsalate. Diese sind besonders pflegeleicht und ertragreich und viel preiswerter als fertig abgepackte Blattsalatmischungen aus dem Supermarkt. Säen Sie jeden Monat einen Abschnitt mit einer anderen Sorte ein. So haben Sie den ganzen Sommer über frischen Blattsalat. Im Herbst gepflanzten Kohl können Sie ebenso behandeln, wenn Sie ihn immer wieder schneiden, sobald sich sechs bis sieben Blätter entwickelt haben. Auf diese Weise sollte jede Pflanze drei- bis viermal schmackhafte junge Blätter liefern.

Investieren Sie in Zeitersparnis

Manche Gemüse werden direkt ausgesät, für andere ist ein Gewächshaus oder ein Frühbeet praktisch sowie eine Fläche zum Abhärten der Pflanzen. Säen und vor allem Pikieren sind sehr zeitintensiv, außerdem ist es schwierig, den richtigen Zeitpunkt und die richtige Samenmenge zu bestimmen. Das können Sie umgehen, indem Sie Jungpflanzen kaufen. Viele Versandhändler verschicken inzwischen Setzlinge, die man direkt auspflanzen kann. Für Gärtner mit wenig Zeit ist das sehr praktisch.

Aufwändige Arbeiten minimieren

Breiten Sie im Herbst reichlich gut verrotteten Dung auf dem kahlen Boden aus. Dies verbessert die Bodenstruktur und fördert die nützlichen Bodenorganismen, sodass Sie einen feinkrümeligen, leicht zu bearbeitenden Boden erhalten. Schädlings-, Krankheits- und vor allem die Unkrautbekämpfung kann sehr zeitaufwändig sein. Maßnahmen genau zur richtigen Zeit halten den Aufwand in erträglichen Grenzen.

Erscheint doch einmal der Einsatz eines Fungizids oder Insektizids nötig, muss die Anwendung darauf abzielen, das biologische Gleichgewicht wieder ins Lot zu bringen. Schäden auf die

Siehe auch Eigene Anzucht aus Samen, S. 20–21; Vorbeugender Pflanzenschutz, S. 36–37; Gemüse gießen, S. 203; Zehn pflegeleichte Gemüsearten, S. 204

Umwelt sind zu vermeiden, deshalb sollten Sie grundsätzlich nur bienenungefährliche Mittel ausbringen. Junge Pflanzen aber brauchen Schneckenschutz und in Stadtgärten womöglich Hauben, die verhindern, dass Tauben Schaden anrichten.

Gießen zur richtigen Zeit kann Wasser sparen. Bohnen und Erbsen brauchen während der Blüte und wenn sich die ersten Schoten bilden, reichlich Wasser. Kopfsalat und Kohl sollten immer gut mit Wasser versorgt sein, aber ein gründlicher Guss, wenn sich die Herzen bilden, ist fast ebenso gut. Durstige Pflanzen wie Blumenkohl, Zucchini und Feuerbohnen kann man in flache Gräben setzen, die man jede Woche mit Wasser füllt, damit die Pflanzen gründlich gewässert werden.

Realistische Planung und Disziplin

Disziplin ist entscheidend, um in kurzer Zeit viel zu erreichen. Viele Menschen gehen mit nur einer äußerst vagen Vorstellung von dem, was sie tun wollen, in den Garten. Sie verbringen dann viel Zeit damit, sich umzuschauen, zu sehen, wie sich alles entwickelt, und sich zu überlegen, was als erstes getan werden muss. Entscheiden Sie immer am Abend vorher, was Sie tun wollen, und halten Sie sich dann an diesen Beschluss.

GIEßEN MIT KÖPFCHEN

Junge Pflanzen werden beregnet, später geht man zur Tröpfchenbewässerung über. Das verringert den Wasserverbrauch um 30 Prozent und den Aufwand fürs Jäten.

Täglich eine halbe Stunde im Garten bringt mehr Nutzen als mehrere Stunden am Stück, da Sie genau beobachten können, wie sich Ihre Pflanzen entwickeln. Schwerer Schädlingsbefall entwickelt sich mit der Zeit und regelmäßige Kontrolle kann größere, Zeit raubende Probleme vermeiden.

Schon die Hälfte des traditionellen Selbstversorgergartens bedeutet viel Arbeit, vor allem, wenn im Sommer gejätet, gegossen und geerntet werden muss. Auch das Umgraben im Winter ist arbeitsintensiv; hier kann vielleicht ein motorbetriebener Kultivator aus dem Mietpark gute Dienste leisten. Ein gepflegter kleiner Garten ist in der Regel produktiver als ein großer, vernachlässigter. Beginnen Sie im kleinen Maßstab und säen Sie auf der nicht benötigten Fläche einjährige Sommerblumen oder eine Gründüngung. Eine weitere Alternative stellen wenig arbeitsintensive Gemüse wie Spargel und Rhabarber dar oder auch Beerensträucher.

ZEITSPARTIPPS

Unkraut häufig hacken
Unkraut wächst nicht über Nacht; regelmäßiges Jäten verhindert, dass übermächtig gewordenes Unkraut den Ertrag der Nutzpflanzen gefährdet.

Zusätzliche Arbeit vermeiden
Schalbretter sind praktisch als Unterlage für die Arbeit im Beet. Wird der Boden nicht durch Betreten verdichtet, muss er weniger häufig umgegraben werden.

Schneckenkorn um die Pflanzen
Schneckenkorn, das beim Setzen gestreut wird, schützt die Jungpflanzen während ihrer empfindlichsten Phase. Nach dem Anwachsen ist der Schutz nicht mehr so zwingend.

Fruchtfolge

Das Prinzip der Fruchtfolge besteht darin, die Kulturen je nach ihren Ansprüchen jährlich auf einer anderen Fläche heranzuziehen, um den Boden gesund und fruchtbar zu erhalten.

Fruchtfolgen haben eine uralte Tradition, um die Qualität und den Ertrag der Kulturen nachhaltig zu sichern.

Große Gemüsegärten lassen sich in Parzellen einteilen, auf denen jedes Jahr eine andere Kultur wächst.

Warum Fruchtfolge?

Als ein Vorteil der Fruchtfolge verringert sich die Gefahr durch Schädlinge und Krankheiten. Pflanzen einer Familie werden oft von bestimmten Schädlingen befallen; eine Fruchtfolge unterbricht deren Lebenszyklus, sodass sie sich nicht in großen Mengen vermehren können. Manche Kulturen, etwa Kartoffeln oder Kürbisse, unterdrücken Unkraut und senken so die Probleme für die folgenden Pflanzen im nächsten Jahr.

Die Fruchtfolge erhält außerdem die Fruchtbarkeit und Struktur des Bodens. Verschiedene Gemüse stellen unterschiedliche Anforderungen an den Boden; entsprechend werden die Kulturen nach ihren Ansprüchen eingeteilt. Wird zwischen Schwach-, Mittel- und Starkzehrern abgewechselt, lassen sich Mangelerscheinungen vermeiden, weil der Nährstoffvorrat im Boden immer wieder aufgefüllt wird.

Schwach-, Mittel-, Starkzehrer

Kohlpflanzen wie Rettich, Kohl, Blumenkohl und Chinakohl brauchen stickstoffreichen Boden und eventuell zusätzlichen Kalk. Leguminosen wie Erbsen und Bohnen wollen gut dränierten, aber wasserhaltigen Boden, der wenig Stickstoff enthält, da sie selbst Luftstickstoff in ihren Wurzeln binden (der späteren Kulturen zugute kommt). Kartoffeln brauchen reichlich organische Substanz und Stickstoff im Boden, aber keinen Kalk; sie unterdrücken Unkraut und lockern den Boden. Zwiebeln, Knoblauch, Schalotten und Lauch brauchen ebenfalls viel organische Substanz und eventuell Kalk. Wurzelgemüse aus der Familie der Doldenblütler, wie Möhren, Pastinaken, Petersilie, Sellerie und Gemüsefenchel verlangen einen feinkrümeligen Boden ohne Steine, der nicht frisch gedüngt wurde. Sie hinterlassen eine offene Bodenstruktur. Manche Gemüse, etwa Kopfsalat, können je nach Bedarf in der Fruchtfolge untergebracht werden.

FRUCHTFOLGEPLAN MIT DREI BEETEN

	Beet eins	Beet zwei	Beet drei
Erstes Jahr	Kohl	Leguminosen usw.	Wurzelgemüse
Zweites Jahr	Wurzelgemüse	Kohl	Leguminosen usw.
Drittes Jahr	Leguminosen usw.	Wurzelgemüse	Kohl

Die Fruchtfolge planen

Wenn Sie über den Luxus eines großen Gartens verfügen, können Sie für jede Pflanzenfamilie jedes Jahr eine andere Fläche einplanen. Teilen Sie den Garten in vier oder mehr gleich große Abschnitte ein, je nachdem, wie viele verschiedene Gemüsearten Sie pflanzen wollen. Gruppieren Sie die Pflanzen nach Familien und ordnen Sie sie nach ihren Bedürfnissen und Vorteilen für den Boden. Kartoffeln liefern zum Beispiel eine lockere Bodenstruktur, die für Möhren oder Pastinaken ideal ist. Pflanzen Sie danach Leguminosen. Im dritten Jahr sind die Kohlpflanzen an der Reihe, die den von den Leguminosen gesammelten Stickstoff verwerten. Entfernen Sie die Kohlreste, bevor Sie ab April die Kartoffeln pflanzen und der Kreislauf von vorn beginnt.

In einem kleineren Garten kann ein einfacheres Drei-Beete-System mit Kohl, allen Wurzelgemüsen und Zwiebeln sowie Leguminosen und Fruchtgemüse praktischer sein (siehe Kasten links).

Siehe auch Vorbeugender Pflanzenschutz, S. 36-37, Gemüsekultur ohne Chemie, S. 200-201

Samenbildung bei Gemüse

Gemüse ist in der Regel unbrauchbar, wenn es schießt bzw. blüht; das geschieht bei Einjährigen im ersten Jahr, bei Zweijährigen oft erst im zweiten.

Das Schießen wird durch niedrigere Temperaturen oder eine Veränderung der Tageslänge ausgelöst. Der Impuls dafür wird im frühen Entwicklungsstadium gegeben, obwohl das unerwünschte Wachstum erst bei schon ziemlich reifen Pflanzen offenkundig wird. Hat der Prozess einmal begonnen, ist er nicht mehr aufzuhalten.

Schießen bei Einjährigen

Gemüse wie Kopfsalat, manche Rettichsorten oder Spinat reagieren empfindlich auf die Tageslänge. Sie bilden Blüten, wenn die Tage länger werden, sodass die im Frühjahr gesäten Einjährigen natürlicherweise im Sommer Samen bilden. Bevor es soweit ist, bleibt genug Zeit, um genügend Blätter zu ernten. Chinakohl schießt, wenn er zu früh gesät wird. Die Blütenbildung wird durch Kälte ausgelöst; längere Tage steigern die Wirkung. Das lässt sich vermeiden, indem man ab dem Hochsommer sät.

Schießen bei Zweijährigen

Zwiebeln, Lauch, Möhren, Kohlrabi, Speiserüben und Rote Bete sind Zweijährige, von denen man im ersten Jahr die große Wurzel erntet. Erst im zweiten Jahr würden sie blühen. Alle bilden Blüten nach einer Kälteperiode, normalerweise im Winter, aber auch untypische Kälte zu Beginn des Wachstums kann schon im ersten Jahr die Blütenbildung auslösen. Das geschieht in der Regel nach einer längeren Kältephase; kalte Nächte und warme Tage oder Spätfröste sind weniger problematisch. Die Zweijährigen sind unterschiedlich kälteempfindlich. Speiserüben sind empfindlich, sobald sie zu keimen beginnen, Zwiebeln und manche Kohlformen erst, wenn sie ein bestimmtes Entwicklungsstadium erreicht haben, Sellerie wird während des Wachstums mehr und mehr empfänglicher für die Blüteninduktion.

Schießen verhindern

Viele Kulturmethoden helfen, das Schießen zu verhindern. Trockener Boden kann das Schießen fördern, vor allem bei Blumenkohl, Rauke und Salat, daher sollten Sie den Boden gleichmäßig feucht halten.

Säen Sie kälteempfindliche Pflanzen wie Speiserüben, Endivie und Mangold erst, wenn es gleich bleibend warm ist. Ziehen Sie frühe Zwiebeln, Rote Bete und Kohlrabi in Multitopfplatten im Gewächshaus vor. Gepflanzt wird erst, wenn es wärmer ist. Oder man sät direkt unter Hauben.

Auch für Gemüse, das ab einem bestimmten Stadium auf einen Blühimpuls reagiert, kennt man geeignete Verfahren. Zwiebeln, die im Herbst ausgepflanzt werden sollen, kann man Mitte August säen. So erreichen sie das kälteempfindliche Stadium nicht vor dem Winter und schießen im Frühjahr weniger häufig. Auch Stickstoffmangel im zeitigen Frühjahr kann bei im Herbst gesäten Zwiebeln zum Schießen führen. Leichte Gaben von Kalkstickstoff im Spätwinter können Abhilfe schaffen.

Resistente Pflanzen

Es gibt spezielle Kultursorten, die weniger leicht schießen, etwa die Rote Bete 'Kosak'. Solche Sorten sind bei Einjährigen wie Spinat besonders nützlich für die Frühaussaat, und ebenso bei Zweijährigen wie Zwiebeln, Möhren und Frühkohl, die im Herbst bzw. zeitigen Frühjahr ausgesät werden.

Geschossene Rauke blüht weiß.

Hochgeschossener Kopfsalat

Blütenstängel von Roter Bete

Siehe auch Zwiebeln aus Samen und Steckzwiebeln, S. 220

Dekoratives Rankgemüse

Tomaten, Bohnen und Kürbisse sehen überall im Garten attraktiv aus; sie dienen als Strukturbildner, wo sich sonst nur eine zweidimensionale Fläche mit niedrigen Pflanzen ausdehnt.

Nur wenige Gärtner haben heutzutage so viel Platz, dass sie große Flächen für Gemüse reservieren. Werden auch die senkrechten Flächen rund um den Garten genutzt, lassen sich überall gemischte Zier- und Nutzbeete anlegen. Viele vergessen die Möglichkeiten, die kletternde oder herabhängende Gemüse wie Leguminosen oder Kürbisgewächse mit ihren Blüten, Blättern und oft bunten Früchten bieten; dabei bleibt ihr Nährwert noch ganz außer Acht. Gemüse an Gerüsten wie Tunnels, Lauben und Torbögen teilt sich gern den Platz mit Zierpflanzen und ergänzt damit die Pflanzung.

Nutzen und Schönheit

Gemüse, das an dauerhaften Gerüsten im Garten wächst und sich zum Beispiel an die Rosenblüte anschließt, sorgt länger für Farbe im Garten. Auch zeitweise aufgebaute Gerüste wie Stangen, Wigwams oder Obelisken können in Beeten und Rabatten Höhe schaffen. Sie sind ideal für Erbsen, Bohnen, kleinere Kürbisgewächse und Freilandgurken.

Gemüse bietet sich an als lebender Sichtschutz zum Abteilen von Gartenbereichen und zum Verdecken von Zäunen mit großen, interessanten Blattstrukturen. Kürbisse eignen sich hierfür besonders gut und die dichten Blätter von Stangen- und Feuerbohnen, die beide schnell wachsen, bedecken Flächen wirkungsvoll mit blühenden und fruchtenden Ranken.

Weniger fest gefügt wirken hohe Sonnenblumen, die für eine kurze Zeit den Erbsen und Bohnen als Stütze dienen. Das Gemüse soll zunächst am Boden entlang wachsen, später leitet man es dann an den Sonnenblumen hoch. Unterstützen Sie die Pflanzen durch regelmäßiges Düngen und Gießen. Feste Stützen verhindern Windbruch. Wachsen Kürbisse oder wüchsige Bohnensorten am Gewächshaus, sorgen ihre Blätter ab dem Hochsommer für Schatten. Beim Kürbis sollten es aber kleinfrüchtige Sorten sein, damit die Früchte nicht durch die Eindeckung brechen.

Kletterpflanzen an Torbögen oder Tunnels wachsen offener als an traditionellen Rohrgerüsten, daher leiden die Pflanzen hier seltener unter Krankheiten. Diese Stützen sind ideal für Erbsen und Bohnen, deren Schoten dann in der Mitte herabhängen und leicht zu ernten sind.

Kürbisse erziehen

Alle rankenden Kürbisse lassen sich an entsprechend starken Gerüsten erziehen. Meist ist auf der Samenpackung angegeben, ob eine Sorte rankt oder nicht; buschige Sorten wie alle Zucchini eignen sich für diese Art der Erziehung nicht.

GEEIGNETE STÜTZEN

1 Kleine Kürbisse sind mit ihren gut sichtbaren, farbenfrohen Früchten besonders attraktiv. Für Sorten mit großen Früchten empfehlen sich kräftige, dauerhafte Stützen wie Pergolen oder Rahmen aus Holz oder Drahtgeflecht. 2 Rustikale Gestelle aus Weiden- oder Haselruten genügen für Erbsen und Bohnen. An der rauen Rinde finden die Ranken besseren Halt als etwa an glatten Bambusrohren. Wigwams, Tunnels und Bögen lassen sich leicht aus Weiden- oder Haselruten flechten, die 30 cm tief in den Boden eingesenkt werden müssen. Oben mit Bast zusammenbinden. 3 Ein dicht bewachsener Tunnel wird zum dekorativen, ertragreichen Blickfang.

1

2

3

Siehe auch Kürbiskultur, S. 224–225

Die Sorten der Garten- und Speisekürbisse unterscheiden sich stark in Bezug auf Größe, Form, Struktur und Farbe. Es gibt Kürbisse mit gerippter oder warziger Schale, aber auch orangerote Hokkaido-Kürbisse und ungewöhnliche Formen wie der Patisson-Kürbis 'Ufo', die Bischofsmützen oder die Schwanenhalsformen (Crookneck).

Die reifen, oft großen Früchte scheinen zwar an bedenklich dünnen Ranken zu hängen, doch diese Stiele erweisen sich als sehr kräftig. Wenn die Früchte unmittelbar dort hängen, wo sich Personen aufhalten, sollten Sie vielleicht aus Sicherheitsgründen ein Netz anbringen. Die Wurzeln der Pflanzen nehmen Störungen leicht übel, daher ist es ratsam, die frostempfindlichen Kürbispflanzen in Multitopfplatten anzuziehen und nach dem letzten Frost auszupflanzen. In nährstoffreichem Boden bilden sie riesige Blätter und im Frühherbst enorme Früchte.

Dekorative Erbsen und Bohnen

Feuerbohnen wurden im 16. Jahrhundert als Zierpflanzen eingeführt, ihrer zahlreichen zarten Blüten wegen. Außer den bekannten roten Blüten wie bei 'Preisgewinner' gibt es auch Sorten wie 'Painted Lady' mit Blüten in Rot und Weiß und 'White Lady' mit weißen Blüten und gelben Knospen, die für Vögel weniger interessant wirken.

Viel zu schön, um im Verborgenen zu reifen, sind Stangenbohnen mit violetten oder gelben Hülsen. Sie gelten oft als besonders lecker und bestäuben sich zudem selbst. Sorten mit violetten Hülsen, die beim Kochen grün werden, haben oft violette Stiele, Blätter und Blüten, wie die lilablaue 'Blauhilde'. Wie bei allen Erbsen und Bohnen sorgt das regelmäßige Ernten der Hülsen für eine längere Blüte.

In milden Regionen kann man es auch mit der tropischen Faselbohne *(Lablab purpureus)* versuchen. Sie hat bronzefarbene Blätter, malvenfarbene Blüten und essbare, kastanienbraune Hülsen wie die Stangenbohne.

Mit ihren malvenfarbenen Blüten und auffälligen Schoten passen violette Erbsen gut zu Duftwicken, vor allem zu solchen, die violett blühen. Erbsen werden 0,5–1,5 m hoch und sollten schon früh mit Erbsenreisern oder weitmaschigem Drahtnetz gestützt werden.

Kürbisse wirken sehr attraktiv, wenn ihre Früchte auf Augenhöhe hängen.

Klettergurken

Freilandgurken sind kürzer und haben eine rauere Schale als Gewächshausgurken; zudem sind sie pflegeleichter. Kletternde Sorten werden an einem Gerüst, etwa einem Gitter oder einem Drahtnetz hochgeleitet, mit der Zeit halten sich die Ranken selbst fest. So können die Pflanzen dichter nebeneinander stehen, als wenn sie auf dem Boden entlang kriechen, außerdem sind die Früchte besser vor Schäden geschützt. Kneifen Sie die Triebspitzen aller Freilandgurken aus, wenn diese das obere Ende ihres Gerüsts erreicht haben, sodass sich die Seitentriebe weiter entwickeln.

Einige Freilandgurken können bitter schmecken, aber die wüchsige japanische Sorte 'Kyoto' mit schmalen, bis zu 60 cm langen Früchten schmeckt angenehm. An einem Dreiecksgestell aus Bambusrohr sieht sie dazu noch sehr dekorativ aus.

Spargelanbau

Spargel wächst mehrjährig und gilt als Luxusgemüse, weil er sich langsam entwickelt und nur 8 Wochen lang geerntet wird.

Zu Beginn der Spargelkultur stehen entweder ein Jahr alte Jungpflanzen oder Sämlinge. Bei den Sorten handelt es sich entweder um gewöhnliche Auslesen oder um ertragreicheres Hybridsaatgut, das über Inzuchtlinien gewonnen wird, um rein männliche Pflanzen zu erhalten. Spargel aus Jungpflanzen oder rein männlichen Hybridgemischen wird erstmals 2 Jahre nach der Pflanzung geerntet, Saatgut gewöhnlicher Auslesen braucht ein Jahr länger. Diese Samen kosten etwas weniger, bringen aber männliche und weibliche Pflanzen hervor. Weibliche Pflanzen bilden weniger Stangen, dafür aber unerwünschte Keimlinge; sie sollten daher entfernt werden.

Für ein Spargelbeet braucht der Boden eine gute Wasserführung, da die Pflanzen in staunassem Boden leicht faulen. Der ideale Boden ist neutral bis alkalisch (siehe S. 263). Ungeeignet sind Frostsenken und sehr exponierte Standorte. Pflanzen Sie nicht wieder in ein früheres Spargelbeet, da im Boden noch Keime von Pilzkrankheiten ruhen könnten. Entfernen Sie Dauerunkräuter und arbeiten Sie im Winter vor der Pflanzung reichlich organische Substanz ein. Im zeitigen Frühjahr wird nochmals umgegraben.

Jungpflanzen setzen

Pflanzen Sie die einjährigen Spargelpflanzen möglichst sofort nach der Lieferung, da die empfindlichen Wurzeln leicht austrocknen. Heben Sie einen 25 cm tiefen Graben aus. Düngen Sie mit einem Volldünger und rechen Sie ihn gut ein. Legen Sie für jede Reihe einen 10 cm hohen Wall an, legen Sie die Pflanzen darauf und verteilen Sie die Wurzeln nach außen. Decken Sie die Pflanzen 5–7 cm hoch mit feiner Erde ab und gießen Sie an. Danach wird regelmäßig Erde aufgefüllt bis zum Grabenrand. Gießen Sie gut und halten Sie das Beet unkrautfrei.

EIN SPARGELBEET ANLEGEN

Traditionell sind die Beete drei Reihen breit, die Pflanzen haben nach allen Seiten 30 cm Abstand. **1** Bei wenig Platz eine Reihe Jungpflanzen mit 30–45 cm Abstand pflanzen. Dann bilden sich dickere Stangen.

2 Ein gesundes, gut eingewachsenes Spargelbeet kann bis zu 20 Jahre lang Spargel liefern. Jede Pflanze bildet jährlich von April mit Mitte Juni 9–12 Stangen.

Aussaat

Saatgut von Normalsorten wie 'Schwetzinger Meisterschuss' wird im Frühjahr in ein Aussaatbeet auf 4 cm Abstand in 2,5 cm tiefe Rillen mit einem Abstand von 45 cm gesät. Dünnen Sie die Keimlinge auf 15 cm aus und gießen Sie gut. Gepflanzt wird im folgenden Frühjahr in einen vorbereiteten Graben, so wie oben beschrieben. Um nur männliche Pflanzen zu erhalten, wird die Auspflanzung um ein Jahr verzögert. Man entfernt die weiblichen Pflanzen, die im Herbst orangerote Beeren tragen. Die männlichen Pflanzen werden im folgenden Frühjahr wie oben beschreiben umgepflanzt.

Hybrid-Saatgut kostet etwas mehr; es wird meist in Multitopfplatten gesät, damit es zuverlässig keimt. Dafür kann man ein Jahr früher ernten. Säen Sie im zeitigen Frühjahr einzeln in große Module und halten Sie die Temperatur zwischen 13 und 16°C. Härten Sie die Pflanzen ab, wenn sie 10–15 cm hoch sind. Im Sommer werden sie wie oben beschrieben ausgepflanzt. Gießen Sie die Pflanzen gründlich an, da die Wurzeln im Sommer leicht austrocknen.

Stangen ernten

Geben Sie im Jahr nach der Pflanzung im Spätwinter bis zeitigen Frühjahr einen Volldünger und häufeln Sie den Boden nach Bedarf an.

2 Jahre nach der Pflanzung können Sie ab Mitte Frühjahr 6 Wochen lang (in den Folgejahren 8 Wochen lang) Stangen ernten. Verwenden Sie ein scharfes Messer, um sie etwa 2 cm unter der Erde abzuschneiden. Ernten Sie alle Stangen, auch die dünnen, um neue Triebe zu fördern.

JÄTEN IM SPARGELBEET

- Spargelbeete werden von Hand gejätet, um die Wurzeln nicht zu beschädigen.
- Regelmäßiges Anhäufeln unterdrückt Unkräuter.
- Während der Wachstumszeit wird man gelegentlich tief wurzelnde Unkräuter vorsichtig ausstechen müssen.
- Im Herbst kann zwischen die Reihen eine niedrig bleibende Gründüngung eingesät werden.

Siehe auch Mehrjähriges Gemüse, S. 203

PFLANZENPROBLEME

Spargelhähnchen

Der schlimmste Spargelschädling – neben den Schnecken.

Ausgewachsene Spargelhähnchen *(Crioceris asparagi)* sind 6–8 mm lang, sie sind schwarz, haben ein rötliches Halsschild und schwarze Flügeldecken mit rötlichem Rand und drei gelben Flecken. Die Käfer überwintern im Boden und in Pflanzenabfällen. Im Spätfrühling kommen sie hervor und legen reihenweise schwarze, ovale Eier an jungen Trieben oder an der Unterseite der Spargelblätter ab.

Aus den Eiern schlüpfen cremefarbene bis gräulich schwarze Larven, die bis zu 10 mm lang werden und am Kopfende drei Beinpaare haben. Sie fressen etwa 2 Wochen lang an den Blattfiedern und verpuppen sich dann im Boden. In einer Wachstumsperiode entwickeln sich bis zu drei Generationen.

Symptome

Käfer und Larven vernichten Spargelblätter. Sie nagen auch den Spross an, was die Wasseraufnahme stören kann. In schweren Fällen vertrocknen die oberirdischen Pflanzenteile und werden gelblich weiß. Der Ertrag des Folgejahres wird reduziert.

Bekämpfung

In kleinen Spargelbeeten zeigt das Absammeln von Hand eine gute Wirkung. Ist dies nicht möglich, kann man ein Pyrethrum-Mittel spritzen. Während der Blüte sollte das jedoch unterbleiben, da Bienen häufig Spargelblüten besuchen. Erscheint eine Spritzung unumgänglich, muss die Behandlung abends, in der Dämmerung erfolgen, wenn keine Bienen mehr fliegen.

Entfernen und vernichten Sie die abgestorbenen Pflanzenteile im Winter, denn damit werden zugleich überwinternde Käfer beseitigt.

Siehe auch Schnecken bekämpfen, S. 46

PFLANZENPROBLEME

Probleme mit Bohnen

Leguminosen sind in der Regel pflegeleicht, leiden aber doch unter einigen Schädlingen und Krankheiten.

Die Austrittslöcher des Bohnenkäfers sind klein und kreisrund

Bohrlöcher des Bohnenkäfers

Bohnenpflanzen und besonders die Blätter sind anfällig für Schädlinge und Krankheiten. Bohnenrost ist in warmen, feuchten Lagen weit verbreitet. Die Bohnen selbst werden kaum von Schädlingen oder Krankheiten befallen.

Lästige Schädlinge

Ein häufiger Bohnenschädling ist die Schwarze Bohnenblattlaus *(Aphis fabae)*. Kolonien dieser schwarzen Insekten bilden sich an Trieben und unter den Blättern, wo sie an den Pflanzen saugen. Die Abwehr erfolgt so wie bei anderen Blattläusen (siehe S. 42), vor allem sollte man die Triebspitzen ausbrechen, an denen sich Läuse angesammelt haben.

Gärtner, die eigenen Samen abnehmen, stoßen möglicherweise auf den Ackerbohnenkäfer *(Bruchus rufimanus)*. Dieser befällt vor allem Dicke Bohnen. Die ausgewachsenen Käfer sind 4 mm lang, schwarzbraun und weiß gefleckt. Sie legen ihre Eier im Frühsommer an die Bohnenhülsen. Die winzigen Larven bohren sich in die wachsenden Samen. Sie sind so klein, dass sie in den Hülsen, die für die Küche geerntet werden, gar nicht auffallen. Werden die Bohnen jedoch erst später als Samen geerntet, haben auch die Larven mehr Zeit zum Wachsen. Die erwachsenen Käfer kriechen im Winter aus den Bohnen und hinterlassen typische runde Ausgänge in den Samenschalen. Es gibt keine wirksame Bekämpfungsmethode, die Samen keimen aber in der Regel trotz Käferbefall.

Lästige Krankheiten

Rost befällt vor allem die Blätter, kann aber an jedem oberirdischen Pflanzenteil auftreten. Bei Stangen- und (seltener) Buschbohnen wird der Rost von dem Pilz *Uromyces appendiculatus* verursacht, bei Dicken Bohnen dagegen von *Uromyces viciae-fabae*, der auch einige andere Leguminosen befällt. Beide Pilze werden vom Wind oder durch Berührung verbreitet, vor allem bei warm-feuchter Witterung im Sommer.

Zu Beginn der Saison entwickeln die Blätter von befallenen Stangen- und Buschbohnen viele helle, bucklige Schadstellen an der Oberfläche, denen weiße Pusteln an der Unterseite entsprechen. Diese setzen die Sporen frei, mit denen sich die Pflanze neu infiziert. Später entstehen braune Pusteln. In diesen entwickeln sich die Sommersporen, die neue Sporenlager hervorrufen; später entstehen schwarze Wintersporen. Bei Dicken Bohnen werden befallene Blätter einfach braun und sterben ab.

Für den Hobbygärtner sind keine wirksamen Fungizide erhältlich.

Die Pusteln setzen Sporen frei

Rost an einem Bohnenblatt

Siehe auch Vorbeugender Pflanzenschutz, S. 36-37

Feuerbohnen tragen nicht

Hitze und Trockenheit verhindern, dass die Bohnen Samen bilden.

Für Feuerbohnen ist Gießen bei Trockenheit lebenswichtig. Geben Sie bei Trockenheit zweimal wöchentlich 9 Liter Wasser pro Quadratmeter, wenn sich die Blüten zeigen. Gießen Sie nahe an der Pflanze; die Blüten zu besprenkeln hat keine Wirkung. Weiß blühende Feuerbohnensorten sollen bei Hitze und Trockenheit besser tragen, doch hierfür gibt es keine stichhaltigen Beweise.

Manche Hummelarten beißen Löcher in den Blütenansatz und sammeln Nektar, ohne die Blüten zu bestäuben. Zum Glück werden die neuen Blüten morgens von anderen Bienen bestäubt, bevor diese Räuber aktiv werden. Wenn die Blüten zerrupft sind und Kronblätter am Boden liegen, sind wahrscheinlich Vögel die Übeltäter. Hier hilft ein Netz.

Bohnenernte

Bohnen tragen durchgehend bis zum ersten Frost, wenn sie regelmäßig abgeerntet werden. Können die Samen ausreifen, bilden sich keine neuen Früchte mehr.

Chicoree und Endivie

Diese robusten Gemüsearten werden als Wintersalate geschätzt; angetrieben und gebleicht schmecken sie weniger bitter.

Chicoree wird im Winter aus Wurzeln angetrieben, sodass er feste, kegelförmige Sprosse mit jungen, weißen Blättern bildet. Die dicht sitzenden inneren Blätter des Zuckerhuts sind von Natur aus bleich und schmecken süßlich. Radicchio hat rote oder rot-weiße Blätter und ein fast weißes Herz. Neuere Sorten bilden dichtere Köpfe; manche lassen sich wie Chicoree im Winter treiben. Zuckerhut und Radicchio können als junger Salat geerntet werden (siehe S. 218).

Radicchio 'Palla Rossa'

Standort und Kultur

Alle Sorten wachsen in den meisten Böden relativ gut, außer in Kies und sehr schwerem Ton. Sie dienen als Folgekultur, daher wird nicht extra gedüngt und Sie sollten bei der Bodenvorbereitung keine organische Substanz einarbeiten. Nur auf magerem Boden empfiehlt sich 10–14 Tage vor der Aussaat etwas Volldünger.

Alle Sorten werden in Multitopfplatten zum späteren Auspflanzen herangezogen oder direkt in Reihen mit 30 cm Abstand gesät. Dünnen Sie die Pflanzen auf 20 cm Abstand aus. Chicoree zum Treiben im Winter wird im Frühsommer im Freien gesät, um die Pflanzen im Herbst ausgraben zu können. Zuckerhut wird entweder im Früh- bis Hochsommer gesät und im Herbst geerntet, oder man sät im Spätsommer und lässt die Pflanzen gut geschützt bis zum Winter stehen. Dafür gibt es winterharte Sorten bzw. nicht schießende Typen für eine Ernte im Frühjahr.

Halten Sie das Beet im Sommer unkrautfrei und gießen Sie bei Trockenheit. Schützen Sie die Pflanzen im Herbst mit Hauben oder Stroh, um die Erntezeit zu verlängern. Wenn die Pflanzen bei Nässe faulen, kann man sie auf einen Strunk zurückschneiden, der in der Regel neu austreibt. Bleiben die Strünke nach der Ernte stehen, liefern sie oft nochmals Blätter, die etwas derber sind.

ENDIVIE UND CHICOREE BLEICHEN

1 Wird das Zentrum eines Endivienkopfes mit einem Pappteller abgedeckt, erhalten die äußeren Blätter noch Licht. Um die ganze Pflanze zu bleichen, wird sie mit einem Eimer abgedeckt. Das Bleichen dauert etwa 10 Tage. Bleichen Sie immer nur die benötigte Anzahl von Pflanzen.
2 Escariol-Endivie und Zuckerhut bilden Herzen und bleichen von selbst. Bei zusammengebundenen Blättern bleibt das ganze Herz weiß.
3 Gebleichte schmecken besser.

Chicoree vortreiben

Zum Vortreiben von Chicoree werden die Wurzeln im Spätherbst ausgegraben, die Blätter schneidet man 2,5 cm über dem Wurzelhals ab. Setzen Sie die Pflanzen in einen Topf mit einer feuchten Mischung aus gleichen Teilen Sand und Erde. Decken Sie die Pflanzen mit einem zweiten Topf ab, dessen Wasserabzugslöcher verstopft sind, damit kein Licht eindringt. Bei gleichmäßig 18°C haben sich nach 3 Wochen etwa 10–13 cm hohe, erntereife Sprosse entwickelt. Ältere Sorten brauchen eventuell eine Erdabdeckung, damit sie feste Sprosse ausbilden. Man kann sie im Gewächshaus unter einem Tisch eingraben oder ins Frühbeet setzen. Darauf kommt eine 20 cm hohe Erd-Sand-Mischung. Gießen Sie, wenn der Boden zu trocken wird.

EMPFEHLENSWERTE SORTEN

Chicoree
'Öringa'
'Witlof'

Zuckerhut
'Pluto'
'Zuckerhut' 🏆

Radicchio
'Firebird'
'Indigo'
'Leonardo'
'Palla Rossa' 🏆
'Rubello'

Endivie
Glattblättrig (Escariol):
'Bubikopf'
'Diva'
'Grüner Escariol'
'Jeti'

Geschlitztblättrig (Frisée)
'D'été à cœur jaune'
'St. Laurent'
'Très fine maraîchère'
'Wallone'

TECHNIKEN

Paprika und Pfefferschoten

Ideal für Töpfe unter Glas, in warmen Regionen auch fürs Freie.

Pfefferschoten im Zimmer: 'Hot Mexican'

Gemüse- und Gewürzpaprika vertragen Nachttemperaturen von 12°C, tragen aber besser, wenn es wärmer als 15°C bleibt; unter Glas darf die Temperatur nicht über 30°C steigen.

Säen Sie Pflanzen ab April unter Glas bei 20°C. Härten Sie die Pflanzen fürs Freiland ab dem Spätfrühjahr ab und pflanzen Sie in gut dränierten, nährstoffreichen, frischen Boden auf 40–45 cm Abstand, 30 cm bei kompakten Sorten. Eine Abdeckung mit Vlies oder Hauben schützt vor Wind und sorgt für die nötige zusätzliche Wärme. Im Gewächshaus kommen die Jungpflanzen 8 Wochen nach der Aussaat an ihren endgültigen Platz. Zwei oder drei Pflanzen passen auch in einen Kultursack oder man setzt eine Pflanze in einen großen Topf von 20–25 cm Durchmesser.

Gießen Sie Paprikapflanzen wenig, aber oft, damit die Erde feucht bleibt. Im Haus sollten Sie sie bei Hitze zweimal täglich abspritzen, um für die nötige Luftfeuchtigkeit zu sorgen. Düngen Sie wöchentlich mit einem ausgewogenen Flüssigdünger. Binden Sie die Pflanzen an drei Stangen auf, damit die brüchigen Stängel nicht knicken.

Siehe auch Alternativen zu Glas, S. 193

PFLANZENPROBLEME

Nicht tragende Zucchini

Störungen während der Blüte senken den Ertrag.

Weibliche Blüten sind am Ansatz verdickt.

Manchmal bilden Zucchinipflanzen zu Beginn der Blütezeit, wenn die Tage noch kurz sind, männliche Blüten. Später, wenn die Tage länger und wärmer werden, entwickeln sich vor allem weibliche Blüten, zu erkennen an einer Schwellung (dem Fruchtansatz) an der Basis. Zu hohe Pflanzdichte, Kälte und zu viel Schatten fördern ebenfalls die Bildung männlicher Blüten.

Entwickeln sich keine Früchte, obwohl männliche und weibliche Blüten vorhanden sind, kann die Bestäubung gestört sein. Versuchen Sie von Hand zu bestäuben, indem Sie die männliche Blüte an der weiblichen reiben. Früchte, die nur oben dicker werden und oft welken oder faulen, deuten ebenfalls auf ungenügende Bestäubung hin, meist als Folge von zu niedrigen Temperaturen. Dieses Problem löst sich oft im Laufe des Sommers von selbst.

Zu viele Früchte an einer Pflanze können dazu führen, dass kleine Früchte faulen. Auf diese Weise schützt die Pflanze ihre Ressourcen. Dem Problem tritt man durch regelmäßige Abnahme aller essbaren Früchte entgegen.

Siehe auch Pflegeleichte Gemüsearten, S. 204

Junger Blattsalat

Junger Blattsalat sieht auf dem Teller oder im Ladenregal exotisch aus, er wächst aber schnell und problemlos auch im kleinsten Garten.

Beim Wässern sollten die Blätter zum Schutz vor Mehltau nicht nass werden; ideal ist ein Tropfschlauch.

Fertige Mischungen aus frischen Blattsalaten werden im Supermarkt oft teuer verkauft, was den Eindruck erweckt, dass sie schwer zu kultivieren sind. Das Gegenteil ist der Fall. Salate, die jung geerntet werden können, wachsen schnell und sind oft pflegeleichter als traditioneller Kopfsalat.

Meist werden sie als »Baby-leaf-Salat« angeboten, was einfach bedeutet, dass die Blätter schon als Jugendstadium geerntet werden. Dann sind sie besonders zart, saftig und nährstoffreich. Eine Mischung aus verschiedenen Farben und Formen auf dem Teller sieht appetitlich aus.

Das Prinzip lässt sich auf fast alle Blattsalate anwenden, auch auf Rote Bete, Rauke, Senf, Kresse, Grünkohl, asiatische Gemüse wie Pak Choi, Pflücksalat und viele Kräuter.

Zierwert

Die unterschiedlichen Blätter dieser Salate sorgen für Abwechslung im Gemüsegarten und schaffen kräftige Kontraste. Kombinieren Sie die scharlachroten Blätter der Gartenmelde *(Atriplex hortensis)* 'Rubra' mit grünen Pflanzen wie Rauke. Die fein geteilten Blätter der Kresse 'Cressida' bieten interessante Strukturen, Blätter mit farbigen Stängeln oder Mittelrippen wie beim Grünkohl 'Russian Red' schaffen Farbtupfer.

Junge Salate verdienen unbedingt einen Platz vorn im Blumenbeet – vorausgesetzt ein gutes Pflanzschema mit den richtigen Pflanzabständen liegt vor; Blattsalate sind zudem ideale Lückenfüller. Sie können sogar in Töpfen auf der Terrasse oder, bei sehr wenig Platz, in Saatschalen oder Multitopfplatten kultiviert werden.

Bunte Mischung

Viele Samenhändler bieten Saatmischungen an, die Salate mit typischen Geschmacksrichtungen wie bitter oder mild enthalten. Diese Kombinationen enthalten Sorten mit ähnlicher Wachstumsgeschwindigkeit und Kulturansprüchen (etwa die gleiche Aussaatzeit) und sie sehen auf dem Teller gut aus. Mischungen wie 'Orientalische Saladini' sind gut für den Einstieg.

Die riesige Auswahl an Einzelsorten, die im Versandhandel erhältlich ist, lässt genug Raum zum Experimentieren. Sie können Ihre Mischung im Hinblick auf Aroma, Bissfestigkeit und Schärfe selbst zusammenstellen. Es gibt so viele Möglichkeiten, dass sich für jeden Geschmack etwas findet.

Kultur und Ernte

Wählen Sie einen sonnigen Standort und arbeiten Sie gut verrotteten Dung, Gartenkompost oder andere organische Substanz ein, um den Boden zu verbessern (siehe S. 259). In sehr abgemagerten Boden können Sie etwas Volldünger unterrechen, aber nicht zu viel, da die Salatblätter sonst weich und weniger aromatisch werden. Säen sie ab dem zeitigen Frühjahr bis zum Spätsommer, je nach Sorte. Unter einer Abdeckung können Sie fast das ganze Jahr über säen. Genaue Anleitungen für die einzelnen Sorten liefern die spezialisierten Saatguthändler gleich mit. Die meisten asiatischen Gemüse (und einige andere) gedeihen im Hochsommer weniger gut, da sie schnell zur Samenbildung übergehen. Für die heißen Wochen empfehlen

PROBLEME VERMEIDEN

- Von unten wässern, z.B. mit einem Tropfschlauch, damit die Blätter trocken bleiben und kein Mehltau auftritt.
- Bei Trockenheit können Erdflöhe auftreten. Eine Vliesabdeckung schützt in der Anfangszeit.

Siehe auch Eigene Anzucht aus Samen, S. 20–21; Gemüsekultur ohne Chemie, S. 200–201; Pflück- und Schnittsalate, S. 202

EMPFOHLENE MISCHUNGEN

Frühjahrsmix
- Gartenkresse
- Mizuna
- Pak Choi
- Rettichblätter
- Senf 'Suehlihung' [1]
- Tatsai

Sommermix
- Mizuna
- Pak Choi
- Senf 'Tai Ping Po'
- Salatrauke [2]
- Zichorie 'Red Rib'

Würziger Mix
- Salatrauke
- Senf 'Red Giant' und 'Green Wave'
- Mizuna 'Kyoto'

Italienischer Mix
- Basilikum
- Eichblattsalat
- Petersilie 'Italian Giant' [4]
- Rauke
- Radicchio [3]
- Zichorie 'Red Rib'

Französischer Mix
- Feldsalat
- Kerbel 'Brussels Winter' [5]
- Kopfsalat 'Red Batavia'
- Rauke
- Zuckerhutchicoree

Grüner Mix
- Grünkohl 'Nero di Toscana'
- Komatsuma [6]
- Mizuna
- Tatsai

sich weniger empfindliche Arten wie Rauke.

Rechen Sie den Boden erst fein ab und säen Sie in Reihen auf etwa 30 cm Abstand, sodass Sie zwischen den Reihen noch Unkraut hacken können. Alle vier Reihen sollte ein 60 cm breiter Pfad bleiben.

Sie können die geringe Größe dieser Salate nutzen und sie als Lückenfüller im Gemüse- oder Blumenbeet verwenden. Säen Sie eher dicht, etwa 12 g pro Quadratmeter, in flache Rillen, die leicht mit Erde abgedeckt werden. Ausdünnen ist meist nicht nötig, da bald geerntet wird, solange die Pflanzen noch klein sind.

Die Pflänzchen sind ideal für einen ertragreichen Küchengarten in Töpfen. Eine Saatmischung kann breitwürfig dünn in Töpfe von mindestens 25 cm Durchmesser gesät werden, oder in Anzuchtschalen mit einem Topfsubstrat. Sie gedeihen fast das ganze Jahr über auf einer sonnigen Fensterbank. Es ist wichtig, die Töpfe gut feucht zu halten. Wer gleich mehrmals ernten will, gibt nach dem ersten Schnitt etwas Flüssigdünger. Wird etwa alle 4 Wochen in Folge ausgesät, hat man ständig frische Blätter. Gut gewässert schießen die Pflänzchen nicht.

Ernte

Die meisten jungen Salate sind 3 Wochen nach der Aussaat erntereif. Sie haben dann etwa 7,5 cm Höhe erreicht. Schneiden Sie über den Keimblättern, sodass 2,5 cm vom Spross stehen bleiben. Dann bilden sich in diesem frühen Stadium neue Blätter, wie beim Schnittsalat (siehe S. 202).

TECHNIKEN

Zwiebeln aus Samen und Steckzwiebeln

Zwiebeln sind zweijährig; sie bilden im ersten Jahr Blätter, überwintern als Zwiebel und blühen im folgenden Jahr.

Zwiebeln können Sie aus Samen oder Steckzwiebeln anziehen. Samen kosten weniger und die Auswahl an Sorten ist größer. Steckzwiebeln wachsen dagegen schneller und umgehen das schwierige Keimlingsstadium.

Der Boden sollte alkalisch bis neutral, gut dräniert und nährstoffreich sein. Graben Sie einige Zeit vorher um und düngen Sie nicht direkt vor der Pflanzung, denn dies kann zu weichen, krankheitsanfälligen Trieben führen.

Zwiebeln reagieren erst bei einer bestimmten Größe empfindlich auf Temperaturen, daher lässt sich das Schießen durch den richtigen Saat- oder Pflanztermin vermeiden.

Aussaat im Frühjahr

Um große Zwiebeln zu erhalten, müssen Sie früh säen, denn die Größe der Zwiebel hängt von der Menge des Grüns ab, das die Pflanze bildet. Sobald die Tage lang genug sind, beginnt die Zwiebelbildung. Wenn Sie keine sehr großen Zwiebeln haben wollen, reicht es im April oder Mai zu säen. Kleine Zwiebeln reifen besser und halten meist länger.

Bei einer frühen Aussaat (im März) schießen die Pflanzen leichter, da die Keimlinge früher die kälteempfindliche Größe erreichen. Das können Sie vermeiden, indem Sie die Zwiebelpflanzen mit Vlies oder Glashauben abdecken.

Steckzwiebeln haben bereits eine Saison hinter sich und schießen daher leichter. Im Handel sind auch wärmebehandelte Zwiebeln, deren Blütentrieb bei hohen Temperaturen zerstört wurde. Praktischer ist es, erst zur Frühjahrsmitte zu pflanzen.

Aussaat im Spätsommer

Eine Aussaat Ende August liefert schon früh im folgenden Jahr Zwiebeln. Oft schießen die Pflanzen dann leichter, da die Zwiebeln eher schwankenden Temperaturen ausgesetzt sind, doch sind die Herbstsorten so gezüchtet, dass sie weniger temperaturempfindlich reagieren als Frühjahrssorten. Frühe Sätze sollten Sie bald verbrauchen, da sie sich nicht lagern lassen.

Wird im Spätsommer gesät oder werden Steckzwiebeln Mitte bis Ende Herbst gesteckt, dann sollten die Pflanzen bis zum Winter so groß sein, dass sie die Kälte vertragen, aber noch so klein (Bleistiftstärke), dass sie nicht zur Blütenbildung angeregt werden.

AUSSAAT IM SPÄTWINTER

[1] Im Spätwinter kann man Zwiebeln unter Glas aussäen, entweder in große Multitopfplatten mit sechs Samen pro Zelle oder einzeln in kleine Zellen. [2] Direktsaaten oder ausgepflanzte Keimlinge brauchen einen Schutz, Kälte könnte die Blütenbildung auslösen.

1

2

Siehe auch Eigene Anzucht aus Samen, S. 20–21; Samenbildung bei Gemüse, S. 211

TECHNIKEN

Kartoffeln vorkeimen

Vorgekeimte Kartoffeln wachsen schneller.

Kartoffeln vorkeimen

Vorkeimen verlängert die Wachstumsperiode und sorgt für eine reichere Ernte. Keimen Sie Frühkartoffeln ab Ende Februar vor, sobald Saatkartoffeln (kleine Knollen) erhältlich sind; mittlere und späte Sätze lassen sich im März oder April ebenso behandeln.

Eine gute Ernte hängt entscheidend von gesunden Knollen ab. Besonders ertragreich sind hühnereigroße Knollen, größere können Sie bei der Pflanzung halbieren.

Legen Sie die Knollen in eine flache Schale, sodass die Seite mit den meisten ruhenden Knospen oder »Augen« oben liegt. Das Ganze kommt an einen hellen, trockenen, frostfreien Platz ohne direkte Sonne. Nach etwa 6 Wochen haben sich 2,5 cm lange Keime gebildet. Bei Schatten und zu viel Wärme werden die Triebe dünn und schwach.

Reiben Sie bei Frühkartoffeln die schwachen Triebe ab, sodass noch einige kräftige übrig bleiben; bei Spätkartoffeln können Sie alle belassen. Die Knollen setzt man in eine Rille, sodass die Triebe oben liegen, und man deckt sie mit 6 cm Erde zu. Auf 1 m Reihe (Reihenabstand 30–40 cm) sollten 10–13 Triebe kommen.

Siehe auch Kartoffelknollen, S. 221–222

Erkrankte Kartoffelknollen

Kartoffelknollen leiden unter Schädlingen und Krankheiten, die den Ertrag verringern oder die Küchen- und Lagerqualität beeinträchtigen.

Kranke Schale

Schorfkrankheiten befallen die Schale. Kartoffelschorf wird von einem bakterienähnlichen Organismus *(Streptomyces scabies)* verursacht und tritt vor allem in leichtem, sandigem Boden mit wenig organischer Substanz oder in stark gekalktem Boden auf. Die Infektion ist meist nur oberflächlich, es zeigen sich erhöhte, schorfige Flecken mit unregelmäßigem Rand. Die Kartoffeln eignen sich für den Verzehr.

Pulverschorf wird von einem Pilz *(Spongospora subterranea)* verursacht, der vor allem bei feuchter Witterung problematisch wird. Die Schorfflächen zeigen Pusteln mit staubigen braunen Sporen. Bei schwerem Befall entwickeln sich verkrüppelte Knollen, die sich nicht mehr für die Küche eignen. Silberschorf und Pockenkrankheit werden von anderen Pilzen verursacht und stellen geringfügige Schalenveränderungen dar.

Gegen diese Krankheiten gibt es keine Pflanzenschutzmittel. Pflanzen Sie gesunde Saatkartoffeln mit intakter Schale und halten Sie eine Fruchtfolge ein. Zusätzliche organische Substanz und gute Wasserversorgung bei Trockenheit hält Kartoffelschorf in Grenzen.

Kranke Knollen

Die Schwarzbeinigkeit wird von dem Bakterium *Erwinia carotovora* pv. *atroseptica* verursacht. Die Fäule breitet sich von befallenen Saatknollen in den Spross aus. Zunächst zeigen sich schwarze Verletzungen am Sprossansatz, die Pflanze bricht zusammen und die Knollen faulen. Pflanzen Sie gesunde Saatkartoffeln und halten Sie eine Fruchtfolge ein. Die verwandten Nassfäule-Bakterien kommen häufig im Boden vor. Sie dringen bei Nässe durch Wunden, hervorgerufen etwa durch Schneckenfraß, in die Knolle ein. Sie lassen sich kaum vermeiden. Die Kraut- und Knollenfäule beginnt als Blattkrankheit (siehe S. 222), kann aber bis zu den Knollen vordringen. Ein im Boden lebender Pilz *(Phytophthora erythroseptica)* verursacht manchmal ebenso die allerdings weniger kritische Rotfäule.

Kartoffeln werden geerntet, sobald sie reif sind.

Rostbraune Ringe im Stärkegewebe werden von einem Virus ausgelöst. Viele Unkräuter dienen ihm als Wirt, die Übertragung geschieht über Fadenwürmer.

Löcher in den Knollen

Löcher stammen meist von den Kielnacktschnecken (*Milax*-Arten), die im Boden leben. Der Schaden entsteht von Spätsommer bis Herbst. In der Schale finden sich runde Löcher, darunter liegen viel größere Höhlungen. Wird zeitig geerntet, hält sich der Schaden in Grenzen. Es gibt keine resistenten Formen. Nematoden *(Phasmarhabditis hermaphrodita)* sind über den Versand bei Nützlingsanbietern erhältlich. Das Präparat wird auf den feuchten Boden ausgebracht, solange die Kartoffeln wachsen, das Kraut aber noch nicht zu dicht ist. Legen Sie Schneckenkorn nach Angaben des Herstellers aus. Lagern Sie von Schnecken angefressene Kartoffeln nicht zusammen mit gesunden Knollen.

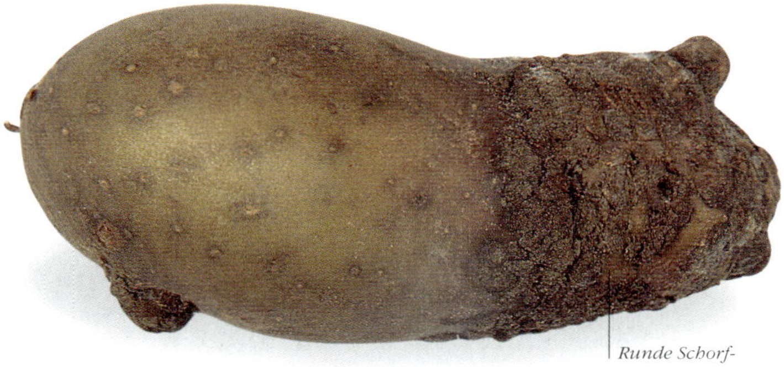

Pulverschorf

Schneckenfraß

Siehe auch Vorbeugender Pflanzenschutz, S. 36–37; Fruchtfolge, S. 210; Krankes Laub bei Kartoffeln, S. 222

Krankes Laub bei Kartoffeln

Probleme an den Blättern können bei Kartoffeln die Ernte vernichten; kontrollierte Saatkartoffeln und resistente Sorten spielen eine wichtige Rolle bei der Vorbeugung.

Gelbes Kartoffelkraut ist ein häufiges Symptom, aber nicht immer Grund zur Besorgnis. Meist ist die natürliche Alterung der Blätter oder das Absterben am Ende der Saison die Ursache. Bei gut vorgekeimten Knollen, vor allem von frühen und mittelfrühen Sorten, geschieht das ab dem Hochsommer. Junge Blätter werden oft im Sommer gelb, daran kann Nährstoffmangel schuld sein oder es liegt ein Schädlingsbefall wie durch Spinnmilben vor. Außerdem treten Krankheiten wie die Schwarzbeinigkeit (siehe S. 221) auf.

Magnesiummangel

Magnesium ist ein wichtiger Bestandteil des grünen Farbstoffs Chlorophyll. In Sandboden sind Kartoffeln anfällig für Magnesiummangel. Die Blätter werden dann zwischen den Adern gelb und wirken wie marmoriert. Dies geschieht zuerst bei älteren Blättern, da das Magnesium bevorzugt zu den jungen Triebspitzen transportiert wird. Gegen Ende der Wachstumszeit gleichen die gilbenden Blätter dem Schadbild bei Magnesiummangel. Kontrollieren Sie daher die Pflanzen regelmäßig.

Trockenheit und schlechte Bodenstruktur hemmen die Magnesiumaufnahme durch die Wurzeln. Arbeiten Sie vor der Pflanzung reichlich organische Substanz ein und gießen Sie während des Wachstums gut. Zu viel Kali kann das Problem verschärfen, da es als Konkurrent zur Magnesiumaufnahme an den Feinwurzeln auftritt. Verwenden Sie einen ausgewogenen Dünger statt Kalisulfat. Besprühen Sie die Blätter mit einer Lösung aus 5-prozentigem Bittersalz (Magnesiumsulfat) plus einigen Tropfen milder Seife als Netzmittel, um die Symptome schnell zu lindern.

Kraut- und Knollenfäule an Blättern und Trieben

Kraut- und Knollenfäule

Die Sporen des Pilzes *Phythophthora infestans* werden vom Wind und durch Spritzwasser verbreitet. Warmes, feuchtes Wetter ist nötig, damit eine Infektion auftritt. Braune Flecken entwickeln sich an den Blatträndern und -spitzen. Sie breiten sich aus, die Blätter verwelken und sterben ab. An der Unterseite bildet sich ein weißer Pilzbelag, vor allem bei nassem Wetter und hoher Luftfeuchtigkeit. Die Infektion breitet sich sprossabwärts bis in die Knollen aus (siehe S. 221). Werden die Blätter erst spät im Sommer befallen, sind die Knollen meist gerettet und der Ertrag lässt nicht nach, eine frühe Infektion kann dagegen verheerend wirken.

Diese häufigste und gefährlichste Blattkrankheit bei Kartoffeln lässt sich im Hausgarten (und selbst im Feldanbau) kaum eindämmen. Manche Kartoffelsorten wie 'Granola' und 'Remarka' sind einigermaßen resistent.

Magnesiummangel

Kartoffelviren

Man unterscheidet drei wichtige Kartoffelviren: Beim Blattrollvirus (PLRV) rollen sich die Blattränder auf, die Blätter werden steif und brüchig. Kartoffelvirus Y verursacht schwarze Strichel auf dem Laub und einen geringeren Ertrag. Kartoffelvirus X bildet schwache Blattflecken, die am besten bei bedecktem Himmel zu sehen sind, und mindert den Ertrag erheblich.

Viren brauchen Überträger, so genannte Vektoren, um von einem Wirt zum anderen zu gelangen. Viele Viren, auch das Blattrollvirus und das Kartoffelvirus Y werden von Blattläusen übertragen; die Übertragung von Virus X geschieht vor allem beim Schneiden von Saatkartoffeln über das Werkzeug.

Es gibt keine chemischen Mittel gegen Viren und im Freiland sind die Blattläuse nicht so leicht zu bekämpfen. Werden kontrollierte Saatkartoffeln gepflanzt, hat man die Gewähr, dass die Pflanzen wenigstens zu Beginn virenfrei sind.

Siehe auch Vorbeugender Pflanzenschutz, S. 36–37; Einsatz von Fungiziden, S. 38–39; Kartoffeln vorkeimen, S. 220; Erkrankte Kartoffelknollen, S. 221

PRAKTISCHE TIPPS

Zuckermais bestäuben

Der anspruchsvolle Zuckermais wird vom Wind bestäubt.

Die üblichen Zuckermaissorten enthalten halb so viel Stärke wie normaler Mais. Supersüße Sorten haben einen hohen Zuckergehalt und eine geringe Zucker-Stärke-Umwandlungsrate. Daher schmecken sie zwar weniger cremig, bleiben aber länger süß.

Damit diese unterschiedlichen Eigenschaften erhalten bleiben, müssen die verschiedenen Sorten getrennt voneinander kultiviert werden, um zu verhindern, dass sie sich gegenseitig bestäuben. Pollen kann mit dem Wind mindestes 30 m weit fliegen. Auch eine alle 2 Wochen gestaffelte Blütezeit ist schwer zu erreichen. Für den Hausgarten ist es daher ratsam bei einer angebauten Sorte zu bleiben.

Jede Zuckermaispflanze bildet nur eine männliche Blüte an der Spitze, aber zwei bis drei weibliche Kolben. Verbreitet die männliche Blüte nicht genügend Pollen, entwickeln sich Kolben mit tauber Spitze. Um die Bestäubung zu fördern, pflanzt man Zuckermais in Blöcken statt in Reihen, wobei etwa 16 Pflanzen pro Block auf mindestens 35 cm Abstand stehen sollten.

Taube Kolbenspitze wegen schlechter Bestäubung

Siehe auch Den Platz ausnutzen, S. 230

TECHNIKEN

Riesenkürbisse anbauen

Selbst gezogene Riesenkürbisse sind eine Attraktion für Halloween.

Kürbis 'Atlantic Giant'

Wählen Sie eine der größeren amerikanischen Kürbissorten. 'Atlantic Giant' ist die größte für den Hobbyanbau; sie erreicht bis zu 3 m Umfang. 'Big Max' ist ebenfalls nicht zu verachten.

Säen Sie ab Mitte April im Haus aus, topfen Sie die besten Sämlinge ein, die rechtzeitig abgehärtet werden müssen. Pflanzen Sie Mitte Mai in guten Boden und mulchen Sie nach der Pflanzung. In diesem Stadium sollten Sie nicht düngen, da die Pflanze sonst viele Blätter bildet, aber keine Früchte. (Einzelheiten zur Kultur S. 224–225.)

Hat die Pflanze drei oder vier Früchte angesetzt, wird die größte ausgewählt, die anderen werden entfernt. Kürzen Sie die Triebe zwei Blätter über den verbleibenden Früchten ein und brechen Sie alle weiteren Triebe und Seitentriebe aus.

Geben Sie nun wöchentlich einen kalibetonten Dünger, um die Fruchtbildung zu fördern. Gießen Sie im Sommer regelmäßig und großzügig und schneiden Sie das Blattwerk, wenn es sich zu sehr ausbreitet. Packen Sie die Frucht an Herbstabenden in Vlies ein, damit sie möglichst lange weiter wächst.

Siehe auch Kürbiskultur, S. 224–225

PRAKTISCHE TIPPS

Kürbisse richtig lagern

Manche Kürbisse halten sich monatelang.

Schneiden Sie die reifen Früchte mit der Garten- oder Heckenschere sauber ab (siehe S. 224–225). Lassen Sie einen Stumpf von 8–13 cm an der Frucht.

Wischen Sie die Früchte mit einer Desinfektionslösung ab, um Schimmel und Bakterien zu vermeiden. Nach dem Trocknen im Freien oder an einem frostfreien, sonnigen Platz unter Glas wird die Schale bei 27–30°C und hoher Luftfeuchtigkeit haltbar gemacht. Ideal dafür wäre ein warmer Schuppen, dessen Fußboden angefeuchtet wird.

Nach einigen Wochen kommen die Früchte an einen trockeneren Platz bei etwa 10–13°C. Werden sie zu warm gelagert, schrumpfen sie ein und verlieren ihr Aroma. Ist es ihnen zu kalt, faulen sie. Fäulnis wird gefördert, wenn sich die einzelnen Früchte berühren. Halb reife Früchte, die auf diese Weise nachbehandelt werden, sind fast so gut wie an der Pflanze gereifte. Unreife, grüne Früchte sind essbar, aber weniger aromatisch und nicht haltbar. Früchte mit Anzeichen von Fäulnis müssen sofort aus dem Lager entfernt werden.

Nach der Ernte die Früchte haltbar machen.

Siehe auch Kürbiskultur, S. 224–225

Kürbiskultur

Mit ihrer farbigen, manchmal gemusterten Schale und dem festen, süßen Fleisch haben Kürbisse im Garten und in der Küche viel zu bieten.

Kürbisse gehören wohl zu den besten Wintergemüsen. Damit sie voll ausreifen und sich gut halten, brauchen sie Wärme und volle Sonne. In kühlem Klima reifen die Früchte oft nicht richtig, da die Wachstumsperiode zu kurz ist. Dieses Risiko können Sie verringern, indem Sie früh unter Glas aussäen und frühreife Sorten wählen. Ein anderes Problem stellt der große Platzbedarf dar. Buschformen sind besonders kompakt, aber weniger ertragreich. Die am häufigsten gepflanzten Rankformen brauchen am meisten Platz.

Riesenkürbis

Diese Sorten sind meist weniger aromatisch als Gartenkürbisse, werden aber größer. Sie werden häufiger zur Zierde gepflanzt, unter anderem zum Aushöhlen für Halloween. Guten Geschmack bieten dagegen 'Gelber Zentner' und der intensiv gefärbte 'Rote Zentner' ('Rouge vif d'Etampes'). Die schnell wachsenden Sorten 'Racer' und 'Sunny' sind gute Alternativen für Regionen mit kurzer Wachstumsperiode.

Winter- und Spaghettikürbisse

Winterkürbisse sind aromatischer als Riesenkürbisse und halten sich besonders gut. Die festen, süßen »Butternut«-Sorten werden gern kultiviert. 'Early Butternut' schmeckt sehr süß und liefert auch in weniger warmen Jahren eine gute Ernte, ebenso wie 'Blue Ballet'. Weitere empfehlenswerte Sorten sind 'Muscat de Provence' mit schönen orangeroten, flachrunden Früchten und 'Delica', deren relativ kleine Früchte unter einer dunkelgrünen Schale nussig süßes, dunkelgelbes Fruchtfleisch verbergen.

Das Fleisch von Spaghettikürbissen bildet beim Kochen lange, dünne Streifen mit mildem Geschmack. Man kocht die Kürbisse 45 Minuten ganz in kochendem Wasser, bis man einen Spieß hineinstecken kann. Sie werden dann halbiert und man nimmt den Inhalt mit einer Gabel heraus. Diese Kürbisse müssen vollreif geerntet werden, sonst wird das Fruchtfleisch klebrig und bildet beim Kochen keine Streifen.

Keimlinge anziehen

Kürbisse sind frostempfindliche Einjährige und können erst ins Freie, wenn keine Frostgefahr mehr besteht. Man kann nach dem letzten Frost direkt ins Freie säen. Besser ist es, man sät ab April in Multitopfplatten im Haus oder unter Glas aus und zieht Jungpflanzen heran, um nach dem letzten Frost auszupflanzen – dies empfiehlt sich, damit man eine längere Wachstumsperiode nutzen kann.

Gießen Sie die Keimlinge nicht zu stark. Wenn sich zwei oder drei Blätter gebildet haben, sollten Sie die Keimlinge so bald wie möglich auspflanzen, da sie empfindlich auf Störungen der Wurzeln reagieren. Die Jungpflanzen sollten erst nach und nach im Frühbeet oder an einem anderen geschützten Platz abhärten können. Günstig wirkt es sich aus, wenn der Boden auf der gewünschten Pflanzfläche mit Hauben vorgewärmt wird. Vlies (siehe S. 202) oder Hauben isolieren die Pflanzen gegen späte Kälteeinbrüche. Unter einer quer durchgeschnittenen Kunststoffflasche sitzt die Pflanze schön warm und ist zudem vor Schnecken geschützt.

Den Ertrag steigern

Wählen Sie einen möglichst sonnigen Standort. Kürbisse sind Starkzehrer; wenn sie jedoch überdüngt werden, bilden sie viele große Blätter, aber kaum Früchte. Pflanzen Sie Kürbispflanzen in normalen

Verschiedene Kürbissorten
Kürbisse unterscheiden sich zwar stark im Aussehen (links) und in der Verwendung, stellen aber ähnliche Kulturansprüche. 'Onion Squash' (oben rechts) und 'Crown Prince' (unten rechts) sind gute Küchensorten.

Siehe auch Den Platz optimal ausnutzen, s. 230; Riesenkürbisse anbauen, S. 223; Kürbisse richtig lagern, S. 223

1

2

3

EMPFOHLENE SORTEN

'Rouge vif d'Etampes' ist ein großer, flacher, stark gerippter Kürbis mit glänzender oranger Schale. Die Früchte erreichen 30–60 cm Durchmesser und werden über 10 kg schwer. Ihre Lagereignung ist hervorragend und sie schmecken sehr aromatisch.

'Cream of the Crop' ist ein rundovaler Kürbis mit cremefarbener Schale und cremefarbenem Fruchtfleisch. Die buschige Pflanze liefert viele Früchte von etwa 1 kg. 1

'Jack-be-Little' ist ein winziger, aber äußerst dekorativer, oranger Kürbis. 2

'Sweet Dumpling' hat gerippte Früchte mit cremefarbener Schale und grünen Flecken. Das Fruchtfleisch ist aromatisch und nussartig.

'Pyjamas' ist ein ertragreicher Spaghettikürbis. Die neue, grün-weiß gestreifte Sorte schmeckt süßer als andere. 3

'Long Island Cheese' ist ein Winterkürbis mit runden, flachen, beigen Früchten, die 3–5 kg wiegen und gut lagerfähig sind. Das orange Fruchtfleisch schmeckt mäßig süß. 4

Gartenboden und mulchen Sie mit Kompost oder anderer organischer Substanz. Eine Pflanze hat einen Platzbedarf von etwa 3 m². Stecken Sie gleich bei der Pflanzung zu jedem Keimling einen Stab, damit Sie später beim Gießen wissen, wo sich die Mitte befindet.

Bei wenig Platz macht man sich den kriechenden Wuchs der Pflanzen zu Nutze und erzieht sie an großen, stabilen Gerüsten – wie Tunnels oder Wigwams (siehe S. 212–213) – oder an Hecken. Pflanzen Sie den Kürbis an die Südseite des Gerüsts oder der Hecke, damit er viel Licht bekommt, mulchen Sie den Wurzelbereich gut und binden Sie die Triebe regelmäßig auf.

In einem verregneten Sommer oder in kühlen Regionen können Sie die Pflanzen über schwarzer Folie kultivieren, die den Boden warm und feucht hält und Unkraut unterdrückt. Bei kühlem Wetter kann man die Pflanzen mit Vlies abdecken, damit sie weiter wachsen. Hat die Pflanze genügend Früchte gebildet, werden die Enden der Ranken abgeschnitten,

4

damit sich die Wuchskraft auf die Früchte konzentriert.

Kürbisse brauchen viel Wasser, vor allem während der Blüte und wenn sich die Früchte bilden; dies trägt auch zur Vorbeugung vor Echtem Mehltau bei. Gegen Ende des Sommers sind oft die Blattoberflächen mit dem pudrigen weißen Pilzbelag überzogen. Nehmen Sie das nicht zu leicht, weil Sie glauben, dass der größte Teil des Wachstums ohnehin abgeschlossen ist. Dieser Zeitraum ist entscheidend für die Fruchtreife und damit für die Lagerfähigkeit. Versuchen Sie Trockenheit auszugleichen, da unregelmäßiges Wachstum für die Pflanzen Stress bedeutet.

Tritt Echter Mehltau auf, kann ein Pflanzenpflegemittel mit Schwefelzusatz die Ausbreitung verhindern. Es muss beim ersten Anzeichen der Krankheit eingesetzt werden. Wenn es im Spätsommer heiß und trocken wird, kann es sich lohnen, vorbeugend zu spritzen.

Reif für die Ernte

Nur vollreife und richtig vorbehandelte Gartenkürbisse sind gut lagerfähig. Gegen Ende des Sommers ist es verlockend, die Blätter rund um die Früchte abzuschneiden, um die Reifung zu fördern, doch diese Blätter werden für die Ernährung noch benötigt. Die Früchte sind reif, wenn die Stiele trocken sind und die Schale hart wird. Dies ist meist Mitte Oktober.

Erntet man die Früchte, bevor sie vollreif sind, werden sie im Lager runzlig. Bleiben sie zu lange hängen, kann es zu Frostschäden kommen.

Tomatenkultur

Das klassische, vielseitige Sommergemüse gedeiht im Freiland oder im Gewächshaus; ausgepflanzt oder in Töpfen liefert es wochenlang Früchte.

Es gibt Tomaten mit Früchten in allen Formen und Größen. Verbreitete Sorten sind leicht als Jungpflanzen erhältlich. Eine größere Auswahl bietet allerdings der Samenhandel.

Junge Pflanzen vorziehen

Säen Sie in einen 8-cm-Topf mit Anzuchtsubstrat auf 1,5 cm Abstand. Die Samen sollten an der Oberfläche liegen, um die Umfallkrankheit zu vermeiden (siehe S. 20). Decken Sie alles mit 5 mm Vermiculit oder Perlite ab und halten Sie die Temperatur auf 21°C. Nach etwa 5 Tagen keimen dann die Samen.

Wenn die Keimlinge etwa 2 Wochen nach der Aussaat groß genug sind, kommen sie in ein Gewächshaus, wo 15–18°C herrschen, oder an einen nicht zu warmen Fensterplatz im Haus. Füllen Sie dafür 8-cm-Töpfe mit Topfsubstrat, gießen Sie gut an und lassen Sie die vorbereiteten Töpfe erst einmal stehen, damit sie die Haustemperatur annehmen. Pikieren Sie die Sämlinge einzeln in die Töpfe und gießen Sie leicht an. Wenn die Pflanzen wachsen, muss man sie immer wieder auseinander rücken, damit sich die Blätter nicht berühren.

Nach einem Monat sind die Keimlinge groß genug zum Auspflanzen. Der Wurzelballen sollte beim Herausnehmen aus dem Topf nicht auseinander fallen. Sollen die Pflanzen in Säcken oder Töpfen im Gewächshaus wachsen, bringt man sie einen Tag vor dem Umpflanzen an den endgültigen Standort, damit sich das Substrat erwärmt und gießt sie gut. Gehen Sie beim Pflanzen behutsam vor: Gießen Sie zuerst, fassen Sie die Pflanze möglichst nicht am Stängel und gießen Sie zum Schluss abermals. Stabtomaten brauchen 1,5–2,10 m hohe Stützen in Form von Stäben oder Schnüren. Buschsorten können leicht an einem 1 m hohen Stab aufgebunden werden. Eventuell müssen Sie die Bänder neu anpassen, wenn die Triebe dicker werden; falls Sie die Schnur spiralig um den Spross winden, ist das nicht nötig.

ANZUCHT AUS SAMEN

Im März gesäte Tomaten keimen gut. Pikieren fällt weg, wenn zwei Samen pro Topf gelegt werden und der schwächere Sämling entfernt wird.

Die Fruchtbildung fördern
Männliche und weibliche Organe befinden sich in einer Blüte. Leichtes Schütteln und hohe Luftfeuchtigkeit fördern die Bestäubung und Fruchtbildung.

Weitere Pflege

Winden Sie die Pflanzen mit zunehmendem Wachstum immer wieder um die Stütze. Entfernen Sie die Seitentriebe von Stabtomaten so bald wie möglich von Hand, um einen optimalen Ertrag zu erzielen. Schneiden Sie alle Triebe, die dicker als ein Bleistift sind, ab, da sie sich meist nicht sauber ausgeizen lassen. Arbeiten Sie von oben nach unten, für den Fall, dass der Leittrieb versehentlich abbricht. Wenn das geschieht, können Sie einen Seitentrieb als Ersatz verwenden. Entfernen Sie den Leittrieb von Freilandtomaten, wenn sich fünf bis sechs Fruchtbüschel gebildet haben; alle späteren Früchte reifen wahrscheinlich nicht mehr.

Der Wasserbedarf von jungen Pflanzen ist nicht sehr hoch, aber im Hochsommer kann eine Pflanze 0,7 Liter pro Tag brauchen. Pflanzen in Kübeln müssen öfter gegossen werden als Tomaten im Grundbeet. Halten Sie die Pflanzen immer gut feucht und geben Sie wiederholt einen kalireichen Tomatendünger.

Bestäubung, Fruchtbildung und Ernte

Tomaten brauchen hohe Luftfeuchtigkeit, um viele Früchte zu bilden. Im Freiland ist diese meist gegeben, im Gewächshaus sollten Sie mit dem Schlauch nachhelfen. Lüften Sie gut, um stauende Luftmassen zu vermeiden, gute Luftzirkulation beugt Krankheiten vor.

Tomaten schmecken am besten, wenn sie an der Pflanze ausreifen können. Sie können die Blätter rund um reifende Fruchtbüschel entfernen, um die Luftbewegung zu verbessern und das Pflücken zu erleichtern. Am Ende der Saison sollten Sie auch grüne Früchte abernten und im Zimmer nachreifen lassen.

Siehe Auch Eigene Anzucht aus Samen, S. 20–21; Wachstumsprobleme bei Tomaten, S. 227

Wachstumsprobleme bei Tomaten

Einige der häufigeren Tomatenprobleme entstehen durch schwankende Kulturbedingungen; um sie zu umgehen, braucht es keinen chemischen Pflanzenschutz.

Tomaten werden oft in Kultursäcken oder Töpfen kultiviert und sind dadurch sicher vor Bodenschädlingen und Krankheiten. Sie bleiben aber anfällig für die Krautfäule (siehe S. 222) und können unter Glas unter den typischen Gewächshausschädlingen leiden (siehe S. 197–198).

Blütenendfäule

Diese Krankheit tritt häufiger zu Beginn der Saison auf und entsteht durch schlechte Kalziumverteilung in den Früchten, die auf ungenügende oder unregelmäßige Wasserversorgung zurückzuführen ist. Zu wenig Wasser verringert die Aufnahme von Nährstoffen; zu viel Tomatendünger hemmt die Aufnahme von Kalzium und fördert damit die Krankheit. Ein brauner Fleck erscheint an der Blütenansatzstelle der Frucht und entwickelt sich dann zu einem festen, vertieften Ring, mit dem die Frucht flacher aussieht.

Halten Sie das Substrat immer feucht, sorgen Sie für hohe Luftfeuchtigkeit und gießen Sie am frühen Abend (der Kalziumtransport findet vor allem nachts statt). Auch gute Belüftung, die hohe Temperaturen abmildert, hilft. Eine Blattdüngung mit Kalzium ist unwirksam und kann zu Verbrennungen an den Blättern führen.

Blütenendfäule

Aufreißen

Nicht ausgefärbtes Fruchtfleisch

Verfärbte und verformte Früchte

Verfärbungen können in Form von Grünkragen auftreten: als harte grüne Flächen an der Schulter der Frucht, die schon im unreifen Stadium auffallen, oder als unregelmäßige Reifung in Form von gelben Flecken. Ebenso wie festes weißes Gewebe in der Frucht werden diese durch zu viel Hitze und/oder durch Lichtschäden hervorgerufen. Ausreichende Belüftung und Schattieren bei Bedarf kann diese Störung verhindern.

Mitunter bleiben Blütenblätter an den wachsenden Früchten hängen, sodass sich Falten, Narben und große, korkige Flecken entwickeln. Dazu kommt es bei ungünstigem Wetter während der Fruchtbildung, das Phänomen tritt im Laufe der Sommers immer seltener auf. Decken Sie die Pflanzen in kalten Nächten mit Vlies ab.

Hohle Früchte wirken von außen normal, zeigen aber Hohlräume ohne Samen, wenn sie aufgeschnitten werden. Der Auslöser dafür sind extreme Temperaturen während der Fruchtbildung.

Risse und Aufplatzen

Kleine Risse zeigen sich in Form von konzentrischen, verkorkten Kreisen am Stielende der Frucht. Platzt die Frucht ringförmig auf, kommt es oft zu Sekundärinfektionen, etwa durch Grauschimmel *(Botrytis)*. Beide Erscheinungen werden von einem schnellen Wachstumsschub hervorgerufen, der wiederum von Schwankungen bei der Temperatur und der Wasserversorgung ausgelöst wurde.

Blattprobleme

Tomatenblätter rollen sich in kühlen Nächten ein. Das stellt kein Problem dar, kann aber auf zu niedrige Nachttemperaturen hinweisen, die Missbildungen der Früchte verursachen.

Bei Magnesiummangel färben sich die Flächen zwischen den Blattadern gelb. Er tritt vor allem bei Tomaten auf, die in sandigem oder saurem Boden wachsen, oder wenn zu viel Kalidünger gegeben wurde. In schweren Fällen fallen die Blätter ab. Spritzen Sie bei Bedarf die Blätter alle 2 Wochen mit 5-prozentigem Bittersalz (Magnesiumsulfat).

Tomatenblatt mit Magnesiummangel

Siehe auch Vorbeugender Pflanzenschutz, S. 36–37; Das Gewächshaus nicht überhitzen, S. 192

Gewöhnliche und exotische Wurzelgemüse

Wurzelgemüse sind vielleicht nicht besonders originell, aber ein wichtiger Bestandteil des Küchengartens; es lohnt sich, einige Raritäten auszuprobieren.

Ungewöhnliches Wurzelgemüse liefert neue Geschmacksrichtungen, aber auch Farben und Texturen. Diese Pflanzen sind oft frei von Schädlingen und Krankheiten, vertragen mageren Boden und sind damit pflegeleicht und ideal für den Biogarten. Außerdem halten sie sich länger als Blatt- oder Fruchtgemüse, sodass eine Ernte ganz ausgenutzt wird.

Optimale Ergebnisse

Achten Sie auf eine lockere Bodenstruktur mit möglichst wenig Steinen. Manchmal werden Dung und Kompost als Verursacher von gegabelten Wurzeln vermutet, doch gut verrottetes Material beeinträchtigt die Qualität der Wurzeln nicht. Frischer Dung muss immer erst gut ablagern, bevor er in den Boden eingemischt wird. Magerer Boden sollte etwas Volldünger oder Hornmehl bzw. Hornspäne erhalten.

Da Wurzelgemüse schlecht mit Unkraut konkurrieren kann, sollten Sie für ein »sauberes« Saatbeet sorgen. Hacken Sie aufkeimendes Unkraut weg und säen Sie dann erst aus, aber so dass der Boden möglichst wenig gestört wird.

Möhren

Gute, preiswerte Möhren sind überall erhältlich, daher sollten Sie sich auf außergewöhnliche Sorten konzentrieren, etwa solche mit violetten oder weißen Rüben. Damit die Pflanzen nicht zur Blütenbildung übergehen, wird im Spätfrühjahr oder Frühsommer in ein unkrautfreies Beet gesät.

Junge, frische Möhren, die im zeitigen Frühjahr gesät werden, schmecken besonders lecker. Möhrensamen keimen langsam, daher könnten Sie etwa ein Dutzend Samen von runden oder kurzen Sorten in kleine Töpfe säen, auf der Fensterbank oder im Gewächshaus keimen lassen und auspflanzen, sobald die Keimlinge sichtbar sind. Stattdessen können Sie die Pflanzen auch im Gewächshaus in »ausgebrauchten« Kultursäcken kultivieren, in denen vorher Tomaten wuchsen.

Säen Sie 1–2 cm tief bei 25 cm Reihenabstand und dünnen Sie die Pflanzen auf 5 cm aus. Gießen Sie nur bei längerer Trockenheit. Ernten Sie die Wurzeln möglichst frühzeitig. Es lohnt sich nicht, Möhren für den Winter einzulagern. Wenn man sie im Herbst noch für eine Zeit lang im Boden belässt, kann man sie mit Stroh oder Pappe und Folie ab decken. Möhren sollte man vorbeugend vor der Möhrenfliege schützen (siehe S. 205).

MÖHREN ZUM PROBIEREN

Runde Möhren
'Guerande', 'Pariser Markt'

Violette Rüben
'De Djerba', 'Purple Dragon'

Gelbe Rüben
'Lobbericher Gelbe'

Speiserüben
'Blanche'

Süßkartoffel

Pastinaken

Diese winterharten Pflanzen haben eine lange Wachstumszeit; sie sollten daher so früh wie möglich im Frühjahr gesät werden. Wärmen Sie den Boden mit Hilfe einer transparenten Folie mindestens 6 Wochen vor der Aussaat vor, damit sich die langsam keimenden Samen besser entwickeln. Die wüchsige F1-Hybride 'Gladiator' liefert auch bei ungünstigen Bedingungen einen guten Ertrag.

Säen Sie 1–2 cm tief auf 30 cm Reihenabstand und dünnen Sie die Pflanzen auf 15 cm aus. Gießen ist nicht nötig. Ernten und lagern Sie die Wurzeln wie Möhren (oben).

Bataten, Süßkartoffeln

Diese Pflanzen mit süßen Wurzelknollen stammen aus Südamerika und brauchen warmen, frischen, nährstoffreichen Boden. Bewurzelte Stecklinge kann man kaufen. Man setzt sie sofort in kleine Töpfe und stellt sie an einen warmen, hellen Platz, bis sie gut angewachsen sind. Die Weiterkultur erfolgt dann im Freien, zunächst noch unter Hauben oder Vlies. Lassen Sie dabei 50 cm Abstand zwischen den Pflanzen, damit der kriechende Spross Platz hat. Gießen Sie bei Trockenheit großzügig. Im Herbst werden die Knollen geerntet. Man kann sie den Winter über an einem warmen, trockenen Platz lagern,

Schwarzwurzel

Haferwurzel

WURZELGEMÜSE ERNTEN

Japanischer Rettich
Japanischer Rettich wird geerntet, sobald er groß genug ist für den Verzehr, da er schnell holzig und unappetitlich wird. Winterrettich muss vor dem ersten Frost geerntet werden.

Knollenziest
Die kleinen, aber zahlreichen Knollen werden in kleinen Mengen nach Bedarf geerntet, da sie sich im Gegensatz zu den meisten Wurzelgemüsen sehr schlecht lagern lassen.

Wurzelpetersilie
Die Wurzeln werden ab Spätsommer geerntet. Man kann sie in Sandkisten einschlagen und kühl stellen, aber sie können ebenso für eine Ernte nach Bedarf einfach im Boden bleiben.

doch zuvor werden sie eine Woche lang bei 10–15°C haltbar gemacht. Die häufigste Sorte ist 'Beauregard'.

Schwarzwurzeln

Die langen Wurzeln dieser europäischen Kultur haben einen typischen, erdigen Geschmack. Zubereitet werden sie ähnlich wie Pastinaken. Die Schwarzwurzel hat eine bis zu 90 cm lange Pfahlwurzel mit schwarzem Korkmantel. Die Haferwurzel dagegen entwickelt etwas kürzere braune Wurzeln, hat aber ebenso ein helles Gewebe; sie soll kräftiger schmecken als die mildere Schwarzwurzel.

Im März oder April wird gesät, die Kultur ist ähnlich wie bei Pastinaken. Geerntet wird ab der Herbstmitte, aber die Wurzeln können bis weit in den Winter im Boden bleiben.

Wurzelpetersilie

Gesät wird im April, die Kultur verläuft wie bei Möhren. 30 cm Reihenabstand und 15 cm Abstand zwischen den Pflanzen ermöglichen große Wurzeln. Diese schmecken mild, ähnlich wie Sellerie. Das Grün eignet sich wie Petersilie als Würzkraut, es stirbt allerdings wie bei der Möhre im Winter ab. Die Pflanzen sollten vor der Möhrenfliege geschützt werden (siehe S. 205).

Knollenziest

Die Knollen dieses asiatischen Gemüses werden im April gesetzt: 5 cm tief, bei 30 cm Abstand und 45 cm Reihenabstand. Die Knollen sehen aus wie kleine, spiralige Maden, gelegentlich werden sie in Katalogen oder im Gartencenter angeboten. Frischer Boden ist sehr wichtig für eine gute Entwicklung der Knollen. Geerntet wird ab dem Frühherbst für den sofortigen Verbrauch.

Winterrettich und Japanischer Rettich

Der Rettich stellt eine verdickte Wurzel dar; er schmeckt scharf und pfeffrig nach Kohl. Er passt zu Eintöpfen, Suppen und Salaten, kann aber den Geschmack anderer Zutaten überdecken. Gute Sorten sind zum Beispiel 'Runder Schwarzer' und 'Hilds blauer Herbst und Winter'.

Säen Sie im Spätsommer 1 cm tief direkt ins Freiland mit einem Reihenabstand von 30 cm, dünnen Sie auf 15 cm Pflanzabstand aus und ernten Sie nach Bedarf im Herbst. Die Pflanzen lassen sich wie Möhren vor starkem Frost schützen, das ermöglicht eine Ernte bis zum Frühwinter. Vlies schützt die Pflanzen vor der Rettichfliege.

Lassen Sie einige Pflanzen stehen, damit sie im nächsten Sommer Samen bilden. Die unreifen Schoten sind eine aromatische Zutat für Sommersalate und Wokgerichte. Die Sorte 'Münchner Bier' wird dafür empfohlen.

Japanischer Rettich wird im Hochsommer ausgesät und im Spätsommer bis Frühherbst nach Bedarf geerntet. Dieses asiatische Gemüse passt in Eintöpfe, Salate und Wokgerichte. 'Minowase' ist eine der zuverlässigsten Sorten.

Den Platz optimal ausnutzen

Wenn ein Gemüsegarten wenig Platz bietet, tragen bestimmte Kulturtechniken dazu bei, ihn optimal zu nutzen.

Um ihren Garten optimal zu nutzen, versuchen Gemüsegärtner den Boden so lange wie möglich bedeckt zu halten. Hintereinander gestaffelte Kulturen ermöglichen auf einem Beet bis zu drei Ernten in zwei Jahren. Ein Beispiel wären Frühkartoffeln, gefolgt von Lauch, der im Winter geerntet wird und Platz macht für ein Sommergemüse wie Möhren. Schwieriger wird es, wenn man vier Ernten auf einer Fläche erzielen will.

Gemüsegärtner können auch zwei oder mehr Gemüse gleichzeitig auf derselben Fläche anpflanzen, in so genannter Mischkultur. Die »drei Schwestern« Zuckermais, Bohnen und Kürbis (siehe Kasten) sind ein bekanntes Beispiel aus Südamerika. Auch in China findet man derartige Systeme. In den nördlicheren Breiten hingegen, bei beschränktem Lichtangebot und kürzerer Wachstumsperiode, sind die Möglichkeiten für Mischkulturen etwas beschränkter.

Häufig werden schnell wachsende Pflanzen wie Radieschen oder Kopfsalat zwischen langsam wachsende wie Rosenkohl gepflanzt. Letztere werden im Frühsommer in sehr großen Abständen gesetzt, da sie den ganzen Sommer brauchen, um ihre volle Größe zu erreichen. Dazwischen können dann Kopfsalat, eventuell Rote Bete, Brokkoli, Sommerkohl oder Speiserüben wachsen, die im Hochsommer geerntet werden. Im Spätsommer wirft der Rosenkohl so viel Schatten, dass eine Mischkultur nicht mehr möglich ist.

DIE DREI SCHWESTERN

Traditionell werden diese drei Kulturen gemeinsam angebaut. Mais liefert alle essenziellen Aminosäuren bis auf zwei, die wiederum in den Bohnen enthalten sind. Kürbis ist reich an Kohlenhydraten und Vitamin A und er enthält Pflanzenfett, was dem Mais und den Bohnen fehlt. Zusammen liefern sie eine ausgewogene Kombination von Kohlenhydraten, Eiweiß und pflanzlichen Fetten.

Kohl für den Herbst und Winter wird ebenfalls im Frühsommer mit sehr großen Abständen gepflanzt. Dazwischen bleibt zwar weniger Platz als bei Rosenkohl, aber kleine Pflanzen wie Radieschen oder Spinat passen dennoch dazwischen.

Diese Mischkulturen können direkt ausgesät werden, aber oft ist es leichter, sie in Töpfen oder Multitopfplatten vorzuziehen. Reichlich Dünger und Feuchtigkeit sind wichtig, sonst kann die Zweitkultur leicht zum Konkurrenten werden und der Hauptkultur Nährstoffe entziehen.

Anfänger sind oft zu ehrgeizig. Dabei lohnt es sich, erst auf Nummer Sicher zu gehen und eventuell die Zweitkultur zu opfern, um der Hauptkultur nicht zu schaden. Eine Mischkultur aus Erbsen, Bohnen und Kartoffeln klingt zwar verführerisch, doch in der Praxis muss der Abstand zwischen den Reihen sehr groß sein, damit alle gut gedeihen. Zwischen Erbsen mit einem Reihenabstand von 1,2 m passt allerdings eine Reihe Winterkohl oder violetter Brokkoli im Hochsommer. Diese Pflanzen wachsen dann einfach weiter, nachdem die Erbsen abgeerntet wurden.

Sie können auch Zwischenkulturen einplanen und nach einem frühen Gemüse wie Schalotten, überwinterten Zwiebeln oder frühen Erbsen etwas schnell Wachsendes wie Möhren, Endivie, Kohlrabi, Kopf- oder Blattsalat, Spinat oder Speiserüben für den Herbst anbauen. Ebenso können schnell wachsende Wurzel- oder Salatgemüse einen Platz einnehmen, auf dem erst nach Ende der Spätfrostgefahr Gemüse ausgepflanzt wird. Einige spät gesäte Pflanzen wie Zuckermais oder Tomaten lassen sich gut damit kombinieren. Diese Kulturen nutzen den Platz im Beet gleich wieder, sobald die Zwischenfrucht abgeerntet ist.

Obstbäume in kleinen Gärten

Kompakte Bäume, die sich in die Enge eines kleinen Gartens einfügen, liefern dennoch hochwertige Früchte.

Gedrungen wachsende Bäume für kleine Gärten lassen sich auf unterschiedliche Weise erzielen. Die Unterlage und die Sorte werden hierfür sorgfältig ausgewählt, die Baumform und der Schnitt spielen ebenso eine Rolle wie die richtige Düngung.

Sorte und Unterlage

Manche Sorten sind von Natur aus wüchsiger, andere kompakter. Ungeeignet für kleinkronige Äpfel sind 'Blenheim Orange' oder 'Gravensteiner', auch bei Birnen kommt es auf die richtige Sortenwahl im Hinblick auf die Größe und die Befruchtungsverhältnisse an.

Die Unterlage bestimmt die Größe des Baumes. Gelegentlich werden neue Unterlagen eingeführt, daher sollten Sie in einer guten Baumschule mit großem Sortiment kaufen. Einzelheiten zu den Unterlagen für Äpfel und Birnen finden sich auf S. 233. Bei den Pflaumen empfiehlt sich 'Pixy'; 'St. Julien A' ergibt auch bei magerem Boden einen mittelgroßen Baum. Süßkirschen passen schlecht in kleine Gärten. Auf die Unterlage 'Colt' veredelt, lassen sich Süß- oder Sauerkirschen an einer Wand erziehen. 'Malling F 12/1' eignet sich für Süßkirschen an größeren Spalieren. Ein Sommerschnitt hält die Süßkirsche in Zaum. Als frei stehender Baum eignet sich die Sauerkirsche 'Morina' mit schönem, spindelförmigem Wuchs.

Eine Reihe aus Apfelkordons am Gartenweg wirkt dekorativ und verspricht hohen Ertrag.

Baumform

Äpfel und Birnen sollten als Busch oder mit niedriger Pyramidenkrone erzogen werden, weitere mögliche Formen sind Kordon (Schnurbaum), Spalier, Fächer oder Spindel. Eine niedrige Hohlkrone ist besonders ertragreich und pflegeleicht, braucht aber den meisten Platz. Kordons werden dicht nebeneinander in einer Reihe an ein Stützgerüst gesetzt. Spaliere und Fächer, an einer Wand oder an Drähten erzogen, wirken sehr dekorativ. Die schlanke Spindel gerät aber leicht außer Kontrolle, wenn der Sommerschnitt vernachlässigt wird.

Jährliche Pflege

Obstbäume in kleinen Gärten müssen sorgfältig geschnitten werden. Bei den meisten Arten ist die beste Zeit dafür im Sommer, denn ein Schnitt im Winter regt das Wachstum zu sehr an. Hohlkronen werden im Winter geschnitten, im Sommer werden nur überschüssige Triebe entfernt. Die Düngung ist wichtig für Bäume auf engem Raum. Geben Sie nicht mehr Stickstoff als empfohlen, denn mehr als 30 g pro Quadratmeter fördern krankheitsanfällige Triebe.

EMPFEHLENSWERT

Äpfel

- **'Florina'** ♡, gut zu lagern
- **'Kidd's Orange Red'** ♡, gut zu lagern
- **'Rebella'** ♡, Herbstapfel
- **'Retina'** ♡, Frühsorte
- **'Rubinola'** ♡, Herbstapfel

Birnen

- **'Dessertnaja'** ♡, Frühsorte
- **'Williams Christ'** ♡

Pflaumen

- **'Hanita'** ♡
- **'Katinka'** ♡
- **'Topper'** ♡

OBSTBÄUME KAUFEN

- Für die meisten Formen empfehlen sich ein- oder zweijährige Bäume.
- Für Fächer und Spaliere sind vorgezogene dreijährige Bäume am besten.
- Die größte Auswahl gibt es bei wurzelnackten Bäumen. Man findet sie im Angebot von Spätherbst bis Frühjahr.
- In Töpfen gezogene Bäume können Sie jederzeit pflanzen. Achten Sie auf kräftige, nicht mit dem Topf verwachsene Wurzeln.

Siehe auch Obstbäume in Töpfen, S. 234–235; Apfel- und Birnbäume schneiden, s. 236–237; Bäume pflanzen, S. 60–61; Obstbäume, S. 232

PRAKTISCHE TIPPS

Obst lagern

Fäulnis geht auf gesundes Obst über.

Äpfel im Kunststoffbeutel

Lagern Sie Früchte bei einer gleichmäßigen Temperatur über 3°C, aber unter 7°C an einem gut belüfteten, dunklen, nicht zu feuchten (aber auch nicht ganz trockenen) Platz. Ein Keller, Gartenschuppen oder eine Garage können diese Anforderungen erfüllen. Die Behälter müssen luftdurchlässig sein. Stapelbare Holzkisten sind ideal, aber auch Lattengestelle oder Styroporschalen eignen sich.

Das Obst vorbereiten

Die Früchte können unverpackt gelagert werden, doch einzeln in Küchen- oder Zeitungspapier verpackt halten sie oft besser. (Birnen und größere Äpfel sollte man aber nicht einwickeln.) Man kann sie in Gefriertüten verpacken, sofern die Temperatur gleichmäßig bleibt, damit sich kein Kondenswasser niederschlägt. Füllen Sie das Obst flach ein und falten Sie das Ende um. Stechen Sie ein Loch pro 500 g Obst (bei Äpfeln zwei Löcher). Quitten haben ein scharfes Aroma, daher sollten sie von anderem Obst getrennt gelagert werden.

Mangelnder Luftaustausch und beschädigtes Obst führen schnell zu Fäulnis.

Siehe auch Erkrankungen, S. 238

TECHNIKEN

Obstbäume düngen und mulchen

Wie alle Obst- und Gemüsepflanzen brauchen Obstbäume viele Nährstoffe, wenn sie gut wachsen und fruchten sollen.

Der Boden unter Obstbäumen wird nicht regelmäßig bearbeitet, daher muss der Nährstoffbedarf durch Mulchen und Düngen erfüllt werden.

Mulchen und Gießen

Ein jährlicher Mulch aus massereicher organischer Substanz wie Dung, Laub- oder Gartenkompost liefert reichlich Nährstoffe, unterdrückt Unkraut und hält die Feuchtigkeit im Boden. Dennoch werden Sie bei Trockenheit vereinzelt gießen müssen. Birnen, Pflaumen, Renekloden und Zwetschgen profitieren besonders von einem Mulch und brauchen im Sommer Wasser. Mulchen Sie frisch gepflanzte Obstbäume und -sträucher und gießen Sie regelmäßig. Günstig wirkt sich eine Mulchauflage aus bei Roten und Weißen Johannisbeeren, Stachelbeeren und Himbeeren, vor allem bei leichtem Boden.

Der junge Obstbaum erhält eine Mulchauflage.

Sie können auch mit Stroh mulchen; es muss allerdings gut verrottet sein, bevor es in den Boden eingearbeitet wird, ansonsten sind zusätzliche Stickstoffgaben erforderlich.

Düngen

Volldünger liefern alle drei wichtigen Pflanzennährstoffe und manchmal zusätzlich einige Spurenelemente. Bei Bedarf kann man gelegentlich mit Hilfe von Einnährstoffdüngern Stickstoff oder Kali zusätzlich geben.

Stickstoff fördert das Wachstum und sorgt für größere Früchte. Geben Sie jährlich im Frühjahr getrockneten Geflügeldung oder 35 g Ammoniumsulfat pro Quadratmeter. Birnen, Pflaumen, Renekloden, Zwetschgen und Schwarze Johannisbeeren brauchen mehr Stickstoff, auch Tafeläpfel, wenn sie schlecht wachsen. Sie alle erhalten 50–70 g pro Quadratmeter.

Phosphor ist wichtig für eine gesunde Wurzelentwicklung und das Wachstum allgemein. Geben Sie vor der Pflanzung und alle 3–4 Jahre im Winter 35 g Superphosphat pro Quadratmeter.

Kalium fördert die Ausreife des Holzes, damit steigt die Kälteverträglichkeit der Pflanze. Ein Zuviel kann allerdings zu Magnesiummangel führen. Geben Sie jährlich im Frühjahr 15 g Kalisulfat pro Quadratmeter. Organische Dünger enthalten wenig Kali.

Bei Magnesiummangel färben sich die Blätter zwischen den Adern gelb; er tritt immer wieder bei Äpfeln, Trauben, Himbeeren und Schwarzen Johannisbeeren auf. Spritzen Sie dann im Abstand von 2 Wochen zwei- bis dreimal eine Bittersalz-Lösung (5 %) auf die Blätter. Tritt der Mangel öfter auf, sollten Sie im Winter Magnesiumsulfat in Form von Bittersalz oder Kieserit in den Boden geben.

Siehe auch Die Vorteile des Mulchens, S. 269–270; Düngen – mit Maß und zur rechten Zeit, S. 267

PFLANZENPROBLEME

Mangelhafte Bestäubung

Schlechte Bestäubung führt zu unregelmäßigen Früchten.

Unzureichend bestäubte Erdbeeren

Bei Obstpflanzen im Freiland mit passenden Bestäubungspartnern in der Nähe ist die Befruchtung in der Regel kein Problem (siehe S. 234–235).

Das Problem fällt vor allem bei Erdbeeren auf, denn jede Eizelle muss befruchtet werden, damit sich Samen bilden und das Fruchtfleisch rund um diesen Kern anschwillt. Die Frucht reift in der Umgebung von unbefruchteten Eizellen nicht richtig aus, insgesamt wirkt sie dann verkrüppelt. Gewächshäuser mit Erdbeeren müssen täglich gelüftet werden, damit Insekten zu den Blüten gelangen.

Nach schlechter Bestäubung bilden Tomaten oft nur murmelgroße Früchte; sie bleiben hohl und enthalten keine Samen. Um die Fruchtbildung zu fördern, sollte man die geöffneten Blüten täglich leicht antippen.

FRUCHTANSATZ

- Selbstfertile Pflanzen wählen oder für Bestäubungspartner in der Nähe sorgen.
- Um Insekten anzulocken, die Obstpflanzen an warme, sonnige, windgeschützte Stellen pflanzen und nektarreiche Pflanzen daneben setzen.
- Keine Insektizide verwenden, die den Bestäubern schaden.

Siehe auch Wachstumsprobleme, S. 227

PRAKTISCHE TIPPS

Geeignete Apfel- und Birnbäume

Achten Sie bei der Auswahl von Apfel- und Birnensorten auf Höhe, Blütezeit, durchgehenden Ertrag und Krankheitsresistenz.

Manche im Supermarkt erhältlichen Sorten werden in wärmeren Ländern kultiviert und erweisen sich in Ihrem Garten als Enttäuschung. Andere kommen nicht in den Supermarkt, weil sie frisch vom Baum einfach herrlich schmecken, Aroma und Bissfestigkeit aber schnell nachlassen. Wieder andere Sorten können monatelang gelagert werden. Unterschieden wird bei Apfel- und Birnensorten zwischen der Ernte- und der (oft erst später erreichten) Genussreife. Die einzelnen Sorten lassen sich unterschiedlich lange lagern.

Der richtige Baum für Ihren Garten

Die Größe eines Obstbaumes wird von der Unterlage bestimmt, auf die die Sorte veredelt wird. Die beliebtesten Apfelunterlagen sind M 27, M 9 und M 106, aus denen sich Bäume von 1,5–1,8 m, 2,2–3 m und 4–5,5 m Höhe entwickeln. Bei den Birnen ist Quitte A sehr weit verbreitet, die 3–6 m hohe Bäume ergibt. Bäume auf Quitte C werden 1,8–2,7 m hoch. Auch der Bodentyp spielt eine Rolle. Leichter Sand- oder Kalkboden hemmt das Wachstum stärker als Tonboden. Obstbäume kann man übrigens auch in Töpfen ziehen (siehe S. 234–235).

Blüte und Bestäubung

Manche Äpfel und Birnen werden zwar als selbstfruchtbar (selbstfertil) bezeichnet, die meisten brauchen jedoch Pollen einer anderen Sorte, um Früchte zu bilden. Verschiedene Sorten blühen zu unterschiedlichen Zeiten, deshalb werden sie in Blütengruppen eingeteilt. Die Bestäubung glückt demnach nur bei Sorten aus der gleichen Gruppe oder aus zwei benachbarten Gruppen. Triploide Sorten eignen sich nicht als Pollenspender. Darüber hinaus gibt es inkompatible Gruppen bei Äpfeln und Birnen. Sorten aus diesen Gruppen bilden weder mit ihrem eigenen Pollen noch mit dem von anderen Sorten der Gruppe Früchte. Unter den zahlreichen Sorten wird jedoch ein sachkundiger Verkäufer immer geeignete Bestäuber anbieten können.

Gesunde Bäume

Auch die Widerstandsfähigkeit gegenüber typischen Krankheiten variiert von Sorte zu Sorte. In dieser Hinsicht sind moderne Sorten den älteren oft überlegen. Die Häufigkeit bestimmter Krankheiten hängt vom Klima und von der Witterung ab. Es empfiehlt sich, nachzufragen, welche Sorten in der Umgebung gut gedeihen.

VEREDELUNG

Die Stelle, wo das Edelreis mit der Unterlage verwachsen ist, sollte über dem Boden sichtbar sein. Liegt sie unter der Erde, kann das Reis Wurzeln schlagen .

Siehe auch Obstbäume in kleinen Gärten, S. 231; Obstbäume in Töpfen, S. 234–235

Obstbäume in Töpfen

Mit der richtigen Schnittmethode gelingt es, von Obstbäumen in Töpfen dekorative und leckere Früchte zu ernten.

Wer zu wenig Platz oder gar keinen Garten hat, muss auf Obstbäume nicht verzichten. Obstbäume in Töpfen kann man fast überall aufstellen. Ein kaltes Gewächshaus oder ein Kellerraum bietet Schutz vor Frost, die Pflanzen müssen aber nach draußen kommen, wenn sich Früchte gebildet haben.

Es kann sinnvoll sein, Obstbäume in Töpfen für den Winter im Glashaus unterzustellen.

Pflanzung

Jeder gut dränierte Container mit einem Loch im Boden eignet sich für Bäume, sofern er mindestens so tief wie breit ist. Beginnen Sie mit einem Topf von etwa 30 cm Durchmesser, das ist etwas mehr als der Wurzelballen eines jungen Baumes misst. Topfen Sie die Bäume in größere Töpfe um, bevor die Wurzeln an der Topfwand entlang wachsen. Größer als 45 cm sollte der Topf jedoch nicht werden. Große Terrakottatöpfe können sehr schwer sein – und außerdem brüchig; Kunststoffgefäße sind daher oft praktischer. Ein neu gekaufter Baum kann jederzeit während der Winterruhe eingetopft werden. Die Veredelungsstelle muss über der Substratoberfläche zu sehen sein (siehe S. 233). Umgetopft wird am besten im Spätwinter.

OBSTBÄUME ALS KÜBELPFLANZEN

Ein tonhaltiges Substrat bietet Halt und liefert ausreichend Nährstoffe. [1] Den Topf so hoch befüllen, dass die Veredelungsstelle hinterher über der Substratoberfläche liegt. [2] Den Baum senkrecht in den Topf halten, rundum auffüllen und das Substrat vorsichtig andrücken. [3] Depotdünger hinzufügen und den Topf bis auf 2,5–5 cm unter dem Rand auffüllen, damit ein Gießrand verbleibt.

Allgemeine Pflege

Stellen Sie die Bäume an einen sonnigen, geschützten Platz. Meiden Sie Stellen mit Windturbulenzen. Wenn der Topf in einer Ecke steht, sollten Sie ihn regelmäßig drehen, damit der Baum gleichmäßig wächst und Holz und Früchte gut ausreifen. Während der Wachstumszeit müssen Sie womöglich bis zu zweimal am Tag gießen. Gießen Sie bei trockenem Substrat reichlich, das heißt, der Topf wird bis zum Rand mit Wasser gefüllt. Gießen Sie im Winter seltener, aber das Substrat darf nie ganz austrocknen.

Für eine gute Ernte sollten Sie von April bis zum Spätsommer wöchentlich einen kalireichen Dünger geben. Einmal monatlich wird aber stattdessen ein Volldünger verabreicht, der ausreichend Stickstoff nachliefert. Eine Langzeitversorgung mit geeigneten Depotdüngern ist ebenso möglich.

Legen Sie jährlich im Frühjahr eine Schicht aus frischem Substrat auf, entfernen Sie dafür etwa 5 cm vom alten. Pflanzen Sie die Bäume alle 2–3 Jahre

Siehe auch Obstbäume in kleinen Gärten, S. 231; Obstbäume düngen und mulchen, S. 232; Geeignete Apfel- und Birnbäume, S. 233

GEEIGNETE SORTEN UND PASSENDE TÖPFE

Dekorative, ertragreiche Birnen
Alle Birnen entwickeln zahlreiche Blüten, hier 'Doyenné du Comice'. Die Sorten 'Trévoux', 'Clapps Liebling', 'Gute Luise' und 'Alexander Lucas' haben zudem schön gefärbte Früchte.

Empfindliche Pfirsiche und Nektarinen
Kompaktsorten wie die Pfirsiche 'Garden Anny' und 'Garden Lady' und die Nektarine 'Nectarella' sind besonders pflegeleicht, aber auch andere eignen sich.

Üppige Pflaumen und Kirschen
Selbstfertile Tafelpflaumen wie 'Bühler Frühzwetschge', 'Hanita' und 'Nancy Mirabelle' eignen sich besonders gut für Töpfe. Sauerkirschen sind selbstfruchtbar.

um. Entfernen Sie lockeres Material aus dem Topf und schneiden Sie alle dicken, sehnigen Wurzeln zurück, wenn der Baum mit der Topfwand verwächst.

Äpfel und Birnen

Fast alle Äpfel und Birnen müssen von einer anderen Sorte bestäubt werden, die zur gleichen Zeit blüht. Achten Sie beim Kauf darauf und pflanzen Sie mehrere solche Bäume zusammen. Beliebte Sorten, die sich für die Topfkultur eignen, sind 'Elstar', 'Fiesta', 'Goldparmäne', 'Idared', 'Jonagold' und 'Roter Berlepsch'.

Erziehen Sie Apfelbäume im Topf als Pyramide oder als Hohlkrone. Als Unterlage eignen sich M 26 oder M 9 (siehe S. 233), M 27 bleibt dagegen zu zwergig. Birnen sollten als Pyramide oder Busch erzogen werden und auf einer Quitte-C-Unterlage wachsen.

Schneiden Sie Apfel- und Birnbäume jährlich. Kürzen Sie junge Leittriebe an Büschen im Winter um ein Drittel. Schneiden Sie Seitentriebe auf vier Augen zurück. Entfernen Sie nach innen wachsende Äste aus dem Kroneninneren. Pyramiden sollten Sie ab dem zweiten Standjahr im Spätsommer schneiden. Kürzen Sie Seitentriebe von vorhandenem Fruchtholz auf ein Blatt ab dem Ansatz und Seitentriebe eines Hauptastes auf drei Blätter. Schneiden Sie junge Leittriebe auf fünf Blätter direkt über einer nach außen gerichteten Knospe zurück. Obstbäume in Töpfen können einen zu hohen Fruchtansatz aufweisen. Dünnen Sie daher die Früchte im Frühsommer aus, gutes Tafelobst sollte in 10–15 cm Abstand am Zweig hängen.

Pfirsiche und Nektarinen

Pfirsiche und Nektarinen sind selbstfertil und können daher einzeln kultiviert werden. Besonders gut für die Topfkultur sind kompakte oder »Terrassen«-Sorten, meist Hochstämme mit runder Krone. Sie müssen nicht geschnitten werden, es genügt, abgestorbene Triebe zu entfernen. Konventionelle Sorten lassen sich als Pyramide oder Busch erziehen.

Während der Blütezeit stehen die relativ empfindlichen Bäume am besten geschützt im Haus. Außerdem bekommen sie dort keinen Regen ab und sind damit sicher vor der Kräuselkrankheit. Bestäuben Sie die Blüten von Hand mit einem feinen Pinsel. Entfernen Sie abgefallene Blütenblätter unter den Bäumen, damit sich keine Krankheiten ausbreiten, und dünnen Sie die Früchte auf 10 cm Abstand aus. Schneiden Sie bei konventionellen Sorten abgetragenes Holz im Spätsommer auf junge Ersatztriebe zurück.

Pflaumen und Kirschen

Die meisten Pflaumen und einige Kirschen sind selbstfertil, sodass man die Bäume einzeln kultivieren kann. Als Erziehungsform bietet sich die Pyramide an. Für Kirschen eignet sich 'Colt' als Unterlage, für Pflaumen 'Pixy'. Schneiden Sie ab dem Hochsommer junge Seitentriebe auf 10 cm und junge Leittriebe auf 15 cm zurück, jeweils bis zu einer nach unten gerichteten Knospe.

PRAKTISCHE TIPPS

Frucht-knospen

Prüfen Sie vor dem Schnitt, wo sich die Fruchtknospen befinden.

Apfelsorten lassen sich je nach dem Ort, wo sich Blütenknospen bilden, in drei große Gruppen einteilen: Manche tragen an Langtrieben an den Zweigspitzen, andere an Kurztrieben und einige wenige an beiden.

Die überwiegende Zahl bildet Fruchtknospen am zweijährigen Holz, aus Kurztrieben entwickeln sich mit der Zeit am älteren Holz die stark gestauchten Ringelspieße. Dadurch wirken diese Bäume übersichtlich und kompakt. Viele andere bilden Fruchtknospen an den Spitzen langer Triebe des Vorjahres und entwickeln nur sehr wenige Kurztriebe. Insgesamt wirkt der Baum weniger ordentlich, die Zweige sehen ohne Ringelspieße fast kahl aus. Manche Sorten tragen an den Spitzen der vorjährigen Triebe, bilden aber auch gelegentlich fruchtende Kurztriebe.

Die Art und Weise der Fruchtbildung entscheidet über die Schnitttechnik.

FRUCHTBILDUNG BEI ÄPFELN

Endständig
- 'Berlepsch' 🏆
- 'Gloster' 🏆
- 'Idared' 🏆

Bevorzugt an Langtrieben
- 'Alkmene'
- 'Cox Orange'

Bevorzugt an mehrjährigen Kurztrieben
- 'Boskoop' 🏆
- 'James Grieve '🏆
- 'Klarapfel' 🏆

An Lang- und an Kurztrieben
- 'Goldparmäne'

TECHNIKEN

Apfel- & Birnbäume schneiden

Der richtige Schnitt jedes Jahr hält die Bäume gesund und ertragreich.

Winterschnitt

Äpfel tragen an Kurztrieben (Ringelspießen) oder an den Triebspitzen, dementsprechend müssen sie geschnitten werden; bei Sorten, die sowohl an Kurz- als auch an Langtrieben fruchten, werden die Schnittmethoden passend kombiniert (siehe linke Spalte). Birnen werden wie Äpfel behandelt, die an Kurztrieben fruchten. Gehen Sie beim Schneiden mit Bedacht an die Arbeit. Stark geschnittene Bäume wachsen gut, tragen aber wenig, während zu wenig beschnittene Bäume viele kleine Früchte tragen und schwach wachsen.

Beim Winterschnitt von größeren Bäumen (Hochstämmen, Halbstämmen und Buschbäumen) werden zunächst alle sich kreuzenden und zu dicht wachsenden Äste entfernt. Schneiden Sie totes oder krankes Holz bis zum Ansatz zurück. Kürzen Sie die Seitentriebe, um die Bildung von Fruchtholz zu fördern. Dünnen Sie überaltertes Fruchtholz so aus, dass die Ringelspieße in etwa 20 cm Abstand stehen. Kürzen Sie überlanges, überlappendes oder stark verzweigtes Quirlholz auf zwei oder drei Knospen. Entfernen Sie schwache Triebe, dünne Schattentriebe und Wildtriebe aus dem unteren Teil der Krone. Werden wüchsige Triebe eingekürzt, wachsen sie daraufhin besonders kräftig. Besser ist es daher, ganze Äste herauszunehmen. Dabei wird immer auch altes, zu dicht wachsendes und wenig fruchtbares Holz mit entfernt. Reduzieren Sie aber das Volumen des Baumes höchstens um ein Drittel pro Jahr.

Bei größeren, wüchsigen Bäumen, bei denen es nicht mehr möglich ist, einzelne Triebe zu beschneiden, werden ganze Astteile oder sogar ganze Äste entfernt, um eine offene Wuchsform und eine kräftige Krone zu erzielen.

Bei endständig tragenden Sorten schneidet man stärkere Seitentriebe auf etwa sechs Knospen zurück, damit sich mehr Zweige und damit mehr fruchtende Triebspitzen bilden. Werden jedes Jahr einige Zweige entfernt, bleibt der Baum wüchsig. Die schwächeren, nicht beschnittenen Seitentriebe tragen im folgenden Sommer. Wie beim Quirlholz werden zu dicht stehende und ungünstig wachsende Triebe entfernt.

Bei Kordons, Fächern, Spalieren und anderen strengen Erziehungsformen

WINTERSCHNITT

[1] Birnbäume und Apfelsorten, die an Kurztrieben fruchten, müssen im Winter geschnitten werden. Sich kreuzende und zu dicht wachsende Äste sowie totes und krankes Holz werden entfernt. [2] Seitentriebe kürzen. Fruchtholz ausdünnen. Quirlholz kürzen. [3] Wüchsige Leittriebe.

Siehe auch Obstbäume in Töpfen, S. 234–235

Spalierbäume
Einige Apfelsorten lassen sich als Spalier erziehen.

wird im Winter nur gelegentlich altes, totes oder krankes Holz entfernt, wobei man immer darauf abzielt, das Fruchtholz möglichst gut zu verteilen. Diese Erziehungsformen werden hauptsächlich im Sommer geschnitten.

Sommerschnitt

Streng formierte Apfel- und Birnbäume wachsen im Frühjahr und Sommer kräftig. Entfernen Sie die neu entstandenen Wasserschosser, wenn das untere Drittel verholzt ist, also in aller Regel im Spätsommer. Schneiden Sie nicht zu früh, da sich sonst neue Triebe bilden.

Kürzen Sie zuerst die Seitentriebe, die direkt am Stamm ansetzen, auf drei Blätter über dem untersten Blattbüschel. Schneiden Sie dann die Seitentriebe der verbliebenen Äste auf eine Knospe über dem untersten Blattbüschel zurück. Triebe, die kürzer sind als 20 cm, lassen Sie stehen.

Schneiden Sie alle später erscheinenden Triebe im Frühherbst oder Winter auf eine Knospe zurück. Lassen Sie einige Triebe unbeschnitten, um Neuaustrieb zu vermeiden. Nährstoffe aus den Wurzeln würden sonst zu diesen Neutrieben geleitet, statt an den beschnittenen Zweigen Blütenanlagen zu bilden.

PFLANZENPROBLEME

Krankheiten am Apfellaub

An Apfelbäumen können viele Krankheiten und Störungen auftreten, doch es gibt widerstandsfähige Sorten.

Im Frühjahr sind Probleme am Apfelbaum leicht zu erkennen. Werden sie rechtzeitig bekämpft, lassen sich schwere Schäden oft vermeiden.

Echter Mehltau an Apfelblättern

ECHTER MEHLTAU

Dieser Pilz *(Podosphaera leucotricha)* überwintert in den Knospen, daher sind die jungen Blätter, die im Frühjahr erscheinen, schon befallen. Diese Erstinfektionen bilden weitere Sporen, die sich durch die Luft verbreiten und Blätter, Triebe und manchmal im Sommer junge Früchte befallen.

Ein weißer, pudriger Pilzbelag erscheint im Frühjahr auf den jungen Blättern und Blüten. Das befallene Gewebe welkt schnell, manche Knospen öffnen sich gar nicht erst. Später zeigen sich weiße oder hautfarbene Mehltauflecken auf den Blättern. Auch junge Triebe können betroffen sein, junge Früchte werden rötlich. Die Infektion schwächt das Gewebe und bewirkt einen verfrühten Blattfall.

Bekämpfung

Sorgen Sie für eine ausreichende Wasserversorgung, denn trockener Boden fördert die Infektion. Schneiden Sie befallene Triebe im Frühjahr sofort aus. Spritzen Sie mit einem zugelassenen Fungizid nach den Angaben des Herstellers. Widerstandsfähige neue Sorten sind zum Beispiel 'Topaz', 'Rubinola', 'Retina' und 'Rebella'.

APFELSCHORF

Der Erreger des Apfelschorfes *(Venturia inaequalis)* überwintert an abgefallenen Blättern und an jungen Trieben. Im Frühjahr werden die Sporen freigesetzt und vom Wind verbreitet. Sie befallen junge Blätter und Zweige, später auch Früchte. Die Sporen brauchen tropfbares Wasser, um zu keimen. Je wärmer es ist, desto kürzer kann die Benässungszeit sein. Obstbaubetriebe erhalten eine Schorfwarnung, wenn witterungsbedingt eine Infektion droht. Äpfel und Birnen sind gefährdet, aber auch *Sorbus, Pyracantha* und *Cotoneaster.*

Dunkle, manchmal samtige Flecken erscheinen auf den Blätter, die sich verformen und früh abfallen. Die Früchte entwickeln dunkle Schorfflecken, ihre Schale verformt sich und reißt auf.

Bekämpfung

Entfernen Sie abgefallene Blätter, schneiden Sie verschorfte Triebe heraus. Achten Sie beim Schnitt auf eine offene, gut durchlüftete Krone.

Apfelschorf an Blättern

Siehe auch S. 238; Einsatz von Fungiziden, S. 38

Erkrankungen der Apfelfrucht

Schlechte Kulturbedingungen und Schädlingsbefall bedrohen die Ernte.

Einige Apfelkrankheiten betreffen den ganzen Baum und verringern dadurch den Ertrag; bestimmte Schädlinge dagegen haben es allein auf die Früchte abgesehen.

Frostschäden an Äpfeln

APFELWICKLER

Apfelbäume sind der wichtigste Wirt des Apfelwicklers *(Cydia pomonella)*. Die ausgewachsenen Weibchen legen ihre Eier im Frühsommer auf oder neben die jungen Früchte. Die Raupen bohren sich in die Frucht ein und fressen sich zum Kernhaus durch. Im Spätsommer verlassen sie die Frucht und überwintern unter Rindenschuppen, wo sie sich verpuppen. Die Raupen verlassen die Frucht oft durch die Blütenansatzstelle oder bohren ein sichtbares Ausgangsloch in die Schale.

Bekämpfung

Der Einsatz von Insektiziden lohnt sich nur bei Bäumen, die klein genug sind, um sie gründlich behandeln zu können.

Apfelwicklerlarve im Apfel

Gezielt können Sie mit Granulosevirus spritzen, aber Sie müssen den richtigen Zeitpunkt für die Bekämpfung der frisch geschlüpften Raupen ermitteln, indem Sie im Juni eine Pheromonfalle aufhängen. Diese fängt männliche Apfelwickler ein; das dezimiert die Population und es lässt sich daraus abschätzen, wann die Weibchen Eier legen. Außerdem kann man Ende Juni einen Fanggürtel am Stamm anbringen. Die Raupen verkriechen sich darin und werden nach der Ernte im Herbst mit dem Pappgürtel verbrannt.

FROSTSCHÄDEN

Früh im Jahr, wenn die Früchte nicht größer sind als Murmeln, können Spätfröste die Schale beschädigen. Dann bildet sich eine Korkschicht, meist an der Blütenansatzstelle der Frucht. In schweren Fällen reißt die Frucht auf und die Korkschicht bedeckt fast die ganze Frucht. Wenn die Frucht wächst, vergrößert sich die betroffene Fläche, das Fruchtfleisch bleibt jedoch völlig gesund und essbar.

Bekämpfung

'Trévoux', 'Conference' und 'Geishirtle' haben eine verhältnismäßig große Kältetoleranz. In stark spätfrostgefährdeten Gebieten kann man Obstbäume in Töpfen ziehen, die sich besser schützen lassen (siehe S. 234–235).

Siehe auch Krankheiten am Apfellaub, S. 237; Obst lagern, S. 232; Pflanzenschutzmittel, S. 37–38

Obstbäume verjüngen

Überalterte Obstbäume verlangen gute Pflege.

Sofern er noch einen gesunden Stamm und kräftige Äste besitzt, lohnt ein alter Obstbaum die Mühe einer Verjüngung – falls er früher einmal wüchsig und ertragreich war. Doch zunächst ist der wirkliche Zustand des Baumes abzuklären. Wurde er zu wenig gedüngt und gepflegt, hat er womöglich seine Wuchskraft eingebüßt und Schädlinge und Krankheiten sind aufgetreten. Ungeeignete Schnittmaßnahmen haben vielleicht unproduktive Triebe gefördert. Auch Windschaden durch schlechte Erziehung oder fehlende Stützen können einen Baum dauerhaft schwächen. Wie ist es um den Standort bestellt? Konkurrenz durch den Unterwuchs kann dem Baum notwendige Nährstoffe entziehen. Schattenwurf durch zu dicht gewachsene Gehölzen lässt sich durch Auslichten abmildern, bei Gebäuden geht das natürlich nicht.

Wächst ein Baum deshalb schlecht, weil der Boden zu flachgründig oder schlecht dräniert ist, sollte man ihn versetzen. Die Frage ist erlaubt, ob der verjüngte Baum wieder so verlässlich wird wie früher. Viele Bäume sind inzwischen auf schwachwüchsigen Unterlagen erhältlich; sie tragen früh und brauchen weniger Platz als ältere auf mittel oder stark wachsenden Unterlagen. Wer sich trotz allem für einen Verjüngungsversuch entscheidet, schneidet am besten zwischen Spätherbst und zeitigem Frühjahr an frostfreien Tagen.

Eine zu große und zu dichte Krone

Vergrößern Sie den Abstand zwischen den Ästen, sodass Licht und Luft in die Krone gelangen und die Pflege sowie das Beernten leichter werden. Entfernen Sie alle abgestorbenen, abgebrochenen, ungünstig sitzenden und nach innen wachsenden Äste, außerdem zu lange

Siehe auch Düngen, S. 232; Schneiden, S. 236–237

und solche Äste, die so tief unten ansetzen, dass sie den Durchgang blockieren.

Schneiden Sie die Äste bis zum Astring zurück, oder bis auf einen Seitentrieb, der die zusätzliche Wuchskraft vertragen kann und der um höchstens zwei Drittel dünner ist als der entfernte Hauptast. Lassen Sie keinen Stumpf stehen, dieser kann absterben. Schneiden Sie erst von unten und vollenden Sie den Schnitt von oben.

Bei zu dicht stehenden Ästen in einem großen Baum wird zunächst einer davon entfernt, sodass zwischen den Ästen mindestens 60 cm, und übereinander mindestens 1 m Abstand bleiben. Bei kleineren Bäumen mit weniger Ästen müssen Sie vorsichtiger schneiden.

Wenn viel Holz zu entfernen ist, sollten Sie die Verjüngung auf mehrere Jahre verteilen, um den Baum nicht zu stark zu belasten. Nach einem so kräftigen Schnitt bildet der Baum im Sommer viele Triebe. Sie müssen all jene, die ungünstig sitzen, entfernen, bevor sie verholzen.

Zu stark beschnittene Krone

Nach einem drastischen Winterschnitt reagiert der Baum mit starkem vegetativem Wachstum, es bilden sich kaum Blüten. Der Baum wächst kräftig, trägt aber kaum.

Wenn der Baum nur durchtreibt oder wenn zu stark geschnitten wurde, werden die Treibe in der Folge nur noch leicht eingekürzt, um das Wachstum zu bremsen. Lichten Sie nach Bedarf wie oben beschrieben aus, setzen Sie die Schere aber sparsam ein. Nur sich kreuzende Seitentriebe oder unerwünschte Leittriebe werden noch entfernt und bei Bedarf ganze Gruppen kräftiger, unfruchtbarer Seitentriebe, die dem Fruchtholz das Licht nehmen.

Wenig wüchsige Bäume

Trägt ein schwacher Baum zahlreiches dichtes, vielfach verzweigtes Quirlholz, während er selbst kaum wächst, sollten Sie die abgetragenen Fruchtspieße entfernen und das übrige Fruchtholz einkürzen. Die Fruchttriebe erhalten dadurch mehr Licht, bilden größere, höherwertige Früchte und wachsen kräftiger. Sich neu bildende Triebe werden als Leit- oder Seitenäste erzogen, um nach und nach die alte Krone zu ersetzen.

Verjüngung über 2 Jahre
Bei einem zu dicht gewachsenen Baum (oben links) wird zuerst das tote, kranke und beschädigte Holz entfernt sowie sich kreuzende Äste. Der Schnitt im Folgejahr zielt auf eine Verbesserung des Fruchtansatzes ab: Kürzen Sie unfruchtbare Triebe, lichten Sie die Neutriebe seit dem letztjährigen Schnitt aus und reduzieren Sie zu dichtes Fruchtholz. Nach dem Schnitt (oben rechts) sollte der Baum eine offene Krone mit kräftigen, gut verteilten Ästen und reichlich Platz für Früchte haben. Lange Triebe können Sie kürzen.

Johannisbeeren schneiden

Schwarze Johannisbeeren fruchten an einjährigen Trieben.

Beim Pflanzen neuer Sträucher im Herbst oder Winter werden alle Triebe auf eine Knospe über dem Boden eingekürzt. Das sorgt aber für einen kräftigen Neuaustrieb im Frühjahr. Im folgenden Winter werden dann nur die schwachen Triebe entfernt. Die Pflanze trägt daraufhin im zweiten Sommer.

Eingewachsene Sträucher werden zwischen dem Laubfall bis in den Spätwinter geschnitten, oder gleich nach der Ernte. Alle schwachen, beschädigten oder kranken Triebe schneidet man bis zum Boden zurück und entfernt bis zu einem Drittel der verholzten älteren Triebe mit dunklerer Rinde. Diese Methode der Verjüngung sorgt dafür, dass sich regelmäßig einjährige Triebe bilden. Sie eignet sich aber nicht für Rote oder Weiße Johannisbeeren.

SCHNITT

1 Vor dem Schnitt ist der Strauch zu dicht, mangelnde Durchlüftung begünstigt Krankheiten. 2 Der Strauch wurde ausgedünnt, einige der ältesten Triebe wurden entfernt.

Siehe auch Johannisbeeren, S. 241

TECHNIKEN

Hybridbeeren erziehen

Schneiden Sie nach der Ernte abgetragene Ruten zurück.

Sträucher wie Brombeere, Tayberry und Loganberry sind sehr wüchsig. Sie müssen stark geschnitten und an einem stabilen Gerüst erzogen werden. Man zieht dafür vier Drähte in 30 cm Abstand, von denen der niedrigste 1 m, der höchste 1,8 m über dem Boden verläuft. Die Beeren bilden sich an einjährigen Ruten.

Erziehung

Eine beliebte, einfache Form ist der Fächer. Die Ruten werden gleichmäßig ausgebreitet und aufgebunden. Im Spätsommer blühen diese Ruten und tragen Früchte, während neue vom Boden her nachwachsen. Gestützt werden diese mit Bambusrohr oder man bindet sie an den höchsten Draht.

Man kann die fruchtenden Ruten auch zusammendrehen und in gleichmäßigem Abstand an die unteren Drähte binden. Die neuen, nicht tragenden Ruten werden dann an den obersten Draht oder an Bambusstäben befestigt.

Schnitt

Abgetragene Ruten werden nach der Ernte bis auf den Boden zurückgeschnitten.

Neue Ruten werden aufgebunden und ersetzen die abgetragenen.

PRAKTISCHE TIPPS

Herbsthimbeeren

Diese Sorten liefern eine große oder zwei kleinere Ernten.

Reiche Himbeerernte im Herbst

Die Erntesaison von Herbsthimbeeren lässt sich durch gute Pflege verbessern. Im Gegensatz zu den Sommersorten tragen die Herbsthimbeeren an den diesjährigen Ruten. An einem sonnigen Standort wachsen die Ruten während des Sommers heran, geerntet wird ab Anfang September. Um den Ertrag zu maximieren, müssen Sie alle abgetragenen Ruten im Spätwinter am Boden abschneiden.

Um aber schon im Frühsommer etwas ernten zu können, sollten Sie nur die Hälfte der abgetragenen Ruten im Spätwinter kappen. Von den anderen entfernen Sie nur die Spitze – der Teil, der tatsächlich getragen hat. Das Fruchtholz im unteren Teil dieser Ruten fruchtet dann von Früh- bis Hochsommer. Die neuen Ruten, die im Frühjahr erscheinen, haben immer noch genug Platz, um sich zu entwickeln und im Herbst zu tragen.

PFLANZENPROBLEME

Stachelbeerblattwespe

Dieser Schädling wird auch an Johannisbeeren lästig.

Von der Stachelbeerblattwespe *(Nematus ribesii)* entwickeln sich oft drei Generationen pro Jahr. Sie ist im Spätfrühling aktiv und legt weißlich grüne, etwas über 1 mm lange Eier in Reihen an die Unterseite der Blätter im unteren bis mittleren Strauchbereich. Die höchstens 2 cm langen, blassgrünen Larven sind schwarz gesprenkelt und haben einen schwarzen Kopf. Das Larvenstadium dauert ungefähr 3 Wochen. Wenn die Larven das Zentrum des Strauches kahl gefressen haben, wandern sie nach oben und vertilgen die äußeren Blätter, bevor sie sich im Boden verpuppen.

Es gibt auch noch andere Blattwespen, die Stachelbeeren kahl fressen. Die Larven von *Nematus leucotrochus* sind kleiner und haben blassgrüne Köpfe; von ihnen entwickelt sich nur eine Generation im Frühsommer. *Pristiphora pallipes* schafft ab dem Spätfrühjahr bis zu 4 Generationen blassgrüner Larven. Die starke Entlaubung schwächt die Stachelbeersträucher und verringert die Ernte im nächsten Jahr. Sammeln Sie die Larven von Hand ab oder spritzen Sie mit einem zugelassenen Insektizid.

Schaden durch die Stachelbeerblattwespe

Probleme bei Johannisbeeren

Schädlinge und Krankheiten können den Ertrag, die Wuchskraft und die Gesundheit von Johannisbeeren stark beeinträchtigen.

Alle Johannisbeeren leiden unter der Blattfallkrankheit *(Drepanopeziza ribis)*; dieser Pilz lässt sich (bei Schwarzen Johannisbeeren) mit einem zugelassenen Fungizid bekämpfen. Schwarze Johannisbeeren leiden zudem unter Amerikanischem Stachelbeermehltau *(Sphaerotheca mors-uvae)*. Pflanzen Sie resistente Sorten wie 'Leandra'. Johannisbeeren werden mitunter auch vom Blasenrost befallen *(Cronartium ribicola)*, gegen den man mit einem zugelassenen Fungizid vorgehen kann.

JOHANNISBEERBLASENLAUS

Diese Blattlaus *(Cryptomyzus ribis)* überwintert an allen Johannisbeeren in Form von Eiern. Wenn die Knospen sich öffnen, schlüpfen die Blattläuse und saugen Saft an den Blattunterseiten. Im Hochsommer entwickeln sich geflügelte Exemplare, die auf den Ackerziest überwechseln. Im Herbst kehren die Läuse zurück und legen ihre Wintereier in der Nähe von Knospen ab.

Symptome

Im Frühjahr entwickeln die Blätter an den Triebspitzen aufgeblasene, faltige Stellen, die gelblich grün oder rötlich gefärbt sind. An der Blattunterseite sitzen gelbliche Blattläuse.

Bekämpfung

Dieser Schädling richtet trotz des auffälligen Schadbildes keinen gravierenden Schaden an. Eine Bekämpfung ist in Gärten selten erforderlich. Abhilfe können Spritzungen mit einem geeigneten Pflegemittel auf der Basis von Fettsäuren oder Pflanzenöl schaffen.

JOHANNISBEERGALLMILBE

Vergrößerte Knospen bei Johannisbeeren werden von einer mikroskopisch kleinen Milbe ausgelöst *(Cecidophyopsis ribis)*. Diese lebt in den befallenen Knospen und saugt Saft aus dem sich entwickelnden Blattgewebe. Im Spätfrühjahr verlassen die Milben die kugelig angeschwollenen Knospen und befallen neue. Schwerer Befall verringert die Wuchskraft der Pflanze und den Fruchtansatz. Zudem können die Milben die Brennnesselblättrigkeit übertragen (siehe unten).

Symptome

Während des Winters werden manche Knospen abnormal groß; sie sind dann rundlich. Diese Knospen vertrocknen und bilden im Frühjahr keine Blätter.

Schaden durch die Johannisbeerblasenlaus an Blättern

Bekämpfung

Für Hobbygärtner sind keine Pflanzenschutzmittel erhältlich. Vernichten Sie die vergrößerten Knospen von leicht befallenen Sträuchern im Winter. Entfernen Sie stark befallene, schlecht tragende Sträucher nach der Ernte ganz und pflanzen Sie im Herbst neu. Die Sorten 'Stanza' (rot) und 'Ometa' (schwarz) sind wenig anfällig, 'Titania' gilt als resistent gegen die Johannisbeergallmilbe

BRENNNESSELBLÄTTRIGKEIT

Schwarze Johannisbeeren sind sehr anfällig für diesen Virus, der über die Johannisbeergallmilbe übertragen wird. Die Milbe saugt Saft von befallenen Pflanzen, wandert dann weiter zu gesunden und verbreitet so die Viruskrankheit. Das Virus wird außerdem über Stecklinge verbreitet.

Symptome

Die Krankheit verringert die Wuchskraft und den Ertrag, wird aber oft gar nicht bemerkt.

Bekämpfung

Es gibt für Hobbygärtner keine Pflanzenschutzmittel gegen die Milbe, ebenso wenig wie gegen Viren. Entfernen Sie befallene Pflanzen, die als Krankheitsherd für gesunde Sträucher dienen.

Johannisbeergallmilbe

Siehe auch Vorbeugender Pflanzenschutz, S. 36–37; Systemische Pflanzenschutzmittel, S. 37–38; Einsatz von Fungiziden, S. 38–39

TECHNIKEN

Feigen als Topfpflanzen

Feigen im Topf tragen zuverlässig und können während des Winters im Haus stehen.

Töpfe sorgen für die nötige Beschränkung des Wurzelraums, um bei Feigen gesundes und produktives Wachstum zu erzeugen. (Bei der Pflanzung in offenen Boden wird das Pflanzloch zu diesem Zweck mit Wegplatten ausgelegt.)

Setzen Sie die Pflanzen im Frühjahr in ein nährstoffreiches, lehmiges Substrat und achten Sie auf gute Dränage. Die Endgröße des Topfs sollte bei 30–38 cm Durchmesser liegen. Eingewachsene Pflanzen müssen etwa jedes zweite bis dritte Jahr umgetopft werden.

Geben Sie den Pflanzen im Sommer einen warmen, sonnigen Standort. Gießen Sie während der Saison reichlich und düngen Sie wöchentlich, abwechselnd mit einem kalibetonten Flüssigdünger und einem ausgewogenen Volldünger.

Für den Winter kommen die Pflanzen in ein frostfreies Gewächshaus, in den Wintergarten oder in einen kühlen Kellerraum. Ist dies nicht möglich, kann man den Topf in Luftpolsterfolie packen und an eine geschützte Hauswand stellen. Umhüllen Sie die Äste mit Stroh und decken Sie Sackleinen oder Vlies darüber. Entfernen Sie den Winterschutz, wenn keine Frostgefahr mehr besteht, aber bevor die Knospen sich öffnen. Vergessen Sie das Gießen nicht, Trockenheit beeinträchtigt die Fruchtbildung.

Reifende Feigen

Schosser bei Topfpflanzen werden entfernt.

Formschnitt und Ernte

Feigen im Topf werden am besten als Busch mit kurzem Stamm erzogen. Kaufen Sie Pflanzen mit drei oder vier Ästen, die sich ab etwa 40 cm Höhe verzweigen. Diese Zweige werden im Spätwinter wiederum auf die Hälfte zurückgeschnitten, damit sich eine kompakte Krone entwickelt. Nachdem dies erreicht ist, werden Feigen im Frühjahr beschnitten.

Im Freiland können Sie im Sommer eine Feigenernte erwarten; die Feigen bilden sich im Vorjahr und müssen während des Winters vor Frost geschützt sein. Unter Glas, vor allem im warmen Gewächshaus, führt die längere Saison zu einer zweiten Ernte. Die Früchte bilden sich im Frühjahr und haben im Herbst noch Zeit auszureifen. Die Feigen werden geerntet, sobald sie weich werden, herabhängen und am Stiel leichte Risse zeigen.

Siehe auch Obstbäume in Töpfen, S. 234–235; Feigen pflegen und verjüngen, S. 243

PRAKTISCHE TIPPS

Die Feigenernte fördern

Feigen bilden zweimal im Jahr Früchte.

Die frühen Früchte entwickeln sich aus den überwinternden Feigen, die späteren wachsen in einer Wachstumsperiode heran. Nur im beheizten Gewächshaus reifen die späteren Früchte aus. Im Kalthaus oder im Freiland fallen die unreifen Früchte im Herbst einfach ab.

Jungfeige in der Blattachsel

Um die Bildung dieser überwinternden Feigen zu fördern, werden busch- wie fächerförmig erzogene Feigenbäume im Sommer geschnitten. Früchte bilden sich im Spätsommer in den Blattachseln der diesjährigen Triebe. Um erfolgreich zu überwintern, sollten diese im Spätsommer ungefähr erbsengroß sein; sie müssen vor Frost geschützt werden. Zu große oder zu kleine Früchte vertragen Kälte weniger gut und fallen ab.

Schneiden Sie die Feigen im Frühjahr. Kneifen Sie ab dem Frühsommer regelmäßig die Triebspitzen der diesjährigen Seitentriebe aus, um die Bildung von Früchten an den neuen Seitentrieben zu fördern. Im beheizten Gewächshaus gelangt dadurch außerdem mehr Licht an die reifenden Früchte.

Siehe auch Feigenbäume pflegen, S. 243

TECHNIKEN

Feigenbäume pflegen und verjüngen

Feigen werden im Frühjahr geschnitten, sobald keine Frostgefahr mehr besteht.

Bei einem eingewachsenen Busch werden zu dicht stehende, sich kreuzende Zweige oder frostgeschädigte Triebe entfernt. Halten Sie die Mitte frei, indem Sie steil aufragende Triebe entfernen und auf nach außen gerichtete Knospen zurückschneiden. Das Ziel sollte eine ausgewogene, offene Krone sein, durch die Licht an die Früchte gelangen kann.

Bei einem Wandspalier werden alle Triebe entfernt, die auf die Wand zu oder von ihr weg wachsen oder sich mit anderen kreuzen. Zudem wird ein Teil des abgetragenen Holzes reduziert. Schneiden Sie einige jüngere Triebe auf eine Knospe zurück, damit sich neue Triebe an den Haupttästen bilden. Binden Sie die anderen jungen Triebe gleichmäßig verteilt auf.

Vernachlässigte Bäume

Wurde ein Feigenbaum mehrere Jahre lang nicht gepflegt, erscheinen die meisten Früchte an jungen Triebspitzen an der Peripherie des Baumes, die Zweige im Zentrum bleiben kahl. Schneiden Sie im Frühjahr einen Teil des alten, kahlen Holzes auf einen Stumpf von etwa 5 cm zurück. Sind mehrere alte Äste vorhanden, wird dieser Schnitt auf 2 oder 3 Jahre verteilt. Wenn sich neue Triebe bilden, werden die kräftigsten und bestplatzierten ausgewählt und die anderen entfernt.

Vernachlässigte Fächer werden ebenfalls zur Frühjahrsmitte geschnitten. Zuerst werden die Zweige, die direkt von der Wand weg wachsen, am Ansatz entfernt. Dicht sitzende Zweige werden ausgedünnt, indem man sie auf einen Stumpf von 5 cm einkürzt. Sind gleich mehrere Zweige zu entfernen, sollte die Arbeit wiederum auf 2 oder 3 Jahre verteilt werden. Entfernen Sie jedes Mal Schösslinge an der Basis. Diese verderben die Erziehungsform des Baumes und entziehen den anderen Trieben Kraft.

Ein fächerförmig erzogener Feigenbaum wird mit weichem Bast an einem Gerüst fixiert.

Siehe auch Die Feigenernte fördern, S. 242

TECHNIKEN

Der Anbau von Kiwi

Ein warmer Platz und der richtige Schnitt sind wichtig.

Einkürzen beim sechsten Blatt

Die Kiwi wächst zweihäusig, sie trägt männliche und weibliche Blüten an verschiedenen Pflanzen. Die wüchsigen Ranken brauchen ein stabiles Gerüst. Gepflanzt wird im Frühjahr, wobei man die Triebe auf 30 cm zurückschneidet. Die jungen Triebe sind frostempfindlich.

Schnitt und Erziehung

Die Pflanzen blühen im unteren Teil der diesjährigen Triebe. Um ein dauerhaftes Astgerüst zu erhalten, zieht man zwei Ruten aus dem Hauptstamm und leitet davon 1 m lange »Arme« in 50 cm Abstand ab. Drei fruchtende Seitentriebe sollten sich auf jedem Arm entwickeln. Die anderen zwickt man bis auf einen 2,5 cm langen Stummel ab. Schneiden Sie die fruchtenden Seitentriebe beim fünften Blatt ab, alle anderen beim ersten. Blütentriebe bilden sich an diesen Seitentrieben; kürzen Sie alle nicht blühenden Triebe beim fünften Blatt ein.

Wenn sich Früchte gebildet haben, werden die Triebe sechs Blätter nach der letzten Frucht (oder Blüte bei männlichen Pflanzen) gekappt. Im Spätherbst bis Frühwinter schneidet man die abgetragenen Triebe auf vier Knospen zurück; daran werden sich neue Blütentriebe bilden.

Probleme bei Weintrauben

Trauben liefern in milden Regionen besten Ertrag, sind aber unter weniger optimalen Bedingungen anfällig für verschiedene Krankheiten.

Achten Sie bei Weintrauben auf frühe Anzeichen verschiedener Krankheiten. Sie können großen Schaden anrichten.

ECHTER MEHLTAU

Der Pilz *Uncinula necator* befällt Weintrauben und andere *Vitis*-Arten. Er überwintert unter den Knospenschuppen, die zukünftige Blüten und Blätter schützend umhüllen. Die Krankheit breitet sich in Form von Sporen durch die Luft aus. Sporen entstehen in großen Mengen auf dem mehligen Pilzbelag. Die Krankheit wird durch hohe Luftfeuchtigkeit gefördert, wie sie vor allem beim Anbau unter Glas herrscht. Begünstigt wird der Ausbruch durch Wassermangel.

Symptome

Frühe Infektionen stellen sich an den jungen Trieben ein, die verdreht wachsen und den typischen weißen Belag des Echten Mehltaus zeigen. Die Blätter werden im Laufe des Sommers infiziert. Am gefährlichsten ist der Befall der Früchte, die sich braun färben und aufreißen, weil sie ungleichmäßig anschwellen.

Echter Mehltau der Weinrebe

Bekämpfung

Das einzige Pflanzenschutzmittel für Hobbygärtner ist ein Pflegemittel mit Schwefelzusatz, das eingesetzt werden muss, sobald sich Symptome zeigen. Verbessern Sie die Luftzirkulation im Gewächshaus und gießen Sie regelmäßig, um Wasserstress zu vermeiden. Manche Sorten wie 'Muscat bleu' sind resistent.

GRAUSCHIMMEL

Grauschimmel *(Botrytis cinerea)* dringt in die verschiedensten Pflanzen über Wunden ein. Bei Trauben sind die wichtigsten Eintrittspforten Risse in den Früchten, die durch einen Befall mit Echten Mehltau entstehen. Unter günstigen Bedingungen führt diese Infektion zur Edelfäule, bei der die Trauben ein geringes Volumen an hoch konzentriertem Zucker bilden; sie werden dann für den Ausbau kleiner Mengen von sehr teuren Weinsorten verwendet. Im Garten spielt dies keine Rolle.

Symptome

Diese häufige Pilzinfektion befällt Trauben im Gewächshaus und im Freiland, die Früchte sind am stärksten betroffen. Die Trauben reißen auf, werden faltig. Es bildet sich ein grauer, pelziger Belag.

Bekämpfung

Diese Krankheit lässt sich verhindern, indem man den Echten Mehltau bekämpft (siehe oben). Sorgen Sie für gute Hygiene und entfernen Sie abgestorbene Pflanzenteile so schnell wie möglich. Die noch lockeren Trauben kann man zum Schutz mit Algenkalk oder Steinmehl stäuben.

UNREIFE, ANGESCHWOLLENE FRÜCHTE

Bei Gewächshaustrauben kommt es vor, dass die Früchte nicht reifen, aber faltig werden. Die Früchte wirken wie aufgequollen. Diese Erscheinung wird von verschiedenen Faktoren verursacht. Die beste Vorbeugung ist gute Pflege. Junge Weinreben sollten in den ersten 2 Jahren erst einmal heranwachsen können. Lassen Sie bei älteren nur eine Traube pro Seitentrieb stehen. Kürzen Sie Seitentriebe und abgehende Triebe regelmäßig und nicht erst am Ende der Saison. Gießen Sie regelmäßig, um Wurzelschäden durch Trockenheit oder Staunässe zu vermeiden, und gehen Sie zeitig gegen Schädlinge und Krankheiten vor.

Unreife, angeschwollene Früchte

Symptome

Zuerst bildet sich eine braune Fläche um den Fruchtstiel. Die befallene Frucht oder das ganze Büschel verfärbt sich. Die roten Sorten werden dunkelrot, die weißen blassbraun. Die Beeren sehen bald faltig aus wie Rosinen. Sie schmecken wässrig und sauer.

Bekämpfung

Schneiden Sie alle befallenen Beeren heraus und reduzieren Sie die Anzahl der verbliebenen Trauben um die Hälfte. Falls die Wurzeln beschnitten oder beschädigt wurden, sollten Sie die Seitentriebe einkürzen, um die Belastung des Wurzelsystems zu verringern.

Siehe auch Vorbeugender Pflanzenschutz, S. 36–37; Einsatz von Fungiziden, S. 38–39

TECHNIKEN

Reben schneiden und erziehen

Gezielte Schnittmaßnahmen im Frühwinter und während des Sommers sichern gesunde und ertragreiche Pflanzen.

Reben lassen sich leicht an einem starken Drahtgerüst erziehen. Zwei praktische Erziehungsmethoden sind der Kordon und das eher im Erwerbsanbau eingesetzt Flachbogen-System. In beiden Fällen tragen die Reben erstmals im dritten Jahr.

Flachbogen

Dieses System für Freilandtrauben erzieht waagerechte Arme mit senkrecht abgehenden, einjährigen fruchtenden Trieben; es ist günstig für Regionen mit relativ gemäßigter Sommerwitterung. Schneiden Sie beim Pflanzen den Leittrieb auf drei Augen zurück. Im Sommer wird die Pflanze ebenso wie ein Kordon behandelt (siehe unten). Im folgenden Winter wird die Pflanze auf drei kräftige Augen zurückgeschnitten. Die daraus entstandenen Triebe bindet man im Sommer auf.

Im Winter zieht man zwei Triebe nach unten und schneidet den dritten auf drei kräftige Augen zurück. Im Sommer werden die senkrechten Triebe aus den waagerechten Armen auf der gewünschten Höhe gekappt. Nur drei Seitentriebe pro Haupttrieb dürfen weiter wachsen.

Sommerschnitt bei allen Reben

Im Sommer alle Reben auslichten, Triebe entspitzen und aufbinden. Zwicken Sie die Triebe zwei Blätter über den Blüten aus, nicht blühende Triebe beim fünften Blatt. Andere Seitentriebe werden beim ersten Blatt eingekürzt. Lassen Sie etwa alle 30 cm eine Traube stehen.

EINEN KORDON ERZIEHEN

Diese anpassungsfähige Schnittmethode eignet sich für Reben an Wänden und Pergolen sowie unter Glas. [1] Ein dauerhafter Leittrieb wird senkrecht oder waagerecht erzogen. Von ihm gehen die tragenden Seitentriebe aus.

Im Winter pflanzen und den Leittrieb auf ein kräftiges Auge am reifen Holz zurückschneiden, alle Seitentriebe auf zwei Augen kürzen. Im Sommer den Leittrieb aufbinden und die blühenden Seitentriebe beim fünften Blatt, andere beim zweiten kürzen. Im nächsten Jahr ebenso. [2] Im folgenden Winter den Leittrieb auf reifes Holz zurückschneiden und die Seitentriebe kürzen. [3] Zwei Augen an jedem beschnittenen Seitentrieb stehen lassen. Im Sommer nicht fruchtende Seitentriebe beim fünften Blatt, fruchtende beim zweiten Blatt über der Traube kürzen. Von nun an immer im Winter die Seitentriebe auf zwei Augen einkürzen. Zu dichte Fruchtholzsysteme im Winter ausdünnen und durch einen weiter unten entspringenden Seitentrieb ersetzen.

Siehe auch Pergolen und Lauben, S. 28–29; Probleme bei Weintrauben, S. 244

PRAKTISCHE TIPPS

Oliven im Topf

Oliven im Topf können geschützt im Haus überwintern.

Oliven tragen nach einem milden Winter gut

Ältere Olivenbäume überstehen auch Frost, um zu blühen und zu fruchten brauchen Sie aber Wintertemperaturen zwischen 6°C und 10°C. Oliven im Topf können während des Winters in einem kühlen Kellerraum oder im Wintergarten stehen.

Beginnen Sie mit einem kleineren Topf und setzen Sie die Pflanzen nach und nach in größere Gefäße um, bis etwa 45 cm Durchmesser erreicht sind. Verwenden Sie ein lehmhaltiges Substrat mit Splittzusatz. Legen Sie reichlich Scherben unten in den Topf und stellen Sie diesen auf Füße, damit überschüssiges Wasser abfließen kann. Gießen Sie reichlich und geben Sie während des Wachstums monatlich einen ausgewogenen Flüssigdünger. Im Winter wird sparsam gegossen.

Ein Schnitt erfolgt im Frühjahr oder Frühsommer. Für eine gute Verzweigung werden drei oder vier Triebe für ein gutes Gerüst ausgewählt und eingekürzt. Jedes Jahr werden neue Triebe ausgedünnt, ein Rückschnitt erfolgt nach Bedarf, sodass sich eine kompakte Pflanze entwickelt. Ältere Pflanzen schneidet man möglichst wenig.

Siehe auch Bäume in Containerkultur, S. 59

Erdbeeren im Topf

Erdbeeren sind der Inbegriff des Sommers und schmecken frisch besonders gut; eine Hand voll Pflanzen in Töpfen bringt bereits eine beachtliche Ernte.

Erdbeeren sind kurzlebige Stauden, die gut im Beet gedeihen. Sitzen sie jedoch mehrere Jahre an derselben Stelle, treten oft bodenbürtige Krankheiten oder Schädlinge auf. Wenn Sie wenig Platz haben, können Sie Erdbeeren für 1 oder 2 Jahre in Kultursäcken, Trögen, Töpfen oder Hängekörben kultivieren, was gegenüber der Kultur im Boden mehrere Vorteile bringt.

Den Erdbeeren in Pflanzgefäßen können Sie einen erstklassigen, sonnigen und geschützten Platz geben. Sie sitzen dadurch etwas höher als im Boden, wodurch ein stabileres Kleinklima entsteht. Um die Fruchtbildung zu fördern, kann man die Pflanzen eine Zeit lang ins Gewächshaus oder auf die Veranda stellen und nach der Ernte wieder nach draußen stellen (siehe S. 248).

Ein Gestell bietet Platz für eine reiche Ernte.

PASSENDE PFLANZGEFÄSSE

- Blumenkästen sind gut geeignet und nehmen keinen Platz im Garten weg.
- Hängekörbe eignen sich für die meisten Sorten, z. B. die rosa blühende 'Viva Rosa'.
- Erdbeertöpfe aus Terrakotta mit Pflanzlöchern sind kompakt, aber auch schwer, und bieten oft ungleiche Bedingungen.
- Stapelbare Töpfe sind kompakt, lassen sich bis zur gewünschten Höhe aufbauen; die Pflanzen wachsen einigermaßen gleichmäßig.

Erdbeeren kaufen und vermehren

Verschiedene Sorten tragen zu unterschiedlichen Zeiten, sodass man sie im Hinblick auf eine lange Erntezeit kombinieren kann. Im Gartencenter gibt es das ganze Jahr über in Töpfen gezogene Pflanzen. Wurzelnackte Pflanzen sind jedoch meist von besserer Qualität. Setzen Sie diese im Frühjahr oder noch besser im Herbst, damit sie im folgenden Jahr schon reich tragen. Manchmal sind im Frühjahr so genannte Frigo-Pflanzen erhältlich, die im Kühlhaus überwintert wurden. Diese sind sehr zu empfehlen, da sie schon nach 60 Tagen tragen, sofern sie bei Trockenheit genügend Wasser erhalten. Achten Sie immer auf garantiert virusfreie Pflanzen.

Viele Erdbeersorten bilden Tochterpflanzen an ihren Ausläufern. Davon sollten Sie die meisten im Sommer entfernen. Gesunde, kräftige Jungpflanzen können Sie jedoch zur Vermehrung behalten. Senken Sie die Ausläufer in 8 cm große Töpfe ein und trennen Sie die Jungpflanzen von der Mutterpflanze, sobald sich Wurzeln gebildet haben. Sie bleiben im Freien stehen und werden nach Bedarf in 13-cm-Töpfe umgetopft. Im Spätsommer oder Herbst können Sie die Pflänzchen an ihren endgültigen Platz setzen, damit sie im folgenden Jahr Früchte tragen.

Der richtige Behälter

Töpfe sind am leichtesten zu pflegen. In einem 25-cm-Topf haben drei Pflanzen Platz – mehr können Sie im Sommer kaum ausreichend feucht halten. Reines Torfsubstrat ist leicht, vernässt jedoch leicht und lässt sich, einmal ausgetrocknet, schlecht wieder befeuchten. Tonhaltige

1

2

3

Siehe auch Vorbeugender Pflanzenschutz, S. 36–37; Mangelhafte Bestäubung, S. 233; Frühe Erdbeerenernte, S. 248

Einheitserden sind schwerer, aber leichter zu handhaben.

Kultursäcke, auch solche, die bereits für Tomaten oder andere Pflanzen verwendet wurden, können fünf bis zehn Pflanzen aufnehmen. Sie müssen aber sorgfältig gegossen werden, damit sie im Sommer nicht unter Trockenheit leiden.

Um ein stabiles Umfeld mit guter Belüftung zu schaffen, sollten die Säcke auf umgedrehten Holzkisten liegen bzw. auf Brettern über Kunststoffkisten oder Betonblocks. Ein dauerhaftes Gerüst lässt sich aus imprägnierten Pfosten aufbauen, die man 45 cm tief im Boden verankert und einfach frei aufstellt. In 1 m Höhe wird ein Regalbrett befestigt. Solche Pflanzgestelle sind auch im Versandhandel erhältlich. Ein Stützbrett an den Seiten und ein 15 cm breiter Streifen aus festem Maschendraht rund um die Säcke helfen, die Früchte in die Sonne zu halten, was einen hohen Zuckergehalt begünstigt. Eine Pflanze kann bis zu 500 g Erdbeeren liefern.

Erdbeertöpfe aus Terrakotta, müssen sorgfältig gegossen werden, damit sie gleichmäßig feucht bleiben.

Weitere Pflege

Gießen Sie von Hand oder über Tropfschläuche. Erdbeeren in Töpfen sollten feucht, aber nicht staunass stehen; eventuell muss man sie bei großer Hitze öfter als einmal täglich gießen.

Sobald die Pflanze im Frühjahr austreibt, wird wöchentlich ein ausgewogener Flüssigdünger gegeben. Während der Blüte- und Erntezeit geht man zu kalibetontem Dünger, etwa »Blütendünger«, über. Danach wird wieder Volldünger verabreicht, sofern Sie die Pflanzen ein weiteres Jahr behalten wollen. Überdüngte Erdbeerpflanzen bilden üppige Blätter auf Kosten der Früchte.

Kälte im Winter ist wichtig für eine gute Blütenbildung. Die Behälter sollten einen geschützten Platz am Boden erhalten. Ist strenger Frost angesagt, sollten die Erdbeeren mit Gartenvlies oder Stroh abgedeckt werden. An milden Wintertagen sollte man die Abdeckung tagsüber abnehmen.

Schädlinge und Krankheiten

Erdbeeren in Töpfen leiden weniger unter Krankheiten als Pflanzen im Beet, ziehen aber, vor allem unter Glas, Schädlinge an. Blattläuse (siehe S. 42) befallen oft die Frühjahrstriebe und übertragen Viren. Spritzen Sie beim ersten Anzeichen von Schäden mit einem zugelassenen Insektizid für Erdbeeren.

Die Spinnmilbe (siehe S. 197) kann vor allem an wärmeren Standorten lästig werden und sollte mit der Raubmilbe *Phytoseiulus persimilis* bekämpft werden, was dann den Einsatz von Pflanzenschutzmitteln ausschließt. Die Larven des Dickmaulrüsslers (siehe S. 48) sind im ersten Jahr der Topfkultur meist unproblematisch, können aber Pflanzen befallen, die für ein zweites Jahr stehen bleiben. Gießen Sie notfalls im Spätsommer mit dem Nematodenpräparat, um die Larven zu erreichen.

Stellen Sie rund um die Töpfe und Gestelle Barrieren auf oder streuen Sie Schneckenkorn, um die Pflanzen vor Schneckenfraß zu schützen. Im Freiland kann man Vögel mit Netzen fernhalten.

EMPFOHLENE SORTEN

Remontierend
Ernte im Frühsommer und nochmals im Spätsommer

- 'Aromel' ♀ [1]
- 'Everest'
- 'Evita'
- 'Selva'

Früh
Ernte im Frühsommer

- 'Elvira' [3]
- 'Honeoye'

Mittelfrüh
Ernte im Juli

- 'Elsanta' [2]
- 'Kent'
- 'Polka' ♀
- 'Tenira'

Spät
Ernte im Hochsommer

- 'Malling Pegasus' ♀

Frühe Erdbeerernte

Erdbeeren aus dem beheizten Gewächshaus tragen schon zur Frühjahrsmitte. Besser und schöner sind die Früchte jedoch ein paar Wochen später.

Gleich, ob Sie Ihre Erdbeeren in Töpfen (siehe S. 246–247) oder im Beet kultivieren, es lohnt sich auf jeden Fall, einige Ableger unter Glas zu bringen, um früh ernten zu können. Wählen Sie im Frühsommer gesunde Ausläuferpflänzchen aus und senken Sie diese einzeln in 9-cm-Töpfe ab. Wachsen die Pflanzen im Beet, graben Sie die mit Torfsubstrat befüllten Töpfe einfach dort ein. 3-4 Wochen später sollten die Ableger Wurzeln gebildet haben. Durchtrennen Sie dann die Verbindung zur Mutterpflanze.

Sorgen Sie für gute Wachstumsbedingungen, vor allem gießen Sie gut. Im Hoch- bis Spätsommer wird in 15-cm-Töpfe mit tonhaltigem Substrat umgetopft. Stellen Sie die Töpfe auf Asche oder in ein offenes Frühbeet in voller Sonne, wo sie bis Herbstende bleiben. Bis dahin sind die Pflanzen in Winterruhe übergegangen. Für einen Monat werden die Töpfe an einer Wand seitlich hingelegt und zum Schutz vor Frost mit Stroh abgedeckt. Stehen die Töpfe im kalten Kasten, müssen sie so viel Luft wie möglich erhalten.

Ein Gewächshaus erlaubt eine verfrühte Ernte.

'Cambridge Favourite'

'Tamella'-Früchte liegen sauber auf Strohmulch.

Ernte zur Frühjahrsmitte

Holen Sie die Töpfe im Januar ins Gewächshaus, heizen Sie aber nicht und gießen Sie erst, wenn sich die ersten neuen Blätter zeigen. Halten Sie die Luft feucht und lüften Sie nur an sonnigen Tagen, um Überhitzung zu vermeiden. Geben Sie mehr Wasser, wenn sich die Blätter entwickeln und beginnen Sie vorsichtig zu heizen; die Nachttemperaturen sollten zwischen 7 und 10°C liegen. Zu viel Wärme führt zur Bildung von üppigen Blättern auf Kosten der Blüten.

Wenn sich die Blüten öffnen, erhöhen Sie die Temperatur auf 15°C und lüften am Tag. Die Luftfeuchtigkeit muss dennoch hoch bleiben, bis die Bestäubung beginnt. Bestäuben Sie die Blüten täglich von Hand mit einem weichen Pinsel.

Sobald sich Früchte bilden, wird die Temperatur auf 18°C erhöht. Besonders hochwertige Früchte erhalten Sie, indem Sie ausdünnen, sobald die Blütenblätter abgefallen sind. Nur 8–10 Früchte sollten pro Pflanze reifen. Lüften Sie jetzt weniger und halten Sie die Luft jederzeit feucht, bis die Früchte zu reifen beginnen. Gießen Sie reichlich, vor allem bei Sonne, damit sich große Früchte entwickeln und kein Mehltau auftritt. Zur Reifezeit sollten Sie mehr lüften, weniger gießen und die Blätter und Früchte nicht benässen, damit sie nicht faulen.

GEEIGNETE SORTEN

Diese Sorten können unter Glas vorgetrieben werden:

'Elvira'

'Elsanta'

Geben Sie den Pflanzen alle 10–14 Tage einen auf die Hälfte verdünnten Flüssigdünger, bis sich die Früchte rot färben. Zu starke Düngung führt zu weichen, geschmacklosen Früchten und erhöht die Fäulnisgefahr.

Ernte im Spätfrühling

Holen Sie die Töpfe ab Dezember ins Gewächshaus. Nach 3 Wochen beginnen Sie zu heizen, halten Sie die Temperatur jedoch niedriger als beim Vortreiben für eine frühe Ernte. In der Nacht sollte die Temperatur zwischen 4 und 8°C liegen. Wenn sich die Blütenbüschel zeigen, wird sie auf 10°C erhöht. Bestäuben, gießen und düngen Sie die Pflanzen wie oben beschrieben. Nach dem Abfallen der Blütenblätter wird die Temperatur auf 13°C angehoben. Mit beginnender Reife sollte die Temperatur wieder niedriger liegen, dann reifen die Früchte langsamer und schmecken besser.

Siehe auch Das Gewächshaus heizen, S. 190; Alternativen zu Glas, S. 193; Mangelhafte Bestäubung, S. 233; Erdbeeren im Topf, S. 246–247

EIN LEBENDIGER GARTEN

Lebensräume für viele Tiere

Die verschiedensten Insekten, Vögel, Kleinsäuger siedeln sich im Garten an, wenn sie dort eine günstige Umgebung vorfinden.

Ein Garten ist mehr als eine Ansammlung von Pflanzen. Er bietet zugleich vielen Tieren Nahrung, Schutz und Brutgelegenheiten.

Ein Gartenteich

Mit der Anlage eines Gartenteiches leisten Sie mit den größten Beitrag für eine reichhaltige Fauna im Garten. Ohne Wasser haben Frösche, Kröten, Molche, Libellen und viele andere Wasserlebewesen keine Brutgelegenheit. Eine flache Uferzone bietet Vögeln Trink- und Bademöglichkeiten.

Wählen Sie für den Teich einen Platz in der Sonne, nicht unter Bäumen. Mindestens eine Seite sollte sanft abfallen, damit Amphibien an Land kommen können und ein schlammiger Untergrund für Sumpfpflanzen entsteht. Dies lässt sich mit Teichfolie aus Synthesekautschuk leichter erreichen als mit einem Fertigteich.

Wenn Sie Pflanzen im Hinblick auf eine gute Sauerstoffversorgung auswählen, sollten Sie wuchernde, nicht heimische Pflanzen wie Kanadische Wasserpest *(Elodea canadensis)*, Wassernabel *(Hydrocotyle ranunculoides)*, Tausendblatt *(Myriophyllum aquaticum)* und Nadelkraut *(Crassula helmsii)* meiden. Auch schnell wachsende Schwimmpflanzen wie Wasserlinsen *(Lemna*-Arten*)* und Feenmoos *(Azolla filiculoides)* sind ungeeignet. Gute Sauerstofflieferanten sind Raues Hornblatt *(Ceratophyllum demersum)*, Ähriges Tausendblatt *(Myriophyllum spicatum)* und Gewöhnlicher Wasserhahnenfuß *(Ranunculus aquatilis)*.

Pflanzen am Teichrand sind wichtig für schlüpfende Larven von Großlibellen und Azurjungfern. Hierhin gehören Sumpfschwertlilie *(Iris pseudacorus)*, Zungenhahnenfuß *(Ranunculus lingua)*, Seggen *(Carex*-Arten*)*, Binsen *(Juncus*-Arten*)*, Blutweiderich *(Lythrum salicaria)*, Gewöhnlicher Froschlöffel *(Alisma plantago-aquatica)* und Gewöhnliches Pfeilkraut *(Sagittaria sagittifolia)*. Schwimmblattpflanzen sind wichtig, weil sie das Wasser schattieren und kühlen. In Frage kommen Froschbiss *(Hydrocharis morsus-ranae)* und Seerosen *(Nymphaea*-Arten*)*.

Rasen

Ein grüner Rasen ist für Wildtiere wenig attraktiv; wenn Sie das Gras jedoch so lange ungemäht lassen, dass die Pflanzen blühen können, bieten Sie Vögeln, Bienen und anderen Insekten mehr Nahrung.

Für einen kurzen Rasen eignen sich Gewöhnlicher Hornklee *(Lotus corniculatus)*, Alpenthymian *(Thymus praecox)*, Gewöhnliche Braunelle *(Prunella vulgaris)*, Augentrost *(Euphrasia*-Arten*)* und Veilchen *(Viola*-Arten*)*.

Als höher wachsende Pflanzen eignen sich Gewöhnlicher Wasserdost *(Eupatorium cannabium)*, Flockenblume *(Centaurea*-Arten*)*, Gewöhnlicher Dost *(Origanum vulgare)*, Wiesenwitwenblume *(Knautia arvensis)*, Gewöhnlicher Teufelsabbiss *(Succisa pratensis)*, Wilde Karde *(Dipsacus fullonum)* und Wilde Malve *(Malva sylvestris)*.

LEBENSRÄUME IM GARTEN

Totholz
Unberührte Totholzhaufen schaffen die kühle, dunkle, meist feuchte Umgebung, die Frösche, Molche und Käfer mögen.

Trockenmauern
Die Lücken und Spalten in sonnigen Trockenmauern locken Kröten und Spitzmäuse an und bieten Insekten Schlupfwinkel zum Überwintern.

Gartenteich
Sumpfflächen und Teiche locken die verschiedensten Tiere in den Garten, etwa Frösche, Molche, Wasserinsekten und viele Vogelarten.

Siehe auch Futterpflanzen für Bienen, S. 252; Futterpflanzen für Schmetterlinge, S. 253; Vögel anlocken, S. 256

So locken Sie Tiere an
Ganz oben: Wasser, wie hier dieser Bachlauf, gehört zu den wichtigsten Anziehungspunkten für Tiere. Oben: *Digitalis-purpurea*-Hybriden (Fingerhut) locken Hummeln an.

Hecken, Mauern und Zäune

Grenzen wie Hecken sind für Tiere sehr wertvoll, aber auch Zäune und Wände mit Kletterpflanzen oder Sträuchern haben hohen Stellenwert. Sie bieten Vögeln Platz zum Nisten und schützen den Garten vor starkem Wind. Frei wachsende Hecken sind besser als streng geschnittene. Heckenpflanzen wie Weißdorn *(Crataegus monogyna)*, Stechpalme *(Ilex aquifolium)* und Liguster *(Liguster ovalifolium)* bilden kaum Blüten und Beeren, wenn sie regelmäßig einen Formschnitt erhalten. Für Tiere ist eine gemischte Hecke aus Weißdorn, Feldahorn *(Acer campestre)*, Schlehe *(Prunus spinosa)*, Hainbuche *(Carpinus betulus)*, Sanddorn *(Hippophae rhamnoides)* und Hartriegel *(Cornus mas)* ideal, vielleicht noch kombiniert mit Hundsrose *(Rosa canina)*, Alpenwaldrebe *(Clematis alpina)* und Geißblatt *(Lonicera periclymenum)*.

Bäume und Sträucher

Die meisten heimischen Bäume werden zu groß für den normalen Hausgarten, doch es gibt etliche kleinere Gehölze, die Vögeln, Bienen und anderen Insekten Nahrung bieten, etwa Eberesche *(Sorbus aucuparia)*, Hängebirke *(Betula pendula)*, Haselnuss *(Corylus avellana)*, Salweide *(Salix caprea)*, Pfaffenhütchen *(Euonymus europaeus)*, Holzapfel *(Malus sylvestris)*, Vogelkirsche *(Prunus avium)*, *Buddleja davidii*, *Cotoneaster*, Feuerdorn *(Pyracantha)*, Wildrosen und Weißdorn *(Crataegus*-Arten*)*.

Nutzen Sie große Bäume als Stützen für Kletterpflanzen wie Waldrebe, Rosen, Hopfen und Efeu *(Hedera helix)*.

Blumenrabatten

Viele einjährige und mehrjährige Pflanzen in Blumenrabatten stammen aus fernen Ländern, sind aber äußerst wichtige Lieferanten von Nektar und Pollen für Bienen, Schmetterlinge und andere Blütenbesucher. Pflanzen Sie keine gefüllt blühenden Formen, da diese oft keinen Pollen bilden und von Bienen gemieden werden. Später im Jahr locken die Samenstände Vögel an, die nach Samen suchen. Nützliche Blumen sind zum Beispiel *Sedum*, Skabiose *(Scabiosa*-Arten*)*, Sonnenblume *(Helianthus annuus)*, Astern, Goldlack *(Erysimum cheiri)*, Blaukissen *(Aubrieta)* und Goldrute *(Solidago)*. Sie können auch heimische Arten in die Rabatte integrieren, etwa Fingerhut *(Digitalis purpurea)*, Wiesenstorchschnabel *(Geranium pratense)*, Kissenprimel *(Primula vulgaris)*, Hohe Schlüsselblume *(Primula elatior)*, Gewöhnlichen Wasserdost *(Eupatorium cannabium)*, Flockenblumen *(Centaurea*-Arten*)*, Karde *(Dipsacus fullonum)*

TIPPS

- Möglichst wenig chemische Pflanzenschutzmittel einsetzen.
- Nicht perfekt aufräumen; einige Pflanzen sollten Samen ausbilden.
- Nistkästen für Vögel, Nisthilfen für Insekten anbringen.
- An einem geschützten Platz einen Totholzhaufen anlegen.
- Kompost im Garten bereiten.

Futterpflanzen für Bienen

Pflanzen, deren Blüten reichlich Pollen und Nektar bilden, locken diese nützlichen Insekten in den Garten; gefüllte Blüten jedoch haben den Bienen nichts zu bieten.

Bienen besuchen Blüten, um Nektar und Pollen zu sammeln. Einige der unten aufgeführten Pflanzen bieten nur Pollen, sind aber trotzdem wertvoll für Bienen. An anderen Pflanzen finden die Bienen nur gelegentlich Futter, das gilt vor allem für einige Bäume und Sträucher, die in manchen Jahren nicht genügend Nektar bilden, um die Insekten anzulocken. Die Nektarmenge, die sie produzieren, hängt von der Temperatur sowie der Luft- und Bodenfeuchtigkeit ab.

Bienen besuchen lieber Pflanzen an sonnigen, geschützten Standorten als an schattigen, windigen Plätzen. Niedrige Pflanzen wie einjährige Sommerblumen und Stauden sind für Bienen interessanter, wenn sie in großen Gruppen wachsen und nicht verstreut zwischen anderen Pflanzen sitzen.

Bienenfreundlicher Fingerhut
Fingerhut *(Digitalis purpurea)* bereichert den Garten nicht nur um ein höheres Element, er ist auch bei Hummeln beliebt und sät sich immer wieder selbst aus.

DIESE PFLANZEN LOCKEN BIENEN AN

Einjährige

Borago officinalis, Callistephus chinensis, Centaurea cyanus, Centaurea moschata, Clarkia, Cosmos bipinnatus, Eschscholzia californica 🏆*, Gilia capitata, Helianthus annuus, Heliotropium, Iberis, Limnanthes douglasii* 🏆*, Myosotis, Nemophila menziesii, Nigella damascena, Phacelia, Zinnia elegans*

Zweijährige

Alcea rosea, Erysimum, Hedysarum coronarium, Lunaria annua

Stauden

Agastache foeniculum, Alyssum, Anchusa azurea, Anemone x hybrida, Arabis, Armeria maritima, Aster, Aubrieta, Campanula, Cynara cardunculus 🏆*, Dahlia, Doronicum, Echinops ritro* 🏆*, Erigeron, Eryngium, Geranium, Geum, Gypsophila paniculata, Helleborus, Liatris spicata, Marrubium vulgare, Monarda punctata, Nepeta, Papaver orientale, Persicaria amplexicaulis, Polemonium caeruleum, Rudbeckia, Salvia x superba* 🏆*, Scabiosa, Sedum spectabile* 🏆*, Sidalcea malviflora, Solidago, Stachys byzantina, Veronica longifolia*

Zwiebelblumen und Knollenpflanzen

Allium, Chionodoxa luciliae 🏆*, Colchicum, Crocus, Eranthis hyemalis* 🏆*, Fritillaria, Galanthus, Hyacinthus orientalis, Leucojum, Muscari, Scilla siberica* 🏆

Gehölze

Acer, Aesculus, Arbutus unedo 🏆*, Berberis, Buddleja globosa* 🏆*, Buxus sempervirens* 🏆*, Calluna vulgaris, Caryopteris, Catalpa bignonioides* 🏆*, Ceanothus, Cercis siliquastrum* 🏆*, Chaenomeles, Cornus alba, Corylus avellana, Cotoneaster, Crataegus, Cytisus, Daphne mezereum, Enkianthus campanulatus* 🏆*, Erica, Escallonia, Fuchsia, Gaultheria shallon, Hebe, Hedera helix, Helianthemum, Hypericum, Ilex aquifolium* 🏆*, Koelreuteria paniculata* 🏆*, Laurus nobilis* 🏆*, Lavandula, Lonicera x purpusii, Mahonia aquifolium, Malus, Olearia x haastii, Parthenocissus quinquefolia, Parthenocissus tricuspidata* 🏆*, Perovskia atriplicifolia, Potentilla fruticosa, Prunus avium* 🏆*, Prunus dulcis, Prunus laurocerasus* 🏆*, Prunus spinosa, Pyracantha, Pyrus, Ribes, Robinia pseudoacacia, Rosa, Rubus, Salix caprea, Sarcococca, Sorbus aucuparia, Symphoricarpos, Tetradium daniellii, Weigela florida, Ulex*

Wildblumen

Arctium lappa, Bryonia dioica, Caltha palustris 🏆*, Centaurea, Chamerion angustifolium, Cirsium, Clematis vitalba, Convolvulus arvensis, Dipsacus fullonum, Echium vulgare, Eupatorium cannabinum, Filipendula ulmaria, Hippocrepis comosa, Knautia arvensis, Lamium purpureum, Linaria vulgaris, Lotus corniculatus, Lythrum salicaria, Malva, Melilotus alba, Melilotus officinalis, Papaver, Persicaria, Ranunculus ficaria, Salvia pratensis, Scrophularia, Sinapis arvensis, Stellaria media, Succisa pratensis, Taraxacum officinale, Trifolium, Tussilago farfara, Valeriana officinalis*

Siehe auch Lebensräume für viele Tiere, S. 250–251; Vögel anlocken, S. 256

PFLANZVORSCHLÄGE

Futterpflanzen für Schmetterlinge

Mit Hilfe von geeigneten Wildblumen und ein- oder mehrjährigen Kulturpflanzen lässt sich eine Vielzahl von Schmetterlingen in den Garten locken.

Schmetterlinge fliegen zu den Blüten, um dort Nektar zu sammeln, den sie mit ihrer langen Zunge aufsaugen.

Buddleja davidii (Schmetterlingsstrauch) zieht zahlreiche Schmetterlingsarten wie den kleinen Fuchs an.

Futterpflanzen für Raupen

Die unten aufgeführten Blumen locken die häufigeren und mobileren Schmetterlingsarten an, die meisten eignen sich allerdings nicht als Nahrung für die Raupen. Mit Ausnahme des Kohlweißlings fressen die Larven meist an Wildpflanzen wie

- BRENNNESSEL *(Urtica dioica)*: für Pfauenauge, Admiral, Distelfalter und Kleinen Fuchs. An einem sonnigen Platz legen die Schmetterlinge gern ihre Eier ab. Mähen Sie die Pflanzen im Hochsommer, wenn sich die erste Brut des Kleinen Fuchses entwickelt hat, damit die Brennnesseln nicht aussamen.
- DISTELN *(Cirsium- und Carduus-Arten)*: Der Distelfalter legt Eier an Pflanzen wie die Krause Distel *(Carduus crispus)* und Ackerkratzdistel *(Cirsium arvense)*.
- KOHL, andere *Brassica*-Arten und Kapuzinerkresse: Großer und Kleiner Kohlweißling.
- KNOBLAUCHSRAUKE *(Alliaria petiolata)* und Wiesenschaumkraut *(Cardamine pratensis)*: Aurorafalter und Grünaderweißling.
- GRASMISCHUNG: Verschiedene Gräser werden von Waldbrettspiel, Braunauge, Kommafalter, Großem Ochsenauge, Rostbraunem Ochsenauge, Schachbrett, Kleinem Heufalter, Rostfarbenem und Ockergelbem Dickkopffalter genutzt. Die Anforderungen an den Lebensraum, vor allem an Grasart, Höhe und Nässe oder Trockenheit der Wiese schwanken. Lassen Sie das Gras während des Wachstums stehen und mähen Sie erst im Frühjahr.
- STECHPALME *(Ilex aquifolium)* und Efeu *(Hedera helix)*: Der Faulbaumbläuling legt im Frühjahr Eier an Stechpalmenblüten und im Spätsommer an Blütenständen des Efeus.
- FAULBAUM *(Rhamnus frangula)* und Echter Kreuzdorn *(Rhamnus cathartica)*: Zitronenfalter.
- HORNKLEE *(Lotus corniculatus)*: Bläuling.

DIESE PFLANZEN LOCKEN SCHMETTERLINGE AN

Ein- und Zweijährige

Ageratum houstonianum, Calendula officinalis, Callistephus chinensis, Centaurea cyanus, Dianthus barbatus, Erysimum cheiri, Heliotropium, Iberis amara, Lobularia maritima, Lunaria annua, Matthiola incana, Reseda odorata, Tagetes, Verbena rigida ♈

Stauden

Agastache foeniculum, Arabis alpina subsp. *caucasica, Armeria, Asperula hexaphylla, Aster, Astrantia major, Aubrieta, Aurinia saxatilis* ♈, *Centaurea, Centranthus ruber, Cynara cardunculus* ♈, *Dahlia, Echinops, Eryngium, Gaillardia, Hesperis matronalis, Hyssopus officinalis, Iberis sempervirens* ♈, *Liatris spicata, Mentha spicata, Nepeta x faassenii* ♈, *Phlox paniculata, Polemonium caeruleum, Scabiosa, Sedum spectabile* ♈, *Solidago*

Sträucher

Buddleja davidii, Buddleja globosa ♈, *Calluna vulgaris, Caryopteris x clandonensis, Crataegus monogyna, Daboecia, Erica, Escallonia, Hebe, Hedera helix, Lavandula, Ligustrum, Mahonia aquifolium, Prunus laurocerasus* ♈, *Pyracantha, Rubus fruticosus, Thymus*

Wildpflanzen

Angelica sylvestris, Cardamine pratensis, Carduus, Centaurea, Cirsium, Dipsacus fullonum, Eupatorium cannabinum, Hieracium, Knautia arvensis, Lythrum salicaria, Origanum vulgare, Pulicaria dysenterica, Ranunculus, Salix caprea, Sedum acre, Succisa pratensis, Taraxacum officinale, Trifolium, Valeriana officinalis

Siehe auch Lebensräume für viele Tiere, S. 250–251; Vögel anlocken, S. 256

Was ist biologischer Gartenbau?

Im Biogarten werden keine Kunstdünger und synthetische Pflanzenschutzmittel eingesetzt; viele Verfahren lassen sich mit anderen Anbaumethoden kombinieren.

Der Begriff biologischer Gartenbau umschreibt in der Regel Anbaumethoden, die möglichst wenige synthetische Stoffe einsetzen. Stattdessen spielen Düngemittel pflanzlicher und tierischer Herkunft eine Rolle. Wichtige Aspekte im biologischen Gartenbau sind die Erhaltung natürlicher Ressourcen, dabei soll die Umwelt möglichst nicht belastet und die Gesundheit nicht gefährdet werden.

Bodenfruchtbarkeit

Alle Maßnahmen zielen darauf ab, die Fruchtbarkeit des Bodens zu fördern und zu erhalten (siehe S. 259) – mit Ausnahme jener Flächen, die für Wildblumen vorgesehen sind. Achten Sie darauf, dass der Boden genügend Kalk enthält, sodass die Pflanzen ausreichend Kalzium aufnehmen können und der pH-Wert auch für die Aufnahme anderer Nährstoffe in einem optimalen Bereich liegt (siehe auch S. 263).

Sorgen Sie für einen hohen Humusgehalt, indem Sie beim Umgraben gut verrottete organische Substanz einarbeiten. Ideal ist Tierdung, aber auch pflanzlicher Dünger wie Laubkompost oder Kompost aus Garten- und Küchenabfällen eignet sich bestens (zur Herstellung von Gartenkompost siehe S. 271).

Schweren Boden sollten Sie im Herbst oder Winter umgraben, leichten im Frühjahr. Arbeiten Sie in jedem Fall organische Substanz ein, das geschieht

Laubkompost: massereich, aber nährstoffarm

möglichst gleichmäßig in der obersten 20 cm starken Schicht. Graben Sie vor allem den Gemüsegarten jährlich um und düngen Sie, um die Fruchtbarkeit zu erhalten. Gelegentlich sollten Sie auch tiefer umgraben.

Im Gemüsegarten kann eine Gründüngung nützlich sein, um Bodenstruktur und Fruchtbarkeit zu erhalten, sie passt aber, vor allem in kleinen Gärten, nicht immer gut in eine Fruchtfolge. Roggen *(Secale cereale)* ist eine gute Gründüngung für die Wintermonate. Leguminosen wie Ackerbohnen *(Vicia faba)*, Klee *(Trifolium*-Arten*)* und Schmalblättrige Lupine *(Lupinus angustifolia)* binden Stickstoff aus der Luft in ihren Wurzelknöllchen. Weißer Senf *(Sinapis alba)*, Gartenrettich *(Raphanus sativus)* und *Phacelia tanacetifolia* eignen sich als Einjährige zur Aussaat auf Brachflächen. Sie werden untergehackt, bevor sie Samen bilden.

Massereiche organische Substanz liefert anspruchsvollem Obst und Gemüse nur eine begrenzte Menge an Nährstoffen, Laubkompost enthält sogar sehr wenige Nährstoffe. Daher sollte man immer wieder Dünger zugeben. Hierfür eignen sich organische Präparate wie Hornmehl und Hornspäne, die über einen längeren Zeitraum Stickstoff bzw. Phosphat liefern. Blutmehl ist eine schneller wirkende Stickstoffquelle.

Flüssigdünger organischer Herkunft, entweder fertig gekauft oder selbst hergestellt (zum Beispiel Beinwelljauche), ist ebenfalls nützlich, vor allem für Topfpflanzen.

Biogärtner verzichten oft auf das Umgraben. Ungestörter Boden bietet vielen nützlichen Bodenlebewesen eine günstigere Umgebung. In manchen Fällen bleibt so die Bodenstruktur erhalten und der Feuchtigkeitsverlust durch Verdunstung wird reduziert. Das Umgraben hingegen bietet Gelegenheit, organische Substanz einzuarbeiten, die Wasserführung zu verbessern und den Wurzelraum zu erweitern, weil Verdichtungen gelockert werden. Der Boden wird belüftet, Unkraut abgehackt und Bodenschädlinge werden der Kälte und Fressfeinden ausgesetzt. Das Umgraben kann unterbleiben, wenn der Boden von Natur aus ein stabiles Gefüge aufweist und wenn Bodenvorbereitung und Unkrautbekämpfung auf andere Weise erfolgen.

Schädlinge und Krankheiten bekämpfen

Vor dem Griff zur Spritze gibt es erst noch ein paar Dinge zu bedenken: Unter Stress stehende und schlecht gedeihende Pflanzen sind anfällig für Schädlinge und Krankheiten. Vorbeugend wirkt daher allein schon gute Pflege. Sorgen Sie für einen humusreichen, krümeligen Boden und für ausreichend Wasser zur rechten Zeit. Bedenken Sie zum Beispiel, dass Kohlhernie *(Plasmodiphora brassicae)* in saurem Boden gedeiht, Kartoffelschorf *(Streptomyces scabies)* dagegen auf Kalkboden. Echter Mehltau tritt verstärkt auf trockenem Boden auf.

BIOLOGISCHE KONTROLLE

- Fallen aufstellen, z.B. umgedrehte, mit Stroh oder Heu gefüllte Blumentöpfe auf Stäbe gesteckt gegen Ohrwürmer.
- Mischkulturen verringern Schädlingsbefall. Stark riechende Kräuter wie Pfefferminze oder Knoblauch schrecken Schädlinge ab.
- Ein aufgeräumter Garten bietet weniger Angriffsfläche.

Siehe auch Nützlinge, S. 40–41; Gründüngung, S. 207; Mulchen, S. 269; Kompostieren, S. 271; Laubkompost, S. 272

Ziehen Sie Zier- und Gemüsepflanzen in Multitopfplatten vor, sodass man sie möglichst ohne Pflanzschock ins Freie setzen kann. Planen Sie die Aussaat so, dass sich die Pflanzen nicht gerade dann in einem empfindlichen Stadium befinden, wenn Schadinsekten besonders aktiv sind. Kohlrabi und Speiserüben kann man beispielsweise erst im Juni säen, sodass sie dem Zeitpunkt, wenn die Kleine Kohlfliege *(Delia radicum)* ihre Eier ablegt, weitgehend entgehen.

Achten Sie auf Hygiene. Schneiden Sie mit Krebs infiziertes Holz an Obstbäumen sofort aus. Halten Sie Schädlinge mit Barrieren fern; niedrige Absperrungen schützen zum Beispiel eine Möhreneinsaat vor der Möhrenfliege *(Psila rosae)*. Ziehen Sie Kohl unter Gartenvlies, um Schadinsekten fernzuhalten. Legen Sie Schmierseifenringe um Obstbaumstämme, um die Weibchen des Kleinen Frostspanners *(Operophtera brumata)* abzufangen. Fangen Sie Schnecken in Bierfallen und sammeln Sie Raupen am Kopfkohl von Hand ab.

Pheromonfallen im Apfelbaum fangen männliche Apfelwickler *(Cydia pomonella)* und reduzieren so den Paarungserfolg der Weibchen – und damit die Anzahl wurmstichiger Äpfel.

Pheromonfallen fangen männliche Apfelwickler, dadurch erhöht sich die Zahl madenfreier Äpfel.

Auch Mischkulturen setzen den Schädlingsbefall herab. Pflanzen Sie Kohl abwechselnd mit anderem Gemüse, um die Mehlige Kohlblattlaus *(Brevicoryne brassicae)* und Kleine Kohlfliege *(Delia radicum)* loszuwerden.

Unter einem Vlies sind Kohlpflanzen gut vor verschiedenen Schadinsekten geschützt.

Natürliche Schädlingsbekämpfung

Bei der Biologischen Schädlingsbekämpfung werden Fressfeinde und Parasiten als natürliche Gegenspieler der Schadtiere eingesetzt (Genaueres auf S. 40–41). Weitere biologische Methoden sind Nematoden gegen Schnecken, Schnakenlarven und Engerlinge im Freiland und der *Bacillus thuringiensis* gegen schädliche Raupen.

Die Pflanzen sind unterschiedlich anfällig für Schädlinge und Krankheiten, daher sollten Sie widerstandsfähige oder resistente Sorten bevorzugen. So gibt es zum Beispiel Stockrosen *(Alcea)*, die gegen den Malvenrost *(Puccinia malvacearum)* resistent sind, die Rose 'Queen Elizabeth' ist kaum anfällig für Sternrußtau *(Diplocarpon rosae)* und die Äpfel 'Florina' und 'Rebella' sind resistent gegen Schorf *(Venturia inaequalis)*.

Vögel anlocken

Die meisten Vögel bereichern einen Garten um einen zusätzlichen Spaßfaktor, viele sind sogar sehr nützlich; sie finden sich aber nur dann ein, wenn sie Nahrung, Wasser und Verstecke vorfinden.

Vögel wie dieser Kleiber nehmen das ganze Jahr über Körner an einer Vogelfutterstelle an.

Tauben und Saatkrähen richten vielleicht einmal Schäden an Pflanzen an, die meisten Vögel jedoch sind im Garten willkommen, weil sie Leben und Abwechslung bringen. Manche fressen Schadinsekten, Samenfresser verringern die Ausbreitung von Unkraut.

Wasserversorgung

Vögel brauchen das ganze Jahr über Wasser zum Baden und Trinken. Ein Teich mit sanft auslaufender Uferzone erfüllt dieses Bedürfnis, er kann aber im Winter zufrieren. Stellen Sie daher zusätzlich eine nicht einfrierende Wasserstelle auf. Dekorative Vogelbäder kosten Geld und sind nicht effektiver als eine flache Schale auf dem Boden. Sie sollte mindestens 30 cm Durchmesser haben und bis zu 5 cm tief sein.

Natürliche Nahrungsquellen

Während der Brutzeit im Sommer sammeln die meisten Vögel (auch Samenfresser) Insekten und andere Kleinlebewesen, um ihren erhöhten Eiweißbedarf zu decken und die Nestlinge zu füttern. Schaffen Sie daher Lebensräume für möglichst viele verschiedene Tiere. Viele Gartenpflanzen liefern den Vögeln Futter in Form von Beeren und Samen. Die überwiegende Zahl reift im Spätsommer und Herbst, wenn die Vögel ihre Fettreserven für den Winter auffüllen.

Samenfresser finden über lange Zeit Nahrung, wenn Einjährige und Stauden erst im Spätwinter geschnitten werden.

Futterstellen für Vögel

Es scheiden sich die Geister darüber, ob es besser ist, Vögel nur in winterlichen Notzeiten oder das ganze Jahr über zu füttern (nicht nur im Winter), da natürliche Futterquellen rar werden. Es sind verschiedene Futtermittel wie Erdnüsse, Samenmischungen und Meisenknödel im Handel erhältlich. Gartencenter, Zoohandlungen und der Versandhandel bieten unterschiedliche Vogelhäuser und Futtersäulen an.

Schlupfwinkel und Nistplätze

Manche Vögel übernachten in Bäumen, viele kleinere Arten bevorzugen aber Sträucher und Hecken mit dichten Zweigen. Immergrüne Gehölze schützen im Winter vor kaltem Wind. Gleiches gilt für dicht wachsende Kletterpflanzen.

FUTTERPFLANZEN FÜR VÖGEL

Heimische Pflanzen

Alnus glutinosa (Samen), *Betula pendula* (Samen), *Carduus nutans* (Samen), *Centaurea scabiosa* (Samen), *Crataegus monogyna* (Beeren), *Dipsacus fullonum* (Samen), *Hedera helix* (Beeren), *Ilex aquifolium* (Beeren), *Knautia arvensis* (Samen), *Rhamnus frangula* (Beeren), *Rosa canina* (Hagebutten), *Rubus fruticosus* (Beeren), *Sambucus nigra* (Beeren), *Sorbus aria* (Beeren), *Sorbus aucuparia* (Beeren), *Succisa pratensis* (Samen), *Taxus baccata* (Beeren), *Viburnum lantana* (Beeren)

Kulturpflanzen

Berberis Beeren), *Cotoneaster* (Beeren), *Crataegus* (Beeren), *Daphne mezereum* (Beeren), *Helianthus annuus* (Samen), *Ilex* (Beeren), *Ligustrum* (Beeren), *Lonicera* (Beeren), *Mahonia* (Beeren), *Malus* (Früchte), *Photinia davidiana* (Beeren), *Prunus avium* (Früchte), *Prunus cerasus* (Früchte), *Pyracantha* (Beeren), *Rosa moyesii* (Hagebutten), *Rosa rugosa* (Hagebutten), *Sorbus* (Beeren), *Viburnum betulifolium* (Beeren)

NISTKÄSTEN

Vögel brauchen einen geschützten Platz, wo sie übernachten oder bei widrigem Wetter Schutz finden können. Ein selbst gebauter oder gekaufter Nistkasten ist ideal.

Siehe auch Die schönsten Herbstfarben, S. 62; Schäden durch den Dompfaff, S. 72; Tiere anlocken, S. 250–251

ERDEN, SUBSTRATE & DÜNGER

Wozu den Boden bearbeiten?

Schaffen Sie günstige Bedingungen für die Aussaaten und Pflanzen, indem Sie Unkraut beseitigen und organische Substanz einarbeiten.

Die Bodenbearbeitung hat vor allem das Ziel, die Bodenstruktur zu verbessern, gleichzeitig werden Unkräuter untergegraben, Verdichtungen gelockert und Dünger, organische Substanz, Sand, Splitt oder Kalk eingearbeitet. Sie müssen nicht mehr tun, als notwendig ist, um diese Ziele zu erreichen, da ein Übermaß der Bodenstruktur schadet.

Umgraben oder holländern

Beim Umgraben wird der Boden gewendet. Bei Tonböden sollte es im Herbst geschehen, bei leichteren, sandigen Böden im zeitigen Frühjahr. Das Wenden des Bodens in Spatenstichtiefe wird als Umgraben bezeichnet. Beim Holländern wird ein Graben von einer Spatentiefe ausgehoben und auch die darunter liegende Schicht gewendet. Das ist manchmal nützlich, wenn die Dränage verbessert werden soll oder vor der Pflanzung von tief wurzelnden, dauerhaften Pflanzen. Umgraben ist allerdings nicht immer nötig, oft reicht das Lockern mit der Grabgabel. Wenn Sie umgraben, arbeiten Sie organische Substanz wie Gartenkompost oder verrotteten Dung mit der Grabgabel unten in den Graben ein.

Da beim Umgraben Feuchtigkeit verloren geht, sollte die Arbeit zur Frühjahrsmitte getan sein, bevor die Temperaturen steigen. Wenn die Zeit knapp wird, können Sie eventuell eine Bodenfräse mieten. Für leicht zu bearbeitenden Boden genügt meist ein 2- oder 5-PS-Modell, für schweren Boden brauchen Sie leistungsfähigeres Gerät. Nasser Boden darf nicht gefräst werden, warten Sie, bis er abgetrocknet ist, um Schäden zu vermeiden. Behandeln Sie sauren Boden mit Kalk (es sei denn, die Pflanzen vertragen keinen Kalk), nachdem Sie seinen pH-Wert ermittelt haben. Zu viel Kalk ist schädlich, verlassen Sie sich also nicht auf Schätzungen. Kalk wirkt erst nach vielen Monaten richtig. Alkalischen Boden können Sie in neutrale Bereiche lenken, indem Sie viel Sand und Torf untermischen. In der Praxis ist dies allerdings zu langsam und kostspielig. Stattdessen können Sie Säure liebende Pflanzen einfach in Töpfe mit Moorbeeterde pflanzen, wenn der Gartenboden zu hohe pH-Werte aufweist.

BODENVERDICHTUNG

In verdichtetem Boden wurden die Poren zwischen den Bodenpartikeln mit der Zeit zusammengedrückt. Es bleibt zu wenig Zwischenraum für den Austausch von Luft, Wasser und Nährstoffen. Das führt zu schlechter Dränage und schwacher Durchlüftung. Verdichteter Boden lässt sich mit Splitt und organischer Substanz verbessern.

EIN AUSSAATBEET VORBEREITEN

[1] Den Boden umgraben oder mit der Grabgabel wenden, größere Klumpen zerdrücken, große Steine und Unkraut entfernen. [2] Bei stark verdichtetem Boden ist eine Bodenfräse wohl die beste und rückenfreundlichste Lösung. [3] Ist der Boden gut gelockert, die Oberfläche abrechen und große Steine, noch vorhandene Klumpen und Unkraut entfernen. [4] Den Boden vorsichtig in geraden Linien festtreten. [5] Zum Schluss abrechen, um eine feine Krümelstruktur zu erzielen, die für die Keimung nötig ist.

Die Oberfläche verbessern

Das Umgraben bedeutet den ersten Arbeitsgang. Danach folgt die Feinbearbeitung, die eine feine, krümelige, frische, aber feste Deckschicht, die so genannte Krume, erreichen soll. Arbeiten Sie mit einem dreizinkigen Kultivator hin und zurück und rechen Sie hinterher. Auf Aussaatbeeten sollte die feinkrümelige Schicht so tief sein, dass die Samen damit bedeckt sind, und so fein, dass der frische Boden rundum Kontakt mit den Samen hat. Der Boden sollte fest, aber nicht verdichtet sein; drücken Sie ihn zur Sicherheit mit der Rückseite eines Spatens leicht an. Im Idealfall ist die Oberfläche fest und der darunter liegende Boden relativ locker. Bearbeiten Sie nassen Boden möglichst nicht, da er sich sonst bei Regen möglicherweise setzt und die Samen erstickt.

Siehe auch Die Dränage verbessern, S. 260; Der pH-Wert des Bodens, S. 263; Kalken bringt Nutzen, S. 265

PRAKTISCHE TIPPS

Fruchtbarkeit

Ein humusreicher Boden ist wichtig für die Pflanzenentwicklung.

Oft heißt es, das Geheimnis eines fruchtbaren Bodens sei die Zugabe organischer Substanz, die in dauerhafte Humusverbindungen umgewandelt wird. Zwei häufig empfohlene Materialien sind Stallmist und Gartenkompost. Wird frischer, unverrotteter Mist verarbeitet, gibt er Ammoniak ab, der die Pflanzenwurzeln verätzt; daher sollten Sie nur gut abgelagerten Mist verwenden. Gartenkompost hat größtenteils die gleichen Vorzüge. Auf diesem Weg kommen Pflanzennährstoffe in den natürlichen Kreislauf zurück.

Beide Substanzen fördern die Fähigkeit zur Wasser- und Nährstoffspeicherung von Sandboden. Sie verbessern zudem die Struktur von schwerem Boden, indem sie eine feinere Krume schaffen, die sich leichter bearbeiten lässt.

Gartenkompost fördert die Bodenfruchtbarkeit.

GARTENKOMPOST

- Gartenkompost ist ein hervorragender Bodenverbesserer. Er kann auch dann eingearbeitet werden, wenn er noch etwas halb verrottetes Material enthält.
- Er zersetzt sich zwar selten so fein wie das Material aus großen Kompostierungsanlagen, ist aber dennoch äußerst wirksam.

Siehe Erfolgreich kompostieren, S. 271

PRAKTISCHE TIPPS

Fruchtbarkeit fördern

Von der Bodenart hängen die Maßnahmen zur Verbesserung ab.

Mulchen erhöht die Bodenfruchtbarkeit.

Stellen Sie mit einem pH-Wert-Testgerät fest, ob der Boden zu sauer ist und Sie kalken müssen (siehe S. 265). Geben Sie Kalk im Spätwinter, damit er Zeit zum Wirken hat, bevor die Wachstumszeit beginnt.

Fruchtbarer Boden enthält zahlreiche Poren. Die Grobporen sorgen dafür, dass Wasser abfließt und Luft an die Wurzeln gelangt, die Mittelporen halten Feuchtigkeit fest, die von den Wurzeln aufgenommen wird.

Umgraben und das Einarbeiten von organischer Substanz sorgen für eine gute Bodenstruktur mit ausreichender Porenbildung (siehe S. 258). Ein organischer Mulch rund um eingewachsene Pflanzen wirkt ähnlich.

Toniger Boden braucht ausreichend Kalzium. Bei sauren Tonböden geben Sie Kalzium in Form von Kalziumkarbonat, bei neutralen in Form von Kalziumsulfat (Gips). Alkalische Böden enthalten bereits genügend Kalzium. Arbeiten Sie in die oberen 15 cm erbsengroßen Splitt ein, damit durch das größere Porenvolumen die Wasserführung besser wird.

Siehe Der pH-Wert des Bodens, S. 263

PFLANZENPROBLEME

Schädliche Plattwürmer

Diese Schädlinge sorgen in manchen Regionen für Probleme.

Invasion der Plattwürmer
Diese Plattwürmer aus Neuseeland und Australien fressen die nützlichen Regenwürmer, Bodenprobleme sind die Folge. Sie haben in Europa keine natürlichen Feinde.

Der Neuseelandplattwurm *(Arthurdendyus triangulatus)* und der Australische Plattwurm *(Australoplana sanguinea)* richten neuerdings in Europa Schaden an. Der Neuseelandplattwurm ist rötlich braun mit hellerem Rand und wird bis zu 17 cm lang, der Australische Plattwurm ist orangebraun, er erreicht nur 10 cm Länge. Keiner von beiden besitzt Körpersegmente.

Symptome

Plattwürmer breiten sich über die Erde aus – von einem befallenen Garten in den nächsten oder über Gärtnereien. Sie fressen Regenwürmer und dezimieren sie in manchen Regionen sehr stark. Das führt zu Bodenproblemen und kann auch andere Tiere beeinträchtigen, etwa Füchse, Dachse, Maulwürfe und Vögel, für die Regenwürmer wichtige Futtertiere darstellen.

Bekämpfung

Die Plattwürmer haben in Europa keine natürlichen Feinde und es gibt keine Bekämpfungsmittel. Falls Plattwürmer in den Garten eingeschleppt wurden, unterbinden Sie die weitere Ausbreitung: Bringen Sie weder Erde noch Kompost oder Pflanzen in andere Gärten, die möglicherweise noch plattwurmfrei sind. Vermeiden Sie Importe von Pflanzware mit anhaftender Erde.

PRAKTISCHE TIPPS

Gärtnern auf nassem Boden

Sie können Sumpf- und Wasserpflanzen kultivieren, die Dränage verbessern oder Hochbeete anlegen.

Schlecht dränierter Boden bringt große Probleme mit sich. Die Pflanzen wurzeln flacher, weil tiefer im Boden bedingt durch die Staunässe zu wenig Sauerstoff vorhanden ist. Sauerstoffmangel verhindert das Wachstum und lässt die Wurzeln schließlich absterben. Trocknet der Boden bei Hitze vorübergehend aus, leiden Pflanzen mit flacher Wurzel stärker unter der Trockenheit.

Um festzustellen, ob ein Boden schlecht dräniert ist, sollte man warten, bis er gründlich feucht ist, etwa nach starkem Regen, und gräbt ein 60 cm tiefes und breites Loch. Füllen Sie es mit Wasser und beobachten Sie, wie lange es zum Abfließen braucht. Ist es innerhalb einiger Tage verschwunden, ist alles in Ordnung. Dauert es länger, sollte die Dränage verbessert werden. Sammelt sich Wasser im Loch, ist die Dränage ausgesprochen schlecht und es wird Zeit, etwas dagegen zu unternehmen.

Eine schlecht dränierte Fläche im Garten lässt sich womöglich für ein Sumpfbeet oder einen Teich nutzen (siehe S. 274–281). Falls das nicht möglich ist oder Sie lieber bestimmte oder viele verschiedene Pflanzen kultivieren möchten, wird eine gründliche Bodensanierung nötig.

Fließt das Wasser bei schwerem, tonhaltigem Oberboden nur langsam ab, graben Sie den Boden tief um und arbeiten Sie dabei reichlich gut verrottete organische Substanz, groben Sand und Splitt ein. Bleibt Ihr Boden staunass, weil die Dränage in tieferen Schichten blockiert ist, brauchen Sie ein künstliches Dränagesystem (siehe rechts).

Stattdessen können Sie auch ein Hochbeet anlegen. Es bietet sich besonders an, wenn der Grundwasserspiegel hoch liegt, denn dann helfen Dränagerohre nicht viel.

Fassen Sie das Beet mit einer niedrigen Wand aus Ziegeln, Steinen oder Balken ein. Geben Sie 15 cm Kies oder Schotter hinein und füllen Sie dann mit Oberboden aus dem Garten, organischer Substanz und Splitt auf. Achten Sie darauf, dass unten in der Wand, über dem Boden, Löcher sind, durch die überschüssiges Wasser abfließen kann.

Die meisten Pflanzen wachsen in staunassem, sauerstoffarmem Boden schlecht.

Siehe auch Hochbeete, S. 27; Einen Sumpfgarten anlegen, S. 274

PRAKTISCHE TIPPS

Die Dränage verbessern

Wenn umgraben nicht hilft, müssen Sie Rohre verlegen.

Schlechte Dränage zeigt sich daran, dass nach einem Regenguss Pfützen stehen bleiben. Die Ursache kann ein hoher Grundwasserspiegel, verdichteter Boden in tieferen Schichten oder verdichteter Oberboden sein. Ein besonderes Problem beim heutigen Hausbau stellt die Verdichtung des Unterbodens durch schwere Baumaschinen dar.

Bestehen für die schlechte Dränage andere Ursachen als verdichteter Oberboden (der durch die Einarbeitung von organischer Substanz und Splitt verbessert wird), müssen Sie eventuell ein Dränagesystem installieren. Dazu kann es schon genügen, am Fuß eines Hangs einen etwa 90 cm tiefen Graben mit schräg abfallenden Wänden auszuheben, in den überschüssiges Wasser ablaufen kann. Ist das nicht möglich, wird der Graben mit grobem Kies gefüllt und mit Oberboden abgedeckt.

Für ein umfangreicheres Dränagesystem werden perforierte Kunststoffrohre auf ein abgerütteltes, 5 cm tiefes Kiesbett in einem Graben verlegt. Darauf kommt eine 10 cm starke Kieslage (siehe Kasten rechts).

Verlegt werden die Rohre unter Bearbeitungstiefe, also meist 40–60 cm tief und in 3–6 m Abstand. Die Gräben müssen einem natürlichen oder künstlichen Hanglauf folgen und ein Gefälle von 1:40 haben. Ausgelegt werden sie im Fischgrätmuster, sodass die Seitenrohre im Winkel von 45°C auf das Hauptrohr stoßen. Bei perforierten Kunststoffrohren ist darauf zu achten, dass die Löcher zur Seite zeigen, damit sie nicht mit Erde verstopfen.

Ein Dränagesystem macht keinen Sinn, wenn das Wasser nirgendwohin abfließen kann. Als Abfluss eignen sich vorhandene Gräben oder eine Sickergrube, die mindestens 1,8 m^2 fasst und mit Geröll gefüllt wird.

Siehe auch Wozu den Boden bearbeiten?, S. 258

DRÄNAGEROHRE VERLEGEN

1 Für diese Arbeit wird am besten ein Mini-Bagger gemietet. Die Gräben sollten immerhin 40–60 cm tief sein. 2 Die perforierten Kunststoffröhren werden auf einem abgerüttelten, 5 cm tiefen Bett aus grobem Kies verlegt. 3 Die Gräben erst 10 cm hoch mit Kies auffüllen, um die Dränage zu verbessern, dann Erde einfüllen.

Schwere Böden verbessern

Das Rezept der Verbesserung von Lehmboden beruht darauf, zur richtigen Zeit das richtige Material einzuarbeiten.

Tonpartikel sind extrem klein; sie haben bei einem gegebenen Erdvolumen 1000-fache Oberfläche der größeren Sandkörner. Toniger Boden packt bei Nässe dicht zusammen und lässt kein Wasser mehr abfließen.

Enthält der Boden mehr als 30 Prozent Ton, wird er oft klebrig und feucht. Glücklicherweise zerfällt Tonboden von Natur aus in kleinere Brocken, wenn er austrocknet. Im Sommer zieht er sich zusammen und lässt Wasser und Luft an die Wurzeln. Organische Substanz, etwa Rindenkompost, die eingegraben oder als Mulch ausgebracht wird, verbessert die Bodenstruktur, sodass mehr Pflanzen auf diesem Boden wachsen können.

Wenn Sie eine offene Bodenstruktur schaffen wollen, arbeiten Sie reichlich grobes Material wie gut verrotteten Kompost ein. Dadurch wird der Boden weniger speckig. Experimentieren Sie erst in kleinem Maßstab: Mischen Sie eine 8 cm dicke Splittschicht mit den oberen 15 cm des Bodens und geben Sie mehr hinzu, wenn nach etwa einem Monat der Boden immer noch zu klumpig erscheint. Zu wenig kann schlechter sein als gar nichts.

Nasse Tonmineralien quellen auf, sodass Regen im Winter nicht mehr ablaufen kann. Im Frühjahr verdunstet das Wasser langsam, dadurch kann man im Vergleich zu besser dräniertem Boden erst später säen und pflanzen. Dränage (siehe links) oder, in kleinerem Maßstab, ein Hochbeet kann dem abhelfen. Werden nasse Lehm- oder Tonböden betreten, verschlechtert sich die Struktur noch weiter. Legen Sie daher Wege an oder Trittsteine aus.

Nur für kurze Zeit zur Herbstmitte und im Frühjahr lassen sich schwere Böden leicht umgraben, sodass sich Saatbeete anlegen lassen. Im Winter unterstützt das Frieren und wieder Auftauen der Bodenschollen die Vorbereitung des Saatbeets im Frühjahr. Wenn Sie zu diesen Jahreszeiten den Boden nicht bearbeiten können, sollten Sie überlegen, ob Sie nicht auf das Umgraben verzichten und stattdessen Stauden und Gehölze pflanzen, die mit diesem Boden zurechtkommen. Entfernen Sie Unkraut mit der Hacke oder einem Unkrautstecher und bringen Sie eine dicke Mulchschicht aus.

LEHMBODEN VERBESSERN

- Organische Substanz wie verrotteten Dung, Kompost oder Kalk einarbeiten, um die Struktur zu verbessern und Klumpen aufzubrechen.
- Regenwürmer verbessern den Boden. Ihre Gangsysteme verbessern die Belüftung und Wasserführung.
- Nassen Boden nicht bearbeiten.

DAS BODENPROFIL ÄNDERN

Die Verbesserung von Bodenstruktur und -fruchtbarkeit braucht Zeit. Für eine offene Struktur muss reichlich grobes Material wie Splitt in den Oberboden eingegraben werden.

Siehe auch Hochbeete, S. 27; Pflanzen für schwere Böden, S. 262

Pflanzen für schwere Böden

Lehmige und tonige Böden bearbeiten bedeutet Schwerstarbeit. Sie können aber einfach eine Dauerbepflanzung wählen, die zu diesen Bedingungen passt.

GEEIGNETE PFLANZEN FÜR LEHMIGE BÖDEN

Wird der Boden gut für die Pflanzung vorbereitet und die Dränage bei Bedarf verbessert, können Sie viele Pflanzen auf schweren Böden kultivieren, Gehölze ebenso wie winterharte Stauden. Lehmboden ist sogar extrem fruchtbar und ermöglicht ein gutes Wachstum. Er hält Wasser gut und eignet sich somit für Feuchtigkeit liebende Pflanzen.

Laubbäume

Alnus cordata 🏆 ↕ 25m ↔ 6m ☐ 💧 ❄❄❄

Amelanchier lamarckii 🏆 ↕ 10m ↔ 12m ☐–◧ 💧 pH ❄❄❄

Betula ermanii ↕ 20m ↔ 12m ☐–◧ 💧 ❄❄❄

Laburnum x *watereri* 'Vossii' 🏆 ↕↔ 8m ☐ ◊ ❄❄❄

Malus floribunda 🏆 ↕↔ 10m ☐ 💧 ❄❄❄ [1]

Prunus avium 'Plena' 🏆 ↕↔ 12m ☐ 💧 ❄❄❄

Pyrus salicifolia 'Pendula' 🏆 ↕ 5m ↔ 4m ☐ ◊ ❄❄❄

Nadelgehölze

Chamaecyparis lawsoniana ↕ 15–40m ↔ 2–5m E ☐ 💧 ❄❄❄

Ginkgo biloba 🏆 ↕ 30m ↔ 8m ☐ ◊ ❄❄❄

Taxodium distichum 🏆 ↕ 20–40m ↔ 6–9m ☐–◧ 💧 pH ❄❄❄

Taxus baccata 🏆 ↕ 10–20m ↔ 8–10m E ☐–■ ◊ ❄❄❄

Thuja plicata ↕ 20–35m ↔ 6–10m E ☐ ◊ ❄❄❄

Sträucher

Aucuba japonica ↕↔ 3m E ☐–■ 💧 ❄❄❄

Berberis darwinii 🏆 ↕↔ 3m E ☐–◧ ◊ ❄❄❄

Chaenomeles speciosa ↕ 2,4m ↔ 5m ☐–◧ ◊ ❄❄❄

Choisya ternata 🏆 ↕↔ 2,4m E ☐ ◊ ❄❄❄

Cornus alba ↕↔ 3m ☐ 💧 ❄❄❄

Cotoneaster horizontalis 🏆 ↕ 90cm ↔ 1,5m ☐ ◊ ❄❄❄ [2]

Euonymus alatus 🏆 ↕ 1,8m ↔ 3m ☐–◧ ◊ ❄❄❄

Forsythia x *intermedia* 'Lynwood' 🏆 ↕↔ 3m ☐–◧ 💧 ❄❄❄

Hypericum forrestii 🏆 ↕ 1,2m ↔ 1,5m ☐–◧ 💧 ❄❄❄

Kerria japonica 'Pleniflora' 🏆 ↕↔ 3m ☐–◧ ◊ ❄❄❄

Philadelphus coronarius 'Aureus' 🏆 ↕ 2,4m ↔ 1,5m ◧ ◊ ❄❄❄

Prunus laurocerasus 🏆 ↕ 8m ↔ 10m E ☐–◧ 💧 ❄❄❄

Pyracantha rogersiana 🏆 ↕↔ 4m E ☐–◧ ◊ ❄❄

Ribes speciosum 🏆 ↕↔ 1,8m ☐ ◊ ❄❄

Viburnum tinus ↕↔ 3m E ☐–◧ 💧 ❄❄❄

Stauden

Anemone hupehensis var. *japonica* ↕ 60–120cm ↔ 45cm ☐–◧ 💧 ❄❄❄

Aster novae-angliae ↕ 1,5m ↔ 60cm ☐–◧ 💧 ❄❄❄

Astilbe x *arendsii* ↕↔ 60–90cm ☐–◧ 💧 ❄❄❄

Helenium autumnale ↕ 1,5m ↔ 45cm ☐ 💧 ❄❄❄

Helleborus x *hybridus* ↕↔ 45cm E ◧ 💧 ❄❄❄

Heuchera sanguinea ↕↔ 30cm ☐–◧ 💧 ❄❄❄

Hosta fortunei ↕ 55cm ↔ 80cm ☐–◧ 💧 ❄❄❄

Rudbeckia fulgida var. *deamii* 🏆 ↕ 60cm ↔ 45cm ☐–◧ 💧 ❄❄❄ [3]

Siehe auch Wozu den Boden bearbeiten?, S. 258; Schwere Böden verbessern, S. 261

Der pH-Wert des Bodens

Die Auswahl geeigneter Pflanzen und Düngemittel richtet sich nach der Bodenreaktion. Für deren Bestimmung gibt es einfache und kompliziertere Testmethoden.

Die pH-Wert-Skala reicht von 1 bis 14. Ein niedriger pH-Wert weist auf sauren Boden hin, ein hoher auf alkalischen; bei 7 ist der Boden neutral. Unter normalen Gartenbedingungen finden sich selten Werte unter 4 oder über 8.

Die Methoden, den pH-Wert zu messen, hängen davon ab, wie genau das Ergebnis sein soll und wie schnell es gebraucht wird. Im Labor wird der pH-Wert mit einer Elektrode sehr exakt gemessen. Dazu braucht es allerdings teure Geräte. Sie können auch ein preisgünstiges pH-Wert-Messgerät für den Hausgebrauch kaufen, das weniger genau misst.

Brauchbare Ergebnisse liefern verschiedene Farbindikatoren. Getrockneter Boden wird mit einem Farbstoff und destilliertem Wasser gemischt. Dann verändert sich die Farbe je nach dem pH-Wert der Lösung. Diese Methode ist nicht so genau wie ein Labortest, liefert aber schnelle und, richtig angewendet, ausreichend genaue Ergebnisse für die Auswahl von Düngemitteln und Pflanzen. Außerdem gibt es im Handel Messstreifen aus Papier, deren Färbung sich in Abhängigkeit vom pH-Wert verändert.

Rhododendron liebt eine saure Bodenreaktion.

Die Eibe bevorzugt alkalischen Boden.

Dazu brauchen Sie den pH-Wert

Sie sollten den pH-Wert Ihres Bodens aus mehreren Gründen kennen:

- Nährstoffe werden je nach pH-Wert von den Pflanzen besser oder schlechter aufgenommen. Die Spurenelemente Eisen und Mangan zum Beispiel sind in alkalischem Boden weniger gut pflanzenverfügbar, was zu Mangelerscheinungen führen kann.
- Viele Bodenorganismen, die organische Nährstoffe bereitstellen, vertragen keinen extrem sauren Boden.
- Manche Pflanzen brauchen einen bestimmten pH-Wert; bekannt dafür sind die Ericaceen, darunter Rhododendren, die mit wenigen Ausnahmen nicht in neutralem oder alkalischem Boden gedeihen. Sie bevorzugen sauren Boden mit einem pH-Wert zwischen 4,5 und 5,5 (siehe auch S. 266).

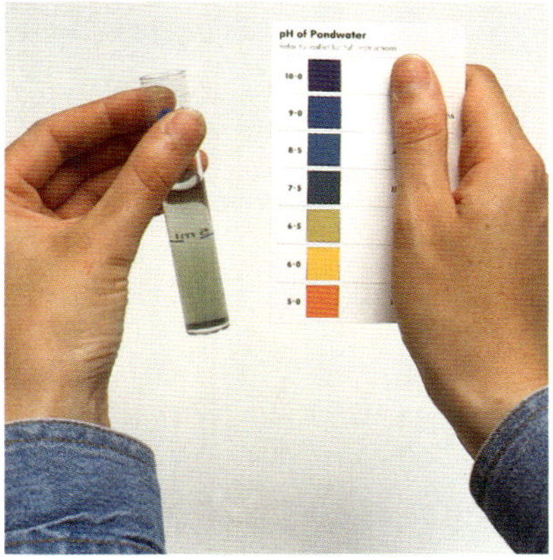

Ein Bodenprobeset zeigt den pH-Wert an.

Die meisten Gartenpflanzen ertragen unterschiedliche pH-Werte, für den Großteil ist der Bereich um 6,5 ideal. Ist der Boden zu sauer, können Sie den pH-Wert durch Zufuhr von Kalk erhöhen (siehe auch S. 265).

Ist der Boden zu alkalisch, bieten sich folgende Maßnahmen an:

- Geben Sie keinen Kalk oder kalkhaltiges Material.
- Geben Sie physiologisch sauer wirkende Dünger wie Ammoniumsulfat oder Rhododendrondünger.
- Arbeiten Sie immer wieder Sand und Torf unter.

Die letzte Methode wirkt sehr langsam. Sie kann ohne Gefahr für anwachsende Pflanzen angewendet werden und liefert Schwefel, den die Pflanzen brauchen. Um den erreichten pH-Wert zu halten, müssen Sie immer wieder Schwefel zusetzen.

Boden mit einem pH-Wert über 7,5 lässt sich sehr schwer mit Erfolg behandeln, vor allem, wenn er einen hohen Anteil an Ton oder organischer Substanz besitzt. Hier ist es empfehlenswert, die entsprechenden Pflanzen auszuwählen (siehe S. 264).

BODENPROBESETS

Bodenprobesets enthalten eine chemische Lösung, die sich verfärbt, wenn sie in einem Teströhrchen mit einer Bodenprobe gemischt wird. Die Farbe wird dann mit einer Karte verglichen, auf der sich der pH-Wert ablesen lässt. Gelb oder orange zeigt hier sauren Boden an, grün ist neutral und blau/dunkelgrün weist auf alkalischen Boden hin.

Siehe auch Pflanzen für alkalischen Boden, S. 264; Kalken bringt Nutzen, S. 265; Pflanzen für sauren Boden, S. 266

Pflanzen für alkalischen Boden

Es gibt Beispiele von herrlichen Gärten, die auf alten Kalkgruben angelegt wurden und damit zeigen, was sich mit alkalischem Boden anfangen lässt – geeignete Pflanzen gibt es genug.

1

2

3

PFLANZEN, DIE IN ALKALISCHEM BODEN GEDEIHEN

Man sollte nicht versuchen, alkalischen Boden zu ändern, sondern Pflanzen wählen, die unter diesen Verhältnissen wirklich gedeihen. Es steht sogar eine beachtliche Auswahl an Gehölzen und Stauden zur Verfügung.

Laubgehölze

Acer negundo ↕ 15m ↔ 10m ☐–◪ ♦ ✱✱✱

Berberis thunbergii ♀ ↕ 1,2m ↔ 1,8m ☐–◪ ◊ ✱✱✱

Buddleja davidii ↕ 3m ↔ 5m ☐ ◊ ✱✱✱

Buxus sempervirens ♀ ↕↔ 5m E ☐–◪ ◊ ✱✱✱ [1]

Carpinus betulus ♀ ↕ 25m ↔ 20m ☐–◪ ◊ ✱✱✱

Ceanothus impressus ↕ 1,5m ↔ 2,4m E ☐ ◊ ✱✱

Cistus ladanifer ♀ ↕ 1,8m ↔ 1,5m E ☐ ◊ ✱✱

Colutea arborescens ↕↔ 3m ☐ ◊ ✱✱✱

Cornus alba ↕↔ 3m ☐ ♦ ✱✱✱

Corylus avellana Sorten ↕↔ 5m ☐–◪ ◊ ✱✱✱

Cotoneaster frigidus 'Cornubia' ♀ ↕↔ 6m E ☐–◪ ◊ ✱✱✱

Crataegus x *lavalleei* 'Carrierei' ♀ ↕ 7m ↔ 10m ☐–◪ ◊ ✱✱✱

Euonymus europaeus 'Red Cascade' ♀ ↕ 3m ↔ 2,4m ☐–◪ ◊ ✱✱✱

Fagus sylvatica ♀ ↕ 25m ↔ 15m ☐–◪ ◊ ✱✱✱

Magnolia stellata ♀ ↕ 3m ↔ 4m ☐–◪ ♦ ✱✱✱

Paeonia delavayi ♀ ↕ 1,8m ↔ 1,2m ☐–◪ ♦ ✱✱✱

Philadelphus coronarius 'Aureus' ♀ ↕ 2,4m ↔ 1,5m ◪ ◊ ✱✱✱

Rhamnus alaternus 'Argenteovariegata' ♀ ↕ 5m ↔ 4m ☐ ◊ ✱✱

Sambucus nigra fo. *laciniata* ♀ ↕↔ 6m ☐–◪ ♦ ✱✱✱

Sorbus aria 'Lutescens' ♀ ↕ 10m ↔ 8m ☐–◪ ◊ ✱✱✱

Syringa vulgaris ↕↔ 7m ☐ ◊ ✱✱✱

Viburnum x *bodnantense* ↕ 3m ↔ 1,8m ☐–◪ ♦ ✱✱✱

Nadelgehölze

Chamaecyparis lawsoniana ↕ 15–40m ↔ 1,8–5m E ☐ ♦ ✱✱✱

Cupressus macrocarpa 'Goldcrest' ♀ ↕ 5m ↔ 2,4m E ☐ ◊ ✱✱✱

Juniperus communis ↕ 0,5–6m ↔ 1–6m E ☐–◪ ◊ ✱✱✱

Taxus baccata 'Fastigiata' ♀ ↕ 10–20m ↔ 8–10m E ☐–■ ◊ ✱✱✱ [2]

Thuja plicata ↕ 20–35m ↔ 6–9m E ☐ ♦ ✱✱✱

Stauden

Acanthus spinosus ♀ ↕ 1,5m ↔ 60–90cm ☐–◪ ◊ ✱✱✱

Achillea millefolium Sorten ↕ 60cm ↔ 60cm ☐ ♦ ✱✱✱

Anthemis punctata subsp. *cupaniana* ♀ ↕ 30cm ↔ 90cm E ☐ ◊ ✱✱ [3]

Aquilegia vulgaris ↕ 90cm ↔ 45cm ☐–◪ ♦ ✱✱✱

Campanula lactiflora ↕ 1,2–1,5m ↔ 60cm ☐–◪ ♦ ✱✱✱

Doronicum orientale ↕ 60cm ↔ 90cm ◪ ♦ ✱✱✱

Eremurus stenophyllus ♀ ↕ 90cm ↔ 60cm ☐ ◊ ✱✱✱

Erigeron karvinskianus ♀ ↕ 15–30cm ↔ 90cm ☐–◪ ◊ ✱✱✱

Eryngium alpinum ♀ ↕ 70cm ↔ 45cm ☐ ◊ ✱✱✱

Iris unguicularis ♀ ↕ 30cm ↔ 60cm E ☐ ◊ ✱✱✱

Kniphofia caulescens ♀ ↕ 1,2m ↔ 60cm E ☐ ♦ ✱✱✱

Scabiosa caucasica ↕↔ 60cm ☐ ◊ ✱✱✱

Verbascum (Cotswold-Gruppe) 'Cotswold Beauty' ♀ ↕ 1,2m ↔ 30cm ☐ ◊ ✱✱✱

Siehe auch Der pH-Wert des Bodens, S. 263; Kalken bringt Nutzen, S. 265

Kalken bringt Nutzen

Regelmäßiges Kalken, meist im Herbst vor dem Umgraben, ist alte Gärtnerpraxis, vor allem im Gemüsegarten. Der Grund dafür ist den meisten Hobbygärtnern jedoch unbekannt.

Kalken hilft, den Boden in einem ausgewogenen pH-Wert zu erhalten. Dieser Wert wird auf einer Skala von 1 (äußerst sauer) bis 14 (äußerst alkalisch) gemessen. Steigt er beispielsweise von 6 auf 7, ist der Boden zehnmal so alkalisch wie vorher. Ein pH-Wert von 7 ist neutral, also weder alkalisch noch sauer.

Der optimale pH-Wert für die meisten Gartenpflanzen liegt bei 6,5 (leicht sauer). Weicht der Wert stark davon ab, kann die Aufnahme bestimmter Nährstoffe blockiert werden, es kommt zu Mangelsymptomen. Bei einem hohen pH-Wert sind Phosphat und manche Spurenelemente weniger gut verfügbar, bei einem niedrigen Wert fehlt es an Stickstoff, Kalium und Magnesium und die Regenwürmer sind weniger aktiv.

Kalk liefert Kalzium und erhöht den pH-Wert. Er wirkt ausgleichend auf die physiologisch saure Wirkung von Düngemitteln, auf frei werdende Säuren aus dem Abbau organischer Substanz und auf leicht saures Regenwasser.

Die Bodenstruktur, vor allem von schweren Böden, wird durch Kalk verbessert. Auf weniger saurem Boden wachsen die Pflanzen besser, die Wurzeln entwickeln sich kräftiger und das Bodenleben wird angeregt, was die Krümelstruktur verbessert und den Anteil an organischer Substanz erhöht. Kalk beugt zudem Krankheiten wie der Kohlhernie *(Plasmodiophora brassicae)* vor.

Im Herbst, direkt vor dem Umgraben ausgebracht, kann der Kalk den Winter über wirken.

Wie wird gekalkt?

Stellen Sie zunächst fest, ob es nötig ist zu kalken (siehe S. 263). Ist der Boden schon leicht sauer oder neutral, hilft das Kalken nicht oder kann sogar schaden. Am besten wird im Herbst gekalkt, direkt vor dem Umgraben. Der Kalk kann dann den Winter über wirken und schadet den jungen Trieben nicht. Geben Sie nicht gleichzeitig Kalk und organische Substanz oder Dünger, denn dabei kann Ammoniak frei werden, was Stickstoff vergeudet und zarte Triebe schädigt.

Man unterscheidet mehrere Kalkformen: Kalziumhydroxid (Löschkalk), Kalziumkarbonat (kohlensaurer Kalk) und Silikate (Hüttenkalk). Löschkalk ist wasserlöslich und wirkt stärker als kohlensaurer Kalk, ist aber in der Anwendung weniger angenehm und schwerer zu dosieren. Kohlensaurer Kalk ist im Handel unter verschiedenen Produktnamen erhältlich und wird allgemein bevorzugt. Die Menge richtet sich nach dem Bodentyp und dem beabsichtigten Einfluss auf den pH-Wert.

Im Allgemeinen braucht Lehmboden etwa 270 g pro Quadratmeter, um den pH-Wert um eine halbe Einheit zu steigern. Ein Tonboden braucht etwas mehr (etwa 420 g pro Quadratmeter) und Sandboden weniger (etwa 140 g pro Quadratmeter). Soll der pH-Wert stärker verändert werden, ist es ratsam die erforderlichen Kalkgaben auf mehrere Jahre zu verteilen.

KALK AUSBRINGEN

Kohlensaurer Kalk (Kalziumcarbonat) lässt sich zwar problemlos anwenden, dennoch sollte man ein paar Sicherheitsmaßnahmen beachten. Bei Windstille ausgebracht, wird der Kalk schon nicht auf den Gärtner oder auf benachbarte Flächen verweht. Eine Schutzbrille beugt Augenschäden vor.

Siehe auch Kohlhernie, S. 206; Wozu den Boden bearbeiten?, S. 258; Der pH-Wert des Bodens, S. 263; Holzasche als Bodenverbesserer, S. 268

Pflanzen für sauren Boden

Einige der schönsten Gartenpflanzen wie Rhododendren, Heide, Magnolien und Lavendelheide gedeihen nur in saurem Boden gut; viele von ihnen bevorzugen Halbschatten.

1

2

3

SÄURE LIEBENDE PFLANZEN

Bäume

Acer palmatum ↕ 8m ↔ 10m ☐–◩ 💧 ✽✽✽

Amelanchier laevis ↕↔ 8m ☐–◩ 💧 ✽✽✽

Amelanchier lamarckii 🏆 ↕ 10m ↔ 12m ☐–◩ 💧 ✽✽✽

Arbutus menziesii 🏆 ↕↔ 15m E ☐ 💧 ✽✽✽ [1]

Cercidiphyllum japonicum 🏆 ↕ 20m ↔ 15m ☐–◩ 💧 ✽✽✽

Cornus kousa ↕ 7m ↔ 5m ☐–◩ 💧 ✽✽✽

Embothrium coccineum ↕ 10m ↔ 5m E ☐–◩ 💧 ✽✽

Eucryphia glutinosa 🏆 ↕ 10m ↔ 6m ☐ 💧 ✽✽✽

Halesia carolina ↕ 8m ↔ 10m ☐–◩ 💧 ✽✽✽

Liquidambar styraciflua ↕ 25m ↔ 12m ☐ 💧 ✽✽✽

Magnolia campbellii ↕ 15m ↔ 10m ☐–◩ 💧 ✽✽✽

Nyssa sylvatica 🏆 ↕ 20m ↔ 10m ☐–◩ 💧 ✽✽✽

Stewartia pseudocamellia 🏆 ↕ 20m ↔ 8m ☐–◩ 💧 ✽✽✽

Sträucher

Berberidopsis corallina ↕ 5m ↔ 2,4m E ◩ 💧 ✽✽

Calluna vulgaris ↕ 10–60cm ↔ 75cm E ☐ 💧 ✽✽✽

Camellia ↕ 1,8–5m ↔ 1–3m E ◩ 💧 ✽✽✽

Daboecia cantabrica Sorten ↕ 25–40cm ↔ 65cm E ☐ 💧 ✽✽✽

Daphne tangutica 🏆 ↕↔ 90cm E ☐–◩ 💧 ✽✽✽

Enkianthus campanulatus 🏆 ↕↔ 4–5m ☐–◩ 💧 ✽✽✽

Erica ↕ 20cm–6m ↔ 0,5–3m E ☐ 💧 ✽✽✽–✽✽

Gaultheria mucronata ↕↔ 1,2m E ◩ 💧 ✽✽✽

Hamamelis ↕↔ 4m ☐–◩ 💧 ✽✽✽

Kalmia latifolia 🏆 ↕↔ 3m E ◩ 💧 ✽✽✽

Magnolia x soulangeana ↕↔ 6m ☐–◩ 💧 ✽✽✽ [2]

Pieris ↕ 1,8m–5m ↔ 3–4m E ☐–◩ 💧 ✽✽✽–✽✽

Rhododendron ↕ 30cm–4m ↔ 0,5–4m E ◩ 💧 ✽✽✽–✽✽

Ulex europaeus 'Flore Pleno' 🏆 ↕ 2,4m ↔ 1,8m E ☐ 💧 ✽✽✽

Stauden

Gentiana sino-ornata 🏆 ↕ 5–8cm ↔ 15–30cm ☐–◩ 💧 ✽✽✽

Iris innominata ↕ 15–25cm ↔ 25cm E ☐–◩ 💧 ✽✽✽

Kirengeshoma palmata 🏆 ↕ 60–120cm ↔ 75cm ◩ 💧 ✽✽✽

Lupinus-Hybriden ↕ 90cm ↔ 75cm ☐–◩ 💧 ✽✽✽

Luzula sylvatica ↕ 70–80cm ↔ 45cm E ☐–◩–■ 💧 ✽✽✽

Meconopsis betonicifolia 🏆 ↕ 1,2m ↔ 45cm ◩ 💧 ✽✽✽

Polypodium vulgare ↕ 30cm ↔ 45–60cm E ☐–◩ 💧 ✽✽✽

Primula bulleyana 🏆 ↕↔ 60cm ☐–◩ 💧 ✽✽✽

Primula japonica ↕↔ 45cm ☐–◩ 💧 ✽✽✽

Primula pulverulenta 🏆 ↕ 90cm ↔ 60cm ☐–◩ 💧 ✽✽✽ [3]

Primula vialii 🏆 ↕ 30–60cm ↔ 30cm ☐–◩ 💧 ✽✽✽

Tricyrtis formosana 🏆 ↕ 80cm ↔ 45cm ◩–■ 💧 ✽✽✽

Trillium ↕ 40cm ↔ 30cm ◩–■ 💧 ✽✽✽

Siehe auch Der pH-Wert des Bodens, S. 263

Düngen – mit Maß und zur rechten Zeit

Pflanzen gewinnen über ihre Blätter die Energie für ihr Wachstum aus Licht; der richtige Dünger fördert das Wachstum durch die Bereitstellung der nötigen Zellbausteine.

Der Nährstoffbedarf der Pflanzen

Massereiche organische Substanz wird in den Boden eingearbeitet, um die Struktur zu verbessern und einige Nährstoffe zu liefern. Dennoch kann Nährstoffmangel auftreten, der sich mit geeigneten Düngemitteln beheben lässt.

Die wichtigsten Pflanzennährstoffe sind Stickstoff (N), der das Blattwachstum fördert, Phosphor (P) für gesunde Wurzelbildung und Kalium (K) für die Blütenbildung und die Reifung des Holzes. Weitere wichtige Nährstoffe sind Schwefel, Magnesium und Kalzium. Bor und Eisen sind Beispiele für Spurenelemente, die nur in viel kleineren Mengen benötigt werden.

Düngertypen

Einnährstoffdünger wie Ammoniumsulfat enthalten einen Hauptnährstoff, hier Stickstoff, Mehrnährstoffdünger dagegen mehrere (Stickstoff, Phosphor und Kali). Der Nährstoffgehalt eines Düngers ist auf der Packung in Form des N:P:K-Verhältnisses angegeben.

- Organische Düngemittel sind tierischen oder pflanzlichen Ursprungs, etwa Knochenmehl, Geflügeldung, Fisch- oder Blutmehl oder Seetang. Sie wirken eher langsam, die Nährstoffe stehen den Pflanzen nach und nach zur Verfügung. Der Nährstoffgehalt kann wegen der natürlichen Schwankungen in den Rohstoffen unterschiedlich ausfallen.
- Anorganische Dünger wirken in der Regel schneller. Ihr Gehalt an Stickstoff, Phosphor und Kali ist genau bekannt und bleibt gleich, da sie auf synthetischem Weg hergestellt werden. Manche Düngemittel enthalten organische und anorganische Bestandteile.

Spezialdünger

Manche Dünger sind speziell für bestimmte Pflanzen zusammengestellt. So gibt es Dünger für Moorbeetpflanzen, Tomaten, Zitrusbäume und Rasen. In der Regel müssen Sie nicht für jede Pflanze einen extra Dünger kaufen – Tomatendünger ist auch für Pflanzen in Körben sehr nützlich, die viel Kali brauchen.

KOPFDÜNGUNG

Eingewachsene Pflanzen werden mit löslichem Dünger versorgt.

1 Streuen Sie den Dünger in der vom Hersteller empfohlenen Menge aus.

2 Vorsichtig und gleichmäßig rund um die Pflanze verteilen, Anhäufungen meiden. Leicht mit der Grabgabel oder Hacke in den Boden einarbeiten.

BLATTDÜNGUNG

Blattdünger wirken schnell und eignen sich für Pflanzen, deren Wurzelfunktion durch Staunässe oder nach dem Umpflanzen beeinträchtigt ist. Auch für Pflanzen mit Mangelerscheinungen sind sie zu empfehlen.

Der richtige Zeitpunkt

Die meisten Dünger werden im Frühjahr gegeben, bevor das Wachstum beginnt. Dadurch wirkt der Dünger dann, wenn die Pflanzen am stärksten wachsen. Nach dem Hochsommer wird kein stickstoffreicher Dünger mehr verabreicht, da die neuen Triebe sonst nicht mehr vor dem Winter ausreifen. Geben Sie stattdessen kalibetonte Düngemittel.

- Eine Grunddüngung wird vor der Pflanzung in den Boden eingearbeitet. Bei der Pflanzung von Gehölzen wird diese Methode heute nicht mehr empfohlen, da sich das Wurzelsystem besser entwickelt, wenn die Pflanzen gezwungen sind, sich von Anbeginn die vorhandenen Nährstoffe aus dem Boden zu erschließen.
- Eine Kopfdüngung wird auf dem Boden rund um die Pflanze verteilt, ohne die Blätter zu treffen. Sie ist besonders wirksam, erst recht wenn sie rund um die Basis verteilt wird.
- Flüssigdünger werden über das Gießwasser gegeben und von den Pflanzen meist schnell aufgenommen. Sie bieten sich besonders für Topfpflanzen an.

Siehe auch Depotdünger, S. 174; Obstbäume düngen und mulchen, S. 232; Bodenfruchtbarkeit, S. 259

PRAKTISCHE TIPPS

Holzasche verwenden

Holzasche aus dem Kamin verbessert den Boden.

Asche von unbehandeltem Holz wirkt leicht kalkend und kann daher den pH-Wert erhöhen. Streuen Sie die Asche daher nicht an Ericaceen und anderen Kalk fliehenden Pflanzen aus. Frisch gesammelte Asche von jungem, saftigem Holzschnitt enthält nützliche Kalimengen und Spuren anderer Elemente. Diese sind wasserlöslich und gut für die Pflanzen verfügbar.

Der Nährstoffgehalt von Holzasche schwankt jedoch, daher ist eine genaue Dosierung schwierig. Am besten wird eine dünne Schicht immer wieder auf den Komposthaufen gestreut, wo sie sich mit anderen Stoffen mischt. Asche von älterem Holz bietet wenig pflanzenverfügbare Nährstoffe, wirkt aber immer noch kalkend.

Geben Sie Kohleasche in den Mülleimer, denn sie kann schädliche Schwermetalle enthalten.

BODENVERBESSERUNG

Holzasche können Sie im Garten ausstreuen und dann mit der Grabgabel oder dem Rechen leicht einarbeiten.

Siehe auch Kalken bringt Nutzen, S. 265

TECHNIKEN

Alternativen zur Verwendung von Torf

Torf hat sich zwar im Gartenbau bestens bewährt, doch seine Gewinnung zerstört Moore. Zum Glück gibt es gute Alternativen.

Torf besteht aus teilweise abgebauten Pflanzenresten, vor allem aus Seggen, Gräsern, Schilf und Moosen. Er entsteht, wenn die natürlichen Abbauprozesse durch Staunässe und Luftausschluss unterbunden und die Reste der Sumpfpflanzen verdichtet werden.

Ungestörte Torfmoore sind ein Lebensraum für spezialisierte Tier- und Pflanzenarten, deren Existenz bedroht wird, wenn Torf für den Gartenbau gestochen wird. Torf wird wegen seiner besonderen Eigenschaften vor allem für Topf- und Anzuchtsubstrate geschätzt: Er hat ein großes Porenvolumen, hält Wasser, ist strukturstabil, steril und nährstoffarm.

Inzwischen gibt es jedoch Torfersatz aus Rinde, Holzabfällen, Kokosfaser, Farn und Grünschnitt. Die Verwendung lokal hergestellter, umweltfreundlicher Torfersatzstoffe fördert die einheimische Industrie.

Kokosfaser als Torfersatz, hier mit Splitt gemischt

Vergleichende Tests

Die Royal Horticultural Society hat vergleichende Tests mit Torf und Torfersatz für den Gebrauch im Garten durchgeführt. Die Qualität der Torfersatzstoffe wird immer besser, inzwischen sind die Ergebnisse mit denen von Torf vergleichbar.

Traditionell wird Torf zur Bodenverbesserung und als Mulch eingesetzt, doch hierfür eignen sich die Ersatzstoffe besser. Der Boden lässt sich mit gut verrottetem Dung oder Kompost ersetzen, die auch besseren Mulch abgeben. Hierfür eignen sich ebenso Holzschnitzel, Holzspäne oder Rindenmulch.

Für die Kultur von Zierpflanzen und Gemüse unter verschiedenen Bedingungen sowie für die Anzucht von Samen und die Topfkultur wurden verschiedene Torfersatzstoffe aus Rinde, Holzabfall, Kokosfaser und Grünschnitt untersucht. Im Allgemeinen wachsen in diesen Substraten gesunde Pflanzen heran.

Viele Torfersatzstoffe eignen sich aber offenbar nur für bestimmte Kulturen gut. Ein Substrat, in dem eine Pflanze gut gedeiht, ist nicht zwangsläufig auch für eine andere das richtige. Manche torffreien Substrate sind noch nicht in der Lage, Gehölze in Töpfen mehr als eine Wachstumszeit lang zu versorgen.

Behandeln Sie Torfersatz nicht wie Torf. Lesen Sie und befolgen Sie die Empfehlungen des Herstellers.

TORFERSATZ

Es gibt verschiedene gute, leicht erhältliche Torfersatzstoffe, zum Beispiel Kokosfaser, Rindenhäcksel, Holzschnitzel, Rindensubstrat, gut verrotteter Dung und natürlich Garten- und Laubkompost, den man im Garten leicht selbst bereiten kann.

Siehe auch Erfolgreich kompostieren, S. 271; Laubkompost herstellen, S. 272

Die Vorteile des Mulchens

Mulchen ist eine traditionelle Technik, die Unkraut unterdrückt und den Boden feucht hält; heute kennt man mehr geeignete Materialien als je zuvor.

Gute gärtnerische Praxis ist es seit jeher, den Boden mit einer zusätzlichen Schicht aus organischem oder anorganischem Material abzudecken. Nur besteht nicht immer Klarheit darüber, was wie und wann einzusetzen ist.

Eine Mulchdecke bringt dem Boden viele Vorteile: Sie verringert die Wasserverdunstung, unterdrückt Unkraut, gleicht bei Hitze die Temperatur aus, schützt die Bodenstruktur vor Schäden durch starken Regen oder häufiges Betreten. In manchen Fällen liefert sie sogar Nährstoffe.

Welches Material

Im Gartenbau wurden immer schon die verschiedensten Mulchmaterialien verwendet. Leicht erhältlich sind Gartenkompost, gut verrotteter Dung, Laubkompost und Stroh. Diese organischen Stoffe werden langsam abgebaut und geben dabei Pflanzennährstoffe und Humusbestandteile aus zersetzten Pflanzenresten an den Boden ab.

Andere bewährte organische Mulchmaterialien sind Rindenhäcksel, Pilzsubstrat und Kakaoschalen. Letztere sollen Schnecken abschrecken; allerdings enthalten sie Schokoladenrückstände, die Hunden schaden können. Da sie zudem schnell abgebaut werden, muss die Auflage öfter erneuert werden.

Anorganisches Material wie Folie oder Polypropylengewebe eignet sich ebenfalls. Der Fachhandel führt verschiedene Mulchfolien. Diese halten lange und unterdrücken Unkraut sehr wirkungsvoll, werden aber nicht abgebaut und setzen keine Nährstoffe frei.

Natürlicher Mulch
Oben: Mulch fördert die Bodenfruchtbarkeit, unterdrückt Unkraut und reduziert den Feuchtigkeitsverlust.
Links: Sterilisierter Dung aus dem Gartenbedarfshandel enthält keine Unkrautsamen.

Siehe auch Bodenfruchtbarkeit, S. 259; Erfolgreich kompostieren, S. 271; Laubkompost herstellen, S. 272

Rindenhäcksel ist ein attraktiver, langlebiger Mulch, der Unkraut unterdrückt,

… im Vergleich zu Kompost ist er aber teurer und gibt weniger Nährstoffe ab.

Ein dauerhafter mineralischer Mulch wird oft im Ziergarten verwendet, sowohl aus ästhetischen Gründen als auch zur Unterdrückung von Unkraut und zur Verringerung der Verdunstung. Dazu eignen sich Fein- oder Grobkies, Splitt und Tongranulat. Auch Kieselsteine unterschiedlicher Färbung und Größe werden verwendet.

Bei fruchtbarem Gartenboden liegt der Hauptvorteil des Mulchens darin, dass bei Trockenheit die Feuchtigkeit besser im Boden bleibt und die Keimung von Unkrautsamen verhindert wird. Das wirkt sich vor allem in neu angelegten Pflanzungen aus, die Wasser und Nährstoffe aus der obersten Bodenschicht ziehen.

Organische Mulchmaterialien

Mulch ausbringen

Die beste Zeit für eine neue Mulchdecke oder zum Wiederauffüllen der vorhandenen ist etwa im April; dann hatte der Boden Zeit, sich zu erwärmen, ist aber noch frisch. Eine hohe organische Mulchauflage im Herbst ist nicht zu empfehlen, da sie Staunässe fördert und die Bodentemperatur Anfang des Jahres niedrig hält. Die Pflanzen könnten im Frühjahr verzögert austreiben.
Geben Sie keinen Mulch auf trockenen Boden, da eine Mulchdecke Feuchtigkeit oft genauso gut vom Boden fernhält, wie sie die Verdunstung reduziert. Trocknet der Boden unter der Mulchschicht aus, müssen Sie für eine langsame, dauerhafte künstliche Bewässerung sorgen. Gedüngt wird vor dem Mulchen.

MULCHEN MIT KIES

Kies wirkt zwar attraktiv, hält aber kaum Feuchtigkeit im Boden; er unterdrückt kein Unkraut und isoliert den Boden nur schwach. Er verbessert allerdings die Oberflächendränage.

Unkraut unterdrücken

Die verschiedenen Mulchmaterialien unterdrücken das Unkrautaufkommen unterschiedlich gut. Am wirksamsten sind Kunststoffgewebe oder schwere Folien. Diese können mit einem dekorativen Mulch abgedeckt werden. Allerdings muss man die Folien zum Pflanzen aufschneiden und diese Löcher ermöglichen auch Unkräutern die Keimung.

Organischer Mulch ist in dieser Hinsicht weniger effektiv als Kunststoff, bei einer Tiefe von mindestens 5 cm trägt er aber ebenso zur Unkrautbekämpfung bei. Je dicker die Schicht, desto besser wirkt sie. Damit wird sie aber auch kostspieliger und unterdrückt möglicherweise sogar die erwünschten Pflanzen. Wüchsige, hartnäckige Unkräuter lassen sich mit organischem Mulch nicht ausschalten. Sie müssen vor dem Mulchen entfernt werden.

Siehe auch Unkraut und Unkrautbekämpfung, S. 31; Gehölze richtig pflanzen, S. 60–61; Was ist biologischer Gartenbau?, S. 254–255

Erfolgreich kompostieren

Eigenen Kompost bereiten ist nicht schwer; Pflanzenabfälle werden auf umweltfreundliche Weise in wertvolle organische Substanz zur Bodenverbesserung umgewandelt.

Mischen Sie beim Kompostieren trockenes, holziges, kohlenstoffreiches Material wie gehäckselten Gehölzschnitt und Stroh mit nassen, krautigen, stickstoffreichen Abfällen wie Gemüseresten, Grasschnitt und Mist, im Idealfall im Verhältnis zwei zu eins. Holziges Material liefert den Mikroorganismen Kohlenstoff und sorgt für eine lockere Schichtung, sodass Luft eindringen kann. Die krautigen Abfälle liefern Stickstoff, weitere Pflanzennährstoffe und Feuchtigkeit. Auch wenn man sich das Material für den Kompost nicht immer auswählen kann, entsteht brauchbarer Kompost; nur dauert die Rotte eventuell länger.

Den Komposthaufen anlegen

Wählen Sie einen haltbaren Kompostbehälter, der guten Zugang zum Befüllen und Umsetzen bietet. Er braucht eine gute Dränage.

Damit die Temperatur im Inneren des Haufens steigt, muss genügend organisches Material aufgeschichtet werden; ein Kubikmeter ist das Minimum. Bei weniger Material entweicht die geringe Wärme, die sich beim Abbau entwickelt, schnell über die Oberfläche. Isolierte Behälter wirken dem zwar entgegen, doch die ursprüngliche Materialmenge ist das entscheidende Kriterium. Im Idealfall wird der Behälter auf einmal vollständig mit frischem Abfall gefüllt. Je mehr Material zu Beginn vorhanden ist, desto stärker entwickelt sich die Aktivität der Mikroorganismen, was zu höheren Temperaturen führt. In der Praxis werden aber immer wieder kleine Mengen Abfall zugeführt.

Ist der Behälter befüllt, wird die Pflege einfacher. Lassen Sie den Haufen im Sommer nicht austrocknen und im Winter nicht zu nass werden. Zur Orientierung drücken Sie eine Hand voll Kompost zusammen. Wenn nur wenige Tropfen Wasser austreten, ist der Haufen in gutem Zustand. Ein Deckel zum Verschließen verhindert übermäßige Verdunstung und hält den Regen ab.

Nach etwa einer Woche wird der Haufen umgesetzt. So gelangt Luft hinein und das kühle Material am Rand wird in die wärmeren, feuchteren Bereiche im Inneren transportiert, wo die Rotte schneller verläuft. Nach Möglichkeit wird 14 Tage später nochmals umgesetzt. Danach kann der Kompost in Ruhe etwa 6 Monate lang reifen. Was zu diesem Zeitpunkt noch nicht abgebaut ist, kommt wieder auf den nächsten Komposthaufen.

Wurde ein Haufen langsam aufgeschichtet, liegt unten schon verwertbares Material, wenn der Behälter gerade eben voll ist. Beginnen Sie also mit den oberen Schichten aus unverrottetem Material einen neuen Komposthaufen. Wenden Sie den alten und lassen Sie ihn weitere 2-4 Monate liegen.

Was eignet sich zum Kompostieren?
Eine Mischung aus holzigem und krautigem Abfall wie Gemüseresten ist ideal. Das weiche Material liefert Stickstoff, das faserige Kohlenstoff.

EINEN KOMPOSTHAUFEN ANLEGEN

Kompostbehälter aus Holz sind ideal für verrottende Gartenabfälle. Am besten legt man zwei Haufen nebeneinander an. Mit den oberen Schichten unverrotteten Materials wird ein neuer Haufen begonnen, wenn die unteren Schichten im ersten fast schon fertig abgebaut sind. Eine Mischung verschiedener Abfälle ist besser als große einheitliche Mengen, z.B. von Grasschnitt.

Siehe auch Biologischer Gartenbau, S. 254–255; Boden bearbeiten, S. 258; Vorteile des Mulchens, S. 269–270; Laubkompost, S. 272

PRAKTISCHE TIPPS

Laubkompost herstellen

Mit dem Falllaub lässt sich der Boden verbessern.

Laubkompost verbessert den Boden.

Laubkompost aus abgefallenem Laub ergibt einen humusreichen, feinkrümeligen Bodenverbesserer. Falllaub enthält wenige Nährstoffe; durch Zugabe von etwas Grasschnitt lässt sich der Nährstoffgehalt aber erhöhen. Praktisch ist es, die Blätter auf dem Rasen auszubreiten und mit dem Rasenmäher aufzusammeln. So kommt nicht nur Gras in den Komposthaufen, die Blätter werden gleich mit zerkleinert.

Das Häckseln ist eine gute Möglichkeit, die Rotte festerer Blätter wie von Bergahorn oder Kastanie zu beschleunigen. Derbere immergrüne Blätter wie jene von Stechpalme, Aukube und Kirschlorbeer sollten gehäckselt und zum normalen Kompost gegeben werden. Nadeln schaffen bei der Kompostierung ein saures Milieu, werden aber sehr langsam abgebaut, oft über 2-3 Jahre. Erstklassigen Laubkompost ergeben Eichen-, Buchen- und Hainbuchenblätter. Damit die Blätter gut verrotten, sollte man sie nach einem Regenguss aufnehmen oder vor dem Kompostieren anfeuchten. Aufgesetzt werden sie in Haufen, Maschendrahtbehältern oder in schwarzen Müllsäcken.

Siehe auch Alternativen zu Torf, S. 268

TECHNIKEN

Pflanzen über den Winter bringen

Nach langen Regenperioden ertrinken die Pflanzen, Krankheiten können sich ausbreiten; dagegen helfen einfache Maßnahmen.

Die meisten Pflanzen können kurze Zeit im Wasser stehen, vor allem während der Ruhezeit. Die wenigsten vertragen aber nassen Boden für längere Zeit.

Ist es im Garten häufig feucht und steht immer wieder Nässe, wird man auf Pflanzen ausweichen müssen, die diesen Zustand vertragen. Ungeeignet sind dann grau- oder silberblättrige Stauden und Arten aus eher trockenen Lebensräumen. Arbeiten Sie Splitt, Kies oder Feinkies in den Boden ein, um die Basis der Pflanzen trockener zu halten. Bringen Sie das Material als 10 cm dicken Mulch aus und graben Sie es mit der Grabgabel ein. Setzen Sie die Pflanzen nicht zu tief, sondern eher erhöht auf kleine Hügel.

Betreten Sie nassen Boden nicht, da die Verdichtung die Bodenstruktur schädigt und den Wasserabzug weiter verschlechtert.

Topfpflanzen

Verbessern Sie die Dränage bei Topfpflanzen, indem Sie reichlich groben Splitt oder Perlite in das Substrat geben. Achten Sie auf gute Luftzirkulation um die Pflanzen. Die Blüten früh blühender Gartenstauden wie Christrose *(Helleborus niger)* werden geschützt, indem man sie im Winter ins Haus stellt (siehe unten).

WASSERSCHÄDEN KURZFRISTIG BEHEBEN

1

2

3

4

1 Um die Verdichtung des Bodens zu vermeiden, den nassen Boden nur auf Planken betreten. 2 Steht das Wasser auf dem Boden, die betroffenen Flächen mit der Grabgabel einstechen. 3 Töpfe auf die Seite legen, damit der Regen sich nicht am Wurzelhals sammelt. 4 Pflanzen, die auf Nässe im Winter empfindlich reagieren, können im Garten abgedeckt bzw. ausgegraben, eingetopft und unter Glas gebracht werden.

Siehe auch Gärtnern auf nassem Boden, S. 260; Die Vorteile des Mulchens, S. 269–270

WASSERGÄRTEN

Einen Sumpfgarten anlegen

Die üppigen Blätter und dekorativen Blüten vieler Sumpfpflanzen wirken in jedem Garten interessant, vor allem während der Blüte im Frühjahr und Sommer.

Sie können einen Sumpfgarten völlig neu anlegen, einen Teich dafür umwandeln oder einfach eine staunasse Senke ausnutzen. Sie können den Teich um ein Ufer bereichern, oder aber ein Bereich bleibt Pflanzen vorbehalten, die feuchten Boden brauchen.

Markieren Sie die Fläche mit Sand oder einer Schnur. Heben Sie dann den Boden mindestens 45 cm tief aus. Legen Sie die Grube mit Teichfolie aus.

Sumpfpflanzen mögen weder stehendes Wasser noch zu trockenen Boden. Legen Sie daher ein Stück Tröpfchenschlauch unten in das Loch und verstopfen Sie das Ende unter der Erde. Befestigen Sie Schlauch und Folienränder mit Gewichten oder Klammern und decken Sie dann den Schlauch mit 2 cm Feinkies ab, damit die Löcher nicht mit Erde verstopfen. Stechen Sie die Folie mehrmals pro Meter mit einer Grabgabel ein, damit überschüssiges Wasser abfließen kann, und füllen Sie die Erde wieder ein. Bei leichtem, sandigem Boden sollten Sie reifen Laub- oder Gartenkompost untermischen. Die beste Pflanzzeit für Sumpfpflanzen ist das zeitige Frühjahr.

GEEIGNETE STAUDEN FÜR DEN SUMPFGARTEN

Acorus gramineus ↕ 8–35cm ↔ 10–15cm ◻ ***

Actaea racemosa ♀ ↕ 1,2–1,8m ↔ 60cm ◨ ***

Astilbe x *arendsii* ↕ 60–90cm ↔ 45–60cm ◻ pH ***

Caltha palustris 'Flore Pleno' ♀ ↕↔ 25cm ◻ ***

Darmera peltata ♀ ↕ 1,8m ↔ 90cm ◻–◨ ***

Eupatorium purpureum ↕ 1,8m ↔ 90cm ◻–◨ ***

Euphorbia sikkimensis ♀ ↕ 1,2m ↔ 45cm ◨ ***

Filipendula ulmaria ↕ 60–90cm ↔ 60cm ◻–◨ ***

Gunnera manicata ♀ ↕ 2,4m ↔ 3–4m ◻–◨ ** [1]

Hosta fortunei ↕ 55cm ↔ 80cm ◨ ***

Iris ensata ♀ ↕ 90cm ↔ 45cm ◻ pH ***

Iris laevigata ♀ ↕ 80cm ↔ 60cm ◻ pH ***

Iris pseudacorus ♀ ↕ 1–1,5m ↔ 90cm ◻ pH *** [2]

Ligularia przewalskii ♀ ↕ 1,8m ↔ 90cm ◻ ***

Lobelia cardinalis ♀ ↕ 90cm ↔ 30cm ◻–◨ ***

Lysichiton americanus ♀ ↕ 90cm ↔ 1,2m ◻–◨ *** [3]

Lysimachia punctata ↕ 90cm ↔ 60cm ◻–◨ ***

Lythrum salicaria ↕ 1,2m ↔ 45cm ◻ ***

Mimulus cardinalis ♀ ↕ 90cm ↔ 60cm ◻–◨ **

Mimulus luteus ↕ 30cm ↔ 60cm ◻–◨ ***

Parnassia palustris ↕ 20cm ↔ 10cm ◻ ***

Primula bulleyana ♀ ↕↔ 60cm ◻–◨ pH ***

Primula florindae ♀ ↕ 1,2m ↔ 90cm ◻–◨ pH ***

Primula japonica ↕↔ 45cm ◻–◨ pH ***

Primula pulverulenta ♀ ↕ 90cm ↔ 60cm ◻–◨ pH ***

Primula rosea ♀ ↕↔ 20cm ◻–◨ pH ***

Rodgersia aesculifolia ♀ ↕ 1,8m ↔ 90cm ◻–◨ ***

Trollius x *cultorum* Sorten ↕ 90cm ↔ 45cm ◻–◨ ***

Zantedeschia aethiopica ♀ ↕ 90cm ↔ 60cm ◻ **

1

2

3

Siehe auch Tiere in den Garten locken, S. 250–251; Gärtnern auf nassem Boden, S. 260

PRAKTISCHE TIPPS

Einen Teichfilter installieren

Ein Teichfilter entfernt Fisch- und Pflanzenabfälle, die bei der Rotte Giftstoffe freisetzen und den Sauerstoffgehalt senken.

Ein einfacher mechanischer Filter lässt sich direkt an einer Unterwasserpumpe anbringen. Die elektrische Pumpe saugt das Wasser durch immer enger werdende Borsten- und Schaumschichten, die Feststoffe ausfiltern. Solche Filter eignen sich für kleine Teiche mit geringem Fischbesatz. Damit der Filter richtig funktioniert, muss man ihn regelmäßig reinigen (etwa einmal pro Woche im Hochsommer). Im Handel gibt es auch selbst reinigende Modelle.

Kombinationsfilter

Die Filter kombinieren mechanische und biologische Methoden und arbeiten mit UV-Licht. Sie eignen sich für größere Teiche mit hohem Fischbesatz. Die meisten werden mit einer Pumpe betrieben und das Wasser fließt einfach hindurch. Sie müssen daher höher liegen als der Wasserrückfluss. Die aufwändigeren Druckfilter müssen teilweise eingegraben werden.

Biologische Filter arbeiten mit natürlich vorkommenden Bakterien, die ein spezielles Filtermedium mit großer Oberfläche besiedeln. Die Bakterien verwandeln fischgiftigen Ammoniak und andere Stickstoffverbindungen in Nitrate. Diese werden von den Teichpflanzen verwertet und damit wird der Stickstoff aus dem Wasser entfernt. Biologische Systeme sind sehr wichtig für Teiche mit vielen Fischen, vor allem wenn es sich um Koi handelt. Falls kein Bakterienzusatz verwendet wird, dauert es 6 Wochen, bis die Besiedlung abgeschlossen ist. Wird der Filter für mehr als 24 Stunden abgeschaltet, sterben die Bakterien ab und es dauert weitere 6 Wochen, bis sie wieder angesiedelt sind. Biologische Filter werden nur am Ende der Saison gereinigt.

Setzen Sie einen UV-Reiniger vor das biologische Filtersystem. Er vernichtet Grünalgen und lässt sie verklumpen, sodass man sie leicht mechanisch ausfiltern kann. Er entzieht dem Wasser allerdings keine Nährstoffe. Das Teichwasser wird dafür den UV-Strahlen einer Lampe in einer Quarzröhre ausgesetzt. Es gibt Leuchten mit unterschiedlicher Lichtstärke für verschiedene Teichgrößen; die meisten müssen alle 6 Monate ausgetauscht werden.

Der Filter muss die nötige Kapazität für die vorhandene Teichfläche haben.

FILTER AUSWÄHLEN UND INSTALLIEREN

[1] Ein einfacher Teichfilter, der an der Pumpe angebracht wird, genügt für einen kleineren Teich mit geringem Fischbesatz. Er wird im Hochsommer etwa einmal pro Woche gereinigt, damit er gleich bleibend gut funktioniert. [2] Kompliziertere Filtersysteme werden für größere Teiche mit hohem Fischbesatz benötigt. Kombinationsfilter nutzen biologische und mechanische Methoden sowie UV-Licht. Bei Pumpen, die durch kleine Schmutzteile schnell verschlammen, wird der Filter vor die Pumpe gesetzt.

Siehe auch Algen im Teich bekämpfen, S. 281

PRAKTISCHE TIPPS

Einen Teich reparieren

Löcher und Risse im Teich lassen sich flicken.

RISSE REPARIEREN

Die Wand rund um den Riss mit einer festen Drahtbürste reinigen, dann den Riss mit Mörtel füllen und diesen gut andrücken. Auf den durchgetrockneten Mörtel ein Dichtungsmittel auftragen.

Teichfolie aus Synthesekautschuk ist leichter zu reparieren als Kunststofffolie, die immer zum Lecken neigt. Dafür kommt es bei Kautschuk an gefalteten Stellen zu Problemen.

Reparatursets mit Spezialkleber und Flicken sind für jede Art Folie erhältlich. Befolgen Sie die Anleitung im Reparaturset und lassen Sie den Kleber richtig trocknen, bevor Sie wieder Wasser einfüllen.

Um Risse im Betonteich zu reparieren, schrubben Sie ihn ab und lassen ihn trocknen. Vergrößern Sie den Riss und rauen Sie den Rand auf, damit er sich leichter füllen lässt. Mischen Sie 1 Teil Zement mit 2 Teilen Sand und 4 Teilen Kies, geben Sie etwas Dichtungsmittel hinzu und rühren Sie alles zu einem festen, aber feuchten Brei. Füllen Sie den Riss, lassen Sie die Masse bis zu einer Woche trocknen und streichen Sie dann ein Dichtmittel darüber. Hat die Reparatur nicht geholfen, können Sie den Teich mit einer Teichfolie auskleiden.

Die besten Wasserpflanzen

Wählen Sie für Ihren Teich nicht nur nützliche Pflanzen – vor allem Unterwasserpflanzen – sondern auch dekorative mit schönen Blüten und Blättern.

Alle Pflanzen, die unter Wasser wurzeln, auf dem Wasser treiben oder unter Wasser wachsen, nennt man Wasserpflanzen. Je nach der Wassertiefe, in der sie gedeihen, lässt sich unterscheiden zwischen Unterwasser-, Schwimmblatt- oder Uferpflanzen. Die Tiefe wird ab dem Boden um die Wurzeln der Pflanze bis zur Wasseroberfläche gemessen.

Da ein Teich in der Sonne liegen sollte, gedeihen alle empfohlenen Pflanzen in voller Sonne.

WASSERZONE

Unterwasserpflanzen

Unter Wasser lebende Sauerstofflieferanten sind wichtig für die Hygiene im Teich und halten das Wasser klar. Die folgenden Pflanzen bilden im Lauf des Tages reichlich Sauerstoff. Falls nicht anders angegeben, werden sie in Teichkörbe gepflanzt und eingesenkt.

Callitriche hermaphroditica auch für fließendes Wasser ↔ unbegrenzt ***

Ceratophyllum demersum geeignet für tiefes Wasser, frei schwimmend (wird nicht gepflanzt) ↔ unbegrenzt ***

Fontinalis antipyretica sollte an einen Stein gepflanzt werden, geeignet für fließendes Wasser ↔ unbegrenzt ***

Hottonia palustris im Sommer nicht bewegen oder pflanzen ↔ unbegrenzt ***

Myriophyllum spicatum, M. verticillatum ↔ unbegrenzt ***

Potamogeton crispus ↔ unbegrenzt ***

Ranunculus aquatilis auch für fließendes Wasser ↔ unbegrenzt *** [1]

Schwimmpflanzen

Schwimmpflanzen werden nicht im Boden verankert, sondern einfach ins Wasser gelegt. Wenn sie an der Oberfläche oder direkt darunter schwimmen, reduzieren sie den Einfall von Sonnenlicht, halten das Wasser kühl und verhindern damit Algen. Etwa 50 Prozent der Oberfläche sollten pflanzenfrei bleiben; im Sommer muss man hin und wieder auslichten.

Hydrocharis morsus-ranae sinkt im Winter auf den Boden ↔ unbegrenzt ***

Nymphoides peltata ↔ unbegrenzt *** [2]

Stratiotes aloides schwimmt direkt unter der Oberfläche, sinkt im Winter ↔ unbegrenzt ***

SEEROSEN

Ihre Blätter und Blüten schwimmen auf der Oberfläche. In Teichkörbe gepflanzt, werden sie in der richtigen Tiefe eingesenkt.

Wassertiefe 30 cm und mehr

Nymphaea alba ↔ 1,7m ***

N. **'Attraction'** ↔ 1,2–1,5m *** [3]

N. **'Gladstoneana'** 🏆 ↔ 1,5–2,4m ***

Wassertiefe 15-30 cm

Nymphaea **'James Brydon'** 🏆 ↔ 90–120cm ***

N. **'Marliacea Chromatella'** 🏆 ↔ 1,2–1,5m ***

N. **'Rose Arey'** ↔ 1,2–1,5m ***

N. **'Masaniello'** ↔ 90cm ***

Wassertiefe 5-15 cm

Nymphaea **'Caroliniana Nivea'** ↔ 1,2–1,5m ***

N. **'Ellisiana'** ↔ 90cm ***

N. **'Froebelii'** ↔ 90cm ***

N. **'Laydekeri Fulgens'** ↔ 1,2–1,5m ***

N. **'Laydekeri Liliacea'** ↔ 60cm ***

N. **'Lucida'** ↔ 1,2–1,5m ***

N. **'Madame Wilfon Gonnère'** ↔ 1,2m ***

Wassertiefe weniger als 5 cm

Nymphaea odorata **var.** ***minor*** ↔ 45c ***

N. **'Pygmaea Helvola'** 🏆 ↔ 25–40cm **

N. **'Pygmaea Rubra'** ↔ 30cm **

N. tetragona ↔ 25–40cm ** [4]

Siehe auch Einen Sumpfgarten anlegen, S. 274; Eingeschlepptes Unkraut im Teich, S. 280

UFERPFLANZEN

Diese Pflanzen wachsen im flachen Wasser am Rand des Teiches, sind aber nicht wichtig für das biologische Gleichgewicht. Sie haben attraktive Blüten und Blätter, die den oft harten Teichrand verdecken. Uferpflanzen sorgen zudem für Schatten, da sich sonst Algen im warmen, flachen Wasser am Ufer vermehren. Für kleine Teiche werden sie einzeln in 15 cm große Teichkörbe gepflanzt. Stehen sie zu dicht, werden sie geteilt und neu eingetopft. Die angegebene Höhe bezieht sich auf die Länge der Blätter oder Blüten über der Wasseroberfläche.

Wassertiefe 30cm oder mehr

Alisma plantago-aquatica ↕ 60–90cm ↔ 45cm ❄❄❄

Aponogeton distachyos ↕ 5cm ↔ 1,2m ❄❄ [5]

Wassertiefe 15–30cm

Menyanthes trifoliata ↕ 15cm ↔ unbegrenzt ❄❄❄

Zantedeschia aethiopica 🏆 ↕ 75cm ↔ 60cm ❄❄

Zantedeschia aethiopica 'Crowborough' 🏆 ↕ 75cm ↔ 60cm ❄❄ [6]

Wassertiefe 5–15cm

Acorus calamus 'Argenteostriatus' ↕ 60cm ↔ 60cm ❄❄❄

Butomus umbellatus 🏆 ↕ 60–75cm ↔ 45cm ❄❄❄

Calla palustris ↕ 22cm ↔ 60cm ❄❄❄

Carex elata 'Aurea' 🏆 ↕ 45cm ↔ 45cm ❄❄❄

Glyceria maxima var. *variegata* ↕ 60cm ↔ unbegrenzt ❄❄❄

Iris laevigata 🏆 ↕ 60–75cm ↔ 60cm pH ❄❄❄ [7]

Iris pseudacorus 🏆 ↕ 90cm ↔ 60cm pH ❄❄❄

Juncus effusus fo. *spiralis* ↕ 45cm ↔ 60cm ❄❄❄

Lysichiton americanus 🏆 ↕ 1m ↔ 1,2m ❄❄❄

Lysichiton camtschatcensis 🏆 ↕ 70cm ↔ 75cm ❄❄❄

Orontium aquaticum ↕ 10–12,5cm ↔ 60–75cm ❄❄❄

Pontederia cordata 🏆 ↕ 1–1,5m ↔ 60–75cm ❄❄❄

Ranunculus lingua 'Grandiflorus' ↕ 1,2–1,5m ↔ 1,2–1,5m ❄❄❄

Sagittaria latifolia ↕ 30–90cm ↔ 90cm ❄❄❄

Sagittaria sagittifolia 'Flore Pleno' ↕ 75cm ↔ unbegrenzt ❄❄❄

Schoenoplectus lacustris subsp. *tabernaemontani* 'Albescens' ↕ 1,2–1,5m ↔ 60cm ❄❄❄

Schoenoplectus lacustris subsp. *tabernaemontani* 'Zebrinus' ↕ 45–120cm ↔ 60cm ❄❄❄

Typha angustifolia ↕ 1,2m ↔ unbegrenzt ❄❄❄

Typha laxmannii ↕ 90–120cm ↔ unbegrenzt ❄❄❄

Typha minima ↕ 75cm ↔ 30–45cm ❄❄❄

Wassertiefe weniger als 5cm

Diese Pflanzen sind ideal für sehr flaches Wasser und Schlammboden (die Liste enthält Sumpfpflanzen).

Acorus gramineus 'Variegatus' ↕ 20–30cm ↔ 15cm ❄❄❄

Acorus gramineus var. *pusillus* ↕ 8–10cm ↔ 10–15cm ❄❄

Caltha palustris 🏆 ↕ 22–30cm ↔ 45cm ❄❄❄

Carex pendula ↕ 90–120cm ↔ 1,5m ❄❄❄

Cotula coronopifolia ↕ 15cm ↔ 30cm ❄❄

Houttuynia cordata ↕ 60cm ↔ unbegrenzt ❄❄❄

Houttuyna cordata 'Chameleon' ↕ 60cm ↔ unbegrenzt ❄❄❄

Iris ensata 🏆 ↕ 60–90cm ↔ 60cm pH ❄❄❄

Mimulus cardinalis 🏆 ↕ 30–45cm ↔ 60cm ❄❄❄ [8]

Mimulus lewisii 🏆 ↕ 30–60cm ↔ 45cm ❄❄

Mimulus luteus ↕ 30–45cm ↔ 60cm ❄❄❄

Mimulus ringens ↕ 45–60cm ↔ 30cm ❄❄❄

Myosotis scorpioides ↕ 23cm ↔ 30cm ❄❄❄

Saururus cernuus ↕ 30cm ↔ 30–45cm ❄❄❄

5

6

7

8

PRAKTISCHE TIPPS

TEICHPFLEGE IM WINTER

Teichpflege im Winter

Beugen Sie Schäden durch Eisdruck rechtzeitig vor.

Wenn sich auf einem Teich Eis bildet, können Beton oder vorgefertigte Teichformen Risse bekommen. Außerdem sammelt sich unter der Eisdecke Methangas, das aus verrottenden Pflanzenabfällen entsteht und für Fische tödlich ist.

Die Probleme lassen sich vermeiden, wenn ein kleiner Teil der Oberfläche eisfrei gehalten wird. Schlagen Sie keine Löcher ins Eis, das schreckt die Fische auf und kann für sie lebensgefährlich werden. Stattdessen lassen Sie einen mittelgroßen Ball auf dem Wasser treiben oder Sie stellen einen Topf mit kochendem Wasser auf die Eisdecke.

Flache Teiche frieren bei Dauerfrost mitunter völlig ein. Kleine Gefäße kann man vielleicht geschützt aufstellen, oder man lässt das Wasser ab.

Pumpen, Filter und Lampen, die nicht gebraucht werden, sollte man aus dem Teich nehmen, reinigen und trocken lagern. Pumpen, die im Teich bleiben, sollten Sie einmal wöchentlich laufen lassen, damit sie funktionsfähig bleiben.

Nehmen Sie in kühlen Regionen empfindlichere Pflanzen aus dem Teich. Sie müssen den Winter über in Wassereimern an einen frostfreien Ort stehen. Stattdessen kann man sie auch in feuchten Sand einschlagen und kühl lagern.

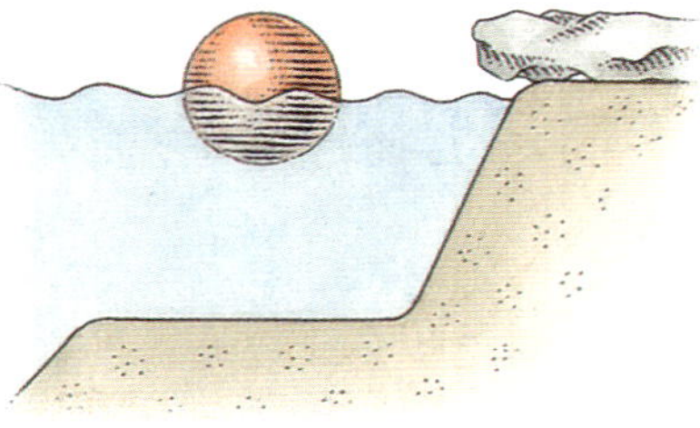

Ein Ball im Wasser verhindert die Eisbildung.

Siehe auch Einen Teichfilter installieren, S. 275

PRAKTISCHE TIPPS

Warum den Teich ausräumen?

Wenn Sie den Teich ganz ausräumen, haben Sie Gelegenheit, angesammelte Abfälle zu entfernen, die Pflanzen zu teilen und umzutopfen.

Kleine Teiche müssen etwa alle 4-5 Jahre ausgeräumt werden, größere nach 10 Jahren oder noch später.

- Beim Reinigen werden verrottende Pflanzenabfälle auf dem Teichboden entfernt, zugleich hat man Gelegenheit, die Dichtung zu reparieren (siehe S. 275), Pflanzen zu vermehren oder neue zu pflanzen.
- Die beste Zeit, einen Teich auszuräumen, in dem vor allem Pflanzen leben, ist das Spätfrühjahr, also die Zeit, in der man die Pflanzen auch gut teilen kann. Leben Tiere im Teich, ist das Ausräumen für sie im Herbst oder Spätwinter weniger schädlich.
- Planen Sie die Arbeit so, dass sie möglichst an einem Tag ausgeführt werden kann; dann ist sie für die Fische weniger belastend.

Bereiten Sie einen Zwischenbehälter für Fische und Pflanzen des tiefen Wassers an einem schattigen Platz vor. Uferpflanzen überleben auch ohne Wasser, wenn sie feucht und schattig stehen. Füllen Sie den Zwischenbehälter mit Teichwasser; wenn es nicht trüb ist, können Sie es nach der Reinigung wieder in den Teich füllen.

Leeren Sie den Teich möglichst mit einer Pumpe. Hat der Teich eine Unterwasserpumpe, lässt er sich mit Hilfe der Rücklaufleitung leer pumpen. Die Fische können Sie leicht herausnehmen, wenn der Wasserspiegel fällt und sie weniger aktiv und besser sichtbar werden. Ebenso werden die Pflanzen nach und nach entnommen.

Entfernen Sie verrottende Pflanzenmasse, wenn das Wasser abgelaufen ist, und setzen Sie das Material am Teich zur späteren Beseitigung auf. So haben darin versteckte Lebewesen die Möglichkeit, in den Teich zurückzukehren. Bringen Sie alle verbliebenen Fische in den Zwischenbehälter.

Entfernen Sie den Schlick am Teichboden und breiten Sie ihn in den

benachbarten Rabatten aus. Behalten Sie etwas davon zurück und geben Sie ihn nach der Reinigung wieder in den Teich zurück, damit sich die Mikroorganismen neu ansiedeln können.

Reinigen und kontrollieren Sie die Folie, ohne sie zu beschädigen. Reparieren Sie bei Bedarf (siehe S. 275).

Geben Sie einen Rest Schlick und das Teichwasser wieder in den Teich. Füllen

AUßERHALB DES TEICHES

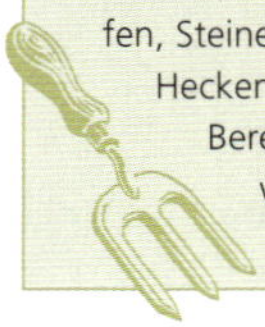

Geschützte Plätze in einiger Entfernung vom Teich sind äußerst wichtig, vor allem, wenn Sie einen Teich haben wollen, an dem sich Tiere ansiedeln. Amphibien können sich in Holzhaufen, Steinen, Komposthaufen oder unter Hecken verkriechen. Räumen Sie diese Bereiche also nicht zu gründlich auf, wenn Sie den Teich säubern.

Siehe auch Tiere in den Garten locken, S. 250–251; Einen Teich reparieren, S. 275

Sie allmählich wieder auf und setzen Sie nach und nach die Pflanzen ein, während der Teich voll läuft. Zum Schluss kommen die Uferpflanzen wieder an ihren Platz. Kontrollieren Sie die Fische vor dem erneuten Aussetzen auf Anzeichen von Krankheiten. Zum Schluss füllen sie ganz auf.

Tiere im Teich

Reinigen Sie einen Teich, in dem Tiere leben, nicht im Frühjahr, wenn Frösche, Kröten und Molche laichen. Es ist besser, alle paar Jahre etwa ein Drittel des Wassers und Abfalls zu entfernen, als den Teich völlig auszuräumen. Dünnen Sie allzu wüchsige Pflanzen im Spätsommer aus. Schneiden Sie im Winter alle abgestorbenen, hohen Pflanzen zurück und rechen Sie das verrottende Laub aus. Fischen Sie alle Spuren von Wasserlinsen aus dem Wasser.

PFLANZENPROBLEME

Fadenalgen vermeiden

Sorgen Sie dafür, dass Fadenalgen im Teich nicht überhand nehmen.

Abfischen von Fadenalgen mit einem Holzstab

Die lästigen Fadenalgen bilden lange Zellstränge aus und zeigen sich als treibende, seidige Masse schleimig grüner Fäden, die oft Luftblasen enthält. Sie gedeihen bei hellem Licht und steigenden Temperaturen in nährstoffreichem Wasser. Im Extremfall ersticken sie andere Pflanzen und schränken die Bewegungsfreiheit der Fische ein.
Hier einige Tipps zur Bekämpfung.

- Seerosenblätter sollten etwa ein Drittel bis die Hälfte der Wasseroberfläche bedecken, um Schatten zu spenden und die Wassertemperatur gleichmäßig zu halten.
- Entfernen Sie organische Abfälle regelmäßig, um den Nährstoffgehalt zu senken.
- Beschränken Sie Wasserwechsel und Auffüllungen auf ein Minimum, da sie den Bodensatz aufwühlen und so Nährstoffe ins Wasser eintragen.
- Versenken Sie Netze mit Gerstenstroh im Teich (siehe S. 281), die das Wachstum von Fadenalgen unterdrücken.
- Entfernen Sie Fadenalgen nach Bedarf; rechen Sie sie ab oder wickeln Sie sie um einen Stab.
- Setzen Sie nur im äußersten Notfall die handelsüblichen Mittel gegen Fadenalgen ein.

Siehe auch Algen im Teich bekämpfen, S. 281

PRAKTISCHE TIPPS

Blattfall

Abgefallene Blätter verschmutzen das Teichwasser.

Blätter, die in den Teich fallen, verwandeln sich in schwarzen Schlamm, der das Wasser trübt, wenn er aufgerührt wird. Wenn sie verrotten, färbt sich das Wasser braun und es entsteht ein Gas, das für Fische giftig ist.

Falls Bäume in der Nähe Ihres Teiches stehen, können Sie vor dem Laubfall im Herbst ein Netz über die Wasserfläche spannen, bevor die Blätter im Herbst abfallen. Befestigen Sie es mit Ziegelsteinen am Ufer oder bauen Sie ein Holzgestell.

Ist Ihr Teich zu groß für ein Netz, fassen Sie ihn mit einem niedrigen Maschendrahtzaun an Stäben ein. Fliegende Blätter bleiben dann an diesem Zaun hängen und sind leicht abzusammeln.

Lassen Sie Blätter nicht im Teich verrotten.

ABFALL ENTFERNEN

- Ein engmaschiges Netz verhindert, dass Blätter und andere Pflanzenteile in den Teich fallen.
- Zum Absammeln von Abfall eignen sich Teichsieb, Teichzange, Rechen oder ein Kescher.

Siehe auch Teichpflege im Winter, S. 278

Eingeschlepptes Unkraut im Teich

Seit einigen Jahren brechen wuchernde, fremdländische Wasserpflanzen in die Natur aus; im Gartencenter werden sie oft unter falschem Namen und ohne entsprechende Warnung verkauft.

Zu den nicht heimischen Teichunkräutern gehören die Unterwasserpflanzen *Crassula helmsii* (Nadelkraut), das gelegentlich als *Tillaea recurva* oder *T. helmsii* verkauft wird, und *Myriophyllum aquaticum* (syn. *M. brasiliense* oder *M. proserpinacoides*). An der Oberfläche wuchern Pflanzen wie *Hydrocotyle ranunculoides*.

Diese nicht heimischen Pflanzen haben keine natürlichen Konkurrenten. Wenn sie in die Natur gelangen, können sie die heimischen Pflanzen schnell ersticken und damit die Tierwelt bedrohen. Sie entziehen dem Wasser Sauerstoff und verursachen stellenweise Überflutungen, indem sie Deich- und Schleusensysteme blockieren. Es ist verboten, diese Pflanzen auszuwildern.

Andere wuchernde Wasserpflanzen, besonders *Eichhornia crassipes*, *Salvinia molesta* (Schwimmfarn), *Pistia stratiotes* (Wassersalat) und *Trapa natans* (Wassernuss) gelten in den Tropen als Problemunkräuter.

Die Bekämpfung wuchernder Teichunkräuter kann schwierig werden. In einem größeren Teich wird man schlimmstenfalls darüber nachdenken müssen, die Teichfläche ausbaggern zu lassen. Der Einsatz von Herbiziden scheidet von vornherein aus.

In einem kleineren Teich können Sie überschüssige Unterwasserpflanzen von Hand oder mit dem Rechen entfernen. Fischen Sie dabei so viel wie möglich der abgetrennten Pflanzenteile heraus, da sie sonst verrotten und dem Wasser Sauerstoff entziehen. Entfernen Sie Schwimmpflanzen mit einem Gummirechen oder treiben Sie die Blattmasse mit dem Gartenschlauch zum Ufer. Bei einem größeren Teich können Sie die Oberfläche mit einem dicken Seil abziehen. Lassen Sie die Pflanzenreste über Nacht am Ufer liegen, damit darin gefangene Tiere in den Teich zurückkehren können.

Kompostieren Sie wucherndes Teichunkraut gründlich oder vernichten Sie es, denn es kann aus kleinsten Teilen wieder auswachsen. Setzen Sie nie Wasserpflanzen aus Ihrem Garten frei, etwa indem Sie Teichwasser in Bäche oder in die Kanalisation gießen.

Darüber hinaus gibt es viele heimische und exotische Wasserpflanzen, die nicht wuchern, aber gut aussehen und Tieren Lebensraum bieten (siehe S. 276–277).

Wasserlinsen *(Lemna minor)* können einen Teich völlig bedecken.

UNKRAUT VERMEIDEN

- Das Wasser im Teich muss sauber und sauerstoffreich sein, damit Fische und Pflanzen gesund bleiben.
- Wenn Sie Unkraut entdecken, entfernen Sie so viel wie möglich mit dem Rechen, bevor es überhand nimmt.
- Kompostieren Sie Teichunkraut oder graben Sie es im Garten ein.

Wasserlinsen

Die Kleine Wasserlinse *(Lemna minor)* ist zwar als einzelne Pflanze klein, kann aber schnell große Flächen bedecken, wenn das Wasser steht oder nur langsam fließt. Die Pflanzen bestehen jeweils aus kleinen, blattähnlichen Sprossgliedern mit schlanker Wurzel, die auf dem Wasser schwimmen. Die Pflanze überwintert meist am Grund des Teiches und taucht im folgenden Frühjahr wieder auf.

Wasserlinsen kann man sich unbeabsichtigt mit neu gekauften Pflanzen in den Teich einschleppen. Womöglich tragen auch Vögel sie an ihren Füßen von einem Teich zum anderen.

Pflanzenfressende Wasservögel wie Enten, Teichhühner und Blässhühner reduzieren den Bestand etwas. Wenn Sie nur einen kleinen Teich haben, fischen Sie die Wasserlinsen mit dem Kescher ab. Einen großen Teich können Sie mit einem dicken Seil von einem Ende zum anderen abziehen. Tun Sie dies regelmäßig vom Beginn der Wachstumszeit bis zur Winterruhe.

Siehe auch Einen Sumpfgarten anlegen, S. 274; Die besten Wasserpflanzen, S. 276–277

TECHNIKEN

Algen im Teich bekämpfen

Algen im Gartenteich sind unschön und können das biologische Gleichgewicht stören; daher sollten Sie sich bemühen, diese niedrig entwickelten Organismen zu entfernen.

Am häufigsten treten die einzelligen Schwebalgen in Erscheinung, die das Wasser dunkelgrün färben, sowie die Fadenalgen, die Zellstränge entwickeln und Wasserpflanzen ersticken können (siehe S. 279). Kleine flache Teiche in der Sonne sind besonders betroffen. Bei einer Tiefe von mindestens 75 cm kommt es schon viel seltener zu einer Massenvermehrung.

In älteren Teichen treten weniger Algen auf, weil sich ein natürliches Gleichgewicht zwischen Pflanzen und Tieren eingespielt hat und es seltener zu einem Nährstoffüberschuss kommt, der die Algen begünstigt. Neu angelegte Teiche haben oft einen zu hohen Nährstoffgehalt und es dauert eine Weile, bis sich ein Gleichgewicht eingependelt hat. Tauschen Sie das Wasser in einem neuen Teich nicht aus, wenn es grün wird, denn so verzögern Sie die langfristige, natürliche Lösung. Wassertiere wie Kaulquappen und Wasserflöhe fressen Algen, man kann sie aus älteren Teichen freisetzen.

Auch die eigentlichen Wasserpflanzen helfen, das Algenproblem zu bekämpfen. Schwimmblattpflanzen wie Seerosen *(Nymphaea)* und Wasserähre *(Aponogeton distachyos)* reduzieren die Wasserfläche, die der Sonne ausgesetzt ist. Etwa ein Drittel bis zur Hälfte des Teiches sollte bedeckt sein. Rohrkolben *(Typha)*, Sumpfschwertlilie *(Iris pseudacorus)* und andere Uferpflanzen sorgen für zusätzlichen Schatten. Unterwasserpflanzen sind wichtig für das biologische Gleichgewicht.

Entfernen Sie regelmäßig Abfall, abgestorbene Pflanzen und Blätter, die bei der Verrottung Sauerstoff binden und Nährstoffe freisetzen. Fische in großer Zahl liefern ebenfalls viele Pflanzennährstoffe. Daher sollten Sie den Besatz reduzieren oder ein Filtersystem installieren (siehe S. 275).

Algen bekämpfen

Der Fachhandel bietet Mittel gegen Algen an. Manche schaffen für eine begrenzte Zeit eine gewisse Abhilfe. Wirksamer ist dagegen Gerstenstroh. Auch Lavendelschnitt wirkt, braucht aber mehr Sauerstoff und eignet sich daher besser für größere Teiche oder in Verbindung mit einer Pumpe, die Sauerstoff einbringt.

Wenn Sie loses Stroh oder Lavendel bekommen können, hacken Sie es grob und füllen Sie es in Netze. Mehrere kleine Netze sind besser als ein großes. Die mit Steinen oder Ziegeln beschwerten Netze werden an Schnüren bis direkt unter die Wasseroberfläche eingesenkt. Je nach Stärke des Algenaufkommens brauchen Sie wenige Gramm bis 50 g Masse pro Quadratmeter Wasserfläche.

Senken Sie die Netze ab dem zeitigen Frühjahr ein, schließlich beginnt Stroh erst nach 2 Monaten zu wirken. Wenn das Stroh bzw. der Lavendel verrottet und schwarz geworden ist, müssen Sie die Füllung ersetzen.

FADENALGEN ENTFERNEN

1 Die beste Methode, die Ausbreitung von Fadenalgen zu verhindern ist, sie regelmäßig mit einem Stab oder dem Rechen zu entfernen, bevor es den ganzen Teich durchzogen hat.

2 Ein Netz mit Gerstenstroh oder Lavendel wird im Teich versenkt, um Algen zu bekämpfen. Engmaschiges Obst- oder Gemüsenetz eignet sich dafür. Netze nicht zu tief ins Wasser lassen.

FISCHE IM TEICH

Größere Fische wie der Koi können die Wurzeln von Pflanzen wie Seerosen schädigen; daher müssen Fische und Pflanzen sorgfältig ausgewählt werden.

Siehe auch Die besten Wasserpflanzen, S. 276–277; Fadenalgen vermeiden, S. 279

REGISTER

Die **fett** gedruckten Seitenzahlen verweisen auf Abbildungen und Bildunterschriften

A

Abeliophyllum 13
abfallende Blütenknospen, Glyzine 106
Abhärten 125, **125**
Abspritzen, Gewächshaus 192
Abwasser 15, **15**
Acaena 187–188
Acantholimon 19
Acanthus **110**, **140**
Acer 24, **57**, 59, **63**, 67, 87
Achillea 120, 182, 185, **185**
Ackerbohnen 207, 254
Ackerbohnenkäfer 215
Ackerfrauenmantel 185
Ackerkratzdistel 32
Ackerschachtelhalm 33
Aconitum 97, **97**, 109, **109**, 111, 119
Acorus 131, **132**
Adonis **13**
Aegopodium 31, 32, **32**
Aerifizieren, Rasen 182, **183**
Aethionema 19
Agapanthus 111, *128*
Ageratum 20
Agrostis **166**, 176
Ahorn 67, **68**, 87
Ailanthus **16**
Ajuga 129, **164**
Alchemilla **30**
Akklimatisieren 125, **125**
Alcea 255
Älchen 113, 115, **115**, 207
Algen
  im Teich 279, **279**, 281, **281**
  an Topfpflanzen 196
  auf Wegen und Terrassen 34
alkalischer Boden 258, 263, 264, 265
Allium, Teilung **155**
Alnus 24
Alpine 18, 22–23, **22-23**, 163
Aluminiumfolie, Keimlinge auf der Fensterbank 21
Alstroemeria 119
Alyssum 19
Amaryllis 147
Ameisen 43, **43**
Amelanchier **50**
Ammoniumsulfat 32, 33
Ampfer 185
Anacyclus 19
Anagallis **166**, 167
Anchusa **110**
Androsace 19
Anemone **13**, 113, 134, 144, 145
Anthemis **264**
Antirrhinum **30**, 121
Anzuchtkästen **21**
Anzuchtsubstrat 21
Äpfel
  der richtige Baum 233
  Bestäubung 233
  Düngung 232
  Fruchtknospen 236
  in kleinen Gärten 231
  Lagerung 232
  Schädlinge und Krankheiten 72, 237–238, **237-238**, 255, **255**
  Schnitt 236–237, **236**
  in Töpfen 235
  Unterlagen 233
Apfelschorf 237, **237**, 255
Apfelwickler 238, **238**, 255, **255**
Aphanes 185
Aponogeton **277**, 281
Arabis **122**
Arbutus 62, 168, **168**, **266**
Argyranthemum 123
Artischocken **42**, 203, **203**
Asche, Bodenverbesserung 268, **268**
Asclepias 119
asiatisches Gemüse 218
Asplenium 134, *194*
Asseln 43, *43*
Aster 10, 114, **114**, 122, 129
Auberginen 160
Aubrieta **117**
Aucuba **81**, 82
Augustakrankheit, Tulpen 148
Aurinia **118**
ausdauerndes Unkraut 31, **31**, 32
ausdünnen, winterharte Einjährige **158**
aushöhlen, Zwiebeln 256
Ausläufer, Erdbeeren 246
Ausputzen 121, **121**, 172, **172**
Aussaat
  Folgesaaten 208, **208**
  Gemüse 203
  Gräser 138, **138**
  Gründüngung 207
  Keimung 20
  Rasen 176–178, **177**, **178**
  in Töpfe **21**
  in Wege und Mauern **126**, 127
  Wiesenpflanzen 167
  winterharte Einjährige 158, **158**

B

Balkone 18
Bambusrohre 120, 137
Bambus 134–137, **134-137**
  Hängekörbe auslegen 173, **173**
  Pflege 136–137
  Umtopfen 163
  Vermehrung 128, 129, 138–139, **139**
Bananenstauden **123**, 135, **160**
Barrieren, Schädlingsbekämpfung **201**, 255
Batate 228
Baumbinder 65, **65**
Bäume 49–75
  für alkalischen Boden 264
  Baumchirurgie 68, **68**
  Baumschutzsatzung 53, 54
  Bluten aus Schnittwunden 67, **67**
  dekorative Rinde 63, 68, **68**
  Duft 73–74
  Efeu 33
  farbige Blätter 57–58, 62
  Frostschäden 70–71
  Gärten für Tiere, 251, 252, 256
  Gesetze 53–54
  Gießen14
  Hallimasch 72
  kaufen 10, 64–65
  kleine Gärten 50–51
  Küstengärten 24
  Koniferen, zu dicht gewachsen 70, **70**
  Manschette als Fraßschutz 45, **47**
  panaschierte Blätter 58, 59
  Pflanzung 60–61, **61**
  für sauren Boden 266
  Schnitt 66, **66**
  Sicherheit 56
  Steckhölzer 74–75, **75**
  auf den Stock setzen 68–69, **68-69**
  Stumpf entfernen 73, **73**
  Stützen 61, **61** 65, **65**
  für Tonboden 262
  im Topf 59, **59**, 161, 172
  trockenheitsverträgliche Pflanzen 16
  Unterbewuchs 64, **64**
  Wildreiser 67, **67**
  Windschaden 71
Baumfarne 135, 140–142, **140**
Baumscheibenfräse 73, **73**
Baumschutzsatzung 53, 54
Beeren 78, 79, 168
Beete *siehe* Rabatten und Beete
Beetpflanzen 159, **159**, 160, **160**, 161
Begonien 21, 48, 150, 191
Bellis 185
Belüftung, Gewächshaus 192, **192**
Berberis **76**, **81**, **84**
Bergahorn 24
Bergaster 114, **114**
Bergenia 109, 134, 135
Bestäubung
  Obst 233
  Zuckermais 223
Betula **16**, **24**, **63**, 66, 67, 70
Bienen 216, 251, 252
Binsen 131, 133, 138–139, 281
biologische Schädlingsbekämpfung
  Erdbeeren 247
  Gemüse 201, 205
  im Gewächshaus 197, 198
  Rasenprobleme 186
  Schnecken 46
biologischer Gartenbau 200–201, 208, 254–255, 267
Birke 67, 70
Birnen 231
  Baum auswählen 233
  Bestäubung 233
  Düngung 232
  Lagerung 232
  Mulchen 23
  Schädlinge und Krankheiten 72, 237
  Schnitt 236–237
  im Topf 235, **235**
  Unterlagen 233
Blatt- und Stängelälchen 113, 115, **115**
Blattdünger **267**
Blattrollvirus 222
Blätter
  abgefallene Blätter im Teich 279, **279**
  Duft 73, 74
  Farbe 51, 57–58, 62, 109
  Frostschäden 70–71, **71**
  Hängekörbe auslegen 173, **173**
  Herbizidschäden 36, **36**
  immergrüne Sträucher 78
  panaschiert 58, 59, 78, 131
  Reibung bei Wind 71
  Stauden zurückschneiden 122
  systemische Pflanzenschutzmittel 37, **37**
  trockenheitsverträgliche Pflanzen 16
Blattflecken
  Helleborus 112, **112**
  Johannisbeeren 241
  Lupine 113, **113**
  Primeln 116, **116**
  Rittersporn 111, **111**
  Stiefmütterchen 37, **37**
Blattknospenstecklinge 98
Blattläuse 42, **42**, 201
  biologische Bekämpfung 41
  an Erdbeeren 247
  Kartoffelkrankheiten 222
  Kulturmethoden 36
  systemische Pflanzenschutzmittel 37–38
  Schwarze Bohnenblattlaus 215
  Johannisbeerblasenlaus 241, **241**
  Lupinenblattlaus 113, **113**
  Mehlige Kohlblattlaus 155
bleichen, Chicoree und Endivie **216**
Bleiglanz 66
Blumenkästen 170–171, **170**
Blumenkohl 201
  Fruchtfolge 210
  Gießen 203
  Schießen 211
Bluten aus Schnittwunden 67, **67**
Blüten
  Ausputzen 121, **121**, 172, **172**
  Blütenhecken 86
  Blütensträucher schneiden 80, **80-81**, 81
  Duft 73, 74
  Gehölze 50, 78, 168
Blütenendfäule, Tomaten 227, **227**
Boden 258–272
  alkalischer Boden 263, 264
  unter Bäumen 64
  biologischer Gartenbau 254
  Dränage 259, 260, **260-261**
  Dünger 267
  Fruchtbarkeit 259
  Fruchtfolge 210
  Gemüse 200
  Gießen 14–15
  Gründüngung 207, **207**
  Hochbeete 27
  kalken 265, **265**
  mulchen 269–270, **269-270**
  organische Substanz 200, **200**, 208, 258, 259
  pH-Wert 259, 263, 265, 268
  pH-Wert-Testgerät 263, **263**
  Saatbeete 258, **258**
  saurer Boden 263, 266
  Schäden durch Baumwurzeln 52, 53
  Tonboden 261, **261**, 262
  Umgraben 254, 258
  Verbesserung 261, **261**, 268, **268**
  Verdichtung 258, 260, 261, 272
  siehe auch Pflanzung, Aussaat
Bodendecker 26–27, 84, 91, 101
Bodenfräse 258
Bohnen
  Fruchtfolge 210
  Gießen 14
  Rankhilfen 212

Schädlinge und Krankheiten 215, **215**
siehe auch verschiedene Bohnensorten
Bor 267
Böschungen, Bodendecker 27
Botrytis siehe Grauschimmel
Bougainvillea 194, **194**
Breitblättrige Lorbeerrose 168
Brennnesselblättrigkeit der Johannisbeere 241
Brokkoli 208
Bromelien umtopfen 263
Brombeeren 32, 80
Brugmansia 163, **190**
Brunnera **140**
Brutknöllchen 154, 155, **155**
Brutzwiebeln 154, 166, **155**, 156
Buchenhecken 86, **87**
Buchsbaum 59, 83, **83**, 86, 135, **169**
Buchweizen 207
Buddleja **17**, **51**, 70–71, 73, 81, **253**
Bulbillen 154, 155, **155**
Bupleurum **166**
Buschbohnen 215
Butternut-Kürbisse 224
Buxus 59, **78**, 83, **83**, 86, 135, **264**

C

Calendula **30**, 174
Calla 149, **149**
Callicarpa 79, **79**
Calochortus **155**
Calystegia 32
Camellia **13**, 70, **78**, **81**, 168
Campanula 19, **19**, 109, 120
Canna 135, 150, 160, *160*
Cardiocrinum **149**
Carex 131, **131**, **132**, **133**, 134, **138**, 139
Carlina **17**
Carpinus 24, 67, 86, **87**
Carya 67
Caryopteris **57**, 81
Castanea 70
Catalpa 59, **69**, 160
Ceanothus 81
Centaurea 166
Cephalaria 121
Ceratostigma 81
Cerinthe **166**
Chamaecyparis 70
Chamaemelum 127, **127**, **187** 188
Chamaerops **169**
Chicoree 216–217, **216**
Chimonobambusa 138
Chinakohl, 201, 210–211
Choisya **74**, 169
Christrose 112, 272
Chrysanthemen 45, 113
Chusquea 134, 139
Cineraria 191
Cirsium 32
Cistus 54, 82, **123**
Clematis 29, **29**, 45, **94**, 99–101, **99**, **100**, 102, **130**
grüne Blüten 102, **102**
Pflanzung 95
Schnitt 101, **101**
Clematiswelke 102, **102**
Cleome 160, **160**
Cobaea 97, 160
Containerpflanzen 60, 64, 118, **118**, 119
Convallaria **64**, 119, **128**, 129
Convolvulus **16**, 31, 32, **32**, **78**
Cordyline **16**, 135, **193**
Cornus 63, **63**, **68**, 80
Cortaderia **131**, **132**, 133
Corylus 86, 87
Cosmidium **166**, 167
Cosmos 20, **30**
Cotinus **62**
Cotoneaster **26**, **262**
Crambe 120
Crataegus 24, **25**, **50**, 67, 86, 87
Crinodendron 169
Crinum 119
Crocosmia 108, 109, **109**, 119, 122, **154**, 155
Crocus **13**, 145, **146**, 147, 154, 155
x *Cupressocyparis* 70, 87, **87**
Cyathea 140, **140**
Cyclamen 19, 48, 144, 145
Cyperus 131
Cyrtanthus 154
Cytisus 54

D

Dachgärten 18
Dahlien 121, 150–151, **151**
Aussaat 20
im Gewächshaus 191
Schädlinge 45, **45**
Stützen 120
Daphne **13**, 19, **79**
Daphniphyllum **168**, 169
Dienstleister 11
Dompfaff 45, **45**, 72, **72**
Delphinium 111, **111**, 119–121, **120**, 129, **166**
Deutzia 82
Dianthus 119
Dicentra 97, **119**, **128**, 134, 160
Dicke Bohnen 200, 204, 215
Dickmaulrüssler 10, 38, 41, **41**, 48, **48**, 174, 247
Dicksonia 140, 141, **141**
Dierama 154
Digitalis **30**, **252**
Dodecatheon 19
Doronicum 109
Draba 19
Draht, Rankhilfe 95, **95**
Dränage
Hochbeete 27
Töpfe 161, **172**, 272
verbessern 259, 260, **260-261**
»Drei Schwestern« 230, **230**
Drimys 169
Dryopteris 142
Duftpflanzen
Einjährige 159
Gehölze 73–74
Kletterpflanzen 99
Stauden 130
Duftwicken 213
Aussaat 20, 171, **171**
Stützen 95, **171**
im Topf 97
Dung
Bodenfruchtbarkeit verbessern 259
im Gemüsegarten 200, **200**, 208
Mulchen 269, **269**
Dünger 267
im biologischen Gartenbau 254
Depotdünger 174, **174**
Gemüse 200
Gräser 133
Obst 232
Rasen 177, 179, 181, 183, **183**
für Topfpflanzen **161**, 172
siehe auch einzelne Pflanzen

E

Eccremocarpus 29, **29**, 97
Echinacea **111**
Echter Mehltau 37, 225, 254
Apfel **38**
Rose 38, 92, **92**
Weinrebe 244, **244**
Edelweiß 19, **19**
Edraianthus 19
Efeu **64**, 95, 134, 135
an Gebäuden 103, **103**
als Unkraut 33, **33**
Ehrenpreis 185
Eibe
Formschnitt 83
Heckenschnitt **86**, 87
Schnitt 70, 82
im Topf 59, 163
Eiche 24, 52
Eichhörnchen 47, **47**
Einjährige 157–160
Beetpflanzen 159–160, **159-160**
Duftpflanzen 159
in Töpfen 161, 166
Samen ernten 174
für den Schatten 159
winterharte Einjährige säen 158, **158**
Garten für Tiere 252, 253
einjähriges Unkraut 31, **31**
Eis im Teich 278, **278**
Eisen 263, 267
Eisenbahnschwellen, Hochbeete 27
Eisenhut 109, 111, 119
Elaeagnus **25**, 54, 82
Elektroheizung, Gewächshaus 190, 191
Elymus **166**, 167
Endivie 208, 211, **216**, 217
Engelstrompete 163
Engerlinge 186, 255
Englische Rosen, Schnitt 91
Ensete **123**, 135, **160**
Enzian 22
Epimedium, Teilung 128-129, **129**
Equisetum 33, **33**
Eranthis 144
Erbsen 200, 213
Fruchtfolge 210
Gießen 14
Stützen 212
Erbsenreiser 120, **120**, 121
Erbsenwickler 206, **206**
Erdaustausch, Topfpflanzen 162–163
Erdbeerbaum 168, **168**
Erdbeeren
frühe Erdbeeren 248, **248**
Gießen 15
schlechte Bestäubung 233, **233**
im Topf 246–247, **246-247**
Erdbeermilbe 114, **114**
Erdheizung 191
Eremurus 119
Erica 26
Ericaceen 263
Erle 24
Ernte von Samen 174, 174
siehe auch einzelne Obst- und Gemüsearten
Escallonia 86
Esche 87
Eschenahorn 59
Eucalyptus 59, 141
Euonymus 59, 78

F

F1-Hybriden, Gemüse 201
Fächer, Erziehung 231, 237, 240, 243, **243**
Fackellilie 128
Fadenalgen 279, 279, 281, **281**
Fagopyrum 207
Fagus 86, **87**
Fallen 37, **37**, 41, 45, 46, **46**
Fallopia 35, **35**
Falscher Mehltau 37
Farbe
Blätter 109
Farbkreis 108, **108**
Gehölze 50–51, 57–58
Herbstfarben 51, 62
Stauden 108–110
Triebe 68, **68**, 80
Fargesia 135, 139
Farne 19, 142, 163, 173, **173**
Faselbohne 97, 213
Fatsia **77**, 135, 173, **173**
Feigen 242–243, **242-243**
Fenchel 165, 210
Fensterbank, Keimlinge 20, **20**, 21
Fertigrasen 178–179, **178-179**
Festuca 139, 176
feuchte Zonen
schmale Rabatten 131
Terrassenpflanzen 164
Ziergräser 132, 133
feuchter Boden 260, **260-261**
Feuerbohnen 204, **204**, 212, 213, **216**
Aussaat 208
Bestäubungsprobleme 215
Bodenverbesserung 200
Gießen 203, 216
Ficus **162**
Filter, Teich 275, **275**
Filz, Rasen 182, **183**
Fingerhut **252**
Fische im Teich 275, 278, 279, 281, **281**
Flachbogenerziehung 245
Fleißiges Lieschen **121**
Flieder 67, 82, **82**
Florfliegen 42, **42**
Floribundarosen, Schnitt 90, 91
Folgesaaten 208, **208**
Formschnitt 59, 83, **83**
Forsythia 27, 80, 86
Fraxinus 87
Fremontodendron **78**
Fritillaria 145, **146**, 156
frostempfindliche Pflanzen
akklimatisieren 125, **125**
Beetpflanzen 160, **160**
kaufen 10
Keimlinge 20
überwintern 123–125, **123-124**
Frostschäden 70–71, **71**
Äpfel 238, **238**
siehe auch Winterschutz
Fruchtbarkeit, Boden, 259
Fruchtfolge 37, 201, 210, 255
Frühbeete
Pflanzen abhärten 125, 125
Stecklinge bewurzeln 75
Frühjahr
Schnittblumen 30
Sträucher 76, 77
Fuchsia **25**, 81, 86, 121, 123, 124–125, 191
Fundamente, Wurzelschäden 52–53

G

Galanthus 19, 30, 144, 147
Gänseblümchen, im Rasen 185
Gänsefingerkraut 185
Garrya 70
Gärten für Tiere 249–256, 278, 279
Gartenkürbisse 14, **14**, 204, 212, 213
Gartenlaubkäfer 186
Gartenmelde 218
Gartenschere 11, **11**
Gartenvlies *siehe* Vlies
Gasheizung, Gewächshaus 190–191
Gaultheria **27**, **78**, 79, **81**, **85**
Gazania 21

Gebirgspflanzen 22–23, **22–23**, 163
Geißblatt 29, 86, 95, 103, **103**
gelbe Blätter 57
gelöschter Kalk 265
Gemüse 200–231
Aussaat 203
biologischer Gartenbau 200–201, 208, 254–255
Boden 200
Dünger 200
Fruchtfolge 37, 201, 210, 255
Gießen 14, 203, **203**, 209, **209**
im Hochbeet 27, 27
Klettergemüse 212–213, **212–213**
krankheitsresistente Sorten 200
mehrjähriges Gemüse 203
Platz ausnutzen 230
Schießen 211, **211**
Schnitt- und Pflücksalate 202, 208
Setzlinge 208
im Topf 171
tropische Beetpflanzen 160
Vlies 201, 202, **202**
Zeitplanung 208–209
siehe auch einzelne Gemüse
Genista 26, 50
Geranium 109, 134
Geröllbeet 19
Gesetze, Gehölze 53–54
Geum 109
Gewächshaus 189–198
Alternativen zu Glas 193
biologische Schädlingsbekämpfung 40–41
Belüftung 192, 192
frostempfindliche Pflanzen überwintern 123
Heizung 190–191
Hygiene 191, 196
Isolierung 190
Pflege 191, **191**
Schädlinge 197–198, **197-198**
Schattierung 192, **192**
Gewürzpaprika (Chili) 165, 217, **217**
Giersch 31, 32, **32**
Gießen 14–15, **14-15**
Bäume im Topf 59
Gehölze pflanzen 61
Gemüse 203, **203**, 209, **209**
Rasen 179, 181, **181**
Töpfe 18, 161, 172
Tröge und Becken 22
Wurzelgemüse 207
Ziergräser 133
siehe auch einzelne Pflanzen
Gießkannen 14
Ginster 54
Gladiolen 150, 155
Gleditsia **50**
Glockenrebe 97
Glyzine *siehe Wisteria*
goldene Blätter 57
Götterbaum 69
Gras
Graslaubkäfer 186
Grasschnitt 272
Zwiebelpflanzen verwildern 145, **145**
siehe auch Rasen
Gräser 131–133
Düngen 133
Gießen 133
Mulchen **133**
Schnitt 133, **133**
im Topf 166–167, **166-167**
Vermehrung 128, 129, 138–139, **138-139**
graue Blätter 58
Grauschimmel *(Botrytis)* 15, 36, 150, 191, 244, 247
Gründüngung 270, **207**, 254
grüne Blüten, *Clematis* 102, **102**
grüne Triebe bei panaschierten Pflanzen 59, **59**
Grünkohl 208, 218
Grünkragen, Tomaten 227
Günsel 129
Gunnera 135, 173, **173**, 274
Gurken 203, 212, 213
Gurkenmosaikvirus 148, **148**, 153

H

Haberlea 19
hacken, Unkraut 31, **31**, 209
Häcksler 272
Haferwurzel 228–229, **228**
Hahnenfuß, Kriechender 31
Hainbuche 24, **56**, 86, **87**
Hainsimse 134, 185
Hallimasch 72, **72**, 73
Hamamelis 67
Hänge, Bodendecker 27
Hängekörbe 170–171, **170-171**, 172, 173, **173**
Hartriegel 63, 68, 80
Hasenglöckchen 144
Hasel 86, 87
Hauben, Pflanzen abhärten 125, **125**
Häuser
Baumschäden 52–53, **52-53**
Kletterpflanzen an der Wand 103
Hebe 82
Hecken 85–87
auf den Stock setzen 87
Bambus 135
Leylandzypresse 87, **87**
Pflanzen 85
Pflanzung 85, **85**
Schnitt 86–87, **86-87**
für Tiere 251, 256
vernachlässigt 87, **87**
Windschutz 71
Hedera 33, **64**, **84** 95, 98
Hedychium 135, 160
Heide 101, 168
Heizung, Gewächshaus 190–191
Helenium 109, 120, 121
Helianthemum 19
Helichrysum 19, 74, **166**
Helleborus **13**, 109, **112**, 129, **130**, 272
Hemerocallis **36**, 109, 129
Hemerocallisgallmücke **36**
Herbizide 31–33, **31**
im Gemüsegarten 209
Rasen 185
Schäden an Gartenpflanzen 36, **36**
systemisch **32**
Terrasse 35
Herbst
Farbe 51, 62
Schnittblumen 30
Sträucher 76, 77
Heuchera 134
Hexenringe 184, **184**
Hibiscus 196, **196**
Himbeeren **14**, 15, 208, 232, 240, **240**
Hippeastrum 147, 154
Hippophae **25**
Hochbeete 27, **27**, 260
Hochdruckreiniger 34, **34**
hohe Gehölze 51
hohle Früchte, Tomaten 227
Hokkaido-Kürbis 213
Holunder 74, 87
Holzasche, Bodenverbesserung 268, **268**
Honigtau 42, 43, 198, 206
Hosta **46**, **111**, 119, **129**, 134
Hoya **193**
Hummeln 216
Humulus **94**
Humus 254, 272
Hundertfüßer 43, 43
Hyacinthoides 144
Hyazinthen **30**, 154, 156
Hybridbeeren 240, **240**
Hydrangea **77**, **81**
Hygiene 36, 191, 196
Hypericum 78

I

Ilex **55**, **58**, 59, 163, 168–169
Immergrün, Kleines 126, 126
Immergrüne 51, 78
Farne 142
Frostschaden 70
Hecken schneiden 86–87
Pflanzung 60
Schnitt 81, **81**, 82
im Topf 161, **168-169**, 168–169
umpflanzen 54, 55
Impatiens 20
indische Kräuter 165, **165**
Indocalamus 135
Inkarnatklee 207
Insekten
nützliche 42, **42**
Garten für Tiere 250–251
Insektizide *siehe* Pflanzenschutzmittel
Inula racemosa 121
Ipomoea 96, 97, **97**, 160
Iris 19, 119, 129, **130**, **148**, 274, **277**, 281
Isolierung, Gewächshaus 190
italienische Kräuter 165, **165**

J

Jalousien, Gewächshaus 192
Jasminum 96, **96**
Johannisbeerblasenlaus 241, **241**
Johannisbeergallmilbe 241, **241**
Juglans 67, 70
Juncus 131, 133
junge Blattsalate 218–219, **218-219**
Jungfer im Grünen 174
Jungfernrebe 95

K

Kakteen 162, 163, 191, 195, **195**
Kalabreser 206, 208
Kali 79, 232, 267
Kalk fliehende Pflanzen 27, **161**
kalken, Boden 258, 259, 265, **265**
Kalmia 85, 168
kalte Farben, Stauden 108, 109
Kalzium 227, 259, 265, 267
Kalziumkarbonat 259
Kamille 127, **127**, **187**, 188
Kaninchen 47
Kappen 68, **68**
Kapuzinerkresse 20, 97, **169**
Kartoffelfäule 221, 222

Kartoffeln
Bodenverbesserung 200
Düngung 200
Fruchtfolge 210
Frühkartoffeln 204, 208
Gießen 203
Schädlinge und Krankheiten 221–222, **221-222**
Schneckenfraß 201
vorkeimen 220, **220**
Kartoffelschorf 221, **221**, 254
Kartoffelviren222
Kaskadenwuchs bei Gehölzen 51
Kastanienbaum 70
Katzen 44, **44**
Keimlinge
auf der Fensterbank 20, **20**, 21
pikieren 20, **20**
Umfallkrankheit 191
Keimung 20
Kerbel **219**
Kiesmulch 122, **163**, 270, **270**, 272
Kirschen 231
Schäden durch Dompfaff 72
Schnitt 66
im Topf 235, **235**
Wurzelschosser 67
Kirschlorbeer 82, 86, **87**
Kiwi 243, **243**
Klee 185, 188, **188**, 207, 254
kleine Gärten planen 18, **18**
Kletterpflanzen 93–106
Duft 99
Gemüse 212–213, **212-213**
kaufen 10
Pergolen **28-29**, 29
Pflanzung 95
Rankhilfen **29**
Stecklinge 74, **75**, 98, **98**
im Topf 96–97, **96**, 161
tropische Anlagen 160
siehe auch einzelne Pflanzen
Kletterrosen, Schnitt 90, 91
Kleiner Frostspanner 255
Kniphofia **123**, 128
Knoblauch 204, 210
Knollen 150, 154, 154
Knollensellerie 200, 208, 211
Knollenziest 229, **229**
Knospen
Schäden durch Dompfaff 72, **72**
Schäden durch Frost 70
Knospenälchen 113
Knotenblume 134, 144, 145
Knöterich 35, **35**
Kohl 208
Fruchtfolge 210
Gießen 203
Schießen 211
Schmetterlingslarven 205, **205**
Zierkohl **170**
Kohlblattlaus, Mehlige 255
kohlensaurer Kalk 259
Kohleule 205
Kohlfliege 201, 255
Kohlhernie 201, 206, **206**, 207, 254, 265
Kohlmottenschildlaus 206, **206**
Kohlrabi 200, 211, 230
Kokosfaser 268, **268**, 269
Kolkwitzia **77**
Komatsuma **219**
Kompost
Bodenverbesserung 200, 259
Komposthaufen 271, **271**
Koniferen
für alkalischen Boden 264
duftend 74
Heckenpflanzen 85
Hecken schneiden 86
im Steingarten 19
für Tonboden 262
im Topf 161
trockenheitsverträgliche Pflanzen 16
Kontaktherbizide 32
Kopfdüngung 55, 142, **267**
Kopfsalat 204, 208, 218
Fruchtfolge 210
Gießen 203
Schießen 211, **211**
Körbe
siehe Hängekörbe, Teichkörbe

Kordon (Obstgehölze, Reben) 231, **231**, 237, **245**
Krankheiten
biologischer Gartenbau 201, 254–255
Fruchtfolge 37, 210
Fungizide 37, 38–39, **39**
Kulturmethoden 36–37
Resistenz 36–37, **36**
siehe auch einzelne Pflanzen und Krankheiten
Kräuter 126–127, **126-127**, 165, **165**, 171
Krebs 255
Kresse 218
Kreuzblütler
Bodenverbesserung 200
Fruchtfolge 210
Kohlhernie 254
Schädlingsbekämpfung 255, **255**
Schießen 211
Küchenschelle 19
Kürbisse 204, 212–213, 224–225, **224-225**
»Drei Schwestern« 230, **230**
Fruchtfolge 210
Gartenkürbisse 14, **14**, 204, 212, 213
Lagerung 223, 225
Riesenkürbisse 223, **223**
Stützen 212–213, **212**, **213**
Küstengärten 24–25

L

Laburnum 67
Lachenalia 155
Lage *siehe* Schatten; sonniger Standort
Lagerung
Dahlienknollen 151, **151**
Kürbisse 223, 225
Obst 232
Zwiebeln 150
Lagurus **166**
Lamium **164**
Lathyrus 95, 97
Lauben 28–29
Laubkompost **254**, 272, **272**
Lauch 200, 210, 211
Laurus **57**, **59**, 165
Lavatera 82
Lavendel **23**, 82, 127, 173
Leberblümchen 196
Leguminosen
Fruchtfolge 210
Gießen 203
Gründüngung 254
Schädlinge 215, **215**
Lehmböden *siehe* schwere Böden
Leimringe, Obstbäume 255
Leontodon 19, **19**, 182
Leptinella 188
Lespedeza **17**
Leucanthemella 120
Leucanthemum **109**
Leucojum 144, 145
Leucothoe **83**
Lewisia 19
Leycesteria 63
Leylandzypresse 70, 87, **87**
Liatris **47**
Liguster **51**, 86
Ligustrum **51**, 86
Lilien 148
Schädlinge und Krankheiten 152–153, **152-153**
Teilung 154, **155**
im Topf 152, 196
Vermehrung 153, **153**
Lilienfleckenvirus 153
Lilienhähnchen 152, **152**
Lilienkrankheit 152, **153**
Lilienmosaikvirus 153
Linden 52, 67, 68–69
Limnanthes **159**
Limonium **25**
Liriodendron 59
Lobelia **121**, 173
Loganberry 240
Lolch 176
Lolium 176
Lonicera **13**, 29, **57**, 86, 95
Lorbeerbaum **59**, **162**, 165
Lorbeerrose, Breitblättrige 168
Lorbeerschneeball 38
Löwenzahn 182, 185, 270
Luftpolsterfolie zum Schutz von Töpfen 71, **71**
Lunaria 174
Lungenkraut 134
Lupinen **118**, 121, **166**, 167, 207, 254
Lupinenblattlaus 113, 113
Luzerne 207
Luzula 131, **132** 134, 185
Lysichiton 274

M

Magnesium 267
Magnesiummangel 222, 227, **227**, 232
Magnolia 54, **168**, 169, **266**
Mähen 178, 179, 180, 182
Mahonia 82, **164**
Maiglöckchen 64, 119, 128–129
Mais *siehe* Zuckermais
Malus **51**, **262**
Malven 20, 121
Mandelbaum 72
Mangan 263
Mangold 160, 211
Marienkäfer 40, 42, **42**, 198
Märzveilchen 126
Mastkraut, Niederliegendes 185
Mauerösen 95
Maulbeerbaum 67
Mäuse 106, 147, **147**
Medicago 207
mediterrane Pflanzen 16
Mehlbeere 24
Mehltau
Amerikanischer Stachelbeer- 241
Echter 37, **38**, 92, **92**, 225, 254
Falscher 37
Resistenz 36, **38**
mehrjähriges Gemüse 203
Melianthus 123
Melissa **130**
Mentha 127, **130**
Messer 11
mexikanische Kräuter 165
Mexikanische Orangenblume 169
Mimulus 19, **277**
Miniaturrosen, Schnitt 91
Minze 127, 165
Miscanthus **131**, 133
Mispeln 237
Mizuna **202**
Möbel, Hochdruckreiniger 34
Mohn 109, 167, 174
Möhren 228
Platzen 207, **207**
Aussaat 208
Fruchtfolge 210
Schießen 211
Möhrenfliege 201, **201**, 205, **205**, 228
Monarda 120, 121
Monstera **194**
Morus 67
Moorbeeterde **161**
Moos
Hängekörbe 173
Mulch **163**
im Rasen 183, 195, 186, **186**
an Topfpflanzen 196, **197**
auf Wegen und Terrassen 34–35
Mulch 269–270, **269-270**
unter Bäumen 64
Frostschutz 71
Obstbäume 232, **232**
Pflanzgefäße 163, **163**
Unkrautbekämpfung 31–33, **31-33**
Ziergräser **133**
Mulchfolie 269, 270
Multitopfplatten, Keimlinge 20, **20**, **21**
Musa **123**, 135, 160
Muscari 154

N

Nagerschäden 106, 147, 147
Nandina domestica **85**
Napfschildlaus 198
Narcissus **13**, **30**, 145, **145**, 146–147, 154
Narzissen
Probleme 146–147, **146**, **147**, 150
Vermehrung 154
verwildern 145, **145**
Narzissenschwebfliege 146, 147, **147**
Narzissenzwiebelfäule 147, **147**
Nektarinen 234, 235, **235**
Nelken 119
Nematoden (Älchen)
als Schädlinge 113, 115, **115**, 207
zur biologischen Schädlingsbekämpfung 41, 46, 48, **48**, 186, 221, 247, 255
Nerinen 154
Nesseln 32, 270
Netze
insektendicht 201
Schutz vor Vögeln **45**
Stützen für Stauden 120
Nicotiana 20, 160, **166**
Nigella 174
Nordwände, Kletterrosen für 104
Notholirion **155**
Nymphaea **276**, 281
Nymphoides **276**

O

Obst 231–248
Bestäubungsprobleme 233
Düngen und Mulchen 232, **232**
Gießen 14–15
Käfige **45**, 72
in kleinen Gärten 231
Lagerung 232
Leimringe 255
Obstbäume verjüngen 238–239, **239**
Obsthecken 86
Schaden durch Dompfaff 72
Schnitt 231, 235
im Topf 59, **171**, 234–235, **234-235**
Unterlagen 231, 233, **233**
siehe auch einzelne Obsttypen
Oenothera 108, **159**
Ohrwürmer 37, **37**, 45, 45
Olea 59
Oleanderschildlaus 198
Ölheizung, Gewächshaus 190
Olivenbaum 59, 245, **245**
Ophiopogon 134, **169**
Orchideen 163, 191
organische Substanz
Bodenverbesserung 200, 201, 208, 254, 58, 259
Mulch 232, 269, **269**, 270
Osmanthus **77**
Osteospermum **25**
Oxalis 35, **35**

P, Q

Pachystachys **194**
Pak Choi **202**, 218
Pampasgras 133
panaschierte Blätter 58, 59, 78, 131
Panicum **166**
Päonien 109, 119, 121
ausbleibende Blüte 114–115
Päonienwelke 115, **115**
Schnitt 122
Stützen 120
Teilung **114**, 128
Papaver 109, **109**, **111**, 174
Paprika 217
Pappeln 24, 52, 67
Paraffinheizung, Gewächshaus 190
Parthenocissus 95
Passiflora 103, **103**, **194**
Passionsblume 103, 103, 194
Pastinaken 210, 228
Paulownia 160
Pelargonien 21, 121, 123, **124**, 191
Penstemon 19, 123
Pergolen 28–29, 28, 105, **105**
Perovskia **58**, 81
Pflanzenschutzmittel
entsorgen 39
mischen und spritzen **38**
Sicherheit 38
systemische 37–38, **37**
siehe auch einzelne Schädlinge
Petersilie 165, 210, 219
Petunien 20, 121, **172**, 173
Pflanzen kaufen 10, 64–65
Pflanzung
Gehölze 60–61, 60–61, 66, **66**
Hecken 85, **85**
Kletterpflanzen 95
Kräuter in Wegen und Mauern 126–127, **126-127**
Obstbäume in Töpfe 234, **234**
Pflanztiefe 119
Steingartenpflanzen 19, **19**
Teilung 129
Töpfe 161, **161**, 167
Topfpflanzen 119
Trockenmauern 117–118
Tröge 22
Zwiebelpflanzen 144, **144**, 145, **145**
siehe auch einzelne Pflanzen
Pflaster, Kräuter in Fugen 126–127, **126-127**
Pflaumenbäume 231
Mulchen 232
Schaden durch Domfpaff 72
Schnitt 66
im Topf 235, **235**
Wildtriebe 67
Pfeifenstrauch 80, 82
Pfirsich 231, 234, 235, **235**
pH-Wert, Boden 259, 263, 265, 268
Phacelia 207, 254
Pheromonfallen 206, 255, **255**
Philadelphus 80, 82
Phillyrea 169
Phlomis 17, **76**
Phlox 10, 19, **25**, 120, 121, 173
Phormium 18, **18**, 119, 134, 135, 173, **173**
Phosphor 232, 267
Phyllostachys 134, **134**, 135, 139
pikieren 20, **20**

Pikierstab 20
Pilze
Baumprobleme 56, **56**
Hallimasch 27, **72**, **73**
Hexenringe 184, **184**
Pilzkrankheiten 150, 215
Fungizide 37, 38–39, **39**
Pinus 16, 18, 24
Planung, kleine Gärten 18, **18**
Plantago 185
Platane *(Platanus)* 68–69
Plattwürmer 259, **259**
Plectranthus **160**
Pleioblastus 134–135, 139
Plumbago auriculata **193**
Poa 176, 184
Poleiminze 127
Polygonatum 116, 119
Populus 24, 52, 67
Potentilla 185
Primula 19, 109, 129, 191, **266**
Prunkwinde 97
Prunus **50**, 52, **58**, **63**, 66, 67, 72, **81**, 82, **83**, 86, 87, **87**
Pseudosasa **135**, 139
Pulmonaria 134
Pulsatilla 19
Pyracantha **55**, **62**, **78**, 86
Pyrethrum 42
Quecke 31
Quercus 24, 52, 66
Quitten 232, 237

R

Rabatten und Beete
Hochbeete 27, 27, 260
Mulchen 31, **31**
schmale Rabatten 130–131
hartnäckiges Unkraut 31
siehe auch Boden
Radicchio 208, 216, **216**, 219
Ramblerrosen, Schnitt 90, 91
Ramonda 19, 22
Rankgitter für Kletterpflanzen 95
Rankgitter für Kletterpflanzen 95
Ranunculus 19, 31, **276**
Raps 254
Rasen 175–188
abgestorbene Flecken 186
Abstreuen mit Sand 183
Aerifizieren 182, **183**
Aussaat 176–178, 77, **178**
Dünger 177, 179, 181, 183, **183**
Filz 182, **183**
Gießen 14, **14**, 179, 181, **181**
Grasnarbe verstärken 187–188
Hexenringe 184, **184**
Mähen 178, 178, 180, 182
Moos 183, 185, 186, **186**
Rasen ohne Gras 187–188
Rollrasen (Fertigrasen) 178–179, **178-179**
Saatgutmischungen 176
Schäden ausbessern 183, 187, **187**
Tiere 250
Trockenverträglichkeit 182
Unkraut 182, 185, **185**
Vertikutieren 182, **182**
Wurmhumus 184, **184**
Rasenbank 180, **180**
Raublattaster 114
Rauke 211, **211**, 218, 219
Raupen 205, **205**, **253**, **255**
Raute 81
Regenwasser 14, 196
Regenwürmer 184, **184**, 259
Regner 14, 15, 181, **181**
Reiherschnabel 19
Reinigung von Wegen und Terrassen 34–35, **34**
Renekloden, 231, 232
Rettich und Radieschen 201, 204, 229, **229**
Fruchtfolge 210
Schießen 211
Rettichfliege 229
Rhabarber 203
Rheum 119
Rhipsalis 195
Rhizome 154
Iris teilen 148, **148**
Bamubs vermehren 139, **139**
Rhodochiton 96–97, **96**
Rhododendron 54, **81**, 82, 163, 168, **168**, 263, **263**
Rhus 67
Ribes 86
Ricinus 160, **160**
Rinde, dekorative 50, 63
Rindenmulch **163**, 269, **270**
Ringelblumen 121, 165, 174
Rispengras 176, 179, 181–182
Rittersporn 111, **111**, 119–121, **120**, 129, **166**
Ritzen, Pflanzen in 19, **19**
Robinia (Robinie) 16, 57, 67
Roemeria **166**
Roggen 207, 254
Rohrleitungen, Wurzelschaden 52
Rollrasen
auslegen 178–179, **178-179**
Gestalten mit Rollrasen 180, **180**
Rosen **29**, **88-90**, **99**, **100**, **104-105**
mit *Clematis* 99
kaufen 10
Kletterrosen 29, 29, 104, **104-105**
Krankheiten 92, 92
Pflanzung 89, **89**
Schnitt 90–91, **90-91**
Stecklinge 98
Strauchrosen 88–89, **88-89**
verpflanzen 54
Rosenkohl 201, 203
Rosmarin 82, 127, 165
Rost 255
Bohnen 215, **215**
Sempervivum 116, **116**
Johannisbeeren 241
Rasen 186
Resistenz 36
Rosen 38, 92, **92**
Rote Bete 204, **204**, 211, **211**
rote Blätter 58
Rote Johannisbeeren 15, 232, 241
Rotenon 42
Rote Spinne *siehe* Spinnmilbe
Rubus 32, 63, 80
Rudbeckia **109**, 121, **166**, **262**
Rumex **185**
runde Krone, Bäume 68–69, **68-69**
Ruta **17**, 81

S

Saatbeet 258, 258
Sagina 185
Salbei 81, 165
Salix (Weide) 24, 52, 59, 63, 68, **69**, 70, 74
Salomonssiegel 119
Blattwespe 116, **116**
Salpiglossis **166**, 167
Salvia 81, 108, 121, 165
salzverträgliche Pflanzen 24
Sambucus 74, 87
Samen, Ernte 174, 174
siehe auch Aussaat
Sandboden 258
Santolina 25, 82
Saponaria 126, **127**
Sarcococca **13**
Sasa 139, 173, **173**
Sasaella 135
sauberes Saatbeet 201
Säulen, für Kletterrosen 104
saurer Boden 258, 259, 263, 265, 266
Saxifraga 19, 22
Scabiosa 166, 167
Schachtelhalm 33, **33**
Schablonen, Heckenschnitt, **86**
Schädlinge 36–48
biologische Bekämpfung 40–41, **41**, 46, 255
biologischer Gartenbau 201, 254–255
Fruchtfolge 37, 210, 255
im Gewächshaus 197–198, **197-198**
Kulturmethoden 36–37
Vliesabdeckung 201, 202, 202, 255, **255**
siehe auch einzelne Schädlinge und Pflanzen
Schafgarbe 182, 185, **185**
Schalbretter, Hochbeete 27
Schalotten 204, 210
schärfen, Gartenschere 11, **11**
Schatten
Bodendecker 26
Einjährige 159
Gewächshaus 192, **192**
Gräser 132
Kletterpflanzen und Sträucher 94
Pflanzen für die Terrasse 164
schmale Rabatten 131
Stauden 140
Sträucher 78, 83–85
unter Bäumen 64, **64**
Zwiebelpflanzen 144
Scheinzypresse 70
Schießen bei Gemüse 211, **211**
Schildläuse 40, **40**, 198
Schlehe 87
Schleimfluss, *Clematis* 102, **102**
Schlumbergera 195
Schlupfwespen 40, 42, **42**, 198
schmale Gehölze 51
Schmetterlinge 251, **253**, **255**
Schmetterlingsstrauch **253**
Schmierläuse 40, **40**, 115, **115**, 198
Schnakenlarven 186, **186**, 255
Schnecken 37, 46–47, **46**, 201, 207
an Erdbeeren 247
Fallen 37, **46**, 255
im Gemüsegarten 209
an Kartoffeln 221, **221**
schneckenfeste Pfanzen 47
Schneckenkorn 46, **209**
Schneeglöckchen 19, 134, 144, 147, 154
Schneeschimmel 184, **184**, 186
Schnitt
Apfel- und Birnbäume 236–237, **236**
auf den Stock setzen 68–69, **68-69**
Bambus 137
Bougainvillea 194, **194**
Clematis 101, **101**
farbige Triebe 68, **68**, 80
Feige 243
Formschnitt 83, **83**
Geißblatt 103, **103**
Gräser 133, **133**
Hecken 86–87, **86-87**
Hibiskus 196
Kiwi 243, **243**
Obstbäume 231, 235, 238–239, **239**
Passionsblume 103
Rosen 90–91, **90-91**, 104, **104**
Schwarze Johannisbeere 239, **239**
Stauden 122
Sträucher 80–82, **80-82**
übergroße Koniferen 70
Weinreben 245, **245**
Wisteria 105–106, **106**
Ziergehölze 66, **66**
Schnitt- und Pflücksalate 202, 208
Schnittblumen 30
Schnittwunden 56, 57, **57**, 67, **67**
Schönranke 97
Schutzbrille **34**
Schwarzäugige Susanne 97, **97**
Schwarzbeinigkeit, Kartoffel 221, 222
Schwarze Johannisbeeren
Gießen 15
Mulchen 232
Schädlinge und Krankheiten 72, 241
Schnitt 239, **239**
Schwarzer Tod 112
Schwarzwurzel 228–229, **228**
Schwebfliege 42, **42**
Schwefel 38, 267
Schwere Böden 258, 259
geeignete Pflanzen 262
Hecken 85
kalken 265
verbessern 261
Wurzelschäden 52, **53**
Schwimmpflanzen 276
Schwingel 176
Scilla 145, 156
Sedum 19, 30, 109, 122
Seerosen 276, 279, 281
Seggen 131, 133, 134, 138–139
Seidenpflanze 119
Seifenkraut 126, **127**
Sellerie 200, 203, 210, 211
Semiarudinaria 135
Sempervivum 19, 118, **118**
Senecio 97, **97**
Senf **202**, 207, 218, **219**, 254
Setzlinge, Gemüse 208
Shibataea 145
Sicherheit
Bäume 56
Pestizide 38, 39
Schutzbrille **34**
Wege und Terrassen 34
Silberling 174
silberne Blätter 58
Sinapis 207, 254
Sisyrinchium 119, 129
Skimmia 79, **79**
Skulpturen, Rasen 180, **180**
Sommerflieder **253**
Sonnenblumen 212
sonnige Standorte
immergrüne Sträucher 78, 168–169
Kletterpflanzen und Sträucher 94
Pflanzen für die Terrasse 164
Rabatten 130–131
Steingartenpflanzen 19, **19**
Sophora 67
Sorbus 24, 67
Spaghettikürbis 224
Spalier, Obstbäume 231, 237, **237**
Spargel 203, 214, **214**
Spargelhähnchen 215
Sparrmannia 163
Speiserübe 211, 254–255
Spinat 167, 203, 211
Spinnmilbe (Rote Spinne) 40, **40**, 136, 191, 192, 197, **197**, 222
Akarizide 197

biologische Bekämpfung 40, **40**, 197
Kulturmethoden 36, 191
Spiraea **57**
Sprekelia 147
Spritzmittel
Kompressionsspritze **39**
Fungizide **39**
mischen **38**
Sprossknollen 150, 154–155, **154**, 252
Stachelbeerblattwespe 240, **240**, 241
Stachelbeeren 72, 232
Stachyurus **13**
Stangen *siehe* Stützen
Stangenbohne 204, 208, 212, 213, 215
Stauden 107–142
für alkalischen Boden 264
ausputzen 121, **121**
auswählen 118–119, **118**
Duft 130
Farbe 108–110
frostempfindlich 123–125, **123-125**
Gärten für Tiere 252, 253
kaufen 10
Kiesgärten 122
Kräuter 126–127, **126-127**
Küstengärten 25
für sauren Boden 266
Schädlinge und Krankheiten 111–117
für den Schatten 140
für schmale Rabatten 130–131
Schnitt 122
Stützen 119–121, **119-121**
Teilung 128–129, **129**
für die Terrasse 164
für Tonboden 262
im Topf 161
trockenheitsverträglich 17
für Trockenmauern 117–118, 117
siehe auch einzelne Pflanzenarten
Staudenrabatten 110
staunasser Boden 260, 272
Stechpalme 59, 79, 163, 168–169
Steckholz 74–75, **75**
Stecklinge 74–75, **75**, 98, **98**, 124
Steingarten 19, 25
Steintröge 22–23, 22
Stephanandra 63
Steppenkerze 119
Sternrußtau 37, 92, **92**, 255
Stickstoffversorgung 267
Fruchtfolge 210
Gründüngung 207, 254
bei Obst 232
Stiefmütterchen 126, **159**
Stipa **123**, 133, 139
Stockrose 255
Storchschnabel 134
Sträucher 49–92
absterbende 66
für alkalischen Boden 264
ausbleibende Früchte 79
dekorative Rinde 63, 68, 80
Duft 73–74
farbige Blätter 57–58
Formschnitt 83, **82**
Frostschäden 70–71
für das ganze Jahr 76–77
Gärten für Tiere 251, 252, **253**, **256**
Gießen 14
Hallimasch 72
Herbstfarben 62
Immergrüne 78, 168–169, **168-169**
kaufen 10, 64-65
Küstengärten 24
panaschierte Blätter 58, 59
Pflanzung 60–61, **60**
für sauren Boden 266
im Schatten 83–85
Schnitt 68, 80–82, **80-82**
Steckhölzer 74–75, **75**
für die Terrasse 164
im Topf 161, 172
trockenheitsverträgliche Arten 17
umpflanzen 54–55, **55**
an der Wand 94
Windschaden 71
siehe auch einzelne Pflanzen
Strauchrosen schneiden **91**
Straußgras 176
Streifenfarn 134, 135
Stützen
Klettergemüse 212, **212**
Kletterpflanzen und Sträucher an der Wand 29, 95, **95**, **96**
Stauden 119–121, **119-121**
Stützpfahl für Bäume 61, **61**, 65, **65**
Substrate
Anzuchtsubstrat 21
für Kakteen und Sukkulenten 195
für Topfpflanzen 59, **161**, 172, 268
Tröge 22
Umtopfen 162, **162**
wasserhaltiges Gel 174, **174**
Sumpfgärten 260, 274
subtropische Pflanzen 160, **160**
Sukkulenten 162, 163, 195
Sumach 67
Süßkartoffeln 228, **228**
Syringa 67, 82, **82**
systemische Pflanzenschutzmittel 37–38, 37
systemische Herbizide 32

T

Tabakvirus 148
Tagetes 165
Taglilien 109, 129, **129**
tapis vert 180
Taraxacum 185
Tauben 45, 209
Tausendfüßer 43, 43
Taxus 59, 70, 82, **87**, 163, 264
Tayberry 230
Teehybriden schneiden 90
Teiche 275–281
abgefallene Blätter 279, **279**
Filter 275, **275**
Gärten für Tiere 250, 256, 278, 279
Lecks 275, **275**
reinigen 278–279
Unkraut 279, **279**, 280, **280**
Wasserpflanzen 276–277
Winterpflege 278
Teichkörbe **149**
Teilung
Gräser und Bambus 138–139, **138-139**
Iris 148, **148**
Päonien **114**
Stauden 128–129, **129**
Zwiebelpflanzen 154–155, **154-155**
Terrassen
Pflanzen 164
reinigen 34–35, **34**
Unkraut 35
verfugen **35**
Terrassenrosen, Schnitt 91
Teucrium 19, **19**
Thamnocalamus 135
Thunbergia 29, 97, **97**
Thymian (*Thymus*) 19, 126–127, **127**, 188
Tilia (Linde) 52, 67, 68–69
Tomaten 160, 167, 226–227, 226
Aussaat 20, 226, **226**
im Gewächshaus 192
Gießen 14
Probleme 227, 233
Tongranulat **163**
Tonhaltiges Substrat **161**, 172
Töpfe 161–174
Bäume 59, 59, 161, 172
Blumenkästen 170–171, **170**
Dachgärten und Balkone 18
Dränage 172, **272**
Dünger **161**, 172, 174, **174**
Einjährige 161, 166
Frostschutz 71
Gemüse 171
Gießen 18, 172
Hängekörbe 170–171, **170-171**
Immergrüne 161, 168–169, **168-169**
Kletterpflanzen 96–97, **96**, 161
Kopfdüngung 163, **163**
Kräuter 165, **165**, 171
Moos und Algen 196, **197**
Obst 59, **171**, 234–235, **234-235**
Pflanzung 161, **161**, **167**
Rasen 180, **108**
Stecklinge bewurzeln 75
Sträucher 161, 172
Substrate **161**, 172, 268
umtopfen 162–163, **162**
Wiesen 166–167
Torf, Ersatzstoffe 268
Torfsubstrat **161**, 172
Trachelospermum 27, **99**
Trachycarpus 135
Trauermücken 38
Treiben von Chicorée 216, 217
Treppe reinigen 34, **34**
Trifolium 185, 188, 188, 207, 254
Triticum **166**
Trittsteine 187, **187**
trockene Regionen
immergrüne Sträucher 78
Pflanzen für die Terrasse 164
Rabatten 130-131
Trockenheit 14, 15
Rasen 182
trockenheitsverträgliche Pflanzen 16–17, 122, 132
Wurzelschäden 52, 53
Trockenmauern 117–118, **117**
Tröge 22–23, **22-23**
Trollius 19
Trompetenbaum 59, **69**
Tropaeolum 97
Tröpfelschlauch 14, **15**
Tulpen 19, 147
ausgraben und lagern 150
Teilung 154, 155
Viruskrankheiten 148, **148**
Tulpenbaum 59
Tulpenfeuer 148, **148**
Tulpenmosaikvirus 148, 153
Tunnels 193, **193**
Typha 131, 281

U

Überwintern *siehe* Winterschutz
Uferpflanzen 277
Ulmen (*Ulmus*) 52, 87
Umfallkrankheit, Keimlinge 191
Umgraben 200, 254, 258
Umpflanzen
Keimlinge 20, **20**
Sträucher 54–55, **55**
Umtopfen 162–163, **162**
Unkraut 31–36
biologischer Gartenbau 201, **201**
Bodendecker 26
Fruchtfolge 210
Hacken 31, **31**, **209**
Kulturmethoden 36
Mulch 270
Rasen 182, 185, **185**
Teich 279, 279, 280, **280**
Terrasse 35
Unkrautvernichter *siehe* Herbizide
Unterlage, Obstbäume 231, 233, **233**
Unterpflanzung, Immergrüne **169**
Unterwasserpflanzen 250, 276, 280, 281
Urtica 32

V

Veilchenblattrollmücke 117, **117**
Verbascum **17**
veredelte Bäume, Wildreiser 67
verfugen, Terrasse **35**
Vermehrung
Gräser und Bambus 138–139, **138-139**
Hilfen **21**
Zwiebelpflanzen 153–156, **153-156**
siehe auch Stecklinge, Teilung, Aussaat
vernachlässigte Gehölze 70, 82, **82**
vernachlässigte Hecken 87, **87**
Veronica 185
Vertikutieren, Rasen 182, **183**
verwachsen mit dem Topf 162
verwildern, Zwiebelpflanzen 145, **145**, 146
Viburnum 13, 18, **18**, **38**, 77, 79, 82, 169, **169**
Vicia 207, 254
Viermänniges Schaumkraut 10
Vinca 126, **126**
Viola 117, 126
violette Blätter 58
Viruskrankheiten
Kartoffeln 222
Lilien 153, **153**
Tulpen 148, **148**
Vlies
Pflanzen abhärten 125, **125**
Schädlingsbekämpfung 201, 202, **202**, 255, **255**
Sträucher schützen 71, 71
Vögel
im Garten 251, 256
für die Schädlingsbekämpfung 43, 46
Vögel, Schaden 45, **45**
Blütenknospen 106
Dompfaff 72, **72**
Erdbeeren 247
Gemüse 216
Rasen aussäen 178
Vorbeugender Pflanzenschutz 36–37
vorkeimen, Kartoffeln 220, **220**
Verfrühen von Lilien 152

W

Wacholder 18
Waldpflanzen 64, **64**
Walnussbaum 67, 70
Wände
Bepflanzung 19, **19**
Efeu 33
Hochbeete 27, **27**
Kletterpflanzen und Sträucher 94, 103, 104
Kräuter 126–127, **126-127**
Trockenmauern 117–118, **117**

warme Farben, Stauden, 108, 109
Wasser, Gärten für Tiere 250, 256
Wasserähre 281
Wasserfass **15**
Wassergärten 273–281
wasserhaltige Gels 174, **174**
Wasserlinsen 280, **280**
Wasserpflanzen 276–277
Wege
  Kräuter 126–127, **126–127**
  Pergolen 28, **28**
  reinigen 34–35, **34**
Wegerich, Rasen 185
Weide
  farbige Triebe 63, 68
  Küstengärten 24
  Schaden an Gebäuden 52
  Stecklinge 74
  auf den Stock setzen 69
  im Topf 59
Weigela, 78, 80, **80**
Weihnachtskaktus 195
Weintrauben 244–245, **244–245**
Weißdorn 24, 67, 86, 87
Weiße Fliege 40, **41**, 198, **198**
  biologische Bekämpfung 40, 41
  Gewächshaus 198, **198**
  Kulturmethoden 46, 201
Weiße Johannisbeere 16, 232, 141
Weizen **166**, 167
Werkzeug, Pflege 11
Wiesen in Töpfen 166–167, **166–167**
Wildblumen 252, 253
Wildreiser, Bäume, 67, **67**
Wind
  Bäume anbinden 61, 65, **65**
  Dachgärten und Balkone 18
  Küstengärten 24, **24**
  Windreibung 71, **71**
Winden 31, 32, **32**
Windschutz 71, **71**
Winter
  Schnittblumen 30
  Blütenpflanzen 12–13
Wintergartenpflanzen 193–194
winterharte Stauden *siehe* Stauden
Winterling 144
Wildschäden 45, **45**
Winterroggen 207
Winterschutz 70–71
  Baumfarne 141–142
  Blumenkästen **170**
  dekorative Rinde 63
  frostempfindliche Pflanzen 123–125, **123-124**
  im Herbst gesäte winterharte Einjährige 158
  staunasser Boden 272
  Sträucher 76, 77
  Teichpflege 278
  Töpfe **71**, 161
Winterroggen 207
Winterwicke 207
Wisteria (Glyzine) 95, 105–106, **106**
Wühlmäuse 147
Wurmfarn **142**
Wurmhumus 184, **184**
Wurzelballen, Gehölze 60, 61, **61**, 64–65, **65**
Wurzelgemüse 228–229
  Fruchtfolge 210
  Gießen 203
  Platzen 207, **207**
Wurzelknolle 154, **154**, 155
Wurzelläuse 198
Wurzeln
  Ausläufer 67
  Bäume kaufen 64–65
  Eingehen, Gehölze 66, **66**
  Gehölze pflanzen 60
  Schäden an Gebäuden 52–53
  mit dem Topf verwachsen 162
  Umtopfen **162**, 163
wurzelnackte Gehölze 60, **60**, 64
Wurzelpetersilie 229, **229**

Y, Z

Yucca 135
Zantedeschia 149, **149**, **193**, **277**
Zaubernuss **67**
Zäune 45, 47, 94
Zaunwinde 32
Zeitplanung im Gemüsegarten 208–209
Ziegelwände am Hochbeet 27, **27**
Ziehhacke 31, **31**
Zimmereibisch 196, **196**
Zimmerpflanzen umtopfen, 162, 163
Zinnia 20
Zitrusbäume 59
Zucchini 14, 203, 204, 217, **217**
Zuckermais 160
  Bestäubung 223, **223**
  »Drei Schwestern« 230, **230**
  Gießen 14, 203
Zuckererbsen 208
Zurückschlagen, panaschierte Blätter 59, **59**
Zweijährige
  Duftpflanzen 159
  Samen ernten 174
  für den Schatten 159
  für Tiere 252, 253
  siehe auch Einjährige
zwergige Obstbäume 231
Zwetschgen 231, 232
Zwiebeln 208
  Anzucht aus Samen und Steckzwiebeln 20, 220, **220**
  Bodenverbesserung 200
  Fruchtfolge 210
  Gießen 203
  Schießen 211, 220
Zwiebelblumen 143–156, **154**
  ausgraben und lagern 150, **150**
  auswildern 145, **145**, **146**
  mit Blättern 144
  Lagerfäule 150
  Pflanzung 144, **144**
  Schäden durch Nager 147, **147**
  für den Schatten 144
  für den Sommer 149
  im Steingarten 19
  Teilung 154–155, **154-155**
  für die Terrasse 164
  für Tiere 252
  vermehren 156, **156**
Zwiebelknolle 154, **154**, 155
Zwiebelschuppen 154, **154**

DANK

Dorling Kindersley dankt folgenden Personen für die Mitarbeit an diesem Buch:
Paul Alexander; Jim Arbury; Jon Ardle; Guy Barter; Helen Bostock; William Denne; Tony Dickerson; Sarah Durrant; Jim England; Caroline Gorton; Lucy Halsall; Andrew Halstead; Beatrice Henricot; David Hide; Ian Hodgson; David Jewell; Jackie Larner; Lia Leendertz; Andrea Loom; Alison Mundie; Chris Prior; Andrew Salisbury; Alan Toogood
Der Verlag dankt ebenso:
Tthe Royal Horticultural Society: Simon Maughan, Susanne Mitchell und Barbara Haynes
Lektoratsassistenz: Candida Frith-Macdonald, Jane Simmonds, Pamela Brown, Pamela Marmito, Letitia Luff
Design-Assistenz: Ursula Dawson, Alison Donovan, Gillian Andrews
Register: Hilary Bird
Dorling Kindersley möchte folgenden Personen und Institutionen danken für die freundliche Genehmigung der Bildabdruckrechte:
(Schlüssel: t=oben, b=unten, r=rechts, l=links, c=Mitte)
8: Royal Horticultural Society, Wisley: Michael Crabtree/Troika Photos; **14:** DK Images: Jacqui Hurst (t); **37:** Royal Horticultural Society, Wisley (bc); **39:** Chris Prior, Royal Horticultural Society (br); **41:** Holt Studios International: Nigel Cattlin (tr), (bl); **44:** FLPA – Images of nature: David Dalton (t); **45:** Holt Studios International: Phil McLean (tc); **52:** A–Z Botanical Collection; **53:** A–Z Botanical Collection: Julia Hancock (b), (t); **60:** Holt Studios International: John Adams (bl), (bcl), (bcr), (br); **62:** Photos Horticultural (tr); **90:** Garden World Images (tr); **102:** Photos Horticultural (bl), (br); **112:** Royal Horticultural Society, Wisley (tl); **115:** Royal Horticultural Society, Wisley (bl); **140:** A–Z Botanical Collection: Elsa M. Megson (br); **148:** Holt Studios International: Nigel Cattlin (c), (bl); **150:** Holt Studios International: Nigel Cattlin (bc); **153:** Royal Horticultural Society, Wisley (tl), (cl); **179:** Corbis: Tom Stewart; **181:** Alamy Images: Rex Argent; **194:** A–Z Botanical Collection: Steve Owens (tl); **197:** Photos Horticultural (b), (t); **199:** Corbis; **200:** DK Images: Steve Wooster (t); **222:** Garden World Images (bl); **223:** A–Z Botanical Collection: Malcolm Richards (t); **227:** Royal Horticultural Society, Wisley (bl); **234:** Holt Studios International: Rosie Mayer (bl), (bc), (bcl); **235:** Garden World Images (tc), (tr); **248:** A–Z Botanical Collection: Ailsa Allaby (bl); Garden World Images (tc), (tr); **256:** Alamy Images: NaturePicks (br); DK Images: Kim Taylor (t); **265:** Garden World Images; **273:** DK Images: Jacqui Hurst.
Alle sonstigen Bilder © Dorling Kindersley oder Tim Sandall, *The Garden*.
Weitere Informationen unter ww.dkimages.com-
Coverbilder *Vorderseite:* Flowerphotos: Rachel Warne (ganzseitig); Holt Studios International (mr). *Rückseite:* DK Images: Unwins (mml); Holt Studios International (mr).